“十三五”国家重点图书出版规划项目·重大出版工程
高超声速出版工程

国家自然科学基金资助项目(编号：11502232 和 11572284)
国家重点基础研究发展计划资助项目(编号：2014CB340201)

稀薄气体动力学矩方法及数值模拟

陈伟芳　赵文文　著

科 学 出 版 社
北 京

内 容 简 介

本书共分为七章：第一章为绪论，阐述 Boltzmann 方程与矩方程的研究意义、发展历程、工程应用背景及面临的挑战；第二章详细介绍稀薄气体动力学中的基本物理概念；第三章推导二阶 Burnett 方程的数学形式，并采用 Bobylev 线性稳定性分析方法对典型 Burnett 方程进行稳定性与熵增分析；第四章重点介绍在一维激波结构与三维量热完全气体条件下 Burnett 方程数值计算方法及应用；第五章将 Burnett 方程推广到考虑热化学非平衡效应的高焓连续流及滑移过渡流动，给出 Burnett 方程热化学非平衡流动的数值计算方法及相关应用；第六章主要包括 Grad 矩封闭方法及正则化 Grad 矩方法，重点介绍正则化十三矩方程；第七章介绍广义矩方法中 Eu 方程理论基础、计算方法及应用。

本书可供从事稀薄气体动力学的研究人员阅读，亦可作为航空航天相关领域工程设计人员的工具书和参考书。

图书在版编目(CIP)数据

稀薄气体动力学矩方法及数值模拟 / 陈伟芳，赵文文著. —北京：科学出版社，2017.12
“十三五”国家重点出版物出版规划项目 · 重大出版工程 高速声速出版工程
ISBN 978-7-03-055439-0

Ⅰ. ①稀… Ⅱ. ①陈… ②赵… Ⅲ. ①稀薄气体动力学–Boltzmann 输运方程–数值模拟–研究 Ⅳ. ①O354

中国版本图书馆 CIP 数据核字(2017)第 283676 号

责任编辑：潘志坚
责任印制：谭宏宇 / 封面设计：殷 靓

科学出版社 出版
北京东黄城根北街 16 号
邮政编码：100717
http://www.sciencep.com
南京展望文化发展有限公司排版
广东虎彩云印刷有限公司印刷
科学出版社发行 各地新华书店经销

*

2017年12月第 一 版 开本：B5(720×1000)
2023年12月第十次印刷 印张：22 1/4 插页 7
字数：372 000

定价：128.00 元

(如有印装质量问题，我社负责调换)

高超声速出版工程

高超声速空气动力学系列

作者简介

陈伟芳，1970年生，湖南邵阳人，博士，浙江大学航空航天学院教授、博士生导师。自1991年9月起一直从事稀薄气体动力学的理论与计算方法研究，1998年6月获国防科技大学博士学位，导师曹鹤荪教授和吴其芬教授。曾任总装备部重大工程论证专家委员会专家、国家"863"高科技计划专家，现任军委科技委科技创新特区项目专家、航天科技集团重大工程专家委员会专家、浙江大学临近空间飞行器研究中心主任。近年来，主持完成了包括国家自然科学基金项目、国家"863"高技术研究发展计划项目、国家重大工程专项等科学研究项目近40项。在国内外期刊发表科研论文50余篇，其中被SCI/EI检索近30篇，撰写国防科技报告20余篇，获得部委级科技进步三等奖2项，著有《稀薄气体动力学》(2004年)和《高温稀薄气体热化学非平衡流动的DSMC方法》(1999年)。

赵文文，1987年生，湖北宜昌人，博士，浙江大学先进技术研究院讲师。2009年毕业于西北工业大学动力与能源学院，获得飞行器动力工程工学学士学位；2014年毕业于浙江大学航空航天学院，获得流体力学博士学位；2013～2014年获得国家留学基金委资助，赴美国圣路易斯华盛顿大学应用科学与工程学院进行博士联合培养。2015年4月进入浙江大学先进技术研究院工作，成为浙江大学临近空间飞行器研究中心主要技术骨干。近年来，紧密围绕国家重大战略需求，重点针对临近空间稀薄气体动力学矩方法理论及高超声速空气动力学数值计算方法开展了相关研究工作，并取得了一系列富有新意的研究成果。

丛书序

飞得更快一直是人类飞行发展的主旋律。

1903年12月17日，莱特兄弟发明的飞机腾空而起，虽然飞得摇摇晃晃犹如蹒跚学步的婴儿，但拉开了人类翱翔天空的华丽大幕；1949年2月24日，Bumper-WAC从美国新墨西哥州白沙发射场发射升空，上面级飞行速度超越马赫数5，实现人类历史上第一次高超声速飞行。从学会飞行，到跨入高超声速，人类用了不到五十年，蹒跚学步的婴儿似乎长成了大人，但实际上，迄今人类还没有实现真正意义的商业高超声速飞行，我们还不得不忍受洲际旅行十多小时甚至更长飞行时间的煎熬。试想一下，当我们将来可以在两小时内抵达全球任意城市的时候，这个世界将会变成什么样！这并不是遥不可及的梦！

到今天，人类进入高超声速领域快70年了，无数科研人员为之奋斗终身。从空气动力学、控制、材料、防隔热到动力、测控、系统集成等众多与高超声速飞行相关的学术和工程领域内，一代又一代科研和工程技术人员传承创新，为人类的进步努力奋斗，共同致力于推动人类飞得更快这一目标。量变导致质变，仿佛是天亮前的那一瞬，又好像是蝶即将破茧而出，几代人的奋斗把高超声速推到了嬗变前的临界点上，相信高超声速飞行的商业应用已为之不远！

高超声速飞行的应用和普及必将颠覆人类现在的生活方式，极大地拓展了人类文明，并有力地促进人类社会、经济、科技和文化的发展。这一伟大的事业，需要更多的同行者和参与者！

培根说：书是人类进步的阶梯。

实现可靠的长时间高超声速飞行堪称人类在求知探索的路上最为艰苦卓越的一次前行，将披荆斩棘走过的路夯实、巩固成阶梯，以便于后来者跟进、攀登，意义深远。

以一套丛书，将高超声速基础研究和工程技术方面取得阶段性成果和宝贵经验固化下来，建立基础研究与高超声速技术应用的桥梁，为广大研究人员和工程技术人员提供一套科学、系统、全面的高超声速技术参考书，可以起到为人类文明探索、前进构建阶梯的作用。

2016年，科学出版社就精心策划并着手启动了“高超声速出版工程”这一非常符合时宜的事业。我们围绕“高超声速”这一主题，邀请国内优势高校和主要科研院所，组织国内各领域知名专家，结合基础研究的学术成果和工程研究实践，系统梳理和总结，共同编写了“高超声速出版工程”丛书，丛书突出高超声速特色，体现学科交叉融合，确保了丛书的系统性、前瞻性、原创性、专业性、学术性、实用性和创新性。

该套丛书记载和传承了我国半个多世纪尤其是近十几年高超声速技术发展的科技成果，凝结了航天航空领域众多专家学者的智慧，既可为相关专业人员提供学习和参考，又可作为工具指导书。期望本套丛书能够为高超声速领域的人才培养、工程研制和基础研究提供有益的指导和帮助，更期望本套丛书能够吸引更多的新生力量关注高超声速技术的发展，并投身于这一领域，为我国高超声速事业的蓬勃发展做出力所能及的贡献。

是为序！

2017年10月

序 言

陈伟芳教授长期从事稀薄气体动力学的教学与科研工作。该书是他在这一专门学科进行理论研究与前沿探索的积累与总结。

稀薄气体动力学是空气动力学的一个分支,随着航天技术的问世而得到了发展。在航天领域,该学科主要涉及飞行器在大气层边缘飞行时的绕流和发动机羽流等,包括自由分子流和过渡流。目前,其理论体系尚不完备,在工程上的应用有很大的局限性。随着人类不断挑战空天飞机、临近空间高超声速飞行器等新型航天技术的壁垒,以及开展火星科学探索及深空探测,稀薄气体动力学走到了航天技术领域的前沿。

本书首先介绍了经典稀薄气体动力学矩方法的理论与应用,以及该方面的最新研究进展。然后,针对高阶矩方程数值计算不稳定、边界条件处理缺乏理论依据等基础问题,陈伟芳教授及其研究团队开展了理论探索研究,从矩方法建模的基础理论出发,提出了简化常规 Burnett 方程与基于广义流体力学 Eu 方程的非线性本构关系耦合求解思想,解决了上述理论与应用难题。另外,这一新的理论方法与稀薄气体动力学的另一个分支——Boltzmann 方程的 Monte Carlo 直接数值模拟方法相比,计算规模大幅降低,连续流与过渡流可采用统一方法计算,已成功实现工程应用。本书给出了这个新的方法用于三维复杂外形高超声速多尺度稀薄流动的数值仿真计算的研究实例。因此,本书不仅贡献于稀薄气体动力学矩方法的理论进步,还为航天技术创新发展提供了一种先进的稀薄气体效应计算方法。

我认为,本书对于从事稀薄气体动力学研究的科研工作者和研究生是一本很好的理论参考读物,同时为从事空天飞行器、临近空间高超声速飞行器和宇宙探索的科研工作者提供了新的理论指导和研究方法。

池涛

2017年11月

前　言

临近空间(20～100 km)位于航天器入轨与返回的必经区域,也是长航时高超声速飞行器的巡航空域。飞行轨迹的特殊性决定了临近空间高超声速飞行器在设计过程中必须考虑稀薄大气环境对飞行器气动力、防隔热、通讯及控制的影响。与此同时,高马赫数飞行器前端激波滞止区所产生的高温气体效应将使得气体分子内部发生热力学能态激发、化学反应等复杂物理化学过程。因此,临近空间高超声速飞行器飞行环境同时包括了稀薄气体效应与高温气体效应的影响,两种效应叠加对飞行器空气动力学研究提出了新的课题与挑战。

建立在稀薄气体动理论基础之上的 Boltzmann 方程对气体从自由分子流到连续流进行了统一的描述,在这两种极限流动之间的流域还包含滑移流与过渡流。似乎直接采用理论或数值方法求解 Boltzmann 方程是解决稀薄气体流动问题最直接和统一的途径。但由于 Boltzmann 方程是一个包含多自变量与碰撞积分项的高度非线性的七维积分-微分方程,迄今为止仅得到了如平衡态 Maxwellian 速度分布等极少数解析解,而直接数值求解则因为方程维数过高(包括时间、位置与速度的七维空间)、非线性二元无穷积分碰撞项计算困难及时间-空间所需网格尺度太小导致直接数值求解方法进展缓慢,研究主要集中在针对不同流域发展不同的简化理论与数值计算方法。然而,矩方程为描述稀薄气体流动提供了另一种表达方式,若考虑基于完整函数空间所有矩组成的无穷个矩方程,则该矩方程组与 Boltzmann 方程等价。换言之,采用无穷多的“矩”对气体状态的描述与采用速度分布函数的描述完全一致。此外,处于平衡态附近的流动也并非需要完整给出流场中每一个点的速度分布函数,采用包括热流与应力在内的十三矩已经能够准确地描述近平衡态附近的流动。因此,矩方法作为稀薄过渡流中的经典理论，在数值求解方法成熟度、计算效率等方面具有显著的优点与不可替代的地位。

本书从Boltzmann方程和稀薄气体动力学基本概念出发，并结合作者多年来在稀薄领域的研究基础，对以Burnett方程、十三矩方程、R-13方程及近年来提出的非线性本构关系理论(NCCR理论)进行全面的阐述，其中还包括了作者首次提出的适用于高超声速连续流、滑移过渡流条件($Kn<1$)的简化常规Burnett方程以及非线性本构关系理论耦合求解方法。重点通过对不同类型矩方程的数学特性、物理含义及数值计算方法的详细介绍，对目前矩方法最新的国内外研究成果进行总结与展望，以期拓展稀薄气体动力学应用领域，提升气体动力学细观研究水平。

本书相关研究内容获得了国家重点基础研究发展计划(编号：2014CB340201)、国家自然科学基金(编号：11502232、11572284)及中央高校基本科研业务费专项资金相关项目资助。同时，在专著撰写过程中，感谢中国航天科技集团公司包为民院士、军委科技委吕跃广院士、美国圣路易斯华盛顿大学Ramesh K. Agarwal教授、浙江大学临近空间飞行器研究中心吴昌聚副教授和陈丽华副教授对本书成稿提出的意见和帮助。感谢浙江大学临近空间飞行器研究中心姜婷婷、邵纯、江中正、刘华林、田得阳、蔡林峰等的辛勤付出和努力，全书同样凝聚了他们的汗水与心血。感谢科学出版社给予的大力支持和帮助。由于作者水平有限，书中难免存在纰漏与不足，望同行专家与广大读者批评指正。

作　者

2017年10月于求是园

高超声速出版工程

目 录

丛书序

序言

前言

第一章 绪 论

1

1.1 Boltzmann 方程研究进展 / 1

1.2 矩方法研究进展 / 8

1.2.1 Chapman-Enskog 展开与 Burnett 方程 / 9

1.2.2 Hilbert 展开与 Grad 方程 / 14

1.2.3 非线性本构关系理论 / 15

1.3 稀薄气体动力学与临近空间飞行器 / 16

1.4 本书主要内容 / 19

参考文献 / 21

第二章 Boltzmann 方程与速度矩

30

2.1 基本概念 / 30

2.1.1 理想气体与分子平均自由程 / 30

2.1.2 宏观物理量的微观描述 / 32

2.1.3 速度分布函数 / 35
2.2 Boltzmann 方程 / 35
2.2.1 速度分布函数 f 的时空演化 / 35
2.2.2 Boltzmann 方程的假设与一般形式 / 37
2.2.3 麦克斯韦分布函数与平衡态 / 38
2.2.4 边界条件的微观表达形式 / 41
2.2.5 Boltzmann 模型方程 / 42
2.3 矩与输运方程 / 45
2.3.1 单组分相密度的矩 / 45
2.3.2 混合气体相密度的矩 / 49
2.3.3 输运方程 / 51
2.4 Boltzmann-H 定理与熵 / 57
2.4.1 Boltzmann-H 定理 / 57
2.4.2 熵和 Boltzmann 方程不可逆性 / 58
2.4.3 Gibbs 悖论 / 60
2.5 Chapman-Enskog 展开方法 / 60
参考文献 / 69

第三章 Burnett 方程及其稳定性分析

71
3.1 Burnett 方程一般形式 / 71
3.2 原始 Burnett 方程 / 74
3.3 常规 Burnett 方程 / 75
3.4 增广 Burnett 方程 / 79
3.5 Woods 方程与 BGK-Burnett 方程 / 81
3.6 正则化 Burnett 方程 / 82
3.7 简化常规 Burnett 方程 / 88
3.8 Burnett 方程线性稳定性与熵增分析 / 93
3.8.1 Burnett 方程线性稳定性分析 / 93
3.8.2 Burnett 方程的熵输运及熵增分析 / 107
参考文献 / 124

第四章　量热完全气体 Burnett 方程数值模拟

126

4.1　激波结构问题 / 126
4.1.1　激波结构特点与关键特征参数 / 127
4.1.2　激波结构计算稳定性与网格敛散性分析 / 128
4.1.3　激波结构计算模拟 / 129
4.2　微尺度 Couette 流动问题 / 142
4.2.1　控制方程 / 144
4.2.2　边界条件 / 146
4.2.3　计算方法 / 147
4.2.4　算例分析 / 149
4.3　量热完全气体 Burnett 方程形式 / 152
4.4　空间差分格式与通量分裂方法 / 160
4.4.1　有限体积空间离散方法 / 161
4.4.2　MUSCL 插值方法 / 162
4.4.3　通量分裂方法与 AUSM 类格式 / 163
4.5　时间隐式处理 / 166
4.5.1　隐式时间离散方法的一般形式 / 166
4.5.2　LU-SGS 方法 / 167
4.5.3　时间步长计算与黏性项近似隐式处理 / 169
4.6　初边值条件 / 172
4.6.1　流场初始条件与虚拟网格 / 172
4.6.2　边界条件 / 173
4.6.3　多块网格与并行计算 / 174
4.7　典型流动数值模拟与分析 / 175
4.7.1　二维高超声速圆柱绕流 / 175
4.7.2　三维高超声速球头绕流 / 185
4.7.3　三维双曲钝锥再入流动 / 191
4.7.4　三维空心扩张圆管 / 196
4.7.5　三维高超声速尖双锥飞行器 / 200

4.7.6 三维高超声速类 HTV-2 飞行器 / 205
参考文献 / 209

第五章 考虑高温气体效应的 Burnett 方程流动数值模拟

214
5.1 高温气体热力学与化学非平衡理论 / 216
5.1.1 气体模型与高温气体效应 / 216
5.1.2 热力学状态与温度模型 / 217
5.1.3 化学平衡流、非平衡流与冻结流 / 220
5.2 高温热化学非平衡流动控制方程 / 221
5.2.1 振动能化学非平衡流 Burnett 方程直角坐标形式 / 221
5.2.2 化学反应动力学模型 / 227
5.2.3 热力学关系 / 228
5.2.4 混合气体输运系数 / 230
5.3 非平衡流数值计算方法 / 232
5.3.1 控制方程定解条件 / 232
5.3.2 数值离散与差分格式 / 233
5.3.3 化学反应源项点隐式处理 / 233
5.3.4 热力学温度的求解 / 235
5.4 典型流动数值模拟与分析 / 236
5.4.1 二维高超声速圆柱绕流 / 236
5.4.2 三维高超声速球头绕流 / 250
5.4.3 三维高超声速钝锥绕流 / 252
参考文献 / 258

第六章 Grad 矩方法及正则化方法

262
6.1 基于 Grad 方法的矩封闭理论 / 262
6.2 Grad 十三矩方程 / 265
6.3 Grad 方程 Chapman-Enskog 展开 / 267
6.4 Grad 方程正则化理论及 R-13 方程 / 269

6.5 矩方程量纲分析法 / 274

参考文献 / 276

第七章 广义流体力学方法理论及应用

278

7.1 NCCR 理论基础与方程基本形式 / 279

7.1.1 Boltzmann-Curtiss 方程 / 279

7.1.2 广义流体动力学方程推导 / 280

7.2 NCCR 理论数值计算方法 / 294

7.2.1 无量纲化的控制方程和非线性耦合本构模型 / 294

7.2.2 非线性耦合本构关系的迭代解法 / 296

7.2.3 非线性耦合本构关系特征曲线 / 302

7.3 典型流动数值模拟与分析 / 308

7.3.1 滑移流域单原子气体圆柱绕流 / 308

7.3.2 过渡流域双原子气体圆柱绕流 / 310

7.3.3 三维轴对称空心扩张圆管高超声速流动 / 312

参考文献 / 314

符号说明 / 317

附录 A Burnett 方程系数表及计算公式 / 322

附录 B 量热完全气体数值通量雅克比矩阵推导 / 325

附录 C 转动非平衡气体源项雅克比矩阵推导 / 327

附录 D 单温模型非平衡数值通量与源项雅克比矩阵 / 329

附录 E 双温模型非平衡数值通量与源项雅克比矩阵 / 331

附录 F 空气化学反应模型及组分常数表 / 334

后记 / 336

彩页 / 337

第一章

绪　论

稀薄气体动力学作为流体力学的重要分支，主要研究连续性假设失效后气体的微观运动特性及表现出的宏观流动规律，具有十分重要的理论与工程研究价值。稀薄气体动力学的研究起源于19世纪末麦克斯韦与玻尔兹曼的开创性工作。我国科学家钱学森在1946年指出高空飞行器气动设计应考虑稀薄气体效应影响，并采用努森数对流动领域进行划分，成为稀薄气体动力学发展史上十分重要的里程碑。近年来，稀薄气体动力学在临近空间飞行器气动设计、微/纳尺度机电系统、气-固面相互作用、等离子体流动、真空设备及行星科学等领域获得了广泛应用与研究。本章全面阐述Boltzmann方程及其宏观矩方程的研究意义、发展历程、工程应用背景及面临的挑战。

1.1 Boltzmann方程研究进展

建立在稀薄气体动理论基础之上的Boltzmann方程对气体从自由分子流到连续流进行了统一的描述[1]，在这两种极限流动之间的流域还包含滑移流与过渡流域。通常判断流动区域划分的依据为努森数(Knudsen number, Kn)，其基本定义为分子平均自由程与宏观参考特征尺度之比。钱学森[2]在1946年就提出远程飞行器最佳飞行高度约为96 km，并根据努森数将流动划分为连续流($Kn \leqslant 0.01$)、滑移流($0.01 < Kn \leqslant 0.1$)、过渡流($0.1 < Kn \leqslant 10$)与自由分子流($Kn > 10$)四部分，并提倡大力研究稀薄气体动力学。从Kn定义不难发现，流动稀薄特性与气体平均分子自由程和宏观参考特征尺度息息相关。例如，在临近空间的高空稀薄环境，高超声速飞行器来流分子平均自由程显著增大，对于研究飞行器整体气动特性的宏观参考尺度而言，飞行器绕流已满足过渡流的

Kn 标准，飞行器物面速度滑移、温度跳跃及努森层形成使得传统的连续流计算方法对飞行器气动特性预测已然失准。再如，即使在常温常压条件下形成的激波内部，由于激波内分子碰撞的物理过程仅发生在数个平均分子自由程范围之内，研究激波结构的宏观参考长度应取为激波厚度。由此所产生的微流动现象也具有较大的局部 Kn 和稀薄过渡流动的特点，导致高马赫数条件下传统连续流计算方法无法准确预测激波厚度、激波密度/温度分离距离及激波对称性参数等关键激波结构参数。由于钱学森的 Kn 定义只是概念上的定性划分，临近空间飞行器滑移与过渡流绕流[3]及近年来受到广泛关注的微通道、微机电系统[4](micro-electro mechanical system, MEMS)流动多具有多尺度的流动特征，连续流中往往存在局部稀薄效应，不能简单定义为完全连续流或过渡流，现实中的滑移流与过渡流域流动现象十分丰富，稀薄气体流动数值计算所面临的挑战更为严峻。

Boltzmann 方程在整个稀薄气体动力学中占据中心位置，直接采用理论或数值方法求解 Boltzmann 方程是解决稀薄气体流动问题的最为统一的途径。但 Boltzmann 方程是一个包含多自变量与碰撞积分项的高度非线性的七维积分-微分方程，迄今为止仅得到了常温静止气体平衡态的 Maxwellian 速度分布等极少数解析解，而直接数值求解则因为方程维数(包括时间、位置与速度的七维空间)过高和碰撞积分项(非线性二元无穷积分)计算困难导致研究进展缓慢，因此研究者针对不同流域发展了各自不同的简化理论与数值计算方法。通常在 Kn 趋于 0 的连续流条件下，气体可假设为连续介质并采用 Navier-Stokes (NS)方程进行求解。在 $Kn>10$ 的自由分子流域，分子间的相互碰撞可以忽略不计而仅考虑分子与物面相互碰撞，此时 Boltzmann 方程的碰撞积分项得到极大简化，因此自由分子流理论在该流域获得广泛应用。而在 $1<Kn\leqslant 10$ 的过渡流域，各种粒子仿真方法，如直接模拟蒙特卡洛方法(direct simulation of Monte Carlo method, DSMC)，能够高效、准确预测流动物理特征并证明收敛于 Boltzmann 方程。然而在具有多尺度流动特征的滑移流域与努森数小于 1 的过渡流领域($0.01<Kn<1$)，传统 NS 方程连续流方法的模型准确性与 DSMC 等粒子仿真方法的计算效率均暴露出各自的局限性。

由于 Boltzmann 方程实现了不同 Kn 稀薄气体流动的统一描述，研究者仍致力于 Boltzmann 方程的求解，文献[5]将 Boltzmann 方程的求解分为分析方法与数值方法两大类。分析方法往往是对 Boltzmann 方程进行各种简化与假设，使得求解得以进行，其中包括对碰撞积分项进行模型化处理的模型方程方法(例如BGK模型方程)、Chapman-Enskog级数展开方法、对速度分布函数进行假设的矩方法以及针对低速微流动小扰动线性化假设的线化Boltzmann方程方法等。数值方法包括：① 对Boltzmann方程的直接求解，如求解Boltzmann方程的有限差分方法(碰撞积分项采用DSMC进行计算)、对速度空间进行间断假设以求简化的间断速度方法(或间断纵坐标法)和积分形式的Boltzmann方程积分方法等；② 介于微观与宏观之间所谓介观层次的格子Boltzmann方法[6](lattice Boltzmann method，LBM)，LBM研究宏观充分小、微观充分大流体微团的格点碰撞，采用统计力学观点获得宏观流场特性参数，被认为是一种简化分子动力学方法，近年来，LBM也被应用于微机电系统数值模拟[7,8]和不可压缩流动，但有学者指出LBM基于分子动力学方法的简化使其失去了物理真实性[9]，且最终收敛的方程为简化BGK模型方程，而不是Boltzmann方程本身[10]；③ 物理意义十分明确的粒子仿真方法，包括确定论模拟的分子动力学方法(molecular dynamics，MD)、概率论模拟的实验粒子蒙特卡洛方法和直接模拟蒙特卡洛方法等。在这些分析方法与数值方法中，学术界研究的热点包括模型方程方法中的BGK模型方法、间断速度方法和直接模拟蒙特卡洛方法。事实上，虽可以按求解思路将Boltzmann方程的求解方法分为分析方法与数值解法，分析方法所得到的简化方程形式最终也需采用有限差分或有限体积的数值方法进行求解实现。因此实际应用中各种方法间往往互相借鉴、互相包含，最终构成了稀薄气体动力学的绚丽图景。虽然上述方法已获得广泛研究与发展，但在具有多尺度流动特征的滑移过渡流域 ($0.01 < Kn \leqslant 1$) 的物理现象描述、计算资源占用、算法稳定性与可实现性方面均存在较大缺陷。下面简要阐述近几十年来人们发展的Boltzmann方程数值计算方法及遇到的主要困难。

① 在近连续流和滑移流区域采用基于小 Kn 的滑移边界条件NS方程数值计算方法[11]。滑移流区($0.01<Kn<0.1$)稀薄效应并不显著，绝大部分流场仍可采用连续介质假设的NS方程模型，但物面附近努森层变厚使得物面无滑移边界条件失效，因此建立考虑滑移边界的NS方程数值求解方法得到了广泛的研究与应用，其中工程应用最广泛的是一阶Maxwell/Smoluchowski滑移边界条件。1879年Maxwell[11]在研究稀薄气体运动及其黏性阻力时基于分子运动论以及小 Kn 假设推导出了一阶泰勒展开的近似滑移本构方程。1898年Smoluchowski发展并完善了物面滑移与温度跳跃边界条件。Maxwell/Smoluchowski滑移边界条件是目前近连续流领域研究与应用最为广泛的滑移边界条件。

随着稀薄程度的增加，物面努森层厚度逐渐增大，除物面出现速度滑移与温度跳跃外，努森层内真实的物理本构关系与 NS 方程假设差异愈发显著，且影响区域迅速扩大。针对 Maxwell 滑移条件在大 Kn 下精度下降这一缺点，Gokcen 等[12, 13]提出了通用滑移边界条件，即通过引入在努森层外的速度，使得在小 Kn 条件下能够还原为 Maxwell 滑移本构形式。此外考虑到滑移边界条件的提出包含两条途径：① 在物面上保证滑移速度的准确而得到不准确的远壁面流场；② 在物面处假设虚假的滑移速度而保证远壁面流场的正确性。Lockerby[14, 15]通过使用类似湍流中的壁面函数修正努森层内黏性的方法来修正努森层内速度分布，推导得到了另一种滑移条件。Lofthouse[16]针对圆柱绕流对上述三种滑移条件进行了计算并与 DSMC 结果进行了对比，认为 Gokcen 的滑移条件更为全面与准确。Sharipov 和 Kalempa[17]重点研究了 Maxwell 滑移条件中的速度与温度调节系数的变化规律，归纳给出了一般情况下采用的调节系数。为扩展 NS 方程描述稀薄气体流动的适用范围，Cercignani[18]、Deissler[19]、Beskok[20]、Kaniadakis[21]和 Hsia[22]等都在 Maxwell 本构方程的基础上进行了二阶滑移条件的尝试。国内中科院谢翀等[23]就比较研究了三种具有代表性的二阶速度滑移模型，发现 Cercignani 提出的二阶滑移模型效果较好，但是二阶滑移模型的物面速度分布在 $Kn=0.1$ 附近明显偏离 DSMC 方法和 IP 方法的结果。由于二阶条件的引入增加了计算难度与计算量，但并未改变 NS 方程线性本构关系的局限性，与一阶模型相比虽有改善，但效果有限，所以在工程应用中广泛使用的仍是一阶滑移边界条件。

滑移边界条件为滑移流域数值计算提供了十分重要的计算方法与途径，并已在工程计算中得到广泛应用。但是，NS 方程线性本构关系的特点决定了滑移边界条件对努森层内非线性速度分布的物理描述不足，特别是对多尺度流动中非物面附近流场如激波结构、流动分离及飞行器底部流场等局部稀薄效应显著区域，通过滑移边界条件对 NS 方程修正的处理方法则显得束手无策。

② 以直接模拟蒙特卡洛方法[24, 25]为代表的粒子仿真方法。直接模拟蒙特卡洛方法是 Bird 基于分子碰撞真实物理过程且严格遵循分子动理论提出的模型分子直接模拟方法，方法的物理可信度与准确度较高，Wagner[26]也已在文章中证明 DSMC 收敛于 Boltzmann 方程。DSMC 模拟的核心思想是模拟分子的运动与碰撞，通过追踪仿真分子的时空信息，最终采用统计方法获得流场的宏观物理量。DSMC 首先应用于模拟均匀气体的一维激波结构和松弛问题，后来逐渐拓展到二维和三维流动数值计算中，并开始考虑流动的热力学与化学非平衡

过程。Bird[25]在他的专著中列出了一些基于可变径硬球模型(variable hard sphere, VHS)计算的激波结构结果,但只给出了与 NS 方程、Burnett 方程结果对比。Muntz 等[27]研究了马赫数为 1.9～9 来流条件下氦气与氩气的激波结构,并与实验数据进行了对比,其激波内分子速度分布函数的计算结果与实验测量结果基本一致。Vogenitz 等[28]采用 DSMC 对稀薄条件下高超声速 0°攻角平板流动进行了计算模拟,并与实验数据进行了校对,但由于实验数据不精确,并未达到预期验证目标。在复杂流动的模拟研究中,DSMC 方法被广泛应用并模拟了气动辅助飞行试验(aeroassisted flight experiment, AFE)飞船绕流、相交钝楔绕流、带攻角平板流、尖前缘平板流、发动机羽流及全尺寸航天飞机、单级入轨(single-stage-to-orbit,SSTO)飞行器、火星“探测者”号等外形的流场。DSMC 化学反应流模拟的流动介质多为 N_2—O_2 混合物或 O_2—CO_2 混合物。Moss 等[29]模拟了包含化学反应的火星探测器头部绕流,计算采用了变径硬球分子模型,同时包含了五组元化学反应及 Borgnakke-Larsen 转动能松弛模型,并与飞行实验数据和 NS 方程计算结果进行了比对。目前,DSMC 已在稀薄气体动力学研究尤其是过渡区流动仿真取得广泛的研究与应用。但是,由于 DSMC 计算效率往往受限于分子平均碰撞时间与分子平均自由程的时间与空间计算尺度,其准确度则依赖于模拟分子自由移动与分子间碰撞解耦假设合理性、仿真分子的数量是否足够描述所研究的流动以及仿真分子理化模型的可信度,DSMC 的应用与发展始终受限于方法本身的计算效率与计算机的运算速度和内存。在目前计算条件下,准确模拟近连续流域所需的仿真分子数目占用的海量计算机内存和碰撞统计所消耗的漫长计算时间使 DSMC 的工程应用受限十分严重,极大地降低了 DSMC 在临近空间飞行器设计工程领域的可用性。例如在哥伦比亚号航天飞机失事调查报告[30]中仅对 91～100 km 高度的气动环境采用 DSMC 进行了流场复现,91 km 以下由于计算效率低与飞行器外形复杂等原因无法开展。另外,Koppenwallner[31]发现在模拟返回舱过渡流时,如果采用较少的仿真分子数量便无法获得准确的飞行器纵向俯仰力矩值。同时,DSMC 对多尺度流动中局部稠密效应,如发动机羽流污染等问题亦无法获得令人满意的计算效率和计算精度。

为克服粒子仿真方法与连续流计算方法各自的不足与缺陷,稀薄与连续流求解器的耦合方法自然而然受到学界关注,其中较为热门和成熟的是连续流 NS 方程求解器与稀薄流 DSMC 的耦合[32, 33],其主要思想是采用分区求解,各区交界面实现信息交换,稀薄区域用 DSMC 求解,而连续区数值求解 NS 方程。根据

NS/DSMC 交界面两侧的信息传递频率不同，可分为解耦或非耦合[34, 35]、弱耦合[36]、强耦合[37, 38]三种方式进行。非耦合方法是 NS 和 DSMC 子区都达到稳态之后才进行信息交换，而弱耦合方法则增加了信息交换的频率，强耦合方法在每个时间步上都进行 NS 与 DSMC 各区之间的信息交换。NS/DSMC 耦合算法研究内容主要分为两部分：① NS 方程失效性准则研究；② 过渡区和连续区交界面的确定及信息传递方式研究。Boyd 等[39]针对典型激波和边界层流动，利用基于当地特征量梯度的局部努森数作为连续性假设失效参数进行判断。根据 NS/DSMC 交界面两侧信息传递方式的不同，可分为基于通量和基于状态参数的两种 NS/DSMC 耦合方法。Sun 等[40]的研究发现，应用基于通量的 NS/DSMC 耦合方法的前提是计算网格中存在大量的模拟分子，一旦计算网格中没有足够的粒子，计算程序可能崩溃。Schwartzentruber 和 Boyd 等[41]也指出，基于通量的耦合方法(flux-based coupling)所带来的统计涨落与基于状态参数的耦合方法(state-based coupling)所带来的统计涨落之间的关系是 $E_{\text{flux}} = E_{\text{state}}/Kn$，而在交界面处 $Kn \approx 0.01$，这样就导致基于通量的耦合方法所带来的统计误差是基于状态参数的耦合方法的 100 倍。国内许多研究者也开展了相应的研究工作，刘靖[42]应用弱耦合方法开展了过渡流区的基于非结构化网格的 NS/DSMC 算法的研究和算例的验证工作，徐珊姝[43]针对过渡区推进器的流场开展了 NS/DSMC 算法的研究和验证工作。但是，由于国内外 NS/DSMC 耦合算法研究目前尚处于起步阶段，其关键问题在于连续流求解方法本质上是确定论方法，而粒子仿真方法是概率论方法，两种本质截然不同的方法进行耦合必然存在许多亟待解决的科学和工程问题，例如在交界面上如何控制 DSMC 统计涨落并保证提供给 NS 方程的边界条件足够光滑[39]、NS/DSMC 耦合算法收敛难度大及计算效率偏低、复杂外形适应性以及程序鲁棒性等多个方面仍面临较大挑战，其技术的工程应用前景有待进一步明朗。

③ 简化 Boltzmann 方程的 BGK 模型方程及间断速度法。1954 年，Bhatnagar 等[44]提出了 BGK 模型，它采用简化碰撞模型替代了 Boltzmann 方程碰撞积分项，其核心思想是假设在平衡态附近速度分布函数回归平衡态的速率与偏离平衡态程度成正比。由于化简后方程易于求解，且同时表征了 Boltzmann 方程所描述的气体分子碰撞松弛及统计特性而获得广泛应用与发展。采用 Chapman-Enskog 方法在 Maxwellian 平衡分布附近进行零阶矩、一阶矩及二阶矩展开即可得到 BGK 形式的 Euler、NS 及 Burnett 方程。BGK 模型方程提出以来，作为 Boltzmann 方程的简化方程被广泛应用于各种数值计算

方法。但是由于采用 Chapman-Enskog 方法展开的原始 BGK 方程普朗特数为 1，因此在解决动量与能量交换问题上，尤其是物面热流与摩阻的预测上，该方法存在较大缺陷，针对这一缺陷就需要对 BGK 模型方程进行普朗特数修正，其中以 ES-BGK 模型[45]以及 Xu[46]所提出的一阶 Chapman-Enskog 展开 BGK 模型方程的修正方法最为成功。

间断速度法又称为间断纵坐标法，其基本思想是采用有限个间断的速度来代替整个速度空间使得 Boltzmann 方程得到极大近似与简化，其中最著名的形式为 Broadwell[47]提出的八速度气体模型和 Cabannes[48]提出的十四速度模型等。1994 年 Bobylev[49]曾证明均匀网格的间断速度方法收敛于 Boltzmann 方程，这是间断速度法发展史上重要的里程碑，证明该方法发展前景广阔。国内学者对间断速度法也进行了深入研究，有力地推动了国内稀薄气体动力学的发展，如中国空气动力学发展中心李志辉研究员所提出的气体运动论统一数值算法正是基于间断速度法对 Boltzmann 方程的简化模型即修正 BGK 模型方程的基础上进行了数值求解，并获得了较为广泛的数值验证[50, 51]。2010 年，徐昆与黄俊诚首次提出基于 BGK 模型方程演化解的统一气体动理论格式[52-54]，UGKS 方法由于计算不受网格尺度与时间步长限制，为跨流域多尺度非平衡流动数值模拟提供了新的思路。但是，作为从自由分子流到连续流跨流域的统一算法及工程化的发展目标，目前采用的计算方法多是围绕如何简化 Boltzmann 方程的积分碰撞项展开，且研究对象还仅限于简单几何外形和理想气体分子模型[5]，其特殊的物理与化学模型处理存在各自的假设和缺陷，且计算模型复杂度与速度域范围受限于计算资源，工程应用前景有待进一步研究。

④ 以 Burnett 方程[55]和 Grad 十三矩方程[56]为代表的矩方法。矩方法以求解 Boltzmann 方程的矩方程形式为目标，而矩方程则是将 Boltzmann 方程乘以分子的某个量后在速度空间积分所得到的，从而得到宏观物理量守恒方程组，但该方程组不封闭。矩方法核心思想是将分布函数通过简化表达为宏观物理量的函数，从而封闭守恒方程组。矩方法希望能够获得高阶流体力学方程对热力学非平衡现象进行准确描述，其中包括扩展流体力学方程（extended hydrodynamics equations，EHE）与广义流体力学方程（generalized hydrodynamics equations，GHE）。扩展流体力学方程方法中最为重要的一类就是 Chapman-Enskog 展开[57]方法。Chapman-Enskog 方法将分布函数展开为基于 Kn 的幂级数，其中的零阶展开与一阶展开所得到的应力张量与热流通量封闭矩方程即得到连续流的 Euler 与 NS 方程，而其二阶与三阶分布函数幂级数展开将得到可以应用于更

大 Kn 范围的 Burnett 与 Super-Burnett 方程。从数学性质上来讲，虽然幂级数展开并不会在 $Kn>1$ 时给出满意的解，但钱学森等[2]均指出 Kn 较小时的高超声速滑移过渡流区域数值计算采用 Burnett 方程能够给出优于 NS 方程的计算结果。且 NS 方程与 Burnett 方程同属 Chapman-Enskog 展开，属于理论意义上的连续性方法，流动宏观量空间与时间连续且可用一组非线性偏微分方程进行描述，其显著特点为已发展的数值计算方法成熟、计算效率高。但是，Burnett 方程求解的稳定性与高阶边界条件仍有待深入细致地开展研究，尤其是部分形式的 Burnett 方程线性失稳与违背热力学第二定律的缺点极大地阻碍了该方法的发展与应用。Grad 十三矩方程是扩展流体力学方程(EHE 方法)中另一类直接求解矩方程的方法，它以获得 13 个未知量的 13 个矩方程为目标，将速度分布函数展开为密度、压力、速度、应力与热流的 Hermite 多项式并代入 Boltzmann 方程求矩，联立质量、动量与能量守恒方程获得 13 个独立输运方程[56]。Grad 十三矩方程与 Burnett 方程经历了同一个时期的发展与讨论，且开始由于与 Burnett 方程一样无法获得高马赫数条件下的激波解在当时均不被学术界重视。但随着时间相关法发展，Burnett 方程很快突破了马赫数限制获得了高超声速激波解，但十三矩方程仍与其定常解法一样无法取得突破，且被证明违背 Gibb's 关系[58, 59]。由于该多项式展开被证明当来流马赫数大于 1.85 时发散[60]，因此没有得到 DSMC 方法与实验进一步的验证与支持。Levermore 和 Morokoff 指出 Grad 十三矩方程违反熵关系[61]后提出高斯闭合法[62]。高斯闭合法是在有限维度线性子空间里将矩方程变换为双曲型方程进行求解。Groth[63]则基于高斯闭合法发展了相关计算模型，但是由于该方法的解无法获得热流，导致其应用大大受限。此外，Brown[64]还发展了更为复杂的三十五矩方程，但目前仍没有获得大于马赫数 2 的模拟结果。目前三维十三矩方程与三十五矩方程计算尚存在较大缺陷，无法开展数值求解与计算。为克服扩展流体力学方程(EHE)物理与数值求解过程中的困难，Myong[65]基于 Eu 方程提出了广义流体力学方程，由于 Eu 方程[66]是基于非平衡正则分布函数及 Boltzmann 方程碰撞项累积展开，严格满足热力学第二定律，因此较为有效地解决了一些一维条件下的过渡流问题，但应用该方法求解二维与三维条件下的过渡流问题仍需要进一步研究与突破。

1.2 矩方法研究进展

构建矩方程时，采用成熟的、基于偏微分方程组的连续模型来对流场物理量进行描述，将极大改善目前稀薄过渡流数值方法对于非平衡多尺度流动的计算效率与计算精度。因此，矩方法与 Boltzmann 方程几乎同时诞生，并始终围绕这一目标获得了广泛的研究与发展。

完整的无穷矩方程是 Boltzmann 方程描述的另一类表达形式，若考虑基于完整的函数空间的所有矩输运方程，该方程与 Boltzmann 方程所采用的速度分布函数描述完全等价。但由于任意阶矩方程的不可封闭性(方程包含更高一阶矩)，研究重点往往集中在有限矩(如五矩、十三矩等)方程的封闭与数值方法。

1.2.1 Chapman-Enskog 展开与 Burnett 方程

虽然 NS 方程的提出远早于 Boltzmann 方程，但 Chapman-Enskog 方法是最早从 Boltzmann 方程推导出 NS 方程的理论方法，其基本思想是将分子质量、动量与能量乘以 Boltzmann 方程各项并对整个速度空间进行积分，由此所得到的方程称为矩方程或 Maxwell 输运方程。所得到的矩方程包含质量、动量与能量守恒方程式，但方程组本身并不封闭，需要对应力与热流张量本构关系进行封闭。Chapman 与 Enskog 通过将速度分布函数基于 Kn 进行了级数展开，其中零阶近似取平衡态 Maxwellian 速度分布，求得应力张量与热流张量为零时得到 Euler 方程组。对应的一阶近似得到 NS 方程，二阶近似得到 Burnett 方程。从基于 Kn 正幂次级数展开的数学本质来看，虽然 Chapman-Enskog 展开方法所得到的结果不会在 $Kn>1$ 时仍得到明显改善，但已有研究表明 Burnett 方程的高阶应力张量与热流张量明显能提供比 NS 方程失效边界更大的 Kn 范围。按照钱学森关于流动领域的划分，过渡流 Kn 定义为 0.1～10。考虑到当 $Kn>1$ 时的流动已经充分稀薄，在通常定义的临近空间(20～100 km)范围内，不论是考察来流 Kn 还是考察各类局部 Kn，其值大于 1 的高超声速飞行器绕流流场并不多见，且对于 $Kn>1$ 的流动应用已充分发展的 DSMC 方法就能够较高效地获得更为真实的流场物理描述和计算结果，同时 $Kn>1$ 也已超出了 Chapman-Enskog 级数展开中关于 $Kn<1$ 的限制。另一方面，更高阶 C-E 展开得到的矩方程形式过于复杂，因此作为延伸至稀薄滑移与过渡流域的连续流方法，二阶 C-E展开 Burnett 方法具有十分重要的研究价值。

1936 年，Burnett 研究了速度分布函数的 Chapman-Enskog 二阶展开，得到了对应二阶热流与应力张量[55]，获得了原始 Burnett 方程。随后 1939 年，Chapman 与 Cowling[57]将原始 Burnett 方程中的物质导数进行了 Euler 形式的描述，获得了常规 Burnett 方程(conventional Burnett equations)，考虑到 Euler

方程、NS 方程与 Burnett 方程均为 Chapman-Enskog 各阶展开，因此将原始 Burnett 方程中的物质导数替换成 Euler 或 NS 方程空间导数的形式是合理的。常规 Burnett 方程一经提出就获得了广泛关注，在过去 60 年里，国内外学者对常规 Burnett 方程的热情远远高于原始方程形式。钱学森[2]在 1946 年就将 Burnett 方程二阶项与 Navier-Stokes-Fourier 方程中的一阶项进行了对比，提出对于高超声速滑移过渡流区域数值计算应采用 Burnett 方程，但 Burnett 方程需要提供更为复杂的边界条件。在 Burnett 方程提出后，一维激波结构问题普遍被学术界认为是 Burnett 方程优于 NS 方程最强有力的证明，但对于任意马赫数条件下 Burnett 方程求解的困难使得研究者十分困惑。1948 年，Wang 和 Uhlenbeck[67]试图采用 Burnett 方程求解马赫数 1.2 以上激波结构，但最终无法稳定求解。Sherman 和 Talbot[68]对 NS 方程与 Burnett 方程激波结构进行了对比分析，但仍无法获得 Burnett 方程马赫数 2.0 以上的激波结构，并认为 NS 方程对于弱激波仍然适用且 Burnett 方程在弱激波条件下并未表现出明显优点，而对于来流马赫数 2.5 以上的激波结构，Burnett 方程可能存在理论上缺陷无法获得稳定求解。Foch[69]也在计算定常 Burnett 方程时遇到了所谓的马赫数障碍，同时研究了超 Burnett 方程，但均无法获得任意马赫数下的激波结果。1964 年，Holway[58]研究 Burnett 方程后认为基于 Boltzmann 矩方程所获得的流动控制方程对高马赫数条件下激波结构求解无能为力。但随后 Bulter 和 Anderson[70]即发现通过修改矩方程 Maxwell 权函数可以获得稳定的高超声速激波解。由于稀薄气体动力学实验与理论有时采用 NS 方程反而获得了优于 Burnett 方程的结果，且其复杂的方程形式与边界条件难以程序化处理，学术界对 Burnett 方程研究一度陷入低谷。1976 年，Vestner[71]将边界层效应与 Burnett 贡献分辨开，获得了“黏性磁场热流”，并由 Hermans[72]设计的实验进行了验证。自此二阶 Chapman-Enskog 展开近似才获得了较为严谨的实验确认，奠定了 Burnett 方程研究重要的里程碑。随后 Fiscko 在自己的博士论文[73]和文献中[74]采用时间相关法求解了 Burnett 方程，充分验证了一维激波结构中 Burnett 方程比 NS 方程模拟结果与 DSMC 吻合得更好，同时也发现了 Burnett 方程在细密网格中的不稳定性。更为重要的是，他们得到的结果证明了 Chapman-Enskog 展开所获得的二阶 Burnett 方程与三阶超 Burnett 方程本身不存在所谓“马赫数障碍”，而是数值求解方法限制了计算马赫数范围与计算稳定性，极大提振了研究者对于研究 Burnett 方程的信心与热情，成为 Burnett 方程研究历史上最重要的转折点。随后，Street 与 Lin[75]采用高阶滑移边界条件求解 Burnett 方程并与实验数据进行比对，当 $Kn<0.25$ 时获得了十分满意的圆柱与 Coutte 流动模拟结果，明显优于滑移边界的 NS 方程。Burnett 方程对于小波长扰动的不稳定性已得到广泛证实，其导致当流场区域内网格尺度小于平均分子自由程时计算发散。Bobylev[76]研究发现小波长下一维 Burnett 方程的线性不稳定性，Zhong 等[77]后来采用 Bobylev 的稳定性分析方法研究后提出了增广 Burnett 方程，其具体方程形式是在三阶展开后所得到的热流与应力项中取部分项放入常规 Burnett 方程之中，并采用一阶滑移边界条件计算了圆柱绕流、球头、椭球与低密度喷管流动，取得了较为满意的模拟结果。Agarwal[78]通过研究也证明了增广 Burnett 方程的稳定性与相比 NS 方程更高的模拟精度，但增广 Burnett 方程在模拟钝头体尾流及平板边界层过程中计算难以收敛，且方程本构关系中所增加的线性超 Burnett 方程项的必要性遭到质疑。此外尽管 Burnett 方程的推导起初仅局限于单原子气体分子模拟，但 Lumpkin[79]证明对于双原子气体的氮气分子激波结构，考虑转动能非平衡效应的 Burnett 方程也能够提供优于 NS 方程的结果。

在 Burnett 方程稳定性研究方面，Uribe[80]发现并重新解释了硬球分子模型下原始 Burnett 方程的不稳定性，并给出了稳定 Kn 范围。Soderholm[81]证明原始 Burnett 方程的存在奇异点且构造了混合常规-原始 Burnett 方程并证明其线性稳定性。Jou[82]构造了能反映 Burnett 项影响的高阶流体力学方程并采用 Bobylev 方法进行了线性稳定性分析。Welder 等[83]认为在较大 Kn 条件下仅仅对常规 Burnett 方程进行线性稳定性分析是不够的，由于忽略了高阶本构关系中的非线性项，线性稳定只能作为方程计算稳定的必要条件。Comeaux[84]与 Jin 等[85]均研究了常规 Burnett 方程与热力学第二定律的相容性，认为是由于违背了热力学第二定律导致的方程对于小波长扰动的不稳定，同时 Jin 还在文章中首次提出了正则 Burnett 方程。为了克服这一缺点，Balakrishnan 与 Agarwal[86-88]及 Welder[83]等分别提出了 BGK Burnett 方程，其基本思路是采用 1954 年 Bhatnagar 所提出的 Bhatnagar - Gross - Krook (BGK)[44]模型对 Boltzmann 方程中的碰撞积分项进行了替代，所得到的 BGK Burnett 方程被证明满足 Boltzmann-H 定理，一维线性稳定分析也表明该方程线性稳定，但是原始 BGK 模型不能获得正确的流场输运系数，如前所述需要进行修正。三阶 Chapman-Enskog 展开所得到的超 Burnett 方程(super Burnett equations)与更高阶展开所获得的方程由于数学性质与物理意义均存在较大争议，因此考虑其数值方法目前还没有理论与应用价值[78]。Woods[89, 90]认为 Burnett 方程本构关系中并未区分扩散项和对流项，通过推导将 Burnett 本构关系中对流项进行了消元，得到了 Woods 方程。除上述方程外，最近的一组 Burnett 方程形式是在2013 年由 Dadzie[91] 推导得到的，且推导过程避免了 Chapman-Enskog 展开。Burnett 方程中的应力与热流项中的三阶以上导数需要额外的边界条件才能使得方程获得定解，不同的边界取值会导致不同的方程计算结果[92]。国内王智慧等[93，94]研究了二阶 Burnett 方程热流项与一阶 NS 热流项在驻点处的比值，提出了非傅里叶换热的稀薄效应准则并发展了对应的桥函数，获得了与 DSMC 较为一致的驻点热流预测结果。包福兵等[95，96]采用 Bobylev 线性稳定性分析方法对不同类型一维和二维 Burnett 方程进行了数学分析，证明了部分方程的线性稳定性质。

虽然理论上求解 Burnett 方程需要比 NS 方程更高阶的边界条件，但目前文献中 Burnett 方程的物面边界条件主要采用一阶 Mawell/Smoluchowski 滑移边界条件与二阶滑移边界条件。热化学非平衡流动的 Burnett 方程研究目前国内外文献尚很少见，相关研究工作目前还仅限于多组元无化学反应 Burnett 方程计算研究[97]。除笛卡儿坐标系下的 Burnett 方程外，圆柱坐标系下的 Burnett 方程也有学者进行了推导与数值计算，并获得了相应数值解。例如，Zhong 和 Furumoto[98]采用柱坐标系增广 Burnett 方程计算了轴对称钝头体高超声速绕流，Yang 和 Garimella[99] 推导了柱坐标系条件下 Burnett 方程应力项，Singh 和 Agarwal[100] 推导了三维柱坐标下增广 Burnett 方程并求解了三维等温 Poiseuille 流动。此外在低速微流动与微机电研究中，学术界也采用 Burnett 方程获得了较为丰富的数值模拟结果。如 Agarwal[78]、Bao[101]、Xue[102]、Uribe[103]、Singh[104，105]等均采用增广 Burnett 方程计算得到了令人满意的稀薄条件下平板 Coutte 和 Poiseuille 流场结果。

Burnett 方程自从 1936 年首次提出以来虽受到学术界广泛研究与关注，但其在高超声速流动中应用始终不太顺利。Zhong[77] 总结其主要原因在于：① 边界条件难以准确描述气体分子与壁面的相互作用；② Chapman-Enskog 级数展开收敛特性未知；③ Burnett 方程熵增性质未得到证明；④ 在转动坐标系中 Burnett 方程表现出坐标系相关[90]；⑤ 纵向扰动下 Burnett 方程线性失稳。针对 Burnett 方程遇到的上述问题，经过多方面分析总结后可以得到以下结论。

① 关于 Burnett 方程边界条件：边界条件对于偏微分方程求解的影响毋庸置疑，但即使在连续流区域采用典型无滑移边界条件，NS 方程解的唯一性学术

界仍存在争议，从数学上对 NS 方程边界条件进行准确分类还存在一定差距，因此对 Burnett 方程进行严格边界条件定义理论上还尚不可及。虽然学术界一致认为包含高阶应力与热流项的 Burnett 方程对边界条件提出了更高需求，但迄今为止几乎所有 Burnett 方程数值计算文献均采用较为成熟的一阶与二阶滑移边界条件，且获得了准确稳定的数值计算结果。因此本书作者认为对于 Burnett 方程边界条件数学描述难以突破的前提下，建议数值求解 Burnett 方程时仍沿用已有的较为成熟的一阶与二阶滑移边界条件，同时需进一步开展一阶与二阶滑移边界条件对比研究与相关工作的总结。

② 关于 Chapman-Enskog 方法收敛性问题：NS 方程与 Euler 方程也同属 C-E 展开，因此收敛性问题属 C-E 展开共性问题。目前不仅 C-E 级数展开收敛性虽尚未证明，且关于正则化方法及 Grad 方法收敛性证明研究都较为缺乏，学术界关于收敛性问题还存在较大争议。由于这个问题属于 C-E 方法自身特点，本书将不展开深入研究。

③ 关于熵增问题：由于没有充足证据证明 Burnett 方程具有非负耗散函数并满足热力学第二定律，因此目前关于熵增的讨论还在继续，且已被证明由于违背热力学第二定律导致了方程对于小波长扰动的不稳定；一些发展和修正的 Burnett 方程(如 BGK-Burnett 方程)也被证明满足热力学第二定律，因此数学和计算证明方程的熵条件显得十分必要。

④ 关于坐标系相关性问题：Truesdell 和 Muncaster[106] 认为虽然 BGK 模型方程通过简化获得了坐标系无关性，但 Boltzmann 方程本身却并非一定强调坐标系无关。因此 Burnett 方程在旋转坐标系下的坐标相关性是否影响其方程应用价值还值得商榷。

⑤ 关于线性方程小扰动失稳：从工程角度人们更加关心的问题是 Burnett 方程究竟能否稳定、准确地给出优于 NS 方程的结果。因此 Burnett 方程的稳定性问题才是目前困扰该方程发展应用的瓶颈和最希望解决的问题，方程稳定性得不到保障，Burnett 方程就不可能被工程界广泛应用与发展。正因为上述问题困扰，流体力学界曾有人认为 Burentt 方程研究价值与意义不大，直到 Fiscko 与 Chapman 将其在高超声速流动中进行了里程碑式的应用。

本书第三、四、五章将围绕阻碍 Burnett 方程发展应用的瓶颈问题，结合近年来作者针对该方程的基础理论与数值计算方法所开展的研究工作，对 Burnett 方程的简化、稳定性分析与边界条件处理所开展的基础性研究工作进行详细的阐述与展望。

此外，在稀薄气体动力学中，分子动理论从分子水平碰撞描述了气体流动，但往往高超声速流动还伴随着分子内能激发、离解、电子能级跃迁及化学反应等十分复杂的分子内部结构物理过程，即热化学非平衡效应。上述分子内部结构变化改变了气体属性与状态方程，影响了流场激波结构与分离区大小，直接关系到飞行器受力与受热情况。由于滑移过渡区稀薄效应对分子平均碰撞时间的影响，在连续流条件下假设平衡的平动-转动松弛过程发生改变，转动能非平衡效应凸显。因此，在多原子分子 Burnett 方程中还需考虑平动-转动非平衡所产生的松弛过程影响，其非平衡方程表现形式、稳定性及碰撞参数影响与规律值得进行讨论与总结。此外，在热化学非平衡数值方法研究中，化学反应源项求解刚性问题、各能态间能量交换与松弛问题、化学反应模型的不完备及稀薄效应与热化学非平衡效应耦合影响等问题使其研究具有较大的难度。本书基于发展的简化常规 Burnett 方程同时将稀薄气体效应与热化学非平衡效应考虑进来，不仅包含了前述非平衡流动共性问题，还需要将分子内部结构变化与稀薄条件下分子宏观运动结合进行耦合研究，使得流动问题复杂程度大大增加。

1.2.2 Hilbert 展开与 Grad 方程

Grad 矩方法将速度分布函数在平衡态附近进行 Hilbert 展开，得到分布函数 Hermite 多项式表达形式[56]。Grad 方法可以对包含应力张量、热流及更高阶矩的输运方程进行封闭并耦合求解，其中最为常见的包括 Grad 十三矩方程与 Grad 二十六矩方程。然而，原始 Grad 矩方法与 Burnett 方程一样，存在十分明显的理论缺陷：首先由于 Grad 方程表现出双曲型特点，因此存在激波结构模拟的最大马赫数范围，来流条件超过这个马赫数即很难得到光滑与稳定的激波结构。例如，Grad 十三矩方程激波结构模拟的最大马赫数仅为 1.65，且这个最大马赫数仅随着方程矩数的增大而缓慢增大[107]，方程这一数学特性缺陷极大制约了 Grad 类矩方程的发展。其次，由于高阶矩方程边界条件普遍存在的适定性问题，目前文献中考虑边值问题的 Grad 方程求解十分困难，已有的数值结果很少。此外，例如努森层描述准确度与 Grad 方程中矩的阶数相关性问题[108]、高马赫数条件下速度分布函数多项式展开报负[109]等问题也使得该方程研究与应用充满挑战。

Struchtrup 与 Torrilhon[110]针对十三矩 Grad 方程进行了正则化处理，得到了正则化十三矩方程(R13 方程)，正则化通过在原始 Grad 输运方程上增加二阶导数项描述 Boltzmann 方程多尺度耗散特点，最终得到的方程形式克服了原始

Grad 十三矩方程双曲型的缺点，能够获得全马赫数稳定、光滑的激波结构。由于 Grad 分布函数并非和 Maxwellian 分布函数一样在 Boltzmann 方程中有明确的物理含义，R13 方程假设非平衡气体向平衡态过渡时首先达到一个伪平衡中间态，且这个松弛时间较达到平衡态的松弛时间要小得多，这个伪平衡态条件的速度分布函数即为 Grad 分布函数，正则化的思想同样被广泛应用于其他矩方法之中[85, 111, 112]。将 R13 方程采用基于努森数 Chapman-Enskog 展开可以发现，二阶 Burnett 方程与三阶 super-Burnett 方程被包含进来，而传统 Grad 十三矩方法不能包括 super-Burnett 阶精度。同时 R13 方程能够保证任意波长与频率的线性稳定，这比传统线性稳定性分析仅考虑扰动时间稳定性要求更为苛刻。例如增广 Burnett 方程仅克服了原始 Burnett 方程时间线性失稳的缺陷，然而空间仍存在线性不稳定。因此，Torrilhon[113] 针对激波结构问题将 R13 方程与 Burnett 与 super-Burnett 方程进行了详细对比与讨论，并对 Grad 速度分布函数保正性进行了研究。

1.2.3 非线性本构关系理论

为了提供一种可靠的能够实现稳定计算的高阶流体动力学模型，B.C.Eu 从广义的流体动力学理论出发，结合非平衡集成方法，提出了一组广义流体动力学方程(GHE)[114, 115]。采用不可逆的扩展热力学作为理论工具，为统计力学提供一个坚实可靠的基础。这套理论最非凡之处在于巧妙地构建了一个非平衡态分布函数，这个分布函数只是形态定义，并非严格具体的表达式，作为一座桥梁，把从非平衡态到平衡态演化的熵增特性和宏观非守恒量的耗散演化的过程紧密联系起来，使得这套理论从一开始的介观分布函数层面就强制确保满足 H 定理。为了完成对高阶非守恒量输运方程的封闭，B.C.Eu 对其碰撞项进行累积量展开，消去高阶展开式，保留了一阶项。该一阶项是宏观非守恒量的双曲正弦函数，在近平衡态附近演化成 Rayleigh-Onsager 耗散函数。广义流体力学方程已经被成功地运用到高马赫数的一维激波结构[116] 和声波吸收散布问题[117] 的研究中。

但是，当上升到多维问题的研究时，GHE 的应用受到限制，主要是由于 GHE 方程形式复杂，高阶非守恒量之间强非线性耦合。为此，R.S.Myong 在 GHE 基础上发展了一套有效的多维计算动力学模型，并为之提出一套行之有效的解耦求解算法[118]。该模型由 GHE 在 Eu 的绝热假设和封闭假设条件下，通过对高阶非守恒量时间项和对流项的简化处理得到。该模型是一组非线性耦合代数方程，通过解耦求解算法能有效地结合双曲守恒律控制方程，实现对流动的数值模拟。目前，该模型（也就是非线性耦合本构关系，简称 NCCR 模型）在单原子气体的一维激波结构和二维平板、钝头绕流等问题得到了验证[119]，初步表明了其在高速稀薄流域流动机理模拟的潜力。随后，该模型考虑了和体积黏性有关的附加体积应力，通过引入附加体积应力高阶非守恒量演化方程，拓展到了双原子气体流动问题的模拟，并成功应用到二维高超稀薄钝头绕流模拟问题的研究中[120]。由于在非平衡流动问题取得巨大的成功，NCCR 模型受到关注，并在多方面得到拓展性的研究，包括在微机电系统下的研究[121]，结合间断伽辽金计算方法的高精度算法研究[122]以及平板库特流和一维泊肃叶流的理论分析研究[123]等问题。

1.3 稀薄气体动力学与临近空间飞行器

航空航天技术的发展史始终是人类征服高度与速度的发展史。目前以飞机为代表的航空器的静升限（即最高飞行高度）一般不超过 20 km，以卫星为代表的轨道飞行器最低飞行高度一般不低于 100 km。20～100 km 之间的空域自下而上包含大气平流层、中间大气层和部分电离层。在第 20 届太平洋空间首脑论坛上，美国空军航天司令部指挥官兰斯·罗德将军首次撰文提出临近空间概念[124]，并将其定义为海拔 65 000～325 000 英尺（20～99 km）的空间。自临近空间概念提出以来，虽然不同时期不同学者对其高度范围的定义略有差别，例如有学者还曾提出 30～120 km 和 20～300 km 两种高度范围的定义，但大多数学者通常将 20～100 km 之间的空域定义为临近空间。同时，临近空间飞行器被定义为在临近空间内长时间飞行并执行特殊任务的飞行器。

由于临近空间介于大多数航空器与航天器飞行极限之间，直到 20 世纪末，临近空间飞行器技术的发展仅局限于少数几种航空飞行器，例如美国发展的 U-2 侦察机（实用升限 24 000 m）、全球鹰侦察机 RQ-4（实用升限接近 20 000 m）和 SR-71 侦察机（实用升限 24 000 m），而航天飞行器则仅仅是航天器进入空间以及再入返回阶段与临近空间相关，如航天飞机、飞船、返回式卫星等。受限于人类对于临近空间环境的认识尚不成熟，临近空间成为人类航空航天研究新的未知领域，一直以来未得到系统的开发和利用。众所周知，人类生活依赖于对时间与空间的运用。由于临近空间独特的大气环境与空域高度，在制空权压制、信息化作战及全球快速打击侦查等方面蕴含着巨大的军事应用价值，军事竞争的白热化与空间探索的雄心掀起了临近空间环境及相关飞行器技术研究的热潮。近年来，随着美国等主要军事大国对临近空间持久精确感知与全球感知一体化、远程快速精确打击与全球战略威慑一体化等战略目标的持续关注，世界各航天大国均制定了耗资巨大的临近空间高超声速飞行器发展规划来保证空间利用的无缝性[125]。例如，自从 20 世纪 90 年代美国空天飞机（National Aero-Space Plane，NASP）下马至今，美国便先后制订了高超声速飞行试验（Hyper-X）计划、高超声速技术（Hy-Tech）计划以及高超声速飞行（Hyfly）计划[126-128]，并先后开展了针对 X-43A、X-51A、HTV-2 和 X-37B 等多个型号的研制与飞行试验。

据已公开的资料表明，飞行试验的结果并不乐观。例如，为验证超燃冲压发动机驱动高超声速飞行器的可行性，X-51A 的 4 次飞行试验就有 3 次试验失败。2010 年 5 月，X-51A 首飞仅获得部分成功；2011 年 6 月，X-51A 试验机由于进气道波系结构导致发动机进气量变化引起进气道未启动；2012 年 8 月的 X-51A 试验则由于飞行器平衡尾翼颤振导致尾翼锁失效使得飞行器失控坠毁；2013 年 5 月，X-51A 根据前 3 次飞行试验的经验和教训进行了一系列的改进，最终成功实现了超燃冲压发动机马赫数 6 连续飞行 300 s 的预期实验目标。同样，作为高超声速技术演示和验证计划一部分的 HTV-2 飞行试验亦屡屡受挫。2010 年 4 月，HTV-2 首次飞行试验，用“弥诺陶洛斯- 4”运载火箭将 HTV-2 送至预定分离点，HTV-2 在飞行马赫数超过 20 的情况下与火箭分离，但 9 min 后便与地面控制站失去了联系，试飞宣告失败。2010 年末，美国国防预先研究计划局（DARPA）指出，HTV-2 首飞失控最可能的原因是偏航超出预期，同时伴随耦合滚转，这些异常超出了 HTV-2 姿态控制系统的调节能力从而导致飞行器坠毁。2011 年 8 月，HTV-2 第 2 次试飞，升空大约半小时后便与地面失去联系，试飞再次宣告失败。DARPA 事故分析表明飞行器大部分外壳损毁，推测是由于 HTV-2 部分外壳局部烧蚀损坏后，形成的损伤区在飞行器物面附近产生了设计外的激波导致物面烧毁。该项目主管 Chries Schulz 也坦言，在马赫数 20 的飞行条件下，项目对于飞行器空气动力学现象仍存在认识上的盲区。2013 年，HTV-2 未能继续获得支持，少量经费用于消化吸收取得的经验，而 DARPA 提出的新的一体化高超声速（IH）项目获得了 4 500 万美元的资助，发展、完善和试验飞行马赫数 20 以上高超声速全球范围机动飞行的下一代技术。2014 年 3 月，美国陆军太空与导弹防御司令部司令 David L. Mann 准将在美国国会宣称，陆军计划在 2014 年 8 月份开展“先进高超声速武器（AHW）”的第二次试飞验证试验。2014 年 8 月 25 日，AHW 第二次飞行试验在发射起飞仅 4 s 后便出现异常，为确保公众安全而提前终止。据 2011 年 11 月 AHW 第一次试飞所公开的信息，AHW 从夏威夷太平洋导弹试验场发射半小时后击中 2 500 英里之外的目标靶，可以推测 AHW 的飞行马赫数远低于 HTV-2。虽然临近空间高超声速飞行器试飞之路十分坎坷，但从目前已公开发表和公布的数据来看，美国已初步突破了高超声速飞行器飞行试验的各项关键技术，并积累了大量的工程实践经验[128-131]，特别是新一代 X-37B 空天战斗机已取得多次飞行试验的成功。

由于临近空间位于航天器入轨与返回的必经区域，空间环境的特殊性决定了航天飞行器在穿过时必须考虑稀薄大气环境对飞行器气动力、防隔热、通讯及控制的影响。例如，美国航天飞机再入最大热流往往出现在 65～75 km 近连续流区域，哥伦比亚号防隔热瓦失事调查报告[30]就将航天飞机从 120 km 下降至失事 61 km 高度的气动环境作为重点分析对象。虽然临近空间的稀薄流动特征较连续流发生显著变化，但对于传统再入钝头飞行器飞行品质影响十分有限，因此稀薄流动精细模拟在这类飞行器的大余量工程设计中往往被忽略。但由于临近空间高超声速飞行器往往是具有尖锐前缘的乘波体外形，如 HTV-2、X-51A 等飞行器翼前缘及头部尖锐前缘热环境就必须考虑稀薄气体效应影响。除气动热预测外，过渡区稀薄气体效应对气动力的影响也不容小觑。例如，高超声速滑翔飞行器在小攻角再入条件下，飞行器各方向力矩特性、压心位置及控制面舵效对飞行稳定性至关重要。即使稀薄气体效应对整体气动特性影响有限，但长航时飞行条件下的扰动累积仍会对飞行姿态与弹道产生影响[3]。与此同时，高马赫数飞行条件在飞行器滞止区所产生的高温气体效应使得气体分子内部发生热力学能态激发、化学反应等复杂物理过程。因此，临近空间高超声速飞行器飞行环境同时包括了稀薄气体效应与高温气体效应的影响，两种效应叠加对飞行器空气动力学研究提出了新的课题与挑战。

从流体力学流动区域划分来看，临近空间高度范围恰好包含了整个滑移流与部分过渡流区域，流域内高超声速空气动力学研究主要采用实验与数值计算方法。目前广泛采用的地面实验设备大致可分为两大类：低焓风洞复现高马赫数冻结流效应[132]；高焓风洞复现连续流高温气体效应[133]。由于高超声速流动所包含的物理化学过程与相关的相似参数众多，流动相似准则要求苛刻，地面实验设备对于同时复现临近空间高超声速飞行器低雷诺数与高焓流动特征无能为力，对于临近空间高超声速稀薄流动的研究主要依赖空气动力学数值计算方法。文献[134]根据 20 世纪 90 年代风洞技术发展水平的预测后亦认为，对于空天飞机所面临的吸气式组合发动机气动热力学问题和机体与发动机一体化设计问题，$Ma \leqslant 8$ 时主要采用改进地面模拟技术的方法，$8 < Ma \leqslant 14$ 时可适当组合计算流体力学和地面模拟实验数据，而 $Ma > 14$ 主要依靠经过确认的计算流体力学。事实上，20 世纪 70～90 年代，计算流体力学(CFD)从面元法到线性和非线性的势流理论，从无黏流的欧拉方法到现在广泛使用的雷诺平均 NS 方程，不断追求更加准确的方法和更高的计算精度，发展十分迅速。由于 CFD 的大量使用，航空器研制的风洞试验[135-137]以及燃气涡轮发动机发展计划中的实验台测试的时间[138, 139]都大幅削减。同时，CFD 帮助那些缺少地面配套实验设备的高超声速飞行器进入太空，也为设计有再入返回能力的航天器提供了可能[140-142]。除了减少风洞实验需求，CFD 模拟技术提供了更好的理解和洞察限制飞行器性能的关键物理现象的途径，从而开辟了航空航天飞行器设计与研究的新领域[143]。过去 20 年中，虽然 CFD 计算能力按硬件发展的摩尔定律有了百万倍次的提高，但是也有充足的证据表明在同一时期 CFD 算法的发展和改进使得其计算能力有同等甚至更大的提升[135]。尽管以地面风洞实验和 CFD 为基础的气动技术作为研制航空航天飞行器的基础性关键技术，已得到了充分的发展，且具体的航空航天飞行器型号前期都会投入大量物力与人力研究，但美国前期所开展的临近空间高超声速飞行器飞行试验多次失利与气动问题密切相关的事实仍然表明：由于临近空间高超声速空气动力学问题存在物理过程认知尚不清晰，地面风洞试验手段对于复现临近空间高超声速低雷诺数与高焓环境仍存在严重的挑战，以及数值计算方法的理论模型与实验验证并不完备等诸多研究瓶颈，气动预测精度决定飞行成败与品质仍是临近空间高超声速飞行器设计的重要准则。高超声速稀薄过渡流区气动技术作为临近空间飞行器设计的关键技术将对飞行器气动布局一体化设计、能源与推进系统设计、防隔热及控制系统设计等起到重要的技术支撑作用。临近空间高超声速飞行器气动特性高精度预测与精细流场模拟对稀薄气体动力学数值计算方法提出了巨大的挑战与严苛的工程需求。

1.4 本书主要内容

本书以临近空间高超声速飞行器气动力、热预测与流场模拟为研究背景，对稀薄气体动力学的基本概念、介观 Boltzmann 方程与宏观矩方程的基本理论与数值方法进行了详细阐述。值得一提的是，书中还包括了作者首次提出的适用于高超声速连续流、滑移过渡流条件($Kn<1$)的简化常规 Burnett 方程,及滑移过渡流条件下三维量热完全气体与热化学非平衡气体高超声速飞行器气动力、热与等离子体鞘套特性方面的 Burnett 方程应用实例,以及作者针对非线性本构关系理论(NCCR 理论)提出的耦合数值求解理论。全书共分为 6 章,主要内容具体包括以下 4 个方面。

① Boltzmann 方程构造与宏观矩的基本概念。主要内容包括:a) 详细介绍了相空间、速度分布函数、矩、平衡态与 Maxwellian 分布等稀薄气体动力学基本概念,将微观速度分布函数通过求矩与气体宏观状态量联系起来;b) 详细介绍了 Boltzmann 方程的基本假设与方程形式,通过积分求矩获得了质量、动量与能量守恒方程,同时将热力学第二定律与 Boltzmann-H 定理紧密联系起来,阐述了熵增的宏观与微观物理意义;c) 介绍了常用的碰撞项简化模型——BGK 模型与 ES-BGK 模型等;d) 详细介绍了 C-E 展开方法的基本思路并针对 ES-BGK 模型方程进行了近似展开封闭,并推导得到零阶 Euler 方程、一阶 NS 方程及二阶常规 Burnett 方程;e) 针对 Boltzmann 方程积分求矩给出了矩的一般形式及标量矩、矢量矩及张量矩的输运方程一般非封闭形式。

② Burnett 方程的构造与线性稳定性研究。主要内容包括:a) 针对高超声速高马赫数流动特点采用量纲分析方法对常规 Burnett 方程中的本构关系高阶项进行恰当简化处理,首次得到了适用于高超声速流动的简化常规 Burnett 方程(simplified conventional Burnett,SCB)形式,进而推导了考虑平动-转动能非平衡双原子气体的 SCB 方程形式;b) 对原始一维与多维、单原子与双原子分子 Burnett 方程以及近年来文献中所发展的不同类型 Burnett 方程,进行线性化稳定性分析与对比研究,探讨了双原子气体在考虑转动能非平衡效应时转动能碰撞数对稳定性结果的影响。研究发现,SCB 方程不仅在方程形式上相比 Burnett 方程得到了简化,还同时获得了无条件线性稳定特点;c) 开展激波结构的各类 Burnett 方程数值计算比较研究,与文献中典型的不同分子类型的激波结构实验结果和 DSMC 方法结果进行对比,验证了 SCB 方程的正确性和所采用计算方法的准确性;d) 通过准一维 Couette 流研究了不同滑移边界条件对二阶 Burnett 方程稳定性与计算精度影响,确定了适用于 Burnett 方程的滑移物面边界条件。

③ 基于量热完全气体与考虑振动能与化学非平衡的双温多组元 Burnett 方程的数值计算方法研究。主要内容包括:a) 基于有限体积方法与 MPI 消息传递模型建立基于量热完全气体的三维简化常规 Burentt 方程并行数值计算方法;b) 通过与典型二维圆柱、三维球头、钝锥、空心扩张圆管、尖双锥外形及类

HTV-2飞行器的NS方程、增广Burnett方程、DSMC方法与实验结果进行对比，验证了SCB方程和本书建立的数值计算方法在连续流、滑移流及过渡流($Kn<1$)条件下的计算稳定性与准确性；c) 重点针对流场激波内部、底部分离区、头部尖锐前缘区及物面努森层等典型连续性假设失效区域的SCB方程与NS方程计算差异与物理机理进行分析，并对不同方法得到的物面特性参数(如表面压力、摩阻与热流)分布曲线进行对比；d) 稀薄高马赫数条件下简化常规Burnett方程热化学非平衡流动的数值计算方法，其中热力学非平衡考虑了高温条件双原子分子振动能的非平衡效应，化学非平衡考虑了双原子分子离解、复合及电离等现象；e) 通过适用于更广Kn范围的简化常规Burnett方程耦合振动能激发与化学反应等复杂物理化学过程，获得了稀薄效应与热化学非平衡效应耦合的更为真实的滑移过渡流高超声速流动数值计算结果；f) 将SCB方程流场与气动参数计算结果与同考虑真实气体效应的NS方程进行对比，对连续性假设失效和不同方程本构关系产生的计算结果差异进行评估与分析。

④ Grad十三矩方程理论与非线性本构关系理论推导与综述。主要内容包括：a) 采用在平衡态附近基于Hermite多项式展开得到的速度分布函数多项式形式对矩方程组进行封闭，推导得到了Grad矩方程一般形式及十三矩方程；b) 对比了Grad方法与C-E展开方法之间的相似点与不同，并将Grad十三矩方程基于C-E展开思想进行了详细分析；c) 针对Grad十三矩方程双曲型特点，采用正则化理论推导了正则化十三矩方程(R-13方程)，并通过量纲分析法讨论了NS方程、R-13方程等方程与努森数关系；d) 从广义的流体动力学理论出发，结合非平衡集成方法，推导了广义流体动力学方程(GHE)及非线性本构关系模型方程(NCCR)，并着重讨论了该理论方法的熵增特点、边界条件及数值求解方法。

参考文献

[1] Vincenti W G, Kruger C H. Introduction to physical gas dynamics[M]. New York: Wiley, 1965: 538.

[2] Tsien H S. Superaerodynamics, mechanics of rarefied gases [J]. Journal of the Aeronautical Sciences, 1946, 13(12): 653-664.

[3] Ivanov M S, Gimelshein S F. Computational hypersonic rarefied flows[J]. Annual Review of Fluid Mechanics, 1998, 30(1): 469-505.

[4] Gad-El-Hak M. The fluid mechanics of microdevices — the freeman scholar lecture[J]. Journal of Fluids Engineering-Transactions of the ASME, 1999, 121(1): 5-33.

[5] 沈青. 稀薄气体动力学[M]. 北京：国防工业出版社，2003: 321.

[6] Mcnamara G R, Zanetti G. Use of the Boltzmann-equation to simulate lattice-gas automata[J]. Physical Review Letters, 1988, 61(20): 2332-2335.
[7] Lim C Y, Shu C, Niu X D, et al. Application of lattice Boltzmann method to simulate microchannel flows[J]. Physics of Fluids, 2002, 14: 2299.
[8] Nie X B, Doolen G D, Chen S Y. Lattice-Boltzmann simulations of fluid flows in MEMS [J]. Journal of Statistical Physics, 2002, 107(1-2): 279-289.
[9] Wolf-Gladrow D A. Lattice-gas cellular automata and lattice Boltzmann models: an introduction[M]. New York: Springer, 2000: 308.
[10] Chen S Y, Doolen G D. Lattice Boltzmann method for fluid flows[J]. Annual Review of Fluid Mechanics, 1998, 30(1): 329-364.
[11] Maxwell J C. On stresses in rarified gases arising from inequalities of temperature[J]. Philosophical Transactions of the Royal Society of London, 1879, 170: 231-256.
[12] Gokcen T, Maccormack R W. Nonequilibrium effects for hypersonic transitional flows using continuum approach[C]. Reno, NV, U.S.A.: AIAA-1989-461, 1989.
[13] Maccormack R W, Chapman D R, Gokcen T. Computational fluid dynamics near the continuum limit[C]. Honolulu, HI, U.S.A.: AIAA-1987-1115, 1987.
[14] Lockerby D A, Reese J M, Emerson D R, et al. Velocity boundary condition at solid walls in rarefied gas calculations[J]. Physical Review E, 2004, 70(1): 17303.
[15] Lockerby D A, Gallis M A, Reese J M. Capturing the Knudsen layer in continuum-fluid models of nonequilibrium gas flows[J]. AIAA Journal, 2005, 43: 1391-1393.
[16] Lofthouse A J, Scalabrin L C, Boyd I D. Velocity slip and temperature jump in hypersonic aerothermodynamics [J]. Journal of Thermophysics and Heat Transfer, 2008, 22(1): 38-49.
[17] Sharipov F, Kalempa D. Velocity slip and temperature jump coefficients for gaseous mixtures. I. Viscous slip coefficient[J]. Physics of Fluids, 2003, 15: 1800.
[18] Cercignani C. The Boltzmann equation and its applications[M]. New York: Springer-Verlag, 1988: 455.
[19] Deissler R G. An analysis of second-order slip flow and temperature-jump boundary conditions for rarefied gases[J]. International Journal of Heat and Mass Transfer, 1964, 7(6): 681-694.
[20] Beskok A, Karniadakis G E, Trimmer W. Rarefaction and compressibility effects in gas microflows[J]. Journal of Fluids Engineering-transactions of the Asme, 1996, 118(3): 448-456.
[21] Karniadakis G, Beskok A, Aluru N. Microflows and nanoflows: fundamentals and simulation[M]. New York, NY: Springer, 2005: 817.
[22] Hsia Y T, Domoto G A. An experimental investigation of molecular rarefaction effects in gas lubricated bearings at ultra-low clearances [J]. Journal of Tribology, 1983, 105(1): 120-129.
[23] 谢翀，樊菁. Navier-Stokes 方程二阶速度滑移边界条件的检验[J]. 力学学报，2007(1): 1-6.

[24] Bird G A. Molecular gas dynamics[M]. Oxford: Clarendon Press, 1976: 238.
[25] Bird G A. Molecular gas dynamics and the direct simulation of gas flows[M]. Oxford: Clarendon Press, 1994: 458.
[26] Wagner W. A convergence proof for Bird's direct simulation Monte Carlo method for the Boltzmann equation[J]. Journal of Statistical Physics, 1992, 66(3): 1011-1044.
[27] Erwin D A, Phamvandiep G C, Muntz E P. Nonequilibrium gas-flows .1. a detailed validation of Monte-Carlo direct simulation for monatomic gases[J]. Physics of Fluids A-Fluid Dynamics, 1991, 3(4): 697-705.
[28] Vogenitz F W, Broadwell J E, Bird G A. Leading edge flow by the Monte Carlo direct simulation technique[J]. AIAA Journal, 1970, 8(3): 504-510.
[29] Moss J N, Price J M, Dogra V K, et al. Comparison of DSMC and experimental results for hypersonic external flows[C]. San Diego, CA, U.S.A.: AIAA-1995-2028, 1995.
[30] Gehman H W, Barry J L, Deal D W, et al. Report of Columbia accident investigation board[R]. Arlington, VA, United States: NASA Technical Report, 2003.
[31] Koppenwallner G. Low Reynolds number influence on aerodynamic performance of hypersonic lifting vehicles[J]. Aerodynamics of Hypersonic Lifting Vehicles, 1987, CP-428(AGARD): 11.
[32] Oran E S, Oh C K, Cybyk B Z. Direct simulation Monte Carlo: Recent advances and applications[J]. Annual Review of Fluid Mechanics, 1998, 30(1): 403-441.
[33] Roveda R, Goldstein D B, Varghese P L. Hybrid Euler/particle approach for continuum/rarefied flows[J]. Journal of Spacecraft and Rockets, 1998, 35(3): 258-265.
[34] Hash D B, Hassan H A. A decoupled DSMC/Navier-Stokes analysis of a transitional flow experiment[C]. Reno, NV, U.S.A.: AIAA-1996-0353, 1996.
[35] Lumpkin Iii F E, Stuart P C, Lebeau G J. Enhanced analysis of plume impingement during Shuttle-Mir docking using a combined CFD and DSMC methodology[C]. New Orleans, LA, U.S.A.: AIAA-1996-1877, 1996.
[36] Hash D B, Hassan H A. Assessment of schemes for coupling Monte Carlo and Navier-Stokes solution methods[J]. Journal of Thermophysics and Heat Transfer, 1996, 10(2): 242-249.
[37] Wadsworth D C, Erwin D A. Two-dimensional hybrid continuum/particle approach for rarefied flows[C]. Nashville, TN, U.S.A.: AIAA-1992-2975, 1992.
[38] Wadsworth D C, Erwin D A. One-dimensional hybrid continuum/particle simulation approach for rarefied hypersonic flows[C]. Seattle, WA, U. S. A.: AIAA-1990-1690, 1990.
[39] Boyd I D, Chen G, Candler G V. Predicting failure of the continuum fluid equations in transitional hypersonic flows[J]. Physics of Fluids, 1995, 7: 210.
[40] Sun Q H, Boyd I D, Candler G V. A hybrid continuum/particle approach for modeling subsonic, rarefied gas flows[J]. Journal of Computational Physics, 2004, 194(1): 256-277.

[41] Schwartzentruber T E, Boyd I D. Detailed analysis of a hybrid CFD-DSMC method for hypersonic non-equilibrium Flows [C]. Toronto, Ontario, Canada: AIAA - 2005 - 4829, 2005.

[42] 刘靖.高超声速近连续流的混合算法研究[D].长沙：国防科学技术大学，2009.

[43] 徐珊姝.过渡区飞行器流场的数值模拟研究[D].北京：清华大学，2008.

[44] Bhatnagar P L, Gross E P, Krook M. A model for collision processes in gases. I. Small amplitude processes in charged and neutral one-component systems [J]. Physical Review, 1954, 94(3): 511-525.

[45] Holway Jr L H. Kinetic theory of shock structure using an ellipsoidal distribution function[C]. Toronto: New York: Academic Press, 1965.

[46] Xu K. A gas-kinetic BGK scheme for the Navier-Stokes equations and its connection with artificial dissipation and Godunov method[J]. Journal of Computational Physics, 2001, 171(1): 289-335.

[47] Broadwell J E. Study of rarefied shear flow by the discrete velocity method[J]. Journal of Fluid Mechanics, 1964, 19(3): 401-414.

[48] Cabannes H. Couette-flow for a gas with a discrete velocity distribution[J]. Journal of Fluid Mechanics, 1976, 76(JUL28): 273-287.

[49] Bobylev A V, Palczewski A, Schneider J. Discretization of the Boltzmann equation and discrete velocity models[M]. Rarefied Gas Dynamics 19, Harvey J, Lord G, Oxford: Oxford University Press, 1995: 2, 857-863.

[50] Li Z H, Zhang H X. Numerical investigation from rarefied flow to continuum by solving the Boltzmann model equation [J]. International Journal for Numerical Methods in Fluids, 2003, 42(4): 361-382.

[51] Li Z H, Zhang H X. Study on gas kinetic unified algorithm for flows from rarefied transition to continuum[J]. Journal of Computational Physics, 2004, 193(2): 708-738.

[52] Xu K, Huang J C. A unified gas-kinetic scheme for continuum and rarefied flows[J]. Journal of Computational Physics, 2010, 229(20): 7747-7764.

[53] Huang J C, Xu K, Yu P. A unified gas-kinetic scheme for continuum and rarefied flows II: multi-dimensional cases[J]. Communications in Computational Physics, 2012, 12 (03): 662-690.

[54] Huang J C, Xu K, Yu P. A unified gas-kinetic scheme for continuum and rarefied flows III: microflow simulations[J]. Communications in Computational Physics, 2013, 14 (05): 1147-1173.

[55] Burnett D. The distribution of molecular velocities and the mean motion in a non-uniform gas[J]. Proceedings of the London Mathematical Society, 1936, s2-40(1): 382-435.

[56] Grad H. On the kinetic theory of rarefied gases [J]. Communications on Pure and Applied Mathematics, 1949, 2(4): 331-407.

[57] Chapman S, Cowling T G. The mathematical theory of non-uniform gases: an account of the kinetic theory of viscosity, thermal conduction and diffusion in gases[M]. 3rd ed.

Cambridge: Cambridge university press, 1970: 423.
[58] Holway L H. Existence of kinetic theory solutions to the shock structure problem[J]. Physics of Fluids, 1964, 7: 911.
[59] Weiss W. Comments on "Existence of kinetic theory solutions to the shock structure problem" [Phys. Fluids 7, 911 (1964)][J]. Physics of Fluids, 1996, 8(6): 1689-1690.
[60] Schaaf S A, Chambré P L. Flow of rarefied gas[M]. Princeton: Princeton University Press, 1961.
[61] Levermore C D. Moment closure hierarchies for kinetic theories[J]. Journal of Statistical Physics, 1996, 83(5-6): 1021-1065.
[62] Levermore C D, Morokoff W J. The Gaussian moment closure for gas dynamics[J]. Journal on Applied Mathematics, 1998, 59(1): 72-96.
[63] Groth C P T, Roe P L, Gombosi T I, et al. On the nonstationary wave structure of a 35-moment closure for rarefied gas dynamics[C]. San Diego, CA, U.S.A.: AIAA 1995-2312, 1995.
[64] Brown S L. Approximate Riemann solvers for moment models of dilute gases[D]. Ann Arbor, MI: The University of Michigan, 1996.
[65] Myong R. A new hydrodynamic approach to computational hypersonic rarefied gas dynamics[C]. Norfolk, VA, U.S.A.: AIAA-1999-3578, 1999.
[66] Eu B C. Kinetic theory and irreversible thermodynamics[M]. New York: John Wiley & Sons, Inc., 1992: 732.
[67] Wang C C S, Uhlenbeck G E. On the theory of the thickness of weak shock waves[R]. Ann Arbor, MI, U.S.A.: University of Michigan, Department of Engineering, 1948.
[68] Sherman F S, Talbot L. Structure of weak shock waves in a monatomic gas[R]. Washington DC, United States: NASA Technical Report, 1959.
[69] Foch Jr J D. On higher order hydrodynamic theories of shock structure[M]. The Boltzmann Equation, Cohen E G D, Thirring W, Springer, 1973, 123-140.
[70] Butler D S, Anderson W M. Shock structure calculations by an orthogonal expansion method[C]. Oxford, England: Academic Press, 1967.
[71] Vestner H. Theory of the viscomagnetic heat flux[J]. Zeitschrift fuer Naturforschung, 1976, 31: 540-552.
[72] Hermans L J F, Eggermont G E J, Knaap H F P, et al. The use of a magnetic field in an experimental verification of transport theory for rarefied gases[C]. Cannes, France: Commissariat a l'Energie Atomique, 1979.
[73] Fiscko K A. Study of continuum higher order closure models evaluated by a statistical theory of shock structure[D]. Stanford, CA: Stanford University, 1988.
[74] Fiscko K A, Chapman D R. Comparison of Burnett, super-Burnett and Monte Carlo solutions for hypersonic shock structure[C]. Pasadena, CA, U.S.A.: 1988.
[75] Lin T C, Street R E. Effect of variable viscosity and thermal conductivity on high-speed slip flow between concentric cylinders[R]. Seattle: NACA Technical Report, 1954.
[76] Bobylev A V. The Chapman-Enskog and Grad methods for solving the Boltzmann

equation[J]. Soviet Physics Doklady, 1982, 27(1): 29-31.

[77] Zhong X L, MacCormack R W, Chapman D R. Stabilization of the Burnett equations and application to hypersonic flows[J]. AIAA Journal, 1993, 31(6): 1036-1043.

[78] Agarwal R K, Yun K Y, Balakrishnan R. Beyond Navier-Stokes: Burnett equations for flows in the continuum-transition regime[J]. Physics of Fluids, 2001, 13(10): 3061-3085.

[79] Lumpkin Iii F E. Development and evaluation of continuum models for translational-rotational nonequilibrium[D]. Stanford, CA: Stanford University, 1990.

[80] Uribe F J, Velasco R M, Garcia-Colin L S. Bobylev's instability[J]. Phys Rev E Stat Phys Plasmas Fluids Relat Interdiscip Topics, 2000, 62(4 Pt B): 5835-5838.

[81] Soderholm L H. Hybrid Burnett equations: A new method of stabilizing[J]. Transport Theory and Statistical Physics, 2007, 36(4-6SI): 495-512.

[82] Jou D, Casas-Vazquez J, Madureira J R, et al. Higher-order hydrodynamics: Extended Fick's Law, evolution equation, and Bobylev's instability[J]. Journal of Chemical Physics, 2002, 116(4): 1571-1584.

[83] Welder W T, Chapman D R, Maccormack R W. Evaluation of various forms of the Burnett equations[C]. Orlando, FL, U.S.A.: AIAA-1993-3094, 1993.

[84] Comeaux K A, Chapman D R, Maccormack R W. An analysis of the Burnett equations based on the second law of thermodynamics[C]. Reno, NV, U.S.A.: AIAA 1995-0415, 1995.

[85] Jin S, Slemrod M. Regularization of the Burnett Equations via Relaxation[J]. Journal of Statistical Physics, 2001, 103(5): 1009-1033.

[86] Balakrishnan R. An approach to entropy consistency in second-order hydrodynamic equations[J]. Journal of Fluid Mechanics, 2004, 503: 201-245.

[87] Balakrishnan R, Agarwal R K. Numerical simulation of Bhatnagar-Gross-Krook-Burnett equations for hypersonic flows[J]. Journal of Thermophysics and Heat Transfer, 1997, 11(3): 391-399.

[88] Balakrishnan R, Agarwal R K, Yun K Y. BGK-Burnett equations for flows in the continuum-transition regime[J]. Journal of Thermophysics and Heat Transfer, 1999, 13(4): 397-410.

[89] Reese J M, Woods L C, Thivet F, et al. A 2nd-order description of shock structure[J]. Journal of Computational Physics, 1995, 117(2): 240-250.

[90] Woods L C. An introduction to the kinetic theory of gases and magnetoplasmas[M]. New York: Oxford University Press, 1993: 300.

[91] Dadzie S K. A thermo-mechanically consistent Burnett regime continuum flow equation without Chapman-Enskog expansion[J]. Journal of Fluid Mechanics, 2013, 716(R6): 1-11.

[92] Banach Z, Larecki W, Zajaczkowski W. Stability analysis of phonon transport equations derived via the Chapman-Enskog method and transformation of variables[J]. Phys Rev E Stat Nonlin Soft Matter Phys. 2009, 80(4 Pt 1): 41114.

[93] Wang Z H, Bao L, Tong B G. Variation character of stagnation point heat flux for hypersonic pointed bodies from continuum to rarefied flow states and its bridge function study[J]. Science in China Series G-Physics Mechanics & Astronomy, 2009, 52(12): 2007-2015.

[94] Wang Z H, Bao L, Tong B G. Rarefaction criterion and non-Fourier heat transfer in hypersonic rarefied flows[J]. Physics of Fluids, 2010, 22(12): 126103.

[95] Bao F B, Lin J Z. Linear stability analysis for various forms of one-dimensional burnett equations[J]. International Journal of Nonlinear Sciences and Numerical Simulation, 2005, 6(3): 295-303.

[96] Bao F B, Zhu Z H, Lin J Z. Linearized stability analysis of two-dimension Burnett equations[J]. Applied Mathematical Modelling, 2012, 36(5): 1902.

[97] Galkin V S. Burnett's equations for multicomponent mixtures of polyatomic gases[J]. Journal of Applied Mathematics and Mechanics, 2000, 64(4): 569-582.

[98] Zhong X L, Furumoto G H. Augmented Burnett-equation solutions over axisymmetric blunt bodies in hypersonic flow[J]. Journal of Spacecraft and Rockets. 1995, 32(4): 588-595.

[99] Yang Z, Garimella S V. Rarefied gas flow in microtubes at different inlet-outlet pressure ratios[J]. Physics of Fluids, 2009, 21(052005).

[100] Singh N, Agrawal A. The Burnett equations in cylindrical coordinates and their solution for flow in a microtube[J]. Journal of Fluid Mechanics, 2014, 751: 121-141.

[101] Bao F B, Lin J Z. Burnett simulation of gas flow and heat transfer in micro Poiseuille flow[J]. International Journal of Heat and Mass Transfer, 2008, 51(15): 4139-4144.

[102] Xue H, Ji H M. Prediction of flow and heat transfer characteristics in micro-Couette flow[J]. Microscale Thermophysical Engineering, 2003, 7(1): 51-68.

[103] Uribe F J, Garcia A L. Burnett description for plane Poiseuille flow[J]. Physical Review E, 1999, 60(4): 4063-4078.

[104] Singh N, Dongari N, Agrawal A. Analytical solution of plane Poiseuille flow within Burnett hydrodynamics[J]. Microfluidics and Nanofluidics, 2014, 16(1-2): 403-412.

[105] Singh N, Gavasane A, Agrawal A. Analytical solution of plane Couette flow in the transition regime and comparison with Direct Simulation Monte Carlo data[J]. Computers & Fluids, 2014, 97: 177-187.

[106] Truesdell C, Muncaster R G. Fundamentals of Maxwell's Kinetic Theory of a Simple Monatomic Gas, Treated As a Branch of Rational Mechanics. Pure and Applied Mathematics[J]. American Scientist, 1981, 69(5): 574.

[107] Weiss W. Continuous shock structure in extended thermodynamics[J]. Physical Review E, 1995, 52(6A): R5760-R5763.

[108] Reitebuch D, Weiss W. Application of high moment theory to the plane Couette flow [J]. Continuum Mechanics and Thermodynamics, 1999, 11(4): 217-225.

[109] Struchtrup H. Macroscopic transport equations for rarefied gas flows[M]. Berlin: Springer Berlin Heidelberg, 2005: 245.

[110] Struchtrup H, Torrilhon M. Regularization of Grad's 13 moment equations: Derivation and linear analysis[J]. Physics of Fluids, 2003, 15(9): 2668-2680.

[111] Karlin I V, Gorban A N, Dukek G, et al. Dynamic correction to moment approximations[J]. Physical Review E, 1998, 57(2): 1668-1672.

[112] Muller I, Reitebuch D, Weiss W. Extended thermodynamics — consistent in order of magnitude[J]. Continuum Mechanics and Thermodynamics, 2003, 15(2): 113-146.

[113] Torrilhon M, Struchtrup H. Regularized 13-moment equations: shock structure calculations and comparison to Burnett models[J]. Journal of Fluid Mechanics, 2004, 513: 171-198.

[114] Eu B C. Nonequilibrium Statistical Mechanics[M]. Springer Netherlands, 1998.

[115] Eu B C. Kinetic Theory and Irreversible Thermodynamics[M]. Wiley, 1992: 752.

[116] Alghoul M, Eu B C. Generalized hydrodynamics and shock waves[J]. Physical Review E, 1997, 56(3A): 2981-2992.

[117] Eu B C, Ohr Y G. Generalized hydrodynamics, bulk viscosity, and sound wave absorption and dispersion in dilute rigid molecular gases[J]. Physics of Fluids, 2001, 13(3): 744-753.

[118] Myong R S. Thermodynamically consistent hydrodynamic computational models for high-Knudsen-number gas flows[J]. Physics of Fluids, 1999, 11(9): 2788-2802.

[119] Myong R S. A computational method for Eu's generalized hydrodynamic equations of rarefied and microscale gasdynamics[J]. Journal of Computational Physics, 2001, 168(1): 47-72.

[120] Myong R S. A generalized hydrodynamic computational model for rarefied and microscale diatomic gas flows[J]. Journal of Computational Physics, 2004, 195(2): 655-676.

[121] Myong R S. Coupled nonlinear constitutive models for rarefied and microscale gas flows: subtle interplay of kinematics and dissipation effects[J]. Continuum Mechanics and Thermodynamics, 2009, 21(5): 389-399.

[122] Le N T P, Xiao H, Myong R S. A triangular discontinuous Galerkin method for non-Newtonian implicit constitutive models of rarefied and microscale gases[J]. Journal of Computational Physics, 2014, 273: 160-184.

[123] Myong R S. A full analytical solution for the force-driven compressible Poiseuille gas flow based on a nonlinear coupled constitutive relation[J]. Physics of Fluids, 2011, 23(1): 12002.

[124] Stephens H. Near-space[J]. Air Force Magazine. 2005, 88(7): 31.

[125] 黄伟,罗世彬,王振国. 临近空间高超声速飞行器关键技术及展望[J]. 宇航学报, 2010(5): 1259-1265.

[126] Boudreau A. Status of the U. S. air force HyTech program[C]. Norfolk, Virginia, U. S.A.: AIAA-2003-6947, 2003.

[127] Boyce R R, Gerard S, Paull A. The HyShot scramjet flight experiment-flight data and CFD calculations compared[C]. Norfolk, Virginia, U.S.A.: AIAA-2003-7029, 2003.

[128] Hank J M, Murphy J S, Mutzman R C. The X - 51A scramjet engine flight demonstration program[C]. Dayton, Ohio, U.S.A.: AIAA-2008-2540, 2008.
[129] Marshall L A, Bahm C, Corpening G P, et al. Overview with results and lessons learned of the X-43A Mach 10 flight[C]. Capua, Italy: AIAA-2005-3336, 2005.
[130] Walker S H, Sherk J, Shell D, et al. The DARPA/AF falcon program: the hypersonic technology vehicle #2 (HTV-2) flight demonstration phase[C]. Dayton, Ohio, U.S. A.: AIAA 2008-2539, 2008.
[131] Voland R T, Huebner L D, Mcclinton C R. X - 43A hypersonic vehicle technology development[J]. ACTA Astronautica, 2006, 59(1-5): 181-191.
[132] Danckert A, Legge H. Experimental and computational wake structure study for a wide-angle cone[J]. Journal of Spacecraft and Rockets, 1996, 33(4): 476-482.
[133] Holden M S, Kolly J, Chadwick K M. Calibration, validation, and evaluation studies in the LENS facility[C]. Reno, NV, U.S.A.: AIAA-1995-0291, 1995.
[134] A. Whitehead J. NASP aerodynamics [C]. Dayton, OH, U. S. A.: AIAA - 89 - 5013, 1989.
[135] Malik M R, Bushnell D M. Role of computational fluid dynamics and wind tunnels in aeronautics R and D [R]. Hampton, VA, United States: NASA Technical Report, 2012.
[136] Jameson A. Re-engineering the design process through computation[J]. Journal of Aircraft, 1999, 36(1): 36-50.
[137] Goldhammer M I. Boeing 787-design for optimal airplane performance[C]. Bremen, Germany, 2005.
[138] Mckinney R. Large eddy simulation of aircraft gas turbine combustors at Pratt and Whitney — current experience and next steps[C]. Vancouver, Canada: GT2011 - 46913, 2011.
[139] Lorence C. Engine OEM-GE aviation perspective-LEAP[C]. Copenhagen, Denmark: GT2012-70198, 2012.
[140] Wright M J, Edquist K T, Tang C Y, et al. A review of aerothermal modeling for Mars entry missions[C]. Orlando, FL, U.S.A.: AIAA-2010-443, 2010.
[141] Abdol-Hamid K S, Ghaffari F, Parlette E B. Overview of Ares - I CFD ascent aerodynamic data development and analysis based on USM3D[C]. Orlando, FL, U.S. A.: AIAA-2011-15, 2011.
[142] Gusman M, Housman J, Kiris C. Best practices for CFD simulations of launch vehicle ascent with plumes — overflow perspective[C]. Orlando, FL, U.S.A.: AIAA-2011-1054, 2011.
[143] Kraft E M. Integrating computational science and engineering to re-engineer the aeronautical development process[C]. Orlando, FL, U.S.A.: AIAA-2010-139, 2010.

第二章

Boltzmann 方程与速度矩

本章将从稀薄气体动力学中的基本物理概念出发，详细介绍气体宏观属性与微观统计量之间的联系，Boltzmann 方程的基本假设与推导，基于 Boltzmann 方程的守恒定律、热力学定律推导和矩方程的一般形式。

2.1 基本概念

2.1.1 理想气体与分子平均自由程

液体与固体中的原子由于“紧密”接触而持续不断发生相互作用，以此进行能量和动量交换，但气体分子绝大部分时间处于自由运动状态，主要通过分子间相互碰撞来进行动量和能量交换。图 2.1 是经典的分子间相互作用势 ϕ 与分子间距离 r 之间的关系，图中 d 表示有效分子直径。当分子间距离远大于 d 时，分子间作用势可忽略不计，表明分子间互不影响。

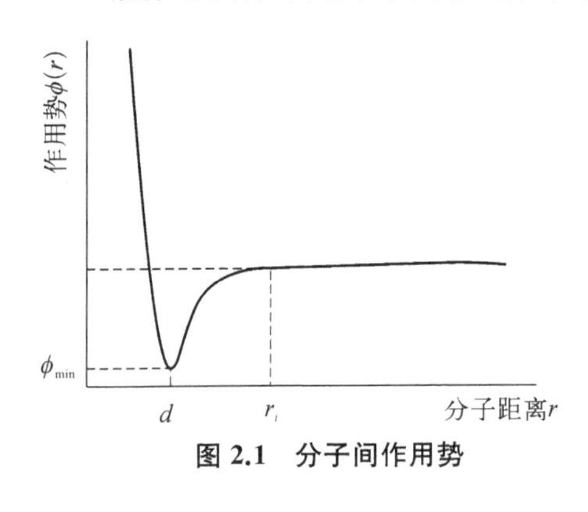

图 2.1 分子间作用势

若定义两次碰撞之间分子平均运动距离为分子平均自由程 λ，分子间存在相互作用的最大距离为相互作用半径 r_i，当满足 $\frac{r_i}{\lambda} \ll 1$ 条件时，分子绝大部分时间在做自由运动，称为理想气体。理想气体假设在时间尺度上可认为分子的平均碰撞时间 τ_c 远小于分子自由运动时间 τ，从能量角度可以表述为理想气体分子间作用势 ϕ 相比分子动能 $\bar{e}_p$ 足够小。因此，对于低密度气体，其平均分子自由程足够大，满足理想气体假设。而对于高温气体，由于其分子动能 $\bar{e}_p$ 较大，即使稠密条件下分子间距离足够小，作用势足够大，也可以当作理想气体处理。

对于理想气体，压力 p、分子数密度 n 和温度 T 满足如下关系：

$$p = nkT \tag{2.1}$$

其中，$k = 1.380\,66 \times 10^{-23}$ J/K 为 Boltzmann 常数。标准条件下（$p_0 = 1$ bar，$T_0 = 298$ K），单个分子所占有的平均体积（包括分子运动范围与自身体积，后者可以忽略）即分子数密度 n 的倒数为

$$\frac{1}{n} = \frac{kT}{p} = 4.14 \times 10^{-26}\ \mathrm{m}^3 \tag{2.2}$$

其对应的立方体边长，即标准条件下分子间距离 l_d 为

$$l_d = n^{-1/3} = 3.452 \times 10^{-9}\,\mathrm{m} \tag{2.3}$$

此外，气体分子有效直径 d 一般与分子类型有关，基本在以下范围内[1]：

$$d = 2 \sim 6 \times 10^{-10}\,\mathrm{m} \tag{2.4}$$

以分子直径为 d 的硬球模型为例介绍平均自由程 λ 的计算方法，假定一个分子运动如图 2.2 所示。在 Δt 时间内，该分子将与分子中心在体积 $\pi d^2 \bar{g} \Delta t$ 内的所有分子发生碰撞，该圆柱体内的分子个数为 $n\pi d^2 \bar{g} \Delta t$。在 Δt 时间内，该分子的碰撞次数为 $n\pi d^2 \bar{g} \Delta t$，所以单次碰撞间隔的平均时间为（忽略分子碰撞时间）

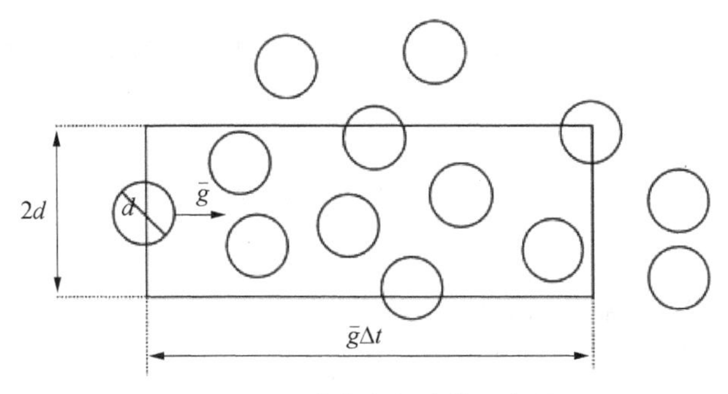

图 2.2 平均自由程计算示意图

$$\tau = \frac{1}{n\pi d^2 \bar{g}} \tag{2.5}$$

其中，分子间的平均相对速度 $\bar{g}=\sqrt{2}\bar{c}$，$\bar{c}$ 为分子平均速度。平均自由程表示平均自由时间 τ 内该分子所运动的距离，因此有

$$\lambda = \tau\bar{c} = \frac{1}{\sqrt{2}\pi d^2 n} \tag{2.6}$$

因此平均自由程与分子直径 d 有关，标准大气条件下 $\lambda = 2.53\times10^{-8}\sim2.275\times10^{-7}$ m。这表明分子平均自由程 λ 要比分子间平均距离 l_d 大 1～2 个数量级，比分子有效直径 d 大 2～3 个数量级。因此 $d/\lambda \ll 1$，因此标准条件下气体可作理想气体处理。

但是，上述结论并不适用于所有气体，例如水蒸气。其分子的偶极子结构使得存在大范围的静电力，从而大大增加了分子间相互作用势及分子之间相互影响距离 r_i，此时 r_i 相对于分子平均自由程 λ 不再是一个小量，不满足理想气体假设。

2.1.2 宏观物理量的微观描述

若假定气体分子数密度为 n，分子平均速度均为 $\bar{c}$ 且分别有 1/6 的分子向空间内 6 个不同的方向运动，可得 Δt 时间内经过面积 $\mathrm{d}A$ 的分子流量为 $\frac{n}{6}\bar{c}\mathrm{d}A\Delta t$。根据上述变量和动量守恒方程就能够给出压力与粒子速度之间的关系[2]，即当一个质量为 m 的分子垂直撞击壁面时若发生镜面反射，其速度与动量改变分别为 $2\bar{c}$ 与 $2m\bar{c}$。所以在 Δt 时间内分子与壁面间交换的总动量为 $\frac{n}{6}\bar{c}\mathrm{d}A\Delta t 2m\bar{c}$。根据动量守恒原理可得单位面积上壁面受的力即压强为

$$p = \frac{1}{3}nm\bar{c}^2 \tag{2.7}$$

结合式(2.1)理想气体状态方程 $p=nkT$，有

$$\bar{c} = \sqrt{3\frac{k}{m}T} \tag{2.8}$$

由上式可知，分子平均运动速度与温度直接相关。此外，气体内能密度可根据分子动能给出即 $\rho u = n\dfrac{m}{2}\bar{c}^2$，其中 $\rho = nm$ 表示气体质量密度，u 表示气体比内能。因此根据上式有

$$u = \frac{1}{2}\bar{c}^2 = \frac{3}{2}\frac{k}{m}T = \frac{3}{2}\frac{p}{\rho} \tag{2.9}$$

虽然上述关系是基于简单的假设推导出来的，但对于单原子气体严格成立。

空间 6 个方向中其中一方向的质量流密度为

$$J = \frac{1}{6}mn\bar{c} = \frac{1}{6}\frac{p}{\dfrac{k}{m}T}\bar{c} \tag{2.10}$$

考虑存在温度梯度并计算在 x-x 界面发生的气体分子净能量交换。由于界面两侧分子在距界面一个平均自由程位置发生最后一次碰撞，并且以它们碰撞位置的当地温度穿过界面 x-x，因此穿过界面 x-x 的单位面积净能量流为

$$q = J[u(x-\lambda) - u(x+\lambda)] = J\left[\frac{3}{2}\frac{k}{m}T(x-\lambda) - \frac{3}{2}\frac{k}{m}T(x+\lambda)\right] \tag{2.11}$$

当温度梯度足够小时，可将温度作泰勒级数展开，即 $T(x\pm\lambda) \simeq T \pm \dfrac{\mathrm{d}T}{\mathrm{d}x}\lambda$，因此能量流量可写作为

$$q = -\frac{1}{2}\frac{\bar{c}p\lambda}{T}\frac{\mathrm{d}T}{\mathrm{d}x} = -\frac{k}{2\pi d^2}\sqrt{\frac{3}{2}\frac{k}{m}T}\frac{\mathrm{d}T}{\mathrm{d}x} = -\kappa\frac{\mathrm{d}T}{\mathrm{d}x} \tag{2.12}$$

上述热流与温度梯度间的线性关系就是著名的傅里叶定律，其中 κ 表示热传导系数。根据式(2.12)可知 $\kappa = \dfrac{k}{2\pi d^2}\sqrt{\dfrac{3}{2}\dfrac{k}{m}T}$，这表明热传导系数与分子直径和质量及温度有关，与压力无关。同理为计算黏性系数 μ，将宏观速度梯度替换温度梯度，作相同处理可得到通过界面 x-x 的动量流量即应力 σ 为

$$\sigma = J[v(x-\lambda) - v(x+\lambda)] = -\frac{m}{3\pi d^2}\sqrt{\frac{3}{2}\frac{k}{m}T}\frac{\mathrm{d}v}{\mathrm{d}x} = -\mu\frac{\mathrm{d}v}{\mathrm{d}x} \tag{2.13}$$

上述速度梯度与应力间的关系被称作为 Navier-Stokes 定律。黏性系数 μ 同样只与温度有关，与压力无关。热传导系数 κ 和黏性系数 μ 之间的无量纲比称为普朗特数，基于上述理论可得

$$Pr=\frac{5}{2}\frac{k}{m}\frac{\mu}{\kappa}=\frac{5}{3} \tag{2.14}$$

然而对于单原子气体，其实测普朗特数接近 2/3，这之间的误差主要是因为上述推导过程对模型做了过多的简化。

Navier-Stokes 定律及傅里叶定律(统称 NSF 定律)是描述流体黏性运动及热传导的重要定律，并且在工程问题中得到广泛应用，所以早期气体动力学理论的主要目标以计算热传导率 κ 和黏性系数 μ 为主。然而，NSF 定律并非适用于描述所有流动，当平均自由程 λ 相比流场特征尺度 L 较大时，流动表现出明显的稀薄特征，NSF 定律所代表的连续性假设失效。其中努森数定义为

$$Kn=\lambda/L \tag{2.15}$$

只有在 $Kn\ll 1$ 时，NSF 定律才能够严格成立。

NSF 定律失效的原因也能从前述简化推导过程看出，由于仅对温度及速度做了一阶泰勒展开而忽略了其他高阶展开项，这些高阶项在 Kn 数较大时将带来不可忽略的影响。若引入无量纲长度尺度 $\hat{x}=x/L$，则有

$$T(x+\lambda)\rightarrow T(\hat{x}+Kn)\simeq T(\hat{x})+\frac{\mathrm{d}T}{\mathrm{d}\hat{x}}Kn+\frac{1}{2}\frac{\mathrm{d}^2 T}{\mathrm{d}\hat{x}^2}Kn^2\cdots \tag{2.16}$$

可见当努森数足够大时，温度 T 和速度 v 的泰勒展开高阶项影响不可忽略，NSF 定律失效。具体而言，当 $Kn\gtrsim 0.05$ 时，微尺度效应和稀薄效应对于流动描述就不可忽略[3]。以下列举了 NSF 定律可能不适用的几种情况。

- 高空大气飞行：此时环境空气压强和密度都非常小，对应平均自由程很大，即使针对空间飞行器大尺度流动，其 Kn 也有较大的值。
- 微尺度流动：其流场特征长度 L 非常小，这就使得即便在标准压强和密度条件下，Kn 也会是个较大的值，例如常见的微通道流动问题等。
- 超声波传播：由于超声波频率 ω 较高，使得努森数 $Kn=\omega\tau$ 不能作小变量处理。
- 激波结构：流体宏观密度与温度在几个平均自由程尺度范围内发生剧烈变化，表现出强烈的非平衡特点。
- 努森层内流动：由于努森层厚度与平均自由程同一量级，努森层厚度增大将

导致物面附近出现速度滑移与温度跳跃，然而努森层内部的流场描述则属于典型局部大努森数条件下的稀薄问题。

2.1.3 速度分布函数

引入相空间概念描述由 N 个粒子组成的系统的状态。若定义六维空间其中三维表征粒子在笛卡儿坐标中的位置向量 $\boldsymbol{x}$，另外三维表征粒子的速度向量 $\boldsymbol{c}$。这一由坐标和速度组成的六维空间，称为相空间。在相空间中，每一个粒子的微观状态可以由相空间下的粒子运动轨迹来描述，而一个系统的宏观状态，则是大量微观状态的宏观表现。

为精确描述系统的宏观状态，可以建立每个粒子的运动方程，并对其进行耦合求解。但耦合求解如此庞大的运动方程组显然是不现实，也是不必要的。因此，在微观层面上基于分子动力学和统计学理论引入介观相密度（速度分布函数）的概念。相密度表示了系统处于某微观状态的概率，定义如下：

$$N_{x,c}=f(\boldsymbol{x},t,\boldsymbol{c})\mathrm{d}\boldsymbol{x}\mathrm{d}\boldsymbol{c} \tag{2.17}$$

其中，$f(\boldsymbol{x},t,\boldsymbol{c})\mathrm{d}\boldsymbol{x}\mathrm{d}\boldsymbol{c}$ 表示 t 时刻，在速度范围为 $\{\boldsymbol{c},\boldsymbol{c}+\mathrm{d}\boldsymbol{c}\}$，空间范围为 $\{\boldsymbol{x},\boldsymbol{x}+\mathrm{d}\boldsymbol{x}\}$ 的相空间单元 $\mathrm{d}\boldsymbol{x}\mathrm{d}\boldsymbol{c}$ 内可能具有的粒子数 $N_{x,c}$，其中 $f(\boldsymbol{x},t,\boldsymbol{c})$ 即为相密度。这里相空间单元内可能的粒子数，并不是精确值而是统计意义上的值。在分子动理论中，相密度 $f(\boldsymbol{x},t,\boldsymbol{c})$ 是一个核心物理量，当相密度 $f(\boldsymbol{x},t,\boldsymbol{c})$ 确定时，气体系统的所有物理状态也完全可知。一般而言，在稀薄条件下，分布函数物理空间连续光滑，在速度空间较为特殊；连续流条件下，分布函数速度空间比较光滑，在物理空间变化剧烈。

2.2 Boltzmann 方程

2.2.1 速度分布函数 f 的时空演化

粒子间的碰撞导致了动量和能量的交换，相应的速度分布函数 f 也会随时间和空间发生改变。为了描述粒子由于碰撞和自由运动而产生的时空演化，1872 年 Boltzmann 首次推导并给出了 Boltzmann 方程。

假定相空间内有一固定体积 Ω，则在该体积内粒子数为

$$N_{\Omega}=\iint f\mathrm{d}\boldsymbol{c}\mathrm{d}\boldsymbol{x} \tag{2.18}$$

为描述粒子数 N_Ω 随时间的改变，引入法向向量为 $\boldsymbol{n}$ 的五维相空间面元 $\mathrm{d}A_\Omega$、相空间向量 $\boldsymbol{\xi}_A=\{x_k, c_k\}_A$，$(A=1, \cdots, 6; k=1, 2, 3)$ 及相空间速度 $\dot{\xi}_A=\{\dot{x}_k, \dot{c}_k\}_A$。在 $\mathrm{d}t$ 时间内穿过面元 $\mathrm{d}A_\Omega$ 的粒子是改变相空间单元 Ω 内粒子数 N_Ω 的根本原因，因此沿相空间单元 Ω 的表面 $\mathrm{d}\Omega$ 进行积分可得

$$\frac{\mathrm{d}N_\Omega}{\mathrm{d}t}=\frac{\mathrm{d}}{\mathrm{d}t}\iint f\,\mathrm{d}\boldsymbol{x}\,\mathrm{d}\boldsymbol{c}=-\oint_{\partial\Omega}\dot{\xi}_A n_A f\,\mathrm{d}A_\Omega \tag{2.19}$$

采用高斯公式可以将面积分转换为体积分，且由于 Ω 不随时间变化，可以将时间微分可以放到积分号内，因此有

$$\iint_\Omega\left(\frac{\partial f}{\partial t}+\frac{\partial\dot{\xi}_A f}{\partial \boldsymbol{x}_A}\right)\mathrm{d}\boldsymbol{c}\,\mathrm{d}\boldsymbol{x}=0 \tag{2.20}$$

上述等式对任一相空间体积 Ω 成立，因此方括号内的表达式必然等于 0。由于 $\dot{\xi}_A=\{\dot{x}_k, \dot{c}_k\}_A=\{c_k, \dot{c}_k\}_A$，且在相空间内变量 c_k、x_k 相互独立，因此 $\partial c_k/\partial x_k=0$。因此有

$$\frac{\partial f}{\partial t}+c_k\frac{\partial f}{\partial x_k}+\frac{\partial\dot{c}_k f}{\partial c_k}=0 \tag{2.21}$$

其中，加速度 $\dot{c}_k=G_k+W_k$，G_k 和 W_k 均为单位质量力，G_k 表示重力等外力，W_k 表示粒子间的相互作用力。这里外力与粒子速度相互独立，因此最终可以得到如下形式：

$$\frac{\partial f}{\partial t}+c_k\frac{\partial f}{\partial x_k}+G_k\frac{\partial f}{\partial c_k}=S \tag{2.22}$$

其中，$S=-\dfrac{\partial W_k f}{\partial c_k}$ 表示由于粒子间相互作用如碰撞等引起的速度分布函数的变化。Boltzmann 方程左端自由输运将分布函数推向非平衡，由无碰撞 Boltzmann 方程的解析解就能看出方程在非均匀初始条件下解的单调性；Boltzmann 方程右端碰撞项将分布函数推回平衡态，然而碰撞项并不改变宏观质量、动量与能量分布，它改变了分布函数在相空间分布并使其更加平顺，继而影响粒子输运属性，例如耗散与热传导。

由于粒子碰撞时间非常短暂，所以在一个合适的能够描述碰撞的时间尺度上对碰撞项进行描述十分困难，这意味着无法获得一个 W_k 的解析表达式。

Boltzmann 方程在分子平均自由运动时间尺度考虑碰撞问题，认为碰撞造成的粒子速度改变瞬间发生，其中 S 的表达式就是基于这个假设得到的。由 Boltzmann 方程的统计特点表达式可以看出该方程的模型尺度，若分子发生碰撞次数超过 1 次，方程左端输运项不能写成式(2.22)的自由输运形式，因此方程的模型尺度被限制在平均分子自由程以内。此外方程右端碰撞项是一个在 t 时刻的瞬时平均量，不包含分子碰撞时间与空间轨迹信息，决定了 Boltzmann 方程不可能够给出碰撞尺度(分子直径)下的流动信息。因此，我们并不能简单认为 Boltzmann 方程能够描述所有尺度下的流动现象，对于物理问题尺度 L 大于平均分子自由程的流动，是可以通过分子动力学尺度流场演化的累计来进行描述，但前提是必须保证能够对分子动力学尺度下的流场进行描述，即网格尺度 Δx 的量级应与平均分子自由程相当，这使得网格尺度 Δx 小于物理问题尺度 L，损失了计算效率，尤其是当 $\Delta x \ll L$ 时，计算资源被极大浪费甚至无法开展。若采用直接求解 Boltzmann 方程计算流场平均分子自由程远小于网格尺度的流动问题，在这样的网格尺度下 Boltzmann 方程输运与碰撞解耦的假设已不再适用，Boltzmann 方程同样失效。

2.2.2　Boltzmann 方程的假设与一般形式

为计算分子碰撞导致的速度分布函数 $f(\boldsymbol{x}, t, \boldsymbol{c})$ 的变化，Boltzmann 方程需要满足以下假设：

① 只存在二体碰撞，事实上，即使是在稠密气体中，多分子碰撞存在可能性不大，因此采用二体碰撞假设是合理的；

② 速度分布函数的显著改变需要大量的分子碰撞才能实现，在单一碰撞下速度分布函数保持不变；

③ 碰撞在数学上描述为在当地瞬间完成，因此可以看作时空连续函数，在分子平均分子自由程尺度范围内的总碰撞数均布到对应的时空范围里。虽然 $f(\boldsymbol{x}, t, \boldsymbol{c})$ 随空间变化，但是在分子作用力作用尺度范围内可以认为保持不变；

④ 碰撞前分子互无关联，在物理时空 $(\boldsymbol{x}, t)$ 上一点，不同速度的分布函数值相互独立(即"分子混沌"假设)，这一假设在逆碰撞中同样适用。

若一碰撞使得速度 $\boldsymbol{c}, \boldsymbol{c}^1 \to \boldsymbol{c}', \boldsymbol{c}^{1'}$，且使得速度分布函数 $f(\boldsymbol{x}, t, \boldsymbol{c})$ 减小；则其逆碰撞 $\boldsymbol{c}', \boldsymbol{c}^{1'} \to \boldsymbol{c}, \boldsymbol{c}^1$ 使得速度分布函数 $f(\boldsymbol{x}, t, \boldsymbol{c})$ 增大。这里，速度分布函数的变化可以表示为

$$S = S_{+} - S_{-} \tag{2.23}$$

其中，S_{+} 和 S_{-} 表示相空间上单位时间内导致速度为 $\boldsymbol{c}$ 的分子增加和减少的碰撞数密度，具体表达式为

$$S_{+}\,\mathrm{d}\boldsymbol{c} = \int\int_{0}^{2\pi}\int_{0}^{\pi/2} f(\boldsymbol{x},t,\boldsymbol{c}')f(\boldsymbol{x},t,\boldsymbol{c}^{1'})g\sigma\sin\Theta\mathrm{d}\Theta\mathrm{d}\varepsilon\,\mathrm{d}\boldsymbol{c}^{1}\mathrm{d}\boldsymbol{c} \tag{2.24}$$

$$S_{-}\,\mathrm{d}\boldsymbol{c} = \int\int_{0}^{2\pi}\int_{0}^{\pi/2} f(\boldsymbol{x},t,\boldsymbol{c})f(\boldsymbol{x},t,\boldsymbol{c}^{1})g\sigma\sin\Theta\mathrm{d}\Theta\mathrm{d}\varepsilon\,\mathrm{d}\boldsymbol{c}^{1}\mathrm{d}\boldsymbol{c} \tag{2.25}$$

为简化公式篇幅，给定如下表达形式：

$$f(\boldsymbol{x},t,\boldsymbol{c}) = f,\ f(\boldsymbol{x},t,\boldsymbol{c}^{1}) = f^{1},\ f(\boldsymbol{x},t,\boldsymbol{c}') = f',\ f(\boldsymbol{x},t,\boldsymbol{c}^{1'}) = f^{1'} \tag{2.26}$$

最终可得完整 Boltzmann 方程为

$$\frac{\partial f}{\partial t} + c_{k}\frac{\partial f}{\partial x_{k}} + G_{k}\frac{\partial f}{\partial c_{k}} = \int\int_{0}^{2\pi}\int_{0}^{\pi/2}(f'f^{1'} - ff^{1})g\sigma\sin\Theta\mathrm{d}\Theta\mathrm{d}\varepsilon\,\mathrm{d}\boldsymbol{c}^{1}\mathrm{d}\boldsymbol{c} \tag{2.27}$$

对于速度为 $\boldsymbol{c}$ 的粒子，碰撞数密度亦可写作如下形式：

$$S\_\mathrm{d}\boldsymbol{c} = \nu f\mathrm{d}\boldsymbol{c} \tag{2.28}$$

其中，ν 表示碰撞频率，定义为

$$\nu = \int f^{1}g\sigma\sin\Theta\mathrm{d}\Theta\mathrm{d}\varepsilon\,\mathrm{d}\boldsymbol{c}^{1} \tag{2.29}$$

Boltzmann 方程在气体动理论占有核心地位，它是描述速度分布函数 f 的非线性积分微分方程，用于描述气体分子由于自由运动、外力 G_k 产生的加速运动及分子间碰撞产生的速度分布函数 f 的时空演化。由于 Boltzmann 方程的复杂性，直接获得解析解是不现实的，大多数情况下只能依赖于数值求解。

2.2.3 麦克斯韦分布函数与平衡态

Maxwell 首次给出了平衡态下的速度分布函数[4]，本节将分别从平衡态和 Boltzmann 方程出发，推导麦克斯韦分布函数的具体表达形式。

当系统处于平衡态时，速度分布函数各向同性与速度方向无关。为便于研究，通常把以流体速度 $\boldsymbol{v}$ 运动的系统作为参考坐标系，从而引入脉动速度 $\boldsymbol{C}$

如下：

$$\boldsymbol{C}=\boldsymbol{c}-\boldsymbol{v} \tag{2.30}$$

若气体中任一粒子有速度分量 C_k，且在 x_k 方向，区间 $[C_k,\ C_k+\mathrm{d}C_k]$ 内出现速度分量为 C_k 的分子的概率为 $p(C_k)\mathrm{d}C_k$。注意到平衡态下，速度分布函数具有各向同性，因此各个速度分量的概率密度函数 p 相同。因此，在相空间内找到三方向速度分量为 $\{C_1,\ C_2,\ C_3\}$ 的粒子的概率为

$$F(C)\mathrm{d}C_1\mathrm{d}C_2\mathrm{d}C_3=p(C_1)p(C_2)p(C_3)\mathrm{d}C_1\mathrm{d}C_2\mathrm{d}C_3 \tag{2.31}$$

其中，$F(C)=f(C)/n$，并且只和速度的绝对值 C 有关，$C=\sqrt{C_1^2+C_2^2+C_3^2}$，可知

$$F(C)=p(C_1)p(C_2)p(C_3) \tag{2.32}$$

对上式进行自然对数运算，并对 C_1 微分可得

$$\frac{\partial}{\partial C_1}\ln F(C)=\frac{\partial}{\partial C_1}[\ln p(C_1)+\ln p(C_2)+\ln p(C_3)] \tag{2.33}$$

或者有

$$\frac{1}{C}\frac{F'(C)}{F(C)}=\frac{1}{C_1}\frac{p'(C_1)}{p(C_1)}=-2\gamma \tag{2.34}$$

由于上述等式的左边项和右边项分别由不同的变量决定，因此 γ 一定是一个常数，且对上式积分可得各向同性的高斯分布如下：

$$F=\frac{f}{n}=A\exp(-\gamma C^2),\quad p(C_k)=A^{\frac{3}{2}}\exp(-\gamma C_k^2) \tag{2.35}$$

其中，A 为积分常数。这里包含常数 γ 和 A 的相密度必须能够表达质量密度和能量密度，即满足相容关系

$$\rho=m\int f\mathrm{d}\boldsymbol{c},\quad \rho u=\frac{3}{2}\rho\frac{k}{m}T=\frac{1}{2}m\int C^2 f\mathrm{d}\boldsymbol{c} \tag{2.36}$$

因此根据式(2.35)和式(2.36)可得到常数 γ 和 A 的表达式，最终可得平衡态下的速度分布函数为

$$f_{\mathrm{M}}=\frac{\rho}{m}\frac{1}{(2\pi\theta)^{\frac{3}{2}}}\exp\left(-\frac{C^2}{2\theta}\right) \tag{2.37}$$

其中，$\theta=\dfrac{k}{m}T$。

若从 Boltzmann 方程出发，平衡态是一个各向同性的稳定状态，其分布为平衡态分布 f_E。当外力不存在时 ($G_k=0$)，平衡态下的 Boltzmann 方程可以简化为如下形式：

$$\iint_0^{2\pi}\int_0^{\pi/2}(f'_\mathrm{E}f_\mathrm{E}^{1'}-f_\mathrm{E}f_\mathrm{E}^1)g\sigma\sin\Theta\mathrm{d}\Theta\mathrm{d}\varepsilon\,\mathrm{d}\boldsymbol{c}^1\mathrm{d}\boldsymbol{c}=0 \tag{2.38}$$

当平衡态分布函数满足如下关系式时，积分关系式(2.38)恒成立，得

$$f'_\mathrm{E}f_\mathrm{E}^{1'}-f_\mathrm{E}f_\mathrm{E}^1=0 \quad 或 \quad \ln f'_\mathrm{E}+\ln f_\mathrm{E}^{1'}=\ln f_\mathrm{E}+\ln f_\mathrm{E}^1 \tag{2.39}$$

对于分子质量为 m 的二元碰撞，其质量、动量和能量守恒关系有

$$\begin{aligned}&m+m=m+m\\&m\boldsymbol{c}'+m\boldsymbol{c}^{1'}=m\boldsymbol{c}+m\boldsymbol{c}^1\\&\frac{m}{2}(\boldsymbol{c}')^2+\frac{m}{2}(\boldsymbol{c}^{1'})^2=\frac{m}{2}(\boldsymbol{c})^2+\frac{m}{2}(\boldsymbol{c}^1)^2\end{aligned} \tag{2.40}$$

其中，5 个物理量又称为碰撞不变量[5]。根据式(2.39)可知，$\ln f_\mathrm{E}$ 为一碰撞不变量，因此其必然是已知不变量的线性组合：

$$\ln f_\mathrm{E}=\alpha+\gamma_i\boldsymbol{c}_i-\beta\boldsymbol{c}^2\Rightarrow f_\mathrm{E}=A\exp[-\beta(c_i-\Lambda_i)^2] \tag{2.41}$$

上式中的相关系数可以由相容关系给出，表达式为

$$\rho=m\int f_\mathrm{E}\mathrm{d}\boldsymbol{c},\ \rho v_i=m\int\boldsymbol{c}_i f_\mathrm{E}\mathrm{d}\boldsymbol{c},\ \rho u=\frac{3}{2}\rho\theta=\frac{m}{2}\int C^2 f_\mathrm{E}\mathrm{d}\boldsymbol{c} \tag{2.42}$$

根据式(2.41)和式(2.42)，可导出系数为

$$A=\frac{\rho}{m}\frac{1}{(2\pi\theta)^{\frac{3}{2}}},\quad \beta=\frac{1}{2\theta},\quad \Lambda_i=v_i \tag{2.43}$$

所以可得平衡态的速度分布函数 f_E 满足 Maxwellian 分布，表示为

$$f_\mathrm{E}=f_\mathrm{M}=\frac{\rho}{m}\frac{1}{(2\pi\theta)^{\frac{3}{2}}}\exp\left[-\frac{(c_i-v_i)^2}{2\theta}\right] \tag{2.44}$$

通常，密度 $\rho(\boldsymbol{x},t)$、温度 $\theta(\boldsymbol{x},t)$ 和速度 $v_i(\boldsymbol{x},t)$ 随时间和空间变化，因此局部的 Maxwellian 分布为

$$f_{\mathrm{E}}=f_{\mathrm{M}}=\frac{\rho(\boldsymbol{x},t)}{m}\frac{1}{[2\pi\theta(\boldsymbol{x},t)]^{\frac{3}{2}}}\exp\left\{-\frac{[c_i-v_i(\boldsymbol{x},t)]^2}{2\theta(\boldsymbol{x},t)}\right\} \tag{2.45}$$

$(\boldsymbol{x}, t)$ 可以指定相空间内任意一点。

由于真实气体中各点实际的速度分布函数不同于局部 Maxwellian 分布，分子间的碰撞将使得粒子分布趋于当地 Maxwellian 分布，达到局部平衡态。

2.2.4 边界条件的微观表达形式

当气体分子与壁面发生碰撞时，分子动量、能量将发生改变，并将以新的速度重新回到气体中。气体与壁面间相互作用机理取决于壁面与气体间的微观碰撞细节，精确描述这种相互作用过程十分困难，因此往往采用概率模型进行相应的讨论。本节主要给出基于 Maxwell 的边界条件模型[4, 6]，该模型使用广泛且容易数值实现。

由于气体的宏观速度 v_k 与壁面速度 v_k^{W} 不同，因此存在非零滑移速度 V_k 为

$$V_k=v_k-v_k^{\mathrm{W}} \tag{2.46}$$

由壁面无穿透条件可知，该滑移速度平行于壁面，故有

$$V_k n_k=0 \tag{2.47}$$

此外，壁面温度 T_{W} 与接触物面气体温度 T 也是不同的，因此存在温度跳跃 $T-T_{\mathrm{W}}$。这里的温度跳跃与速度滑移是由稀薄效应引起的，当 $Kn\to 0$ 时，速度滑移与温度跳跃现象可以忽略。

边界条件一般是基于物面参考系条件下提出的，因此分子脉动速度可以表示为 $C_i^{\mathrm{W}}=c_i-v_i^{\mathrm{W}}$。若物面法向量 n_i 由壁面指向气体，则 $C_k^{\mathrm{W}}n_k\leqslant 0$ 表示入射分子，$C_k^{\mathrm{W}}n_k\geqslant 0$ 表示反射分子。边界条件需将未知的反射分子的分布函数 f_{R} 与已知的入射分子的分布函数 $f_{\mathrm{N}}(C_i^{\mathrm{W}}, x_i, t)$ 结合起来。因此将 f_{N} 表示为切线速度 $C_i^{\mathrm{W}}-C_k^{\mathrm{W}}n_k n_i$ 与法向速度 $C_k^{\mathrm{W}}n_k$ 的函数 $f_{\mathrm{N}}(C_i^{\mathrm{W}}-C_k^{\mathrm{W}}n_k n_i, C_k^{\mathrm{W}}n_k, x_i, t)$ 更加方便。

边界条件中最为简单的情况是镜面反射壁，即分子与壁面发生碰撞后切向速度不发生改变。而法向速度只改变方向，大小不变，因此其反射分子的速度分布函数表示为

$$f_{\mathrm{R}}=f_{\mathrm{N}}(C_i^{\mathrm{W}}-C_k^{\mathrm{W}}n_k n_i, C_k^{\mathrm{W}}n_k, x_i, t),\quad C_k^{\mathrm{W}}n_k\geqslant 0 \tag{2.48}$$

镜面反射时，分子与壁面之间不发生能量交换，壁面上只存在法向力。同时由于气体与壁面间无能量传递，壁面为绝热壁，并且壁面上不存在剪切应力。由于热传递和剪切是边界条件中十分重要的物理现象，因此单纯的镜面反射模型假设过于简单，难以准确描述真实壁面的边界条件。

另一简单模型则是全热化壁模型，又称漫反射壁面模型。气体分子与壁面碰撞时发生强烈的相互作用导致反射分子速度分布函数为与壁面温度 θ_{W} 和速度 v_k^{W} 相关的 Mawellian 分布：

$$f_{\mathrm{R}} = f_{\mathrm{W}} = \frac{\rho_{\mathrm{W}}}{m}\left(\frac{1}{2\pi\theta_{\mathrm{W}}}\right)^{\frac{3}{2}} \exp\left(-\frac{C_{\mathrm{W}}^2}{2\theta_{\mathrm{W}}}\right) \tag{2.49}$$

其中，密度 ρ_{W} 表示热化分子的密度。但由于全热化壁模型假设仍过于简单，也难以用于描述真实情况，因此 Maxwell 将镜反射与漫反射模型结合起来，假定反射分子中 $(1-\chi)$ 比例的分子发生弹性碰撞，剩下 χ 的分子为热化碰撞分子。χ 为调节系数，原则上与分子速度相关，但通常假定为常数。因此，根据 Maxwell 的边界条件，可得壁面上分子的速度分布函数为

$$\bar{f} = \begin{cases} \chi f_{\mathrm{W}} + (1-\chi) f_{\mathrm{N}}(-C_k^{\mathrm{W}} n_k), & C_k^{\mathrm{W}} n_k \geqslant 0 \\ f_{\mathrm{N}}(C_k^{\mathrm{W}} n_k), & C_k^{\mathrm{W}} n_k \leqslant 0 \end{cases} \tag{2.50}$$

当壁面不积聚分子时，壁面法向速度消失，有

$$\int C_k^{\mathrm{W}} n_k \bar{f} \mathrm{d}\boldsymbol{c} = 0 \text{ 或} \int_{C_k^{\mathrm{W}} n_k \geqslant 0} C_k^{\mathrm{W}} n_k \bar{f} \mathrm{d}\boldsymbol{c} = -\int_{C_k^{\mathrm{W}} n_k \leqslant 0} C_k^{\mathrm{W}} n_k \bar{f} \mathrm{d}\boldsymbol{c} \tag{2.51}$$

这里引入分子特征速度 $C_i = C_i^{\mathrm{W}} - V_k$ 时，根据式(2.47)可得 $C_k n_k = C_k^{\mathrm{W}} n_k$，对于单原子气体已知速度 C_i 的平均值为零，即 $\int_{C_i n_i \geqslant 0} C_k n_k f_{\mathrm{N}} \mathrm{d}\boldsymbol{c} = -\int_{C_i n_i \leqslant 0} C_k n_k f_{\mathrm{N}} \mathrm{d}\boldsymbol{c}$，所以式(2.51)等价于

$$\int_{C_k^{\mathrm{W}} n_k \geqslant 0} C_k^{\mathrm{W}} n_k f_{\mathrm{W}} \mathrm{d}\boldsymbol{c} = \int_{C_i n_i \geqslant 0} C_k n_k f_{\mathrm{N}} \mathrm{d}\boldsymbol{c} \tag{2.52}$$

2.2.5 Boltzmann 模型方程

由于 Boltzmann 方程(2.27)中等号右边碰撞项的复杂性，使得 Boltzmann 方程求解非常困难。因此，学者对于 Boltzmann 方程的研究主要集中在保证原始碰撞项主要特性不变的前提下构造模型方程来简化原始 Boltzmann 方程。

Boltzmann 方程右边碰撞项主要有以下几个特点。

① 源项必须满足质量、动量、能量守恒：

$$m\int S\mathrm{d}\boldsymbol{c}=0,\ m\int c_i S\mathrm{d}\boldsymbol{c}=0,\ \frac{m}{2}\int c^2 S\mathrm{d}\boldsymbol{c}=0 \tag{2.53}$$

② 熵的源项始终非负(H 定理)[7]：

$$\Sigma=-k\int \ln f S\,\mathrm{d}\boldsymbol{c}\geqslant 0 \tag{2.54}$$

③ 系统处于平衡态时，速度分布函数满足 Maxwellian 分布如下：

$$S=0\Rightarrow f=f_{\mathrm{M}}=\frac{\rho}{m}\frac{1}{(2\pi\theta)^{\frac{3}{2}}}\exp\left(-\frac{C^2}{2\theta}\right) \tag{2.55}$$

④ 对有物理意义的碰撞截面 σ，普朗特常数接近 2/3：

$$Pr=\frac{5}{2}\frac{k}{m}\frac{\mu}{\kappa}\simeq\frac{2}{3} \tag{2.56}$$

其中，μ 和 κ 分别表示黏性和传热系数。

满足上述条件的简化模型称为动力学模型，最为著名的模型主要有 BGK 模型[8, 9]、ES-BGK 模型[10]、Shakhov 模型[11]、Liu 模型[12-14]。上述这些模型都是基于平均碰撞频率与分子微观速度无关的基础上推导得来的。此外，考虑分子与碰撞频率关系的相关模型在文献[15]～[17]中有所讨论。

1. BGK 模型方程

BGK 模型将对 Boltzmann 碰撞项采用如下简化[18]。

碰撞使得速度分布函数会趋于局部 Maxwellian 分布函数 f_{M}，因此碰撞项中与碰撞后速度相关的项 $f'f^{1'}$ 由 $f'_{\mathrm{M}}f^{1'}_{\mathrm{M}}$ 替换得到

$$S\rightarrow\hat{S}_{\mathrm{M}}=\int(f'_{\mathrm{M}}f^{1'}_{\mathrm{M}}-ff^1)\sigma g\sin\Theta\mathrm{d}\Theta\mathrm{d}\varepsilon\,\mathrm{d}\boldsymbol{c}_1 \tag{2.57}$$

由于 $\ln f_{\mathrm{M}}$ 是碰撞不变量的线性组合，有 $f'_{\mathrm{M}}f^{1'}_{\mathrm{M}}=f_{\mathrm{M}}f^1_{\mathrm{M}}$，因此

$$\hat{S}_{\mathrm{M}}\rightarrow\widetilde{S}_{\mathrm{M}}=f_{\mathrm{M}}\int f^1_{\mathrm{M}}\sigma g\sin\Theta\mathrm{d}\Theta\mathrm{d}\varepsilon\,\mathrm{d}\boldsymbol{c}_1-f\int f^1\sigma g\sin\Theta\mathrm{d}\Theta\mathrm{d}\varepsilon\,\mathrm{d}\boldsymbol{c}_1 \tag{2.58}$$

忽略上式两个积分项间的差异，从而导出 BGK 碰撞项为

$$\widetilde{S}_{\mathrm{M}}\rightarrow S_{\mathrm{BGK}}=-\nu(f-f_{\mathrm{M}}) \tag{2.59}$$

其中，ν 为碰撞频率，由式(2.29)给出。因此式(2.53)中的守恒条件可表示为

$$m\int \nu(f - f_{\mathrm{M}})\mathrm{d}\boldsymbol{c} = 0,\ m\int \nu C_i(f - f_{\mathrm{M}})\mathrm{d}\boldsymbol{c} = 0,\ \frac{m}{2}\int \nu C^2(f - f_{\mathrm{M}})\mathrm{d}\boldsymbol{c} = 0 \tag{2.60}$$

并且当 ν 与微观速度无关时，上式是可求解的[16]。根据前文讨论已知 Maxwellian 分子碰撞频率为常数，平均碰撞频率 $\bar{\nu}$ 与微观速度无关，因此这里用平均频率 $\bar{\nu}$ 替换 ν 有

$$S_{\mathrm{BGK}} = -\bar{\nu}(f - f_{\mathrm{M}}) \tag{2.61}$$

因此，由局部 Maxwellian 分布函数 f_{M} 和实际的分布函数 f 的表示的五个守恒变量为

$$\begin{aligned} \rho &= m\int f\mathrm{d}\boldsymbol{c} = m\int f_{\mathrm{M}}\mathrm{d}\boldsymbol{c} \\ 0 &= m\int C_i f\mathrm{d}\boldsymbol{c} = m\int C_i f_{\mathrm{M}}\mathrm{d}\boldsymbol{c} \\ \rho u &= \frac{m}{2}\int C^2 f\mathrm{d}\boldsymbol{c} = \frac{m}{2}\int C^2 f_{\mathrm{M}}\mathrm{d}\boldsymbol{c} \end{aligned} \tag{2.62}$$

BGK 方程仍然是一个非线性的积分微分方程且能够保证质量、动量和能量守恒。

由式(2.61)易得

$$k\int \ln f_{\mathrm{M}}\, S_{\mathrm{M}}\mathrm{d}\boldsymbol{c} = 0 \tag{2.63}$$

熵源项可表示为

$$\Sigma = -k\int S_{\mathrm{M}}\ln f\mathrm{d}\boldsymbol{c} + k\int S_{\mathrm{M}}\ln f_{\mathrm{M}}\mathrm{d}\boldsymbol{c} = \nu k\int \ln\frac{f}{f_{\mathrm{M}}}(f - f_{\mathrm{M}})\mathrm{d}\boldsymbol{c} \geqslant 0 \tag{2.64}$$

显然满足 H 定理。

当热力学平衡时，BGK 碰撞项为零，速度分布函数 $f_{|\mathrm{E}} = f_{\mathrm{M}}$。此外，BGK 模型方程计算得到的普朗特常数为 $Pr = 1$。然而由于 BGK 模型合理满足 Boltzmann 方程性质，因此获得广泛研究与应用。

2. ES-BGK 模型方程

为了修正 BGK 模型中的普朗特数，Holway 给出了 ES-BGK 模型。ES-

BGK 模型中将标准 BGK 模型中 Maxwellian 分布用各向异性的高斯分布替换[10]，从而将碰撞项表示为

$$S_{\mathrm{ES}} = -\bar{\nu}(f - f_{\mathrm{ES}}) \tag{2.65}$$

其中

$$f_{\mathrm{ES}} = \frac{\rho}{m}\frac{1}{\sqrt{\det(2\pi\lambda_{ij})}}\exp\left(-\frac{1}{2}\lambda_{ij}^{-1}C_i C_j\right)$$
$$\lambda_{ij} = \theta\delta_{ij} + b\frac{\sigma_{ij}}{\rho} \tag{2.66}$$

其中，λ_{ij}^{-1} 表示矩阵的逆矩阵，这就要求保证矩阵 λ_{ij} 正定，所以 b 的限制区间为 $-\frac{1}{2} \leqslant b \leqslant 1$[10, 19]。ES-BGK 模型显然能够满足相容条件式(2.53)和式(2.55)及 H 定理[19]，同时可调参数 b 可使得 ES-BGK 模型能够导出正确的普朗特数 Pr。当 $b=0$ 时，ES-BGK 模型简化为 BGK 模型。

2.3 矩与输运方程

2.3.1 单组分相密度的矩

1. 质量密度

根据公式(2.17)的定义可知，若 $f(\boldsymbol{x}, t, \boldsymbol{c})\mathrm{d}\boldsymbol{x}\mathrm{d}\boldsymbol{c}$ 除以物理空间体积 $\mathrm{d}\boldsymbol{x}$ 并对整个速度空间积分可得 t 时刻 $\boldsymbol{x}$ 处的分子数密度 n：

$$n = \iint\int_{-\infty}^{\infty} f\mathrm{d}\boldsymbol{c} \tag{2.67}$$

由于对整个速度空间的积分经常用到，可以将其表达式简化为

$$n = \int f\mathrm{d}\boldsymbol{c} \tag{2.68}$$

在已知分子数密度的情况下，对于分子质量为 m 的单原子气体，根据下式可得 t 时刻 $\boldsymbol{x}$ 处的气体质量密度为

$$\rho(\boldsymbol{x}, t) = mn = m\int f\mathrm{d}\boldsymbol{c} \tag{2.69}$$

2. 动量密度

若已知分子质量为 m，分子速度为 $\boldsymbol{c}$，则可得单个分子动量为 $m\boldsymbol{c}$。由于 t 时刻在速度范围为 $\{\boldsymbol{c},\ \boldsymbol{c}+\mathrm{d}\boldsymbol{c}\}$、空间范围为 $\{\boldsymbol{x},\ \boldsymbol{x}+\mathrm{d}\boldsymbol{x}\}$ 的相空间单元内的分子数为 $f\mathrm{d}\boldsymbol{x}\mathrm{d}\boldsymbol{c}$，因此在相空间单元内分子总动量为 $m\boldsymbol{c}f\mathrm{d}\boldsymbol{x}\mathrm{d}\boldsymbol{c}$。再将其对整个速度空间积分，可得 t 时刻 $\boldsymbol{x}$ 处的动量密度为

$$\rho\boldsymbol{v}=\int m\boldsymbol{c}f\mathrm{d}\boldsymbol{c} \tag{2.70}$$

其中，$\boldsymbol{v}$ 表示气体的宏观速度，注意对于单组分气体分子平均速度与其相等。将式(2.69)代入式(2.70)有

$$\boldsymbol{v}(\boldsymbol{x},\ t)=\frac{1}{n}\int\boldsymbol{c}f\mathrm{d}\boldsymbol{c} \tag{2.71}$$

3. 能量密度

对于单个粒子，易知其动能为 $\dfrac{m}{2}c^2$。因此，在 t 时刻，$\boldsymbol{x}$ 处的气体能量密度为

$$\rho e=\int\frac{1}{2}mc^2f\mathrm{d}\boldsymbol{c} \tag{2.72}$$

结合式(2.30)和式(2.72)可得

$$\rho e=\int\frac{1}{2}m\,(\boldsymbol{C}+\boldsymbol{v})^2f\mathrm{d}\boldsymbol{c}=\int\left(\frac{1}{2}mC^2+m\boldsymbol{C}\cdot\boldsymbol{v}+\frac{1}{2}mv^2\right)f\mathrm{d}\boldsymbol{c} \tag{2.73}$$

其中，对于单组分气体由于气体宏观运动速度与气体分子平均运动速度 $\boldsymbol{v}=\dfrac{1}{n}\int\boldsymbol{c}f\mathrm{d}\boldsymbol{c}$ 相同，所以有

$$\int m\boldsymbol{C}\cdot\boldsymbol{v}f\mathrm{d}\boldsymbol{c}=\boldsymbol{v}\cdot\int m\boldsymbol{C}f\mathrm{d}\boldsymbol{c}=m\boldsymbol{v}\cdot\int(\boldsymbol{c}-\boldsymbol{v})f\mathrm{d}\boldsymbol{c}=m\boldsymbol{v}\cdot\left(\int\boldsymbol{c}f\mathrm{d}\boldsymbol{c}-\boldsymbol{v}\int f\mathrm{d}\boldsymbol{c}\right)=0 \tag{2.74}$$

因此对于单组分气体，式(2.73)简化为

$$\rho e=\int\frac{1}{2}mC^2f\mathrm{d}\boldsymbol{c}+\frac{1}{2}mv^2\int f\mathrm{d}\boldsymbol{c}=\rho u+\frac{1}{2}\rho v^2 \tag{2.75}$$

其中

$$\rho u = \frac{1}{2} m \int C^2 f \mathrm{d}\boldsymbol{c} \tag{2.76}$$

其中，ρu 表示气体内能；$\frac{1}{2}\rho v^2$ 表示气体宏观运动的动能。对于理想的单原子气体，其内能就是在以气体宏观速度 $\boldsymbol{v}$ 运动的参考坐标系下粒子动能的度量。

4. 压强

压强是由于粒子碰撞壁面，导致粒子动量改变而产生的。现考虑有一面积元 $\mathrm{d}A$ 以流体速度 $\boldsymbol{v}$ 在气体中运动，外法线向量为 $\boldsymbol{n}=\{1, 0, 0\}$。显然分子相对于面积元 $\mathrm{d}A$ 以随机速度 $\boldsymbol{C}$ 运动。因此对于碰撞前速度为 $\{C_1, C_2, C_3\}$ 的粒子，在与壁面碰撞后，其速度变为 $\{-C_1, C_2, C_3\}$ 且相应的粒子动量变化为 $\{2mC_1, 0, 0\}$。在 $\mathrm{d}t$ 时间间隔内，只有在以 $\mathrm{d}A$ 为底以 $\boldsymbol{C}\mathrm{d}t$ 为母线的柱体内的粒子才可以与面积元 $\mathrm{d}A$ 发生碰撞，柱体体积为 $\boldsymbol{n}\cdot\boldsymbol{C}\mathrm{d}t\mathrm{d}A$ 即 $C_1\mathrm{d}t\mathrm{d}A$，且 $C_1>0$。由于在分子速度 $\boldsymbol{c}$ 附近的 $\mathrm{d}\boldsymbol{c}$ 范围内单位体积的分子数为 $f\mathrm{d}\boldsymbol{c}$，因此 $\mathrm{d}t$ 时间间隔内的动量变化为

$$2mC_1C_1\Delta t\mathrm{d}A f\mathrm{d}\boldsymbol{c}$$

将上式在整个容许速度空间上积分可给出 $\mathrm{d}t$ 时间间隔内，不同速度粒子的动量总变化量为

$$\iiint_{C_1>0} 2mC_1C_1\Delta t\mathrm{d}A f\mathrm{d}\boldsymbol{c} \tag{2.77}$$

再根据力与动量变化和压强之间的关系可得

$$p = 2m\iiint_{C_1>0} C_1^2 f\mathrm{d}\boldsymbol{c} \tag{2.78}$$

对于各向同性气体，其相密度 f 仅与分子速度大小有关，与分子速度方向无关，因此有如下关系式：

$$\iiint_{C_1<0} C_1^2 f\mathrm{d}\boldsymbol{c} = \iiint_{C_1>0} C_1^2 f\mathrm{d}\boldsymbol{c} \text{ 且} \int C_1^2 f\mathrm{d}\boldsymbol{c} = \int C_2^2 f\mathrm{d}\boldsymbol{c} = \int C_3^2 f\mathrm{d}\boldsymbol{c} \tag{2.79}$$

结合式(2.76)和式(2.79)有

$$p = \frac{1}{3} m\int C^2 f\mathrm{d}\boldsymbol{c} = \frac{2}{3}\rho u \tag{2.80}$$

5. 温度

在气体分子运动论中可以定义温度 T 为

$$\rho u = \frac{3}{2} nkT \tag{2.81}$$

其中,k 是 Boltzmann 常数。因此根据式(2.80)和式(2.81)可得气体状态方程

$$p = nkT = \rho \frac{k}{m} T \tag{2.82}$$

对于单元子气体,有三个方向的平动自由度且每个自由度贡献 $\frac{1}{2}\frac{k}{m}T$ 的比内能。除了单原子气体外,还有像氧气 (O_2) 和氮气 (N_2) 等双原子分子气体,以及水蒸气(H_2O)和二氧化碳等三原子分子气体,对于多原子分子气体除了平动自由度外,还有分子振动和转动提供的额外自由度。根据能量均分原理,每一运动自由度贡献 $\frac{1}{2}\frac{k}{m}T$ 的比能。

6. 相密度常规矩

除密度、压力及温度等宏观量外,应力张量与热流也能采用矩的形式进行表达

$$p_{ij} = m\int C_i C_j f \mathrm{d}\boldsymbol{c}, \quad q_i = \frac{m}{2}\int C^2 C_i f \mathrm{d}\boldsymbol{c} \tag{2.83}$$

此外,更高阶的矩通常没有明确的物理意义,只有在努森数较大的稀薄条件下才需要作为高阶矩宏观量的补充量对气体进行准确描述,张量矩的一般表达形式为

$$\rho^a_{i_1 i_2 \cdots i_n} = m\int C^{2a} C_{i_1} C_{i_2} \cdots C_{i_n} f \mathrm{d}\boldsymbol{c} \tag{2.84}$$

本书中常用的张量矩往往为矩的无迹形式,其一般形式可以表示为

$$u^a_{i_1 \cdots i_n} = \rho^a_{\langle i_1 \cdots i_n \rangle} = m\int C^{2a} C_{\langle i_1} C_{i_2} \cdots C_{i_n \rangle} f \mathrm{d}\boldsymbol{c} \tag{2.85}$$

因此前述基本十三矩形式也可以写为

$$\begin{aligned} &\rho^0 = u^0 = \rho, \quad \rho^0_i = u^0_i = 0, \quad \rho^1 = u^1 = 2\rho e = 3\rho\theta = 3p, \\ &\rho^0_{ij} = p_{ij}, \quad u^0_{ij} = p_{\langle ij \rangle} = \sigma_{ij}, \quad \rho^1_i = 2q_i \end{aligned} \tag{2.86}$$

若将式(2.84)中的脉动速度 C_i 替换为绝对速度 c_i，其对应对流矩(convective moments)具体表达式为

$$F^a_{i_1\cdots i_n}=m\int c^{2a}c_{i_1}c_{i_2}\cdots c_{i_n}f\,\mathrm{d}\boldsymbol{c} \tag{2.87}$$

其与宏观量关系式为

$$\begin{gathered}F^0=\rho,\quad F^0_i=\rho v_i,\quad F^1=2\rho e=2\rho u+\rho v^2,\\ F^0_{ij}=\rho^0_{ij}+\rho v_i v_j=p_{ij}+\rho v_i v_j,\quad \frac{1}{2}F^1_k=\left(\rho u+\frac{1}{2}\rho v^2\right)v_k+p_{kj}v_j+q_k\end{gathered} \tag{2.88}$$

2.3.2 混合气体相密度的矩

若某一混合气体由 K 种不同的气体分子组成，且第 i 种组分的速度分布函数为 f_i，在此基础上给出混合气体相密度矩。

1. 质量密度

由式(2.17)可知，在 t 时在速度范围为 $\{\boldsymbol{c}_i,\ \boldsymbol{c}_i+\mathrm{d}\boldsymbol{c}_i\}$，空间范围为 $\{\boldsymbol{x},\ \boldsymbol{x}+\mathrm{d}\boldsymbol{x}\}$ 的相空间单元第 i 种组分的粒子数为 $f_i\mathrm{d}\boldsymbol{x}\mathrm{d}\boldsymbol{c}_i$，因此有第 i 种分子的数密度为

$$n_i=\int f_i\mathrm{d}\boldsymbol{c}_i \tag{2.89}$$

根据上式可得混合气体分子数密度为

$$n=\sum_{i=1}^{K}n_i=\sum_{i=1}^{K}\int f_i\mathrm{d}\boldsymbol{c}_i \tag{2.90}$$

则对于分子质量为 m_i 的第 i 种组分，密度定义为

$$\rho_i=m_i n_i=m_i\int f_i\mathrm{d}\boldsymbol{c}_i \tag{2.91}$$

因此混合气体密度为

$$\rho=\sum_{i=1}^{K}\rho_i=\sum_{i=1}^{K}m_i\int f_i\mathrm{d}\boldsymbol{c}_i \tag{2.92}$$

2. 动量密度

由于第 i 种组分粒子质量为 m_i，可知其粒子动量为 $m_i c_i$，因此根据式

(2.70)有第 i 种组分动量密度为：

$$\rho_i \bar{\boldsymbol{c}}_i = \int m_i \boldsymbol{c}_i f_i \mathrm{d}\boldsymbol{c}_i \tag{2.93}$$

其中，$\bar{\boldsymbol{c}}_i$ 为第 i 种组分粒子的平均速度，结合式(2.92)定义如下：

$$n_i \bar{\boldsymbol{c}}_i = \int \boldsymbol{c}_i f_i \mathrm{d}\boldsymbol{c}_i \tag{2.94}$$

根据上式可得，混合气体分子平均运动速度为

$$n\bar{\boldsymbol{c}} = \sum_{i=1}^{K} n_i \bar{\boldsymbol{c}}_i = \sum_{i=1}^{K} \int \boldsymbol{c}_i f_i \mathrm{d}\boldsymbol{c}_i \tag{2.95}$$

将 K 种组分动量密度叠加可得混合气体的动量密度为

$$\rho \boldsymbol{v} = \sum_{i=1}^{K} \rho_i \bar{\boldsymbol{c}}_i = \sum_{i=1}^{K} \int m_i \boldsymbol{c}_i f_i \mathrm{d}\boldsymbol{c}_i \tag{2.96}$$

其中，$\boldsymbol{v}$ 为混合气体的流动速度，由动量平均得到。因此可以看到对于混合气体，其分子平均运动速度与混合气体的流动速度不同。类似单组分气体，引入第 i 种组分粒子脉动速度 $\boldsymbol{C}_i$：

$$\boldsymbol{C}_i = \boldsymbol{c}_i - \boldsymbol{v} \tag{2.97}$$

3. 能量密度

由于组分 i 单个粒子动能为 $\frac{1}{2} m_i c_i^2$，参考单组分气体能量密度推导可得，组分 i 在 t 时刻，$\boldsymbol{x}$ 处的气体能量密度为

$$\rho e_i = \int \frac{1}{2} m c_i^2 f_i \mathrm{d}\boldsymbol{c}_i \tag{2.98}$$

结合式(2.97)可得

$$\rho e_i = \int \frac{1}{2} m \left(\boldsymbol{C}_i + \boldsymbol{v}\right)^2 f \mathrm{d}\boldsymbol{c}_i = \int \left(\frac{1}{2} m C_i^2 + m \boldsymbol{C}_i \cdot \boldsymbol{v} + \frac{1}{2} m v^2\right) f \mathrm{d}\boldsymbol{c}_i \tag{2.99}$$

因此，对于整个系统而言，能量密度表达式如下：

$$\rho e = \sum_{i=1}^{K} \rho e_i = \sum_{i=1}^{K} \int \left(\frac{1}{2} m C_i^2 + m \boldsymbol{C}_i \cdot \boldsymbol{v} + \frac{1}{2} m v^2\right) f \mathrm{d}\boldsymbol{c}_i \tag{2.100}$$

注意上述表达式中等号右边第二项与单组分气体不同，并不为零，并且单位质量气体内能有

$$\rho u = \sum_{i=1}^{K} \frac{1}{2} m_i \int C_i^2 f_i \mathrm{d}\boldsymbol{c}_i \tag{2.101}$$

其中，温度 T 与单位质量内能关系为

$$\rho u = \frac{3}{2} n k T \tag{2.102}$$

2.3.3　输运方程

在气体动力学的研究中，相对于速度分布函数 f 本身，我们更关注速度分布函数的矩，这是因为处于平衡态附近的流动并非需要准确给出流场中各点的速度分布函数，采用包括热流与应力在内的十三矩已经能够准确地描述近平衡态附近的流动。

为研究速度分布函数的矩方程，引入如下关系式：

$$\rho\langle\psi\rangle = m \int \psi f \mathrm{d}\boldsymbol{c} \tag{2.103}$$

其中，ψ 是自变量 $(\boldsymbol{x},\ t,\ \boldsymbol{c})$ 的函数，举例如下：

$$\rho = \rho\langle 1\rangle, \quad \rho v_i = \rho\langle c_i\rangle, \quad \rho u = \frac{3}{2}\rho\theta = \rho\langle C^2\rangle \tag{2.104}$$

将 Boltzmann 方程式(2.27)乘以 $\psi(\boldsymbol{x},\ t,\ \boldsymbol{c})$，在速度空间进行积分可得 $\rho\langle\psi\rangle$ 的演化方程为

$$\frac{\partial\rho\langle\psi\rangle}{\partial t} + \frac{\partial\rho\langle\psi c_k\rangle}{\partial x_k} = \rho\left\langle\frac{\partial\psi}{\partial t}\right\rangle + \rho\left\langle\frac{\partial\psi c_k}{\partial x_k}\right\rangle + \rho\left\langle G_k\frac{\partial\psi}{\partial c_k}\right\rangle + S_\psi \tag{2.105}$$

其中，源项 S_ψ 定义为

$$S_\psi = m\int\psi S\mathrm{d}\boldsymbol{c} = m\iint\int_0^{2\pi}\int_0^{\pi/2}\psi(f'f^{1'} - ff^1)g\sigma\sin\Theta\mathrm{d}\Theta\mathrm{d}\varepsilon\,\mathrm{d}\boldsymbol{c}^1\mathrm{d}\boldsymbol{c} \tag{2.106}$$

根据碰撞方程的对称性，速度 $(\boldsymbol{c},\ \boldsymbol{c}^1) \rightleftarrows (\boldsymbol{c}',\ \boldsymbol{c}^{1'})$ 可相互替换，从而可得上式得替换形式为

$$S_{\psi}=m\iint\int_{0}^{2\pi}\int_{0}^{\pi/2}\psi'(ff^{1}-f'f^{1'})g\sigma\sin\Theta\mathrm{d}\Theta\mathrm{d}\varepsilon\,\mathrm{d}\boldsymbol{c}^{1}\mathrm{d}\boldsymbol{c} \tag{2.107}$$

交换式(2.106)中的积分变量 $\boldsymbol{c}\rightleftarrows\boldsymbol{c}^{1}$，式(2.107)中的积分变量 $\boldsymbol{c}'\rightleftarrows\boldsymbol{c}^{1'}$，可得另外两种形式的 S_{ψ}：

$$S_{\psi}=m\iint\int_{0}^{2\pi}\int_{0}^{\pi/2}\psi^{1}(f'f^{1'}-ff^{1})g\sigma\sin\Theta\mathrm{d}\Theta\mathrm{d}\varepsilon\,\mathrm{d}\boldsymbol{c}^{1}\mathrm{d}\boldsymbol{c} \tag{2.108}$$

$$S_{\psi}=m\iint\int_{0}^{2\pi}\int_{0}^{\pi/2}\psi^{1'}(ff^{1}-f'f^{1'})g\sigma\sin\Theta\mathrm{d}\Theta\mathrm{d}\varepsilon\,\mathrm{d}\boldsymbol{c}^{1}\mathrm{d}\boldsymbol{c} \tag{2.109}$$

因此结合式(2.106)～式(2.109)，可得

$$S_{\psi}=\frac{m}{4}\iint\int_{0}^{2\pi}\int_{0}^{\pi/2}(\psi+\psi^{1}-\psi'-\psi^{1'})(f'f^{1'}-ff^{1})g\sigma\sin\Theta\mathrm{d}\Theta\mathrm{d}\varepsilon\,\mathrm{d}\boldsymbol{c}^{1}\mathrm{d}\boldsymbol{c} \tag{2.110}$$

由上式可知，当变量 ψ 为碰撞不变量时，源项 S_{ψ} 为零。

基于 Boltzmann 方程积分求矩得到的矩方程为描述理想气体提供了另一种表达方式，若考虑基于完整函数空间所有矩组成的无穷个矩方程，则该方程组与 Boltzmann 方程等价。换而言之，采用矩对气体状态的描述与采用速度分布函数的描述将完全一致。

由前文已知，速度分布函数张量矩定义式为

$$\rho^{a}_{i_1\cdots i_n}=m\int C^{2a}C_{i_1}C_{i_2}\cdots C_{i_n}f\,\mathrm{d}\boldsymbol{c} \tag{2.111}$$

张量矩往往为矩的无迹形式，其一般形式为

$$u^{a}_{i_1\cdots i_n}=\rho^{a}_{\langle i_1\cdots i_n\rangle}=m\int C^{2a}C_{\langle i_1}C_{i_2}\cdots C_{i_n\rangle}f\,\mathrm{d}\boldsymbol{c} \tag{2.112}$$

因此，若将 Boltzmann 方程左右两侧同时乘上 $mC^{2a}C_{\langle i_1}C_{i_2}\cdots C_{i_n\rangle}$ 并在速度空间积分就能得到无迹矩方程的一般形式：

$$\frac{\mathrm{D}u^{a}_{i_1\cdots i_n}}{\mathrm{D}t}+2a\,u^{a-1}_{i_1\cdots i_nk}\left(\frac{\mathrm{D}v_k}{\mathrm{D}t}-G_k\right)+\frac{n(2a+2n+1)}{2n+1}u^{a}_{\langle i_1\cdots i_{n-1}}\left(\frac{\mathrm{D}v_{i_n\rangle}}{\mathrm{D}t}-G_{i_n\rangle}\right)$$
$$+\frac{\partial u^{a}_{i_1\cdots i_nk}}{\partial x_k}+\frac{n}{2n+1}\frac{\partial u^{a+1}_{\langle i_1\cdots i_{n-1}}}{\partial x_{i_n\rangle}}+2a\,u^{a-1}_{i_1\cdots i_nkl}\frac{\partial v_k}{\partial x_l}+2a\frac{n+1}{2n+3}u^{a}_{\langle i_1\cdots i_n}\frac{\partial v_{k\rangle}}{\partial x_k}$$

$$
+2a\frac{n}{2n+1}u^{a}_{k<i_1\cdots i_{n-1}}\frac{\partial v_k}{\partial x_{i_n\rangle}}+nu^{a}_{k<i_1\cdots i_{n-1}}\frac{\partial v_{i_n\rangle}}{\partial x_k}+u^{a}_{i_1\cdots i_n}\frac{\partial v_k}{\partial x_k}
$$

$$
+\frac{n(n-1)}{4n^2-1}(2a+2n+1)u^{a+1}_{\langle i_1\cdots i_{n-2}}\frac{\partial v_{i_{n-1}}}{\partial x_{i_n\rangle}}=P^{a}_{i_1\cdots i_n} \tag{2.113}
$$

其中，源项 $P^{a}_{i_1\cdots i_n}$ 的表达式为

$$
P^{a}_{i_1\cdots i_n}=m\int C^{2a}C_{\langle i_1}\dots C_{i_n\rangle}S\,\mathrm{d}\boldsymbol{c} \tag{2.114}
$$

由于碰撞源项十分复杂，仅在 Maxwell 分子、BGK 模型及 ES-BGK 模型条件下式(2.114)源项才能由矩显示表示。其中由质量、动量及能量守恒可知：

$$
P^0=P^0_i=P^1=0 \tag{2.115}
$$

若将式(2.111)中的脉动速度 C_i 替换为绝对速度 $\boldsymbol{c}_i$，其对应对流矩(convective moments)具体表达式为

$$
F^{a}_{i_1\cdots i_n}=m\int c^{2a}c_{i_1}c_{i_2}\cdots c_{i_n}f\,\mathrm{d}\boldsymbol{c} \tag{2.116}
$$

若将 Boltzmann 方程两侧同时乘上 $mc^{2a}c_{\langle i_1}c_{i_2}\cdots c_{i_n\rangle}$ 并在速度空间积分，也能得到与方程(2.113)相似的无穷矩方程系统，然而这种形式矩方程文献往往少见，其主要原因是由于往往矩方程推导中无迹中心矩形式 $u^{a}_{i_1\cdots i_n}$ 在近似方法中更加方便，将得到的对流矩方程展开为中心矩形式十分复杂。

在式(2.113)基础上，可以直接给出三大守恒方程。

对于 $a=0$，$n=0$：

$$
\frac{\mathrm{D}u^0}{\mathrm{D}t}+u^0\frac{\partial v_k}{\partial x_k}=0 \tag{2.117}
$$

即为质量守恒方程

$$
\frac{\mathrm{D}\rho}{\mathrm{D}t}+\rho\frac{\partial v_k}{\partial x_k}=0 \tag{2.118}
$$

若 $a=1$，$n=0$，有

$$
\frac{\mathrm{D}u^1}{\mathrm{D}t}+\frac{\partial u^1_k}{\partial x_k}+2u^0_{kl}\frac{\partial v_k}{\partial x_l}+\frac{5}{3}u^0\frac{\partial v_k}{\partial x_k}=0 \tag{2.119}
$$

即为能量守恒方程

$$\frac{3}{2}\rho\frac{\mathrm{D}\theta}{\mathrm{D}t}+\rho\theta\frac{\partial v_k}{\partial x_k}+\frac{\partial q_k}{\partial x_k}+\sigma_{kl}\frac{\partial v_k}{\partial x_l}=0 \tag{2.120}$$

若 $a=1$，$n=1$，即为动量守恒方程

$$\rho\frac{\mathrm{D}v_i}{\mathrm{D}t}+\theta\frac{\partial\rho}{\partial x_i}+\rho\frac{\partial\theta}{\partial x_i}+\frac{\partial\sigma_{ik}}{\partial x_k}=\rho G_i \tag{2.121}$$

除质量与能量方程外，一般形式的标量矩方程即 $n=0$ 的一般表达形式为

$$\frac{\mathrm{D}u^a}{\mathrm{D}t}+2a\,u_k^{a-1}\left(\frac{\mathrm{D}v_k}{\mathrm{D}t}-G_k\right)+\frac{\partial u_k^a}{\partial x_k}+2a\,u_{kl}^{a-1}\frac{\partial v_k}{\partial x_l}+\frac{2a+3}{3}u^a\frac{\partial v_k}{\partial x_k}=P^a \tag{2.122}$$

这里给出一个新的偏离平衡标量矩定义：

$$\omega^a=u^a-u_{|\mathrm{E}}^a \tag{2.123}$$

其中，$u_{|\mathrm{E}}^a$ 为 Maxwellian 平衡条件下标量矩 $u_{|\mathrm{E}}^a=(2a+1)!!\ \rho\theta^a$，　$u_{i_1\cdots i_n|\mathrm{E}}^a=0$ $(n\geqslant 1)$，双阶乘 !! 符号含义为 $(2a+1)!!\ =\prod_{s=1}^{a}(2s+1)$。因此，当气体处于当地 Maxwellian 平衡态时，除质量 ρ、速度 v_i 及温度 θ 不为 0 外，其余各阶矩均为 0。根据定义式(2.123)可知 $\omega^0=\omega^1=0$，因此偏离平衡标量矩 ω^a 的输运方程仅在 $a\geqslant 2$ 时有意义：

$$\begin{aligned}&\frac{\mathrm{D}\omega^a}{\mathrm{D}t}-\frac{2a}{3}(2a+1)!!\ \theta^{a-1}\frac{\partial q_k}{\partial x_k}-\frac{2a}{3}(2a+1)!!\ \theta^{a-1}\sigma_{kl}\frac{\partial v_k}{\partial x_l}+2a\,u_{kl}^{a-1}\frac{\partial v_k}{\partial x_l}\\&-2a\,u_k^{a-1}\frac{\partial\theta}{\partial x_k}-2a\,u_k^{a-1}\theta\frac{\partial\ln\rho}{\partial x_k}-2a\frac{u_k^{a-1}}{\rho}\frac{\partial\sigma_{kl}}{\partial x_k}+\frac{\partial u_k^a}{\partial x_k}+\frac{2a+3}{3}\omega^a\frac{\partial v_k}{\partial x_k}=P^a\end{aligned} \tag{2.124}$$

对于矢量矩 $(n=1)$ 的一般形式可以表示为

$$\begin{aligned}&\frac{\mathrm{D}u_i^a}{\mathrm{D}t}+2a\,u_{ik}^{a-1}\left(\frac{\mathrm{D}v_k}{\mathrm{D}t}-G_k\right)+\frac{2a+3}{3}u^a\left(\frac{\mathrm{D}v_i}{\mathrm{D}t}-G\right)\\&+\frac{\partial u_{ik}^a}{\partial x_k}+\frac{1}{3}\frac{\partial u^{a+1}}{\partial x_i}+2a\,u_{ikl}^{a-1}\frac{\partial v_k}{\partial x_l}+\frac{4a}{5}u_{\langle i}^a\frac{\partial v_{k\rangle}}{\partial x_k}\\&+\frac{2a}{3}u_k^a\frac{\partial v_k}{\partial x_i}+u_k^a\frac{\partial v_i}{\partial x_k}+u_i^a\frac{\partial v_k}{\partial x_k}=P_i^a\end{aligned} \tag{2.125}$$

其余二阶及高阶矩的表达形式这里不再赘述。对于源项 $P^a_{i_1\cdots i_n}$ 而言，将针对 BGK 模型、ES-BGK 模型及 Maxwell 分子模型给出具体表达式。

在 BGK 模型条件下，其 Boltzmann 方程碰撞项 S_{BGK} 表达式简化为

$$S_{\mathrm{BGK}} = -\bar{v}(f - f_{\mathrm{M}}) \tag{2.126}$$

因此其对应的源项为

$$P^a_{i_1\cdots i_n} = -\bar{v}m\int C^{2a}C_{\langle i_1}\cdots C_{i_n\rangle}(f - f_{\mathrm{M}})\mathrm{d}\boldsymbol{c} = -\bar{v}(u^a_{i_1\cdots i_n} - u^a_{i_1\cdots i_n|\mathrm{E}}) \tag{2.127}$$

由式(2.123)及 $u^a_{|\mathrm{E}} = (2a+1)!!\ \rho\theta^a$、$u^a_{i_1\cdots i_n|\mathrm{E}} = 0\ (n \geqslant 1)$ 可知

$$P^a = -\bar{v}\omega^a, \quad P^a_{i_1\cdots i_n} = -\bar{v}u^a_{i_1\cdots i_n} \tag{2.128}$$

因此，由 $\omega^0 = \omega^1 = 0$ 及 $u^0_i = 0$ 可以推出

$$P^0 = P^1 = P^0_1 = 0 \tag{2.129}$$

对于 ES-BGK 方程，其碰撞项表示为

$$S_{\mathrm{ES}} = -\bar{v}(f - f_{\mathrm{ES}}) \tag{2.130}$$

对应的源项表示为

$$\begin{aligned} P^a_{i_1\cdots i_n} &= -\bar{v}m\int C^{2a}C_{\langle i_1}\cdots C_{i_n\rangle}(f - f_{\mathrm{ES}})\mathrm{d}\boldsymbol{c} \\ &= -\bar{v}(u^a_{i_1\cdots i_n} - u^a_{i_1\cdots i_n|\mathrm{ES}}) \end{aligned} \tag{2.131}$$

f_{ES} 的前二十六个矩 $u^a_{i_1\cdots i_n|\mathrm{ES}}$ 为

$$\begin{aligned} &u^0_{|\mathrm{ES}} = \rho \\ &u^1_{|\mathrm{ES}} = \rho\lambda_{kk} = 3\rho\theta \\ &u^2_{|\mathrm{ES}} = 2\rho\lambda_{ij}\lambda_{ij} + \rho(\lambda_{kk})^2 = 15\rho\theta^2 + 2b^2\frac{\sigma_{kj}\sigma_{jk}}{\rho} \\ &u^0_{i|\mathrm{ES}} = u^1_{i|G} = 0 \\ &u^0_{ij|\mathrm{ES}} = \rho\lambda_{\langle ij\rangle} = b\sigma_{ij} \\ &u^1_{ij|\mathrm{ES}} = 2\rho\lambda_{k\langle i}\lambda_{j\rangle k} + \rho\lambda_{kk}\lambda_{\langle ij\rangle} = 7b\theta\sigma_{ij} + 2\frac{b^2}{\rho}\sigma_{k\langle i}\sigma_{j\rangle k} \\ &u^0_{ijk|\mathrm{ES}} = 0 \end{aligned} \tag{2.132}$$

将上式代入式(2.131)可以得到 $P^0=P^1=P_1^0=0$，这与三大守恒方程一致，其余对应的源项分别为

$$
\begin{aligned}
P^2 &= -\frac{2}{3}\frac{p}{\mu}\left(\omega^2-\frac{1}{2\rho}\sigma_{kj}\sigma_{jk}\right)\\
P_i^1 &= -\frac{4}{3}\frac{p}{\mu}q_i\\
P_{ij}^0 &= -\frac{p}{\mu}\sigma_{ij}\\
P_{ij}^1 &= -\frac{2}{3}\frac{p}{\mu}\left(u_{ij}^1+\frac{7}{2}\theta\sigma_{ij}-\frac{1}{2\rho}\sigma_{k\langle i}\sigma_{j\rangle k}\right)\\
P_{ijk}^0 &= -\frac{2}{3}\frac{p}{\mu}u_{ijk}^0
\end{aligned}
\tag{2.133}
$$

其中，碰撞频率与黏性系数关系为 $\bar{v}=Pr\dfrac{p}{\mu}$。

对应 Maxwell 分子模型，其源项可以表示为

$$
\begin{aligned}
P_{i_1\cdots i_n}^a = m\iint\int_0^{2\pi}\int_0^{\pi/2}&\left((C')^{2a}C'_{i_1}\ldots C'_{i_n}-C^{2a}C'_{i_1}\ldots C'_{i_n}\right)\\
&\times ff^1F_M(\Theta)\sin\Theta\mathrm{d}\Theta\mathrm{d}\varepsilon\,\mathrm{d}\boldsymbol{c}^1\mathrm{d}\boldsymbol{c}
\end{aligned}
\tag{2.134}
$$

最终前二十六矩的展开过程限于篇幅，此处不详细推导，仅给出最终结果：

$$
\begin{aligned}
P^2 &= -\frac{2}{3}\frac{p}{\mu}\left(\omega^2+\frac{\sigma_{ij}\sigma_{ij}}{\rho}\right)\\
P_i^1 &= -\frac{4}{3}\frac{p}{\mu}q_i\\
P_{ij}^0 &= -\frac{p}{\mu}\sigma_{ij}\\
P_{ij}^1 &= -\frac{7}{6}\frac{p}{\mu}\left(u_{ij}^1-\theta\sigma_{ij}+\frac{4}{7}\frac{1}{\rho}\sigma_{k\langle i}\sigma_{j\rangle k}\right)\\
P_{ijk}^0 &= -\frac{3}{2}\frac{p}{\mu}u_{ijk}^0
\end{aligned}
\tag{2.135}
$$

此外为简化源项计算，可以对源项进行线性化处理，最终得到线性化

Boltzmann 方程，具体推导过程详见文献[23]和[24]。通过线性化处理，其源项的复杂程度将得到较大程度简化，最终的源项可以表示为如下形式：

$$P^a=-\frac{p}{\mu}\sum_b C_{ab}^{(0)}\theta^{a-b}\omega^b,\ (a,b\geqslant 2)$$
$$P_i^a=-\frac{p}{\mu}\sum_b C_{ab}^{(1)}\theta^{a-b}u_i^b,\ (a,b\geqslant 1) \tag{2.136}$$
$$P_{i_1\cdots i_n}^a=-\frac{p}{\mu}\sum_b C_{ab}^{(n)}\theta^{a-b}u_{i_1\cdots i_n}^b,\ (a,b\geqslant 0)$$

2.4　Boltzmann-H 定理与熵

2.4.1　Boltzmann-H 定理

除了宏观量的守恒方程组之外，由 Boltzmann 方程还可直接得出另一个十分重要的物理关系，即 Boltzmann-H 定理（简称 H 定理）。对于方程式(2.105)取

$$\psi=-k\ln\frac{f}{y} \tag{2.137}$$

其中，k 为 Boltzmann 常数，y 则是另一常数，则有

$$\eta=-k\int f\ln\frac{f}{y}\mathrm{d}\boldsymbol{c},\quad \Phi_k=-k\int c_k f\ln\frac{f}{y}\mathrm{d}\boldsymbol{c} \tag{2.138}$$

$$\Sigma=S_{-k\ln\frac{f}{y}}=\frac{mk}{4}\iint\int_0^{2\pi}\int_0^{\pi/2}\ln\frac{f'f^{1'}}{ff^1}(f'f^{1'}-ff^1)g\sigma\sin\Theta\mathrm{d}\Theta\mathrm{d}\varepsilon\,\mathrm{d}\boldsymbol{c}^1\mathrm{d}\boldsymbol{c} \tag{2.139}$$

由此可得 η 的输运方程为

$$\frac{\partial\eta}{\partial t}+\frac{\partial\Phi_k}{\partial x_k}=\Sigma \tag{2.140}$$

易证式(2.139)中 Σ 非负，即

$$\Sigma\geqslant 0$$

所以 η 输运方程始终有正的源项，当且仅当处于平衡态时为零。表明在一个没有表面流量 $\left(\oint_{\partial V}\Phi_k n_k \mathrm{d}A=0\right)$ 孤立系统内，η 只能不断增大，并且在平衡态时达到最大值，η 的这一特性即为 H 定理。

实际上，H 定理等价于热力学第二定律(熵定律)[2,7]，所以这里 η 即表示气体熵密度，表达式为

$$\eta=\rho s \tag{2.141}$$

其中，s 表示比熵；Φ_k 表示熵流量，且非对流通量 $\phi_k=\Phi_k-\rho s v_k$。因此可给出热力学第二定律如下：

$$\rho\frac{\mathrm{D}s}{\mathrm{D}t}+\frac{\partial\phi_k}{\partial x_k}=\Sigma\geqslant 0 \tag{2.142}$$

由式(2.45)和式(2.138)可得平衡态下单原子气体的比熵为

$$\begin{aligned} s&=\frac{k}{m}\ln\frac{\theta^{3/2}}{\rho}+s_0\\ s_0&=\frac{k}{m}\left[\frac{3}{2}+\ln(my\sqrt{2\pi}^3)\right]\end{aligned} \tag{2.143}$$

其中，s_0 为熵常数，研究表明上述结果与经典的热力学结果一致。

2.4.2 熵和 Boltzmann 方程不可逆性

式(2.137)从微观层面对熵进行了表示，表明熵是系统混乱度的度量[7]。假定一气体在体积 V 内含有 N 个粒子，则气体总熵积分可得

$$H=\int_V\eta\mathrm{d}\boldsymbol{x}=-k\int_V\int f\ln\frac{f}{y}\mathrm{d}\boldsymbol{c}\,\mathrm{d}\boldsymbol{x} \tag{2.144}$$

同时相单元内粒子数为

$$N_{x,c}=f\,\mathrm{d}\boldsymbol{x}\,\mathrm{d}\boldsymbol{c}=fY \tag{2.145}$$

将积分改写为对所有的相单元求和，则可得

$$H=-k\sum_{x,c}N_{x,c}\ln\frac{N_{x,c}}{yY}=-k\sum_{x,c}N_{x,c}\ln N_{x,c}+kN\ln yY \tag{2.146}$$

由于 $\ln N!=N\ln N-N$，所以上式可继续化简为

$$H = -k\sum_{x,c}(\ln N_{x,c}! \ + N_{x,c}) + kN\ln yY = k\ln\frac{N!}{\Pi_{x,c}N_{x,c}!} + kN\ln\frac{yY}{N} \tag{2.147}$$

令 $y = N/Y$，则最后有

$$H = k\ln W \tag{2.148}$$

$$W = \frac{N!}{\Pi_{x,c}N_{x,c}!} \tag{2.149}$$

其中，W 表示在相空间内，每个单元内分布 $N_{x,c}$ 个粒子的前提下，N 个粒子所有可能的微观状态数。式(2.148)将气体的总熵 H 和真实系统可能的状态数 W 关联了起来，熵增是一个孤立系统内必然存在的一种现象，它表示实现当前宏观系统对应的微观状态数目也在逐渐增加，系统变得更加无序。同一系统状态的存在的微观可能状态越少，则表示系统越有序。因此 H 定理解释了对于一个孤立过程，系统无序性必然增加，表明熵是系统混乱度的度量参数。

在分子层面，假定 t_0 时刻粒子 α 的初始状态为 (x_0^α, c_0^α)，经过 Δt 时间后状态变为 (x_1^α, c_1^α)。此时，令所有粒子的速度向量反向，即状态变为 $(x_1^\alpha, -c_1^\alpha)$，同样的在 Δt 时间后状态将变为 $(x_0^\alpha, -c_0^\alpha)$。也就是说，在一段时间后如果粒子速度反向，则粒子将会回到初始位置 x_0^α，并且速度大小与初始值相等，方向相反。因此在分子层面粒子运动是可逆的。

若从 Boltzmann 方程层面考虑这一问题，假定初始状态速度分布函数 $f_0(\boldsymbol{x}, \boldsymbol{c})$ 和熵密度 η_0，速度分布函数时空演化可由 Boltzmann 方程进行描述，因此速度分布函数经过 Δt 时间后变为 $f_1(\boldsymbol{x}, \boldsymbol{c})$。随着速度分布函数的变化，系统混乱的增加即熵密度增大，$\eta_1 > \eta_0$。紧接着将粒子速度反向，则速度分布函数变为 $f_{1'}(\boldsymbol{x}, \boldsymbol{c}) = f_1(\boldsymbol{x}, -\boldsymbol{c})$。由于熵是一个标量，因此 $\eta_{1'} = \eta_1$。再经过 Δt 时间后，速度分布函数不可能回归为 $f_{0'}(\boldsymbol{x}, \boldsymbol{c}) = f_0(\boldsymbol{x}, -\boldsymbol{c})$，这是由于此时熵密度为 $\eta_{0'} = \eta_0 < \eta_{1'}$，熵减小不满足热力学第二定律，表明系统无法回到初始状态。由此可见，由 Boltzmann 方程描述的气体演化过程是不可逆的，其主要原因在于方程右端碰撞项的作用，由于碰撞项并不包括描述分子碰撞时空信息与碰撞细节，而是通过平均的方式将其碰撞效应考虑进来，在远大于分子相互作用尺度条件下，平均也是一种真实的物理过程，能够同时考虑大量分子碰撞的影响。因此，Boltzmann 方程的不可逆是通过在分子平均自由程尺度下粗粒化平

均来保障的，这使得方程满足了孤立系统下的熵增条件，在微观描述宏观热力学系统演化方面获得了巨大的成功。

2.4.3 Gibbs 悖论

当 $y=N/Y$ 时，式(2.143)的熵常数 s_0 与分子数 N 的关系式为

$$s_0=\frac{k}{m}\left\{\frac{3}{2}+\ln\left[\frac{mN}{Y}(2\pi)^{\frac{3}{2}}\right]\right\} \tag{2.150}$$

由于 s_0 与分子数 N 的非线性函数形式，这就使得熵具有不可加和的特点。若存在温度为 θ 含有 N 个粒子的气体的两种状态：① 分布在体积为 V 的容器内；② N 个粒子平分在体积为 $V/2$ 的两个容器内。根据式(2.143)和式(2.150)可知两种情况平衡态的熵分别为

$$\begin{aligned} H_I&=\rho V s_I(V,\ N,\ \theta)=\rho V\frac{k}{m}\ln\frac{\theta^{3/2}}{\rho}+\rho V s_{0,\ I} \\ H_{II}&=2\left(\rho\frac{V}{2}s_{II}(V,\ N,\ \theta)\right)=\rho V\frac{k}{m}\ln\frac{\theta^{3/2}}{\rho}+\rho V s_{0,\ II} \end{aligned} \tag{2.151}$$

因此，它们之间的差为

$$H_{II}-H_I=\rho V(s_{0,\ II}-s_{0,\ I})=-Nk\ln 2 \tag{2.152}$$

由此可见，第二种情况的熵显得更小，这就是著名的 Gibbs 悖论。事实上，添加或去掉中间的阻隔并不会改变气体宏观状态，也就是说气体所有特性包括熵在上述两种情况中应该保持不变。

产生这一悖论的根本原因是在系统中采用 $y=N/Y$ 前提条件计算 W 时认为所有粒子是可以区分的，这样才能得到粒子微观分布可能数目。这时，第二种情况将粒子分别限定在两个容器内，粒子不能从一侧运动到另一侧，系统表现为更有序。而第一种情况下粒子则可以在整个容器内自由运动，无序性更高。实际上计算 W 时，N 个粒子应当完全相同，此时 y 和 s_0 都和粒子数 N 无关。

2.5 Chapman-Enskog 展开方法

Chapman-Enskog 展开方法是由 Chapman 和 Enskog 于 1916 年前后分别

提出的，该方法最大的特点在于通过将速度分布函数在 Maxwellian 平衡态附近基于 Kn 进行级数展开，得到分布函数关于守恒方程中宏观量和宏观量导数的函数形式，并结合热流与应力的微观表达式得到封闭的方程形式。通过 Chapman-Enkog 展开方法可以直接通过 Boltzmann 方程得到一阶牛顿应力与傅里叶热传导本构关系，即 NS 方程形式。同时其零阶与二阶展开也能分别得到 Euler 方程及 Burnett 方程此类方程形式。由于原始 Boltzmann 方程积分碰撞项 C-E 展开推导过于复杂，本节将重点阐述 Chapman-Enskog 展开方法的基本思想，并在此基础上针对 BGK 模型方程推导零阶 Euler 方程、一阶 NS 方程与二阶 Burnett 方程具体形式。

由单原子气体三大守恒方程：

$$\begin{aligned}
&\frac{\mathrm{D}\rho}{\mathrm{D}t}+\rho\frac{\partial v_k}{\partial x_k}=0\\
&\rho\frac{\mathrm{D}v_i}{\mathrm{D}t}+\theta\frac{\partial\rho}{\partial x_i}+\rho\frac{\partial\theta}{\partial x_i}+\frac{\partial\sigma_{ik}}{\partial x_k}=\rho G_i\\
&\frac{3}{2}\rho\frac{\mathrm{D}\theta}{\mathrm{D}t}+\rho\theta\frac{\partial v_k}{\partial x_k}+\frac{\partial q_k}{\partial x_k}+\sigma_{kl}\frac{\partial v_k}{\partial x_l}=0
\end{aligned}\tag{2.153}$$

这里将压力张量分解为各向同性与各向异性两部分，$p_{ik}=p\delta_{ik}+\sigma_{ik}$，其中各向同性部分为通常所理解的压强 p，各向异性部分为应力张量 σ_{ik}，由理想气体状态方程 $p=\rho\theta$，其中 $\theta=\frac{k}{m}T$。

通常的宏观方程对流体的描述主要包括以下五个宏观量：密度 ρ，速度 v_i $(i=1,\ 2,\ 3)$ 与温度(能量单位) θ，这些量通常称为守恒量，在守恒方程中均包含守恒量的物质导数项。然而五矩方程式(2.153)中除上述五个守恒量外，还包括热流项 q_k 与应力张量 σ_{ik} 这类高阶非守恒张量，因此需要额外的关系式对这类高阶矩和守恒量之间的关系进行描述，通常这类关系称作本构关系。不同的本构关系往往构成不同的宏观守恒方程形式。例如，传统矩方法可以提供额外的非守恒量输运方程来对应力与热流项进行描述，然而在非守恒输运方程中会引入更高阶的非守恒量。Chapman-Enskog 展开方法则直接针对五矩守恒方程，对热流与应力关系进行了封闭，直接寻找热流项 q_k、应力张量 σ_{ik} 和守恒量 $U_A=\{\rho,\ v_i,\ \theta\}_A$ 之间的函数关系。通过速度分布函数这一中间纽带，C-E 展开方法首先找到速度分布函数采用宏观守恒量的近似表达形式：

$$f_{\mathrm{CE}}=f_{\mathrm{CE}}\left(U_{\mathrm{A}},\frac{\partial U_{\mathrm{A}}}{\partial x_k},\frac{\partial^2 U_{\mathrm{A}}}{\partial x_{k_1}\partial x_{k_2}},\cdots,C_i\right) \tag{2.154}$$

其具体形式和展开过程将在后面详细描述。在式(2.154)基础上代入热流与应力张量的速度分布函数表达形式，得

$$\begin{aligned}\sigma_{ij\mathrm{CE}}&=m\int C_{\langle i}C_{j\rangle}f_{\mathrm{CE}}\mathrm{d}\boldsymbol{c}\\ q_{i\mathrm{CE}}&=\frac{m}{2}\int C^2C_i f_{\mathrm{CE}}\mathrm{d}\boldsymbol{c}\end{aligned} \tag{2.155}$$

得到对应本构关系。

对 Boltzmann 方程而言，若将其进行如下形式的无量纲化，方程中右侧碰撞项中将出现努森数：

$$\begin{aligned}&f=\frac{n_0}{\overline{C}^3}\hat{f},\quad \boldsymbol{x}=L\hat{\boldsymbol{x}},\quad g=\sqrt{2}\,\overline{C}\hat{g},\quad \boldsymbol{c}=\overline{C}\hat{\boldsymbol{c}}\\ &t=\frac{L}{\overline{C}}\hat{t},\quad \sigma=\pi d^2\hat{\sigma},\quad G_k=\frac{\overline{C}^2}{L}\hat{G}_k\end{aligned} \tag{2.156}$$

其无量纲 Boltzmann 方程形式为

$$\frac{\partial\hat{f}}{\partial\hat{t}}+\hat{c}_k\frac{\partial\hat{f}}{\partial\hat{x}_k}+\hat{G}_k\frac{\partial\hat{f}}{\partial\hat{c}_k}=\frac{1}{Kn}\hat{S} \tag{2.157}$$

其中，努森数为 $Kn=\dfrac{1}{L\sqrt{2}\pi d^2 n_0}=\dfrac{\lambda}{L}$，因此通过无量纲分析可以看出努森数与方程右侧无量纲碰撞源项之间关系十分密切，若努森数趋于 0 条件下由于方程右侧仍需要保证有限大小，则碰撞源项将趋于 0，这将直接推导出之前所给出的局部 Maxwellian 速度分布函数形式，即流场中处处表现出局部平衡欧拉方程特点，与努森数趋于 0 的假设吻合。

与无量纲方程类似，C-E 展开往往针对引入小量 ε 的有量纲 Boltzmann 方程进行推导，其具体形式如下所示：

$$\frac{\partial f}{\partial t}+c_k\frac{\partial f}{\partial x_k}+G_k\frac{\partial f}{\partial c_k}=\frac{1}{\varepsilon}S \tag{2.158}$$

其中，ε 作用与无量纲方程右端 Kn 一致，但在最终结果中应将 ε 赋值为 1 以保

证和原始 Boltzmann 方程的一致性。

C-E 展开的基本思想是将速度分布函数展开成小量 ε 的级数形式，即

$$f_{CE}=f^{(0)}+\varepsilon f^{(1)}+\varepsilon^2 f^{(2)}+\varepsilon^3 f^{(3)}+\cdots \tag{2.159}$$

由守恒变量的矩形式可知，构造上述形式分布函数需要满足以下基本条件：

$$\begin{aligned}&\rho=m\int f^{(0)}\mathrm{d}\boldsymbol{c},\quad \rho v_i=m\int c_i f^{(0)}\mathrm{d}\boldsymbol{c},\quad \frac{3}{2}\rho\theta=\frac{m}{2}\int C^2 f^{(0)}\mathrm{d}\boldsymbol{c}\\&0=m\int f^{(\alpha)}\mathrm{d}\boldsymbol{c},\quad 0=m\int c_i f^{(\alpha)}\mathrm{d}\boldsymbol{c},\quad 0=\frac{m}{2}\int C^2 f^{(\alpha)}\mathrm{d}\boldsymbol{c}\ (\text{当 }\alpha\geqslant 1)\end{aligned} \tag{2.160}$$

上述条件又被称为兼容性条件，其中 $f^{(0)}$ 为当地 Maxwellian 分布。若将式(2.159)代入应力张量与热流项表达式(2.155)中，可以得到应力与热流的小量展开形式

$$\sigma_{ij}=\varepsilon\sigma_{ij}^{(1)}+\varepsilon^2\sigma_{ij}^{(2)}+\varepsilon^3\sigma_{ij}^{(3)}+\cdots,\quad q_i=\varepsilon q_i^{(1)}+\varepsilon^2 q_i^{(2)}+\varepsilon^3 q_i^{(3)}+\cdots \tag{2.161}$$

其中

$$\begin{aligned}\sigma_{ij}^{(\alpha)}&=m\int C_{\langle i}C_{j\rangle} f^{(\alpha)}\mathrm{d}\boldsymbol{c}\\ q_i^{(\alpha)}&=\frac{m}{2}\int C^2 C_i f^{(\alpha)}\mathrm{d}\boldsymbol{c}\end{aligned} \tag{2.162}$$

对于 Maxwellian 分布函数，其应力与热流积分矩均为 0。

若将应力与热流的展开形式代入守恒量输运方程中，可以得到

$$\begin{aligned}&\frac{\mathrm{D}\rho}{\mathrm{D}t}+\rho\frac{\partial v_k}{\partial x_k}=0\\&\rho\frac{\mathrm{D}v_i}{\mathrm{D}t}+\theta\frac{\partial\rho}{\partial x_i}+\rho\frac{\partial\theta}{\partial x_i}+\sum_\alpha\varepsilon^\alpha\frac{\partial\sigma_{ik}^{(\alpha)}}{\partial x_k}=\rho G_i\\&\frac{3}{2}\rho\frac{\mathrm{D}\theta}{\mathrm{D}t}+\rho\theta\frac{\partial v_k}{\partial x_k}+\sum_\alpha\varepsilon^\alpha\frac{\partial q_k^{(\alpha)}}{\partial x_k}+\sum_\alpha\varepsilon^\alpha\sigma_{kl}^{(\alpha)}\frac{\partial v_k}{\partial x_l}=0\end{aligned} \tag{2.163}$$

若定义

$$\frac{D_0\rho}{Dt}=-\rho\frac{\partial v_k}{\partial x_k},\quad \frac{D_0 v_i}{Dt}=G_i-\frac{1}{\rho}\frac{\partial\rho\theta}{\partial x_i},\quad \frac{D_0\theta}{Dt}=-\frac{2}{3}\theta\frac{\partial v_j}{\partial x_j}$$

$$\frac{D_\alpha\rho}{Dt}=0,\quad \frac{D_\alpha v_i}{Dt}=-\frac{1}{\rho}\frac{\partial\sigma_{ik}^{(\alpha)}}{\partial x_k},\tag{2.164}$$

$$\frac{D_\alpha\theta}{Dt}=-\frac{2}{3}\frac{\sigma_{ij}^{(\alpha)}}{\rho}\frac{\partial v_i}{\partial x_j}-\frac{2}{3}\frac{1}{\rho}\frac{\partial q_k^{(\alpha)}}{\partial x_k}\ (\text{当}\ \alpha\geqslant 1\ \text{时})$$

则式(2.163)物质导数可以简化为

$$\frac{D\rho}{Dt}=\sum_\alpha\varepsilon^\alpha\frac{D_\alpha\rho}{Dt},\quad \frac{Dv_i}{Dt}=\sum_\alpha\varepsilon^\alpha\frac{D_\alpha v_i}{Dt},\quad \frac{D\theta}{Dt}=\sum_\alpha\varepsilon^\alpha\frac{D_\alpha\theta}{Dt}\tag{2.165}$$

由 Maxwellian 速度分布函数与宏观量集合 U_A 的函数关系可知 $\frac{Df_M}{Dt}=\sum_\alpha\varepsilon^\alpha\frac{D_\alpha f_M}{Dt}=\sum_\alpha\varepsilon^\alpha\frac{\partial f_M}{\partial U_A}\frac{D_\alpha U_A}{Dt}$，其余 C-E 展开中的分布函数项也有类似的函数关系 $\frac{Df^{(\alpha)}}{Dt}=\sum_\alpha\varepsilon^\alpha\frac{D_\alpha f^{(\alpha)}}{Dt}$。

下面从包含小量 ε 的 ES-BGK Boltzmann 方程开始推导：

$$\frac{Df}{Dt}+C_k\frac{\partial f}{\partial x_k}+G_k\frac{\partial f}{\partial c_k}=-\frac{1}{\varepsilon}\bar{v}(f-f_{ES})\tag{2.166}$$

其速度分布函数展开形式为

$$f_{ES}=f_{ES}^{(0)}+\varepsilon f_{ES}^{(1)}+\varepsilon^2 f_{ES}^{(2)}+\cdots\tag{2.167}$$

将式(2.167)代入(2.166)，并略去二阶以上高阶量有

$$\frac{D_0 f_M}{Dt}+C_k\frac{\partial f_M}{\partial x_k}+G_k\frac{\partial f_M}{\partial c_k}+\bar{v}(f^{(1)}-f_{ES}^{(1)})$$
$$+\varepsilon\left[\frac{D_1 f_M}{Dt}+\frac{D_0 f^{(1)}}{Dt}+C_k\frac{\partial f^{(1)}}{\partial x_k}+G_k\frac{\partial f^{(1)}}{\partial c_k}+\bar{v}(f^{(2)}-f_{ES}^{(2)})\right]=\vartheta(\varepsilon^2)\tag{2.168}$$

其中，$f_{ES}^{(0)}$、$f_{ES}^{(1)}$、$f_{ES}^{(2)}$ 等展开量具体表达形式为

$$f_{\mathrm{ES}}^{(0)}=f_{\mathrm{M}},\quad f_{\mathrm{ES}}^{(1)}=f_{\mathrm{M}}\frac{b}{2\rho\theta^2}\sigma_{ij}^{(1)}C_{\langle i}C_{j\rangle}$$

$$f_{\mathrm{ES}}^{(2)}=f_{\mathrm{M}}\frac{b^2}{4p^2}\left[\sigma_{kn}^{(1)}\sigma_{kn}^{(1)}-\frac{2}{\theta}(\sigma_{ik}^{(1)}\sigma_{kj}^{(1)}-\frac{p}{b}\sigma_{ij}^{(2)})C_iC_j+\frac{\sigma_{ij}^{(1)}\sigma_{kl}^{(1)}}{2\theta^2}C_iC_jC_kC_l\right] \tag{2.169}$$

对于零阶展开，可以直接得到 $f^{(0)}=f_{\mathrm{ES}}^{(0)}=f_{\mathrm{M}}$，$\sigma_{ij}^{(0)}=q_i^{(0)}=0$，其对应的宏观方程为无黏 Euler 方程。

考虑一阶展开形式，则仅需要考虑式(2.168)中量纲为 ε^0 的项，即

$$f^{(1)}=f_{\mathrm{ES}}^{(1)}-\frac{1}{\bar{v}}f_{\mathrm{M}}\left(\frac{\mathrm{D}_0\ln f_{\mathrm{M}}}{\mathrm{D}t}+C_k\frac{\partial\ln f_{\mathrm{M}}}{\partial x_k}+G_k\frac{\partial\ln f_{\mathrm{M}}}{\partial c_k}\right) \tag{2.170}$$

其中 Maxwellian 分布函数的全导数为

$$\mathrm{d}f_{\mathrm{M}}=f_{\mathrm{M}}\mathrm{d}(\ln f_{\mathrm{M}})=f_{\mathrm{M}}\left[\frac{\mathrm{d}\rho}{\rho}+\left(\frac{C^2}{2\theta}-\frac{3}{2}\right)\frac{\mathrm{d}\theta}{\theta}-\frac{C_i}{\theta}\mathrm{d}(c_i-v_i)\right] \tag{2.171}$$

通过简化可以得到一阶速度分布函数分量表达式及对应热流与应力张量

$$f^{(1)}=f_{\mathrm{M}}\frac{b}{2\rho\theta^2}\sigma_{kl}^{(1)}C_{\langle k}C_{l\rangle}-f_{\mathrm{M}}\frac{1}{\bar{v}}\left[\frac{C_{\langle k}C_{l\rangle}}{\theta}\frac{\partial v_{\langle k}}{\partial x_{l\rangle}}+C_k\left(\frac{C^2}{2\theta}-\frac{5}{2}\right)\frac{1}{\theta}\frac{\partial\theta}{\partial x_k}\right] \tag{2.172}$$

$$\begin{aligned}\sigma_{ij}^{(1)}&=-\frac{2}{1-b}\frac{p}{\bar{v}}\frac{\partial v_{\langle i}}{\partial x_{k\rangle}}=-2\mu\frac{\partial v_{\langle i}}{\partial x_{k\rangle}}\\ q_i^{(1)}&=-\frac{5}{2}\frac{p}{\bar{v}}\frac{\partial\theta}{\partial x_i}=-\kappa\frac{\partial\theta}{\partial x_i}\end{aligned} \tag{2.173}$$

若 $\mu=\frac{1}{1-b}\frac{p}{\bar{v}}$，且 $\kappa=\frac{5}{2}\frac{p}{\bar{v}}$，则式(2.173)正好是 NS 方程中 Newton 应力与 Fourer 热传导本构关系。对应的普朗特数 $Pr=\frac{5}{2}\frac{\mu}{\kappa}=\frac{1}{1-b}$，若要保证普朗特数为 2/3，则 ES-BGK 模型中的参数 $b=-1/2$。

对于硬球模型作用势而言，其碰撞频率的形式为 $\bar{v}=\bar{v}^0p\theta^{-\omega}$，其中 $\omega=\frac{\gamma+3}{2\gamma-2}$，可以推断出黏性与温度的逆幂律关系有

$$\mu = \mu_0 \left(\frac{\theta}{\theta_0}\right)^{\omega} \tag{2.174}$$

其中，$\mu_0 = \dfrac{Pr}{\bar{v}^0}\theta_0^{\omega}$ 是在参考温度 θ_0 条件下的参考黏性系数。

此外若将NS方程本构关系代入式(2.172)中可以得到化简后的一阶速度分布函数分量为

$$f^{(1)} = -\frac{\theta^{\omega}}{\bar{v}^0 p} f_{\mathrm{M}} \left[Pr \frac{C_i C_k}{\theta} \frac{\partial v_{\langle i}}{\partial x_{k\rangle}} + C_k \left(\frac{C^2}{2\theta} - \frac{5}{2} \right) \frac{1}{\theta} \frac{\partial \theta}{\partial x_k} \right] \tag{2.175}$$

对于二阶C-E展开，则仅需要考虑式(2.168)中量纲为 ε^1 的项，有

$$f^{(2)} = f_{\mathrm{ES}}^{(2)} - \frac{1}{\bar{v}} \left(\frac{\mathrm{D}_1 f_{\mathrm{M}}}{\mathrm{D}t} + \frac{\mathrm{D}_0 f^{(1)}}{\mathrm{D}t} + C_k \frac{\partial f^{(1)}}{\partial x_k} + G_k \frac{\partial f^{(1)}}{\partial c_k} \right) \tag{2.176}$$

若需要将 $f^{(2)}$ 同式(2.172)类似的具体形式，其需要对 $f^{(1)}$ 进行求导，其表达形式十分复杂，具体推导过程可参考文献[20]。这里直接给出ES-BGK Burnett方程最终应力张量与热流表达形式如下：

$$\sigma_{ij}^{(2)} = \frac{\mu^2}{p} \left\{ \begin{aligned} & \tilde{\omega}_1 \frac{\partial v_k}{\partial x_k} S_{ij} - \tilde{\omega}_2 \left[\frac{\partial}{\partial x_{\langle i}} \left(\frac{1}{\rho} \frac{\partial p}{\partial x_{j\rangle}} \right) + \frac{\partial v_k}{\partial x_{\langle i}} \frac{\partial v_{j\rangle}}{\partial x_k} + 2 \frac{\partial v_k}{\partial x_{\langle i}} S_{j\rangle k} \right] \\ & + \tilde{\omega}_3 \frac{\partial^2 \theta}{\partial x_{\langle i} \partial x_{j\rangle}} + \tilde{\omega}_4 \frac{\partial \theta}{\partial x_{\langle i}} \frac{\partial \ln p}{\partial x_{j\rangle}} + \tilde{\omega}_5 \frac{1}{\theta} \frac{\partial \theta}{\partial x_{\langle i}} \frac{\partial \theta}{\partial x_{j\rangle}} + \tilde{\omega}_6 S_{k\langle i} S_{j\rangle k} \end{aligned} \right\} \tag{2.177}$$

$$q_i^{(2)} = \frac{\mu^2}{\rho} \left[\begin{aligned} & \theta_1 \frac{\partial v_k}{\partial x_k} \frac{\partial \ln \theta}{\partial x_i} - \theta_2 \left(\frac{2}{3} \frac{\partial^2 v_k}{\partial x_k \partial x_i} + \frac{2}{3} \frac{\partial v_k}{\partial x_k} \frac{\partial \ln \theta}{\partial x_i} + 2 \frac{\partial v_k}{\partial x_i} \frac{\partial \ln \theta}{\partial x_k} \right) \\ & + \theta_3 S_{ik} \frac{\partial \ln p}{\partial x_k} + \theta_4 \frac{\partial S_{ik}}{\partial x_k} + 3\theta_5 S_{ik} \frac{\partial \ln \theta}{\partial x_k} \end{aligned} \right] \tag{2.178}$$

其中

$$S_{ij} = \frac{\partial v_{\langle i}}{\partial x_{j\rangle}} = \frac{1}{2} \frac{\partial v_i}{\partial x_j} + \frac{1}{2} \frac{\partial v_j}{\partial x_i} - \frac{1}{3} \frac{\partial v_k}{\partial x_k} \delta_{ij} \tag{2.179}$$

对于无迹速度梯度张量，ES-BGK Burnett方程系数为

$$\tilde{\omega}_1=\frac{4}{3}\left(\frac{7}{2}-\omega\right),\quad \tilde{\omega}_2=2,\quad \tilde{\omega}_3=\frac{2}{Pr},\quad \tilde{\omega}_4=0,\quad \tilde{\omega}_5=\frac{2\omega}{Pr}$$
$$\tilde{\omega}_6=8,\quad \theta_1=\frac{5}{3}(1-b)^2\left(\frac{7}{2}-\omega\right),\quad \theta_2=\frac{5}{2\,Pr^2},\quad \theta_3=-\frac{2}{Pr}$$
$$\theta_4=\frac{2}{Pr},\quad \theta_5=\frac{2}{3Pr}\left(\frac{7}{2}\left(1+\frac{1}{Pr}\right)+\omega\right) \tag{2.180}$$

Boltzmann-H 定理要求熵输运方程右端碰撞项 Σ 始终大于等于 0 以满足热力学第二定律，即

$$\rho\frac{\mathrm{D}s}{\mathrm{D}t}+\frac{\partial\phi_k}{\partial x_k}=\Sigma\geqslant 0 \tag{2.181}$$

其中，熵密度及熵通量表达式分别为

$$\rho s=-k\int f\ln\frac{f}{y}\mathrm{d}\boldsymbol{c},\quad \phi_\kappa=-k\int C_k\,f\ln\frac{f}{y}\mathrm{d}\boldsymbol{c} \tag{2.182}$$

考虑一阶 C-E 展开的速度分布函数形式 $f=f_{\mathrm{M}}(1+\varepsilon\varphi)$ 并假设 $\ln(1+\varepsilon\varphi)\approx\varepsilon\varphi$，代入上式则有

$$\rho s=-k\int f_{\mathrm{M}}(1+\varepsilon\varphi)\left[\ln\frac{f_{\mathrm{M}}}{y}+\varepsilon\varphi\right]\mathrm{d}\boldsymbol{c}=-k\int f_{\mathrm{M}}\ln\frac{f_{\mathrm{M}}}{y}\mathrm{d}\boldsymbol{c}$$
$$\phi_\kappa=-k\int C_k\,f_{\mathrm{M}}\,\varepsilon\varphi\left[\ln\frac{f_{\mathrm{M}}}{y}+1\right]\mathrm{d}\boldsymbol{c} \tag{2.183}$$

其中若还原 $\varepsilon=1$，则有

$$\phi_\kappa=\frac{1}{T}\frac{m}{2}\int C_k\,C^2 f_{\mathrm{M}}\,\varphi\mathrm{d}\boldsymbol{c}=\frac{q_k}{T} \tag{2.184}$$

这与经典热力学中热流与熵的关系完全一致。但这个关系并非在 C-E 展开中一直成立，只有在努森数较小流场趋于局部平衡态时上述关系成立，这也与经典热力学中可逆过程假设局部平衡态假设完全一致。

熵输运方程源项在一阶 C-E 展开中表达式可以直接推导为

$$\Sigma=-\frac{1}{T}\sigma_{ij}\frac{\partial v_{\langle i}}{\partial x_{j\rangle}}-\frac{q_k}{T^2}\frac{\partial T}{\partial x_k}=\frac{2\mu}{T}\frac{\partial v_{\langle i}}{\partial x_{j\rangle}}\frac{\partial v_{\langle i}}{\partial x_{j\rangle}}+\frac{\kappa}{T^2}\frac{\partial T}{\partial x_k}\frac{\partial T}{\partial x_k}\geqslant 0 \tag{2.185}$$

因此一阶 C-E 展开得到的 NS 方程与 Boltzmann 方程一样满足热力学熵增定律。

对于二阶及高阶 C-E 展开，Boltzmann-H 定律是否仍然能够得到严格保证呢？首先给出 C-E 展开速度分布函数的一般形式：

$$f = f_{\mathrm{M}}(1+\Phi) \quad \text{其中} \quad \Phi = \varepsilon\phi^{(1)} + \varepsilon^2\phi^{(2)} + \cdots \tag{2.186}$$

其中，$\phi^{(n)}$ 表示脉动速度及密度、温度与宏观速度时间空间导数乘积的多项式，例如一阶 C-E 展开得到的具体形式如式(2.175)所示。根据速度分布函数 f 的定义与物理意义可知该参数只能非负，且式(2.182)只对非负分布函数有意义，然而从式(2.186)可以看出存在大脉动速度 C 的条件下 $\Phi < 1$，出现速度分布函数报负的可能。

一般情况下，宏观量温度与速度梯度相对较小，因此只有在较大的脉动速度 C 的条件下才会出现 $\Phi < 1$ 的情况，且最终与 f_{M} 相乘后求和得到最终分布函数 f，其负值贡献进一步被减弱。若假设最大脉动速度边界值 $C_{\max}$，当脉动速度大于 $C_{\max}$ 时，$\Phi \leqslant -1$。此时，熵输运方程中源项可以表示为如下形式：

$$\sigma = -k\int S\ln[f_{\mathrm{M}}(1+\Phi)]\mathrm{d}\boldsymbol{c} = -k\int S\ln(1+\Phi)\mathrm{d}\boldsymbol{c} \tag{2.187}$$

式(2.187)只有在 $C_{\max}$ 同样也为碰撞项 S 的边界前提条件下有意义，当 $\Phi + 1$ 趋于 0，即脉动速度趋于 $C_{\max}$ 时，此时碰撞项 S 应趋于 0 才能保证得到非负的熵增源项。此外，由于只能通过级数展开计算熵增，$C < C_{\max}$ 也是式(2.187)进行泰勒级数展开的前提条件。因此，似乎只有在满足 $C < C_{\max}$ 前提条件下，所有的物理量的数学与物理意义才能够得到保证，然而这个条件的满足却并不简单，最大的困难就在于如何给定一个合理的边界最大值 $C_{\max}$。只有在一阶 C-E 展开条件下，可以证明其熵增项的泰勒级数展开形式针对所有速度与温度梯度非负，然而由于只有在 $C < C_{\max}$ 前提条件下其级数展开才有意义，因此这个非负的结论只能是一个巧合。针对二阶 C-E 展开，文献[21]结论证明二阶 Burnett 方程存在负的熵增源项，并给出了 Burnett 方程存在的速度与温度梯度限制范围，在较小限制范围内 H 定理能够得到满足，其违背热力学第二定律的本质决定了 Burnett 方程在数值计算中所遇到的不稳定问题[22-24]。

由 2.2 节可知，理论上 Boltzmann 方程是一个尺度为平均分子自由程的模型方程，为何 C-E 展开之后得到的方程组(例如 Euler 方程、NS 方程)却只能够描述较平均分子自由程更大尺度条件下的流动现象？这是由于 C-E 展开采用渐进展开方法并假设速度分布函数随宏观量变化，即 $f = f[\boldsymbol{W}(x_i, t), u_j]$。由于宏观量$\boldsymbol{W}$的变化是基于宏观尺度，因此 C-E 展开实际上将 Boltzmann 方程的解从分子动力学尺度过渡到了宏观尺度，Boltzmann 方程由于采用 C-E 展开而失去了描述非平衡态的能力，这也是为什么其展开推导得到的一系列方程(如 NS 方程、Burnett 方程、Super-Burnett 方程)的应用范围局限于近连续流条件的其中一个原因。

参考文献

[1] Bird G A. Molecular gas dynamics and the direct simulation of gas flows[M]. Oxford: Clarendon Press, 1994: 458.

[2] Muller I. Grundzüge der Thermodynamik: mit historischen Anmerkungen[M]. Berlin: Springer, 2001.

[3] Karniadakis G, Beskok A, Aluru N. Micro Flows[M]. New York: Springer, 2001.

[4] Chapman S, Cowling T G. The mathematical theory of non-uniform gases: an account of the kinetic theory of viscosity, thermal conduction and diffusion in gases[M]. 3rd ed. Cambridge: Cambridge university press, 1970: 423.

[5] Cercignani C. Theory and application of the Boltzmann equation[M]. Edinburgh: Scottish Academic Press, 1975.

[6] Grad H. On the kinetic theory of rarefied gases[J]. Communications on Pure and Applied Mathematics, 1949, 2(4): 331-407.

[7] Kogan M N. Rarefied Gas Dynamics[M]. New York: Plenum Press, 1969.

[8] Torrilhon M, Au J D, Struchtrup H. Explicit fluxes and productions for large systems of the moment method based on extended thermodynamics[J]. Continuum Mechanics and Thermodynamics, 2003, 15(1): 97-111.

[9] Muller I. Thermodynamics[M]. London: Pitman, 1985.

[10] Bhatnagar P L, Gross E P, Krook M. A model for collision processes in gases. I. Small amplitude processes in charged and neutral one-component systems[J]. Physical Review, 1954, 94(3): 511-525.

[11] Krook M. Continuum equations in the dynamics of rarefied gases[J]. Journal of Fluid Mechanics, 1959, 6(4): 523-541.

[12] Holway L H. New statistical models for kinetic theory-methods of construction[J]. Physics of Fluids, 1966, 9(9): 1658.

[13] Shakhov E M. Generalization of the Krook kinetic relaxation equation[J]. Fluid Dynamics, 1968, 3(5): 95-96.

[14] Liu G. A method for constructing a model form for the boltzmann-equation[J]. Physics of Fluids A-Fluid Dynamics, 1990, 2(2): 277-280.

[15] Garzo V. Transport-equations from the liu model[J]. Physics of Fluids A-Fluid Dynamics, 1991, 3(8): 1980-1982.

[16] Garzo V, Deharo M L. Kinetic-model for heat and momentum transport[J]. Physics of Fluids, 1994, 6(11): 3787-3794.

[17] Bouchut F, Perthame B. A bgk model for small prandtl number in the navier-stokes approximation[J]. Journal of Statistical Physics, 1993, 71(1-2): 191-207.

[18] Struchtrup H. The BGK-model with velocity-dependent collision frequency [J]. Continuum Mechanics and Thermodynamics, 1997, 9(1): 23-31.

[19] Mieussens L, Struchtrup H. Numerical comparison of Bhatnagar-Gross-Krook models with proper Prandtl number[J]. Physics of Fluids, 2004, 16(8): 2797-2813.

[20] Liboff R L. The Theory of Kinetic Equations[M]. New York: Wiley and Sons, 1969.

[21] Andries P, Le Tallec P, Perlat J P, et al. The Gaussian-BGK model of Boltzmann equation with small Prandtl number[J]. European Journal of Mechanics B-Fluids, 2000, 19(6): 813-830.

[22] Zheng Y, Struchtrup H. Burnett equations for the ellipsoidal statistical BGK model[J]. Continuum Mechanics and Thermodynamics, 2004, 16(1-2): 97-108.

[23] Comeaux K A, Chapman D R, Maccormack R W. An analysis of the Burnett equations based on the second law of thermodynamics[C]. Reno, NV, U.S.A.: AIAA 1995-0415, 1995.

[24] Balakrishnan R. An approach to entropy consistency in second-order hydrodynamic equations[J]. Journal of Fluid Mechanics, 2004, 503: 201-245.

第三章

Burnett 方程及其稳定性分析

Burnett 方程作为拓展流体力学方程(extended hydrodynamic equations, EHE)中的重要分支自 1936 年首次提出以来获得了学术界广泛关注,Burnett 方程推导基于速度分布函数在热力学平衡态附近的二阶 Chapman-Enskog 展开,应用范围理论上涵盖了努森数 $Kn<1$ 的连续流、滑移流及部分过渡流。由于 Burnett 方程的发展和应用中遇到了诸如大努森数下方程不稳定、边界条件不适定等诸多棘手和重要的难题,虽然在原始 Burnett 方程基础上发展得到了常规 Burnett 方程、增广 Burnett 方程及 BGK 模型 Burnett 方程,但理论研究进展缓慢,工程应用成果寥寥。本章将给出经典 Chapmann-Enskog 展开得到的不同类型 Burnett 方程一维与高维形式,在此基础上介绍经典 Bobylev 线性稳定性分析方法并对典型 Burnett 方程稳定性与熵增进行理论分析。

3.1 Burnett 方程一般形式

Boltzmann 方程是微观分子气动力学的基本方程,描述了速度分布函数对空间位置和时间的变化率关系,并适用于从连续流到自由分子流的全流域流动,Boltzmann 方程推导过程在第一章已进行了简要介绍,因此这里直接给出经典 Boltzmann 方程基本形式:

$$\frac{\partial f}{\partial t}+\boldsymbol{c}\cdot\frac{\partial f}{\partial \boldsymbol{r}}+\boldsymbol{F}\cdot\frac{\partial f}{\partial \boldsymbol{c}}=\left(\frac{\partial f}{\partial t}\right)_{c}=\int_{-\infty}^{\infty}\int_{0}^{4\pi}(f^{*}f_{1}^{*}-ff_{1})c_{r}\sigma\,\mathrm{d}\Omega\,\mathrm{d}\boldsymbol{c}_{1} \quad (3.1)$$

其中,f、f_1 和 f^*、f_1^* 分别为一对发生碰撞的分子在碰撞前与碰撞后的速度分布函数;$\boldsymbol{c}$、$\boldsymbol{c}_1$ 和 $\boldsymbol{r}$、$\boldsymbol{r}_1$ 分别为两个碰撞分子碰撞前的速度与矢径;$\boldsymbol{F}$ 为外力;

c_r 为相对碰撞速度大小；σ 与 $\mathrm{d}\Omega$ 分别为单位立体角对应的截面积和单位立体角。由于方程右端积分碰撞项求解极其复杂，因此直接理论或数值求解 Boltzmann 方程极为困难。若将某一分子外延量 Q（如单个分子质量、动量与动能）与 Boltzmann 方程相乘并逐项在速度空间进行积分，即可得到 Boltzmann 方程的矩方程形式，即

$$\frac{\partial}{\partial t}(n\overline{Q})+\nabla\cdot n\,\overline{\boldsymbol{c}Q}+n\boldsymbol{F}\cdot\overline{\frac{\partial Q}{\partial \boldsymbol{c}}}=\Delta[Q] \tag{3.2}$$

式中，$\overline{Q}$ 表示分子的外延量的平均值；n 表示分子数密度；$\Delta[Q]$ 表示分子的外延量 Q 在碰撞中的变化。式(3.2)由 Maxwell 首先推导得到，因此也称作 Maxwell 输运方程。考虑到当分子的外延量 Q 取为质量、动量和动能时，由经典牛顿守恒定律可知方程的右端碰撞项为零，而对应得到的左端项组成的方程组称之为守恒方程组，如式(3.3)所示，与连续介质力学中推导得到的质量、动量与能量守恒方程组完全一致。两种描述气体运动的方法通过速度分布函数相空间积分及 Chapman-Enskog 方法有机联系在一起。

$$\begin{cases}\dfrac{\mathrm{D}\rho}{\mathrm{D}t}+\rho\dfrac{\partial u_i}{\partial x_i}=0\\[2ex] \rho\dfrac{\mathrm{D}u_i}{\mathrm{D}t}+\dfrac{\partial p}{\partial x_i}+\dfrac{\partial \tau_{ij}}{\partial x_j}=0\\[2ex] \rho\dfrac{\mathrm{D}e}{\mathrm{D}t}+p\dfrac{\partial u_i}{\partial x_i}+\tau_{ij}\dfrac{\partial u_i}{\partial x_j}+\dfrac{\partial q_i}{\partial x_i}=0\end{cases} \tag{3.3}$$

将流动控制方程写成矢量形式，如式(3.4)～式(3.6)所示：

$$\frac{\partial \boldsymbol{Q}}{\partial t}+\frac{\partial \boldsymbol{E}}{\partial x}+\frac{\partial \boldsymbol{F}}{\partial y}+\frac{\partial \boldsymbol{G}}{\partial z}+\frac{\partial \boldsymbol{E}_v}{\partial x}+\frac{\partial \boldsymbol{F}_v}{\partial y}+\frac{\partial \boldsymbol{G}_v}{\partial z}=0 \tag{3.4}$$

$$\boldsymbol{Q}=\begin{bmatrix}\rho\\ \rho u\\ \rho v\\ \rho w\\ \rho E\end{bmatrix}\quad \boldsymbol{E}=\begin{bmatrix}\rho u\\ \rho u^2+p\\ \rho uv\\ \rho uw\\ (\rho E+p)u\end{bmatrix}\quad \boldsymbol{F}=\begin{bmatrix}\rho v\\ \rho uv\\ \rho v^2+p\\ \rho vw\\ (\rho E+p)v\end{bmatrix}\quad \boldsymbol{G}=\begin{bmatrix}\rho w\\ \rho uw\\ \rho vw\\ \rho w^2+p\\ (\rho E+p)w\end{bmatrix} \tag{3.5}$$

$$
\boldsymbol{E}_v = \begin{bmatrix} 0 \\ \tau_{xx} \\ \tau_{yx} \\ \tau_{zx} \\ q_x + u_j \tau_{xj} \end{bmatrix} \quad \boldsymbol{F}_v = \begin{bmatrix} 0 \\ \tau_{xy} \\ \tau_{yy} \\ \tau_{zy} \\ q_y + u_j \tau_{yj} \end{bmatrix} \quad \boldsymbol{G}_v = \begin{bmatrix} 0 \\ \tau_{xz} \\ \tau_{yz} \\ \tau_{zz} \\ q_z + u_j \tau_{zj} \end{bmatrix} \tag{3.6}
$$

式中，$\boldsymbol{Q}$ 为求解矢量；$\boldsymbol{E}$、$\boldsymbol{F}$、$\boldsymbol{G}$ 为无黏通量；$\boldsymbol{E}_v$、$\boldsymbol{F}_v$、$\boldsymbol{G}_v$ 为黏性通量。

由于方程组(3.4)由五个方程组成，但包含的未知量个数却远远超过了方程数目，因此需要额外的方程关系来封闭守恒方程组。Chapman-Enskog 将速度分布函数在平衡态(Maxwellian 分布)附近展开为正比于 Kn 的幂级数，使得黏性应力张量与热流通量本构关系表示为

$$
\begin{aligned}
\tau_{ij} &= \tau_{ij}^{(0)} + \tau_{ij}^{(1)} + \tau_{ij}^{(2)} + \cdots + \tau_{ij}^{(n)} + O(Kn^{n+1}) \\
q_i &= q_i^{(0)} + q_i^{(1)} + q_i^{(2)} + \cdots + q_i^{(n)} + O(Kn^{n+1})
\end{aligned} \tag{3.7}
$$

广义来流 Kn 通常采用 $Kn=\dfrac{\lambda}{L}$ 来表征，式中 λ 表示分子平均自由程，L 表示流动特征长度。但往往在实际应用中，由于流场中存在密度剧烈变化及多尺度效应，因此局部梯度 Kn：$Kn_{\mathrm{GLL}}=\dfrac{\lambda}{Q}\left|\dfrac{\mathrm{d}Q}{\mathrm{d}L}\right|$ 比经典定义的广义 Kn 更具有实用价值，常被用作流动区域连续性失效的判定参数，其中 Q 代表当地密度、速度或温度等宏观量，$\left|\dfrac{\mathrm{d}Q}{\mathrm{d}L}\right|$ 表征前述宏观量的梯度绝对值。

式(3.7)中 n 值代表幂级数展开的阶数，当 $n=0$ 时，式(3.7)只有第一项得到保留，于是有

$$
\begin{aligned}
\tau_{ij} &= \tau_{ij}^{(0)} = 0 \\
q_i &= q_i^{(0)} = 0
\end{aligned} \tag{3.8}
$$

代入守恒方程组式(3.3)，得到连续流欧拉(Euler)方程。同理当 $n=1$ 时，一阶 Chapman-Enskog 展开所得到的速度分布函数对应的应力张量与热流张量可表示为

$$
\begin{aligned}
\tau_{ij} &= \tau_{ij}^{(0)} + \tau_{ij}^{(1)} = -2\mu \overline{\frac{\partial u_i}{\partial x_j}} \\
q_i &= q_i^{(0)} + q_i^{(1)} = -\kappa \frac{\partial T}{\partial x_i}
\end{aligned} \tag{3.9}
$$

于是得到属于连续流范畴的 NS 本构关系，其中热传导系数与黏性系数关系为 $\kappa = \frac{\mu c_p}{Pr}$。但是随着 Kn 数的逐渐增大，幂级数展开中的高阶截断误差作用逐渐凸显，当 Kn 数增大到一定程度时，以连续流假设（$Kn \ll 1$）为基础的 Euler 与 NS 方程已然失效。

Chapman-Enskog 二阶展开将得到 Burnett 方程，其应力张量与热流通量具有如下统一表达形式：

$$\tau_{ij} = -2\mu \overline{\frac{\partial u_i}{\partial x_j}} + \tau^{(2)} \tag{3.10}$$

$$q_i = -\kappa \frac{\partial T}{\partial x_i} + q^{(2)} \tag{3.11}$$

更高阶的 Chapman-Enskog 展开将得到阶数更高和更为复杂的本构关系，如三阶 Chapman-Enskog 展开所得到的超 Burnett 方程，由于幂级数展开局限性及超 Burnett 方程高阶项形式复杂且物理意义不明确，因此相关研究并不多见且研究意义受到质疑[1]。

3.2 原始 Burnett 方程

原始 Burnett 方程是由 Burnett[2] 在 1936 年首先推导得到，后在 1939 年 Chapman 与 Cowling[3] 为其补充了热流项，并保存了时间导数的高阶应力与热流项，具体表达式为

$$\boldsymbol{\tau}^{(2)} = \frac{\mu^2}{p}\begin{bmatrix} K_1(\nabla\cdot\boldsymbol{v})\boldsymbol{e} + K_2(\mathrm{D}\boldsymbol{e} - 2\,\overline{\nabla\boldsymbol{v}\cdot\boldsymbol{e}}) + K_3 R\,\overline{\nabla\nabla T} \\ + \frac{K_4}{\rho T}\overline{\nabla p\,\nabla T} + K_5\frac{R}{T}\overline{\nabla T\,\nabla T} + K_6\,\overline{\boldsymbol{e}\cdot\boldsymbol{e}} \end{bmatrix} \tag{3.12}$$

$$\boldsymbol{q}^{(2)} = R\frac{\mu^2}{p}\begin{bmatrix} \theta_1(\nabla\cdot\boldsymbol{v})\nabla T + \theta_2(\mathrm{D}\nabla T - \nabla\boldsymbol{v}\cdot\nabla T) + \theta_3\frac{T}{p}\nabla p\,\cdot \\ \boldsymbol{e} + \theta_4 T\,\nabla\cdot\boldsymbol{e} + 3\theta_5\,\nabla T\cdot\boldsymbol{e} \end{bmatrix} \tag{3.13}$$

其中，$\boldsymbol{e} = \overline{\nabla\boldsymbol{v}} = \overline{\frac{\partial u_i}{\partial x_j}}$；D 表示随体导数；张量上的单横线表示张量 f_{ij} 的无散度

对称张量，其表达式为

$$\overline{\boldsymbol{f}_{ij}}=\frac{1}{2}(\boldsymbol{f}_{ij}+\boldsymbol{f}_{ji})-\frac{1}{3}\delta_{ij}\boldsymbol{f}_{kk} \tag{3.14}$$

其中，δ_{ij} 表示克罗内克符号。式(3.12)与式(3.13)中的 Burnett 参数由于分子模型假设不同有不同取值，在逆幂律分子模型中可以表示为黏性温度指数 ω 的函数，对于硬球分子模型 $\omega=0.5$，对于麦克斯韦分子模型 $\omega=1$，具体表达式见附录 A。计算得到的系数具体数值如表 3.1 所示。

表 3.1　Burnett 方程应力张量与热流项系数

	硬球分子模型 Hard Sphere	麦克斯韦分子模型 Maxwell
K_1	4.056	3.333
K_2	2.028	2
K_3	2.418	3
K_4	0.681	0
K_5	0.219	3
K_6	7.424	8
θ_1	11.644	9.375
θ_2	−5.822	−5.625
θ_3	−3.090	−3
θ_4	2.418	3
θ_5	25.158	29.25

3.3　常规 Burnett 方程

学术界对于 Chapman 和 Cowling 提出的常规 Burnett 方程的研究兴趣远胜于原始 Burnett 方程。原始 Burnett 方程式(3.12)与式(3.13)式中含时间项的物质导数可以采用 NS 方程与 Euler 方程进行简化，其中若采用 Euler 方程描述速度与温度的随体导数，则表示为

$$\frac{\mathrm{D}\boldsymbol{v}}{\mathrm{D}t}=-\frac{1}{\rho}\nabla p \tag{3.15}$$

$$\frac{\mathrm{D}T}{\mathrm{D}t}=-\frac{p}{\rho C_v}\nabla\cdot\boldsymbol{v} \tag{3.16}$$

1939 年,Chapman 和 Cowling[3] 首先将原始方程中的物质导数通过欧拉方程进行了替换,Wang[4] 随后进行了一些修正。代入高阶应力张量与热流通量后得到的三维常规 Burnett 方程中高阶应力与热流项为

$$\begin{aligned}\tau_{ij}^{(2)} =& K_1 \frac{\mu^2}{p}\frac{\partial u_k}{\partial x_k}\overline{\frac{\partial u_i}{\partial x_j}} + K_2 \frac{\mu^2}{p}\left(-\overline{\frac{\partial}{\partial x_i}\frac{1}{\rho}\frac{\partial p}{\partial x_j}} - \overline{\frac{\partial u_k}{\partial x_i}\frac{\partial u_j}{\partial x_k}} - 2\overline{\overline{\frac{\partial u_i}{\partial x_k}}\frac{\partial u_k}{\partial x_j}}\right) \\ & + K_3 \frac{\mu^2}{\rho T}\overline{\frac{\partial^2 T}{\partial x_i \partial x_j}} + K_4 \frac{\mu^2}{\rho^2 R T^2}\overline{\frac{\partial p}{\partial x_i}\frac{\partial T}{\partial x_j}} + K_5 \frac{\mu^2}{\rho T^2}\overline{\frac{\partial T}{\partial x_i}\frac{\partial T}{\partial x_j}} \\ & + K_6 \frac{\mu^2}{p}\overline{\overline{\frac{\partial u_i}{\partial x_k}\frac{\partial u_k}{\partial x_j}}}\end{aligned} \tag{3.17}$$

$$\begin{aligned}q_i^{(2)} =& \theta_1 \frac{\mu^2}{\rho T}\frac{\partial u_k}{\partial x_k}\frac{\partial T}{\partial x_i} + \theta_2 \frac{\mu^2}{\rho T}\left[\frac{2}{3}\frac{\partial}{\partial x_i}\left(T\frac{\partial u_k}{\partial x_k}\right) + 2\frac{\partial u_k}{\partial x_i}\frac{\partial T}{\partial x_k}\right] \\ & + \left(\theta_3 \frac{\mu^2}{\rho p}\frac{\partial p}{\partial x_k} + \theta_4 \frac{\mu^2}{\rho}\frac{\partial}{\partial x_k} + \theta_5 \frac{\mu^2}{\rho T}\frac{\partial T}{\partial x_k}\right)\overline{\frac{\partial u_k}{\partial x_i}}\end{aligned} \tag{3.18}$$

在三维笛卡儿坐标系中,方程式(3.17)与式(3.18)可以表示为

$$\begin{aligned}\tau_{xx}^{(2)} =& \frac{\mu^2}{p}\Big(\alpha_1 u_x^2 + \alpha_2 u_y^2 + \alpha_3 u_z^2 + \alpha_4 v_x^2 + \alpha_5 v_y^2 + \alpha_6 v_z^2 + \alpha_7 w_x^2 + \alpha_8 w_y^2 + \alpha_9 w_z^2 \\ & + \alpha_{10} u_x v_y + \alpha_{11} v_y w_z + \alpha_{12} w_z u_x + \alpha_{13} u_y v_x + \alpha_{14} v_z w_y + \alpha_{15} w_x u_z \\ & + \alpha_{16} R T_{xx} + \alpha_{17} R T_{yy} + \alpha_{18} R T_{zz} + \alpha_{19}\frac{RT}{\rho}\rho_{xx} + \alpha_{20}\frac{RT}{\rho}\rho_{yy} \\ & + \alpha_{21}\frac{RT}{\rho}\rho_{zz} + \alpha_{22}\frac{RT}{\rho^2}\rho_x^2 + \alpha_{23}\frac{RT}{\rho^2}\rho_y^2 + \alpha_{24}\frac{RT}{\rho^2}\rho_z^2 + \alpha_{25}\frac{R}{T}T_x^2 \\ & + \alpha_{26}\frac{R}{T}T_y^2 + \alpha_{27}\frac{R}{T}T_z^2 + \alpha_{28}\frac{R}{\rho}T_x\rho_x + \alpha_{29}\frac{R}{\rho}T_y\rho_y + \alpha_{30}\frac{R}{\rho}T_z\rho_z\Big)\end{aligned} \tag{3.19}$$

$$\begin{aligned}\tau_{yy}^{(2)} =& \frac{\mu^2}{p}\Big(\alpha_1 v_y^2 + \alpha_2 v_z^2 + \alpha_3 v_x^2 + \alpha_4 w_y^2 + \alpha_5 w_z^2 + \alpha_6 w_x^2 + \alpha_7 u_y^2 + \alpha_8 u_z^2 + \alpha_9 u_x^2 \\ & + \alpha_{10} v_y w_z + \alpha_{11} w_z u_x + \alpha_{12} u_x v_y + \alpha_{13} v_z w_y + \alpha_{14} w_x u_z + \alpha_{15} u_y v_x \\ & + \alpha_{16} R T_{yy} + \alpha_{17} R T_{zz} + \alpha_{18} R T_{xx} + \alpha_{19}\frac{RT}{\rho}\rho_{yy} + \alpha_{20}\frac{RT}{\rho}\rho_{zz}\end{aligned}$$

$$+\alpha_{21}\frac{RT}{\rho}\rho_{xx}+\alpha_{22}\frac{RT}{\rho^2}\rho_y^2+\alpha_{23}\frac{RT}{\rho^2}\rho_z^2+\alpha_{24}\frac{RT}{\rho^2}\rho_x^2+\alpha_{25}\frac{R}{T}T_y^2$$
$$+\alpha_{26}\frac{R}{T}T_z^2+\alpha_{27}\frac{R}{T}T_x^2+\alpha_{28}\frac{R}{\rho}T_y\rho_y+\alpha_{29}\frac{R}{\rho}T_z\rho_z+\alpha_{30}\frac{R}{\rho}T_x\rho_x\Big) \tag{3.20}$$

$$\tau_{zz}^{(2)}=\frac{\mu^2}{p}\Big(\alpha_1 w_z^2+\alpha_2 w_x^2+\alpha_3 w_y^2+\alpha_4 u_z^2+\alpha_5 u_x^2+\alpha_6 u_y^2+\alpha_7 v_z^2+\alpha_8 v_x^2+\alpha_9 v_y^2$$
$$+\alpha_{10}w_z u_x+\alpha_{11}u_x v_y+\alpha_{12}v_y w_z+\alpha_{13}w_x u_z+\alpha_{14}u_y v_x+\alpha_{15}v_z w_y$$
$$+\alpha_{16}RT_{zz}+\alpha_{17}RT_{xx}+\alpha_{18}RT_{yy}+\alpha_{19}\frac{RT}{\rho}\rho_{zz}+\alpha_{20}\frac{RT}{\rho}\rho_{xx}$$
$$+\alpha_{21}\frac{RT}{\rho}\rho_{yy}+\alpha_{22}\frac{RT}{\rho^2}\rho_z^2+\alpha_{23}\frac{RT}{\rho^2}\rho_x^2+\alpha_{24}\frac{RT}{\rho^2}\rho_y^2+\alpha_{25}\frac{R}{T}T_z^2$$
$$+\alpha_{26}\frac{R}{T}T_x^2+\alpha_{27}\frac{R}{T}T_y^2+\alpha_{28}\frac{R}{\rho}T_z\rho_z+\alpha_{29}\frac{R}{\rho}T_x\rho_x+\alpha_{30}\frac{R}{\rho}T_y\rho_y\Big) \tag{3.21}$$

$$\tau_{xy}^{(2)}=\tau_{yx}^{(2)}=\frac{\mu^2}{p}\Big(\beta_1 u_x u_y+\beta_2 v_x v_y+\beta_3 w_x w_y+\beta_4 u_x v_x+\beta_5 u_y v_y+\beta_6 u_z v_z$$
$$+\beta_7 u_y w_z+\beta_8 v_x w_z+\beta_9 u_z w_y+\beta_{10}v_z w_x+\beta_{11}RT_{xy}$$
$$+\beta_{12}\frac{RT}{\rho}\rho_{xy}+\beta_{13}\frac{R}{T}T_x T_y+\beta_{14}\frac{RT}{\rho^2}\rho_x\rho_y$$
$$+\beta_{15}\frac{R}{\rho}\rho_x T_y+\beta_{16}\frac{R}{\rho}T_x\rho_y\Big) \tag{3.22}$$

$$\tau_{xz}^{(2)}=\tau_{zx}^{(2)}=\frac{\mu^2}{p}\Big(\beta_1 w_z w_x+\beta_2 u_z u_x+\beta_3 v_z v_x+\beta_4 w_z u_z+\beta_5 w_x u_x+\beta_6 w_y u_y$$
$$+\beta_7 w_x v_y+\beta_8 u_z v_y+\beta_9 w_y v_x+\beta_{10}u_y v_z+\beta_{11}RT_{zx}$$
$$+\beta_{12}\frac{RT}{\rho}\rho_{zx}+\beta_{13}\frac{R}{T}T_z T_x+\beta_{14}\frac{RT}{\rho^2}\rho_z\rho_x$$
$$+\beta_{15}\frac{R}{\rho}\rho_z T_x+\beta_{16}\frac{R}{\rho}T_z\rho_x\Big) \tag{3.23}$$

$$\tau_{yz}^{(2)}=\tau_{zy}^{(2)}=\frac{\mu^2}{p}\Big(\beta_1 v_y v_z+\beta_2 w_y w_z+\beta_3 u_y u_z+\beta_4 v_y w_y+\beta_5 v_z w_z+\beta_6 v_x w_x$$

$$
+\beta_7 v_z u_x+\beta_8 w_y u_x+\beta_9 v_x u_z+\beta_{10} w_x u_y+\beta_{11} R T_{yz}
+\beta_{12}\frac{RT}{\rho}\rho_{yz}+\beta_{13}\frac{R}{T}T_y T_z+\beta_{14}\frac{RT}{\rho^2}\rho_y\rho_z
+\beta_{15}\frac{R}{\rho}\rho_y T_z+\beta_{16}\frac{R}{\rho}T_y\rho_z\Big) \tag{3.24}
$$

$$
q_x^{(2)}=\frac{\mu^2}{\rho}\Big(\gamma_1\frac{1}{T}T_x u_x+\gamma_2\frac{1}{T}T_x v_y+\gamma_3\frac{1}{T}T_x w_z+\gamma_4\frac{1}{T}T_y v_x+\gamma_5\frac{1}{T}T_y u_y
+\gamma_6\frac{1}{T}T_z w_x+\gamma_7\frac{1}{T}T_z u_z+\gamma_8 u_{xx}+\gamma_9 u_{yy}+\gamma_{10}u_{zz}+\gamma_{11}v_{xy}
+\gamma_{12}w_{xz}+\gamma_{13}\frac{1}{\rho}\rho_x u_x+\gamma_{14}\frac{1}{\rho}\rho_x v_y+\gamma_{15}\frac{1}{\rho}\rho_x w_z+\gamma_{16}\frac{1}{\rho}\rho_y v_x
+\gamma_{17}\frac{1}{\rho}\rho_y u_y+\gamma_{18}\frac{1}{\rho}\rho_z w_x+\gamma_{19}\frac{1}{\rho}\rho_z u_z\Big) \tag{3.25}
$$

$$
q_y^{(2)}=\frac{\mu^2}{\rho}\Big(\gamma_1\frac{1}{T}T_y v_y+\gamma_2\frac{1}{T}T_y w_z+\gamma_3\frac{1}{T}T_y u_x+\gamma_4\frac{1}{T}T_z w_y+\gamma_5\frac{1}{T}T_z v_z
+\gamma_6\frac{1}{T}T_x u_y+\gamma_7\frac{1}{T}T_x v_x+\gamma_8 v_{yy}+\gamma_9 v_{zz}+\gamma_{10}v_{xx}+\gamma_{11}w_{yz}
+\gamma_{12}u_{xy}+\gamma_{13}\frac{1}{\rho}\rho_y v_y+\gamma_{14}\frac{1}{\rho}\rho_y w_z+\gamma_{15}\frac{1}{\rho}\rho_y u_x+\gamma_{16}\frac{1}{\rho}\rho_z w_y
+\gamma_{17}\frac{1}{\rho}\rho_z v_z+\gamma_{18}\frac{1}{\rho}\rho_x u_y+\gamma_{19}\frac{1}{\rho}\rho_x v_x\Big) \tag{3.26}
$$

$$
q_z^{(2)}=\frac{\mu^2}{\rho}\Big(\gamma_1\frac{1}{T}T_z w_z+\gamma_2\frac{1}{T}T_z u_x+\gamma_3\frac{1}{T}T_z v_y+\gamma_4\frac{1}{T}T_x u_z+\gamma_5\frac{1}{T}T_x w_x
+\gamma_6\frac{1}{T}T_y v_z+\gamma_7\frac{1}{T}T_y w_y+\gamma_8 w_{zz}+\gamma_9 w_{xx}+\gamma_{10}w_{yy}+\gamma_{11}u_{xz}
+\gamma_{12}v_{yz}+\gamma_{13}\frac{1}{\rho}\rho_z w_z+\gamma_{14}\frac{1}{\rho}\rho_z u_x+\gamma_{15}\frac{1}{\rho}\rho_z v_y+\gamma_{16}\frac{1}{\rho}\rho_x u_z
+\gamma_{17}\frac{1}{\rho}\rho_x w_x+\gamma_{18}\frac{1}{\rho}\rho_y v_z+\gamma_{19}\frac{1}{\rho}\rho_y w_y\Big) \tag{3.27}
$$

其中,系数 α_i、β_i、γ_i 是 Burnett 系数 K_i、θ_i 的函数,具体函数形式详见附录 A。常规 Burnett 方程在 Burnett 方程发展过程中起到了十分重要的作用,学术界对常规 Burnett 方程的研究热情甚至高过原始 Burnett 方程。

此外若采用 NS 方程近似随体导数，有

$$\frac{\mathrm{D}v}{\mathrm{D}t} = -\frac{1}{\rho}\nabla p + \frac{1}{\rho}\nabla \cdot (2\mu \boldsymbol{e}) \tag{3.28}$$

$$\frac{\mathrm{D}T}{\mathrm{D}t} = -\frac{p}{\rho C_v}\nabla \cdot \boldsymbol{v} + \frac{2\mu}{\rho C_v}\boldsymbol{e} : \nabla \boldsymbol{v} + \frac{\kappa}{\rho C_v}\nabla\nabla T \tag{3.29}$$

其中，$\boldsymbol{e} = \overline{\nabla \boldsymbol{v}} = \overline{\frac{\partial u_i}{\partial x_j}}$。同理化简式(3.12)与式(3.13)后也可得到相应的高阶应力张量与热流通量。由于 NS 简化 Burnett 方程不是本书重点研究内容，篇幅所限此处不再详述。

3.4 增广 Burnett 方程

Zhong 等[5]在证明了常规 Burnett 方程对于小扰动波线性失稳后，为改善 Burnett 方程稳定性，从三阶 Chapman-Enskog 展开得到的 Super Burnett 方程中选取部分项增加到常规 Burnett 方程应力张量与热流项中，得到了无条件线性稳定的增广 Burnett 方程。增广项为

$$\tau_{ij}^{(a)} = \frac{\mu^3}{p^2}\left[\frac{3}{2}K_7 RT \overline{\frac{\partial}{\partial x_j}\left(\frac{\partial^2 u_i}{\partial x_k \partial x_k}\right)}\right] \tag{3.30}$$

$$q_i^{(a)} = \frac{\mu^3}{p\rho}\left[\theta_6 \frac{RT}{\rho}\frac{\partial}{\partial x_i}\left(\frac{\partial^2 \rho}{\partial x_k \partial x_k}\right) + \theta_7 R \frac{\partial}{\partial x_i}\left(\frac{\partial^2 T}{\partial x_k \partial x_k}\right)\right] \tag{3.31}$$

对于 Maxwell 分子，上式中除表 3.1 外其他的 Burnett 系数：$K_7 = \frac{2}{9}$，$\theta_6 = -\frac{5}{8}$，$\theta_7 = \frac{11}{16}$。

在三维笛卡儿坐标系中，增广项可表示为

$$\begin{aligned}\tau_{xx}^{(a)} = \frac{\mu^3}{p^2}RT(&\alpha_{31}u_{xxx} + \alpha_{32}u_{xyy} + \alpha_{33}u_{xzz} + \alpha_{34}v_{xxy} + \alpha_{35}v_{yyy} \\ &+ \alpha_{36}v_{zzy} + \alpha_{37}w_{xxz} + \alpha_{38}w_{yyz} + \alpha_{39}w_{zzz})\end{aligned} \tag{3.32}$$

$$\tau_{yy}^{(a)}=\frac{\mu^3}{p^2}RT(\alpha_{31}v_{yyy}+\alpha_{32}v_{yzz}+\alpha_{33}v_{xxy}+\alpha_{34}w_{yyz}+\alpha_{35}w_{zzz}$$
$$+\alpha_{36}w_{xxz}+\alpha_{37}u_{xyy}+\alpha_{38}u_{xzz}+\alpha_{39}u_{xxx}) \tag{3.33}$$

$$\tau_{zz}^{(a)}=\frac{\mu^3}{p^2}RT(\alpha_{31}w_{zzz}+\alpha_{32}w_{xxz}+\alpha_{33}w_{yyz}+\alpha_{34}u_{xzz}+\alpha_{35}u_{xxx}$$
$$+\alpha_{36}u_{xyy}+\alpha_{37}v_{yzz}+\alpha_{38}v_{xxy}+\alpha_{39}v_{yyy}) \tag{3.34}$$

$$\tau_{xy}^{(a)}=\frac{\mu^3}{p^2}RT(\beta_{17}u_{xxy}+\beta_{18}u_{yyy}+\beta_{19}u_{yzz}+\beta_{20}v_{xxx}$$
$$+\beta_{21}v_{xyy}+\beta_{22}v_{xzz}) \tag{3.35}$$

$$\tau_{yz}^{(a)}=\frac{\mu^3}{p^2}RT(\beta_{17}v_{yyz}+\beta_{18}v_{zzz}+\beta_{19}v_{xxz}+\beta_{20}w_{yyy}$$
$$+\beta_{21}w_{yzz}+\beta_{22}w_{xxy}) \tag{3.36}$$

$$\tau_{xz}^{(a)}=\frac{\mu^3}{p^2}RT(\beta_{17}w_{xzz}+\beta_{18}w_{xxx}+\beta_{19}w_{xyy}+\beta_{20}u_{zzz}$$
$$+\beta_{21}u_{xxz}+\beta_{22}u_{yyz}) \tag{3.37}$$

$$q_x^{(a)}=\frac{\mu^3}{p\rho}R\left(\gamma_{20}T_{xxx}+\gamma_{21}T_{xyy}+\gamma_{22}T_{xzz}+\gamma_{23}\frac{T}{\rho}\rho_{xxx}\right.$$
$$\left.+\gamma_{24}\frac{T}{\rho}\rho_{xyy}+\gamma_{25}\frac{T}{\rho}\rho_{xzz}\right) \tag{3.38}$$

$$q_y^{(a)}=\frac{\mu^3}{p\rho}R\left(\gamma_{20}T_{yyy}+\gamma_{21}T_{yzz}+\gamma_{22}T_{xxy}+\gamma_{23}\frac{T}{\rho}\rho_{yyy}\right.$$
$$\left.+\gamma_{24}\frac{T}{\rho}\rho_{yzz}+\gamma_{25}\frac{T}{\rho}\rho_{xxy}\right) \tag{3.39}$$

$$q_z^{(a)}=\frac{\mu^3}{p\rho}R\left(\gamma_{20}T_{zzz}+\gamma_{21}T_{xxz}+\gamma_{22}T_{yyz}+\gamma_{23}\frac{T}{\rho}\rho_{zzz}\right.$$
$$\left.+\gamma_{24}\frac{T}{\rho}\rho_{xxz}+\gamma_{25}\frac{T}{\rho}\rho_{yyz}\right) \tag{3.40}$$

其中，α、β、γ 具体函数形式见附录 A。

3.5　Woods 方程与 BGK-Burnett 方程

除最常见的原始、常规和增广 Burnett 方程形式外，Woods[6,7]通过研究 Burnett 方程稳定性，对 Burnett 方程中对流项和扩散项进行了修改，通过简化得到了一组新的应力张量与热流通量本构关系表达式：

$$\boldsymbol{\tau}^{(2)}=\frac{\mu^2}{p}\left[K_1\nabla\cdot\boldsymbol{ve}+K_3R\overline{\nabla\nabla T}+K_5\frac{R}{T}\overline{\nabla T\nabla T}+K_6\overline{\boldsymbol{e}\cdot\boldsymbol{e}}\right]\tag{3.41}$$

$$\boldsymbol{q}^{(2)}=R\frac{\mu^2}{p}\left[\theta_1\nabla\cdot\boldsymbol{v}\nabla T+\theta_2\left(D\nabla T-\frac{1}{2}\nabla\times\boldsymbol{v}\times\nabla T\right)+3\theta_5\nabla T\cdot\boldsymbol{e}\right]\tag{3.42}$$

其中，Burnett 系数分别为：$K_1=\frac{13}{3}$；$K_3=3$；$K_5=\frac{9}{4}$；$K_6=6$；$\theta_1=\frac{225}{16}$；$\theta_2=\frac{45}{4}$；$\theta_5=\frac{19}{2}$。

为克服常规 Burnett 方程在较大 Kn 下违反热力学第二定律的缺点，Balakrishnan 和 Agarwal[1]提出了 BGK-Burnett 方程，将 Boltzmann 方程中的积分碰撞项采用 BGK 模型进行简化后采用二阶 Chapman-Enskog 展开确定其本构关系，最终得到的方程形式虽然与常规 Burnett 方程类似，但 Burnett 系数不尽相同。例如一维条件下其二阶应力张量与热流通量表达式为

$$\tau_{xx}^{(2)}=\frac{\mu^2}{p}\left[\begin{array}{l}2K_1\frac{\mathrm{D}}{\mathrm{D}t}\left(\frac{\partial u}{\partial x}\right)+2K_1\frac{1}{T}\frac{\partial u}{\partial x}\frac{\mathrm{D}T}{\mathrm{D}t}-4K_2\frac{R}{\rho}\frac{\partial\rho}{\partial x}\frac{\partial T}{\partial x}\\-4K_2R\frac{\partial^2T}{\partial x^2}-4K_2\frac{R}{T}\left(\frac{\partial T}{\partial x}\right)^2\end{array}\right]\tag{3.43}$$

$$q_x^{(2)}=R\frac{\mu^2}{p}\left[\begin{array}{l}-\frac{2K_1}{R}\frac{\partial u}{\partial x}\frac{\mathrm{D}u}{\mathrm{D}t}-\frac{20K_3}{T}\frac{\partial T}{\partial x}\frac{\mathrm{D}T}{\mathrm{D}t}+4K_3\frac{\partial}{\partial x}\left(\frac{\mathrm{D}T}{\mathrm{D}t}\right)\\-4K_4\frac{T}{\rho}\frac{\partial\rho}{\partial x}\frac{\partial u}{\partial x}+4(K_2-2K_4)\frac{\partial u}{\partial x}\frac{\partial T}{\partial x}-4K_4T\frac{\partial^2u}{\partial x^2}\end{array}\right]\tag{3.44}$$

对于单原子气体分子，其中 Burnett 系数分别为：$K_1=\frac{2}{3}$；$K_2=\frac{9}{8}$；$K_3=\frac{5}{8}$；

$K_4 = \frac{2}{9}$。

3.6 正则化 Burnett 方程

1989 年，P. Rosenau[8]提出了基于 Chapman-Enskog 展开的正则化方法，并应用于拓展流体力学(extended hydrodynamics)[9-11]。1999 年，Slemrod[12]在 Rosenau 的基础上通过应用 C-E 展开的近似求和方法，消除了二阶及以上精度的传统的 C-E 展开针对弹性球体模型时的非物理稳定性问题。2001 年，Jin 和 Slemrod[13-15]通过松弛方法对 Burnett 方程进行了黏弹性正则化修正，其修正后方程特点是仍保留大部分的空间二阶导数，拥有一个基于全局定义的熵形式，且在二阶 Burnett 方程精度上，和传统 Chapman-Enskog 展开吻合良好。

正则化 Burnett 方程系统是一个带有线性双曲化对流部分的弱抛物化系统，和传统的 Grad 矩方法[16]、Levermore 高斯矩方法[17]和拓展热力学方法[10]有一定差别。例如在二阶 Burnett 精度上，正则化的 Burnett 方程系统只需要十三个方程就能渐进的地吻合 C-E 展开，而 Grad 矩方法为了达到同样目的则需要二十六个方程。但目前该方法还存在一些问题亟待解决，例如一维黎曼问题[18]，数值计算时的边界条件选择及应用于多维问题时，热流与应力输运方程中的系数选取等问题。下面简要说明 Jin-Slemrod 正则化 Burnett 方程推导过程。

Chapman-Emskog 展开的基本思想，是把分布函数展开成努森数的级数形式：

$$f_{CE} = Kn^0 f^{(0)} + Kn^1 f^{(1)} + Kn^2 f^{(2)} + \cdots \tag{3.45}$$

由相容条件可知

$$f^{(0)} = f_M \tag{3.46}$$

这时应力与热流也可以写成相应形式为

$$\begin{aligned} \tau_{ij} &= \tau_{ij}^{(0)} + \tau_{ij}^{(1)} + \tau_{ij}^{(2)} + \cdots \tau_{ij}^{(n)} + O(Kn^{n+1}) \\ q_i &= q_i^{(0)} + q_i^{(1)} + q_i^{(2)} + \cdots q_i^{(n)} + O(Kn^{n+1}) \end{aligned} \tag{3.47}$$

其中，每个量级的分量 $\tau_{ij}^{(1)}$、$\tau_{ij}^{(2)}$、$q_i^{(1)}$、$q_i^{(2)}$ 形式为

$$\tau_{ij}^{(1)} = -2\,\overline{\nabla \boldsymbol{v}} \tag{3.48}$$

$$q_i^{(1)} = -\kappa \nabla T \tag{3.49}$$

$$\boldsymbol{\tau}^{(2)} = \frac{\mu^2}{p}\begin{bmatrix} K_1(\nabla\cdot\boldsymbol{v})\boldsymbol{e} + K_2(\mathrm{D}\boldsymbol{e} - 2\,\overline{\nabla\boldsymbol{v}\cdot\boldsymbol{e}}) + K_3 R\,\overline{\nabla\nabla T} \\ +\dfrac{K_4}{\rho T}\overline{\nabla p\nabla T} + K_5\dfrac{R}{T}\overline{\nabla T\nabla T} + K_6\,\overline{\boldsymbol{e}\cdot\boldsymbol{e}} \end{bmatrix} \tag{3.50}$$

$$\boldsymbol{q}^{(2)} = R\frac{\mu^2}{p}\begin{bmatrix} \theta_1(\nabla\cdot\boldsymbol{v})\nabla T + \theta_2(\mathrm{D}\nabla T - \nabla T\cdot\nabla\boldsymbol{v}) \\ +\theta_3\dfrac{T}{p}\nabla p\cdot\boldsymbol{e} + \theta_4 T\nabla\cdot\boldsymbol{e} + \theta_5\nabla T\cdot\boldsymbol{e} \end{bmatrix} \tag{3.51}$$

其中，$\boldsymbol{e}$ 代表无散度对称张量，表示为

$$\boldsymbol{e} = \overline{\nabla\boldsymbol{v}} \tag{3.52}$$

首先使用式(3.48)和式(3.49)代替式(3.50)和式(3.51)中相应表达式可以得到

$$\boldsymbol{\tau}^{(2)} = \frac{\mu^2}{p}\left\{\begin{aligned} & K_1(\nabla\cdot\boldsymbol{v})\left(\frac{\boldsymbol{\tau}}{-2\mu}\right) + K_2\left[\mathrm{D}\left(\frac{\boldsymbol{\tau}}{-2\mu}\right) - 2\,\overline{\nabla\boldsymbol{v}\cdot\left(\frac{\boldsymbol{\tau}}{-2\mu}\right)}\right] + K_3 R\nabla\left(\frac{\boldsymbol{q}}{-\kappa}\right) \\ & +\frac{K_4}{\rho T}\overline{\nabla p\left(\frac{\boldsymbol{q}}{-\kappa}\right)} + K_5\frac{R}{T}\overline{\left(\frac{\boldsymbol{q}}{-\kappa}\right)\nabla T} + K_6\overline{\left(\frac{\boldsymbol{\tau}}{-2\mu}\right)\cdot\boldsymbol{e}} \end{aligned}\right\} \tag{3.53}$$

$$\boldsymbol{q}^{(2)} = R\frac{\mu^2}{p}\left\{\begin{aligned} & \theta_1(\nabla\cdot\boldsymbol{v})\left(\frac{\boldsymbol{q}}{-\kappa}\right) + \theta_2\left[\mathrm{D}\left(\frac{\boldsymbol{q}}{-\kappa}\right) - \left(\frac{\boldsymbol{q}}{-\kappa}\right)\cdot\nabla\boldsymbol{v}\right] \\ & +\theta_3\frac{T}{p}\nabla p\cdot\left(\frac{\boldsymbol{\tau}}{-2\mu}\right) + \theta_4 T\nabla\cdot\left(\frac{\boldsymbol{\tau}}{-2\mu}\right) + \theta_5\nabla T\cdot\left(\frac{\boldsymbol{\tau}}{-2\mu}\right) \end{aligned}\right\} \tag{3.54}$$

由于 K_2、θ_2 所在表达式引入了不稳定性因素，所以一个可行的正则化方法是将其移到式(3.53)和式(3.54)等号左边，这样可以得到

$$\begin{aligned} & -\frac{\mu^2}{p}K_2\left[\mathrm{D}\left(\frac{\boldsymbol{\tau}}{-2\mu}\right) - 2\,\overline{\nabla\boldsymbol{v}\cdot\left(\frac{\boldsymbol{\tau}}{-2\mu}\right)}\right] \\ & = -\boldsymbol{\tau}^{(2)} + \frac{\mu^2}{p}\begin{bmatrix} K_1(\nabla\cdot\boldsymbol{v})\left(\dfrac{\boldsymbol{\tau}}{-2\mu}\right) + K_3 R\,\overline{\nabla\left(\dfrac{\boldsymbol{q}}{-\kappa}\right)} + \dfrac{K_4}{\rho T}\nabla p\left(\dfrac{\boldsymbol{q}}{-\kappa}\right) \\ +K_5\dfrac{R}{T}\overline{\left(\dfrac{\boldsymbol{q}}{-\kappa}\right)\nabla T} + K_6\overline{\left(\dfrac{\boldsymbol{\tau}}{-2\mu}\right)\cdot\boldsymbol{e}} \end{bmatrix} \end{aligned} \tag{3.55}$$

$$
\begin{aligned}
&-R\frac{\mu^2}{p}\cdot\theta_2\left[\mathrm{D}\left(\frac{\boldsymbol{q}}{-\kappa}\right)-\left(\frac{\boldsymbol{q}}{-\kappa}\right)\cdot\nabla\boldsymbol{v}\right]\\
&=-\boldsymbol{q}^{(2)}+R\frac{\mu^2}{p}\begin{bmatrix}\theta_1(\nabla\cdot\boldsymbol{v})\left(\dfrac{\boldsymbol{q}}{-\kappa}\right)+\theta_3\dfrac{T}{p}\nabla p\cdot\left(\dfrac{\boldsymbol{\tau}}{-2\mu}\right)\\+\theta_4 T\nabla\cdot\left(\dfrac{\boldsymbol{\tau}}{-2\mu}\right)+\theta_5\nabla T\cdot\left(\dfrac{\boldsymbol{\tau}}{-2\mu}\right)\end{bmatrix}
\end{aligned}\tag{3.56}
$$

将式(3.55)和式(3.56)中物质导数展开可以得到

$$
\begin{aligned}
&-\frac{\mu^2}{p}K_2\left[-\frac{1}{2\mu}\mathrm{D}\boldsymbol{\tau}+\frac{\boldsymbol{\tau}}{2\mu^2}\frac{\mathrm{d}\mu}{\mathrm{d}T}\mathrm{D}T-2\overline{\nabla\boldsymbol{v}\cdot\left(\frac{\boldsymbol{\tau}}{-2\mu}\right)}\right]\\
&=-\boldsymbol{\tau}^{(2)}+\frac{\mu^2}{p}\begin{bmatrix}K_1(\nabla\cdot\boldsymbol{v})\left(\dfrac{\boldsymbol{\tau}}{-2\mu}\right)+K_3R\overline{\nabla\left(\dfrac{\boldsymbol{q}}{-\kappa}\right)}+\dfrac{K_4}{\rho T}\overline{\nabla p\left(\dfrac{\boldsymbol{q}}{-\kappa}\right)}\\+K_5\dfrac{R}{T}\overline{\left(\dfrac{\boldsymbol{q}}{-\kappa}\right)\nabla T}+K_6\overline{\left(\dfrac{\boldsymbol{\tau}}{-2\mu}\right)\cdot\boldsymbol{e}}\end{bmatrix}
\end{aligned}\tag{3.57}
$$

$$
\begin{aligned}
&-R\frac{\mu^2}{p}\cdot\theta_2\left(-\frac{1}{\kappa}\mathrm{D}\boldsymbol{q}+\left(\frac{4\boldsymbol{q}}{15R\mu^2}\right)\frac{\mathrm{d}\mu}{\mathrm{d}T}\mathrm{D}T+\frac{\boldsymbol{q}}{\kappa}\cdot\nabla\boldsymbol{v}\right)\\
&=-\boldsymbol{q}^{(2)}+R\frac{\mu^2}{p}\begin{bmatrix}\theta_1(\nabla\cdot\boldsymbol{v})\left(\dfrac{\boldsymbol{q}}{-\kappa}\right)++\theta_3\dfrac{T}{p}\nabla p\cdot\left(\dfrac{\boldsymbol{\tau}}{-2\mu}\right)+\theta_4 T\nabla\cdot\left(\dfrac{\boldsymbol{\tau}}{-2\mu}\right)\\+\theta_5\nabla T\cdot\left(\dfrac{\boldsymbol{\tau}}{-2\mu}\right)\end{bmatrix}
\end{aligned}\tag{3.58}
$$

其中,热传导系数和黏性系数对于单原子气体存在以下关系:

$$
Pr=\frac{2}{3},\ c_p=\frac{5}{2}R,\ \kappa=\frac{c_p\mu}{Pr}=\frac{15}{4}\mu R\tag{3.59}
$$

将热流与应力展开到努森数的三阶形式,可以得到

$$
\begin{aligned}
\tau_{ij}&=\tau_{ij}^{(0)}+\tau_{ij}^{(1)}+\tau_{ij}^{(2)}+\tau_{ij}^{(3)}\\
q_i&=q_i^{(0)}+q_i^{(1)}+q_i^{(2)}+q_i^{(3)}
\end{aligned}\tag{3.60}
$$

将式(3.59)和式(3.60)代入式(3.57)和式(3.58),可以得到

$$
\begin{aligned}
&\mathrm{D}\boldsymbol{\tau}-2\overline{\nabla\boldsymbol{v}\cdot\boldsymbol{\tau}}\\
&=-\frac{1}{\dfrac{\mu}{2p}K_2}\left\{\begin{aligned}&(\boldsymbol{\tau}-\boldsymbol{\tau}^{(1)}-\boldsymbol{\tau}^{(3)})\\&-\frac{\mu^2}{p}\left[K_1(\nabla\cdot\boldsymbol{v})\left(\frac{\boldsymbol{\tau}}{-2\mu}\right)+K_3R\overline{\nabla\left(\frac{\boldsymbol{q}}{-\kappa}\right)}+\frac{K_4}{\rho T}\overline{\nabla p\left(\frac{\boldsymbol{q}}{-\kappa}\right)}\right.\\&\left.+K_5\frac{R}{T}\overline{\left(\frac{\boldsymbol{q}}{-\kappa}\right)\nabla T}+K_6\overline{\left(\frac{\boldsymbol{\tau}}{-2\mu}\right)\cdot\boldsymbol{e}}\right]-\frac{K_2}{p}\frac{\boldsymbol{\tau}}{2}\frac{\mathrm{d}\mu}{\mathrm{d}T}\mathrm{D}T\end{aligned}\right\}
\end{aligned}\tag{3.61}
$$

$$
\begin{aligned}
&\mathrm{D}\boldsymbol{q}+-\boldsymbol{q}\cdot\nabla\boldsymbol{v}\\
&=-\frac{1}{R\dfrac{\mu^2}{p\kappa}\cdot\theta_2}\left\{\begin{aligned}&(\boldsymbol{q}-\boldsymbol{q}^{(1)}-\boldsymbol{q}^{(3)})-R\frac{\mu^2}{p}\left[\begin{aligned}&\theta_1(\nabla\cdot\boldsymbol{v})\left(\frac{\boldsymbol{q}}{-\kappa}\right)+\theta_3\frac{T}{p}\nabla p\cdot\left(\frac{\boldsymbol{\tau}}{-2\mu}\right)\\&+\theta_4T\nabla\cdot\left(\frac{\boldsymbol{\tau}}{-2\mu}\right)+\theta_5\nabla T\cdot\left(\frac{\boldsymbol{\tau}}{-2\mu}\right)\end{aligned}\right]\\&-R\frac{\mu^2}{p}\cdot\frac{\theta_2}{\mu}\frac{\mathrm{d}\mu}{\mathrm{d}T}(\mathrm{D}T)\boldsymbol{q}\end{aligned}\right\}
\end{aligned}
\tag{3.62}
$$

进一步简化,可以得到 $\boldsymbol{\tau}^{(2)}$、$\boldsymbol{q}^{(2)}$ 表达式为

$$
\boldsymbol{\tau}^{(2)}=\frac{\mu^2}{p}\left[\begin{aligned}&K_1(\nabla\cdot\boldsymbol{v})\left(\frac{\boldsymbol{\tau}}{-2\mu}\right)+K_3R\overline{\nabla\left(\frac{\boldsymbol{q}}{-\kappa}\right)}+\frac{K_4}{\rho T}\overline{\nabla p\left(\frac{\boldsymbol{q}}{-\kappa}\right)}\\&+K_5\frac{R}{T}\overline{\left(\frac{\boldsymbol{q}}{-\kappa}\right)\nabla T}+K_6\overline{\left(\frac{\boldsymbol{\tau}}{-2\mu}\right)\cdot\boldsymbol{e}}\end{aligned}\right]+\frac{K_2}{2p}\frac{\mathrm{d}\mu}{\mathrm{d}T}(\mathrm{D}T)\boldsymbol{\tau}
\tag{3.63}
$$

$$
\boldsymbol{q}^{(2)}=R\frac{\mu^2}{p}\left[\begin{aligned}&\theta_1(\nabla\cdot\boldsymbol{v})\left(\frac{\boldsymbol{q}}{-\kappa}\right)+\theta_3\frac{T}{p}\nabla p\cdot\left(\frac{\boldsymbol{\tau}}{-2\mu}\right)\\&+\theta_4T\nabla\cdot\left(\frac{\boldsymbol{\tau}}{-2\mu}\right)+\theta_5\nabla T\cdot\left(\frac{\boldsymbol{\tau}}{-2\mu}\right)\end{aligned}\right]+\frac{4\theta_2}{15p}\frac{\mathrm{d}\mu}{\mathrm{d}T}(\mathrm{D}T)\boldsymbol{q}
\tag{3.64}
$$

最终式(3.61)、式(3.62)可以简化为

$$
\mathrm{D}\boldsymbol{\tau}-2\overline{\nabla\boldsymbol{v}\cdot\boldsymbol{\tau}}=-\frac{2p}{\mu K_2}(\boldsymbol{\tau}-\boldsymbol{\tau}^{(1)}-\boldsymbol{\tau}^{(2)}-\boldsymbol{\tau}^{(3)})
\tag{3.65}
$$

$$
\mathrm{D}\boldsymbol{q}-\boldsymbol{q}\cdot\nabla\boldsymbol{v}=-\frac{15p}{4\mu\theta_2}(\boldsymbol{q}-\boldsymbol{q}^{(1)}-\boldsymbol{q}^{(2)}-\boldsymbol{q}^{(3)})
\tag{3.66}
$$

在一维条件下只有5个独立变量 ρ、u、T、τ、q,满足如下方程组:

$$
\begin{aligned}
&\frac{\partial\rho}{\partial t}+\frac{\partial(\rho u)}{\partial x}=0\\
&\frac{\partial(\rho u)}{\partial t}+\frac{\partial(p+\rho u^2)}{\partial x}+\frac{\partial\tau}{\partial x}=0\\
&\frac{\partial(\rho E)}{\partial t}+\frac{\partial(pu+\rho Eu)}{\partial x}+\frac{\partial(u\tau)}{\partial x}+\frac{\partial q}{\partial x}=0
\end{aligned}
$$

$$\frac{\partial \tau}{\partial t}+u\frac{\partial \tau}{\partial x}-\frac{4}{3}\tau\frac{\partial u}{\partial x}=-\frac{2p}{\mu K_2}(\tau-\tau_{\mathrm{eq}})$$

$$\frac{\partial q}{\partial t}+u\frac{\partial q}{\partial x}-q\frac{\partial u}{\partial x}=-\frac{15p}{4\mu\theta_2}(q-q_{\mathrm{eq}}) \tag{3.67}$$

对于单原子气体分子：

$$E=C_v T=\frac{1}{\gamma-1}RT=\frac{1}{\frac{5}{3}-1}RT=\frac{3}{2}RT \tag{3.68}$$

上面表达式中存在如下关系：

$$\tau_{\mathrm{eq}}=-\frac{4}{3}\mu u_x+\tau_2+\tau_3 \tag{3.69}$$

$$\tau_2=-\mu\frac{K_1}{2p}\frac{\partial u}{\partial x}\tau+\frac{K_2}{2p}\frac{\mathrm{d}\mu}{\mathrm{d}T}\frac{\mathrm{D}T}{\mathrm{D}t}\tau-\mu^2\frac{4K_3}{9\rho T}\frac{\partial}{\partial x}\left(\frac{5q}{2\mu R}\right)$$
$$-\frac{8K_4\mu}{45p^2}\frac{\partial p}{\partial x}q-\frac{8K_5\mu}{45pT}\frac{\partial T}{\partial x}q-\frac{K_6\mu}{6p}\frac{\partial u}{\partial x}\tau \tag{3.70}$$

$$\tau_3=\frac{2\widetilde{K}_2\mu^2}{3p^2}\left(\frac{\partial u}{\partial x}\right)^2\tau+\frac{\widetilde{K}_3\mu^2}{R\rho^2T^3}\left(\frac{\partial T}{\partial x}\right)^2\tau-\frac{2\widetilde{\gamma}_1\mu}{3p^2}\left(\frac{\partial u}{\partial x}\tau+\frac{\partial q}{\partial x}\right)\tau$$
$$-\frac{1}{2MR}\widetilde{K}_4\left[\left(-\frac{2\mu^2}{\rho^2T^2}\frac{\partial^2 T}{\partial x^2}+\frac{4\mu^2}{\rho^3T^2}\frac{\partial T}{\partial x}\frac{\partial \rho}{\partial x}\right)\tau\right.$$
$$\left.+\left(-\frac{\mu^2}{\rho^2T^2}\frac{\partial T}{\partial x}-\frac{2\mu^2}{\rho^3T}\frac{\partial \rho}{\partial x}\right)\frac{\partial \tau}{\partial x}-\frac{\mu^2}{\rho^2T}\frac{\partial^2\tau}{\partial x^2}\right] \tag{3.71}$$

$$q_{\mathrm{eq}}=-\frac{15}{4}\mu R\frac{\partial T}{\partial x}+q_2+q_3 \tag{3.72}$$

$$q_2=-\frac{4\theta_1\mu}{15p}\frac{\partial u}{\partial x}q+\frac{4\theta_2}{15}\frac{1}{p}\frac{\mathrm{d}\mu}{\mathrm{d}T}\frac{\mathrm{D}T}{\mathrm{D}t}q-\frac{\theta_3\mu}{2p\rho}\frac{\partial p}{\partial x}\tau-\frac{\theta_4\mu^2}{2\rho}\frac{\partial}{\partial x}\left(\frac{\tau}{\mu}\right)-\frac{\theta_5\mu}{2\rho T}\frac{\partial T}{\partial x}\tau \tag{3.73}$$

$$q_3=\frac{2\widetilde{\theta}_2\mu^2}{3p^2}\left(\frac{\partial u}{\partial x}\right)^2q+\frac{\widetilde{\theta}_3\mu^2}{R\rho^2T^3}\left(\frac{\partial T}{\partial x}\right)^2q-\frac{2\widetilde{\lambda}_1\mu}{3\rho^2T^2R}\left(\frac{\partial u}{\partial x}\tau+\frac{\partial q}{\partial x}\right)\left(\frac{4q}{15R}\right)$$

$$
+\frac{2\tilde{\theta}_4}{3MR}\left[\begin{array}{l}\left(\frac{6\mu^2}{\rho^3T^2}\frac{\partial T}{\partial x}\frac{\partial\rho}{\partial x}-\frac{3\mu^2}{\rho^2T^2}\frac{\partial^2T}{\partial x^2}\right)q\\+\left(-\frac{2\mu^2}{\rho^2T^2}\frac{\partial T}{\partial x}-\frac{2\mu^2}{\rho^3T}\frac{\partial\rho}{\partial x}\right)\frac{\partial q}{\partial x}-\frac{\mu^2}{\rho^2T}\frac{\partial^2q}{\partial x^2}\end{array}\right] \tag{3.74}
$$

将式(3.69)~式(3.74)代入式(3.67)最后两个方程得

$$
\begin{aligned}
&\frac{\partial\tau}{\partial t}+u\frac{\partial\tau}{\partial x}-\frac{4}{3}\tau\frac{\partial u}{\partial x}\\
&=-\frac{2p}{\mu K_2}\tau+\frac{2p}{\mu K_2}\left(\begin{array}{l}-\mu\frac{K_1}{2p}\frac{\partial u}{\partial x}\tau+\frac{K_2}{2p}\frac{\mathrm{d}\mu}{\mathrm{d}T}\frac{\mathrm{D}T}{\mathrm{D}t}\tau-\frac{K_6\mu}{6p}\frac{\partial u}{\partial x}\tau\\-\mu^2\frac{4K_3}{9\rho T}\frac{5}{2\mu R}\frac{\partial q}{\partial x}+\frac{10K_3}{9R\rho T^2}\frac{\partial T}{\partial x}q-\frac{8K_4\mu}{45p^2}\frac{\partial p}{\partial x}q-\frac{8K_5\mu}{45pT}\frac{\partial T}{\partial x}q\end{array}\right)\\
&\quad+\frac{2p}{\mu K_2}\left(\begin{array}{l}\frac{2\tilde{K}_2\mu^2}{3p^2}\left(\frac{\partial u}{\partial x}\right)^2\tau+\frac{\tilde{K}_3\mu^2}{R\rho^2T^3}\left(\frac{\partial T}{\partial x}\right)^2\tau-\frac{2\tilde{\gamma}_1\mu}{3p^2}\left(\frac{\partial u}{\partial x}\tau+\frac{\partial q}{\partial x}\right)\tau\\-\frac{1}{2MR}\tilde{K}_4\left[\begin{array}{l}\left(-\frac{2\mu^2}{\rho^2T^2}\frac{\partial^2T}{\partial x^2}+\frac{4\mu^2}{\rho^3T^2}\frac{\partial T}{\partial x}\frac{\partial\rho}{\partial x}\right)\tau\\+\left(-\frac{\mu^2}{\rho^2T^2}\frac{\partial T}{\partial x}-\frac{2\mu^2}{\rho^3T}\frac{\partial\rho}{\partial x}\right)\frac{\partial\tau}{\partial x}-\frac{\mu^2}{\rho^2T}\frac{\partial^2\tau}{\partial x^2}\end{array}\right]\end{array}\right)
\end{aligned} \tag{3.75}
$$

$$
\begin{aligned}
&\frac{\partial q}{\partial t}+u\frac{\partial q}{\partial x}-q\frac{\partial u}{\partial x}\\
&=-\frac{15p}{4\mu\theta_2}q+\frac{15p}{4\mu\theta_2}\left[\begin{array}{l}-\frac{4\theta_1\mu}{15p}\frac{\partial u}{\partial x}q+\frac{4\theta_2}{15}\frac{1}{p}\frac{\mathrm{d}\mu}{\mathrm{d}T}\frac{\mathrm{D}T}{\mathrm{D}t}q\\-\frac{\theta_3\mu}{2p\rho}\frac{\partial p}{\partial x}\tau-\frac{\theta_4\mu^2}{2\rho}\frac{\partial}{\partial x}\left(\frac{\tau}{\mu}\right)-\frac{\theta_5\mu}{2\rho T}\frac{\partial T}{\partial x}\tau\end{array}\right]\\
&\quad+\frac{15p}{4\mu\theta_2}\left[\begin{array}{l}\frac{2\tilde{\theta}_2\mu^2}{3p^2}\left(\frac{\partial u}{\partial x}\right)^2q+\frac{\tilde{\theta}_3\mu^2}{R\rho^2T^3}\left(\frac{\partial T}{\partial x}\right)^2q-\frac{2\tilde{\lambda}_1\mu}{3\rho^2T^2R}\left(\frac{\partial u}{\partial x}\tau+\frac{\partial q}{\partial x}\right)\left(\frac{4q}{15R}\right)\\+\frac{2\tilde{\theta}_4}{3MR}\left[\begin{array}{l}\left(\frac{6\mu^2}{\rho^3T^2}\frac{\partial T}{\partial x}\frac{\partial\rho}{\partial x}-\frac{3\mu^2}{\rho^2T^2}\frac{\partial^2T}{\partial x^2}\right)q\\+\left(-\frac{2\mu^2}{\rho^2T^2}\frac{\partial T}{\partial x}-\frac{2\mu^2}{\rho^3T}\frac{\partial\rho}{\partial x}\right)\frac{\partial q}{\partial x}-\frac{\mu^2}{\rho^2T}\frac{\partial^2q}{\partial x^2}\end{array}\right]\end{array}\right]
\end{aligned} \tag{3.76}
$$

为便于进一步研究分析，式(3.75)和式(3.76)可以写成

$$
\begin{aligned}
\frac{\mathrm{D}\tau}{\mathrm{D}t}=&\left\{\frac{4}{3}\frac{\partial u}{\partial x}-\frac{2p}{\mu K_2}+\frac{2p}{\mu K_2}\left[\begin{array}{l}-\mu\dfrac{K_1}{2p}\dfrac{\partial u}{\partial x}+\dfrac{K_2}{2p}\dfrac{\mathrm{d}\mu}{\mathrm{d}T}\dfrac{\mathrm{D}T}{\mathrm{D}t}-\dfrac{K_6\mu}{6p}\dfrac{\partial u}{\partial x}\\[2mm]+\dfrac{2\widetilde{K}_2\mu^2}{3p^2}\left(\dfrac{\partial u}{\partial x}\right)^2+\dfrac{\widetilde{K}_3\mu^2}{R\rho^2T^3}\left(\dfrac{\partial T}{\partial x}\right)^2\\[2mm]-\dfrac{1}{2MR}\widetilde{K}_4\left(-\dfrac{2\mu^2}{\rho^2T^2}\dfrac{\partial^2 T}{\partial x^2}+\dfrac{4\mu^2}{\rho^3T^2}\dfrac{\partial T}{\partial x}\dfrac{\partial\rho}{\partial x}\right)\end{array}\right]\right\}\tau\\
&+\frac{2\widetilde{K}_4}{5K_2}\frac{p}{R\mu}\left(\frac{\mu^2}{\rho^2T^2}\frac{\partial T}{\partial x}+\frac{2\mu^2}{\rho^3T}\frac{\partial\rho}{\partial x}\right)\frac{\partial\tau}{\partial x}+\frac{2\widetilde{K}_4}{5K_2}\frac{\mu}{\rho}\frac{\partial^2\tau}{\partial x^2}-\frac{4\widetilde{\gamma}_1}{3K_2}\frac{1}{p}\frac{\partial u}{\partial x}\tau^2\\
&+\frac{2p}{\mu K_2}\left(\frac{10K_3}{9R\rho T^2}\frac{\partial T}{\partial x}-\frac{8K_4\mu}{45p^2}\frac{\partial p}{\partial x}-\frac{8K_5\mu}{45pT}\frac{\partial T}{\partial x}\right)q\\
&-\frac{20K_3}{9K_2}\frac{\partial q}{\partial x}-\frac{4\widetilde{\gamma}_1}{3K_2}\frac{1}{p}\frac{\partial q}{\partial x}\tau
\end{aligned}\tag{3.77}
$$

$$
\begin{aligned}
\frac{\mathrm{D}q}{\mathrm{D}t}=&\left\{\begin{array}{l}\dfrac{\partial u}{\partial x}-\dfrac{15p}{4\mu\theta_2}+\dfrac{15p}{4\mu\theta_2}\left(-\dfrac{4\theta_1\mu}{15p}\dfrac{\partial u}{\partial x}+\dfrac{4\theta_2}{15}\dfrac{1}{p}\dfrac{\mathrm{d}\mu}{\mathrm{d}T}\dfrac{\mathrm{D}T}{\mathrm{D}t}\right)\\[2mm]+\dfrac{15p}{4\mu\theta_2}\left[\begin{array}{l}\dfrac{2\widetilde{\theta}_2\mu^2}{3p^2}\left(\dfrac{\partial u}{\partial x}\right)^2+\dfrac{\widetilde{\theta}_3\mu^2}{R\rho^2T^3}\left(\dfrac{\partial T}{\partial x}\right)^2\\[2mm]+\dfrac{2\widetilde{\theta}_4}{3MR}\left(\dfrac{6\mu^2}{\rho^3T^2}\dfrac{\partial T}{\partial x}\dfrac{\partial\rho}{\partial x}-\dfrac{3\mu^2}{\rho^2T^2}\dfrac{\partial^2 T}{\partial x^2}\right)\end{array}\right]\end{array}\right\}q\\
&+\frac{\widetilde{\theta}_4}{\theta_2}\frac{p}{R\mu}\left(-\frac{2\mu^2}{\rho^2T^2}\frac{\partial T}{\partial x}-\frac{2\mu^2}{\rho^3T}\frac{\partial\rho}{\partial x}\right)\frac{\partial q}{\partial x}-\frac{\widetilde{\theta}_4}{\theta_2}\frac{\mu}{\rho}\frac{\partial^2 q}{\partial x^2}-\frac{2\widetilde{\lambda}_1}{3\theta_2 p}\frac{\partial q}{\partial x}q\\
&+\frac{15p}{4\mu\theta_2}\left(-\frac{\theta_3\mu}{2p\rho}\frac{\partial p}{\partial x}+\frac{\theta_4\mu}{2\rho T}\frac{\partial T}{\partial x}-\frac{\theta_5\mu}{2\rho T}\frac{\partial T}{\partial x}\right)\tau-\frac{15\theta_4}{8\theta_2}\frac{p}{\rho}\frac{\partial\tau}{\partial x}-\frac{2\widetilde{\lambda}_1}{3\theta_2 p}\frac{\partial u}{\partial x}\tau q
\end{aligned}\tag{3.78}
$$

上式即是最终一维条件下正则 Burnett 方程热流与应力的输运方程。

3.7 简化常规 Burnett 方程

对于来流速度 U_∞、来流声速 a_∞、来流分子平均自由程 λ_∞ 且流动特征长度

为 L 的流动，NS 方程与常规 Burnett 方程有如下量纲关系：

$$\frac{\partial}{\partial x_i}=O\left(\frac{1}{L}\right),\quad u_i=O(U_\infty),\quad \mu=O(\lambda_\infty\rho_\infty a_\infty)$$
$$T=O(a_\infty^2),\quad \kappa=O(\lambda_\infty\rho_\infty a_\infty),\quad p=O(\rho_\infty a_\infty^2) \tag{3.79}$$

在此基础上，通过对 NS 方程一阶应力项及式(3.17)常规 Burnett 方程二阶应力项中含速度梯度的第一项进行量级分析分别得到

$$\tau_{ij}^{(1)}=O\left[\frac{a_\infty\rho_\infty\lambda_\infty U_\infty}{L}\right]=O(\rho_\infty a_\infty^2 Kn_\infty Ma_\infty) \tag{3.80}$$

$$\tau_{ij}^{(2)}=O\left[\frac{\rho_\infty^2 a_\infty^2\lambda_\infty^2 U_\infty^2}{\rho_\infty a_\infty^2 L^2}\right]=O(\rho_\infty a_\infty^2 Kn_\infty^2 Ma_\infty^2) \tag{3.81}$$

两项相比后量纲关系有

$$\tau_{ij}^{(2)}/\tau_{ij}^{(1)}=O(Ma_\infty Kn_\infty) \tag{3.82}$$

同理对于热流项有

$$q_i^{(1)}=O\left[\frac{a_\infty^3\rho_\infty\lambda_\infty}{L}\right]=O(\rho_\infty a_\infty^3 Kn_\infty) \tag{3.83}$$

$$q_i^{(2)}=O\left[\frac{a_\infty^2\rho_\infty^2\lambda_\infty^2 U_\infty}{\rho_\infty L^2}\right]=O(a_\infty^3\rho_\infty Kn_\infty^2 Ma_\infty) \tag{3.84}$$

$$q_i^{(2)}/q_i^{(1)}=O(Ma_\infty Kn_\infty) \tag{3.85}$$

钱学森[19]根据式(3.82)与式(3.85)的比值量纲，得出了高马赫数、大努森数下高超声速稀薄流动应采用二阶 Burnett 方程进行求解的结论，他的这一结论多年来得到了广泛验证。

采用同样的量纲分析方法，分别对常规 Burnett 方程中所有应力项与热流项分别进行量级分析，其中二阶应力项与热流项量纲关系式为

$$K_1\frac{\mu^2}{p}\frac{\partial u_k}{\partial x_k}\overline{\frac{\partial u_i}{\partial x_j}}=O(a_\infty^2\rho_\infty Kn_\infty^2 Ma_\infty^2)$$

$$K_2\frac{\mu^2}{p}\left[\overline{-\frac{\partial}{\partial x_i}\frac{1}{\rho}\frac{\partial p}{\partial x_j}}\right]=O\left[\frac{a_\infty^2\rho_\infty^2\lambda_\infty^2}{\rho_\infty L^2}\right]=O(a_\infty^2\rho_\infty Kn_\infty^2)$$

$$
\begin{aligned}
&K_2 \frac{\mu^2}{p}\left[-\overline{\frac{\partial u_k}{\partial x_i}\frac{\partial u_j}{\partial x_k}}-2\overline{\overline{\frac{\partial u_i}{\partial x_k}}\frac{\partial u_k}{\partial x_j}}\right]=O(a_\infty^2\rho_\infty Kn_\infty^2 Ma_\infty^2)\\
&K_3 \frac{\mu^2}{\rho T}\overline{\frac{\partial^2 T}{\partial x_i \partial x_j}}=O\left(\frac{a_\infty^2\rho_\infty^2\lambda_\infty^2}{\rho_\infty L^2}\right)=O(a_\infty^2\rho_\infty Kn_\infty^2)\\
&K_4 \frac{\mu^2}{\rho^2 R T^2}\overline{\frac{\partial p}{\partial x_i}\frac{\partial T}{\partial x_j}}=O\left(\frac{a_\infty^2\rho_\infty^2\lambda_\infty^2}{\rho_\infty L^2}\right)=O(a_\infty^2\rho_\infty Kn_\infty^2)\\
&K_5 \frac{\mu^2}{\rho T^2}\overline{\frac{\partial T}{\partial x_i}}\,\overline{\frac{\partial T}{\partial x_j}}=O\left(\frac{a_\infty^2\rho_\infty^2\lambda_\infty^2}{\rho_\infty L^2}\right)=O(a_\infty^2\rho_\infty Kn_\infty^2)\\
&K_6 \frac{\mu^2}{p}\overline{\overline{\frac{\partial u_i}{\partial x_k}\frac{\partial u_k}{\partial x_j}}}=O(a_\infty^2\rho_\infty Kn_\infty^2 Ma_\infty^2)
\end{aligned}
\tag{3.86}
$$

$$
\begin{aligned}
&\theta_1 \frac{\mu^2}{\rho T}\frac{\partial u_j}{\partial x_j}\frac{\partial T}{\partial x_i}=O\left(\frac{a_\infty^2\rho_\infty^2\lambda_\infty^2 U_\infty}{\rho_\infty L^2}\right)=O(a_\infty^3\rho_\infty Kn_\infty^2 Ma_\infty)\\
&\theta_2 \frac{\mu^2}{\rho T}\left[\frac{2}{3}\frac{\partial}{\partial x_i}\left(T\frac{\partial u_j}{\partial x_j}\right)+2\frac{\partial u_j}{\partial x_i}\frac{\partial T}{\partial x_j}\right]=O(a_\infty^3\rho_\infty Kn_\infty^2 Ma_\infty)\\
&\theta_3 \frac{\mu^2}{\rho p}\frac{\partial p}{\partial x_j}\overline{\frac{\partial u_j}{\partial x_i}}=O(a_\infty^3\rho_\infty Kn_\infty^2 Ma_\infty)\\
&\theta_4 \frac{\mu^2}{\rho}\frac{\partial}{\partial x_j}\overline{\frac{\partial u_j}{\partial x_i}}=O(a_\infty^3\rho_\infty Kn_\infty^2 Ma_\infty)\\
&\theta_5 \frac{\mu^2}{\rho T}\frac{\partial T}{\partial x_j}\overline{\frac{\partial u_j}{\partial x_i}}=O(a_\infty^3\rho_\infty Kn_\infty^2 Ma_\infty)
\end{aligned}
\tag{3.87}
$$

可以发现，除式(3.86)中第 2、4、5、6 行代表项与一阶应力项比值的量纲为 $O(Kn_\infty/Ma_\infty)$ 外，其余各项比值量纲均为 $O(Kn_\infty Ma_\infty)$。因此若来流为高超声速 ($Ma_\infty \gg 1$)，可忽略二阶 Burnett 应力项中 $O(Kn_\infty/Ma_\infty)$ 项的影响。采用同样的量级分析方法对热流项进行对比发现其二阶热流各项与傅里叶热流项比值的量纲均为 $O(Kn_\infty Ma_\infty)$，高马赫数条件下如式(3.87)所示二阶热流项应全部予以保留。

因此，若忽略 Burnett 方程本构关系中所有与一阶项比值量纲为 $O(Kn_\infty/Ma_\infty)$ 的项而保留所有量纲为 $O(Kn_\infty Ma_\infty)$ 的项，则简化后得到的高阶控制方程被称为简化常规 Burnett 方程(simplified conventional Burnett,

SCB)，其最终高阶应力项与热流项如下所示：

$$\tau_{ij}^{(2)}=K_1\frac{\mu^2}{p}\frac{\partial u_k}{\partial x_k}\overline{\frac{\partial u_i}{\partial x_j}}+K_2\frac{\mu^2}{p}\left(-\overline{\frac{\partial u_k}{\partial x_i}\frac{\partial u_j}{\partial x_k}}-2\overline{\overline{\frac{\partial u_i}{\partial x_k}}\frac{\partial u_k}{\partial x_j}}\right)+K_6\frac{\mu^2}{p}\overline{\overline{\frac{\partial u_i}{\partial x_k}}\frac{\partial u_k}{\partial x_j}} \tag{3.88}$$

$$q_i^{(2)}=\theta_1\frac{\mu^2}{\rho T}\frac{\partial u_k}{\partial x_k}\frac{\partial T}{\partial x_i}+\theta_2\frac{\mu^2}{\rho T}\left[\frac{2}{3}\frac{\partial}{\partial x_i}\left(T\frac{\partial u_k}{\partial x_k}\right)+2\frac{\partial u_k}{\partial x_i}\frac{\partial T}{\partial x_k}\right]$$
$$+\left(\theta_3\frac{\mu^2}{\rho p}\frac{\partial p}{\partial x_k}+\theta_4\frac{\mu^2}{\rho}\frac{\partial}{\partial x_k}+\theta_5\frac{\mu^2}{\rho T}\frac{\partial T}{\partial x_k}\right)\overline{\frac{\partial u_k}{\partial x_i}} \tag{3.89}$$

笛卡儿坐标系下展开后，其二阶项可以表示为

$$\tau_{xx}^{(2)}=\frac{\mu^2}{p}(\alpha_1u_x^2+\alpha_2u_y^2+\alpha_3u_z^2+\alpha_4v_x^2+\alpha_5v_y^2+\alpha_6v_z^2+\alpha_7w_x^2+\alpha_8w_y^2+\alpha_9w_z^2$$
$$+\alpha_{10}u_xv_y+\alpha_{11}v_yw_z+\alpha_{12}w_zu_x+\alpha_{13}u_yv_x+\alpha_{14}v_zw_y+\alpha_{15}w_xu_z) \tag{3.90}$$

$$\tau_{yy}^{(2)}=\frac{\mu^2}{p}(\alpha_1v_y^2+\alpha_2v_z^2+\alpha_3v_x^2+\alpha_4w_y^2+\alpha_5w_z^2+\alpha_6w_x^2+\alpha_7u_y^2+\alpha_8u_z^2+\alpha_9u_x^2$$
$$+\alpha_{10}v_yw_z+\alpha_{11}w_zu_x+\alpha_{12}u_xv_y+\alpha_{13}v_zw_y+\alpha_{14}w_xu_z+\alpha_{15}u_yv_x) \tag{3.91}$$

$$\tau_{zz}^{(2)}=\frac{\mu^2}{p}(\alpha_1w_z^2+\alpha_2w_x^2+\alpha_3w_y^2+\alpha_4u_z^2+\alpha_5u_x^2+\alpha_6u_y^2+\alpha_7v_z^2+\alpha_8v_x^2+\alpha_9v_y^2$$
$$+\alpha_{10}w_zu_x+\alpha_{11}u_xv_y+\alpha_{12}v_yw_z+\alpha_{13}w_xu_z+\alpha_{14}u_yv_x+\alpha_{15}v_zw_y) \tag{3.92}$$

$$\tau_{xy}^{(2)}=\tau_{yx}^{(2)}=\frac{\mu^2}{p}(\beta_1u_xu_y+\beta_2v_xv_y+\beta_3w_xw_y+\beta_4u_xv_x+\beta_5u_yv_y+\beta_6u_zv_z$$
$$+\beta_7u_yw_z+\beta_8v_xw_z+\beta_9u_zw_y+\beta_{10}v_zw_x) \tag{3.93}$$

$$\tau_{xz}^{(2)}=\tau_{zx}^{(2)}=\frac{\mu^2}{p}(\beta_1w_zw_x+\beta_2u_zu_x+\beta_3v_zv_x+\beta_4w_zu_z+\beta_5w_xu_x+\beta_6w_yu_y$$
$$+\beta_7w_xv_y+\beta_8u_zv_y+\beta_9w_yv_x+\beta_{10}u_yv_z) \tag{3.94}$$

$$\tau_{yz}^{(2)}=\tau_{zy}^{(2)}=\frac{\mu^2}{p}(\beta_1v_yv_z+\beta_2w_yw_z+\beta_3u_yu_z+\beta_4v_yw_y+\beta_5v_zw_z+\beta_6v_xw_x$$
$$+\beta_7v_zu_x+\beta_8w_yu_x+\beta_9v_xu_z+\beta_{10}w_xu_y) \tag{3.95}$$

$$q_x^{(2)} = \frac{\mu^2}{\rho}\left(\gamma_1 \frac{1}{T}T_x u_x + \gamma_2 \frac{1}{T}T_x v_y + \gamma_3 \frac{1}{T}T_x w_z + \gamma_4 \frac{1}{T}T_y v_x + \gamma_5 \frac{1}{T}T_y u_y \right.$$
$$+ \gamma_6 \frac{1}{T}T_z w_x + \gamma_7 \frac{1}{T}T_z u_z + \gamma_8 u_{xx} + \gamma_9 u_{yy} + \gamma_{10} u_{zz} + \gamma_{11} v_{xy}$$
$$+ \gamma_{12} w_{xz} + \gamma_{13} \frac{1}{\rho}\rho_x u_x + \gamma_{14} \frac{1}{\rho}\rho_x v_y + \gamma_{15} \frac{1}{\rho}\rho_x w_z + \gamma_{16} \frac{1}{\rho}\rho_y v_x$$
$$\left. + \gamma_{17} \frac{1}{\rho}\rho_y u_y + \gamma_{18} \frac{1}{\rho}\rho_z w_x + \gamma_{19} \frac{1}{\rho}\rho_z u_z \right) \tag{3.96}$$

$$q_y^{(2)} = \frac{\mu^2}{\rho}\left(\gamma_1 \frac{1}{T}T_y v_y + \gamma_2 \frac{1}{T}T_y w_z + \gamma_3 \frac{1}{T}T_y u_x + \gamma_4 \frac{1}{T}T_z w_y + \gamma_5 \frac{1}{T}T_z v_z \right.$$
$$+ \gamma_6 \frac{1}{T}T_x u_y + \gamma_7 \frac{1}{T}T_x v_x + \gamma_8 v_{yy} + \gamma_9 v_{zz} + \gamma_{10} v_{xx} + \gamma_{11} w_{yz}$$
$$+ \gamma_{12} u_{xy} + \gamma_{13} \frac{1}{\rho}\rho_y v_y + \gamma_{14} \frac{1}{\rho}\rho_y w_z + \gamma_{15} \frac{1}{\rho}\rho_y u_x + \gamma_{16} \frac{1}{\rho}\rho_z w_y$$
$$\left. + \gamma_{17} \frac{1}{\rho}\rho_z v_z + \gamma_{18} \frac{1}{\rho}\rho_x u_y + \gamma_{19} \frac{1}{\rho}\rho_x v_x \right) \tag{3.97}$$

$$q_z^{(2)} = \frac{\mu^2}{\rho}\left(\gamma_1 \frac{1}{T}T_z w_z + \gamma_2 \frac{1}{T}T_z u_x + \gamma_3 \frac{1}{T}T_z v_y + \gamma_4 \frac{1}{T}T_x u_z + \gamma_5 \frac{1}{T}T_x w_x \right.$$
$$+ \gamma_6 \frac{1}{T}T_y v_z + \gamma_7 \frac{1}{T}T_y w_y + \gamma_8 w_{zz} + \gamma_9 w_{xx} + \gamma_{10} w_{yy} + \gamma_{11} u_{xz}$$
$$+ \gamma_{12} v_{yz} + \gamma_{13} \frac{1}{\rho}\rho_z w_z + \gamma_{14} \frac{1}{\rho}\rho_z u_x + \gamma_{15} \frac{1}{\rho}\rho_z v_y + \gamma_{16} \frac{1}{\rho}\rho_x u_z$$
$$\left. + \gamma_{17} \frac{1}{\rho}\rho_x w_x + \gamma_{18} \frac{1}{\rho}\rho_y v_z + \gamma_{19} \frac{1}{\rho}\rho_y w_y \right) \tag{3.98}$$

上式中的所有系数见附录 A,其中一维条件下高马赫数简化 Burnett 方程(SCB)的高阶应力与热流项为

$$\tau_{xx} = -\frac{4}{3}\mu \frac{\partial u}{\partial x} + \frac{\mu^2}{p}\left(\frac{2}{3}K_1 - \frac{14}{9}K_2 + \frac{8}{27}K_6\right)\left(\frac{\partial u}{\partial x}\right)^2 \tag{3.99}$$

$$q_x = -\kappa \frac{\partial T}{\partial x} + \frac{\mu^2}{\rho}\begin{bmatrix}\left(\theta_1 + \frac{8}{3}\theta_2 + \frac{2}{3}\theta_3 + \frac{2}{3}\theta_5\right)\frac{1}{T}\frac{\partial u}{\partial x}\frac{\partial T}{\partial x} \\ + \frac{2}{3}(\theta_2 + \theta_4)\frac{\partial^2 u}{\partial x^2} + \frac{2}{3}\theta_3 \frac{1}{\rho}\frac{\partial \rho}{\partial x}\frac{\partial u}{\partial x}\end{bmatrix} \tag{3.100}$$

相比于常规与增广 Burnett 方程，SCB 方程形式显然更加简洁且简化过程的物理意义十分清晰。

3.8　Burnett 方程线性稳定性与熵增分析

3.8.1　Burnett 方程线性稳定性分析

1. 一维单原子气体 Burnett 方程线性稳定性分析

本小节首先应用 Bobylev[20, 21]的稳定性理论分析前述不同类型一维单原子气体 Burnett 方程的线性稳定性，通过小扰动无量纲线性特征方程，绘制根轨迹图判定方程线性稳定性。其中部分方程文献已有相关结论，本小节将与之进行对比验证。

对于常规 Burnett 方程中的物质导数可以采用 NS 方程与 Euler 方程进行简化，其中采用 Euler 方程进行描述得到的三维常规 Burnett 方程中高阶应力与热流项在 2.3 节中已经给出，简化得到一维单原子气体常规 Burnett 方程控制方程与高阶应力、热流项如下：

$$
\begin{aligned}
&\frac{\partial \rho}{\partial t}+\frac{\partial(\rho u)}{\partial x}=0 \\
&\frac{\partial(\rho u)}{\partial t}+\frac{\partial(p+\rho u^{2})}{\partial x}+\frac{\partial \tau_{xx}}{\partial x}=0 \\
&\frac{\partial(\rho E)}{\partial t}+\frac{\partial(p u+\rho E u)}{\partial x}+\frac{\partial(u \tau_{xx})}{\partial x}+\frac{\partial q_{x}}{\partial x}=0
\end{aligned}
\tag{3.101}
$$

$$
\tau_{xx}=-\frac{4}{3}\mu\frac{\partial u}{\partial x}+\frac{\mu^{2}}{p}\left\{\begin{aligned}
&\left(\frac{2}{3}K_{1}-\frac{14}{9}K_{2}+\frac{2}{9}K_{6}\right)\left(\frac{\partial u}{\partial x}\right)^{2}-\frac{2}{3}K_{2}\frac{RT}{\rho}\frac{\partial^{2}\rho}{\partial x^{2}} \\
&+\frac{2}{3}K_{2}\frac{RT}{\rho^{2}}\left(\frac{\partial \rho}{\partial x}\right)^{2}-\frac{2}{3}(K_{2}-K_{4})\frac{R}{\rho}\frac{\partial \rho}{\partial x}\frac{\partial T}{\partial x} \\
&+\frac{2}{3}(K_{4}+K_{5})\frac{R}{T}\left(\frac{\partial T}{\partial x}\right)^{2}-\frac{2}{3}(K_{2}-K_{3})R\frac{\partial^{2}T}{\partial x^{2}}
\end{aligned}\right\}
\tag{3.102}
$$

$$q_x = -\kappa \frac{\partial T}{\partial x} + \frac{\mu^2}{\rho}\left[\begin{array}{l}\left(\theta_1 + \frac{8}{3}\theta_2 + \frac{2}{3}\theta_3 + \frac{2}{3}\theta_5\right)\frac{1}{T}\frac{\partial u}{\partial x}\frac{\partial T}{\partial x} \\ + \frac{2}{3}(\theta_2 + \theta_4)\frac{\partial^2 u}{\partial x^2} + \frac{2}{3}\theta_3 \frac{1}{\rho}\frac{\partial \rho}{\partial x}\frac{\partial u}{\partial x}\end{array}\right] \tag{3.103}$$

为研究上述方程解在稳态 $U_0=0$，$\rho_0=\mathrm{const}$，$T_0=\mathrm{const}$ 附近对周期性小扰动的响应，特引入密度、速度与温度小扰动有

$$\begin{aligned} \rho &= \rho_0 + \rho' \\ u &= U_0 + u' \\ T &= T_0 + T' \end{aligned} \tag{3.104}$$

将密度、温度、速度、位移与时间进行无量纲化：

$$\bar{\rho} = \frac{\rho - \rho_0}{\rho_0},\ \bar{T} = \frac{T - T_0}{T_0},\ \bar{u} = \frac{u - U_0}{\sqrt{RT_0}},\ \bar{x} = \frac{x\rho_0\sqrt{RT_0}}{\mu_0},\ \bar{t} = \frac{tp_0}{\mu_0} \tag{3.105}$$

无量纲采用的参考长度 $L_0 = \dfrac{\mu_0}{\rho_0\sqrt{RT_0}}$，并根据平均分子自由程关系：$\lambda = \dfrac{16\mu_0}{5\rho_0\sqrt{2\pi RT_0}}$，可得到 $L_0=0.783\lambda$。将式(3.104)与式(3.105)代入式(3.101)～式(3.103)得到无量纲守恒方程的同时，对方程进行线性化处理，即只保留线性项而忽略所有的非线性项。最终得到的一维常规 Burnett 方程的线性小扰动控制方程如式(3.106)所示，为表述方便，均统一略去了方程无量纲化上划线。

$$\begin{cases} \dfrac{\partial \rho'}{\partial t} + \dfrac{\partial u'}{\partial x} = 0 \\ \dfrac{\partial u'}{\partial t} + \dfrac{\partial \rho'}{\partial x} + \dfrac{\partial T'}{\partial x} + \dfrac{\partial \tau_{xx}}{\partial x} = 0 \\ 3\dfrac{\partial T'}{\partial t} + 2\dfrac{\partial u'}{\partial x} + 2\dfrac{\partial q_x}{\partial x} = 0 \end{cases} \tag{3.106}$$

其中

$$\begin{aligned} \tau_{xx} &= -\frac{4}{3}\frac{\partial u'}{\partial x} - \frac{4}{3}\frac{\partial^2 \rho'}{\partial x^2} + \frac{2}{3}\frac{\partial^2 T'}{\partial x^2} \\ q_x &= -\frac{15}{4}\frac{\partial T'}{\partial x} - \frac{7}{4}\frac{\partial^2 u'}{\partial x^2} \end{aligned} \tag{3.107}$$

方程中的扰动量可以设为如下形式：

$$\begin{aligned} \rho' &= \rho_1 e^{(\bar{\lambda}t+ikx)} \\ u' &= u_1 e^{(\bar{\lambda}t+ikx)} \\ T' &= T_1 e^{(\bar{\lambda}t+ikx)} \end{aligned} \tag{3.108}$$

$$\bar{\lambda} = \alpha + i\beta \tag{3.109}$$

其中，$\bar{\lambda}$ 实部和虚部分别代表扰动的增长系数 α 和扩散系数 β；ρ_1、u_1、T_1 分别代表扰动量振幅；k 表示扰动波数，其与努森数的关系可表示为

$$k = \frac{2\pi L_0}{L} = 4.92\frac{\lambda}{L} = 4.92Kn \tag{3.110}$$

将方程组式(3.108)带入化简完的无量纲守恒形式的式(3.106)可得到

$$\begin{cases} \bar{\lambda}\rho_1 + iku_1 = 0 \\ \bar{\lambda}u_1 + ik\rho_1 + ikT_1 + \dfrac{4}{3}k^2u_1 + \dfrac{2}{3}iK_2k^3\rho_1 + \dfrac{2}{3}iK_2k^3T_1 - \dfrac{2}{3}iK_3k^3\rho_1 = 0 \\ \bar{\lambda}T_1 + \dfrac{2}{3}iku_1 + \dfrac{5}{2}k^2T_1 - \dfrac{4}{9}i\theta_2k^3u_1 - \dfrac{4}{9}i\theta_4k^3u_1 = 0 \end{cases} \tag{3.111}$$

由上述三元一次方程组可得到常规 Burnett 方程的线性稳定性特征方程为

$$p(\bar{\lambda}, k) = 18\bar{\lambda}^3 + 69k^2\bar{\lambda}^2 + \bar{\lambda}k^2(30 + 97k^2 - 14k^4) + 15k^4(3 + 4k^2) = 0 \tag{3.112}$$

式(3.112)的解 λ 在复平面上根轨迹如图 3.1 所示。

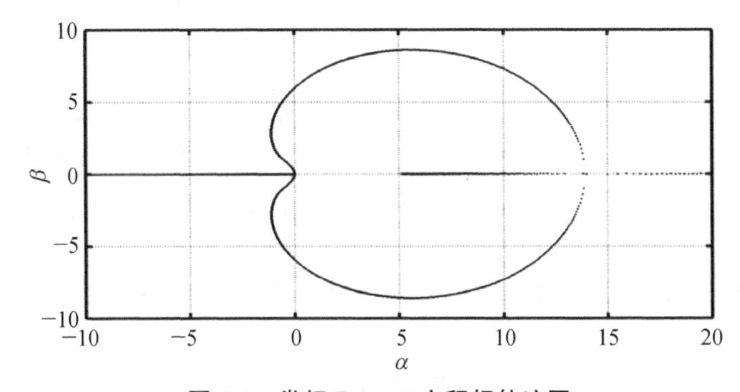

图 3.1　常规 Burnett 方程根轨迹图

图 3.1 横轴和纵轴分别代表增长系数和扩散系数。若方程线性稳定，则根轨迹所有点都应当落在 $\alpha=0$ 轴左侧。从上图可以看出一维常规 Burnett 方程存在线性不稳定，与文献结论一致。为准确给出线性失稳的边界，图 3.2 给出了增长系数随波数变化曲线。

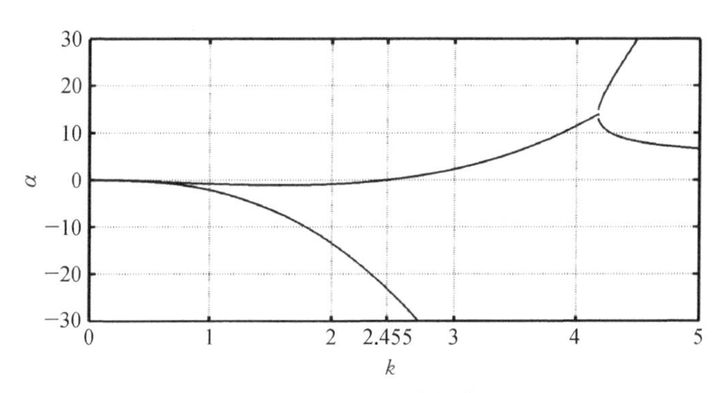

图 3.2 增长系数随波数变化图

从图 3.2 中可以看出，若要使方程稳定，必须保证当波数 k 从 0 变化至无穷大的过程中，增长系数均小于 0，即保证在任意波数下方程对线性小扰动存在负的增长系数。但从图 3.2 可以看出当波数 k 大于 2.455 时，常规 Burnett 方程存在正的增长系数，方程出现线性不稳定从而发散。由式(3.110)中波数与努森数关系可以发现，一维常规 Burnett 方程出现线性失稳的最大 Kn 为 0.499，当计算 Kn 大于 0.499 时计算将发散。这显然无法满足控制方程稳定计算并获得收敛数值解的基本要求。

原始 Burnett 方程同样存在线性不稳定性的特点。采用相同的 Bobylev 的稳定性理论进行分析可以得到其特征方程为

$$
\begin{aligned}
p(\lambda,\ k)=&\lambda^3(12-61k^2+60k^4)+k^2\lambda^2(46-100k^2)\\
&+\lambda k^2(20-37k^2+32k^4)+30k^4=0
\end{aligned}
\tag{3.113}
$$

图 3.3 给出了原始 Burnett 方程的稳定性曲线和增长系数随波数变化曲线。从图中可以看出，当波数大于 0.516，即 $Kn>0.105$ 时一维原始 Burnett 方程发散。

若对 NS 近似随体导数 Burnett 方程稳定性分析，其稳定性特征方程为

$$
\begin{aligned}
p(\lambda,\ k)=&18\lambda^3+k^2\lambda^2\left(69+\frac{803}{4}k^2\right)+\lambda k^2(30+97k^2+291k^4+300k^6)\\
&+k^4\left(45+\frac{915}{4}k^2+225k^4\right)=0
\end{aligned}
\tag{3.114}
$$

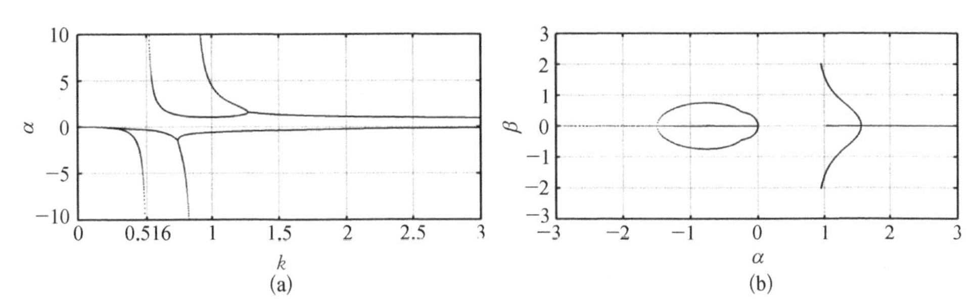

图 3.3 原始 Burnett 方程根轨迹图及增长系数随波数变化图

由图 3.4 给出的根轨迹图和增长系数随波数变化曲线可以发现，波数 k 从 0 变化至无穷大的过程中，增长系数均小于 0。因此一维 NS 方程近似随体导数 Burnett 方程无条件线性稳定。

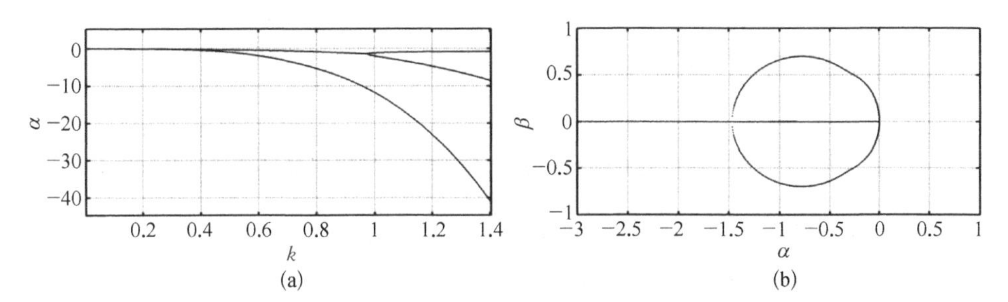

图 3.4 NS 近似 Burnett 方程根轨迹图及增长系数随波数变化图

文献中的增广 Burnett 方程一般特指 Euler 近似随体导数增广 Burnett 方程，因此采用同样的方法对增广 Burnett 方程进行了稳定性分析，其稳定性曲线与增长系数随波数的变化如图 3.5 所示。从稳定性方程根轨迹可以发现 Euler 近似随体导数增广 Burnett 方程为无条件线性稳定。

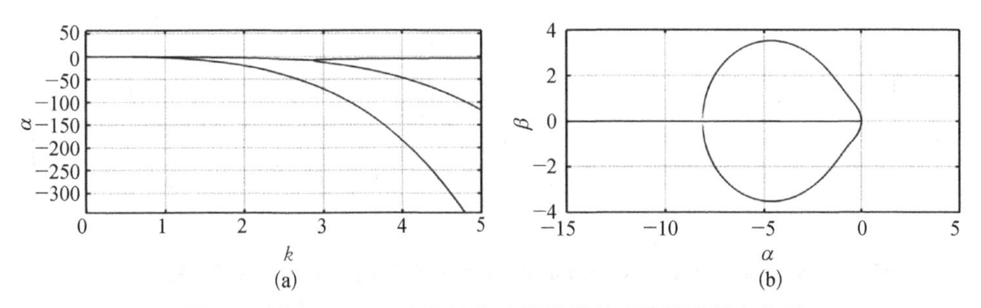

图 3.5 增广 Burnett 方程根轨迹图及增长系数随波数变化图

为深入研究线性稳定性与方程类型关系，本书还对采用 NS 近似随体导数

Woods 方程进行稳定性分析，方程特征方程可表示为

$$6\lambda^3+\lambda^2k^2(18+75k^2)+\lambda k^2\left(10+\frac{106}{3}k^2+40k^4\right)+k^4(10+75k^2)=0 \tag{3.115}$$

图 3.6 给出了 Woods 方程根轨迹及增长系数随波数的变化曲线图。根轨迹与增长系数随波数的变化曲线表明，一维单原子气体 NS 近似 Woods 方程无条件线性稳定。

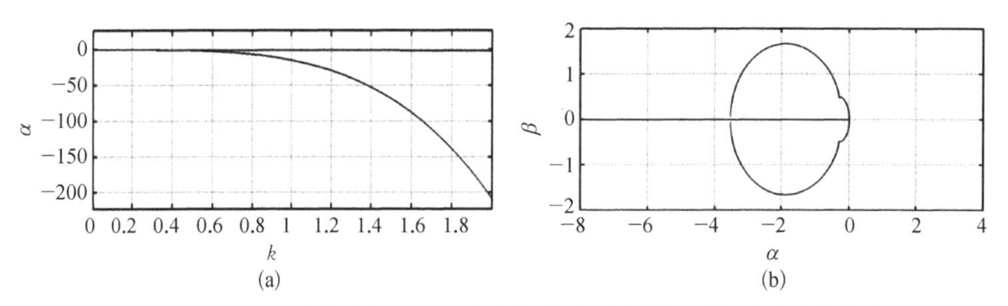

图 3.6　NS 近似随体导数 Woods 方程根轨迹图及增长系数随波数变化图

此外，本书还对 2.4 节中的一维 BGK Burnett 方程进行了稳定性分析。NS 近似随体导数 BGK Burnett 方程的特征方程为

$$\begin{aligned}&\lambda^2k^2(69+53.64k^2)+\lambda k^2(30+130.57k^2+101.68k^4+35.03k^6)\\&+k^4(45+79.74k^2+35.03k^4)=0\end{aligned} \tag{3.116}$$

图 3.7 给出了 NS 近似随体导数 BGK Burnett 方程根轨迹及增长系数随波数的变化曲线图，同样表明 BGK Burnett 方程为无条件线性稳定。

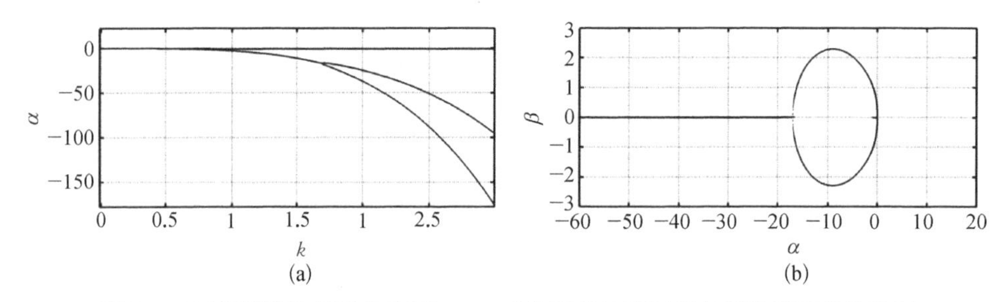

图 3.7　NS 近似随体导数 BGK Burnett 方程根轨迹图及增长系数随波数变化图

上述计算得到的 Burnett 方程稳定性曲线及临界努森数与文献[22]结果均保持一致，表明本书采用的 Bobylev 方程稳定性分析方法的准确性。最后采用

同样的 Bobylev 线性稳定性分析方法对本书所发展的简化常规 Burnett 方程形式进行线性稳定性分析，简化常规 Burnett 方程的线性稳定性方程为

$$18\lambda^3+69\lambda^2k^2+\lambda(28k^6+121k^4+30k^2)+60k^6+45k^4=0 \quad (3.117)$$

所得到的根轨迹与增长系数随波数的变化曲线如图 3.8 所示，可以看出本书所发展的简化常规 Burnett 方程不仅基于高马赫数条件从方程形式上对高阶应力项进行了简化，且获得了一维无条件线性稳定的方程数学性质。

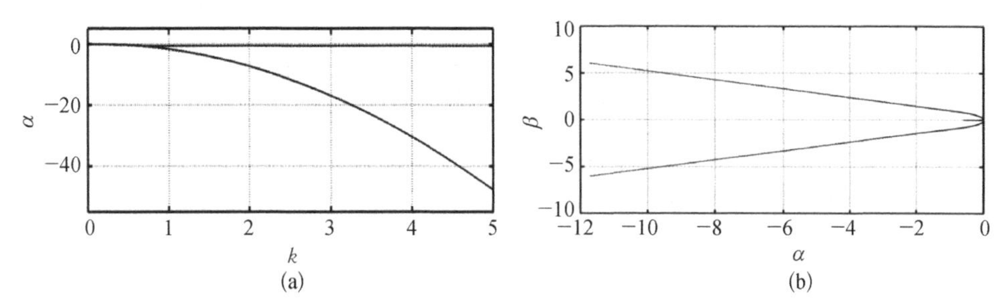

图 3.8 简化常规 Burnett 方程根轨迹图及增长系数随波数变化图

2. 一维双原子气体 Burnett 方程线性稳定性分析

在经典分子动理论中，气体分子各种形式热力学能之间的传递通过碰撞完成且过程连续，碰撞趋势是使得各种形式的内能分布最终达到平衡态。单个分子的某种内能达到平衡所需的碰撞数目定义为能量碰撞数。典型的碰撞数包括平动碰撞数、转动碰撞数及振动碰撞数，且大小依次递增。由于单个分子转动能达到平衡所需要的分子碰撞数目大于平动能平衡所需，若在有限空间和有限碰撞速率的流动中，分子在离开该区域前所获得的碰撞数小于转动碰撞数，那么在该空间内即存在转动能非平衡现象[23]。本小节对双原子气体分子一维常规 Burnett 方程、增广 Burnett 方程以及本书发展的 SCB 方程分别进行了线性稳定性分析。对于双原子气体分子，考虑转动能非平衡的一维 Burnett 控制方程均可表示为

$$\begin{aligned}
&\frac{\partial\rho}{\partial t}+\frac{\partial(\rho u)}{\partial x}=0\\
&\frac{\partial(\rho u)}{\partial t}+\frac{\partial(p+\rho u^2)}{\partial x}+\frac{\partial\tau_{xx}}{\partial x}=0\\
&\frac{\partial(\rho E)}{\partial t}+\frac{\partial(pu+\rho Eu)}{\partial x}+\frac{\partial(u\tau_{xx})}{\partial x}+\frac{\partial q_{\mathrm{tr}}^x}{\partial x}+\frac{\partial q_{\mathrm{r}}^x}{\partial x}=0\\
&\frac{\partial(\rho e_{\mathrm{r}})}{\partial t}+\frac{\partial(\rho e_{\mathrm{r}}u)}{\partial x}+\frac{\partial q_{\mathrm{r}}^x}{\partial x}=\frac{\rho R}{Z_{\mathrm{R}}\tau}(T_{\mathrm{t}}-T_{\mathrm{r}})
\end{aligned} \quad (3.118)$$

计算采用的转动能平衡松弛过程模型为经典 Landau-Teller-Jeans[24] 松弛模型，源项中的 $\tau=\mu/p$ 表示转动碰撞时间，Z_R 表示平均转动碰撞数且与温度相关。为考虑 Z_R 对方程线性稳定性影响，本小节线性稳定性分析中均分别假设 $Z_R=4$ 及 $Z_R=23$ 进行分析。对于一维考虑转动能非平衡常规 Burnett 方程，其本构关系有

$$\tau_{xx}=-\left(\frac{4}{3}+\frac{\pi}{4}(\gamma-1)^2 Z_R\right)\mu\frac{\partial u}{\partial x}$$
$$+\frac{\mu^2}{p}\begin{bmatrix}\left(\frac{2}{3}K_1-\frac{14}{9}K_2+\frac{8}{27}K_6\right)\left(\frac{\partial u}{\partial x}\right)^2-\frac{2}{3}K_2\frac{RT}{\rho}\frac{\partial^2\rho}{\partial x^2}+\frac{2}{3}K_2\frac{RT}{\rho^2}\left(\frac{\partial\rho}{\partial x}\right)^2\\ -\frac{2}{3}(K_2-K_4)\frac{R}{\rho}\frac{\partial\rho}{\partial x}\frac{\partial T}{\partial x}+\frac{2}{3}(K_4+K_5)\frac{R}{T}\left(\frac{\partial T}{\partial x}\right)^2\\ -\frac{2}{3}(K_2-K_3)R\frac{\partial^2 T}{\partial x^2}\end{bmatrix} \tag{3.119}$$

$$q_{tr}^x=-\kappa_{tr}\frac{\partial T_t}{\partial x}+\frac{\mu^2}{\rho}\begin{bmatrix}\left(\theta_1+\frac{8}{3}\theta_2+\frac{2}{3}\theta_3+\frac{2}{3}\theta_5\right)\frac{1}{T_t}\frac{\partial u}{\partial x}\frac{\partial T_t}{\partial x}\\ +\frac{2}{3}(\theta_2+\theta_4)\frac{\partial^2 u}{\partial x^2}+\frac{2}{3}\theta_3\frac{1}{\rho}\frac{\partial\rho}{\partial x}\frac{\partial u}{\partial x}\end{bmatrix} \tag{3.120}$$

$$q_r^x=-\kappa_r\frac{\partial T_r}{\partial x} \tag{3.121}$$

其中

$$\begin{aligned}\kappa_{tr}&=\mu\frac{5}{2}c_{v,\,tr}=\frac{15}{4}\mu R\\ \kappa_r&=\mu c_{v,\,rot}=\mu R\end{aligned} \tag{3.122}$$

采用同样的 Bobylev 方法进行线性稳定性分析，得到考虑转动能非平衡的常规 Burnett 特征方程为

$$1.5\lambda^4+\frac{18\pi Z_R^2k^2+2\,175Z_Rk^2+750}{300Z_R}\lambda^3$$
$$+\frac{-350Z_Rk^6+4\,150Z_Rk^4+750Z_Rk^2+2\,425k^2+63\pi k^4Z_R^2+30\pi k^2Z_R}{300Z_R}\lambda^2$$
$$+\frac{\begin{array}{l}57\pi k^4Z_R+45\pi k^6Z_R^2-350k^6+3\,225k^4+1\,050k^2-350Z_Rk^8\\ +3\,925Z_Rk^6+1\,875Z_Rk^4\end{array}}{300Z_R}\lambda$$

$$+\frac{1\,900k^6+1\,425k^4+1\,500Z_R k^8+1\,125Z_R k^6}{300Z_R}=0 \tag{3.123}$$

式(3.123)的解在复平面上的根轨迹及增长系数随波数变化曲线如图 3.9 所示。由于增长系数均出现正值,因此双原子气体常规 Burnett 方程与单原子分子类似,均存在线性不稳定的特点,且平均转动碰撞数的变化对稳定最大波数产生影响。随 Z_R 增大方程稳定所允许的最大波数和最大努森数也随之增大,但即使 $Z_R=23$,方程依然存在正增长系数。

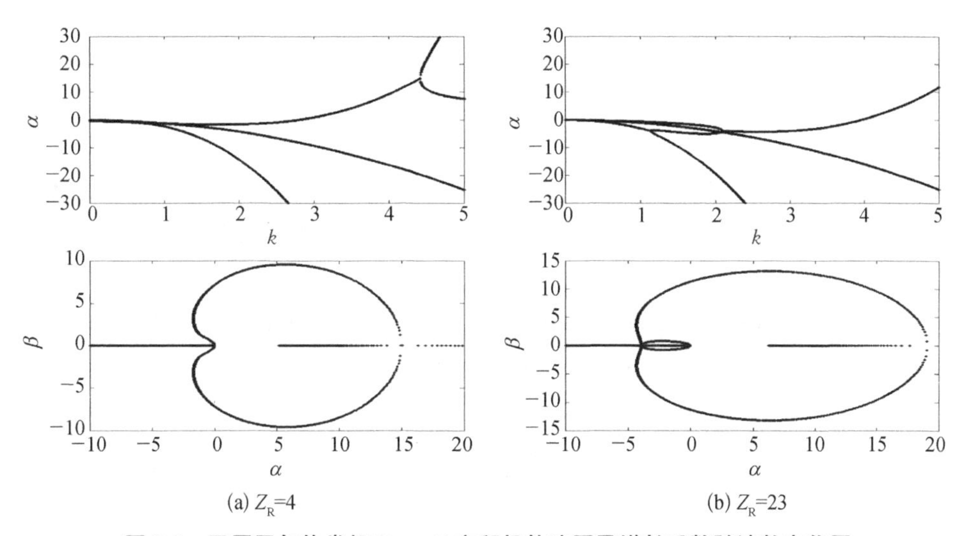

图 3.9　双原子气体常规 Burnett 方程根轨迹图及增长系数随波数变化图

对于双原子气体分子增广 Burnett 方程,其特征方为

$$1.5\lambda^4+\frac{3\,675Z_R k^4+216\pi Z_R^2 k^2+26\,100Z_R k^2+9\,000}{3\,600Z_R}\lambda^3$$

$$+\frac{550Z_R k^8+5\,775Z_R k^6+49\,800Z_R k^4+9\,000Z_R k^2+29\,100k^2+4\,475k^4+756\pi k^4 Z_R^2+99\pi k^6 Z_R^2+360\pi k^2 Z_R}{3\,600Z_R}\lambda^2$$

$$+\frac{99\pi k^6 Z_R+684\pi k^4 Z_R+99\pi k^8 Z_R^2+540\pi k^6 Z_R^2+550k^8+2\,900k^6+38\,700k^4+12\,600k^2+550Z_R k^{10}+3\,900Z_R k^8+51\,825Z_R k^6+22\,500Z_R k^4}{3\,600Z_R}\lambda$$

$$+\frac{1\,800k^8+27\,525k^6+17\,100k^4+1\,800Z_R k^{10}+22\,725Z_R k^8+13\,500Z_R k^6}{3\,600Z_R}=0 \tag{3.124}$$

以及本书所发展的双原子气体 SCB 方程特征方程为

$$
\begin{aligned}
&1.5\lambda^4+\frac{18\pi Z_R^2 k^2+2\,175 Z_R k^2+750}{300 Z_R}\lambda^3\\
&+\frac{3\,750 Z_R k^4+750 Z_R k^2+2\,425 k^2+63\pi k^4 Z_R^2+30\pi k^2 Z_R}{300 Z_R}\lambda^2\\
&+\frac{57\pi k^4 Z_R+45\pi k^6 Z_R^2+2\,425 k^4+1\,050 k^2+2\,025 Z_R k^6+1\,875 Z_R k^4}{300 Z_R}\lambda\\
&+\frac{1\,425 k^4+1\,125 Z_R k^6}{300 Z_R}=0
\end{aligned}
\tag{3.125}
$$

双原子气体增广 Burnett 方程与 SCB 特征方程稳定性曲线如图 3.10 和图 3.11 所示。从稳定性曲线可以看出，一维双原子气体增广 Burnett 方程与 SCB 方程均为无条件线性稳定，平均转动碰撞数 Z_R 对稳定性质无影响。

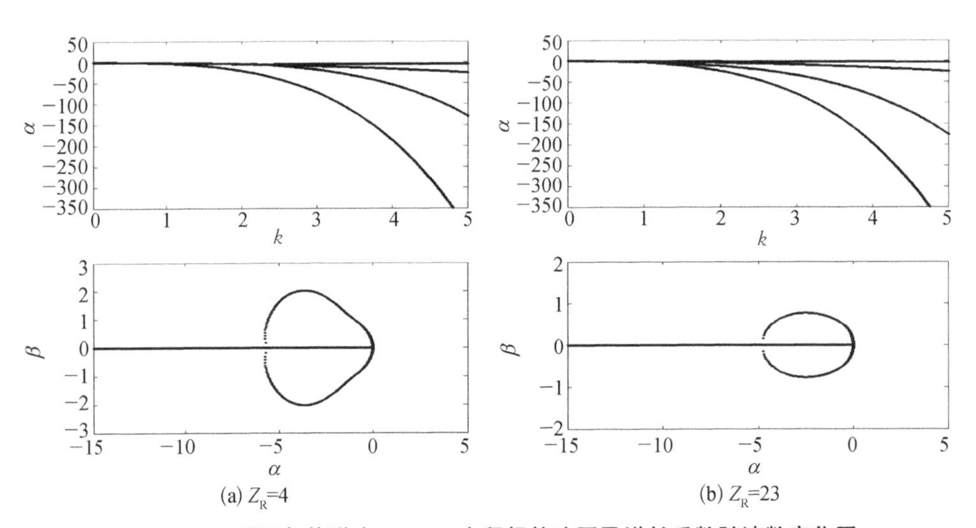

图 3.10 双原子气体增广 Burnett 方程根轨迹图及增长系数随波数变化图

3. 三维单原子气体 Burnett 方程线性稳定性分析

除一维方程外，本小节将对单原子气体三维常规 Burnett 方程、原始 Burnett 方程、增广 Burnett 方程及 SCB 方程均采用相同的方法进行线性稳定性分析，三维方程公式十分繁杂冗长，具体推导过程限于篇幅在此不再赘述，直接给出最终线性特征方程形式。

单原子气体常规 Burnett 方程的线性特征方程可表示为

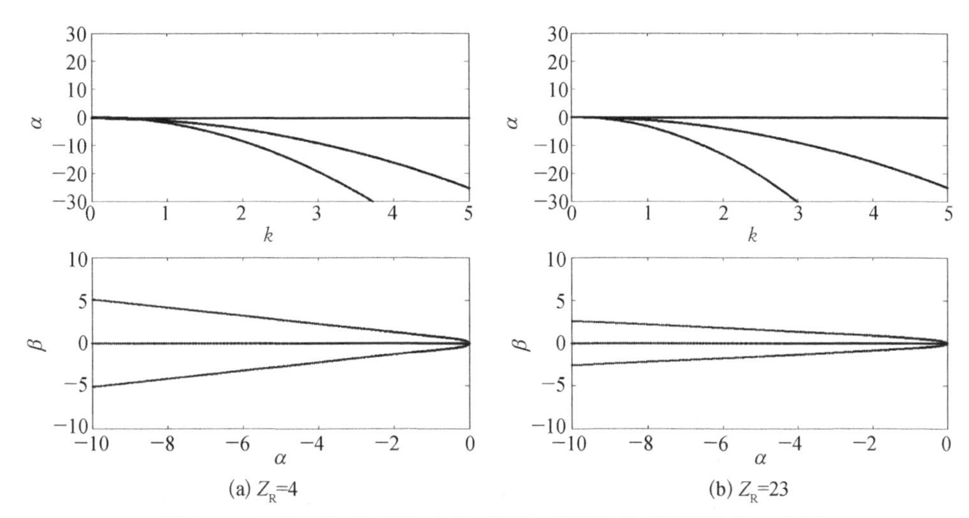

图 3.11　双原子气体 SCB 方程根轨迹图及增长系数随波数变化图

$$
\begin{aligned}
&1.5\lambda^5 + 26.25k^2\lambda^4 + (7.5k^2 + 189.75k^4 - 31.5k^6)\lambda^3 \\
&+ (78.75k^4 + 726.75k^6 - 189k^8)\lambda^2 + (270k^6 \\
&+ 1\,464.75k^8 - 283.5k^{10})\lambda + 303.75k^8 + 1\,215k^{10} = 0
\end{aligned} \tag{3.126}
$$

单原子气体原始 Burnett 方程的线性特征方程为

$$
\begin{aligned}
&\left(1\,690k^8 - \frac{89\,791}{72}k^6 + \frac{1\,335}{4}k^4 - \frac{303}{8}k^2 + 1.5\right)\lambda^5 \\
&+ \left(-\frac{28\,405}{6}k^8 + \frac{7\,847}{3}k^6 - \frac{1\,861}{4}k^4 + \frac{105}{4}k^2\right)\lambda^4 \\
&+ \left(2\,028k^{10} + \frac{19\,259}{8}k^8 - \frac{19\,867}{24}k^6 + \frac{83}{8}k^4 + 7.5k^2\right)\lambda^3 \\
&+ \left(-2\,808k^{10} + \frac{2\,433}{2}k^8 - 582k^6 + \frac{314}{4}k^4\right)\lambda^2 \\
&+ \left(972k^{10} - \frac{10\,017}{8}k^8 + 270k^6\right)\lambda + 1\,215k^8/4 = 0
\end{aligned} \tag{3.127}
$$

单原子气体原始与常规 Burnett 方程的稳定性曲线如图 3.12 所示。从图中可以看出，三维条件下方程稳定性曲线与一维相比有较大差异，但对于原始与常规 Burnett 方程而言，三维方程仍存在线性不稳定。

单原子气体增广 Burnett 方程与 SCB 方程在一维条件下获得了无条件线性稳定的性质，在三维条件下，增广 Burnett 方程特征方程为

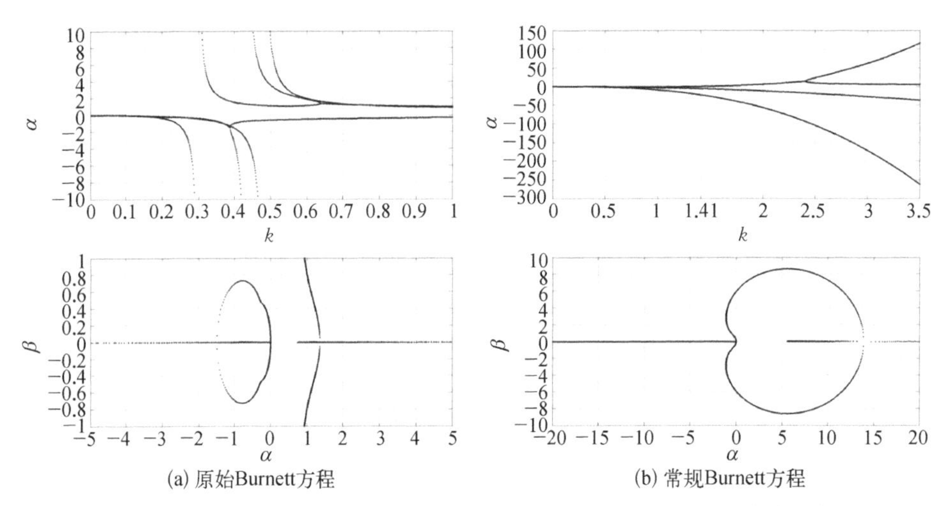

图 3.12 单原子气体原始与常规 Burnett 方程根轨迹图及增长系数随波数变化图

$$
\begin{aligned}
&1.5\lambda^{5}+(26.25k^{2}+10.687\,5k^{4})\lambda^{4}+(7.5k^{2}+189.75k^{4}+92.625k^{6}\\
&+21.937\,5k^{8})\lambda^{3}+(78.75k^{4}+769.687\,5k^{6}+342.187\,5k^{8}+121.875k^{10}\\
&+14.671\,875k^{12})\lambda^{2}+(270k^{6}+1\,733.625k^{8}+775.312\,5k^{10}+217.312\,5k^{12}\\
&+41.062\,5k^{14}+3.093\,75k^{16})\lambda+303.75k^{8}+1\,635.187\,5k^{10}+884.25k^{12}\\
&+164.109\,375k^{14}+10.125k^{16}=0
\end{aligned}
\tag{3.128}
$$

三维 SCB 方程的特征方程为

$$
\begin{aligned}
&1.5\lambda^{5}+26.25k^{2}\lambda^{4}+(7.5k^{2}+177.75k^{4})\lambda^{3}\\
&+(78.75k^{4}+519.75k^{6})\lambda^{2}+(270k^{6}+546.75k^{8})\lambda+\frac{1\,215k^{8}}{4}=0
\end{aligned}
\tag{3.129}
$$

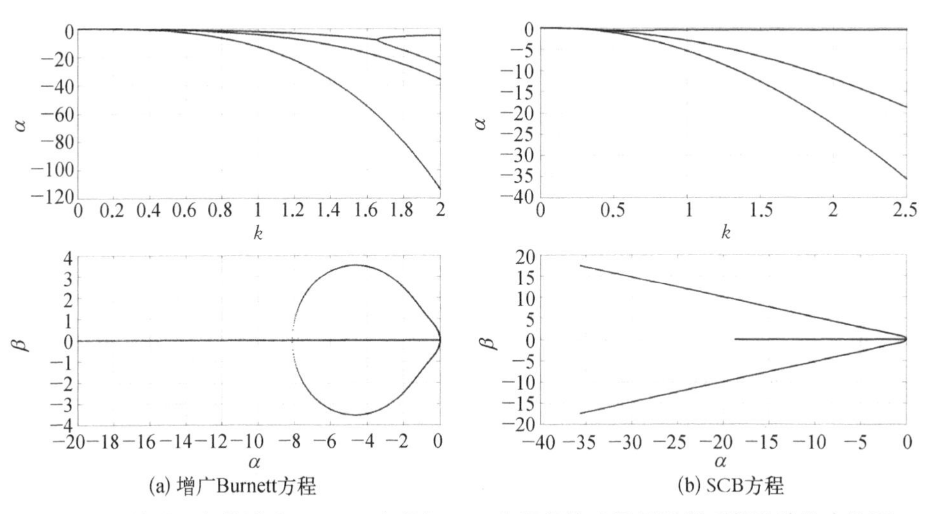

图 3.13 单原子气体增广 Burnett 方程与 SCB 方程根轨迹图及增长系数随波数变化图

从图 3.13 可以看出，与一维结论一致，三维单原子气体增广 Burnett 方程与 SCB 方程均无条件线性稳定。

4. 三维双原子气体 Burnett 方程线性稳定性分析

与一维双原子气体分子推导与分析方法类似，本小节计算得到了不同转动碰撞数目（$Z_R=4$ 及 $Z_R=23$）条件下三维原始 Burnett 方程、常规 Burnett 方程、增广 Burnett 方程及简化常规 Burnett 方程的稳定性曲线，稳定性方程形式不再赘述，根轨迹及增长系数随波数的变化如图 3.14～图 3.17 所示。

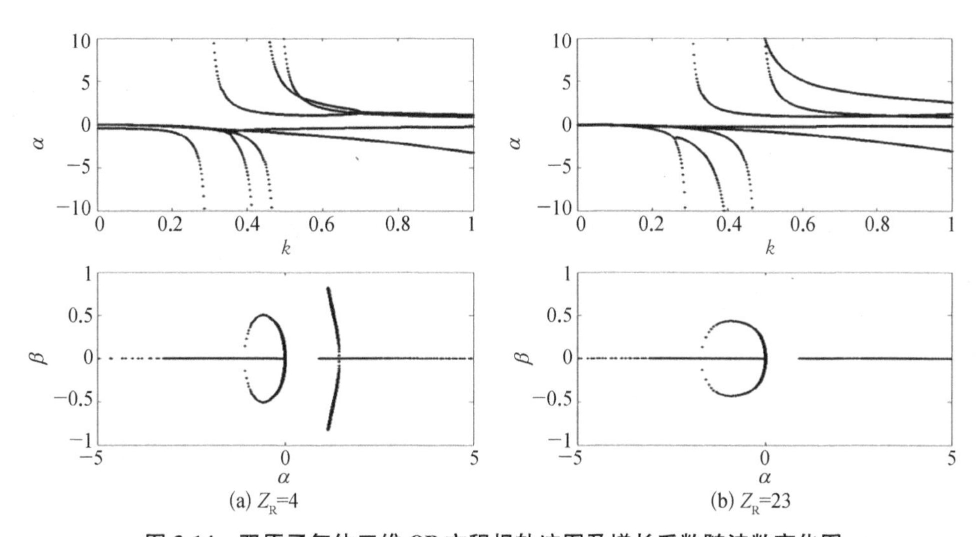

(a) $Z_R=4$　　(b) $Z_R=23$

图 3.14　双原子气体三维 OB 方程根轨迹图及增长系数随波数变化图

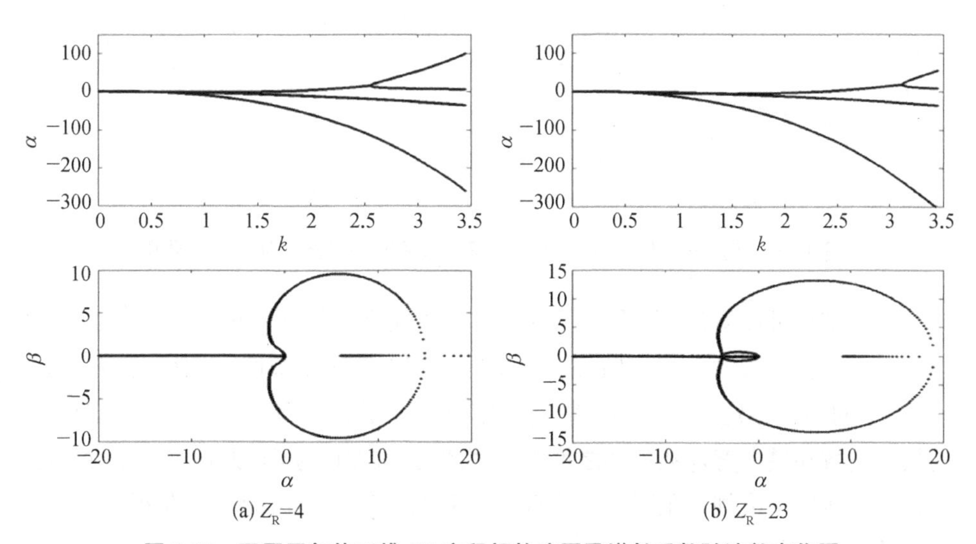

(a) $Z_R=4$　　(b) $Z_R=23$

图 3.15　双原子气体三维 CB 方程根轨迹图及增长系数随波数变化图

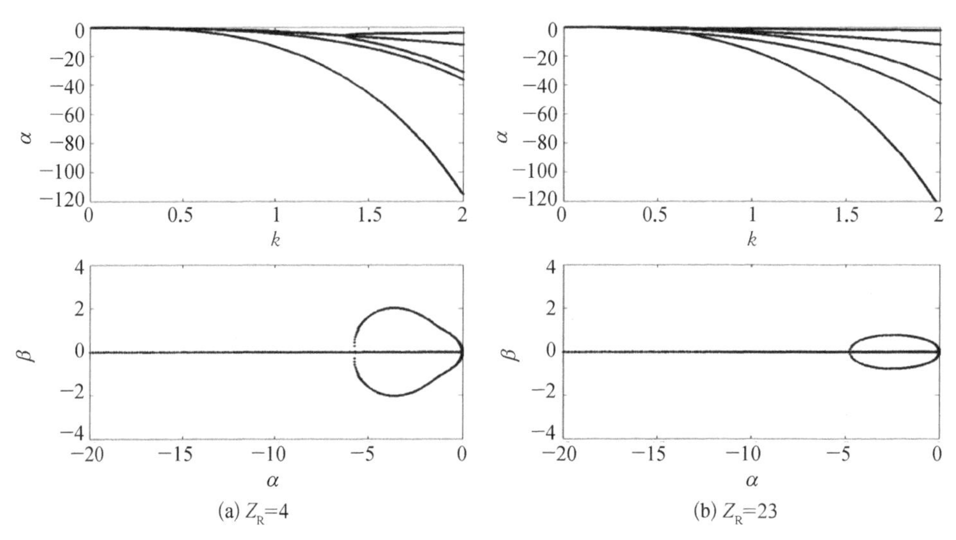

(a) Z_R=4 (b) Z_R=23

图 3.16 双原子气体三维 AB 方程根轨迹图及增长系数随波数变化图

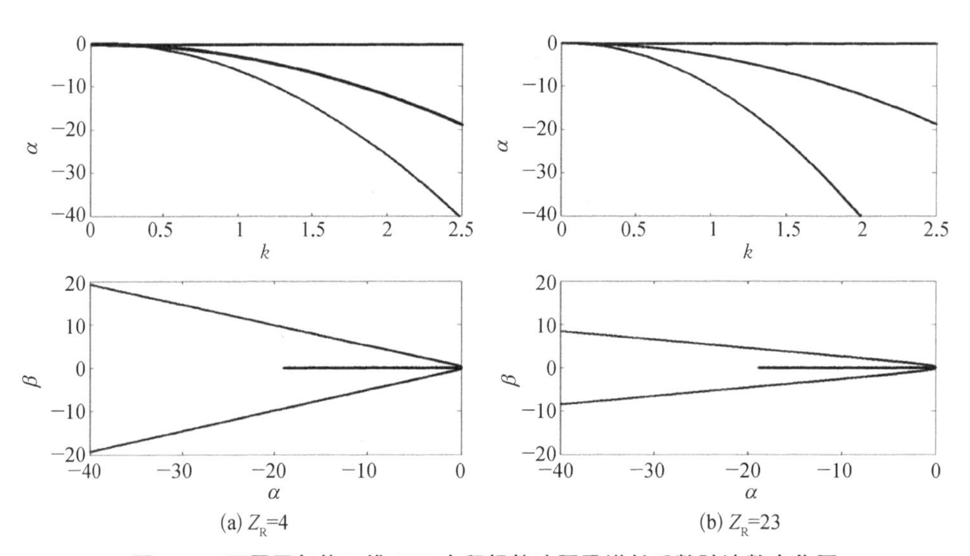

(a) Z_R=4 (b) Z_R=23

图 3.17 双原子气体三维 SCB 方程根轨迹图及增长系数随波数变化图

计算结果可以看出，双原子 Maxwell 分子模型条件下，OB 与 CB 方程在三维条件下均存在线性不稳定特点，而 AB 与 SCB 方程无条件线性稳定，转动碰撞数 Z_R 对方程稳定性没有实质影响，但随着 Z_R 增大，OB 与 CB 方程稳定允许的最大波数和最大努森数也随之增大。因此，三维 OB 与 CB 方程由于线性失稳的特点不适用于常规数值计算，而 SCB 方程与 AB 方程均能保证获得稳定、收敛的计算结果。

综上各小节所述，针对 Burnett 方程研究中最为关键的稳定性问题，分别针对一维与三维、单原子与双原子分子不同类型 Burnett 方程的线性稳定性分析方法进行了介绍，对方程稳定性特点进行了系统分析，获得了较为全面的 Burnett 方程线性稳定性结论，其中一维单原子气体方程稳定性与文献相关结论保持一致，各方程稳定性特点汇总如表 3.2 所示。更为重要的是，作者结合高超声速来流条件推导并提出了适用于高马赫数条件的简化常规 Burnett 方程形式，并对不同条件下 SCB 方程的线性稳定性进行了验证与分析，稳定性结果表明 SCB 方程不仅方程形式简洁，还克服了常规 Burnett 方程线性失稳的缺点，为进一步应用夯实了理论基础。

表 3.2 Burnett 方程线性稳定性分析结果表

	一维单 原子气体	一维双 原子气体	三维单 原子气体	三维双 原子气体
原始 Burnett 方程	不稳定	不稳定	不稳定	不稳定
常规 Burnett 方程	不稳定	不稳定	不稳定	不稳定
增广 Burnett 方程	无条件稳定	无条件稳定	无条件稳定	无条件稳定
简化 Burnett 方程	无条件稳定	无条件稳定	无条件稳定	无条件稳定

但是，本书线性稳定性分析只考虑了一维与三维条件下线性 Burnett 小扰动方程，正如 Welder 等[25]指出，仅使用线性稳定性分析手段来对大努森数条件下 Burnett 方程的稳定性进行判断是不够的，方程稳定性必须对应力张量与热流通量中的非线性项进行综合考虑。但由于非线性稳定性理论与分析方法十分复杂，且工程更为关心 Burnett 方程能否给出优于 NS 方程的计算结果，因此通过流场数值计算直接检验控制方程稳定性不失为合理可行的方法。

3.8.2 Burnett 方程的熵输运及熵增分析

对于一维和三维条件下的 Burnett 方程，应用吉布斯方程和热流与应力的本构关系可以建立描述其熵输运过程的表达式[26, 27]。对于一维问题而言，可以沿着气体速度方向压缩和膨胀两种条件对熵输运方程中的所有项进行讨论分析。此时，描述熵增过程的表达式被转换成了一个以当地马赫数和努森数为变量的多项式。但对于三维问题而言，该表达式中只有部分项可以进行详细定量分析。本小节将重点针对 CB、AB、SCB 方程的熵增情况，由吉布斯方程和本构关系联合建立熵平衡方程，并在一维和三维单原子气体与 Maxwell 分子模型条件下进行分析。

首先根据吉布斯方程和本构关系，可以得到基本的熵输运表达式：

$$\rho \frac{\mathrm{D}s}{\mathrm{D}t} + \nabla \cdot \frac{q}{T} = -\frac{1}{T}\tau : \nabla V - \frac{1}{T^2} q \cdot \nabla T \geqslant 0 \tag{3.130}$$

其中，s 代表熵密度；τ、q 代表黏性应力张量和热流矢量；ρ、V、T 代表气体的密度、速度、温度。对于 NS 方程，其本构关系为

$$\begin{cases} \tau_{ij}^{(1)} = -2\mu \overline{\nabla V} \\ q_i^{(1)} = -\kappa \nabla T \end{cases} \tag{3.131}$$

其中，μ 代表黏性系数；κ 代表热传导系数。$\overline{\nabla \mathrm{V}}$ 代表无散度对称张量，其表述为

$$\overline{f_{ij}} = \frac{1}{2}(f_{ij} + f_{ji}) - \frac{1}{3}\delta_{ij} f_{kk} \tag{3.132}$$

将 NS 的本构关系带入到熵平衡方程里，可以得到

$$\rho \frac{\mathrm{D}s}{\mathrm{D}t} + \nabla \cdot \frac{q}{T} = \frac{2\mu}{T} \overline{\nabla V} : \nabla V + \frac{\kappa}{T^2} \nabla T \cdot \nabla T \tag{3.133}$$

由关系式

$$\overline{C} : D = C : \overline{D} = \overline{C} : \overline{D} \tag{3.134}$$

其中，C、D 是任意张量，最终得到

$$\rho \frac{\mathrm{D}s}{\mathrm{D}t} + \nabla \cdot \frac{q}{T} = \frac{2\mu}{T} \overline{\nabla V} : \overline{\nabla V} + \frac{\kappa}{T^2} \nabla T \cdot \nabla T \tag{3.135}$$

显然上式右端非负，表明对于 NS 方程而言，其熵增非负满足热力学第二定律。

若考虑一维条件与 Maxwell 分子模型，本小节研究的 Burnett 方程本构关系分别为

CB 方程：

$$\tau_{xx} = -\frac{4}{3}\mu \frac{\partial u}{\partial x} + \frac{\mu^2}{p}\left\{\begin{array}{l} \left(\frac{2}{3}K_1 - \frac{14}{9}K_2 + \frac{8}{27}K_6\right)\left(\frac{\partial u}{\partial x}\right)^2 - \frac{2}{3}K_2 \frac{RT}{\rho}\frac{\partial^2 \rho}{\partial x^2} \\ + \frac{2}{3}K_2 \frac{RT}{\rho^2}\left(\frac{\partial \rho}{\partial x}\right)^2 - \frac{2}{3}(K_2 - K_4)\frac{R}{\rho}\frac{\partial \rho}{\partial x}\frac{\partial T}{\partial x} \\ + \frac{2}{3}(K_4 + K_5)\frac{R}{T}\left(\frac{\partial T}{\partial x}\right)^2 - \frac{2}{3}(K_2 - K_3)R\frac{\partial^2 T}{\partial x^2} \end{array}\right\}$$

$$q_x = -\kappa\frac{\partial T}{\partial x} + \frac{\mu^2}{\rho}\left[\begin{array}{l}\left(\theta_1 + \frac{8}{3}\theta_2 + \frac{2}{3}\theta_3 + \frac{2}{3}\theta_5\right)\frac{1}{T}\frac{\partial u}{\partial x}\frac{\partial T}{\partial x} \\ + \frac{2}{3}(\theta_2 + \theta_4)\frac{\partial^2 u}{\partial x^2} + \frac{2}{3}\theta_3\frac{1}{\rho}\frac{\partial \rho}{\partial x}\frac{\partial u}{\partial x}\end{array}\right] \tag{3.136}$$

AB 方程：

$$\tau_{xx} = -\frac{4}{3}\mu\frac{\partial u}{\partial x} + \frac{\mu^2}{p}\left\{\begin{array}{l}\left(\frac{2}{3}K_1 - \frac{14}{9}K_2 + \frac{8}{27}K_6\right)\left(\frac{\partial u}{\partial x}\right)^2 \\ -\frac{2}{3}K_2\frac{RT}{\rho}\frac{\partial^2 \rho}{\partial x^2} + \frac{2}{3}K_2\frac{RT}{\rho^2}\left(\frac{\partial \rho}{\partial x}\right)^2 \\ -\frac{2}{3}(K_2 - K_4)\frac{R}{\rho}\frac{\partial \rho}{\partial x}\frac{\partial T}{\partial x} + \frac{2}{3}(K_4 + K_5)\frac{R}{T}\left(\frac{\partial T}{\partial x}\right)^2 \\ -\frac{2}{3}(K_2 - K_3)R\frac{\partial^2 T}{\partial x^2}\end{array}\right\}$$

$$+ \frac{\mu^3}{p^2}K_7 RT\frac{\partial^3 u}{\partial x^3}$$

$$q_x = -\kappa\frac{\partial T}{\partial x} + \frac{\mu^2}{\rho}\left[\begin{array}{l}\left(\theta_1 + \frac{8}{3}\theta_2 + \frac{2}{3}\theta_3 + \frac{2}{3}\theta_5\right)\frac{1}{T}\frac{\partial u}{\partial x}\frac{\partial T}{\partial x} \\ + \frac{2}{3}(\theta_2 + \theta_4)\frac{\partial^2 u}{\partial x^2} + \frac{2}{3}\theta_3\frac{1}{\rho}\frac{\partial \rho}{\partial x}\frac{\partial u}{\partial x}\end{array}\right]$$

$$+ \frac{\mu^3}{p\rho}\left[\theta_6\frac{RT}{\rho}\frac{\partial^3 \rho}{\partial x^3} + \theta_7 R\frac{\partial^3 T}{\partial x^3}\right] \tag{3.137}$$

SCB 方程：

$$\tau_x = -\frac{4}{3}\mu\frac{\partial u}{\partial x} + \frac{\mu^2}{p}\left(\frac{2}{3}K_1 - \frac{14}{9}K_2 + \frac{8}{27}K_6\right)\left(\frac{\partial u}{\partial x}\right)^2$$

$$q_x = -\kappa\frac{\partial T}{\partial x} + \frac{\mu^2}{\rho}\left[\begin{array}{l}\left(\theta_1 + \frac{8}{3}\theta_2 + \frac{2}{3}\theta_3 + \frac{2}{3}\theta_5\right)\frac{1}{T}\frac{\partial u}{\partial x}\frac{\partial T}{\partial x} \\ + \frac{2}{3}(\theta_2 + \theta_4)\frac{\partial^2 u}{\partial x^2} + \frac{2}{3}\theta_3\frac{1}{\rho}\frac{\partial \rho}{\partial x}\frac{\partial u}{\partial x}\end{array}\right] \tag{3.138}$$

其中，Burnett 系数与前叙章节相同。

为得到一维条件下熵增分析结果，需要考虑稳态条件下的质量、动量和能量守恒方程对上式进行化简。首先根据稳态下质量守恒方程可得到

$$\nabla \cdot V = -\frac{1}{\rho} V \cdot \nabla \rho = -|V| \frac{|\nabla \rho|}{\rho} \cdot \cos\alpha \tag{3.139}$$

其中，α 代表速度矢量与密度梯度矢量之间的夹角，当气体沿着速度方向压缩时，夹角为 0°，即

$$\cos\alpha = 1 \tag{3.140}$$

当气体沿着速度方向膨胀，夹角为 180°，即

$$\cos\alpha = -1 \tag{3.141}$$

在无外力条件下，非守恒形式无黏能量方程可以表示为

$$\rho \frac{\mathrm{D}}{\mathrm{D}t}\left(e + \frac{u^2}{2}\right) = -\frac{\mathrm{d}(up)}{\mathrm{d}x} \tag{3.142}$$

对于量热完全气体，有

$$e = C_V T \tag{3.143}$$

将式(3.143)代入式(3.142)，可以得到

$$\rho C_V \frac{\mathrm{D}T}{\mathrm{D}t} + \rho u \frac{\mathrm{D}u}{\mathrm{D}t} = -\frac{\mathrm{d}(up)}{\mathrm{d}x} \tag{3.144}$$

同样用无黏非守恒形式动量方程替换上式(3.144)中左端第二项中，关于速度的随体导数为

$$\rho \frac{\mathrm{D}u}{\mathrm{D}t} = -\frac{\mathrm{d}p}{\mathrm{d}x} \tag{3.145}$$

可以得到

$$\frac{\mathrm{D}T}{\mathrm{D}t} = -\frac{p}{\rho C_V} \frac{\mathrm{d}u}{\mathrm{d}x} \tag{3.145}$$

对于量热完全气体，状态方程为

$$p = \rho R T \tag{3.147}$$

将式(3.147)代入到式(3.146)，可以得到

$$\frac{\mathrm{D}T}{\mathrm{D}t} = -\frac{RT}{C_V} \frac{\mathrm{d}u}{\mathrm{d}x} \tag{3.148}$$

对于稳态条件，物理量相对于时间项导数为零，则式(3.148)可以表示为

$$\frac{\mathrm{d}T}{\mathrm{d}x}=-\frac{R}{C_V}\frac{T}{u}\frac{\mathrm{d}u}{\mathrm{d}x} \tag{3.149}$$

对于单原子气体，存在热力学关系式：

$$\gamma=\frac{5}{3},\ C_V=\frac{1}{\gamma-1}R=\frac{3}{2}R \tag{3.150}$$

将式(3.150)代入式(3.149)，可以得到

$$\frac{\mathrm{d}T}{\mathrm{d}x}=-\frac{2}{3}\frac{T}{u}\frac{\mathrm{d}u}{\mathrm{d}x} \tag{3.151}$$

根据当地马赫数和努森数表达式，可以得

$$\begin{aligned}
Ma&=\frac{|u|}{a}=\frac{|u|}{\sqrt{\gamma RT}}\\
Kn&=\frac{\lambda}{Q}\left|\frac{\mathrm{d}Q}{\mathrm{d}l}\right|=\frac{16\mu}{5\rho\sqrt{2\pi RT}}\frac{1}{\rho}\left|\frac{\mathrm{d}\rho}{\mathrm{d}x}\right|
\end{aligned} \tag{3.152}$$

对于膨胀条件下气体来讲，密度梯度为负，则有

$$\frac{\partial\rho}{\partial x}=-\frac{5\sqrt{2\pi}}{16}\cdot\frac{\rho^2\sqrt{RT}}{\mu}\cdot Kn \tag{3.153}$$

对于压缩条件下，有

$$\frac{\partial\rho}{\partial x}=\frac{5\sqrt{2\pi}}{16}\cdot\frac{\rho^2\sqrt{RT}}{\mu}\cdot Kn \tag{3.154}$$

将式(3.152)代入式(3.139)，可以得到速度与温度梯度表达式，其在压缩条件下和膨胀条件下分别表示为

$$\begin{aligned}
\frac{\partial u}{\partial x}&=-|u|\cdot\left|\frac{\partial\rho}{\partial x}\right|\cdot\frac{1}{\rho}=-\sqrt{\gamma RT}\cdot Ma\cdot\frac{5\rho^2\sqrt{2\pi RT}Kn}{16\mu}\cdot\frac{1}{\rho}\\
&=-\frac{5\sqrt{2\pi\gamma}}{16}\cdot\frac{p}{\mu}\cdot Ma\cdot Kn\\
\frac{\partial T}{\partial x}&=-\frac{2T}{3u}\frac{\partial u}{\partial x}=\frac{2T}{3u}\cdot|u|\cdot\left|\frac{\partial\rho}{\partial x}\right|\cdot\frac{1}{\rho}=\frac{2T}{3}\cdot\left|\frac{\partial\rho}{\partial x}\right|\cdot\frac{1}{\rho}\\
&=\frac{5\sqrt{2\pi}}{24}\cdot\frac{\rho T\sqrt{RT}}{\mu}\cdot Kn
\end{aligned} \tag{3.155}$$

$$\frac{\partial u}{\partial x}=|u|\cdot\left|\frac{\partial\rho}{\partial x}\right|\cdot\frac{1}{\rho}=\sqrt{\gamma RT}\cdot Ma\cdot\frac{5\rho^2\sqrt{2\pi RT}Kn}{16\mu}\cdot\frac{1}{\rho}$$

$$=\frac{5\sqrt{2\pi\gamma}}{16}\cdot\frac{p}{\mu}\cdot Ma\cdot Kn$$

$$\frac{\partial T}{\partial x}=-\frac{2T}{3u}\frac{\partial u}{\partial x}=-\frac{2T}{3u}\cdot|u|\cdot\left|\frac{\partial\rho}{\partial x}\right|\cdot\frac{1}{\rho}=-\frac{2T}{3}\cdot\left|\frac{\partial\rho}{\partial x}\right|\cdot\frac{1}{\rho}$$

$$=-\frac{5\sqrt{2\pi}}{24}\cdot\frac{\rho T\sqrt{RT}}{\mu}\cdot Kn \tag{3.156}$$

温度黏性指数可以定义为

$$\omega=\frac{T}{\mu}\frac{\mathrm{d}\mu}{\mathrm{d}T} \tag{3.157}$$

对于 Maxwell 分子模型，由 $\omega=1$ 可以得到

$$\frac{\mu}{T}=\frac{\mathrm{d}\mu}{\mathrm{d}T} \tag{3.158}$$

对于二阶和三阶导数，可以在已有的一阶导数结果基础之上，应用链式求导法则求得。在压缩和膨胀条件下，分别表示为

$$\begin{aligned}
\frac{\partial^2 u}{\partial x^2}&=-\frac{25\pi}{128}\cdot\frac{\rho^2RT\sqrt{\gamma RT}}{\mu^2}\cdot Ma\cdot Kn^2\\
\frac{\partial^2 \rho}{\partial x^2}&=\frac{125\pi R}{384}\cdot\frac{\rho^3T}{\mu^2}\cdot Kn^2\\
\frac{\partial^2 T}{\partial x^2}&=\frac{25\pi R}{144\mu^2}\cdot\rho^2T^2\cdot Kn^2\\
\frac{\partial^3 u}{\partial x^3}&=-\frac{625R^2\pi\sqrt{2\pi\gamma}}{6\,144}\cdot\frac{\rho^3T^2}{\mu^3}\cdot Ma\cdot Kn^3\\
\frac{\partial^3 \rho}{\partial x^3}&=\frac{4\,375\pi R\sqrt{2\pi R}}{18\,432}\cdot\frac{\rho^4T\sqrt{T}}{\mu^3}\cdot Kn^3\\
\frac{\partial^3 T}{\partial x^3}&=\frac{125\pi R\sqrt{2\pi R}}{1\,152}\cdot\frac{\rho^3T^2\sqrt{T}}{\mu^3}\cdot Kn^3
\end{aligned} \tag{3.159}$$

$$\begin{aligned}
\frac{\partial^2 u}{\partial x^2} &= -\frac{25\pi}{128}\cdot\frac{\rho^2 RT\sqrt{\gamma RT}}{\mu^2}\cdot Ma\cdot Kn^2 \\
\frac{\partial^2 \rho}{\partial x^2} &= \frac{125\pi R}{384}\cdot\frac{\rho^3 T}{\mu^2}\cdot Kn^2 \\
\frac{\partial^2 T}{\partial x^2} &= \frac{25\pi R}{144}\cdot\frac{\rho^2 T^2}{\mu^2}\cdot Kn^2 \\
\frac{\partial^3 u}{\partial x^3} &= \frac{625R^2\pi\sqrt{2\pi\gamma}}{6\,144}\cdot\frac{\rho^3 T^2}{\mu^3}\cdot Ma\cdot Kn^3 \\
\frac{\partial^3 \rho}{\partial x^3} &= -\frac{4\,375\pi R\sqrt{2\pi R}}{18\,432}\cdot\frac{\rho^4 T\sqrt{T}}{\mu^3}\cdot Kn^3 \\
\frac{\partial^3 T}{\partial x^3} &= -\frac{125\pi R\sqrt{2\pi R}}{1\,152}\cdot\frac{\rho^3 T^2\sqrt{T}}{\mu^3}\cdot Kn^3
\end{aligned} \tag{3.160}$$

通过上述表达式就可以在膨胀和压缩条件下，对不同 Burnett 方程的熵增结果进行定量分析。对于 SCB 本构关系，其膨胀条件下熵平衡方程右端项可以表示为

$$\frac{p^2}{\mu T}\left(\begin{aligned}&-\frac{625\pi\gamma\sqrt{2\pi\gamma}}{6\,912}\cdot Ma^3\cdot Kn^3+\frac{25\pi\gamma}{96}\cdot Ma^2\cdot Kn^2\\&-\frac{3\,125\pi\sqrt{2\pi\gamma}}{18\,432}\cdot Ma\cdot Kn^3+\frac{125\pi}{384}\cdot Kn^2\end{aligned}\right)\geqslant 0 \tag{3.161}$$

若不等式(3.161)成立，则对应的马赫数与努森数范围如图 3.18 所示阴影。

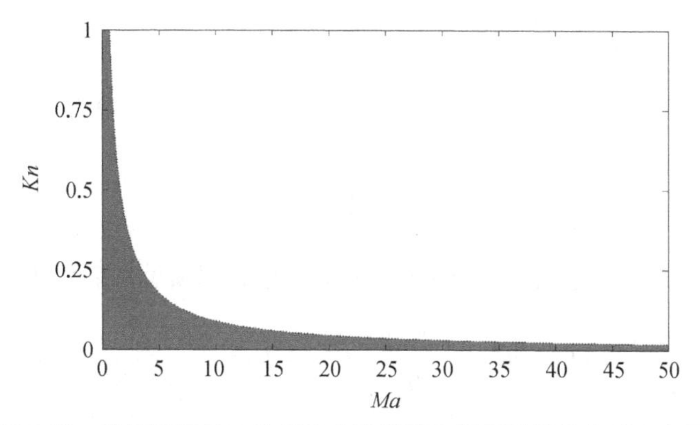

图 3.18 单原子气体一维 SCB 方程膨胀条件下熵增稳定域示意图

压缩条件下熵平衡方程右端项可以表示为

$$\frac{p^2}{\mu T}\left(\begin{array}{l}\dfrac{625\pi\gamma\sqrt{2\pi\gamma}}{6\,912}\cdot Ma^3\cdot Kn^3+\dfrac{25\pi\gamma}{96}\cdot Ma^2\cdot Kn^2\\+\dfrac{3\,125\pi\sqrt{2\pi\gamma}}{18\,432}\cdot Ma\cdot Kn^3+\dfrac{125\pi}{384}\cdot Kn^2\end{array}\right)\geqslant 0 \quad (3.162)$$

式(3.162)恒成立。

CB方程膨胀条件下熵平衡方程右端项可以表示为

$$\frac{p^2}{\mu T}\left(\begin{array}{l}-\dfrac{625\pi\gamma\sqrt{2\pi\gamma}}{6\,912}\cdot Ma^3\cdot Kn^3+\dfrac{25\pi\gamma}{96}\cdot Ma^2\cdot Kn^2\\-\dfrac{8\,375\pi\sqrt{2\pi\gamma}}{55\,296}\cdot Ma\cdot Kn^3+\dfrac{125\pi}{384}\cdot Kn^2\end{array}\right)\geqslant 0 \quad (3.163)$$

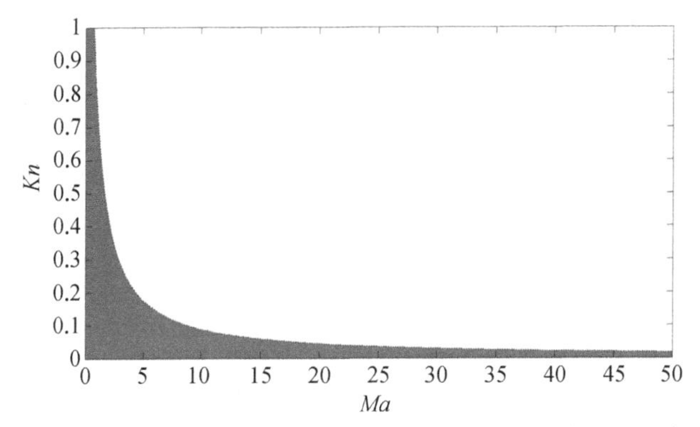

图 3.19 单原子气体一维 CB 方程膨胀条件下熵增稳定域示意图

压缩条件下熵平衡方程右端项可以表示为

$$\frac{p^2}{\mu T}\left(\begin{array}{l}\dfrac{625\pi\gamma\sqrt{2\pi\gamma}}{6\,912}\cdot Ma^3\cdot Kn^3+\dfrac{25\pi\gamma}{96}\cdot Ma^2\cdot Kn^2\\+\dfrac{8\,375\pi\sqrt{2\pi\gamma}}{55\,296}\cdot Ma\cdot Kn^3+\dfrac{125\pi}{384}\cdot Kn^2\end{array}\right)\geqslant 0 \quad (3.164)$$

对于AB方程而言，膨胀条件下熵平衡方程右端项可以表示为

$$\frac{p^2}{\mu T}\left(\begin{array}{l}-\dfrac{625\pi\gamma\sqrt{2\pi\gamma}}{6\,912}\cdot Ma^3\cdot Kn^3+\dfrac{25\pi\gamma}{96}\cdot Ma^2\cdot Kn^2-\dfrac{3\,125\pi^2\gamma}{221\,184}\cdot Ma^2\cdot Kn^4\\-\dfrac{8\,375\pi\sqrt{2\pi\gamma}}{55\,296}\cdot Ma\cdot Kn^3+\dfrac{125\pi}{384}\cdot Kn^2+\dfrac{18\,125\pi^2}{589\,824}\cdot Kn^4\end{array}\right)\geqslant 0$$

(3.165)

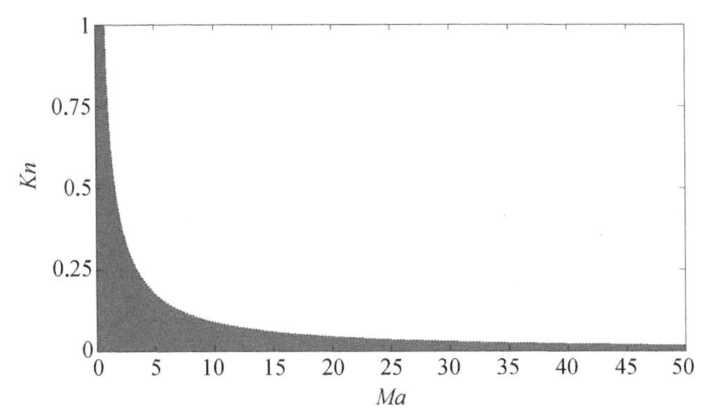

图 3.20　单原子气体一维 AB 方程膨胀条件下熵增稳定域示意图

压缩条件下熵平衡方程右端项可以表示为

$$\frac{p^2}{\mu T}\left(\begin{array}{l}\frac{625\pi\gamma\sqrt{2\pi\gamma}}{6\,912}\cdot Ma^3\cdot Kn^3+\frac{25\pi\gamma}{96}\cdot Ma^2\cdot Kn^2-\frac{3\,125\pi^2\gamma}{221\,184}\cdot Ma^2\cdot Kn^4\\+\frac{8\,375\pi\sqrt{2\pi\gamma}}{55\,296}\cdot Ma\cdot Kn^3+\frac{125\pi}{384}\cdot Kn^2+\frac{18\,125\pi^2}{589\,824}\cdot Kn^4\end{array}\right)\geqslant 0 \tag{3.166}$$

以上结果可以看出，一维条件下 SCB、CB 与 AB 方程均在膨胀条件下出现了熵增为负值的可能，这与 NS 方程无条件满足热力学第二定律形成了鲜明对比。

下面主要分析三维条件下三组 Burnett 方程熵增情况，首先 CB 方程热流项应力项表达式为

$$\begin{aligned}\tau_{ij}^{(1)+(2)}=&-2\mu\overline{\nabla V}+k_1\frac{\mu^2}{p}\nabla\cdot V\overline{\nabla V}+k_2\frac{\mu^2}{p}\left[-\overline{\nabla\frac{1}{\rho}\nabla p}-\overline{\nabla V\cdot\nabla V}-2\overline{\nabla V\cdot\overline{\nabla V}}\right]\\&+k_3\frac{\mu^2}{\rho T}\overline{\nabla\nabla T}+k_4\frac{\mu^2}{\rho^2RT^2}\overline{\nabla p\nabla T}+k_5\frac{\mu^2}{\rho T^2}\overline{\nabla T\nabla T}+k_6\frac{\mu^2}{p}\overline{\overline{\nabla V}\cdot\overline{\nabla V}}\\q_i^{(1)+(2)}=&-\kappa\nabla T+\theta_1\frac{\mu^2}{\rho T}\nabla\cdot V\nabla T+\theta_2\frac{\mu^2}{\rho T}\left[\frac{2}{3}\nabla(T\nabla\cdot V)+2\nabla T\cdot\nabla V\right]\\&+\theta_3\frac{\mu^2}{\rho p}\nabla p\cdot\overline{\nabla V}+\theta_4\frac{\mu^2}{\rho}\nabla\cdot\overline{\nabla V}+\theta_5\frac{\mu^2}{\rho T}\nabla T\cdot\overline{\nabla V}\end{aligned} \tag{3.167}$$

将式(3.167)代入式(3.130)可得

$$\rho \frac{\mathrm{D}s}{\mathrm{D}t}+\nabla\cdot\frac{q}{T}$$

$$=-\frac{1}{T}\left\{\begin{aligned}&-2\mu\overline{\nabla V}+k_1\frac{\mu^2}{p}\nabla\cdot V\overline{\nabla V}+k_2\frac{\mu^2}{p}\left[-\overline{\nabla\frac{1}{\rho}\nabla p}-\overline{\nabla V\cdot\nabla V}-2\overline{\nabla V\cdot\overline{\nabla V}}\right]\\&+k_3\frac{\mu^2}{\rho T}\overline{\nabla\nabla T}+k_4\frac{\mu^2}{\rho^2RT^2}\overline{\nabla p\nabla T}+k_5\frac{\mu^2}{\rho T^2}\overline{\nabla T\nabla T}+k_6\frac{\mu^2}{p}\overline{\overline{\nabla V}\cdot\overline{\nabla V}}\end{aligned}\right\}:\nabla V$$

$$-\frac{1}{T^2}\left\{\begin{aligned}&-\kappa\nabla T+\theta_1\frac{\mu^2}{\rho T}\nabla\cdot V\nabla T+\theta_2\frac{\mu^2}{\rho T}\left[\frac{2}{3}\nabla(T\nabla\cdot V)+2\nabla T\cdot\nabla V\right]\\&+\theta_3\frac{\mu^2}{\rho p}\nabla p\cdot\overline{\nabla V}+\theta_4\frac{\mu^2}{\rho}\nabla\cdot\overline{\nabla V}+\theta_5\frac{\mu^2}{\rho T}\nabla T\cdot\overline{\nabla V}\end{aligned}\right\}\cdot\nabla T$$

(3.168)

根据(3.134)整理上式并化简得

$$\rho \frac{\mathrm{D}s}{\mathrm{D}t}+\nabla\cdot\frac{q}{T}$$

$$=-\frac{1}{T}\left\{-2\mu\overline{\nabla V}+k_1\frac{\mu^2}{p}\nabla\cdot V\overline{\nabla V}+k_2\frac{\mu^2}{p}(-2\nabla V\cdot\overline{\nabla V})+k_6\frac{\mu^2}{p}\overline{\nabla V}\cdot\overline{\nabla V}\right\}:\overline{\nabla V}$$

$$-\frac{1}{T^2}\left\{-\kappa\nabla T+\theta_1\frac{\mu^2}{\rho T}\nabla\cdot V\nabla T+\theta_2\frac{\mu^2}{\rho T}(2\nabla T\cdot\nabla V)+\theta_5\frac{\mu^2}{\rho T}\nabla T\cdot\overline{\nabla V}\right\}\cdot\nabla T$$

$$-\frac{1}{T}\left\{\begin{aligned}&k_2\frac{\mu^2}{p}\left(-\overline{\nabla\frac{1}{\rho}\nabla p}-\overline{\nabla V\cdot\nabla V}\right)+k_3\frac{\mu^2}{\rho T}\overline{\nabla\nabla T}\\&+k_4\frac{\mu^2}{\rho^2RT^2}\overline{\nabla p\nabla T}+k_5\frac{\mu^2}{\rho T^2}\overline{\nabla T\nabla T}\end{aligned}\right\}:\nabla V$$

$$-\frac{1}{T^2}\left\{\theta_2\frac{\mu^2}{\rho T}\left(\frac{2}{3}\nabla(T\nabla\cdot V)\right)+\theta_3\frac{\mu^2}{\rho p}\nabla p\cdot\overline{\nabla V}+\theta_4\frac{\mu^2}{\rho}\nabla\cdot\overline{\nabla V}\right\}\cdot\nabla T \qquad (3.169)$$

对式(3.169)第一行进行化简,第二行提出温度梯度,三、四行不变,整理后得

$$\rho \frac{\mathrm{D}s}{\mathrm{D}t}+\nabla\cdot\frac{q}{T}=-\frac{1}{T}\overline{\nabla V}\cdot\left\{-2\mu I+k_1\frac{\mu^2}{p}(\nabla\cdot V)I+k_2\frac{\mu^2}{p}(-2\nabla V)+k_6\frac{\mu^2}{p}\overline{\nabla V}\right\}:\overline{\nabla V}$$

$$-\frac{1}{T^2}\nabla T\cdot\left\{\begin{aligned}&-\kappa I+\theta_1\frac{\mu^2}{\rho T}(\nabla\cdot V)I+\theta_2\frac{\mu^2}{\rho T}(2\nabla V)\\&+\theta_5\frac{\mu^2}{\rho T}\overline{\nabla V}+k_5\frac{\mu^2}{\rho T}\overline{\nabla V}\end{aligned}\right\}\cdot\nabla T$$

$$-\frac{1}{T}\left\{k_2\frac{\mu^2}{p}\left(-\nabla\frac{1}{\rho}\nabla p-\nabla V\cdot\nabla V\right)\right\}:\overline{\nabla V}$$

$$-\frac{1}{T^2}\left\{\theta_2\frac{\mu^2}{\rho T}\left(\frac{2}{3}\nabla(T\nabla\cdot V)\right)\right\}\cdot\nabla T$$

$$-k_3\frac{\mu^2}{\rho T^2}\nabla\nabla T:\overline{\nabla V}-k_4\frac{\mu^2}{\rho^2RT^3}\nabla p\cdot\overline{\nabla V}\cdot\nabla T$$

$$-\theta_3\frac{\mu^2}{\rho RT^3}\nabla p\cdot\overline{\nabla V}\cdot\nabla T-\theta_4\frac{\mu^2}{\rho T^2}\nabla\cdot\overline{\nabla V}\cdot\nabla T \tag{3.170}$$

采用麦克斯韦分子模型时，由 $k_3=\theta_4=-\theta_3$，$k_4=0$，对式(3.170)最后两行进一步化简可得

$$\begin{aligned}\rho\frac{\mathrm{D}s}{\mathrm{D}t}+\nabla\cdot\frac{q}{T}=&-\frac{1}{T}\overline{\nabla V}\cdot\begin{bmatrix}-2\mu I+k_1\dfrac{\mu^2}{p}(\nabla\cdot V)I\\+k_2\dfrac{\mu^2}{p}(-2\nabla V)+k_6\dfrac{\mu^2}{p}\overline{\nabla V}\end{bmatrix}:\overline{\nabla V}\\&-\frac{1}{T^2}\nabla T\cdot\begin{bmatrix}-\kappa I+\theta_1\dfrac{\mu^2}{\rho T}(\nabla\cdot V)I+\theta_2\dfrac{\mu^2}{\rho T}(2\nabla V)\\+\theta_5\dfrac{\mu^2}{\rho T}\overline{\nabla V}+k_5\dfrac{\mu^2}{\rho T}\overline{\nabla V}\end{bmatrix}\cdot\nabla T\\&-\frac{1}{T}\left[k_2\frac{\mu^2}{p}\left(-\nabla\frac{1}{\rho}\nabla p-\nabla V\cdot\nabla V\right)\right]:\overline{\nabla V}\\&-\frac{1}{T^2}\left\{\theta_2\frac{\mu^2}{\rho T}\left[\frac{2}{3}\nabla(T\nabla\cdot V)\right]\right\}\cdot\nabla T\\&-k_3\frac{\mu^2}{\rho T^2}\nabla\nabla T:\overline{\nabla V}+k_3\frac{\mu^2}{\rho RT^3}\nabla p\cdot\overline{\nabla V}\cdot\nabla T\\&-k_3\frac{\mu^2}{\rho T^2}\nabla\cdot\overline{\nabla V}\cdot\nabla T\end{aligned}\tag{3.171}$$

进一步化简得到表达式为

$$\begin{aligned}\rho\frac{\mathrm{D}s}{\mathrm{D}t}+\nabla\cdot\frac{q}{T}=&-\frac{1}{T}\overline{\nabla V}\cdot(-2\mu)\begin{bmatrix}I-\dfrac{1}{2}k_1\dfrac{\mu}{p}(\nabla\cdot V)I\\+k_2\dfrac{\mu}{p}(\nabla V)-\dfrac{1}{2}k_6\dfrac{\mu}{p}\overline{\nabla V}\end{bmatrix}:\overline{\nabla V}\\&-\frac{1}{T^2}\nabla T\cdot(-\kappa)\begin{bmatrix}I-\theta_1\dfrac{\mu^2}{\kappa\rho T}(\nabla\cdot V)I-\theta_2\dfrac{\mu^2}{\kappa\rho T}(2\nabla V)-\\\dfrac{1}{\kappa}(\theta_5+k_5-k_3)\dfrac{\mu^2}{\rho T}\overline{\nabla V}\end{bmatrix}\cdot\nabla T\end{aligned}$$

$$-\frac{1}{T}\left[k_2\frac{\mu^2}{p}\left(-\nabla\frac{1}{\rho}\nabla p-\nabla V\cdot\nabla V\right)\right]:\overline{\nabla V}$$
$$-\frac{1}{T^2}\left\{\theta_2\frac{\mu^2}{\rho T}\left[\frac{2}{3}\nabla(T\nabla\cdot V)\right]\right\}\cdot\nabla T$$
$$-\nabla\cdot\left(k_3\frac{\mu^2}{\rho T^2}\overline{\nabla V}\cdot\nabla T\right) \tag{3.172}$$

最终得

$$\rho\frac{\mathrm{D}s}{\mathrm{D}t}+\nabla\cdot\frac{q}{T}=\frac{2\mu}{T}\overline{\nabla V}\cdot A:\overline{\nabla V}+\frac{\kappa}{T^2}\nabla T\cdot B\cdot\nabla T$$
$$-\frac{1}{T}\left[k_2\frac{\mu^2}{p}\left(-\nabla\frac{1}{\rho}\nabla p-\nabla V\cdot\nabla V\right)\right]:\overline{\nabla V}$$
$$-\frac{1}{T^2}\left\{\theta_2\frac{\mu^2}{\rho T}\left[\frac{2}{3}\nabla(T\nabla\cdot V)\right]\right\}\cdot\nabla T$$
$$-\nabla\cdot\left(k_3\frac{\mu^2}{\rho T^2}\overline{\nabla V}\cdot\nabla T\right) \tag{3.173}$$

其中,A、B 定义为

$$A=I-\frac{1}{2}k_1\frac{\mu}{p}(\nabla\cdot V)I+k_2\frac{\mu}{p}(\nabla V)-\frac{1}{2}k_6\frac{\mu}{p}\overline{\nabla V}$$
$$B=I-\theta_1\frac{\mu^2}{\kappa\rho T}(\nabla\cdot V)I-\theta_2\frac{\mu^2}{\kappa\rho T}(2\nabla V)-\frac{1}{\kappa}(\theta_5+k_5-k_3)\frac{\mu^2}{\rho T}\overline{\nabla V} \tag{3.174}$$

根据

$$\nabla V=\frac{1}{2}(\nabla V+\nabla V^T)-\left(\frac{1}{3}\nabla\cdot V\right)I+\frac{1}{2}(\nabla V-\nabla V^T)+\left(\frac{1}{3}\nabla\cdot V\right)I$$
$$=\overline{\nabla V}+\overset{X}{\nabla}V+\left(\frac{1}{3}\nabla\cdot V\right)I \tag{3.175}$$

以及

$$\overline{\nabla V}\cdot\overset{X}{\nabla}V\otimes\overline{\nabla V}=0$$
$$\nabla T\cdot\overset{X}{\nabla}V\cdot\nabla T=0 \tag{3.176}$$

可将 A、B 化简成

$$A=\left[1+\left(\frac{1}{3}k_2-\frac{1}{2}k_1\right)\frac{\mu}{p}\nabla\cdot V\right]I+\left(k_2-\frac{1}{2}k_6\right)\frac{\mu}{p}\overline{\nabla V}$$

$$B=\left[1+\left(-\frac{2}{3}\theta_2-\theta_1\right)\frac{\mu^2}{\kappa\rho T}\nabla\cdot V\right]I-(2\theta_2+\theta_5+k_5-k_3)\frac{\mu^2}{\kappa\rho T}\overline{\nabla V} \tag{3.177}$$

根据式(3.152)以及连续性方程得到的速度散度表达式,代入式(3.174)中,可以得到为满足 A、B 非负,Ma、Kn 所需要满足的条件为

$$\begin{aligned}&1-\frac{\mu}{p}Ma\sqrt{\gamma RT}\,\frac{5\rho\sqrt{2\pi RT}}{16\mu}Kn\geqslant 0\\&1-\frac{45}{8}\frac{\mu^2}{\kappa\rho T}Ma\sqrt{\gamma RT}\,\frac{5\rho\sqrt{2\pi RT}}{16\mu}Kn\geqslant 0\end{aligned} \tag{3.178}$$

可进一步可以化简为

$$\begin{aligned}&1-\frac{5\sqrt{2\pi\gamma}}{12}MaKn\geqslant 0\\&1-\frac{225\sqrt{2\pi\gamma}}{96}MaKn\geqslant 0\end{aligned} \tag{3.179}$$

因此,单原子气体三维 CB 方程熵增稳定域见图 3.21。

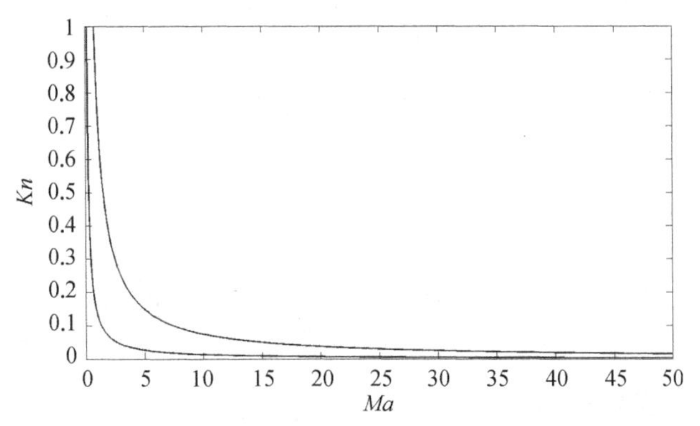

图 3.21 单原子气体三维 CB 方程熵增稳定域示意图

对于 SCB 方程,三维条件下应力项与热流项表达式为

$$\tau_{ij}^{(2)}=K_1\frac{\mu^2}{p}\frac{\partial u_k}{\partial x_k}\overline{\frac{\partial u_i}{\partial x_j}}+K_2\frac{\mu^2}{p}\left(-\overline{\frac{\partial u_i}{\partial x_k}\frac{\partial u_k}{\partial x_j}}-2\overline{\frac{\partial u_i}{\partial x_k}\overline{\frac{\partial u_k}{\partial x_j}}}\right)+K_6\frac{\mu^2}{p}\overline{\overline{\frac{\partial u_i}{\partial x_k}}\overline{\frac{\partial u_k}{\partial x_j}}}$$

$$q_i^{(2)}=\theta_1\frac{\mu^2}{\rho T}\frac{\partial u_k}{\partial x_k}\frac{\partial T}{\partial x_i}+\theta_2\frac{\mu^2}{\rho T}\left[\frac{2}{3}\frac{\partial}{\partial x_i}\left(T\frac{\partial u_k}{\partial x_k}\right)+2\frac{\partial T}{\partial x_k}\frac{\partial u_k}{\partial x_i}\right]$$
$$+\left(\theta_3\frac{\mu^2}{\rho p}\frac{\partial p}{\partial x_k}+\theta_4\frac{\mu^2}{\rho}\frac{\partial}{\partial x_k}+\theta_5\frac{\mu^2}{\rho T}\frac{\partial T}{\partial x_k}\right)\overline{\frac{\partial u_k}{\partial x_i}} \tag{3.180}$$

将式(3.180)带入熵平衡方程中进行化简，过程与CB方程化简过程类似，可以得

$$\rho\frac{\mathrm{D}s}{\mathrm{D}t}+\nabla\cdot\frac{q}{T}$$
$$=-\frac{1}{T}\left\{\begin{aligned}&-2\mu\overline{\nabla V}+k_1\frac{\mu^2}{p}\nabla\cdot V\overline{\nabla V}+k_2\frac{\mu^2}{p}\left[-2\overline{\nabla V\cdot\overline{\nabla V}}\right]\\&+k_6\frac{\mu^2}{p}\overline{\overline{\nabla V}\cdot\overline{\nabla V}}\end{aligned}\right\}:\nabla V$$
$$-\frac{1}{T}\left\{k_2\frac{\mu^2}{p}\left(-\overline{\nabla V\cdot\nabla V}\right)\right\}:\nabla V$$
$$-\frac{1}{T^2}\left\{\begin{aligned}&-\kappa\nabla T+\theta_1\frac{\mu^2}{\rho T}\nabla\cdot V\nabla T\\&+\theta_2\frac{\mu^2}{\rho T}\left[\frac{2}{3}\nabla(T\nabla\cdot V)+2\nabla T\cdot\nabla V\right]\\&+\theta_3\frac{\mu^2}{\rho p}\nabla p\cdot\overline{\nabla V}+\theta_4\frac{\mu^2}{\rho}\nabla\cdot\overline{\nabla V}+\theta_5\frac{\mu^2}{\rho T}\nabla T\cdot\overline{\nabla V}\end{aligned}\right\}\cdot\nabla T \tag{3.181}$$

对式(3.181)第一行大括号中第三、四项进行整理，可得

$$\rho\frac{\mathrm{D}s}{\mathrm{D}t}+\nabla\cdot\frac{q}{T}$$
$$=-\frac{1}{T}\left\{\begin{aligned}&-2\mu\overline{\nabla V}+k_1\frac{\mu^2}{p}\nabla\cdot V\overline{\nabla V}+k_2\frac{\mu^2}{p}\left[-2\nabla V\cdot\overline{\nabla V}\right]\\&+k_6\frac{\mu^2}{p}\overline{\nabla V}\cdot\overline{\nabla V}\end{aligned}\right\}:\overline{\nabla V}$$
$$-\frac{1}{T}\left\{k_2\frac{\mu^2}{p}\left(-\overline{\nabla V\cdot\nabla V}\right)\right\}:\nabla V$$

$$-\frac{1}{T^2}\left\{\begin{array}{l}-\kappa\nabla T+\theta_1\dfrac{\mu^2}{\rho T}\nabla\cdot V\nabla T\\+\theta_2\dfrac{\mu^2}{\rho T}\left[\dfrac{2}{3}\nabla(T\nabla\cdot V)+2\nabla T\cdot\nabla V\right]\\+\theta_3\dfrac{\mu^2}{\rho p}\nabla p\cdot\overline{\nabla V}+\theta_4\dfrac{\mu^2}{\rho}\nabla\cdot\overline{\nabla V}+\theta_5\dfrac{\mu^2}{\rho T}\nabla T\cdot\overline{\nabla V}\end{array}\right\}\cdot\nabla T \tag{3.182}$$

对式(3.182)第一行括号里的项提出无散度对称张量,并整理三、四行,可得

$$\begin{aligned}&\rho\frac{\mathrm{D}s}{\mathrm{D}t}+\nabla\cdot\frac{q}{T}\\&=\frac{2}{T}\overline{\nabla V}\left[\mu I-\frac{1}{2}k_1\frac{\mu^2}{p}(\nabla\cdot V)I+k_2\frac{\mu^2}{p}(\nabla V)I-\frac{1}{2}k_6\frac{\mu^2}{p}\overline{\nabla V}\right]:\overline{\nabla V}\\&\quad+\frac{1}{T}\left[k_2\frac{\mu^2}{p}(\overline{\nabla V\cdot\nabla V})\right]:\nabla V\\&\quad-\frac{1}{T^2}\left[-\kappa\nabla T+\theta_1\frac{\mu^2}{\rho T}\nabla\cdot V\nabla T+\theta_2\frac{\mu^2}{\rho T}(2\nabla T\cdot\nabla V)+\theta_5\frac{\mu^2}{\rho T}\nabla T\cdot\overline{\nabla V}\right]\cdot\nabla T\\&\quad-\frac{1}{T^2}\left\{+\theta_3\frac{\mu^2}{\rho p}\nabla p\cdot\overline{\nabla V}+\theta_4\frac{\mu^2}{\rho}\nabla\cdot\overline{\nabla V}+\theta_2\frac{\mu^2}{\rho T}\left[\frac{2}{3}\nabla(T\nabla\cdot V)\right]\right\}\cdot\nabla T\end{aligned} \tag{3.183}$$

对式(3.183)第三行提出负的温度梯度,整理可得

$$\begin{aligned}&\rho\frac{\mathrm{D}s}{\mathrm{D}t}+\nabla\cdot\frac{q}{T}\\&=\frac{2}{T}\overline{\nabla V}\left[\mu I-\frac{1}{2}k_1\frac{\mu^2}{p}(\nabla\cdot V)I+k_2\frac{\mu^2}{p}\nabla V-\frac{1}{2}k_6\frac{\mu^2}{p}\overline{\nabla V}\right]:\overline{\nabla V}\\&\quad+\frac{1}{T^2}\nabla T\left[\kappa I-\theta_1\frac{\mu^2}{\rho T}(\nabla\cdot V)I-\theta_2\frac{\mu^2}{\rho T}(2\nabla V)-\theta_5\frac{\mu^2}{\rho T}\overline{\nabla V}\right]\cdot\nabla T\\&\quad-\theta_3\frac{\mu^2}{\rho pT^2}\nabla p\cdot\overline{\nabla V}\cdot\nabla T-\theta_4\frac{\mu^2}{\rho T^2}\nabla\cdot\overline{\nabla V}\cdot\nabla T-\theta_2\frac{\mu^2}{\rho T^3}\left[\frac{2}{3}\nabla(T\nabla\cdot V)\right]\cdot\nabla T\\&\quad+k_2\frac{\mu^2}{pT}(\overline{\nabla V\cdot\nabla V}):\nabla V\end{aligned} \tag{3.184}$$

SCB 熵平衡方程最终可写为

$$\rho\frac{\mathrm{D}s}{\mathrm{D}t}+\nabla\cdot\frac{q}{T}=\frac{2}{T}\overline{\nabla V}\cdot A:\overline{\nabla V}+\frac{1}{T^2}\nabla T\cdot B\cdot\nabla T-\theta_3\frac{\mu^2}{\rho p T^2}\nabla p\cdot\overline{\nabla V}\cdot\nabla T-\theta_4\frac{\mu^2}{\rho T^2}\nabla\cdot\overline{\nabla V}\cdot\nabla T-\theta_2\frac{\mu^2}{\rho T^3}\left[\frac{2}{3}\nabla(T\nabla\cdot V)\right]\cdot\nabla T+k_2\frac{\mu^2}{pT}(\overline{\nabla V\cdot\nabla V}):\nabla V \tag{3.185}$$

其中，A、B 形式如

$$\begin{aligned}A&=I-\frac{1}{2}k_1\frac{\mu}{p}(\nabla\cdot V)I+k_2\frac{\mu}{p}(\nabla V)-\frac{1}{2}k_6\frac{\mu}{p}\overline{\nabla V}\\B&=I-\theta_1\frac{\mu^2}{\kappa\rho T}(\nabla\cdot V)I-\theta_2\frac{\mu^2}{\kappa\rho T}(2\nabla V)-\theta_5\frac{1}{\kappa}\frac{\mu^2}{\rho T}\overline{\nabla V}\end{aligned} \tag{3.186}$$

对于 AB 方程，其应力项与热流项表达式为

$$\begin{aligned}\tau_{ij}^{(1)+(2)+(3)}=&-2\mu\overline{\nabla V}+k_1\frac{\mu^2}{p}\nabla\cdot V\overline{\nabla V}\\&+k_2\frac{\mu^2}{p}\left(-\overline{\nabla\frac{1}{\rho}\nabla p}-\overline{\nabla V\cdot\nabla V}-2\overline{\nabla V\cdot\overline{\nabla V}}\right)\\&+k_3\frac{\mu^2}{\rho T}\overline{\nabla\nabla T}+k_4\frac{\mu^2}{\rho^2RT^2}\overline{\nabla p\nabla T}+k_5\frac{\mu^2}{\rho T^2}\overline{\nabla T\nabla T}\\&+k_6\frac{\mu^2}{p}\overline{\overline{\nabla V}\cdot\overline{\nabla V}}+\frac{3}{2}k_7\frac{\mu^3}{p^2}RT\overline{\nabla(\nabla^2\cdot V)}\\q_i^{(1)+(2)+(3)}=&-\kappa\nabla T+\theta_1\frac{\mu^2}{\rho T}\nabla\cdot V\nabla T+\theta_2\frac{\mu^2}{\rho T}\left[\frac{2}{3}\nabla(T\nabla\cdot V)+2\nabla T\cdot\nabla V\right]\\&+\theta_3\frac{\mu^2}{\rho p}\nabla p\cdot\overline{\nabla V}+\theta_4\frac{\mu^2}{\rho}\nabla\cdot\overline{\nabla V}+\theta_5\frac{\mu^2}{\rho T}\nabla T\cdot\overline{\nabla V}\\&+\theta_6\frac{\mu^3}{\rho^3}\nabla(\nabla^2\cdot\rho)+\theta_7\frac{\mu^3}{\rho^2T}\nabla(\nabla^2\cdot T)\end{aligned} \tag{3.187}$$

将 AB 方程应力项与热流项带入熵平衡方程中可得

$$
\begin{aligned}
&\rho \frac{\mathrm{D}s}{\mathrm{D}t} + \nabla \cdot \frac{q}{T} \\
&= -\frac{1}{T}\overline{\nabla V} \cdot \left[-2\mu I + k_1 \frac{\mu^2}{p}(\nabla \cdot V)I + k_2 \frac{\mu^2}{p}(-2\nabla V) + k_6 \frac{\mu^2}{p}\overline{\nabla V}\right] : \overline{\nabla V} \\
&\quad -\frac{1}{T^2}\nabla T \cdot \left[-\kappa I + \theta_1 \frac{\mu^2}{\rho T}(\nabla \cdot V)I + \theta_2 \frac{\mu^2}{\rho T}(2\nabla V) + \theta_5 \frac{\mu^2}{\rho T}\overline{\nabla V} + k_5 \frac{\mu^2}{\rho T}\overline{\nabla V}\right] \cdot \nabla T \\
&\quad -\frac{1}{T}\left[k_2 \frac{\mu^2}{p}\left(-\nabla \frac{1}{\rho}\nabla p - \nabla V \cdot \nabla V\right)\right] : \overline{\nabla V} \\
&\quad -\frac{1}{T^2}\left\{\theta_2 \frac{\mu^2}{\rho T}\left[\frac{2}{3}\nabla(T\nabla \cdot V)\right]\right\} \cdot \nabla T \\
&\quad -k_3 \frac{\mu^2}{\rho T^2}\nabla\nabla T : \overline{\nabla V} - k_4 \frac{\mu^2}{\rho^2 R T^3}\nabla p \cdot \overline{\nabla V} \cdot \nabla T \\
&\quad -\theta_3 \frac{\mu^2}{\rho R T^3}\nabla p \cdot \overline{\nabla V} \cdot \nabla T - \theta_4 \frac{\mu^2}{\rho T^2}\nabla \cdot \overline{\nabla V} \cdot \nabla T \\
&\quad -\frac{1}{T}\overline{\nabla V} \cdot \left[\frac{\mu^3}{p^2}\frac{3}{2}k_7 R T \nabla(\nabla^2 \cdot V)\right] : \overline{\nabla V} \\
&\quad -\frac{1}{T^2}\nabla T \cdot \left[\frac{\mu^3}{p\rho}\theta_6 \frac{RT}{\rho}\nabla(\nabla^2 \cdot \rho) + \frac{\mu^3}{p\rho}\theta_7 R \nabla(\nabla \cdot \nabla)T\right] \cdot \nabla T
\end{aligned}
\tag{3.188}
$$

因为 AB 方程本构关系是在 CB 方程本构关系基础上增加了部分三阶项，所以化简过程和 CB 方程熵平衡方程化简过程基本一致，最终可得

$$
\begin{aligned}
\rho \frac{\mathrm{D}s}{\mathrm{D}t} + \nabla \cdot \frac{q}{T} = &\frac{2\mu}{T}\overline{\nabla V} \cdot A : \overline{\nabla V} + \frac{\kappa}{T^2}\nabla T \cdot B \cdot \nabla T \\
&-\frac{1}{T}\left[k_2 \frac{\mu^2}{p}\left(-\nabla \frac{1}{\rho}\nabla p - \nabla V \cdot \nabla V\right)\right] : \overline{\nabla V} \\
&-\frac{1}{T^2}\left\{\theta_2 \frac{\mu^2}{\rho T}\left[\frac{2}{3}\nabla(T\nabla \cdot V)\right]\right\} \cdot \nabla T \\
&-\nabla \cdot \left(k_3 \frac{\mu^2}{\rho T^2}\overline{\nabla V} \cdot \nabla T\right) \\
&-\frac{1}{T}\overline{\nabla V} \cdot \left[\frac{\mu^3}{p^2}\frac{3}{2}k_7 R T \nabla(\nabla^2 \cdot V)\right] : \overline{\nabla V} \\
&-\frac{1}{T^2}\nabla T \cdot \left[\frac{\mu^3}{p\rho}\theta_6 \frac{RT}{\rho}\nabla(\nabla^2 \cdot \rho) + \frac{\mu^3}{p\rho}\theta_7 R \nabla(\nabla \cdot \nabla)T\right] \cdot \nabla T
\end{aligned}
\tag{3.189}
$$

其中，A、B 表达式为

$$A = I - \frac{1}{2}k_1 \frac{\mu}{p}(\nabla \cdot V)I + k_2 \frac{\mu}{p}(\nabla V) - \frac{1}{2}k_6 \frac{\mu}{p} \overline{\nabla V}$$

$$B = I - \theta_1 \frac{\mu^2}{\kappa \rho T}(\nabla \cdot V)I - \theta_2 \frac{\mu^2}{\kappa \rho T}(2\nabla V) - \frac{1}{\kappa}(\theta_5 + k_5 - k_3)\frac{\mu^2}{\rho T}\overline{\nabla V} \tag{3.190}$$

通过上述一维和三维条件下的熵增分析可以发现，在一维膨胀条件下三种Burnett方程均不能保证熵增严格非负，一旦超过当地马赫数和努森数的限制，就会导致熵增为负，进而引发计算不稳定性使计算发散；在三维条件下，同样需要当地马赫数与努森数在一定范围内才能保证熵输运方程中右端前两项非负，否则同样可能会导致熵增为负，计算发散。此外，三维条件下熵输运方程右端除前两项以外其余各项定性分析十分困难，但这些项对总熵增的影响不容小觑，其具体影响程度与范围尚有待进一步研究。

参考文献

[1] Agarwal R K, Yun K Y, Balakrishnan R. Beyond Navier-Stokes: Burnett equations for flows in the continuum-transition regime[J]. Physics of Fluids, 2001, 13(10): 3061-3085.

[2] Burnett D. The distribution of molecular velocities and the mean motion in a non-uniform gas[J]. Proceedings of the London Mathematical Society, 1936, s2-40(1): 382-435.

[3] Chapman S, Cowling T G. The mathematical theory of non-uniform gases: an account of the kinetic theory of viscosity, thermal conduction and diffusion in gases[M]. 3rd ed. Cambridge: Cambridge university press, 1970: 423.

[4] Wang-Chang C S, Uhlenbeck G E. On the transport phenomena in rarefied gases[J]. Studies in Statistical Mechanics, 1948, 5: 1-17.

[5] Zhong X L, Maccormack R W, Chapman D R. Stabilization of the Burnett equations and application to hypersonic flows[J]. AIAA Journal, 1993, 31(6): 1036-1043.

[6] Reese J M, Woods L C, Thivet F, et al. A 2nd-order description of shock structure[J]. Journal of Computational Physics, 1995, 117(2): 240-250.

[7] Woods L C. An introduction to the kinetic theory of gases and magnetoplasmas[M]. New York: Oxford University Press, 1993: 300.

[8] Rosenau P. Extending hydrodynamics via the regularization of the Chapman-Enskog expansion[J]. Physical Review A, 1989, 40(12): 7193-7196.

[9] Jou D, Casas-Vazquez J, Madureira J R, et al. Higher-order hydrodynamics: Extended Fick's Law, evolution equation, and Bobylev's instability[J]. Journal of Chemical

Physics, 2002, 116(4): 1571-1584.

[10] Jou D, Casasvazquez J, Lebon G. Extended irreversible thermodynamics[J]. Reports on Progress in Physics, 1988, 51(8): 1105-1179.

[11] Jou D, Perezgarcia C, Garciacolin L S, et al. Generalized hydrodynamics and extended irreversible thermodynamics[J]. Physical Review A, 1985, 31(4): 2502-2508.

[12] Slemrod M. Constitutive relations for monatomic gases based on a generalized rational approximation to the sum of the Chapman-Enskog expansion [J]. Archive for Rational Mechanics and Analysis, 1999, 150(1): 1-22.

[13] Jin S, Slemrod M. Regularization of the Burnett equations via relaxation[J]. Journal of Statistical Physics, 2001, 103(5): 1009-1033.

[14] Jin S, Pareschi L, Slemrod M. A relaxation scheme for solving the Boltzmann equation based on the Chapman-Enskog expansion[J]. Acta Mathematicae Applicatae Sinica, English Series, 2002, 18(1): 37-62.

[15] Jin S, Slemrod M. Regularization of the Burnett equations for rapid granular flows via relaxation[J]. PHYSICA D, 2001, 150(3-4): 207-218.

[16] Grad H. On the kinetic theory of rarefied gases[J]. Communications on Pure and Applied Mathematics, 1949, 2(4): 331-407.

[17] Levermore C D. Moment closure hierarchies for kinetic theories[J]. Journal of Statistical Physics, 1996, 83(5-6): 1021-1065.

[18] Sod G A. A survey of several finite difference methods for systems of nonlinear hyperbolic conservation laws[J]. Journal of Computational Physics, 1978, 27(1): 1-31.

[19] Tsien H S. Superaerodynamics, mechanics of rarefied gases[J]. Journal of the Aeronautical Sciences, 1946, 13(12): 653-664.

[20] Bobylev A V. The Chapman-Enskog and Grad methods for solving the Boltzmann equation[J]. Soviet Physics Doklady, 1982, 27(1): 29-31.

[21] Bobylev A V. Instabilities in the Chapman-Enskog expansion and hyperbolic Burnett equations[J]. Journal of Statistical Physics, 2006, 124(2): 371-399.

[22] 包福兵. 微纳尺度气体流动和传热的Burnett方程研究[D]. 杭州：浙江大学，2008.

[23] Boyd I D. Rotational translational energy-transfer in rarefied nonequilibrium flows[J]. Physics of Fluids A-Fluid Dynamics, 1990, 2(3): 447-452.

[24] Landau L, Teller E. Zur theorie der schalldispersion[J]. Phys. Z. Sowjetunion, 1936, 10(1).

[25] Welder W T, Chapman D R, Maccormack R W. Evaluation of various forms of the Burnett equations[C]. Orlando, FL, U.S.A.: AIAA-1993-3094, 1993.

[26] Balakrishnan R. An approach to entropy consistency in second-order hydrodynamic equations[J]. Journal of Fluid Mechanics, 2004, 503: 201-245.

[27] Comeaux K A, Chapman D R, Maccormack R W. An analysis of the Burnett equations based on the second law of thermodynamics[C]. Reno, NV, U.S.A.: AIAA 1995-0415, 1995.

第四章

量热完全气体 Burnett 方程数值模拟

矩方法的数值求解不涉及速度分布函数及速度空间离散，且 Burnett 方程组仍保持了偏微分方程组双曲性的特点，因此其计算方法与传统 CFD 中 NS 方程求解较为类似，相比于其他稀薄过渡流数值方法而言，方法成熟度和计算效率较高。本章将重点介绍 Burnett 方程在一维激波结构中的计算方法以及三维量热完全气体条件下 Burnett 方程数值计算方法与应用。

4.1 激波结构问题

当物体或扰动源的运动速度大于扰动信息的传播速度时，扰动无法向上游传播而积聚所形成的强压缩间断称为激波。由于激波本质是气体分子碰撞主导的现象，因此激波厚度往往仅为数个分子平均自由程。气流通过激波后压力、密度与温度急剧升高，速度急剧下降且连续流条件下激波厚度远小于流动特征尺度，因此在连续流中激波一般假设为不连续的间断且将其厚度近似为零。但在高空稀薄条件下，随着气体分子平均自由程增大，激波厚度与激波结构等激波特征参数相比宏观流动的特征尺度不可忽视。Bird[1]采用分子仿真方法发现在高空高马赫数条件下激波的内部辐射达到极大值，因此能否通过数值计算方法准确重建高空高马赫数条件下飞行器流场的一个重要考量就是该方法能否对流场中激波位置与激波结构进行准确、清晰的物理与数学描述。

一维激波结构是研究本构关系与热力学非平衡流动的典型算例，其激波管实验与 DSMC 仿真结果十分丰富。此外由于激波前后流动特征参数可完全采用 Rankine-Hugoniot 关系确立，不涉及微分方程边界条件影响，因此激波结构模拟也为流动控制方程验证提供了不可多得的技术手段。Fiszdon 等[2]将激波结构数值计算方法分为三大类：粒子仿真、宏观模型与矩展开方法。三类方法各有利弊，都极大丰富了激波结构数值计算结果。采用数值方法来描述激波结构通常会遇到流动控制方程选取的困难，其主要原因在于：① 激波由于其厚度量级与分子平均自由程相当，因此局部稀薄效应十分显著，包括 Euler 方程、NS 方程在内的连续性方程都是基于 Maxwellian 平衡速度分布函数的小扰动理论，且由 Chapman-Enskog 理论已证实稀薄过渡流的本构关系采用线性描述不再恰当，Euler 及 NS 方程连续性假设失效；② 单温度模型对多原子气体分子的热力学非平衡效应估计不足，转动能、振动能激发现象将对流动的本构关系产生重要影响，因此除马赫数略大于 1 的超音速流动以外，直接采用单温度模型的 NS 方程计算得到的单原子与多原子气体激波厚度与 DSMC 和激波管实验结果相比往往更薄，且激波内速度分布出现非物理解。

本书首先研究了不同类型 Burnett 方程的计算稳定性及网格收敛性，并与文献 DSMC 方法的一维单原子氩气分子与双原子氮气分子激波结构模拟结果进行对比，对不同类型 Burnett 方程，尤其是 SCB 方程进行了验证。

4.1.1　激波结构特点与关键特征参数

对激波结构的研究需要抓住激波结构中的关键参数，才能针对不同来流马赫数分别与实验和 DSMC 仿真结果进行对比研究。Fiscko[3]在文献中提及了三组十分重要的激波结构参数，分别是无量纲密度厚度倒数 $(\lambda_\infty/\delta_\rho)$、密度对称参数 (Q_ρ) 及无量纲温度密度分离距离 $(\Delta_{\rho T}/\lambda_\infty)$。三组特征参数的物理定义见图 4.1。

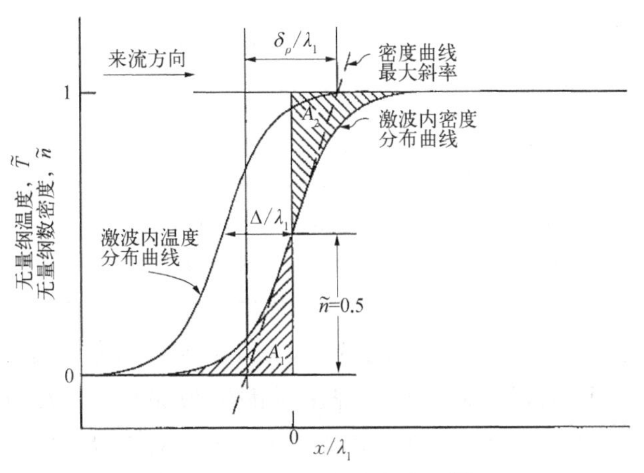

图 4.1　激波结构参数定义[3]

A_1、A_2 分别代表图示阴影面积，其中密度对称参数 Q_ρ 定义为

$$Q_\rho = A_1 / A_2 \tag{4.1}$$

4.1.2 激波结构计算稳定性与网格敛散性分析

为定量研究不同控制方程和数值方法计算激波结构的稳定性，在固定长度计算域内对均匀网格逐级加密来获取不同方程能够稳定计算的最小网格尺寸（或最大网格数目）。稳定性研究对象为来流马赫数 20、温度 300 K、压力 1 atm条件下单原子气体一维激波。考量的方程类型包括 NS 方程、常规 Burnett 方程及作者所发展的简化常规 Burnett 方程，计算域范围为 30 个上游平均分子自由程。Fiscko[3] 在其博士论文中指出常规 Burnett 方程在计算麦克斯韦分子模型激波结构时，当上游马赫数大于 3.8 后便无法稳定收敛，但之后 Zhong 等[4]研究发现常规 Burnett 方程能够在一定网格条件下（$\lambda_1/\Delta X \leqslant 0.8$）获得马赫数 20 的麦克斯韦分子激波结构。因此还应分别考虑不同分子模型，包括硬球分子模型（hard-sphere model, HSM）与麦克斯韦分子模型（Maxwell model, MAM）对计算稳定性的影响。网格稳定性研究起始网格数为 10 个网格，最大网格数为1 000个，当计算域内网格数目等于 10 仍无法稳定收敛时，认定为该方法发散。不同方程和分子模型的计算稳定性结果汇总如表 4.1 所示。

表 4.1 不同控制方程网格信息

	最大网格数量	最大 $\lambda_1/\Delta X$
常规 Burnett 方程（MAM）	无法收敛	—
常规 Burnett 方程（HSM）	74	2.47
简化常规 Burnett 方程（MAM）	>1 000	>33.33
简化常规 Burnett 方程（HSM）	>1 000	>33.33
Navier-Stokes 方程（MAM）	>1 000	>33.33
Navier-Stokes 方程（HSM）	>1 000	>33.33

从上表计算结果可以看出，常规 Burnett 方程求解稳定性问题十分突出，尤其是麦克斯韦分子的常规 Burnett 方程在马赫数 20 条件下无法收敛，与 Fiscko 结论一致。但针对硬球分子模型，常规 Burnett 方程最大网格数目为 74，与 Fiscko 文献中最大网格数 150 存在一定差异，差异来源可能为数值通量分裂方

法和时间离散方法的不同。

为进一步研究网格敛散性以确定计算网格规模，采用简化常规 Burnett 方程研究了相同计算条件不同网格数目下硬球分子模型的激波结构，并选取对网格尺度最为敏感的激波密度对称参数 Q_ρ 作为考察量进行对比。图 4.2 给出了密度对称性参数 Q_ρ 随网格数量变化曲线。

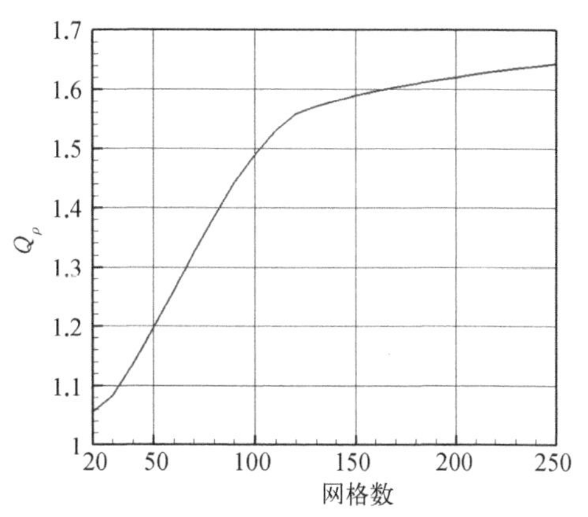

图 4.2　密度对称性参数随网格数量变化曲线

从图中可以看出，随着网格数量逐渐增加，密度对称参数 Q_ρ 逐渐趋于收敛，因此本节所有激波结构模拟计算域均为每 30 个平均分子自由程划分 200 个网格。

4.1.3　激波结构计算模拟

1. 一维氩气激波结构

单原子气体分子一维常规 Burnett 流动控制方程及本构关系为

$$\frac{\partial \boldsymbol{Q}}{\partial t}+\frac{\partial \boldsymbol{E}}{\partial x}+\frac{\partial \boldsymbol{E}_v}{\partial x}=0 \tag{4.2}$$

$$\boldsymbol{Q}=\begin{pmatrix}\rho \\ \rho u \\ \rho e\end{pmatrix},\ \boldsymbol{E}=\begin{pmatrix}\rho u \\ \rho u^2+p \\ \rho H u\end{pmatrix},\ \boldsymbol{E}_v=\begin{pmatrix}0 \\ \tau_{xx} \\ u\tau_{xx}+q_x\end{pmatrix} \tag{4.3}$$

$$\tau_{xx}=-\frac{4}{3}\mu\frac{\partial u}{\partial x}+\frac{\mu^2}{p}\begin{bmatrix}\left(\frac{2}{3}K_1-\frac{14}{9}K_2+\frac{2}{9}K_6\right)\left(\frac{\partial u}{\partial x}\right)^2-\frac{2}{3}K_2\frac{RT}{\rho}\frac{\partial^2\rho}{\partial x^2} \\ +\frac{2}{3}K_2\frac{RT}{\rho^2}\left(\frac{\partial \rho}{\partial x}\right)^2-\frac{2}{3}(K_2-K_4)\frac{R}{\rho}\frac{\partial \rho}{\partial x}\frac{\partial T}{\partial x} \\ +\frac{2}{3}(K_4+K_5)\frac{R}{T}\left(\frac{\partial T}{\partial x}\right)^2-\frac{2}{3}(K_2-K_3)R\frac{\partial^2 T}{\partial x^2}\end{bmatrix} \tag{4.4}$$

$$q_x = -\kappa \frac{\partial T}{\partial x} + \frac{\mu^2}{\rho} \begin{bmatrix} \left(\theta_1 + \frac{8}{3}\theta_2 + \frac{2}{3}\theta_3 + \frac{2}{3}\theta_5\right) \frac{1}{T} \frac{\partial u}{\partial x} \frac{\partial T}{\partial x} \\ + \frac{2}{3}(\theta_2 + \theta_4) \frac{\partial^2 u}{\partial x^2} + \frac{2}{3}\theta_3 \frac{1}{\rho} \frac{\partial \rho}{\partial x} \frac{\partial u}{\partial x} \end{bmatrix} \tag{4.5}$$

1) 类 STNM 方程

Lumpkin 和 Chapman[5] 曾证明仅保留 Burnett 方程高阶本构关系中的第一项能够获得 Burnett 方程的性质。

$$\tau_{xx} = -\frac{4}{3}\mu \frac{\partial u}{\partial x} + K \frac{\mu^2}{p} \left(\frac{\partial u}{\partial x}\right)^2 \tag{4.6}$$

$$q_x = -k \frac{\partial T}{\partial x} + \frac{\mu^2}{\rho} \frac{\vartheta}{T} \frac{\partial u}{\partial x} \frac{\partial T}{\partial x} \tag{4.7}$$

其中

$$K = 9.5, \ \vartheta = \theta_1 + \frac{8}{3}\theta_2 + \frac{2}{3}\theta_3 + \frac{2}{3}\theta_5 \tag{4.8}$$

上式称为简化非平衡平动模型(simplified translational non-equilibrium model, STNM)方法,其中速度梯度平方项前的系数 K 是由不同气体类型和转动模型确定的常数。除 SCB 方程外,本节还发展了类 STNM 方法,该方法认为一维常规 Burnett 方程中应力项速度梯度平方项前的系数 $\left(K = \frac{2}{3}K_1 - \frac{14}{9}K_2 + \frac{2}{9}K_6\right)$ 保持不变,从而保证方程形式的统一性,其本构关系为

$$\tau_{xx} = -\frac{4}{3}\mu \frac{\partial u}{\partial x} + \frac{\mu^2}{p}\left(\frac{2}{3}K_1 - \frac{14}{9}K_2 + \frac{2}{9}K_6\right)\left(\frac{\partial u}{\partial x}\right)^2 \tag{4.9}$$

$$q_x = -\kappa \frac{\partial T}{\partial x} + \frac{\mu^2}{\rho}\left[\left(\theta_1 + \frac{8}{3}\theta_2 + \frac{2}{3}\theta_3 + \frac{2}{3}\theta_5\right) \frac{1}{T} \frac{\partial u}{\partial x} \frac{\partial T}{\partial x}\right] \tag{4.10}$$

分子间作用力模型是分子动力学研究的重点内容,Maitland[6] 列举介绍了获得广泛应用的分子间作用力模型。Cousins 和 Shepherd[7] 采用 DSMC 方法研究了不同分子间作用力模型对高超声速激波结构的影响,并指出逆幂律分子模型(排斥力中心模型)在描述稀薄条件高超声速激波结构时最为准确,其作用力为

$$F=\frac{\bar{\kappa}}{r^{\eta}} \tag{4.11}$$

其中，r 表示分子间距离；$\bar{\kappa}$ 为逆幂律常数；η 为逆幂律幂次。由于激波将气流一部分动能转化为分子内能，使得气体温度急剧升高。在不同温度条件下分子作用力表现不尽相同：在温度较低时，分子间吸引力占主导地位，当温度较高时分子间排斥力占优[8]。因此逆幂律分子模型的数学特点使得其在激波结构模拟中较为准确。在此基础上，Chapman-Enskog 理论[9]指出逆幂律分子作用力模型下黏性系数与温度间的关系，其简化形式为

$$\mu=CT^{\left(\frac{1}{2}+\frac{2}{\eta-1}\right)} \tag{4.12}$$

其中，C 为常数，可由实验进行确定。以来流温度 300 K、压力 1 atm 条件为例[10]，实验测得氩气黏性系数为 $\mu_{Ar}=0.000\,022\,72\,\mathrm{N\cdot s/m^2}$，据此可求得常数值 $C=\dfrac{\mu_{ref}}{T_{ref}^{\left(\frac{1}{2}+\frac{2}{\eta-1}\right)}}$。式(4.12)中当 $\eta=5$ 对应为 Maxwell 分子模型，当 $\eta=\infty$ 对应为硬球分子模型，一般气体分子的 η 取值为 5～15。对于氩气 η 值的选择，许多文献[6, 11]进行了研究分析，这里选取 $\eta=10$ 作为氩气分子作用力模型，最终采用的氩气黏性系数为

$$\mu=\mu_{ref}\left(\frac{T}{T_{ref}}\right)^{0.72} \tag{4.13}$$

式(4.13)中其余参数值的选择如表 4.2 所示。

表 4.2　氩气物性参数表

	γ	Pr	$R/[\mathrm{m^2/(s^2\cdot K)}]$	T_{ref}/K	$\mu_{ref}/[\mathrm{kg/(s\cdot m)}]$
Ar	1.667	2/3	208.16	300	2.27×10^{-5}

此外，Burnett 方程系数也根据氩气黏性温度指数 $\omega=0.72$ 进行计算。

数值求解采用传统有限差分方法与显式时间推进格式，为充分降低数值黏性对激波厚度影响，无黏项离散采用 AUSMPW+差分格式，黏性项采用中心差分进行离散，时间推进采用显式三阶龙格库塔方法。

采用类 STNM 方法分别计算了来流温度 $T_0=300\,\mathrm{K}$，来流密度 $\rho_0=1.225\,\mathrm{kg/m^3}$ 时 $Ma=1.2$、2 和 3 三组条件下氩气激波结构。Ohwada[12]

也采用DSMC方法获得了相同状态下的计算结果，将类STNM方法计算结果与文献DSMC方法、NS方程及常规Burnett方程结果进行了对比，图4.3～图4.5给出了激波密度与温度分布曲线，其中纵坐标密度与温度采用波前参数进行无量纲，横坐标激波厚度采用波前分子平均自由程进行无量纲。

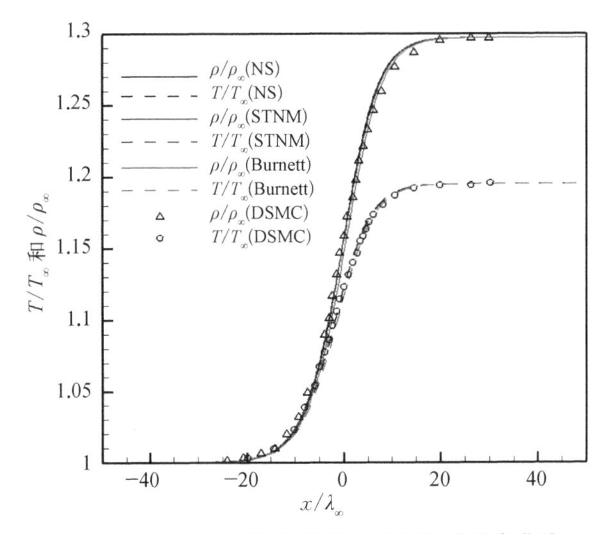

图4.3　$Ma=1.2$ 时氩气激波密度与温度分布曲线

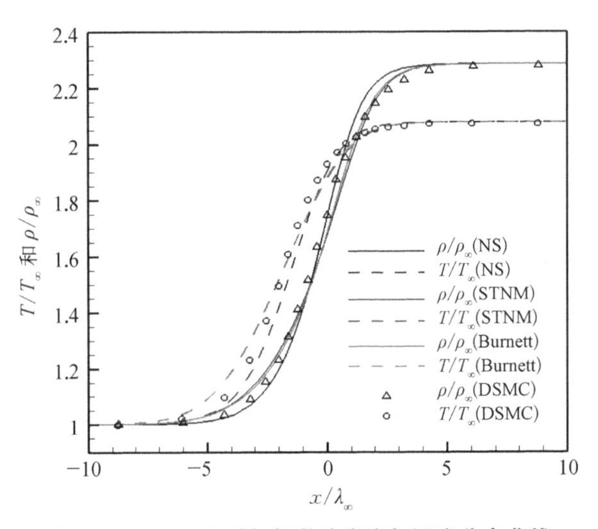

图4.4　$Ma=2.0$ 时氩气激波密度与温度分布曲线

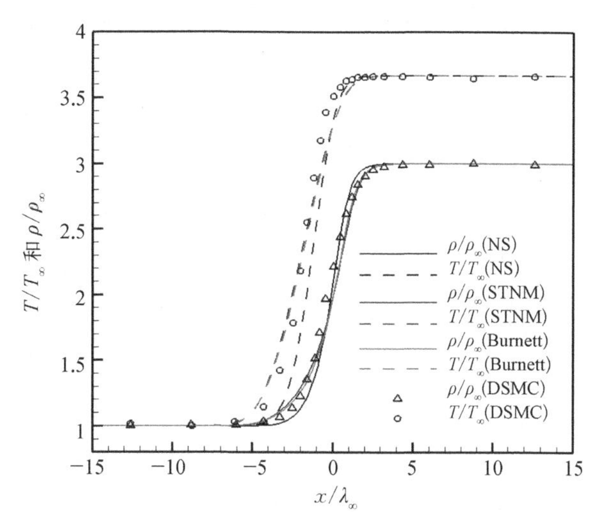

图 4.5　$Ma=3.0$ 时氩气激波密度与温度分布曲线

从图 4.3～图 4.5 可以看出：随着 Ma 数逐渐增大，NS 方程与其余几种方法激波结构之间的差异越来越显著，这是由于激波上游马赫数增大导致激波增强，激波后流动参数将在有限的厚度内产生更显著变化，因此由局部梯度特征尺度定义的 Kn 迅速增大，表现为激波内连续性失效愈发明显。此外，类 STNM 方法获得了与 DSMC 方法较为一致的计算结果且与常规 Burnett 方程的一致性证明其能够捕捉到 Burnett 方程的主要特点。

但是由于类 STNM 方法仅仅保留了二阶本构关系中的第一项，其物理意义和方程推导与简化常规 Burnett 方程相比缺乏理论上支撑，因此我们仍着重研究 SCB 方程。

2）简化常规 Burnett 方程

针对单原子氩气模型，高超声速简化常规 Burnett(SCB)方程的一维本构关系为

$$\tau_{xx}=-\frac{4}{3}\mu\frac{\partial u}{\partial x}+\frac{\mu^2}{p}\left(\frac{2}{3}K_1-\frac{14}{9}K_2+\frac{8}{27}K_6\right)\left(\frac{\partial u}{\partial x}\right)^2 \tag{4.14}$$

$$q_x=-\kappa\frac{\partial T}{\partial x}+\frac{\mu^2}{\rho}\left[\begin{aligned}&\left(\theta_1+\frac{8}{3}\theta_2+\frac{2}{3}\theta_3+\frac{2}{3}\theta_5\right)\frac{1}{T}\frac{\partial u}{\partial x}\frac{\partial T}{\partial x}\\&+\frac{2}{3}(\theta_2+\theta_4)\frac{\partial^2 u}{\partial x^2}+\frac{2}{3}\theta_3\frac{1}{\rho}\frac{\partial \rho}{\partial x}\frac{\partial u}{\partial x}\end{aligned}\right] \tag{4.15}$$

采用相同的数值计算方法，考虑单原子氩气分子当马赫数从 1.2 增加至 50，分别考察激波无量纲密度厚度倒数 ($\lambda_{\infty}/\delta_{\rho}$)、密度对称参数 ($Q_{\rho}$) 及无量纲温度密度分离距离 ($\Delta_{\rho T}/\lambda_{\infty}$) 随马赫数变化情况，并分别与 NS 方程、文献[3]中 DSMC 仿真结果及常规 Burnett 方程计算结果进行比对分析。

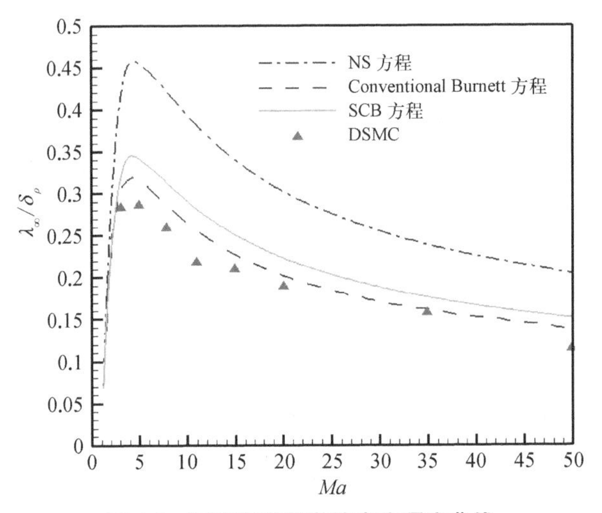

图 4.6　不同马赫数激波密度厚度曲线

图 4.6 表明马赫数为 1.2～50，简化常规 Burnett 方程及常规 Burnett 方程均与 DSMC 激波密度厚度结果趋近，NS 方程除在低马赫数条件下的结果较为准确外，高超声速条件下与 DSMC 仿真结果存在较大差异。简化常规 Burnett

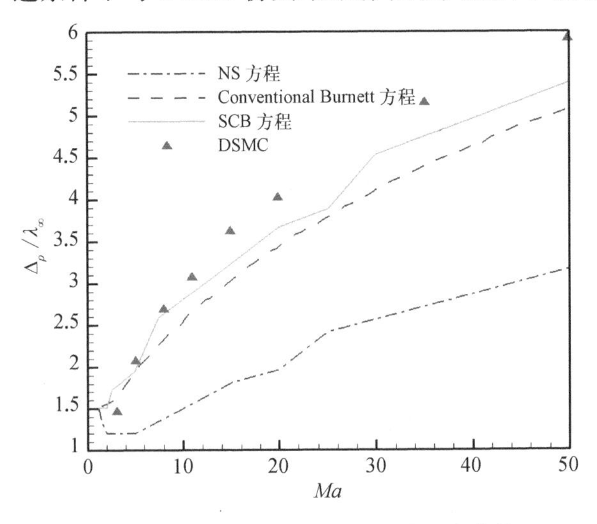

图 4.7　不同马赫数密度温度分离距离曲线

方程虽与 DSMC 方法仍有一定差异，但在 NS 方程的预测基础上有较大改善，且其与 DSMC 方法计算结果差异随马赫数变化不明显，可以满足工程应用需求。此外随马赫数增大，SCB 方程与常规 Burnett 方程及 DSMC 方法间差异逐渐缩小，反映出 SCB 方程中被舍去的高阶项随马赫数增大作用逐渐减小，也验证了前期无量纲化推导所得到的这些舍去的高阶项和一阶项比值与来流马赫数成反比的结论。

从图 4.7 计算得到的密度温度分离距离结果可以看出，与 DSMC 仿真结果相比，简化常规 Burnett 方程获得了比常规 Burnett 方程更为吻合的结果。但是对于图 4.8 的密度对称参数，SCB 方程并未获得让人满意的结果。值得注意的是，Fiscko[3] 为了获得 Maxwell 气体分子高马赫数激波结果，尝试忽略一维常规 Burnett 方程黏性应力项中的二阶密度导数项，通过对密度与温度分布曲线进行比对，去掉二阶密度导数项会使得十分敏感的激波密度对称参数 Q_ρ 发生较大程度改变，但却获得了更为重要的计算稳定性。这个结论与图 4.8 计算结果表现一致，恰好再次证明了 Burnett 方程中二阶密度导数项对激波密度对称参数 Q_ρ 的影响。简化常规 Burnett 方程与 Fiscko 的简化有相同之处，均保留了热流项并去掉了应力张量中的二阶密度倒数项。但不同的是，SCB 的简化是基于量纲分析与高马赫数条件假设，忽略了应力本构关系中除速度一阶导数平方项以外的其余项，其方程形式更为简洁、推导物理意义更加清晰。

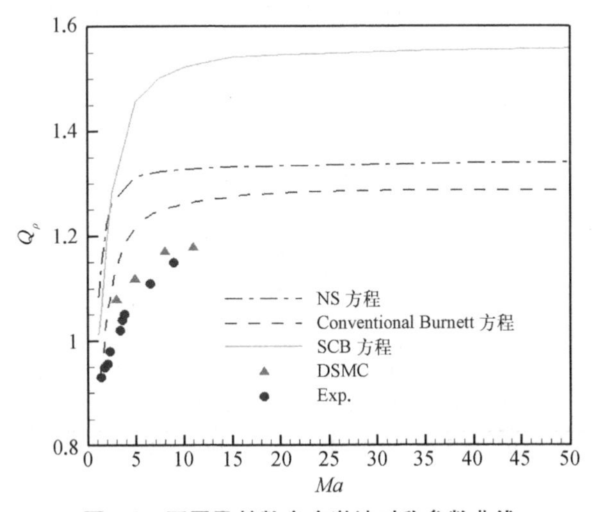

图 4.8　不同马赫数密度激波对称参数曲线

为研究不同马赫数条件下的激波内密度与温度分布情况，图 4.9～图 4.11 给出了马赫数 5、20 和 50 三组条件下简化常规 Burnett 方程、NS 方程密度与温度分布曲线，并与文献[3]中 DSMC 与常规 Burnett 方程模拟结果进行了对比。横坐标采用来流平均分子自由程进行无量纲化，纵坐标物理量采用归一化处理，处理方法为

$$\bar{\alpha} = \frac{\alpha - \alpha_2}{\alpha_1 - \alpha_2} \tag{4.16}$$

其中，α 表示流场宏观物理量(如温度、密度)；下标 1 与下标 2 分别表示波前与波后参数。

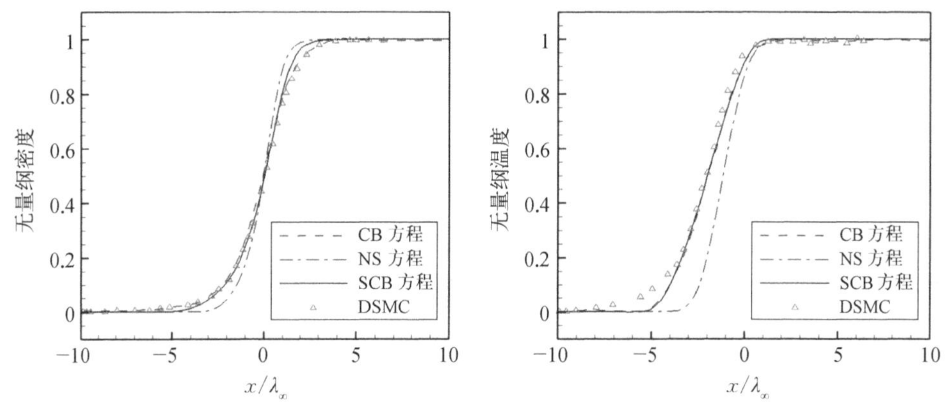

图 4.9　*Ma*=5.0 时氩气激波密度与温度分布曲线

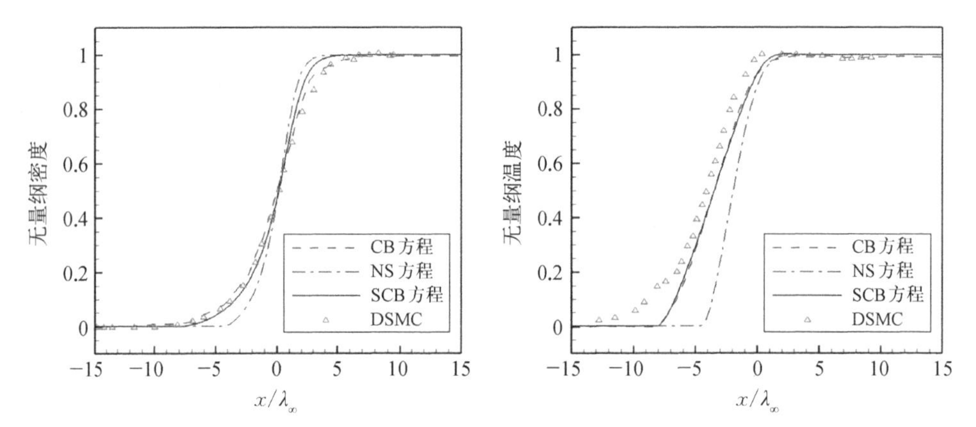

图 4.10　*Ma*=20.0 时氩气激波无量纲密度与温度分布曲线

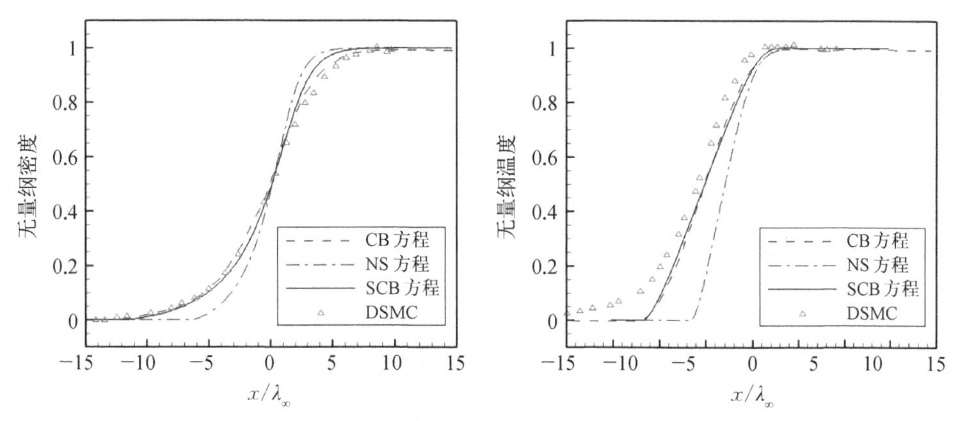

图 4.11 $Ma=50.0$ 时氩气激波无量纲密度与温度分布曲线

从不同马赫数氩气激波密度与温度分布曲线可以看出，连续流条件下适用的 NS 方程在高马赫数条件下的单原子气体激波结构模拟中与 DSMC 结果差距甚远，而常规 Burnett 方程与 SCB 方程均获得了与 DSMC 结果较为吻合的解。计算结果表明 SCB 方程本构关系能够应用于单原子气体一维激波结构计算。

2. 一维氮气激波结构

上节中氩气是单原子气体分子，因此其内能激发不用考虑转动能影响。但在稀薄过渡流条件下的双原子及多原子气体分子中，转动非平衡对流动的影响往往变得十分重要，这是由于在稀薄环境下气体分子平均碰撞时间显著增大，碰撞无法维持转动能平衡状态从而出现了分子转动特征时间增大，转动非平衡效应显著[13]。Chapman 等[14]就曾指出，稀薄效应对分子平均碰撞时间的影响将使得热力学非平衡效应愈发显著，在氮气激波结构数值计算中考虑转动非平衡与本构关系修正一样重要。Boyd 等[15]在研究连续性假设失效参数时也曾指出连续性失效准则包括两个方面，NS 方程在 Maxwellian 速度分布附近的小扰动假设失效及转动非平衡效应激发。在稀薄条件下，不仅气体分子转动能与平动能之间会出现热力学非平衡现象，还有可能出现不同方向平动能之间的非平衡效应[16]，但平动能间的非平衡并不在本书介绍范围之内，计算尚不予考虑。

对于双原子氮气分子，平动能、转动能及对应的定容比热表达式为

$$e_{\mathrm{tr}}=\frac{3}{2}RT,\quad c_{v,\mathrm{tr}}=\frac{3}{2}R,\quad e_{\mathrm{rot}}=RT,\quad c_{v,\mathrm{rot}}=R \tag{4.17}$$

因此平动热传导系数与转动热传导系数可分别表示为

$$\kappa_{\mathrm{tr}} = \mu \frac{5}{2} c_{v,\mathrm{tr}} = \frac{15}{4} \mu R \tag{4.18}$$

$$\kappa_{\mathrm{r}} = \mu c_{v,\mathrm{rot}} = \mu R \tag{4.19}$$

氮气黏性系数 μ 的计算仍采用逆幂律分子模型，其表达式为

$$\mu = \mu_{\mathrm{ref}} \left(\frac{T}{T_{\mathrm{ref}}} \right)^{0.62} \tag{4.20}$$

其中，黏性温度指数 $\omega = 0.62$。计算采用的物性参数见表 4.3。

表 4.3 氮气物性参数表

	γ	Pr	$R/[\mathrm{m}^2/(\mathrm{s}^2 \cdot \mathrm{K})]$	$T_{\mathrm{ref}}/\mathrm{K}$	$\mu_{\mathrm{ref}}/[\mathrm{kg}/(\mathrm{s} \cdot \mathrm{m})]$
N_2	1.4	0.72	296.72	273.11	1.66×10^{-5}

本节计算的三组氮气波前密度均为 1.225 $\mathrm{kg/m^3}$，波前温度均为 300 K，波前来流马赫数分别为 1.2、5、10。同时为考虑激波内转动非平衡效应的影响，流动控制方程增加了转动能非平衡输运方程。鉴于所计算氮气来流的马赫数较低及三温度物理模型准确性偏低，计算并未考虑气体分子振动能激发与氮气离解等化学反应。计算采用的转动能平衡松弛过程模型为 Landau-Teller-Jeans 松弛模型[17]，考虑平动-转动热力学非平衡的控制方程为

$$\frac{\partial \boldsymbol{Q}}{\partial t} + \frac{\partial \boldsymbol{E}}{\partial x} + \frac{\partial \boldsymbol{E}_v}{\partial x} = \mathrm{S} \tag{4.21}$$

$$\boldsymbol{Q} = \begin{pmatrix} \rho \\ \rho u \\ \rho e \\ \rho e_{\mathrm{r}} \end{pmatrix}, \quad \boldsymbol{E} = \begin{pmatrix} \rho u \\ \rho u^2 + p \\ \rho H u \\ \rho e_{\mathrm{r}} u \end{pmatrix}, \quad \boldsymbol{E}_v = \begin{pmatrix} 0 \\ \tau_{xx} \\ u \tau_{xx} + q_{\mathrm{tr}}^x + q_{\mathrm{r}}^x \\ q_{\mathrm{r}}^x \end{pmatrix}, \quad \boldsymbol{S} = \begin{pmatrix} 0 \\ 0 \\ 0 \\ \dfrac{\rho R}{Z_{\mathrm{R}} \tau} (T_{\mathrm{t}} - T_{\mathrm{r}}) \end{pmatrix} \tag{4.22}$$

$$q_{\mathrm{r}}^x = -\kappa_{\mathrm{r}} \frac{\mathrm{d} T_{\mathrm{r}}}{\mathrm{d} x} \tag{4.23}$$

对于 NS 方程本构关系为

$$\tau_{xx}=-\left[\frac{4}{3}+\frac{\pi}{4}(\gamma-1)^2 Z_R\right]\mu\frac{\partial u}{\partial x} \tag{4.24}$$

$$q_{tr}^x=-\kappa_{tr}\frac{\partial T_t}{\partial x} \tag{4.25}$$

对于类 STNM 方程，应力与热流本构关系式为

$$\tau_{xx}=-\left[\frac{4}{3}+\frac{\pi}{4}(\gamma-1)^2 Z_R\right]\mu\frac{\partial u}{\partial x}+\frac{\mu^2}{p}\left(\frac{2}{3}K_1-\frac{14}{9}K_2+\frac{2}{9}K_6\right)\left(\frac{\partial u}{\partial x}\right)^2 \tag{4.26}$$

$$q_{tr}^x=-\kappa_{tr}\frac{\partial T_t}{\partial x}+\frac{\mu^2}{\rho}\left[\left(\theta_1+\frac{8}{3}\theta_2+\frac{2}{3}\theta_3+\frac{2}{3}\theta_5\right)\frac{1}{T_t}\frac{\partial u}{\partial x}\frac{\partial T_t}{\partial x}\right] \tag{4.27}$$

对于 SCB 方程则有

$$\tau_{xx}=-\left[\frac{4}{3}+\frac{\pi}{4}(\gamma-1)^2 Z_R\right]\mu\frac{\partial u}{\partial x}+\frac{\mu^2}{p}\left(\frac{2}{3}K_1-\frac{14}{9}K_2+\frac{2}{9}K_6\right)\left(\frac{\partial u}{\partial x}\right)^2 \tag{4.28}$$

$$q_{tr}^x=-\kappa_{tr}\frac{\partial T_t}{\partial x}+\frac{\mu^2}{\rho}\left[\begin{array}{l}\left(\theta_1+\frac{8}{3}\theta_2+\frac{2}{3}\theta_3+\frac{2}{3}\theta_5\right)\frac{1}{T_t}\frac{\partial u}{\partial x}\frac{\partial T_t}{\partial x}\\+\frac{2}{3}(\theta_2+\theta_4)\frac{\partial^2 u}{\partial x^2}+\frac{2}{3}\theta_3\frac{1}{\rho}\frac{\partial \rho}{\partial x}\frac{\partial u}{\partial x}\end{array}\right] \tag{4.29}$$

方程源项中 $\tau=\mu/p$ 表示转动碰撞时间，Z_R 表示转动碰撞数目且与温度相关，其计算方法与 Parker 文献[18]公式一致：

$$Z_R=\frac{Z_R^\infty}{\left[1+\frac{\pi^{\frac{3}{2}}}{2}\left(\frac{T_{ref}}{T}\right)^{\frac{1}{2}}+\left(\frac{\pi^2}{4}+\pi\right)\left(\frac{T_{ref}}{T}\right)\right]} \tag{4.30}$$

其中，氮气 $Z_R^\infty=15.7$；$T_{ref}=80$ K。关于转动碰撞数目与松弛的实验拟合或理论计算方法文献较为广泛[19-23]，但已超出本书介绍范围，在此不予赘述。

图 4.12～图 4.14 给出了三组不同马赫数条件下氮气激波密度、温度分布曲线，其中 DSMC 计算采用 Boyd[15] 文献中计算结果，DSMC 方法也同时考虑了转动能非平衡影响，且本节转动能非平衡模型参数与文献保持一致以方便比较。

图 4.12 首先给出了来流马赫数 1.2 条件下考虑转动非平衡条件下 NS 方

程、类 STNM 方程、SCB 方程及文献 DSMC 计算所得到的激波结构，分别包含无量纲密度与温度分布曲线。其中纵坐标密度与温度均采用波前与波后参数进行无量纲处理[式(4.16)]，横坐标激波厚度采用波前分子平均自由程进行无量纲处理。密度分布曲线在马赫数较小时不同算法间差异性较小，NS 方程连续性假设仍可以继续得到保证。但温度分布曲线则出现了平动温度与转动温度之间的不匹配，平动温度在激波内相同位置高于转动温度值，即平动-转动能非平衡现象。但由于上游马赫数较低，其热力学非平衡效应较弱。与文献 DSMC 计算结果对比可以看出，SCB 方程与类 STNM 方程较 NS 方程均更趋近 DSMC 激波结构参数分布。

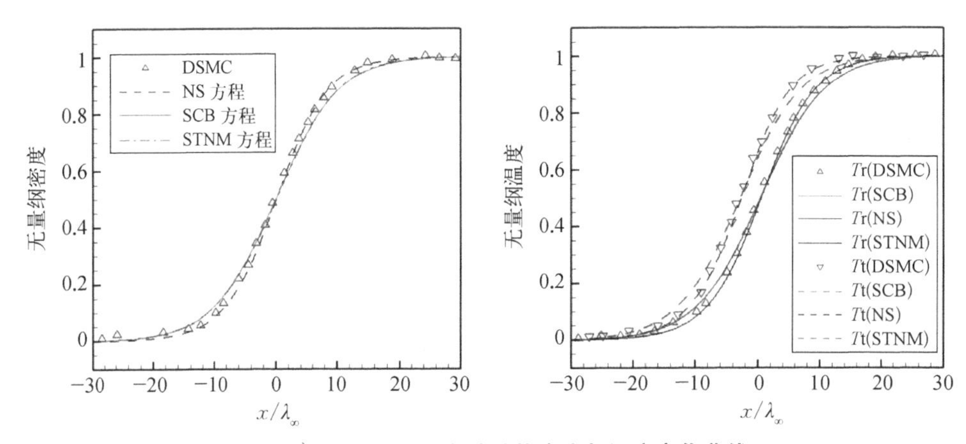

图 4.12 $Ma=1.2$ 时激波结构密度与温度变化曲线

随着上游马赫数逐渐增加，转动非平衡效应在激波内表现更加明显，不同算法间平动与转动温度分布差异变大。图 4.13 和图 4.14 给出了马赫数 5 和 10 激波密度与温度分布曲线，其表现趋势较为一致，但差异程度显然随马赫数升高而增大。对比 NS 方程激波内密度计算结果，SCB 与类 STNM 计算结果趋同且更贴近 DSMC 仿真结果，NS 方程连续性假设失效明显。转动温度与平动温度间差异愈发明显，这是由于高马赫数条件下流动特征时间减小，转动非平衡效应愈发凸显，平动能温度升高位置较转动能温度更远离物面并在波后出现小范围峰值，考虑转动能非平衡的三组控制方程均捕捉到了这一现象，但 NS 方程由于过度预测了当地黏性应力与热流，其激波厚度明显偏薄。结果表明所采用的类 STNM 与 SCB 方程均充分考虑了当地 Kn 对控制方程本构关系的影响进行修正，因而能够得到与 DSMC 更为吻合的激波内密度与温度变化曲线。

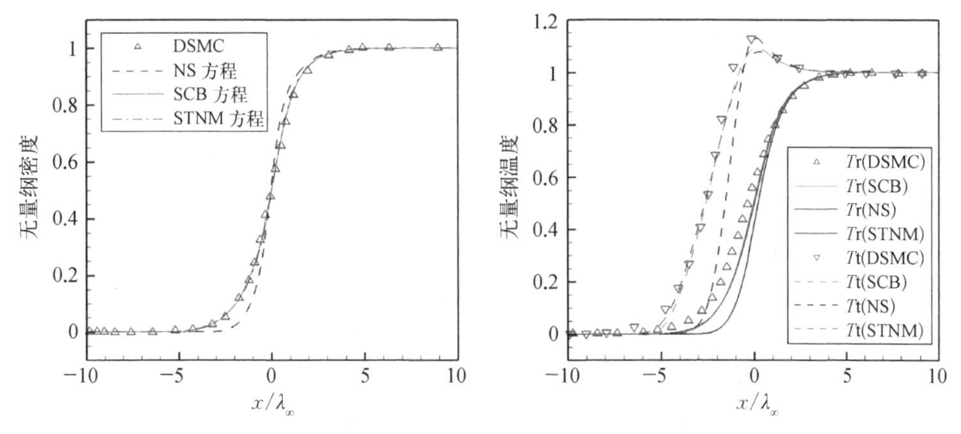

图 4.13　$Ma=5$ 时激波结构密度与温度变化曲线

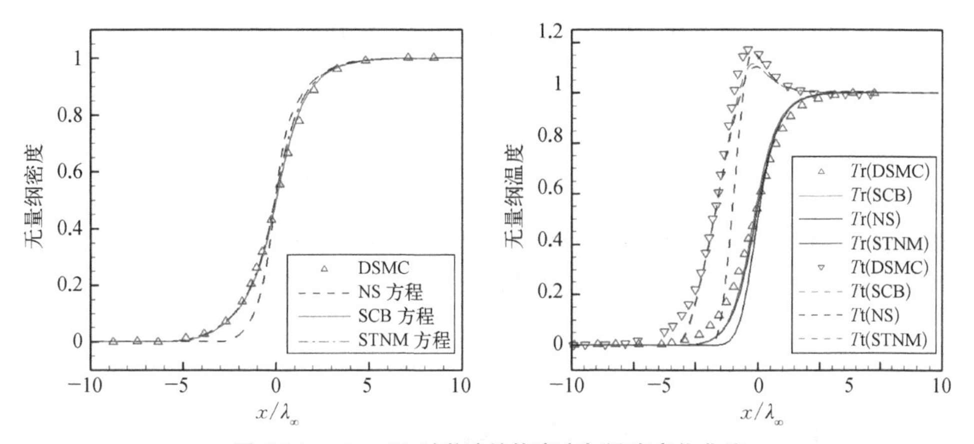

图 4.14　$Ma=10$ 时激波结构密度与温度变化曲线

图 4.15 还给出了激波管实验、DSMC 方法、NS 方程及作者所发展的类 STNM 方程、简化 Burnett 方程激波厚度倒数随马赫数变化曲线，实验数据分别来自 Alsmeyer[11] 与 Camac[24] 的结果。文献中纵坐标激波厚度倒数的定义与图 4.15 一致，表示归一化密度与采用平均分子自由程无量纲距离的导数最大值。

从激波厚度对比结果可以看出，DSMC、类 STNM 和 SCB 方程求解所得到的激波厚度与实验结果均十分吻合，而直接采用 NS 方程计算所得到的激波厚度在高马赫数条件下往往比试验结果更薄，与一般文献[25] 中所认为的稀薄流情况下 NS 方程黏性应力预测过度的定性结论一致。当马赫数较低时，不同方法预测厚度基本一致，但高马赫数条件下采用 SCB 与 STNM 计算得到的激波厚度与传统 NS 方程计算激波厚度相比得到明显改善，与实验值与 DSMC 结果趋

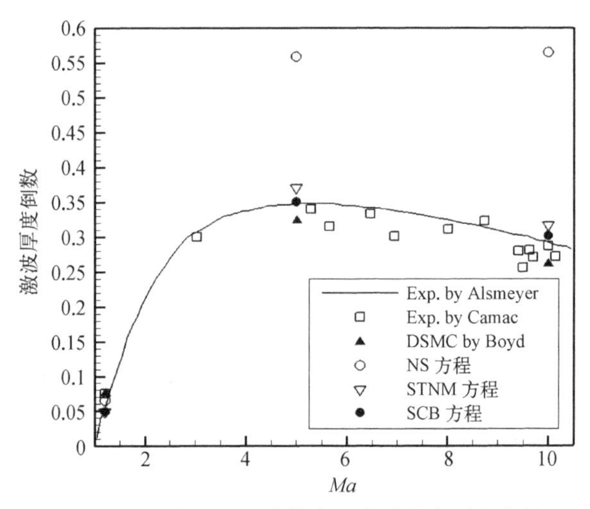

图 4.15　实验及不同计算方法激波厚度对比曲线

同。此外，SCB 方程过程中所体现的物理内涵较类 STNM 方法更胜一筹。

从双原子氮气分子激波计算可以看出，简化常规 Burnett 方程针对一维多原子气体非平衡条件下激波结构计算较 NS 方程获得了明显改善，尤其是针对高马赫数条件下激波内密度与温度分布的修正，使得计算结果更加趋近于实验与 DSMC 方法，这也与推导 SCB 方程的高超声速假设条件相吻合。

4.2　微尺度 Couette 流动问题

库特(Couette)流动又称为平板等温拖曳流，是微流体力学及多相流研究中一种简单但十分重要的准一维流动，可以用来校验流动控制方程与物面边界条件是否与真实物理模型相匹配。流动模型由两块无限大平行平板组成，其中一块平板固定，另一块平板以速度 V 相对平移，板间间距为 H，两板之间充满流体。所谓等温流动，是指上下两块板面壁温 T_{W} 为常数，但不意味流体与平板没有热交换。图 4.16 给出了 Couette 流动示意图。

以速度方向为 x 轴，垂直于平板方向为 y 轴，可以看出由于 Couette 流动在 x 轴正负方向都可以无限延伸，因此所有物理量对横坐标 x 的偏导数均为 0。若不考虑 x 轴方向压差，平板间流动的唯一驱动力为上平板运动所产生的黏性切应力且垂直于平板方向速度分量全部为 0。因此准一维定常 Couette 流动的

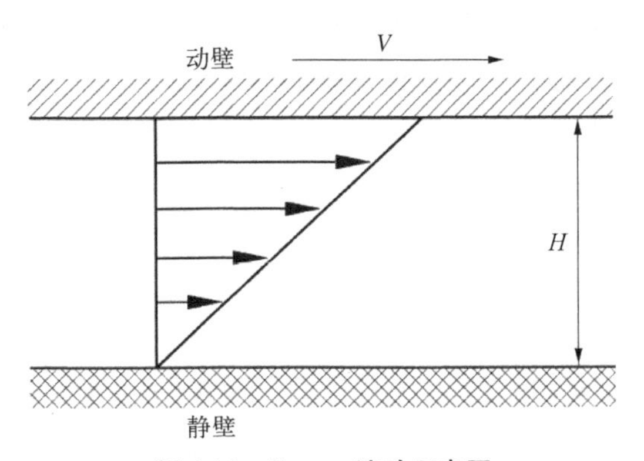

图 4.16　Couette 流动示意图

NS 方程表示为

$$\begin{cases}\dfrac{\mathrm{d}\tau_{xy}^{(1)}}{\mathrm{d}y}=0\\ \dfrac{\mathrm{d}p}{\mathrm{d}y}=0\\ \dfrac{\mathrm{d}}{\mathrm{d}y}\left(u\tau_{xy}^{(1)}-\kappa\dfrac{\mathrm{d}T}{\mathrm{d}y}\right)=0\end{cases}\tag{4.31}$$

其中，$\tau_{xy}^{(1)}=-\mu\dfrac{\mathrm{d}u}{\mathrm{d}y}$。若两板间压力为常数，则控制方程简化为

$$\begin{cases}\dfrac{\mathrm{d}^2u}{\mathrm{d}y^2}=0\\ \mu\left(\dfrac{\mathrm{d}u}{\mathrm{d}y}\right)^2+\kappa\dfrac{\mathrm{d}^2T}{\mathrm{d}y^2}=0\end{cases}\tag{4.32}$$

根据 NS 方程无滑移壁面边界条件，当 $y=H$ 时，气体速度为 $u(y)=V$，且 $T(y)=T_{\mathrm{W}}$，$T(0)=T_{\mathrm{W}}$，因此库特流动速度与温度分布解析解为

$$\begin{cases}u(y)=V\cdot\dfrac{y}{H}\\ T(y)=T_{\mathrm{W}}+\dfrac{\mu}{2\kappa}\left(\dfrac{V}{H}\right)^2(Hy-y^2)\end{cases}\tag{4.33}$$

可以看出库特流速度呈线性分布，温度在两板中间达到最大值。由于流动特征长度为板间距 H，若两板间距逐渐减小，可使得流动 Kn 逐渐增大至滑移流

区。采用滑移边界条件的壁面气体速度为 u_s，由于本构关系保持不变，因此板间速度仍保持线性分布。但是随着 Kn 继续增大至过渡流区域($Kn>0.1$)，NS 方程本构关系已无法准确描述板间流动，即连续性假设失效。从 Boltzmann 方程的 Chapman-Enskog 近似展开也可以看出，随着气体稀薄程度的增大，应力张量及热流与速度梯度和温度梯度的线性本构关系发生变化，高阶非线性项随 Kn 增大逐渐占据重要影响。

针对准一维 Couette 流动，由于连续性假设失效导致努森层内速度分布非线性化，通常采用的 NS 方法与一阶 Maxwell 滑移边界条件虽考虑了物面滑移的影响，但所得到的努森层内速度分布与物面滑移速度并不准确。Lockerby 和 Reese[26] 在研究滑移边界条件时针对这一问题提出了努森层内黏性系数修正方法来获得更为准确的速度分布与物面滑移速度，但修正是基于努森层内 Cercignani 对切应力均匀分布的平板界面线性波尔兹曼方程求解，只能应用于漫反射物面的低马赫数与低努森数流动，但该方法的意义在于提出了采用修正气体黏性系数的思路，从而在不改变 NS 方程本构关系的基础上获得连续性假设失效区域的流场真实物理解。Lockerby 同时还采用高分辨率格式在 Couette 流动中求解了准一维 Burnett 方程，并分别采用了一阶与二阶滑移边界条件，计算结果表明，当 $Kn<0.1$ 时 Burnett 方程与 DSMC 数值计算结果较为一致，进一步验证了稀薄条件下 Chapman-Enskog 展开中二阶应力张量的影响与意义，但当 Kn 进入过渡区后 Burnett 方程仍与 DSMC 计算结果差距较大且稳定性较差。Xue 等[27, 28] 开展了库特流动中 Burnett 方程与 DSMC 方法的对比，研究分析了不同计算方法的速度与温度分布特性，但在计算过程中也同样出现了线性失稳问题。包福兵[29] 开展了 Burnett 方程 Couette 流全努森数数值计算，在 $Kn=0.3$ 时仍和 DSMC 十分吻合，还同时与 IP 方法进行了对比。

本节应用麦克斯韦单原子气体分子的常规 Burnett 方程并采用三对角矩阵(tridiagonal matrix algorithm, TDMA)算法计算准一维 Couette 流动，计算并分析了不同 Kn 对库特流速度分布与温度分布的影响，重点开展了 Burnett 方程物面滑移边界条件研究，将采用不同滑移边界条件时物面摩阻及热流与文献 DSMC 结果进行对比，研究 Burnett 方程准确、稳定的边界描述。

4.2.1 控制方程

在准一维 Couette 流动中，控制方程的动量方程和能量方程仅包含应力项 τ_{xy}、τ_{yy} 与热流项 q_y，Burnett 方程一般形式的控制方程为

$$
\begin{cases}
\dfrac{\mathrm{d}}{\mathrm{d}y}(\tau_{xy})=0 \\
\dfrac{\mathrm{d}}{\mathrm{d}y}(p+\tau_{yy})=0 \\
\dfrac{\mathrm{d}}{\mathrm{d}y}(u\tau_{xy}+q_{y})=0
\end{cases}
\tag{4.34}
$$

其中，应力项与热流项分别为

$$
\begin{aligned}
&\tau_{xy}=\tau_{xy}^{(0)}+\tau_{xy}^{(1)}+\tau_{xy}^{(2)}=-\mu\frac{\partial u}{\partial y}+\tau_{xy}^{(2)} \\
&\tau_{yy}=\tau_{yy}^{(0)}+\tau_{yy}^{(1)}+\tau_{yy}^{(2)}=\tau_{yy}^{(2)} \\
&q_{y}=q_{y}^{(0)}+q_{y}^{(1)}+q_{y}^{(2)}=-\kappa\frac{\partial T}{\partial y}+q_{y}^{(2)}
\end{aligned}
\tag{4.35}
$$

常规 Burnett 方程高阶应力与热流项分别为

$$
\begin{aligned}
&\tau_{xy}^{(2)}=0,\quad q_{y}^{(2)}=0 \\
&\tau_{yy}^{(2)}=\frac{\mu^{2}}{p}\left[\begin{array}{l}\alpha_{1}\left(\dfrac{\mathrm{d}u}{\mathrm{d}y}\right)^{2}+\alpha_{2}R\dfrac{\mathrm{d}^{2}T}{\mathrm{d}y^{2}}+\alpha_{3}\dfrac{RT}{\rho}\dfrac{\mathrm{d}^{2}\rho}{\mathrm{d}y^{2}} \\ +\alpha_{4}\dfrac{RT}{\rho^{2}}\left(\dfrac{\mathrm{d}\rho}{\mathrm{d}y}\right)^{2}+\alpha_{5}\dfrac{R}{\rho}\dfrac{\mathrm{d}\rho}{\mathrm{d}y}\dfrac{\mathrm{d}T}{\mathrm{d}y}+\alpha_{6}\dfrac{R}{T}\left(\dfrac{\mathrm{d}T}{\mathrm{d}y}\right)^{2}\end{array}\right]
\end{aligned}
\tag{4.36}
$$

其中，对单原子气体分子 $Pr=\mu c_{p}/\kappa=2/3$，分子间作用力模型采用逆幂律模型，则有黏性系数与温度的幂次成正比，如式(4.12)。当采用 Maxwell 气体模型时，黏性温度指数 $\omega=1$，式(4.36)中 Burnett 系数分别为

$$
\alpha_{1}=-\frac{2}{3},\ \alpha_{2}=\frac{2}{3},\ \alpha_{3}=-\frac{4}{3},\ \alpha_{4}=\frac{4}{3},\ \alpha_{5}=-\frac{4}{3},\ \alpha_{6}=2 \tag{4.37}
$$

对控制方程进行无量纲化处理，无量纲形式为

$$
\begin{aligned}
&\bar{y}=\frac{p_{1}y}{\mu_{1}a_{1}},\ \bar{u}=\frac{u}{a_{1}},\ \bar{p}=\frac{p}{p_{1}},\ \bar{\rho}=\frac{\rho a_{1}^{2}}{p_{1}},\ \bar{T}=\frac{c_{p}T}{a_{1}^{2}},\ \bar{\mu}=\frac{\mu}{\mu_{1}}, \\
&\bar{\kappa}=\frac{\kappa}{\mu_{1}c_{p}},\ \bar{c_{v}}=\frac{c_{v}}{c_{p}},\ \bar{R}=\frac{R}{c_{p}}
\end{aligned}
\tag{4.38}
$$

其中，下标 1 表示静止下壁面处的流动参数，无量纲后控制方程为

$$\begin{cases}\dfrac{\mathrm{d}\overline{T}}{\mathrm{d}\overline{y}}\dfrac{\mathrm{d}\overline{u}}{\mathrm{d}\overline{y}}+\overline{T}\dfrac{\mathrm{d}^2\overline{u}}{\mathrm{d}\,\overline{y}^2}=0\\[2ex]\dfrac{2}{5}\overline{T}\dfrac{\mathrm{d}\overline{\rho}}{\mathrm{d}\overline{y}}+\dfrac{2}{5}\overline{\rho}\dfrac{\mathrm{d}\overline{T}}{\mathrm{d}\overline{y}}+\dfrac{\mathrm{d}\tau_{yy}^{(2)}}{\mathrm{d}\overline{y}}=0\\[2ex]\dfrac{2}{3}\overline{T}\left(\dfrac{\mathrm{d}\overline{u}}{\mathrm{d}\overline{y}}\right)^2+\left(\dfrac{\mathrm{d}\overline{T}}{\mathrm{d}\overline{y}}\right)^2+\overline{T}\dfrac{\mathrm{d}^2\overline{T}}{\mathrm{d}\,\overline{y}^2}=0\end{cases}\tag{4.39}$$

同理，增广 Burnett 控制方程为

$$\begin{cases}\dfrac{\mathrm{d}}{\mathrm{d}y}\left(-\mu\dfrac{\mathrm{d}u}{\mathrm{d}y}+\tau_{xy}^{(2)}\right)=0\\[2ex]\dfrac{\mathrm{d}}{\mathrm{d}y}(p+\tau_{yy}^{(2)})=0\\[2ex]\dfrac{\mathrm{d}}{\mathrm{d}y}\left(-\mu u\dfrac{\mathrm{d}u}{\mathrm{d}y}+u\tau_{xy}^{(2)}-\kappa\dfrac{\mathrm{d}T}{\mathrm{d}y}+q_y^{(2)}\right)=0\end{cases}\tag{4.40}$$

其中，高阶应力与热流项分别为

$$\tau_{xy}^{(2)}=\beta_1\frac{\mu^3}{p^2}RT\frac{\mathrm{d}^3u}{\mathrm{d}y^3}\tag{4.41}$$

$$\tau_{yy}^{(2)}=\frac{\mu^2}{p}\left[\begin{aligned}&\alpha_1\left(\frac{\mathrm{d}u}{\mathrm{d}y}\right)^2+\alpha_2R\frac{\mathrm{d}^2T}{\mathrm{d}y^2}+\alpha_3\frac{RT}{\rho}\frac{\mathrm{d}^2\rho}{\mathrm{d}y^2}\\&+\alpha_4\frac{RT}{\rho^2}\left(\frac{\mathrm{d}\rho}{\mathrm{d}y}\right)^2+\alpha_5\frac{R}{\rho}\frac{\mathrm{d}\rho}{\mathrm{d}y}\frac{\mathrm{d}T}{\mathrm{d}y}+\alpha_6\frac{R}{T}\left(\frac{\mathrm{d}T}{\mathrm{d}y}\right)^2\end{aligned}\right]\tag{4.42}$$

$$q_y^{(2)}=\frac{\mu^3}{p\rho}R\left(\gamma_1\frac{\mathrm{d}^3u}{\mathrm{d}y^3}+\gamma_2\frac{T}{\rho}\frac{\mathrm{d}^3\rho}{\mathrm{d}y^3}\right)\tag{4.43}$$

其中，Burnett 系数为

$$\beta_1=\frac{1}{6},\ \gamma_1=-\frac{2}{3},\ \gamma_2=\frac{2}{3}\tag{4.44}$$

采用相同的无量纲方法得到的无量纲增广 Burnett 方程，此处不再赘述。

4.2.2 边界条件

在过渡流域由于壁面无滑移边界已经不再适用，因此 NS 方程滑移流区计算通常采用一阶与二阶滑移边界条件。Burnett 方程边界条件从数学理论上来讲由于阶数提高，需要引入额外的边界条件进行描述，但迄今为止学术界尚未明确给出这个边界条件，所有文献中 Burnett 方程计算往往还是采用一阶或二阶滑移边界作为其物面描述。本节计算所采用的滑移边界条件包括 Maxwell/Smoluchowski[30]一阶滑移模型、二阶 M/S 滑移模型与 Hisa 和 Domoto[31]提出的二阶滑移模型，其中一阶 M/S 滑移模型为

$$u_s - u_w = \frac{2-\sigma_u}{\sigma_u}\lambda \left.\frac{du}{dy}\right|_w \tag{4.45}$$

$$T_s - T_w = \frac{2-\sigma_T}{\sigma_T}\frac{2\gamma}{Pr(\gamma+1)}\lambda \left.\frac{dT}{dy}\right|_w \tag{4.46}$$

其中，σ_u 和 σ_T 分别表示速度与温度适应系数，当适应系数取 0 时表示完全镜面反射，取 1 时表示完全漫反射。

Hisa 和 Domoto 根据实验测量提出的二阶滑移边界条件为

$$u_s - u_w = \frac{2-\sigma_u}{\sigma_u}\left(\lambda \left.\frac{du}{dy}\right|_w - \frac{1}{2}\lambda^2 \left.\frac{d^2u}{dy^2}\right|_w\right) \tag{4.47}$$

$$T_s - T_w = \frac{2-\sigma_T}{\sigma_T}\frac{2\gamma}{Pr(\gamma+1)}\left(\lambda \left.\frac{dT}{dy}\right|_w - \frac{1}{2}\lambda^2 \left.\frac{d^2T}{dy^2}\right|_w\right) \tag{4.48}$$

其中，σ_u 和 σ_T 分别表示速度与温度适应系数。无论是一阶还是二阶滑移边界条件，均通过求解控制方程来确定物面滑移速度与温度跳跃量值。但由于计算迭代过程中滑移速度大小变化过于剧烈，Lockerby[26]和包福兵[29]采用边界松弛方法进行计算并取得了较好的计算稳定性。

$$u_s^{new} = u_s^{old} + R_f(u_s - u_s^{old}) \tag{4.49}$$

其中，R_f 为迭代松弛因子。

4.2.3　计算方法

分别对控制方程中 x 方向动量方程、y 方向动量方程及能量方程采用 TDMA 方法进行迭代求解，其中通过 x 方向动量方程迭代计算水平方向速度 u 分布，能量方程迭代计算得到温度 T 分布。但是由于 y 方向动量方程中出现了三阶差分项，因此求解需要考虑额外的边界条件。Xue[28]在文献中通过对 y 方

向动量方程进行积分降阶得到

$$p+\tau_{yy}^{(2)}=C \tag{4.50}$$

其中,C 为常数。当 Kn 趋于 0 时,常数 C 在边界上等于物面压力即 $C=p_{\mathrm{w}}$,若假设 C 不随 Kn 而变化,则额外的边界条件可取为 $C=p_1$,y 方向动量方程即可表示为

$$p+\tau_{yy}^{(2)}=p_1 \tag{4.51}$$

其中,p_1 为静止平板物面压力。因此,在一个内迭代步骤求得速度与温度后通过式(4.51)可求得密度。控制方程中所有导数离散均采用中心差分方法,在计算边界上的点采用内侧单向差分。以常规 Burnett 方程中能量方程为例,TDMA 方法步骤可以表示为

$$A_i T_i=B_i T_{i+1}+C_i T_{i-1}+D_i \tag{4.52}$$

其中

$$\begin{cases}A_i=2.0\\B_i=1.0\\C_i=1.0\\D_i=\dfrac{(u_{i+1}-u_{i-1})^2}{6}+\dfrac{(T_{i+1}-T_{i-1})^2}{4T_i}\end{cases} \tag{4.53}$$

其中,$i=1,\ 2,\ 3,\ \cdots,\ N$,且 D_i 及边界中的速度与温度均为上一迭代步中的值。当 $i=2$ 时有 $A_2T_2=B_2T_3+C_2T_1+D_2$,其中物面边界温度 T_1 已知。简化后递推关系为

$$T_{i-1}=P_{i-1}T_i+Q_{i-1} \tag{4.54}$$

其中

$$P_i=\frac{B_i}{A_i-C_i P_{i-1}},\ Q_i=\frac{D_i+C_i Q_{i-1}}{A_i-C_i P_{i-1}},\ P_1=\frac{B_1}{A_1},\ Q_1=\frac{D_1}{A_1} \tag{4.55}$$

同时由于 $i=N$ 时物面边界条件已知,因此可以迭代求得法向所有网格点上的温度。同理求解 x 与 y 方向动量方程,可迭代得到速度与密度,三组方程反复迭代直至完全收敛。

4.2.4　算例分析

图 4.17 给出了流动介质为单原子氩气，上壁面移动速度 0.5 马赫，壁面温度 273 K 条件下，常规 Burnett 方程不考虑滑移边界条件下不同 Kn 库特流密度分布曲线。

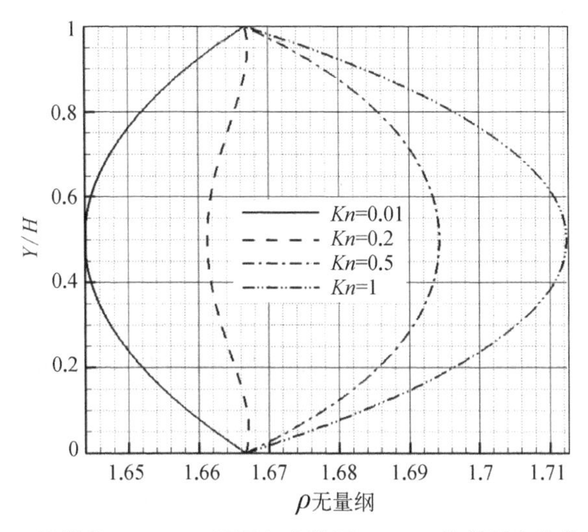

图 4.17　无滑移 $Ma=0.5$ 不同努森数下 Couette 流截面密度分布曲线

由于无滑移边界条件显然不能应用于滑移过渡流数值计算，因此采用 Hsia 发展的二阶滑移边界条件对 Burnett 方程不同 Kn 条件下密度、温度与速度分布进行了对比，见图 4.18～图 4.20。

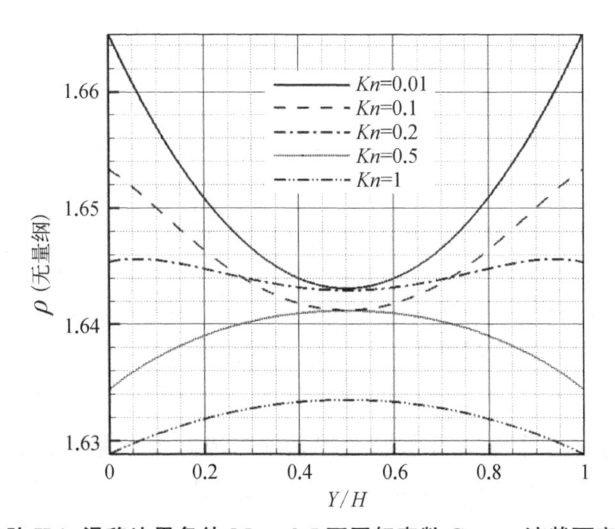

图 4.18　二阶 Hsia 滑移边界条件 $Ma=0.5$ 不同努森数 Couette 流截面密度分布曲线

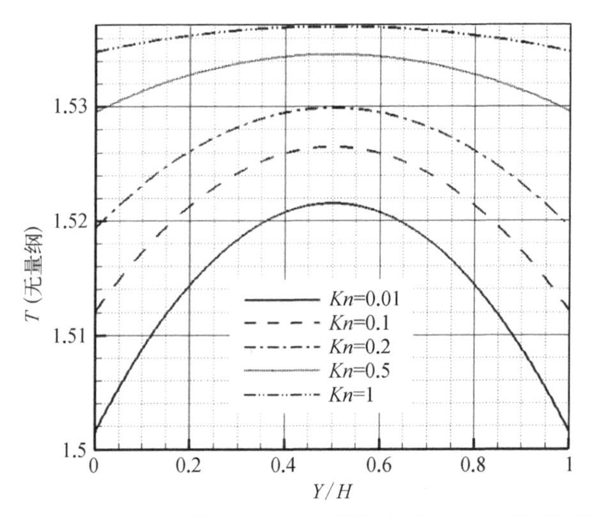

图 4.19　二阶 Hsia 滑移边界条件 $Ma=0.5$ 不同努森数 Couette 流截面温度分布曲线

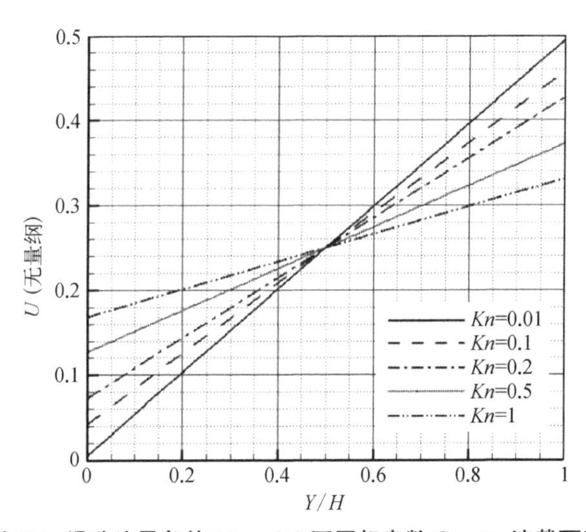

图 4.20　二阶 Hsia 滑移边界条件 $Ma=0.5$ 不同努森数 Couette 流截面速度分布曲线

从图中趋势可以看出，随着 Kn 逐渐增大，物面滑移速度愈发显著且温度跳跃愈发明显，密度分布规律发生明显变化。为更好分析 Burnett 方程与 NS 方程描述 Couette 流动的差异，还对比分析了不同 Kn 条件下($0.01<Kn<1$)物面热流与摩阻分布曲线。同时由于滑移边界条件的选择对热流摩阻计算产生较大影响，因此还对比了不同滑移边界条件下的计算结果。图 4.21 中 DSMC 计算结果分别采用了 Nanbu[32] 和 Xue[27] 的文献值，两组 DSMC 结果趋同。

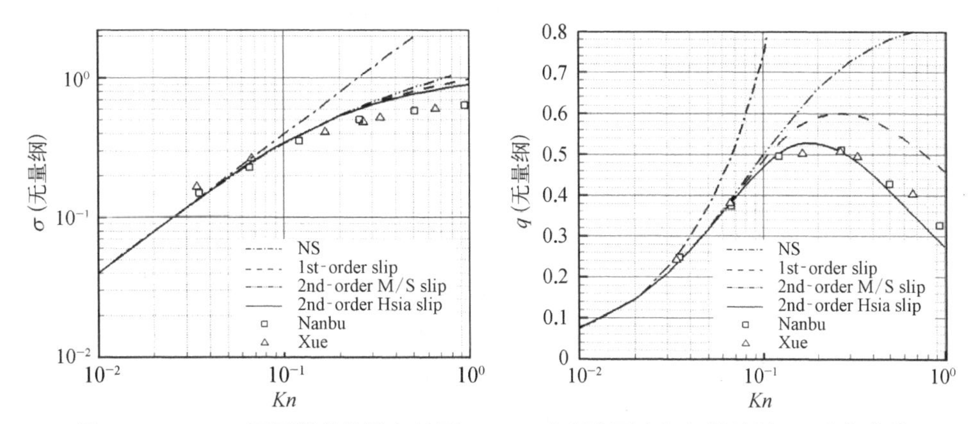

图 4.21 $Ma=3$ 不同滑移边界条件下 Burnett 方程物面摩阻与热流随 Kn 变化曲线

随 Kn 变化的热流与摩阻曲线可以看出，当 Kn 较小时，无论 NS 方程或不同滑移条件的 Burnett 方程都能获得与 DSMC 较为吻合的结果。但随着 Kn 的逐渐增大，NS 方程的摩阻结果与其他方法表现出显著的差异，Burnett 方程的结果与 DSMC 较为一致，且滑移边界的选择似乎对结果影响较小。但是对更为敏感的热流而言，不同滑移边界条件对大 Kn 下热流的预测产生显著差异，其中二阶 Hsia 滑移边界条件预测最为准确，一阶 M/S 滑移边界条件也获得了与 DSMC 方法趋势一致的变化曲线，然而二阶 M/S 滑移边界条件在大 Kn 条件下与 DSMC 相比出现较大偏差。Lockerby 和 Reese[26] 也采用二阶 M/S 滑移边界条件计算了相同条件下的 Burnett 方程库特流动，计算得到的结果与上述结果基本一致，均表现为二阶 M/S 滑移边界更加偏离 DSMC 方法的结果，其根本原因在于一阶 M/S 已经过度描述了物面滑移效应，而二阶模型在一阶基础上更放大了误差导致最终计算结果精度较差。

考虑到 Burnett 方程耦合二阶滑移边界条件将较大程度增大计算量且数值稳定性难以保证，且二阶边界条件引入从根本上并未改变连续性方程线性本构关系的特点，也没有从数学上对高阶 Burnett 方程进行理论支撑。如图 4.21 摩阻与热流计算结果所示，部分二阶模型与一阶模型相比虽有所改善，但效果有限，部分二阶模型甚至计算得到了比一阶模型更糟糕的结果。因此在 Burnett 方程，甚至 NS 方程边界条件数学描述尚不明确的前提下，我们仍将与绝大多数文献保持一致，采用较为成熟的一阶 M/S 滑移边界条件。

综上，前两节通过计算不同来流条件一维激波结构与经典准一维库特流动两组典型算例，分别对二阶 Burnett 方程的本构关系及物面边界条件展开了验证。NS方程、类SNTM方程、不同类型Burnett方程与文献实验结果及DSMC计算结果比对表明，Burnett方程高阶本构关系对连续性假设失效的滑移过渡流域一维流动的描述要优于采用滑移边界条件的NS方程，且类SNTM方法也能够捕捉到高阶本构关系的特点，对NS方程进行有效修正。本书作者提出的简化Burnett方程在一维单原子及双原子气体激波结构算例中不仅获得了不逊色于常规Burnett方程的模拟结果，同时克服了网格加密导致常规Burnett方程线性失稳的关键问题。此外针对Burnett方程边界条件数学理论不完备的特点，采用常规Burnett方程配合一阶M/S滑移模型、二阶M/S滑移模型及二阶Hsia滑移边界条件对上壁面移动马赫数0.5的库特流动进行了计算。计算结果表明，二阶M/S滑移边界条件不能获得优于一阶滑移边界条件的结果，二阶Hsia滑移边界条件与一阶模型相比有所改善，但综合考虑计算效率以及稳定性，现阶段Burnett方程数值计算仍应采用成熟的一阶M/S滑移边界条件，针对二阶Chapman-Enskog展开的高阶物面滑移边界条件尚有待进一步研究。

4.3 量热完全气体Burnett方程形式

虽然前述章节已经对Burnett方程线性稳定性进行了细致的介绍与分析，并通过典型一维激波结构及准一维库特流对方程本构关系及边界条件进行了初步验证，但对于滑移过渡流条件下高超声速飞行器气动预测与流场模拟，工程更为关注的是计算方法能否在三维条件下给出更趋近于DSMC或实验的数据结果。因此，本章后续内容将重点介绍如何构造三维Burnett方程量热完全气体数值计算方法，并基于SCB方程和有限体积方法，针对二维与三维连续流、滑移流及部分过渡流条件下圆柱、球头、钝锥、空心扩张圆管及尖双锥飞行器等典型外形高超声速绕流进行数值计算，并与文献DSMC或实验数据进行相关验证与流场分析。

在笛卡儿直角坐标系下，对于连续介质分别应用质量、动量、能量守恒方程得到的完全气体三维非定常Burnett流动控制方程为

$$\frac{\partial \boldsymbol{Q}}{\partial t}+\frac{\partial \boldsymbol{E}}{\partial x}+\frac{\partial \boldsymbol{F}}{\partial y}+\frac{\partial \boldsymbol{G}}{\partial z}+\frac{\partial \boldsymbol{E}_v}{\partial x}+\frac{\partial \boldsymbol{F}_v}{\partial y}+\frac{\partial \boldsymbol{G}_v}{\partial z}=0 \tag{4.56}$$

式中，$\boldsymbol{Q}$为求解矢量；$\boldsymbol{E}$、$\boldsymbol{F}$、$\boldsymbol{G}$为无黏通量；$\boldsymbol{E}_v$、$\boldsymbol{F}_v$、$\boldsymbol{G}_v$为黏性通量。对应表达式分别为

$$
\boldsymbol{Q}=\begin{bmatrix}\rho\\ \rho u\\ \rho v\\ \rho w\\ \rho E\end{bmatrix},\ \boldsymbol{E}=\begin{bmatrix}\rho u\\ \rho u^{2}+p\\ \rho uv\\ \rho uw\\ (\rho E+p)u\end{bmatrix},\ \boldsymbol{F}=\begin{bmatrix}\rho v\\ \rho uv\\ \rho v^{2}+p\\ \rho vw\\ (\rho E+p)v\end{bmatrix},\ \boldsymbol{G}=\begin{bmatrix}\rho w\\ \rho uw\\ \rho vw\\ \rho w^{2}+p\\ (\rho E+p)w\end{bmatrix}
$$

$$
\boldsymbol{E}_{v}=\begin{bmatrix}0\\ \tau_{xx}\\ \tau_{yx}\\ \tau_{zx}\\ q_{x}+u_{i}\tau_{xi}\end{bmatrix},\ \boldsymbol{F}_{v}=\begin{bmatrix}0\\ \tau_{xy}\\ \tau_{yy}\\ \tau_{zy}\\ q_{y}+u_{j}\tau_{yj}\end{bmatrix},\ \boldsymbol{G}_{v}=\begin{bmatrix}0\\ \tau_{xz}\\ \tau_{yz}\\ \tau_{zz}\\ q_{z}+u_{k}\tau_{zk}\end{bmatrix} \tag{4.57}
$$

对于不考虑转动能非平衡的气体分子，式(4.57)中一阶黏性剪切应力张量 τ_{ij} 及 Fourier 热流项 q_i 的具体表达式为

$$
\tau_{xx}=-\mu\left(2\frac{\partial u}{\partial x}-\frac{2}{3}\nabla\cdot\mathbf{V}\right),\quad \tau_{xy}=\tau_{yx}=-\mu\left(\frac{\partial u}{\partial y}+\frac{\partial v}{\partial x}\right) \tag{4.58}
$$

$$
\tau_{yy}=-\mu\left(2\frac{\partial v}{\partial y}-\frac{2}{3}\nabla\cdot\mathbf{V}\right),\quad \tau_{zx}=\tau_{xz}=-\mu\left(\frac{\partial u}{\partial z}+\frac{\partial w}{\partial x}\right) \tag{4.59}
$$

$$
\tau_{zz}=-\mu\left(2\frac{\partial w}{\partial z}-\frac{2}{3}\nabla\cdot\mathbf{V}\right),\quad \tau_{yz}=\tau_{zy}=-\mu\left(\frac{\partial v}{\partial z}+\frac{\partial w}{\partial y}\right) \tag{4.60}
$$

$$
q_{x}=-\kappa\frac{\partial T}{\partial x},\quad q_{y}=-\kappa\frac{\partial T}{\partial y},\quad q_{z}=-\kappa\frac{\partial T}{\partial z} \tag{4.61}
$$

其中，体积黏性系数定义为

$$
\lambda=-\frac{2}{3}\mu \tag{4.62}
$$

简化常规 Burnett 方程的高阶应力与热流项分别为

$$
\tau_{ij}^{(2)}=K_{1}\frac{\mu^{2}}{p}\frac{\partial u_{k}}{\partial x_{k}}\overline{\frac{\partial u_{i}}{\partial x_{j}}}+K_{2}\frac{\mu^{2}}{p}\left[-\overline{\frac{\partial u_{k}}{\partial x_{i}}\frac{\partial u_{j}}{\partial x_{k}}}-2\overline{\overline{\frac{\partial u_{i}}{\partial x_{k}}}\frac{\partial u_{k}}{\partial x_{j}}}\right]+K_{6}\frac{\mu^{2}}{p}\overline{\overline{\frac{\partial u_{i}}{\partial x_{k}}}\frac{\partial u_{k}}{\partial x_{j}}} \tag{4.63}
$$

$$q_i^{(2)}=\theta_1\frac{\mu^2}{\rho T}\frac{\partial u_k}{\partial x_k}\frac{\partial T}{\partial x_i}+\theta_2\frac{\mu^2}{\rho T}\left[\frac{2}{3}\frac{\partial}{\partial x_i}\left(T\frac{\partial u_k}{\partial x_k}\right)+2\frac{\partial u_k}{\partial x_i}\frac{\partial T}{\partial x_k}\right]$$
$$+\left(\theta_3\frac{\mu^2}{\rho p}\frac{\partial p}{\partial x_k}+\theta_4\frac{\mu^2}{\rho}\frac{\partial}{\partial x_k}+\theta_5\frac{\mu^2}{\rho T}\frac{\partial T}{\partial x_k}\right)\overline{\frac{\partial u_k}{\partial x_i}} \tag{4.64}$$

此外,封闭控制方程的物理关系式还包括气体状态方程 $p=\rho RT$ 及单位质量气体总能定义关系 $E=\frac{p}{(\gamma-1)\rho}+\frac{1}{2}(u^2+v^2+w^2)$。

黏性项中的气体分子动力黏性系数 μ (dynamic visosity)可采用逆幂律黏性计算公式进行计算。逆幂律分子作用力模型下黏性系数与温度间的关系的简化形式为

$$\mu=CT^{\left(\frac{1}{2}+\frac{2}{\eta-1}\right)} \tag{4.65}$$

其中,C 为常数,可由实验进行确定。当 $\eta=5$ 时对应为 Maxwell 分子模型;当 $\eta=\infty$ 时对应为硬球分子模型。此外若考虑增加分子间弱引力,将得到更为真实的萨特兰(Sutherland)层流动力黏性系数公式,其表达式为 $\frac{\mu}{\mu_{\text{ref}}}=\left(\frac{T}{T_{\text{ref}}}\right)^{1.5}\left(\frac{T_{\text{ref}}+T_{\text{su}}}{T+T_{\text{su}}}\right)$,其中 $T_{\text{su}}=124\ \text{K}$, $\mu_{\text{ref}}=1.716\,1\times10^{-5}\ \text{Pa}\cdot\text{s}$, $T_{\text{ref}}=273.16\ \text{K}$, μ_{ref} 是 273.16 K 时空气动力黏性系数。热传导系数 κ 一般通过 Pr 进行计算,即

$$\kappa=\frac{\mu C_p}{Pr}=\frac{\mu\gamma R}{(\gamma-1)Pr} \tag{4.66}$$

对于完全气体层流 $Pr=0.72$。

在矢量形式流动控制方程式(4.57)中,ρ、p、T、e、E、H、h 分别表示气体密度、压强、温度以及单位质量内能、总能、总焓、焓值。总能与总焓有 $\rho E+p=\rho H$ 关系,其中 $H=E+\frac{p}{\rho}$, $h=e+\frac{p}{\rho}$。单位质量总能(比总能) $E=e+\frac{1}{2}(u^2+v^2+w^2)$, u、v、w 分别为 x、y、z 方向速度。对于量热完全气体比内能与压强和密度之间有简单的关系式 $e=C_vT=\frac{1}{\gamma-1}\frac{p}{\rho}$,单位质量焓值(比焓)

与压强和密度之间有简单的关系式 $h=C_p T=e+\dfrac{p}{\rho}=\dfrac{\gamma}{\gamma-1}\dfrac{p}{\rho}$。

对于考虑转动能非平衡的双原子气体分子，在笛卡儿直角坐标系下的 Burnett 方程为

$$\frac{\partial \boldsymbol{Q}}{\partial t}+\frac{\partial \boldsymbol{E}}{\partial x}+\frac{\partial \boldsymbol{F}}{\partial y}+\frac{\partial \boldsymbol{G}}{\partial z}+\frac{\partial \boldsymbol{E}_v}{\partial x}+\frac{\partial \boldsymbol{F}_v}{\partial y}+\frac{\partial \boldsymbol{G}_v}{\partial z}=\boldsymbol{S} \tag{4.67}$$

式中，$\boldsymbol{Q}$ 为求解矢量；$\boldsymbol{E}$、$\boldsymbol{F}$、$\boldsymbol{G}$ 为无黏通量；$\boldsymbol{E}_v$、$\boldsymbol{F}_v$、$\boldsymbol{G}_v$ 为黏性通量；$\boldsymbol{S}$ 表示转动能生成源项，其表达式分别为

$$\boldsymbol{Q}=\begin{bmatrix}\rho\\ \rho u\\ \rho v\\ \rho w\\ \rho E\\ \rho e_{\mathrm{r}}\end{bmatrix},\ \boldsymbol{E}=\begin{bmatrix}\rho u\\ \rho u^2+p\\ \rho uv\\ \rho uw\\ (\rho E+p)u\\ \rho e_{\mathrm{r}} u\end{bmatrix},\ \boldsymbol{F}=\begin{bmatrix}\rho v\\ \rho uv\\ \rho v^2+p\\ \rho vw\\ (\rho E+p)v\\ \rho e_{\mathrm{r}} v\end{bmatrix},\ \boldsymbol{G}=\begin{bmatrix}\rho w\\ \rho uw\\ \rho vw\\ \rho w^2+p\\ (\rho E+p)w\\ \rho e_{\mathrm{r}} w\end{bmatrix}$$

$$\boldsymbol{E}_v=\begin{bmatrix}0\\ \tau_{xx}\\ \tau_{yx}\\ \tau_{zx}\\ q_{\mathrm{tr}}^x+q_{\mathrm{r}}^x+u_i\tau_{xi}\\ q_{\mathrm{r}}^x\end{bmatrix},\ \boldsymbol{F}_v=\begin{bmatrix}0\\ \tau_{xy}\\ \tau_{yy}\\ \tau_{zy}\\ q_{\mathrm{tr}}^y+q_{\mathrm{r}}^y+u_j\tau_{yj}\\ q_{\mathrm{r}}^y\end{bmatrix}$$

$$\boldsymbol{G}_v=\begin{bmatrix}0\\ \tau_{xz}\\ \tau_{yz}\\ \tau_{zz}\\ q_{\mathrm{tr}}^z+q_{\mathrm{r}}^z+u_k\tau_{zk}\\ q_{\mathrm{r}}^z\end{bmatrix},\ \boldsymbol{S}=\begin{bmatrix}0\\ 0\\ 0\\ 0\\ 0\\ \dfrac{\rho R}{Z_{\mathrm{R}}\tau}(T_{\mathrm{t}}-T_{\mathrm{r}})\end{bmatrix} \tag{4.68}$$

其中

$$q_{\mathrm{r}}^{x}=-\kappa_{\mathrm{r}}\frac{\partial T_{\mathrm{r}}}{\partial x},\ q_{\mathrm{r}}^{y}=-\kappa_{\mathrm{r}}\frac{\partial T_{\mathrm{r}}}{\partial y},\ q_{\mathrm{r}}^{z}=-\kappa_{\mathrm{r}}\frac{\partial T_{\mathrm{r}}}{\partial z} \tag{4.69}$$

对于 SCB 方程,其应力项与平动热流项分别为

$$\begin{aligned}\tau_{ij}&=\tau_{ij}^{(0)}+\tau_{ij}^{(1)}+\tau_{ij}^{(2)}\\&=\tau_{ij}^{(1)}+K_1\frac{\mu^2}{p}\frac{\partial u_k}{\partial x_k}\overline{\frac{\partial u_i}{\partial x_j}}+K_2\frac{\mu^2}{p}\left(-\overline{\frac{\partial u_k}{\partial x_i}\frac{\partial u_j}{\partial x_k}}-2\overline{\overline{\frac{\partial u_i}{\partial x_k}}\frac{\partial u_k}{\partial x_j}}\right)+K_6\frac{\mu^2}{p}\overline{\overline{\frac{\partial u_i}{\partial x_k}\frac{\partial u_k}{\partial x_j}}}\end{aligned} \tag{4.70}$$

$$\begin{aligned}q_i&=q_i^{(0)}+q_i^{(1)}+q_i^{(2)}\\&=-\kappa_{\mathrm{tr}}\frac{\partial T_{\mathrm{t}}}{\partial x_i}+\theta_1\frac{\mu^2}{\rho T_{\mathrm{t}}}\frac{\partial u_k}{\partial x_k}\frac{\partial T_{\mathrm{t}}}{\partial x_i}+\theta_2\frac{\mu^2}{\rho T_{\mathrm{t}}}\left[\frac{2}{3}\frac{\partial}{\partial x_i}\left(T_{\mathrm{t}}\frac{\partial u_k}{\partial x_k}\right)+2\frac{\partial u_k}{\partial x_i}\frac{\partial T_{\mathrm{t}}}{\partial x_k}\right]\\&\quad+\left(\theta_3\frac{\mu^2}{\rho p}\frac{\partial p}{\partial x_k}+\theta_4\frac{\mu^2}{\rho}\frac{\partial}{\partial x_k}+\theta_5\frac{\mu^2}{\rho T}\frac{\partial T_{\mathrm{t}}}{\partial x_k}\right)\overline{\frac{\partial u_k}{\partial x_i}}\end{aligned} \tag{4.71}$$

$$\begin{aligned}&\tau_{xx}^{(1)}=-\mu\left\{2\frac{\partial u}{\partial x}-\left[\frac{2}{3}-\frac{\pi}{4}(\gamma-1)^2 Z_{\mathrm{R}}\right]\nabla\cdot V\right\}\\&\tau_{xy}^{(1)}=\tau_{yx}^{(1)}=-\mu\left(\frac{\partial u}{\partial y}+\frac{\partial v}{\partial x}\right)\end{aligned} \tag{4.72}$$

$$\begin{aligned}&\tau_{yy}^{(1)}=-\mu\left\{2\frac{\partial v}{\partial y}-\left[\frac{2}{3}-\frac{\pi}{4}(\gamma-1)^2 Z_{\mathrm{R}}\right]\nabla\cdot V\right\}\\&\tau_{zx}^{(1)}=\tau_{xz}^{(1)}=-\mu\left(\frac{\partial u}{\partial z}+\frac{\partial w}{\partial x}\right)\end{aligned} \tag{4.73}$$

$$\begin{aligned}&\tau_{zz}^{(1)}=-\mu\left\{2\frac{\partial w}{\partial z}-\left[\frac{2}{3}-\frac{\pi}{4}(\gamma-1)^2 Z_{\mathrm{R}}\right]\nabla\cdot V\right\}\\&\tau_{yz}^{(1)}=\tau_{zy}^{(1)}=-\mu\left(\frac{\partial v}{\partial z}+\frac{\partial w}{\partial y}\right)\end{aligned} \tag{4.74}$$

其中,体积黏性系数表达式为

$$\lambda=-\left[\frac{2}{3}-\frac{\pi}{4}(\gamma-1)^2 Z_{\mathrm{R}}\right]\mu \tag{4.75}$$

对于双原子气体分子平动能、转动能及对应的定容比热表达式分别为

$$e_{\mathrm{tr}}=\frac{3}{2}RT,\ c_{v,\mathrm{tr}}=\frac{3}{2}R,\ e_{\mathrm{rot}}=RT,\ c_{v,\mathrm{rot}}=R \tag{4.76}$$

平动热传导系数与转动热传导系数分别为

$$\kappa_{\mathrm{tr}}=\mu\ \frac{5}{2}c_{v,\mathrm{tr}}=\frac{15}{4}\mu R \tag{4.77}$$

$$\kappa_{\mathrm{r}}=\mu c_{v,\mathrm{rot}}=\mu R \tag{4.78}$$

与稳定性分析及激波结构计算章节表述一致，平动-转动能量松弛模型也采用 Landau-Teller-Jeans 松弛模型[33]，其中控制方程式(4.68)中 Z_R 与 τ 分别表示平均转动松弛碰撞数与平均碰撞时间，Z_R 是平动温度函数且计算采用式(4.30)。

选取特征长度 L、来流声速 a_∞、来流密度 ρ_∞、来流分子黏性系数 μ_∞ 等变量对 Burnett 方程进行无量纲化。对流动参数进行无量纲化有利于减小计算中的截断误差(程序有限计算精度导致)及独立分析如马赫数、雷诺数、普朗特数等流动特征量对流动的影响。

$$\begin{cases}\bar{x}=\dfrac{x}{L},\ \bar{y}=\dfrac{y}{L},\ \bar{u}=\dfrac{u}{a_\infty},\ \bar{v}=\dfrac{v}{a_\infty},\ \bar{p}=\dfrac{p}{\rho_\infty a_\infty^2},\ \bar{\rho}=\dfrac{\rho}{\rho_\infty}\\ \bar{T}=\dfrac{T}{T_\infty},\ \bar{\mu}=\dfrac{\mu}{\mu_\infty},\ \bar{e}=\dfrac{e}{a_\infty^2},\ \bar{h}=\dfrac{h}{a_\infty^2},\ \bar{t}=\dfrac{t}{L/a_\infty},\ \bar{\kappa}=\dfrac{\kappa}{\kappa_\infty}\end{cases} \tag{4.79}$$

其中，上标“-”为无量纲变量。

将无量纲量代入式(4.56)，最终得到的无量纲形式 Burnett 方程为(无量纲化上标已忽略)

$$\frac{\partial \boldsymbol{Q}}{\partial t}+\frac{\partial \boldsymbol{E}}{\partial x}+\frac{\partial \boldsymbol{F}}{\partial y}+\frac{\partial \boldsymbol{G}}{\partial z}+\frac{Ma_\infty}{Re_\infty}\left(\frac{\partial \boldsymbol{E}_v}{\partial x}+\frac{\partial \boldsymbol{F}_v}{\partial y}+\frac{\partial \boldsymbol{G}_v}{\partial z}\right)=0 \tag{4.80}$$

无量纲控制方程的表达形式与有量纲方程基本一致，式中 $\boldsymbol{Q}$、$\boldsymbol{E}$、$\boldsymbol{F}$、$\boldsymbol{G}$ 的表达式同有量纲形式一致。但黏性通量 $\boldsymbol{E}_v$、$\boldsymbol{F}_v$、$\boldsymbol{G}_v$ 中应力张量与热流项表示为

$$\begin{aligned}\tau_{ij}&=\tau_{ij}^{(1)}+\left(\frac{Ma_\infty}{Re_\infty}\right)\tau_{ij}^{(2)}\\ q_i&=q_i^{(1)}+\left(\frac{Ma_\infty}{Re_\infty}\right)q_i^{(2)}\end{aligned} \tag{4.81}$$

若为三阶超 Burnett 方程或增广 Burnett 方程，其应力张量与热流项表达式分别为

$$
\begin{aligned}
\tau_{ij} &= \tau_{ij}^{(1)} + \left(\frac{Ma_{\infty}}{Re_{\infty}}\right)\tau_{ij}^{(2)} + \left(\frac{Ma_{\infty}}{Re_{\infty}}\right)^2 \tau_{ij}^{(3)} \\
q_i &= q_i^{(1)} + \left(\frac{Ma_{\infty}}{Re_{\infty}}\right) q_i^{(2)} + \left(\frac{Ma_{\infty}}{Re_{\infty}}\right)^2 q_i^{(3)}
\end{aligned}
\tag{4.82}
$$

其中，雷诺数 $Re_{\infty} = \dfrac{\rho_{\infty} U_{\infty} L}{\mu_{\infty}}$，$Ma_{\infty}$ 为自由来流马赫数。无量纲后发生变化的关系式有：由于状态方程 $\bar{p} = \dfrac{\bar{\rho}\bar{T}}{\gamma} = \bar{\rho}\bar{R}\bar{T}$，因此无量纲气体常数为 $\bar{R} = \dfrac{R}{a_{\infty}^2/T_{\infty}} = \dfrac{R}{\gamma R T_{\infty}/T_{\infty}} = \dfrac{1}{\gamma}$，采用无量纲气体常数可以极大地简化方程变形复杂程度。无量纲定压与定容比热容表达式分别为 $\bar{c}_p = \dfrac{\gamma \bar{R}}{\gamma - 1}$，$\bar{c}_v = \dfrac{R}{\gamma - 1}$。在热流项中，SCB 方程的一阶热流项较为特殊，其无量纲后的形式变化为：$\overline{q_x^{(1)}} = -\dfrac{\bar{\mu}\bar{c}_p}{Pr}\dfrac{\partial \bar{T}}{\partial \bar{x}}$，$\overline{q_y^{(1)}} = -\dfrac{\bar{\mu}\bar{c}_p}{Pr}\dfrac{\partial \bar{T}}{\partial \bar{y}}$，$\overline{q_z^{(1)}} = -\dfrac{\bar{\mu}\bar{c}_p}{Pr}\dfrac{\partial \bar{T}}{\partial \bar{z}}$。

流场计算域一般比较复杂，为了更好地揭示流场特征（特别是物面附近努森层内的流动现象），需要生成多块贴体网格并对局部区域网格进行加密。因此数值离散要求计算前将物理网格变换到均匀的计算网格上。由笛卡儿坐标系 (x, y, z, t) 到计算坐标系 (ξ, η, ζ, τ) 的变换关系可表示为

$$
\begin{cases}
\tau = t \\
\xi = \xi(x, y, z, t) \\
\eta = \eta(x, y, z, t) \\
\zeta = \zeta(x, y, z, t)
\end{cases}
\tag{4.83}
$$

由复合函数链式求导法则，最终变换后的流动控制方程为

$$
\frac{\partial \tilde{\boldsymbol{Q}}}{\partial \tau} + \frac{\partial \tilde{\boldsymbol{E}}}{\partial \xi} + \frac{\partial \tilde{\boldsymbol{F}}}{\partial \eta} + \frac{\partial \tilde{\boldsymbol{G}}}{\partial \zeta} + \frac{\partial \tilde{\boldsymbol{E}}_v}{\partial \xi} + \frac{\partial \tilde{\boldsymbol{F}}_v}{\partial \eta} + \frac{\partial \tilde{\boldsymbol{G}}_v}{\partial \zeta} = 0 \tag{4.84}
$$

其中

$$\tilde{\boldsymbol{Q}}=\frac{1}{J}\boldsymbol{Q} \tag{4.85}$$

$$\begin{cases}\tilde{\boldsymbol{E}}=\dfrac{1}{J}(\xi_t\boldsymbol{Q}+\xi_x\boldsymbol{E}+\xi_y\boldsymbol{F}+\xi_z\boldsymbol{G})\\ \tilde{\boldsymbol{F}}=\dfrac{1}{J}(\eta_t\boldsymbol{Q}+\eta_x\boldsymbol{E}+\eta_y\boldsymbol{F}+\eta_z\boldsymbol{G})\\ \tilde{\boldsymbol{G}}=\dfrac{1}{J}(\zeta_t\boldsymbol{Q}+\zeta_x\boldsymbol{E}+\zeta_y\boldsymbol{F}+\zeta_z\boldsymbol{G})\end{cases} \tag{4.86}$$

$$\begin{cases}\tilde{\boldsymbol{E}}_v=\dfrac{1}{J}(\xi_x\boldsymbol{E}_v+\xi_y\boldsymbol{F}_v+\xi_z\boldsymbol{G}_v)\\ \tilde{\boldsymbol{F}}_v=\dfrac{1}{J}(\eta_x\boldsymbol{E}_v+\eta_y\boldsymbol{F}_v+\eta_z\boldsymbol{G}_v)\\ \tilde{\boldsymbol{G}}_v=\dfrac{1}{J}(\zeta_x\boldsymbol{E}_v+\zeta_y\boldsymbol{F}_v+\zeta_z\boldsymbol{G}_v)\end{cases} \tag{4.87}$$

J 是坐标系间的体积变换系数（$J\,\mathrm{d}x\,\mathrm{d}y\,\mathrm{d}z\,\mathrm{d}t=\mathrm{d}\xi\,\mathrm{d}\eta\,\mathrm{d}\zeta\,\mathrm{d}\tau$）及雅克比矩阵行列式：

$$J=\frac{\partial(\xi,\eta,\zeta,\tau)}{\partial(x,y,z,t)}=\begin{vmatrix}\xi_x & \xi_y & \xi_z & \xi_t\\ \eta_x & \eta_y & \eta_z & \eta_t\\ \zeta_x & \zeta_y & \zeta_z & \zeta_t\\ 0 & 0 & 0 & 1\end{vmatrix} \tag{4.88}$$

$$J^{-1}=\frac{1}{J}=\frac{\partial(x,y,z,t)}{\partial(\xi,\eta,\zeta,\tau)}=\begin{vmatrix}x_\xi & x_\eta & x_\zeta & x_\tau\\ y_\xi & y_\eta & y_\zeta & y_t\\ z_\xi & z_\eta & z_\zeta & z_t\\ 0 & 0 & 0 & 1\end{vmatrix} \tag{4.89}$$

对应的变换系数(网格变换导数)表示为

$$\xi_x=J(y_\eta z_\zeta-y_\zeta z_\eta),\quad \xi_y=J(x_\zeta z_\eta-x_\eta z_\zeta) \tag{4.90}$$

$$\xi_z=J(x_\eta y_\zeta-x_\zeta y_\eta),\quad \xi_t=-(x_\tau\xi_x+y_\tau\xi_y+z_\tau\xi_z) \tag{4.91}$$

$$\eta_x=J(y_\zeta z_\xi-y_\xi z_\zeta),\quad \eta_y=J(x_\xi z_\zeta-x_\zeta z_\xi) \tag{4.92}$$

$$\eta_z=J(x_\zeta y_\xi-x_\xi y_\zeta),\quad \eta_t=-(x_\tau\eta_x+y_\tau\eta_y+z_\tau\eta_z) \tag{4.93}$$

$$\zeta_x = J(y_\xi z_\eta - y_\eta z_\xi), \quad \zeta_y = J(x_\eta z_\xi - x_\xi z_\eta) \tag{4.94}$$

$$\zeta_z = J(x_\xi y_\eta - x_\eta y_\xi), \quad \zeta_t = -(x_\tau \zeta_x + y_\tau \zeta_y + z_\tau \zeta_z) \tag{4.95}$$

4.4 空间差分格式与通量分裂方法

本节首先针对计算流体力学方法中最核心与研究最为活跃的空间差分格式与通量分裂方法进行了综述，并详细推导了 Burnett 方程无黏项求解所采用的 MUSCL 插值与 AUSM 格式。

目前无黏项求解广泛采用的差分格式与通量分裂方法主要包括：迎风格式[主要包括流通矢量分裂(flux vector splitting)和矢量差分分裂(flux difference splitting)]、中心差分格式、TVD 格式和 ENO 格式。Beam 和 Warming[34] 在 1976 年提出了二阶精度的隐式中心差分格式，通过局部线化方法构造的近似因子分解法为隐式时间格式奠定了理论基础。随后 Van Leer[35] 提出了 MUSCL (monotone upstream-centred schemes for conservation laws) 插值方法，将 Godunov 等[36]一阶格式通过单调插值推广到二阶精度。矢通量分裂格式首先由 Steger 和 Warming[37] 及 Van Leer[35] 分别提出，Roe[38] 和 Osher[39] 则分别提出了各自的通量差分分裂格式。此外 Jameson 等[40] 基于有限体积方法提出了二阶精度的显式中心格式。至此，以 FVS 格式、FDS 格式为代表的迎风格式及 Jameson 中心格式成了 CFD 发展史上重要的里程碑。此后 Harten[41] 提出了总变差减小(total variation diminishing, TVD)的物理概念，并构造了二阶精度 TVD 格式。由于 TVD 格式具有高精度、高分辨率及波前波后无振荡的优点，因此获得了广泛应用与发展。1993 年，Liou 和 Steffen[42] 构造了 AUSM (advection upstream splitting method)格式及其一系列发展格式，该类格式作为 FVS 与 FDS 复合格式，兼有 Roe 格式的间断高分辨率和 van Leer 格式的计算效率，成为广受欢迎的迎风格式之一。国内 CFD 学者也积极参与到数值格式研究中，张涵信[43] 构造了满足熵增条件二阶精度的、无波动、无自由参数的耗散差分格式(NND 格式)；李松波[44] 提出的耗散守恒格式；傅德薰等[45] 构造的耗散比拟上风紧致格式；宗文刚[46] 以 NND 和 ENN 格式为基础构造了五阶精度加权紧致格式 WCNND 和 WCENN；邓小刚等[47] 构造了紧致非线性格式 CNS (compact nonlinear scheme)，并采用加权技术构造了加权紧致非线性格式

WCNS(weighted compact nonlinear schemes)[48]；沈孟宇等[49]将谱方法与解析离散方法相结合构造了一系列高阶精度格式等。

由于 SCB 方程与 NS 方程的根本差异在本构关系，因此无黏项空间差分和通量分裂方法与 NS 方程计算方法保持一致。

4.4.1　有限体积空间离散方法

在结构网格中，控制方程离散一般分为基于微分控制方程的有限差分方法(finite difference method，FDM)和基于积分控制方程有限体积方法(finite volume method，FVM)。两种方法数学上没有本质的区别，在矩形网格上能够完全等价。但方程表达形式与离散方法不同所带来的几何处理的差异会直接影响两种方法计算精度与效率，本书中 Burnett 方程求解均采用分块结构网格有限体积法进行离散，具体离散过程如下所述。

对无量纲控制方程式(4.84)在某一任意控制体内作体积分，得

$$\iiint \frac{\partial \widetilde{Q}}{\partial t} \mathrm{d}V = \iiint \nabla \cdot (\boldsymbol{P}_v - \boldsymbol{P}) \mathrm{d}V \tag{4.96}$$

其中

$$\boldsymbol{P} = \widetilde{E}\boldsymbol{i} + \widetilde{F}\boldsymbol{j} + \widetilde{G}\boldsymbol{k}, \quad \boldsymbol{P}_v = -(\widetilde{E}_v\boldsymbol{i} + \widetilde{F}_v\boldsymbol{j} + \widetilde{G}_v\boldsymbol{k}) \tag{4.97}$$

应用高斯公式，上式变为

$$\iiint \frac{\partial \widetilde{Q}}{\partial t} \mathrm{d}V = \oiint (\boldsymbol{P}_v - \boldsymbol{P}) \cdot \boldsymbol{n} \mathrm{d}s \tag{4.98}$$

其中，V 为控制体体积；s 为控制体表面积；$\boldsymbol{n}$ 为控制面上外法向单位向量；$\boldsymbol{P}$ 与 $\boldsymbol{P}_v$ 分别表示控制体单元无黏与黏性通量。流动量在一个体积单元控制体内取体积平均值

$$Q_{ijk} = \frac{1}{V_{ijk}} \iiint \widetilde{Q} \mathrm{d}V \tag{4.99}$$

得到的半离散格式为

$$V_{ijk} \frac{\partial Q_{ijk}}{\partial t} = (\boldsymbol{P}_v - \boldsymbol{P})_{i+\frac{1}{2}jk} \cdot (\boldsymbol{n}s)_{i+\frac{1}{2}jk} + (\boldsymbol{P}_v - \boldsymbol{P})_{i-\frac{1}{2}jk} \cdot (\boldsymbol{n}s)_{i-\frac{1}{2}jk}$$

$$+(\boldsymbol{P}_v-\boldsymbol{P})_{ij+\frac{1}{2}k}\cdot(\boldsymbol{n}s)_{ij+\frac{1}{2}k}+(\boldsymbol{P}_v-\boldsymbol{P})_{ij-\frac{1}{2}k}\cdot(\boldsymbol{n}s)_{ij-\frac{1}{2}k}$$
$$+(\boldsymbol{P}_v-\boldsymbol{P})_{ijk+\frac{1}{2}}\cdot(\boldsymbol{n}s)_{ijk+\frac{1}{2}}+(\boldsymbol{P}_v-\boldsymbol{P})_{ijk-\frac{1}{2}}\cdot(\boldsymbol{n}s)_{ijk-\frac{1}{2}} \tag{4.100}$$

考虑等距网格情况有

$$V_{ijk}=\Delta\xi\,\Delta\eta\Delta\zeta \tag{4.101}$$

$$s_{i\pm\frac{1}{2}jk}=\Delta\eta\Delta\zeta,\quad s_{ij\pm\frac{1}{2}k}=\Delta\xi\,\Delta\zeta,\quad s_{ijk\pm\frac{1}{2}}=\Delta\xi\,\Delta\eta \tag{4.102}$$

$$\boldsymbol{n}_{i\pm\frac{1}{2}jk}=\pm\boldsymbol{i},\quad \boldsymbol{n}_{ij\pm\frac{1}{2}k}=\pm\boldsymbol{j},\quad \boldsymbol{n}_{ijk\pm\frac{1}{2}}=\pm\boldsymbol{k} \tag{4.103}$$

得到计算坐标系下 Burnett 方程的有限体积半离散公式为

$$\frac{\partial\widetilde{Q}_{ijk}}{\partial t}+\frac{\widetilde{E}_{i+\frac{1}{2}jk}-\widetilde{E}_{i-\frac{1}{2}jk}}{\Delta\xi}+\frac{\widetilde{F}_{ij+\frac{1}{2}k}-\widetilde{F}_{ij-\frac{1}{2}k}}{\Delta\eta}+\frac{\widetilde{G}_{ijk+\frac{1}{2}}-\widetilde{G}_{ijk-\frac{1}{2}}}{\Delta\zeta}$$
$$=-\left(\frac{\widetilde{E}_{vi+\frac{1}{2}jk}-\widetilde{E}_{vi-\frac{1}{2}jk}}{\Delta\xi}+\frac{\widetilde{F}_{vij+\frac{1}{2}k}-\widetilde{F}_{vij-\frac{1}{2}k}}{\Delta\eta}+\frac{\widetilde{G}_{vijk+\frac{1}{2}}-\widetilde{G}_{vijk-\frac{1}{2}}}{\Delta\zeta}\right) \tag{4.104}$$

有限体积法的物理意义十分明确：计算域内任意控制体单位时间内守恒量（质量、动量与能量）的变化等于穿过控制体边界的净流通量。由于复杂计算网格条件下有限体积方法守恒性优于有限差分，因此更适合于工程计算。但对于多维问题，其高阶的有限体积方法构造较为困难。

4.4.2 MUSCL 插值方法

求解 SCB 方程无黏通量所采用的数值离散与通量分裂方法大致可以分为两步：首先将格心的流动变量外插至网格单元边界处求出界面两侧的流动变量，其计算过程可直接采用有限差分中的差分格式；然后在界面处分别采用不同计算方法进行流通量计算。常用的迎风偏置 MUSCL 型格式为

$$Q_{i+1/2}^{-}=Q_i+\frac{1}{4}[(1-k)(Q_i-Q_{i-1})+(1+k)(Q_{i+1}-Q_i)] \tag{4.105}$$

$$Q_{i+1/2}^{+}=Q_{i+1}-\frac{1}{4}[(1-k)(Q_{i+2}-Q_{i+1})+(1+k)(Q_{i+1}-Q_i)] \tag{4.106}$$

其中，$k\in[-1,1]$，当 $k=-1$ 为单侧差分，$k=0$ 为 Fromm 格式，$k=1/3$ 为三阶迎风偏置格式，$k=1$ 为二阶中心差分格式。MUSCL 插值方法中的变量 Q 可

以采用守恒变量、原始变量及特征变量三类。考虑程序鲁棒性及计算效率，计算均采用原始变量进行插值。一般而言，除了离散与分裂技术之外，CFD 方法另一个关键技术就是限制器技术[50]。为防止流场不连续（如激波）导致解的过冲或过膨胀，需采用限制器进行震荡抑制。利用限制器使格式局部地蜕化为单侧一阶或二阶精度，并尽可能不污染光滑流域的解，这在所有迎风型格式中都是十分必要的。限制器主要分为压缩性限制器与耗散性限制器两大类，其中压缩性限制器耗散小，黏性分辨率高，但计算稳定性与收敛性较差；反之耗散性限制器引入的耗散较大，稳定性与收敛性好，但对黏性计算精度影响较大。对于高超声速稀薄流动，由于黏性的刻画十分重要，因此选择更具有压缩性而非耗散性的限制器往往更为适合。限制器种类较多，对于不同限制器性能比对分析的研究超出了本书研究范围，这里直接采用了被证明具有较好压缩性的 Van Albada 限制器。

$$Q_{i+1/2}^{-} = Q_i + S/4[(1-kS)(Q_i - Q_{i-1}) + (1+kS)(Q_{i+1} - Q_i)] \tag{4.107}$$

$$Q_{i+1/2}^{+} = Q_{i+1} - S/4[(1-kS)(Q_{i+2} - Q_{i+1}) + (1+kS)(Q_{i+1} - Q_i)] \tag{4.108}$$

其中

$$S = \max\left[\frac{2(Q_i - Q_{i-1})(Q_{i+1} - Q_i) + \varepsilon}{(Q_i - Q_{i-1})^2 + (Q_{i+1} - Q_i)^2 + \varepsilon},\ 0\right],\ \varepsilon = 10^{-6} \tag{4.109}$$

4.4.3　通量分裂方法与 AUSM 类格式

流通矢量分裂技术即 FVS(flux vector splitting)，FVS 格式根据波传播速度的正负直接对通量进行分裂，然后进行对应的迎风差分：即正项后差、负项前差。FVS 格式捕捉非线性波（激波）的能力很强，不仅计算量小计算效率高，且程序鲁棒性好，广泛地应用于无黏欧拉方程的求解。但这种分裂方法自身耗散较大，降低了黏性区计算精度与分辨率，且仅仅通过加密网格无法消除数值耗散的影响。典型 FVS 格式包括 Van Leer 格式[35]与 Steger-Warming 格式[37]。由于高超稀薄流动和 Burnett 方程高阶本构关系对黏性模拟精度要求较高，采用 FVS 格式将对黏性区及努森层流动准确模拟产生较大影响，因此着重介绍通量差分分裂格式及求解所采用的 AUSM 类格式。

通量差分分裂技术，即 FDS(flux difference splitting)，是对控制方程物理特性更确切的描述。其基本思路是基于 1959 年苏联科学家 Godunov 提出的流场分片求解方法[36]，即在每个网格交界处近似求解 Riemann 问题，从而最终获得全流场精确解。Godunov 方法为 FDS 格式的发展指明了方向，但 FDS 格式与 Godunov 方法最大的区别在于 Godunov 方法采用一维欧拉方程精确求解了每个网格交界面上的 Riemann 问题，计算量巨大且计算的一阶精度也带来了巨大的数值耗散问题。FDS 格式所采用的界面近似 Riemann 解法极大降低了求解的计算量，提高了格式分辨率。著名的 Roe 格式[38]就是最为典型和成功的 FDS 格式。由于其对激波和接触间断较高的分辨率，因而成为目前超音速流动应用最广、评价最高的 CFD 格式之一。

由于 FVS 与 FDS 格式在求解流场方面有各自的优点，因此发展混合格式是 CFD 迎风格式发展的重要趋势。若对 FVS、FDS 及 AUSM 这三类典型迎风格式进行分析可以发现双曲系统中迎风格式数值通量往往由三部分构成：中心差分项、耗散项及压力项[51]。Liou 与 Steffen[42] 构造了 AUSM（advection upstream splitting method）格式，并受到学术界广泛关注与发展。AUSM 格式将无黏通量中的压力项与对流项进行单独处理，虽然属于 Van Leer 格式的推广，但从耗散性分析属于 FVS 与 FDS 的混合型格式，即兼具 FVS 格式计算效率高及 FDS 格式黏性分辨率高的优点，且无须进行熵修正。此外，AUSM 格式由于格式构造与 Van Leer 十分相似，计算量较小且压力项单独处理，因此非常适合推广到热化学非平衡流数值计算。经过多年研究与发展，AUSM 格式的改进主要包括对马赫数与压力分裂函数的修正以及引入压力权函数等方面，发展出了 AUSM＋、AUSMDV、AUSM＋up 及 AUSMPW、AUSMPW＋、M-AUSMPW＋ 等多种类型[52-56]。其中，AUSMPW＋（advection upstream splitting method by pressure-based weight function plus）是 Kim 等[53]于 1998 年在 AUSMPW 格式基础上发展得到的，该格式既保留了 AUSMPW 引入压力权函数抑制震荡与激波过冲的特点，又对 AUSMPW 格式进行了简化并提高了间断与马赫数趋于零时的计算精度，在高超声速流场计算尤其是热化学非平衡流动模拟中表现十分出色。本书以 AUSMPW＋格式为例，简要介绍 AUSM 格式的推导过程。

以 ξ 方向为例说明 AUSM 类格式的构造过程，将网格交界面处的流动通量项分为压力通量与对流通量，其表达式为

$$\widetilde{E}_{i+1/2}=a_{1/2}(\overline{M}_{\mathrm{L}}^{+}\boldsymbol{\Phi}_{\mathrm{L}}+\overline{M}_{\mathrm{R}}^{-}\boldsymbol{\Phi}_{\mathrm{R}})+(P_{\mathrm{L}}^{+}\boldsymbol{P}_{\mathrm{L}}+P_{\mathrm{R}}^{-}\boldsymbol{P}_{\mathrm{R}}) \tag{4.110}$$

$$\boldsymbol{\Phi}_{\mathrm{L/R}}=\begin{pmatrix}\rho\\ \rho u\\ \rho H\end{pmatrix}_{\mathrm{L/R}},\ \boldsymbol{P}=\begin{pmatrix}0\\ p\\ 0\end{pmatrix}_{\mathrm{L/R}}$$

AUSM 格式的核心思想在于其假定了网格界面声速，根据界面前后马赫数分裂进行通量分裂。式(4.110)中：

$$\overline{M}_{\mathrm{L}}^{+}=\begin{cases}M_{\mathrm{L}}^{+}+M_{\mathrm{R}}^{-}[(1-w)(1+f_{\mathrm{R}})-f_{\mathrm{L}}], & Ma_{1/2}\geqslant 0\\ M_{\mathrm{L}}^{+}\cdot w\cdot(1+f_{\mathrm{L}}), & Ma_{1/2}<0\end{cases}\tag{4.111}$$

$$\overline{M}_{\mathrm{R}}^{-}=\begin{cases}M_{\mathrm{R}}^{-}\cdot w\cdot(1+f_{\mathrm{R}}), & Ma_{1/2}\geqslant 0\\ M_{\mathrm{R}}^{-}+M_{\mathrm{L}}^{+}[(1-w)(1+f_{\mathrm{L}})-f_{\mathrm{R}}], & Ma_{1/2}<0\end{cases}\tag{4.112}$$

$$Ma_{1/2}=M_{\mathrm{L}}^{+}+M_{\mathrm{R}}^{-}=M^{+}(Ma_{\mathrm{L}})+M^{-}(Ma_{\mathrm{R}})\tag{4.113}$$

压力权函数与耗散函数表达式为

$$w=w(p_{\mathrm{L}},\ p_{\mathrm{R}})=1-\min\left(\frac{p_{\mathrm{L}}}{p_{\mathrm{R}}},\ \frac{p_{\mathrm{R}}}{p_{\mathrm{L}}}\right)^{3}\tag{4.114}$$

$$f_{\mathrm{L/R}}=\begin{cases}0, & |Ma_{\mathrm{L/R}}|<1\\ \dfrac{p_{\mathrm{L/R}}}{p_{\mathrm{S}}}-1, & |Ma_{\mathrm{L/R}}|\geqslant 1\end{cases}\tag{4.115}$$

其中

$$p_{\mathrm{S}}=P_{\mathrm{L}}^{+}p_{\mathrm{L}}+P_{\mathrm{R}}^{-}p_{\mathrm{R}}\tag{4.116}$$

在 AUSMPW+格式中马赫数分裂函数与压力分裂函数为

$$M^{\pm}=\begin{cases}\dfrac{1}{2}(Ma\pm|Ma|), & |Ma|\geqslant 1\\ \pm\dfrac{1}{4}(Ma\pm 1)^{2}\pm\beta\cdot(Ma^{2}-1)^{2}, & |Ma|<1\end{cases}\quad(\beta=0)\tag{4.117}$$

$$P^{\pm}=\begin{cases}\dfrac{1}{2}[1\pm\mathrm{sign}(Ma)], & |Ma|\geqslant 1\\ \dfrac{1}{4}(Ma\pm 1)^{2}(2\mp Ma)\pm\alpha\cdot Ma\cdot(Ma^{2}-1)^{2}, & |Ma|<1\end{cases}\quad(\alpha=0)\tag{4.118}$$

AUSMPW+格式中界面声速的求解是计算的关键，将直接影响程序的鲁棒性与分辨率。这里采用 Kim 三种界面声速定义中激波分辨率最高方式，即

$$a_{1/2}=\begin{cases}\dfrac{(a^*)^2}{\max(U_L,\ a^*)}, & \dfrac{U_L+U_R}{2}\geqslant 0\\[2ex] \dfrac{(a^*)^2}{\max(U_R,\ a^*)}, & \dfrac{U_L+U_R}{2}<0\end{cases} \tag{4.119}$$

$$a^*=\sqrt{\frac{2(\gamma-1)}{(\gamma+1)}H_{\text{norm}}} \tag{4.120}$$

$$H_{\text{norm}}=(H_L-0.5V_L^2+H_R-0.5V_R^2)/2$$

其中，$U_{L/R}$ 与 $V_{L/R}$ 分别表示激波法向与切向速度分量；H_{norm} 表示法线方向总焓。

Burnett 方程数值求解无黏项采用了 MUSCL 插值与 AUSMPW+通量差分方法，黏性项离散均采用二阶中心差分格式。

4.5 时间隐式处理

在时间推进法成功应用于 Burnett 方程之前，学术界已基本断言数值求解 Burnett 方程不可能获得收敛的且优于 NS 方程的激波解，但 Fiscko 和 Chapman[3, 57] 率先采用了显式时间推进方法对 Burnett 方程进行了求解，极大地促进了 Burnett 方程的应用与发展，并绘制了里程碑式的激波厚度随马赫数变化曲线。然而显式时间推进方法虽然程序简单、单步计算时间短，但计算效率较隐式方法明显偏低，更为重要的是在热化学非平衡流动中不可避免地会遇到时间刚性问题。为了提高数值计算效率，加快收敛速度，时间项推进均采用 LU-SGS(low-upper symmetric Gauss-Seidel) 隐式数值求解方法。Yoon 和 Jameson[58] 提出的 LU-SGS 隐式方法避免了块矩阵的求逆，计算效率和稳定性得到了高度评价，是近年来应用十分广泛的隐式迭代方法。

4.5.1 隐式时间离散方法的一般形式

对于 NS 方程的控制方程时间离散，通常对无黏量进行隐式离散，黏性项进

行显式离散，这是由于黏性项数学上没有齐次性质，其雅克比矩阵十分复杂。但黏性项往往采用近似隐式处理，以增强计算鲁棒性。若 Burnett 方程时间离散采用无黏项隐式处理、黏性项一阶显式处理，则控制方程为

$$\Delta \boldsymbol{Q} + \Delta t\left[\frac{\partial}{\partial \xi}(\boldsymbol{E}^{n+1} - \boldsymbol{E}^{n}) + \frac{\partial}{\partial \eta}(\boldsymbol{F}^{n+1} - \boldsymbol{F}^{n}) + \frac{\partial}{\partial \zeta}(\boldsymbol{G}^{n+1} - \boldsymbol{G}^{n})\right] = -\Delta t \boldsymbol{RHS} \tag{4.121}$$

以矢通量 $\boldsymbol{E}$ 为例，对无黏通量进行一定线性化处理。将其 Taylor 展开略去表达式中二阶以上的高阶项，得到简化的 $\boldsymbol{E}^{n+1}$ 的表达式为

$$\boldsymbol{E}^{n+1} = \boldsymbol{E}^{n} + \boldsymbol{A}^{n}\Delta \boldsymbol{Q} + O(\Delta \boldsymbol{Q}^{2}) \tag{4.122}$$

$$\Delta \boldsymbol{Q} = \boldsymbol{Q}^{n+1} - \boldsymbol{Q}^{n} \tag{4.123}$$

其中，无黏通量雅克比矩阵为

$$\boldsymbol{A} = \frac{\partial \boldsymbol{E}}{\partial \boldsymbol{Q}},\ \boldsymbol{B} = \frac{\partial \boldsymbol{F}}{\partial \boldsymbol{Q}},\ \boldsymbol{C} = \frac{\partial \boldsymbol{G}}{\partial \boldsymbol{Q}} \tag{4.124}$$

将式(4.121)中的无黏矢通量线性化后得到隐式时间离散一般形式：

$$\Delta \boldsymbol{Q}\left[\boldsymbol{I} + \Delta t\left(\frac{\partial}{\partial \xi}\boldsymbol{A} + \frac{\partial}{\partial \eta}\boldsymbol{B} + \frac{\partial}{\partial \zeta}\boldsymbol{C}\right)\right] = -\Delta t \boldsymbol{RHS} \tag{4.125}$$

其中，$\Delta \boldsymbol{Q}$ 即为每一个时间步后所需求解的守恒量变化。若直接对方程式(4.125)左端求逆也能获得求解，但矩阵求逆的程序实现的困难和消耗巨大的计算资源使得这种思路并不可行，因此 LU-SGS 等求解方法便应运而生。

4.5.2　LU-SGS 方法

将雅克比系数矩阵 $\boldsymbol{A}$、$\boldsymbol{B}$、$\boldsymbol{C}$ 进行分裂，以矩阵 $\boldsymbol{A}$ 为例：定义 $\boldsymbol{A}^{\pm} = \frac{1}{2}[\boldsymbol{A} \pm \rho(\boldsymbol{A})\boldsymbol{I}]$，则分裂后有 $\boldsymbol{A} = \boldsymbol{A}^{+} + \boldsymbol{A}^{-}$，且 $\rho(\boldsymbol{A}) = \beta \max(|\lambda_{\boldsymbol{A}}^{l}|)$ 是无黏流通量雅克比矩阵 $\boldsymbol{A} = \frac{\partial \boldsymbol{E}}{\partial \boldsymbol{Q}}$ 的谱半径，$\lambda_{\boldsymbol{A}}^{l}$ 是矩阵特征值，β 是一个大于 1.0 小于 2.0 的系数，β 取值较大有利于计算稳定但将降低收敛速度，取为 1.5。将分裂后的雅克比矩阵代入式(4.125)并分别进行向前与向后迎风差分，则有

$$\Delta \boldsymbol{Q}+\Delta t\left[\begin{array}{l}\dfrac{(\boldsymbol{A}_i^+\Delta \boldsymbol{Q}_i-\boldsymbol{A}_{i-1}^+\Delta \boldsymbol{Q}_{i-1})}{\Delta\xi}+\dfrac{(\boldsymbol{A}_{i+1}^-\Delta \boldsymbol{Q}_{i+1}-\boldsymbol{A}_i^-\Delta \boldsymbol{Q}_i)}{\Delta\xi}\\+\dfrac{(\boldsymbol{B}_j^+\Delta \boldsymbol{Q}_j-\boldsymbol{B}_{j-1}^+\Delta \boldsymbol{Q}_{j-1})}{\Delta\eta}+\dfrac{(\boldsymbol{B}_{j+1}^-\Delta \boldsymbol{Q}_{j+1}-\boldsymbol{B}_j^-\Delta \boldsymbol{Q}_j)}{\Delta\eta}\\+\dfrac{(\boldsymbol{C}_k^+\Delta \boldsymbol{Q}_k-\boldsymbol{C}_{k-1}^+\Delta \boldsymbol{Q}_{k-1})}{\Delta\zeta}+\dfrac{(\boldsymbol{C}_{k+1}^-\Delta \boldsymbol{Q}_{k+1}-\boldsymbol{C}_k^-\Delta \boldsymbol{Q}_k)}{\Delta\zeta}\end{array}\right]=-\Delta t\boldsymbol{RHS} \tag{4.126}$$

在计算坐标系中 $\Delta\xi$ 、$\Delta\eta$ 与 $\Delta\zeta$ 均为 1，将式(4.126)写成矩阵 $\overline{\boldsymbol{U}}$、对角矩阵 $\boldsymbol{D}$ 和矩阵 $\overline{\boldsymbol{L}}$，三组矩阵分别表示为

$$\overline{\boldsymbol{U}}=\boldsymbol{A}_{i+1}^-+\boldsymbol{B}_{j+1}^-+\boldsymbol{C}_{k+1}^- \tag{4.127}$$

$$\overline{\boldsymbol{L}}=-(\boldsymbol{A}_{i-1}^++\boldsymbol{B}_{j-1}^++\boldsymbol{C}_{k-1}^+) \tag{4.128}$$

$$\boldsymbol{D}=\frac{\boldsymbol{I}}{\Delta t}+(\boldsymbol{A}^+-\boldsymbol{A}^-+\boldsymbol{B}^+-\boldsymbol{B}^-+\boldsymbol{C}^+-\boldsymbol{C}^-)=\boldsymbol{I}\left(\frac{1}{\Delta t}+\rho(\boldsymbol{A})+\rho(\boldsymbol{B})+\rho(\boldsymbol{C})\right) \tag{4.129}$$

则式(4.126)可以表示为

$$(\boldsymbol{D}+\overline{\boldsymbol{U}}+\overline{\boldsymbol{L}})\Delta \boldsymbol{Q}=-\boldsymbol{RHS} \tag{4.130}$$

对式(4.130)进行 LU 近似分解：

$$\begin{aligned}&\boldsymbol{D}(\boldsymbol{I}+\boldsymbol{D}^{-1}\overline{\boldsymbol{L}}+\boldsymbol{D}^{-1}\overline{\boldsymbol{U}})\Delta \boldsymbol{Q}=-\boldsymbol{RHS}\\&\boldsymbol{D}(\boldsymbol{I}+\boldsymbol{D}^{-1}\overline{\boldsymbol{L}})(\boldsymbol{I}+\boldsymbol{D}^{-1}\overline{\boldsymbol{U}})\Delta \boldsymbol{Q}=-\boldsymbol{RHS}\\&(\boldsymbol{D}+\overline{\boldsymbol{L}})\boldsymbol{D}^{-1}(\boldsymbol{D}+\overline{\boldsymbol{U}})\Delta \boldsymbol{Q}=-\boldsymbol{RHS}\end{aligned} \tag{4.131}$$

令

$$\begin{aligned}\boldsymbol{U}&=\boldsymbol{D}+\overline{\boldsymbol{U}}\\\boldsymbol{L}&=\boldsymbol{D}+\overline{\boldsymbol{L}}\end{aligned} \tag{4.132}$$

则有

$$\boldsymbol{L}\boldsymbol{D}^{-1}\boldsymbol{U}\Delta \boldsymbol{Q}=-\boldsymbol{RHS} \tag{4.133}$$

对式(4.133)进行对称高斯赛德尔(symmetic Gauss-Seidel method)迭代，第一步 I、J 从小到大扫描，$I_{\min}$、$J_{\min}$、$K_{\min}$边界上的 $\Delta \boldsymbol{Q}^*$ 需要给定边界条件，令

$$\boldsymbol{L}\Delta \boldsymbol{Q}^{*} = -\boldsymbol{RHS} \tag{4.134}$$

则有

$$\Delta \boldsymbol{Q}^{*} = \boldsymbol{D}^{-1}(-\boldsymbol{RHS} - \overline{\boldsymbol{L}}\Delta \boldsymbol{Q}^{*}) \tag{4.135}$$

同时令

$$\Delta \boldsymbol{Q}^{**} = \boldsymbol{D}\Delta \boldsymbol{Q}^{*} \tag{4.136}$$

同理第二步 I、J 从大到小扫描，$I_{\max}$、$J_{\max}$、$K_{\max}$边界上的 $\Delta \boldsymbol{Q}$ 需要给定边界条件，最后求得

$$\boldsymbol{U}\Delta \boldsymbol{Q} = \boldsymbol{D}\Delta \boldsymbol{Q}^{*} = \Delta \boldsymbol{Q}^{**} \tag{4.137}$$

$$\Delta \boldsymbol{Q} = (\Delta \boldsymbol{Q}^{**} - \overline{\boldsymbol{U}}\Delta \boldsymbol{Q})\boldsymbol{D}^{-1} \tag{4.138}$$

整个计算过程两次扫描即可，由于无矩阵求逆，计算效率很高。

4.5.3 时间步长计算与黏性项近似隐式处理

对于定常问题关心的是往往是最终的稳态解而不是中间的发展过程，且控制方程中时间与空间解耦求解，因此可以在每一个网格单元采取当地稳定性允许的最大当地时间步长以加速收敛，但最大当地时间步长必须严格满足计算稳定性要求，且无黏流与黏性流动当地时间步长计算有较大区别。无黏欧拉方程当地时间步长可表示为

$$\Delta t_i = \frac{CFL}{\lambda_\xi + \lambda_\eta + \lambda_\zeta} \tag{4.139}$$

其中，λ_ξ、λ_η 和 λ_ζ 分别表示雅克比矩阵 **A**、**B** 和 **C** 的谱半径，其表达式分别为

$$\lambda_\xi = |U| + a\sqrt{\xi_x^2 + \xi_y^2 + \xi_z^2} \tag{4.140}$$

$$\lambda_\eta = |V| + a\sqrt{\eta_x^2 + \eta_y^2 + \eta_z^2} \tag{4.141}$$

$$\lambda_\zeta = |W| + a\sqrt{\zeta_x^2 + \zeta_y^2 + \zeta_z^2} \tag{4.142}$$

其中，U、V、W 是逆变速度分量，其表达式为

$$\begin{aligned} U &= \xi_x u + \xi_y v + \xi_z w \\ V &= \eta_x u + \eta_y v + \eta_z w \\ W &= \zeta_x u + \zeta_y v + \zeta_z w \end{aligned} \tag{4.143}$$

对于有限体积法，当地时间步长的计算也可以使用公式

$$\Delta t_i = CFL \frac{V_i}{A_i + B_i + C_i} \tag{4.144}$$

$$\begin{aligned} A_i &= (|u_i| + c_i) S_{i,x} \\ B_i &= (|v_i| + c_i) S_{i,y} \\ C_i &= (|w_i| + c_i) S_{i,z} \end{aligned} \tag{4.145}$$

其中，V_i 为单元体积；c_i 为局部声速；$S_{i,x}$、$S_{i,y}$、$S_{i,z}$ 为单元在 x、y、z 方向上的投影面积。

在 NS 方程黏性流动中，其时间步长求解形式仍与表达式(4.139)相同，但其谱半径需要考虑黏性雅克比矩阵谱半径影响。

$$\Delta t_i = \frac{CFL}{\lambda_\xi + \lambda_\eta + \lambda_\zeta + \gamma_\xi + \gamma_\eta + \gamma_\zeta} \tag{4.146}$$

其中，NS 方程近似黏性雅克比矩阵谱半径形式有多种，以 I 方向为例，通常采用的形式为

$$\gamma_\xi = \frac{2\mu}{\rho} |\nabla \xi|^2 \tag{4.147}$$

由于 Burnett 方程本构关系发生了变化，其雅克比矩阵十分复杂，其谱半径近似表达为

$$\gamma_\xi = \frac{2\mu}{\rho} |\nabla \xi|^2 + \frac{\mu^2}{\rho p} |\nabla \xi|^3 + \frac{\mu^3}{\rho^2 p} |\nabla \xi|^4 \tag{4.148}$$

由于黏性项雅克比矩阵形式十分复杂，因此时间离散中黏性项一般采用显示处理。但在网格较密的黏性区需要添加黏性稳定因子来保证计算的稳定性，在 Burnett 方程中由于本构关系的变化使得其稳定性问题更为显著，因此在采用 LU-SGS 方法对 Burnett 方程进行求解时对黏性进行隐式处理以保证计算稳定性。全隐式半离散 Burnett 方程为

$$\Delta \boldsymbol{Q} + \Delta t \left[\begin{aligned} & \frac{\partial}{\partial \xi}(\boldsymbol{E}^{n+1} - \boldsymbol{E}^n) + \frac{\partial}{\partial \eta}(\boldsymbol{F}^{n+1} - \boldsymbol{F}^n) + \frac{\partial}{\partial \zeta}(\boldsymbol{G}^{n+1} - \boldsymbol{G}^n) \\ & + \frac{\partial}{\partial \xi}(\boldsymbol{E}_v^{n+1} - \boldsymbol{E}_v^n) + \frac{\partial}{\partial \eta}(\boldsymbol{F}_v^{n+1} - \boldsymbol{F}_v^n) + \frac{\partial}{\partial \zeta}(\boldsymbol{G}_v^{n+1} - \boldsymbol{G}_v^n) \end{aligned} \right] = -\Delta t \boldsymbol{RHS} \tag{4.149}$$

线化处理后得到雅克比矩阵形式为

$$\Delta Q\left[I+\Delta t\left(\frac{\partial}{\partial\xi}\boldsymbol{A}+\frac{\partial}{\partial\eta}\boldsymbol{B}+\frac{\partial}{\partial\zeta}\boldsymbol{C}+\frac{\partial}{\partial\xi}\boldsymbol{A}_v+\frac{\partial}{\partial\eta}\boldsymbol{B}_v+\frac{\partial}{\partial\zeta}\boldsymbol{C}_v\right)\right]=-\Delta t\boldsymbol{RHS} \tag{4.150}$$

对无黏项雅克比矩阵进行分裂与一阶迎风差分，黏性项进行中心差分后有

$$\Delta Q+\Delta t\left[\begin{array}{l}\dfrac{(\boldsymbol{A}_i^+\Delta\boldsymbol{Q}_i-\boldsymbol{A}_{i-1}^+\Delta\boldsymbol{Q}_{i-1})}{\Delta\xi}+\dfrac{(\boldsymbol{A}_{i+1}^-\Delta\boldsymbol{Q}_{i+1}-\boldsymbol{A}_i^-\Delta\boldsymbol{Q}_i)}{\Delta\xi}\\+\dfrac{(\boldsymbol{B}_j^+\Delta\boldsymbol{Q}_j-\boldsymbol{B}_{j-1}^+\Delta\boldsymbol{Q}_{j-1})}{\Delta\eta}+\dfrac{(\boldsymbol{B}_{j+1}^-\Delta\boldsymbol{Q}_{j+1}-\boldsymbol{B}_j^-\Delta\boldsymbol{Q}_j)}{\Delta\eta}\\+\dfrac{(\boldsymbol{C}_k^+\Delta\boldsymbol{Q}_k-\boldsymbol{C}_{k-1}^+\Delta\boldsymbol{Q}_{k-1})}{\Delta\zeta}+\dfrac{(\boldsymbol{C}_{k+1}^-\Delta\boldsymbol{Q}_{k+1}-\boldsymbol{C}_k^-\Delta\boldsymbol{Q}_k)}{\Delta\zeta}\\+\dfrac{(\boldsymbol{A}_{i+1}^v\Delta\boldsymbol{Q}_{i+1}-2\boldsymbol{A}_i^v\Delta\boldsymbol{Q}_i+\boldsymbol{A}_{i-1}^v\Delta\boldsymbol{Q}_{i-1})}{\Delta\xi}\\+\dfrac{(\boldsymbol{B}_{j+1}^v\Delta\boldsymbol{Q}_{j+1}-2\boldsymbol{B}_j^v\Delta\boldsymbol{Q}_j+\boldsymbol{B}_{j-1}^v\Delta\boldsymbol{Q}_{j-1})}{\Delta\eta}\\+\dfrac{(\boldsymbol{C}_{k+1}^v\Delta\boldsymbol{Q}_{k+1}-2\boldsymbol{C}_k^v\Delta\boldsymbol{Q}_k+\boldsymbol{C}_{k-1}^v\Delta\boldsymbol{Q}_{k-1})}{\Delta\zeta}\end{array}\right]$$

$$=-\Delta t\boldsymbol{RHS} \tag{4.151}$$

与无黏流类似，矩阵 $\overline{\boldsymbol{U}}$、对角矩阵 $\boldsymbol{D}$ 和矩阵 $\overline{\boldsymbol{L}}$ 表达式有

$$\overline{\boldsymbol{U}}=\boldsymbol{A}_{i+1}^-+\boldsymbol{B}_{j+1}^-+\boldsymbol{C}_{k+1}^-+\boldsymbol{A}_{i+1}^v+\boldsymbol{B}_{j+1}^v+\boldsymbol{C}_{k+1}^v \tag{4.152}$$

$$\overline{\boldsymbol{L}}=-(\boldsymbol{A}_{i-1}^++\boldsymbol{B}_{j-1}^++\boldsymbol{C}_{k-1}^+)+\boldsymbol{A}_{i-1}^v+\boldsymbol{B}_{j-1}^v+\boldsymbol{C}_{k-1}^v \tag{4.153}$$

$$\boldsymbol{D}=\frac{\boldsymbol{I}}{\Delta t}+(\boldsymbol{A}^+-\boldsymbol{A}^-+\boldsymbol{B}^+-\boldsymbol{B}^-+\boldsymbol{C}^+-\boldsymbol{C}^-)-2(\boldsymbol{A}_i^v+\boldsymbol{B}_j^v+\boldsymbol{C}_k^v) \tag{4.154}$$

黏性近似隐式处理往往对雅克比矩阵特征值进行修正，采用谱半径对黏性项雅克比矩阵进行替换，增强其对角占优特性，在 NS 方程中往往采用式(4.155)进行修正，例如 I 方向有

$$\boldsymbol{A}=\boldsymbol{T}_\xi(\lambda_\xi^\pm\mp\gamma_\xi\boldsymbol{I})\boldsymbol{T}_\xi^{-1} \tag{4.155}$$

$$\gamma_\xi=\frac{2\mu}{\rho}\mid\nabla\xi\mid^2 \tag{4.156}$$

其中，γ_ξ 又被称为近似黏性雅克比矩阵的谱半径。Burnett 方程黏性雅克比矩

阵的谱半径采用式(4.148)的近似处理,修改后可以得到

$$\widetilde{\boldsymbol{A}}^{\pm}=\frac{1}{2}[\boldsymbol{A}\pm\rho(\boldsymbol{A})\boldsymbol{I}\mp\gamma_{\xi}\boldsymbol{I}] \tag{4.157}$$

将式(4.157)代入式(4.152)~式(4.154)得到

$$\begin{cases}\overline{\boldsymbol{U}}=\widetilde{\boldsymbol{A}}_{i+1}^{-}+\widetilde{\boldsymbol{B}}_{j+1}^{-}+\widetilde{\boldsymbol{C}}_{k+1}^{-}\\ \overline{\boldsymbol{L}}=-(\widetilde{\boldsymbol{A}}_{i-1}^{+}+\widetilde{\boldsymbol{B}}_{j-1}^{+}+\widetilde{\boldsymbol{C}}_{k-1}^{+})\\ \boldsymbol{D}=\boldsymbol{I}\left[\dfrac{1}{\Delta t}+\rho(\boldsymbol{A})+\rho(\boldsymbol{B})+\rho(\boldsymbol{C})-(\gamma_{\xi}+\gamma_{\eta}+\gamma_{\zeta})\right]\end{cases} \tag{4.158}$$

与无黏 LU-SGS 方法一致,采用松弛迭代即可完成黏性项的近似隐式处理。

从计算结果和计算效率来看,时间隐式处理满足了求解 Burnett 方程的基本计算效率与稳定性要求,但其具体稳定性范围和 SCB 方程黏性项谱半径更准确的简化形式还有待进一步研究。

4.6 初边值条件

4.6.1 流场初始条件与虚拟网格

在方程的求解过程中,为了提高计算精度,计算一个网格的变量值往往用到相邻的多个网格点信息。在计算区域的边界处则不能提供足够的网格点进行插值和运算。对边界处的处理一般有两种方法:一种是边界进行降阶处理,以减少计算所用的网格的数目,但由于气动力和气动热精确预测对物面附近尤其是努森层内流动参数梯度精度需求较高,因此往往物面降价不适合气动力与气动热的高精度预测方法;另一种就是本书采用的虚拟网格技术,如图 4.22 所示,在计算和

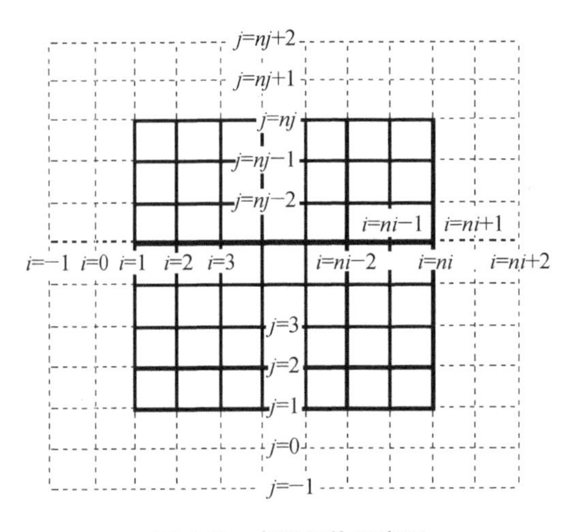

图 4.22 虚拟网格示意图

迭代过程中，虚拟网格只参与边界点的插值运算，采用虚拟网格后，边界点仍可使用多点进行插值和计算，达到和内点相同的精度。此外，计算流场初始条件一律采用来流条件。

4.6.2　边界条件

边界条件作为偏微分方程定解问题的重要组成部分值得深入研究与讨论，其数值处理方法应该与控制方程本构关系及时空离散格式相匹配。针对 Burnett 方程物面滑移边界条件，在上一章对应库特流动中进行了详细讨论与对比，由于高阶本构关系对边界条件适定性提出了更高的需求，因此目前数学上还很难给出准确的 Burnett 方程滑移边界类型。综合考虑计算稳定性与计算精度，一阶 Maxwell 滑移边界条件在目前看来能够保证二阶 Burnett 方程获得较为准确的物面附近流动参数及摩阻、热流等物面特性参数，不同文献二维或三维 Burnett 方程计算也均采用了一阶滑移边界条件，因此量热完全气体与下一章热化学非平衡流动中 Burnett 方程的物面边界均采用该边界条件。除物面边界外，SCB 方程其他边界均与 NS 方程保持一致，具体描述如下。

1. 远场边界条件

① 超声速入口：所有特征值对应的特征线均指向求解域内部，因此边界条件赋来流流场。

② 超声速出口：所有特征值对应的特征线均指向求解域外部，因此直接由内点外推。

③ 亚声速出口：此时方程一条特征线指向流场内部，应给定一个物理边界条件。一般给定出口处环境压强，其他由内点外推得到。

2. 壁面边界、对称边界条件

对于物面边界，其壁面压强梯度为 0，$\left(\dfrac{\partial p}{\partial n}\right)_{\mathrm{w}}=0$；对于绝热壁则壁面温度梯度为 0，$\left(\dfrac{\partial T}{\partial n}\right)_{\mathrm{w}}=0$；对于等温壁采用给定的壁面温度，$T_{\mathrm{w}}=\mathrm{const}$。

对称边界条件提法与无黏边界条件完全一致。

3. 稀薄效应滑移区边界条件处理

当流动区域中出现滑移流现象时，在物面边界条件处必须做出相应的修正，以考虑稀薄气体效应引起的速度滑移和温度跳跃的影响。SCB 方程所采用的一

阶 Maxwell 滑移速度边界条件及温度跳跃方程为

$$u_s=\frac{2-\sigma_u}{\sigma_u}\lambda\left(\frac{\partial u}{\partial y}\right)_{y=0}+\frac{3}{4}\lambda\sqrt{\frac{2R}{\pi T}}\left(\frac{\partial T}{\partial x}\right)_{y=0} \tag{4.159}$$

$$T_s-T_w=\frac{2\gamma}{Pr(\gamma+1)}\frac{2-\sigma_T}{\sigma_T}\lambda\left(\frac{\partial T}{\partial y}\right)_{y=0} \tag{4.160}$$

其中，σ_u 为切向动量适应系数；σ_T 为热适应系数；λ 为分子平均自由程，其表达式为

$$\lambda=\frac{2\mu}{\rho\bar{c}}=\frac{2\mu}{\rho}\sqrt{\frac{\pi}{8RT}} \tag{4.161}$$

滑移速度式(4.159)的第二项是沿壁面温度梯度 $\partial T/\partial x$ 引起的热蠕动速度，影响一般不大，通常可以略去。

对于考虑转动能非平衡的双原子气体，推广的一阶 Maxwell 滑移速度边界条件[59, 60]速度滑移保持式(4.159)不变，平动温度 T_t 与转动温度 T_r 跳跃公式为

$$T_{t-s}-T_w=\frac{3\kappa_{tr}}{2\rho\bar{c}c_{v,tr}}\frac{2-\sigma_T}{\sigma_T}\left(\frac{\partial T_t}{\partial y}\right)_{y=0} \tag{4.162}$$

$$T_{r-s}-T_w=\frac{2\kappa_r}{\rho\bar{c}c_{v,rot}}\frac{2-\sigma_T}{\sigma_T}\left(\frac{\partial T_r}{\partial y}\right)_{y=0} \tag{4.163}$$

其中，$\bar{c}$ 为分子平均热运动速度，其表达式为

$$\bar{c}=\sqrt{\frac{8RT}{\pi}} \tag{4.164}$$

4.6.3 多块网格与并行计算

由于流场计算域往往较为复杂，即使是前台阶流动这类完全正交的简单矩形网格，采用单块结构网格进行计算也十分困难。目前，结构网格通行的做法是采用多块对接网格进行计算域划分，网格块间进行信息传递共同完成整个计算域求解，因此本书计算域均采用多块对接结构网格进行划分与计算。此外，由于高精度流场模拟的需求及硬件计算水平显著提升，采用多区并行数值计算能显著提高程序计算效率，满足工程设计需求。并行计算技术通过将大规模计算网

格合理分解使得每个进程承担任务规模显著降低，提升单块计算域计算速度，使得程序能够调用协同各所有进程处理大规模网格计算。SCB 方程数值求解程序均采用了目前较为通用的消息传递编程标准（message passing interface，MPI），不仅能够适应主流分布式并行系统的操作环境，还极大提升了程序计算规模和效率。

4.7　典型流动数值模拟与分析

4.7.1　二维高超声速圆柱绕流

1. 连续流条件下 $Ma=4$ 圆柱绕流

根据 Burnett 方程高阶本构关系可知，在连续流条件下由于努森数较小，其高阶热流与应力张量近似为零，Burnett 方程将退化为 NS 方程，因此 SCB 方程理论上能够同时涵盖连续流域 NS 方程计算范围。为验证 SCB 方程在连续流域条件下能给出与 NS 方程一致的计算结果，本小节首先计算了连续流条件 $Ma=4$ 圆柱绕流，并与 Kim[61] 实验结果及 Zhong 等[62] 的增广 Burnett 方程结果进行对比，计算来流条件为

$$\begin{array}{ll} r=0.01\ \mathrm{m} & Ma_{\infty}=4.0 \\ Re_{\infty}=1.82\times10^{5} & Kn_{\infty}=0.332\,6\times10^{-4} \\ T_{\infty}=70.24\ \mathrm{K} & \gamma=1.4 \\ Pr=0.72 & R=287.04\ \mathrm{m^2/(s^2\cdot K)} \\ p_{\infty}=3\,338.6\ \mathrm{Pa} & T_{\mathrm{w}}=295\ \mathrm{K} \end{array} \tag{4.165}$$

由于来流介质为空气，其动力黏性系数计算采用 Sutherland 公式进行计算：

$$\frac{\mu}{\mu_{\mathrm{ref}}}=\left(\frac{T}{T_{\mathrm{ref}}}\right)^{1.5}\left(\frac{T_{\mathrm{ref}}+T_{\mathrm{su}}}{T+T_{\mathrm{su}}}\right) \tag{4.166}$$

其中，$T_{\mathrm{su}}=124$ K；$\mu_{\mathrm{ref}}=1.716\,1\times10^{-5}$ Pa·s；$T_{\mathrm{ref}}=273.16$ K。

图 4.23 与图 4.24 给出了 SCB 方程马赫数云图及 SCB 方程、NS 方程及文献增广 Burnett 方程驻点线压力分布曲线。通过与风洞实验头部弓形激波位置及增广 Burnett 方程计算驻点线压力分布进行对比，基本验证了二维 SCB 方程

的鲁棒性与准确性，同时由于连续流条件下 SCB 方程与 NS 方程流场结果基本一致，证明 SCB 方程作为稀薄跨流域计算方法能够适用于连续流条件下的数值计算。

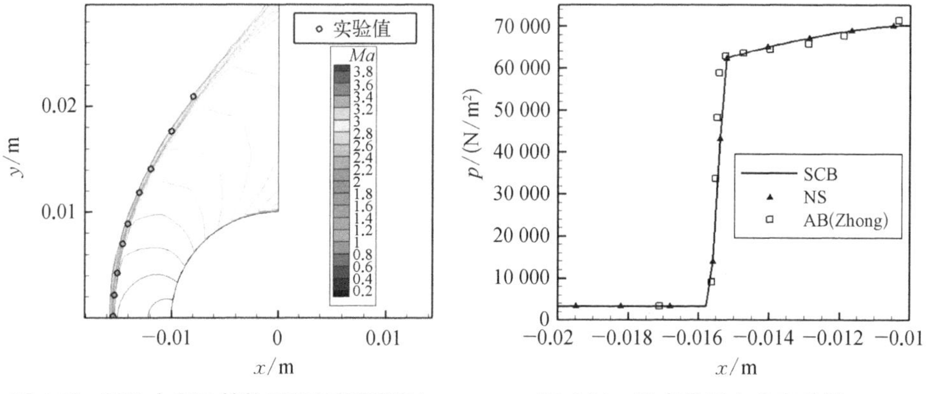

图 4.23 SCB 方程马赫数云图(后附彩图)　　**图 4.24 驻点线压力分布曲线**

2. 过渡流条件下 $Ma=10$ 圆柱绕流

Burnett 方程高阶本构关系修正影响应主要表现在努森数较大的滑移过渡流域，本小节通过对过渡流条件下 ($Kn_{\infty}=0.1$) SCB 方程、NS 方程和文献增广 Burnett 方程[63]流场计算结果进行对比来研究本构关系对计算的影响。计算物理模型与来流条件为

$$
\begin{aligned}
&r=0.02\ \mathrm{m} && Ma_{\infty}=10\\
&Kn_{\infty}=0.1 && Re_{\infty}=167.9\\
&p_{\infty}=2.388\,1\ \mathrm{N/m^2} && T_{\infty}=208.4\ \mathrm{K}\\
&T_{\mathrm{w}}=1\,000.0\ \mathrm{K} && \gamma=1.4\\
&Pr=0.72 && R=287.04\ \mathrm{m^2/(s^2\cdot K)}
\end{aligned}
\tag{4.167}
$$

为消除网格分布对计算结果影响，计算前分别采用三套不同尺度(切向网格数量×法向网格数量)的网格(网格 A：20×30；网格 B：40×80；网格 C：80×120)进行了网格收敛性研究。计算网格示意见图 4.25。

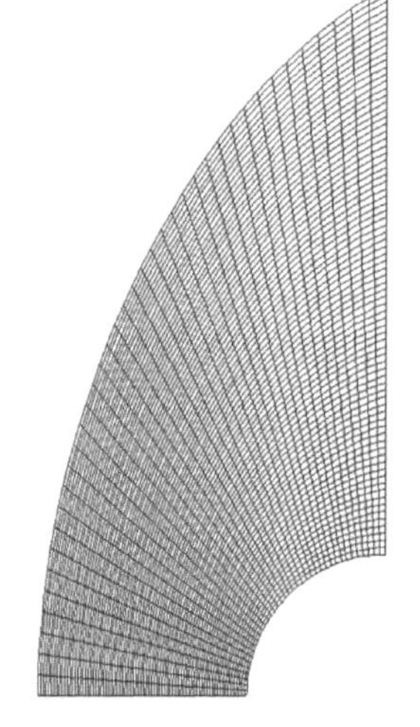

图 4.25 二维圆柱计算网格示意图

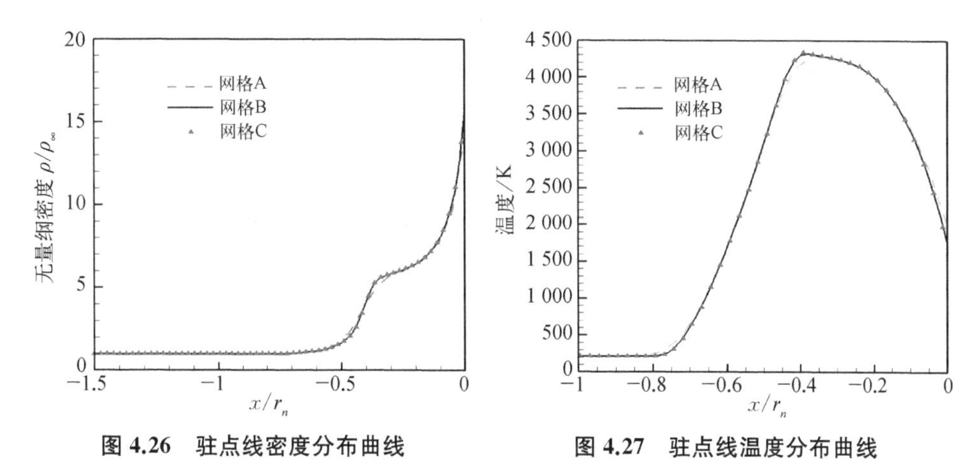

图 4.26　驻点线密度分布曲线　　**图 4.27　驻点线温度分布曲线**

从图 4.26 和图 4.27 给出的驻点线密度与温度分布可以看出，网格数量从网格 A 增加到网格 B 时计算结果存在一定差异，但网格 B 与网格 C 结果基本吻合，为保证网格无关性，应选用网格 B 进行计算。本书所有算例均首先选取了关键流场特征参数(如驻点热流等)对网格收敛性进行考察与验证，限于篇幅原因，之后不再赘述。

为进一步研究 SCB 方程、NS 方程和增广 Burnett 方程间计算效率的差异，本小节还采用网格 B (40×80) 在计算服务器上对上述二维圆柱算例开展了计算效率测试。测试计算机 CPU 为 Inter Core i7-3720QM @2.6 GHZ，内存大小为 16 G。不同方程每百步计算时间如表 4.4 所示。

表 4.4　不同方程求解每百步 CPU 计算时间

方程类型	网格规模	每百步 CPU 时间/s
NS	40×80	1.61
SCB	40×80	2.13
AB	40×80	2.83

从表 4.4 得到的 CPU 计算时间来看，SCB 方程计算效率较增广 Burnett 方程高 33%左右，但较 NS 方程偏低约 25%。这是由于增广 Burnett 方程不仅保留了常规 Burnett 方程的全部二阶项，还增加了部分三阶项以保证方程稳定性，但同时 SCB 方程较常规 Burnett 方程进行了简化。因此可以认为在同样线性稳定条件下，求解 SCB 方程比增广 Burnett 方程更为简洁高效。

图 4.28～图 4.30 给出了式(4.167)条件下 NS 方程、SCB 方程驻点线无量纲

密度、温度及 x 方向速度分量的分布曲线，同时重点与文献 NS 方程与增广 Burnett 方程计算结果进行对比。

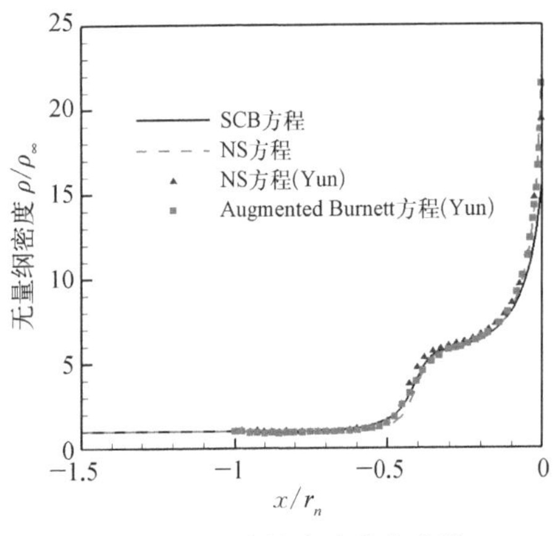

图 4.28　驻点线密度分布曲线

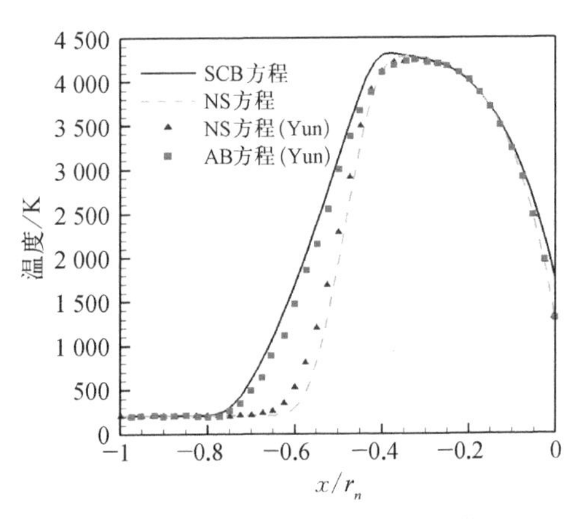

图 4.29　驻点线温度分布曲线

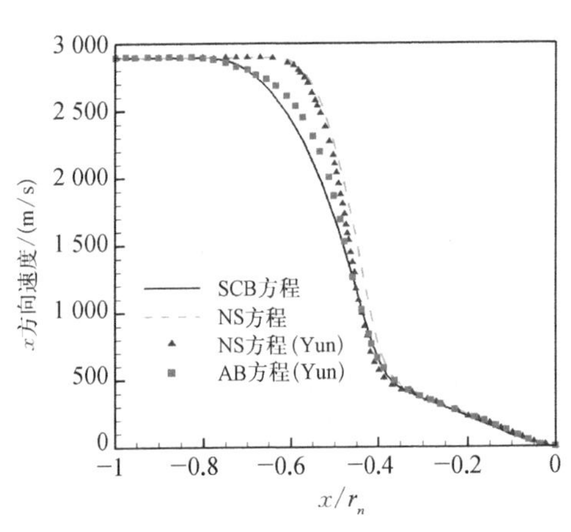

图 4.30　x 方向速度分布曲线

首先从文献及计算得到的驻点线流动参数曲线分布可以看出，当来流 $Kn=0.1$ 时，流动已进入过渡流域，采用基于连续性假设 NS 方程失效导致其与 Burnett 方程结果在激波内产生较大差异，尤以温度与速度分布更为显著。Burnett 方程所得到的激波更为平缓且温度抬升与减速压缩位置较 NS 方程更加远离物面，这与连续性方法得到激波偏薄的定性结论基本一致。其次，SCB 方程获得了与增广 Burnett 方程基本一致的计算结果，表明 SCB 方程不仅具有简洁、稳定的方程表达形式，更能够准确捕捉高超声速流动 Burnett 方程高阶本构关系的特点。为更清晰描述 NS 方程、SCB 方程及增广 Burnett 方程流场结构关系，图 4.31 和图 4.32 给出了不同方程马赫数云图与温度云图的对比。

图 4.31 和图 4.32 更为直观地展示了 SCB 方程与 NS 方程流场结果差异，以及 SCB 方程与增广 Burnett 方程的一致性。由于文献算例并未给出实验或 DSMC 仿真结果，因此 SCB 方程流动预测还需要进一步验证。

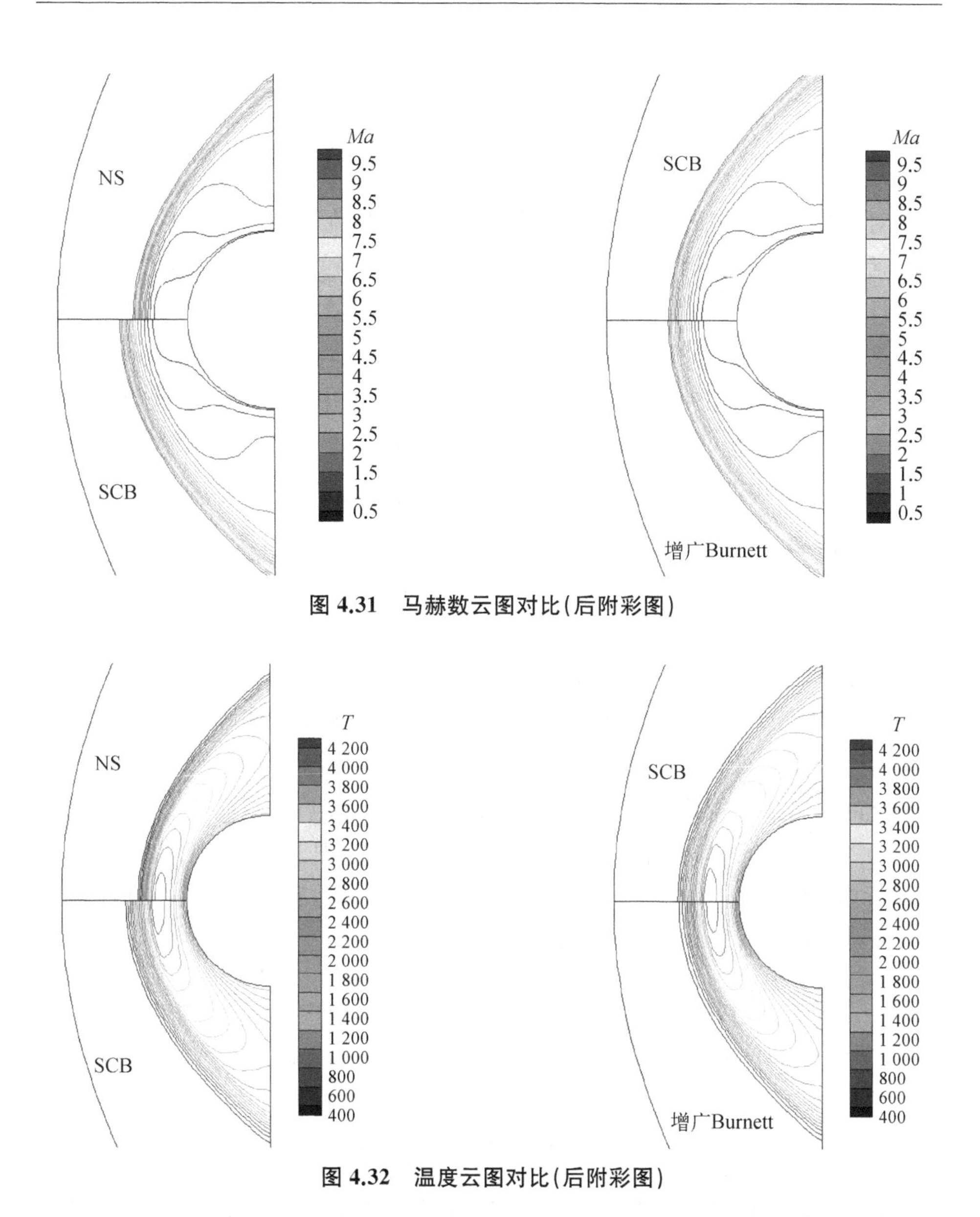

图 4.31　马赫数云图对比(后附彩图)

图 4.32　温度云图对比(后附彩图)

3. 考虑流动多尺度稀薄效应及转动能非平衡的高超声速氮气圆柱绕流

由于高超声速飞行器绕流流场中普遍存在的尖锐前缘、激波、物面附近努森层及尾流等典型局部稀薄区，流场存在复杂的多尺度稀薄效应。即使由飞行高度和全机特征尺度得到的来流努森数尚处于连续流条件，流场也将出现连续流与稀薄流共存的现象。因此来流全局努森数 Kn_∞ 仅能作为衡量来流稀薄程度的物理量，不能作为有效的失效参数准确描述跨流域流场中出现

的局部连续性假设失效。Boyd 首先提出以局部梯度特征尺度定义的局部 Kn $\left(Kn_{\mathrm{GLL}}=\dfrac{\lambda}{Q}\left|\dfrac{\mathrm{d}Q}{\mathrm{d}l}\right|\right.$，式中 Q 代表流场当地速度，密度或温度等宏观量$\left.\right)$作为失效准则对连续性假设失效区域进行识别。目前跨流域流动模拟手段十分有限，主要包括 Boltzmann 方程模型方程统一算法与连续流/粒子模拟混合算法，但由于前者计算规模大、效率与精度低，后者又存在难以收敛与统计波动问题，均无法获得多尺度流动满意的计算效率与精度，这两种方法均已在第一章绪论中详细介绍。Boyd 通过对比一维激波结构[64]与再入绕流[15]流场中 NS 方程与 DSMC 方法流动参数(密度、温度或速度标量)偏差，认为偏差大于 5%即可判定连续性假设失效，此时局部努森数 $Kn_{\mathrm{GLL}}<0.05$，因此他给出了 $Kn_{\mathrm{GLL}}\leqslant 0.05$ 的连续性失效判定准则。Burnett 方程作为可同时适用于连续流与过渡流域高阶连续性方法，具有高效准确的显著特点，尤其适用于跨流域局部稀薄流流动中对流场进行统一描述和精细模拟。

采用 NS 方程与 SCB 方程对文献[65]中三组马赫数条件下 ($Ma_{\infty}=3$、6、12)、来流努森数为 0.01 的圆柱绕流进行数值计算，重点关注 SCB 方程对连续性失效区域及物面参数的计算精度。NS 方程算例包括未考虑平动-转动能非平衡松弛的单温条件(图 4.34 中 NS-1T)及考虑转动能温度的双温非平衡条件(图 4.34 中 NS-2T)，SCB 方程仅考虑转动能非平衡的双温非平衡条件(图 4.34 中 SCB-2T)，计算物面均采用 4.4.2 节介绍的一阶 M/S 滑移边界条件。DSMC 方法计算结果均取自文献[66]，其中氮气来流条件为

$$\begin{aligned}
&r=0.04\ \mathrm{m} && Kn_{\infty}=0.01\\
&p_{\infty}=4.83\ \mathrm{N/m^2} && T_{\infty}=217.45\ \mathrm{K}\\
&\gamma=1.4 && Pr=0.72\\
&R=296.72\ \mathrm{m^2/(s^2\cdot K)}
\end{aligned}\tag{4.168}$$

氮气黏性系数采用逆幂律公式进行计算，且为与文献 DSMC 计算方法保持一致，假设氮气分子为可变硬球分子模型(variable hard sphere, VHS)，有

$$\mu=\mu_{\mathrm{ref}}\left(\frac{T}{T_{\mathrm{ref}}}\right)^{0.75}\tag{4.169}$$

其中，$\mu_{\mathrm{ref}}=1.67\times10^{-5}\ \mathrm{kg/(s\cdot m)}$；$T_{\mathrm{ref}}=273.0\ \mathrm{K}$。对于三组不同马赫数，其余来流条件均保持一致。

首先以 $Ma=12$ 流动为例，采用 Kn_{GLL} 数判定流场中连续性假设失效区域，其中 NS 方程计算得到的流场 Kn_{GLL} 分布云图如图 4.33 所示。

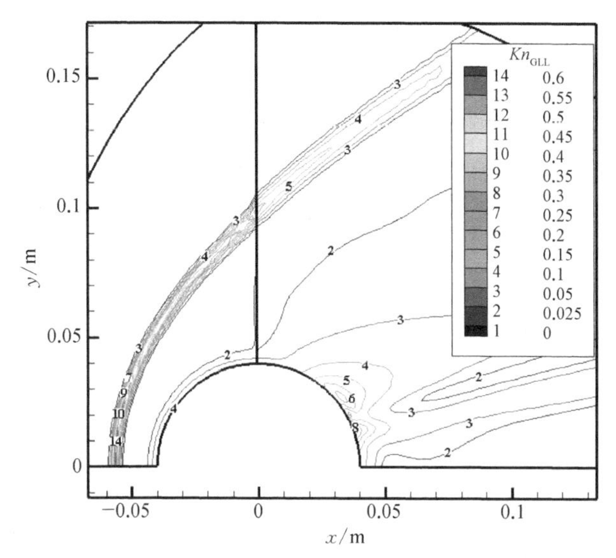

图 4.33　$Ma=12$ 局部努森数分布云图(后附彩图)

从图中可以看出，按照 Boyd 给出的连续性假设失效准则 ($Kn_{\mathrm{GLL}}>0.05$)，圆柱弓形激波内部、物面附近努森层及圆柱底部尾流区域均属于典型连续性假设失效区，NS 方程假设在这些区域不再准确，恰好这些区域也是稀薄圆柱绕流计算中应予以重点考察的区域。此外由于稀薄效应影响，热力学非平衡效应随之产生。

为直观表明稀薄气体效应与热力学非平衡效应对流场特征影响，图 4.34 给出了不同计算方法得到的流场平动温度云图对比。

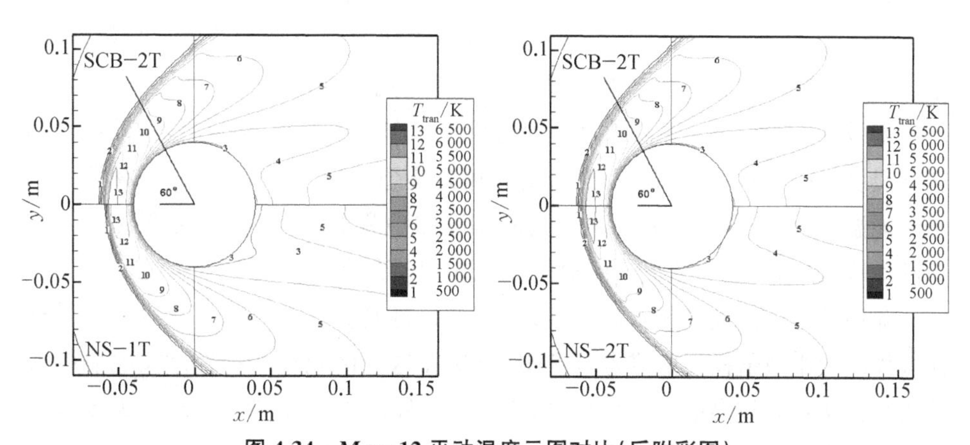

图 4.34　$Ma=12$ 平动温度云图对比(后附彩图)

由平动温度云图可以看出，不同计算方法激波脱体距离及底部流动温度分布均存在一定差异，其中以考虑转动能的 SCB 方程计算得到的激波位置离物面最远且激波厚度最大，不考虑转动能的 NS 方程激波脱体距离最小，两者差异较为显著。为分析热力学温度的非平衡特点，从流场中截取圆周 60°位置线上（图 4.34 中所示位置）平动温度与转动温度分布进行分析，如图 4.35 所示。

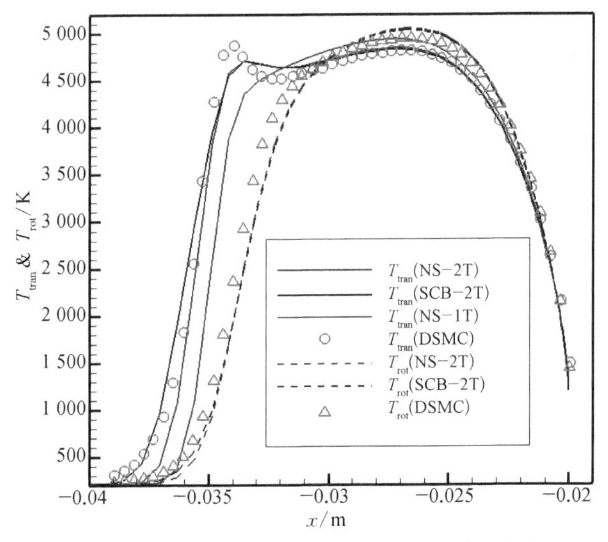

图 4.35　*Ma*＝12 平动与转动温度沿 60°线分布

理论上 60°线附近区域气流在通过激波后沿物面迅速膨胀，平均分子自由程增大导致分子平均碰撞数减小，但由于转动能相比平动能需要更多碰撞来达到平衡，激波层内也会出现转动能非平衡效应。由双温 SCB 方程、双温 NS 方程及文献 DSMC 计算结果均可以看出，除了激波内热力学非平衡效应十分显著外，激波层内相同位置转动能温度同样略高于平动能温度，证明存在较弱的热力学非平衡效应。单温 NS 方程计算得到的温度分布位于双温 NS 方程平动温度与转动温度之间。双温 NS 方程虽给出了较为理想的转动温度分布，但在激波内平动能温度分布、激波脱体距离及激波厚度的预测上，双温 SCB 方程保持了显著的优势，给出了最为趋近于 DSMC 方法的计算结果。

除头部弓形激波和努森层内流动外，滑移过渡流底部流动一直以来也是稀薄气体动力学数值模拟的难点，DSMC 方法在这一区域作为物理意义明确的粒子仿真方法具有较高的计算可信度，而 NS 方程由于底部连续性假设失效被证明不能给出合理的流场结果。为探究 SCB 方程对底部流动模拟的有效性，

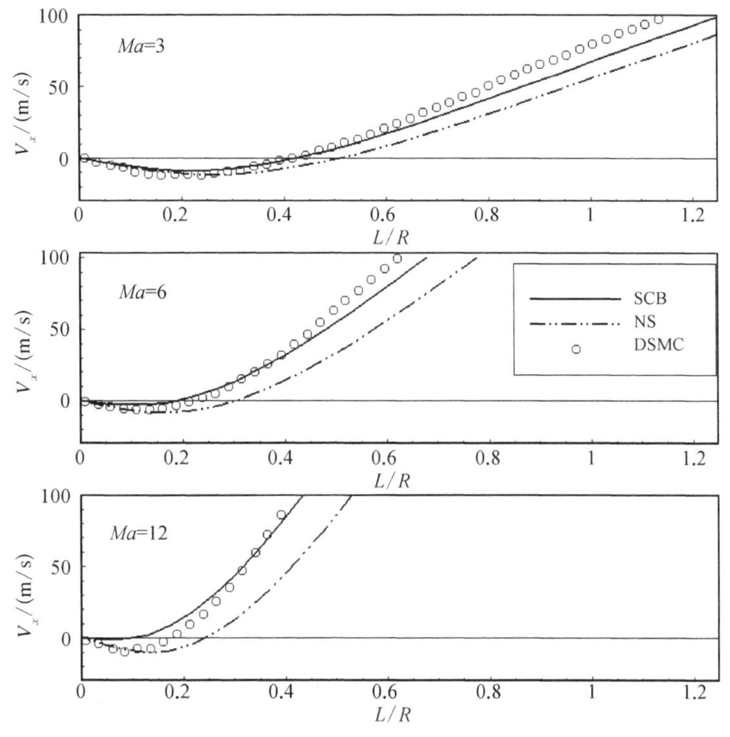

图 4.36　不同马赫数尾流闭合曲线

图 4.36 与图 4.37 分别给出了双温 SCB 方程、双温 NS 方程及 DSMC 方法在不同马赫数条件下沿尾流场对称中心线的 x 轴方向速度闭合曲线及温度分布曲线。

图 4.36 中，x 方向的速度由负变为正，表示尾流闭合，从图中 DSMC 计算结果可以看出随着马赫数增大，尾流闭合长度逐渐减小。尾流平动与转动温度分布较为一致，证明热力学非平衡效应同样存在但不突出，且在物面均存在随马赫数增加逐渐增强的温度跳跃现象。从图中三组不同方程计算结果对比可以看出，SCB 方程在绝大部分区域所得到的 x 方向速度与温度分布较 NS 方程更为趋近于 DSMC 解，证明 SCB 方程能够对滑移过渡流底部流动进行更精细模拟。

除激波与尾流区外，物面附近努森层内流动将直接影响物面特性参数(如飞行器表面摩阻、热流)的预测精度。为考察不同方法物面特性参数的计算差异，图 4.38～图 4.41 给出了 SCB 方程、NS 方程和文献 DSMC 方法在三组来流马赫数条件下物面热流与摩阻系数沿圆柱表面分布曲线，其中热传导系数与摩阻系数定义为

$$C_q = \frac{q}{\left(\dfrac{\rho_\infty U_\infty^3}{2}\right)},\ C_f = \frac{\tau}{\left(\dfrac{\rho_\infty U_\infty^2}{2}\right)} \tag{4.170}$$

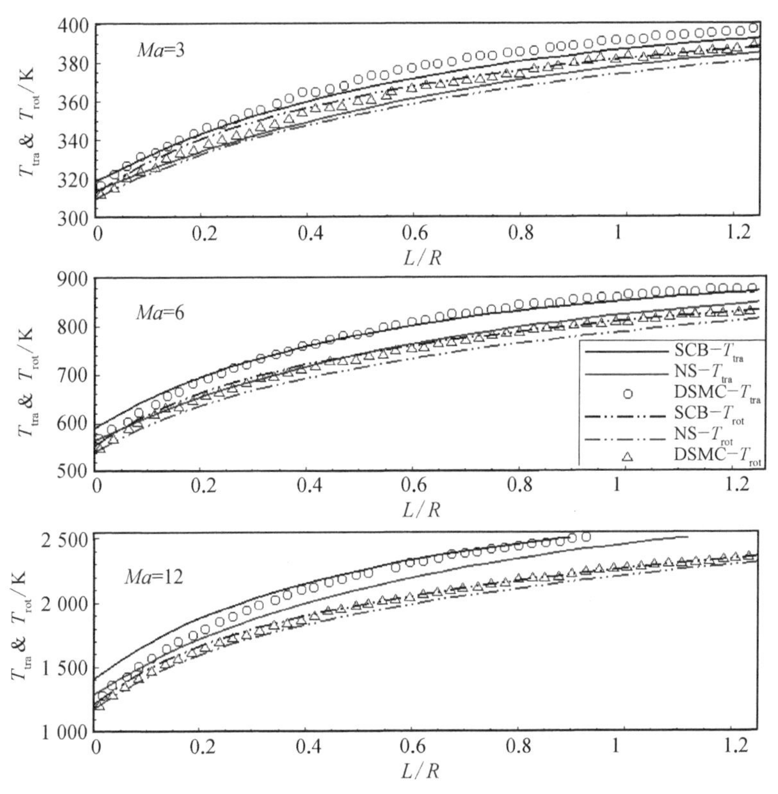

图 4.37　不同马赫数尾流温度分布曲线

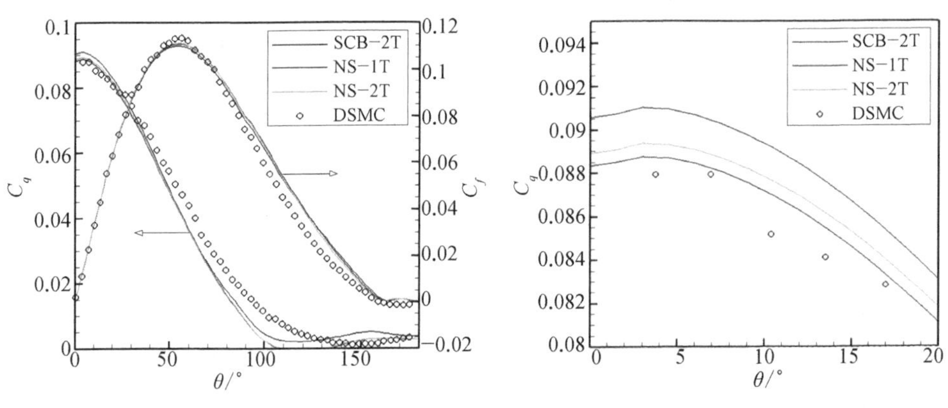

图 4.38　***Ma*=3** 物面热流与摩阻系数分布曲线

图 4.39　***Ma*=3** 物面热流头部局部热流分布曲线

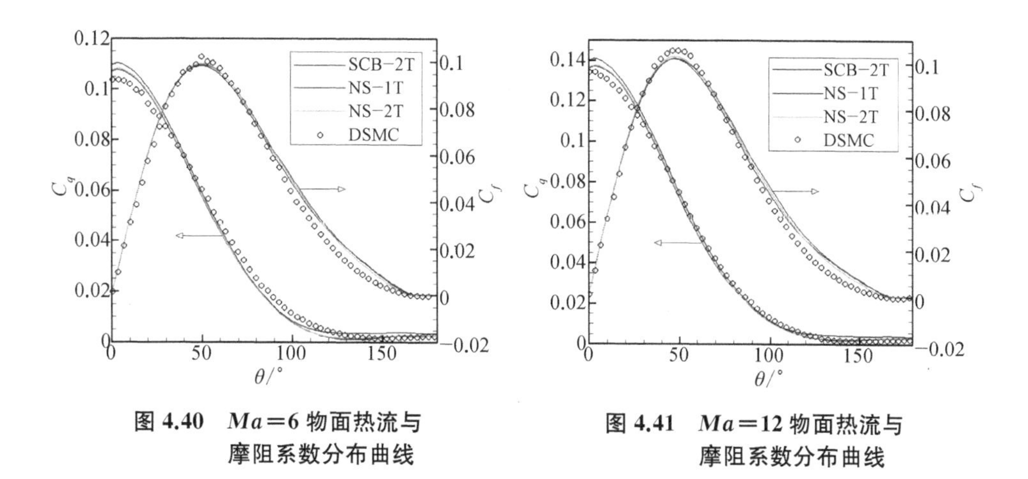

图 4.40 $Ma=6$ 物面热流与摩阻系数分布曲线

图 4.41 $Ma=12$ 物面热流与摩阻系数分布曲线

从物面摩阻系数与热流系数分布曲线可以看出：在来流努森数较小的条件下（$Kn=0.01$），采用滑移边界条件的 NS 方程即使不考虑转动能非平衡温度仍能够获得较为准确的物面特性参数，但显然在头部驻点区域考虑转动能非平衡效应后能获得更为趋近于 DSMC 的结果（图 4.39）。同时在驻点区和尾流区考虑转动能温度的 SCB 方程的计算精度在一定程度上优于 NS 方程，其热流与摩阻系数分布最趋近于 DSMC 结果。

通过对滑移流二维氮气圆柱绕流头部弓形激波、尾流区及努森层三个连续性假设失效显著区域的计算，并对 SCB 方程、NS 方程、DSMC 方法流场与物面特性参数的对比可以认为，考虑转动能非平衡的 SCB 方程作为高阶滑移过渡流计算方法，流场结果在滑移流区域较 NS 方程更趋近于 DSMC 方法，但由于该算例来流努森数较小，物面努森层内速度与温度分布与 NS 方程基本一致，物面摩阻与热流预测差异除头部驻点和尾流区外并不显著，且随着来流马赫数增大，尾流区的 SCB 方程计算结果更趋近于 DSMC 方法。

4.7.2 三维高超声速球头绕流

1. 高马赫数球头连续流与过渡流三维程序验证算例

将二维 SCB 计算程序拓展到三维条件，对程序鲁棒性与正确性进行验证。与二维验证思路一致，首先采用 NS 方程与 SCB 方程对连续流条件下三维球头高超声速绕流进行验算，检验三维 SCB 程序在连续流条件下能否获得与 NS 方程一致的计算结果，同时与 Lobb[67] 风洞实验结果进行对比，对程序进行校验。

来流介质为空气,来流条件为

$$
\begin{aligned}
&r=0.635\times10^{-2}\ \mathrm{m} && Ma_\infty=7.1\\
&Kn_\infty=0.007\,95 && P_\infty=130.74\ \mathrm{N/m^2}\\
&T_\infty=293.0\ \mathrm{K} && T_w=1\,000.0\ \mathrm{K}\\
&\gamma=1.40 && Pr=0.72\\
&R=287.1\ \mathrm{m^2/(s^2\cdot K)}
\end{aligned}
\tag{4.171}
$$

空气黏性系数采用萨特兰(Sutherland)层流动力黏性系数公式进行计算,其表达式为 $\frac{\mu}{\mu_{\mathrm{ref}}}=\left(\frac{T}{T_{\mathrm{ref}}}\right)^{1.5}\left(\frac{T_{\mathrm{ref}}+T_{\mathrm{su}}}{T+T_{\mathrm{su}}}\right)$,其中 $T_{\mathrm{su}}=124\ \mathrm{K}$,$\mu_{\mathrm{ref}}=1.716\,1\times10^{-5}\ \mathrm{Pa\cdot s}$,$T_{\mathrm{ref}}=273.16\ \mathrm{K}$。$\mu_{\mathrm{ref}}$ 是 273.16 K 时空气动力黏性系数。

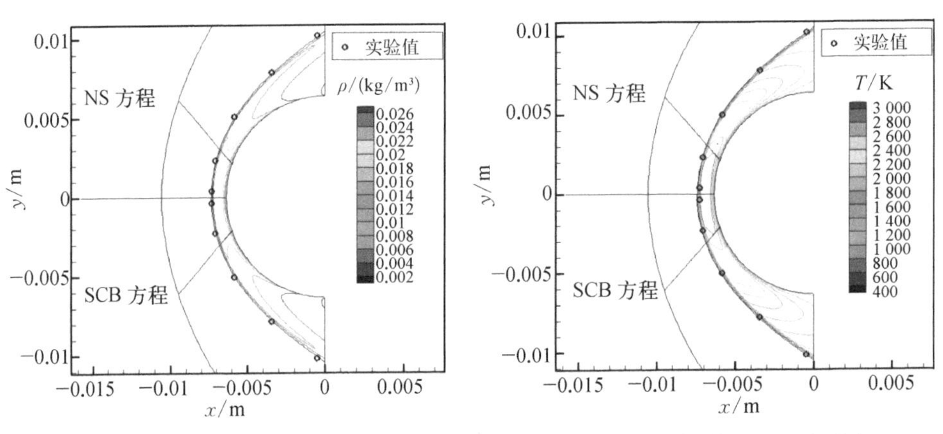

图 4.42 不同计算方法密度对比云图(后附彩图)

图 4.43 不同计算方法温度对比云图(后附彩图)

图 4.42 与图 4.43 分别给出了 SCB 方程与 NS 方程在连续流条件下三维球头高超声速绕流计算结果,其中包含密度与温度对比云图。通过与风洞实验对比,两种计算方法在连续流条件下均获得了与实验值吻合的激波脱体距离。验证表明三维条件下 SCB 方程作为高阶连续性方法能够对连续流域进行准确描述,其计算适用范围涵盖了连续流条件。

在此基础上为研究三维 SCB 方程与 NS 方程在过渡流条件下的表现差异,计算了单原子氩气三维球头过渡流绕流算例,与 Zhong 和 Furumoto[68] 的增广 Burnett 方程结果进行了对比。计算来流条件为

$$
\begin{aligned}
& r=0.2\ \mathrm{m} && Ma_{\infty}=10.95 \\
& Kn_{\infty}=0.2 && Re_{\infty}=90.3 \\
& P_{\infty}=1.810\ \mathrm{N/m^2} && T_{\infty}=300.0\ \mathrm{K} \\
& T_{\mathrm{w}}=300.0\ \mathrm{K} && \gamma=1.67 \\
& Pr=0.67 && R=208.13\ \mathrm{m^2/(s^2 \cdot K)}
\end{aligned}
\tag{4.172}
$$

氩气黏性系数采用逆幂律公式进行计算，且为与文献计算方法保持一致，假设氩气分子为硬球分子模型，有

$$
\mu=\mu_{\mathrm{ref}}\left(\frac{T}{T_{\mathrm{ref}}}\right)^{0.5} \tag{4.173}
$$

其中，$\mu_{\mathrm{ref}}=2.2695\times10^{-5}\ \mathrm{kg/(s\cdot m)}$；$T_{\mathrm{ref}}=300.0\ \mathrm{K}$。

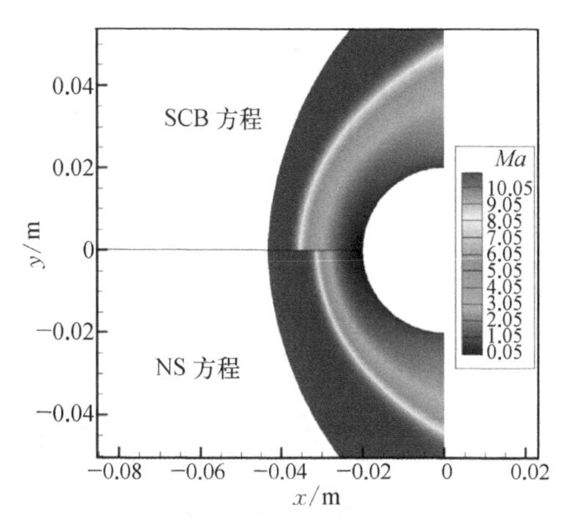

图 4.44　不同计算方法马赫数对比云图(后附彩图)

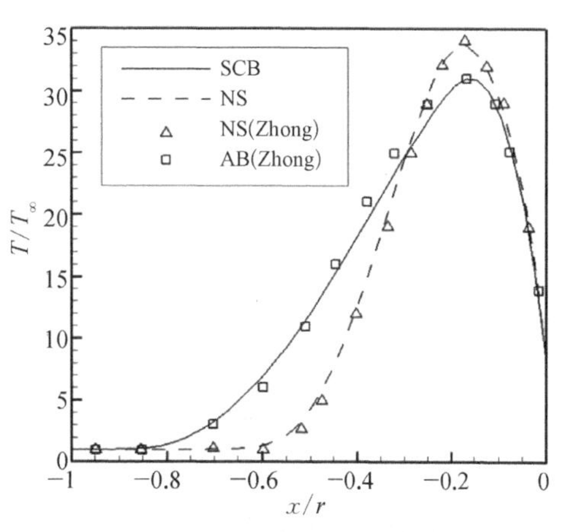

图 4.45　驻点线温度分布曲线

图 4.44 和图 4.45 分别给出了 SCB 方程与 NS 方程马赫数对比云图及驻点线温度分布曲线。计算结果表明，在 $Kn_{\infty}=0.2$ 来流条件下头部强间断激波不明显，但显然存在强烈的压缩过程，三维 SCB 方程与 NS 方程计算得到的球头流场结构存在较大差异，Burnett 方程激波位置更远离物面且激波明显偏厚。SCB 方程与文献增广 Burnett 方程驻点线温度分布基本吻合，验证了三维 SCB 方程能够捕捉到高阶本构关系的主要影响，但与真实物理流动是否一致还需要与实验或 DSMC 方法对比来进一步验证。

2. 超声速球头绕流流动模拟与 DSMC 结果对比

采用增广 Burnett 方程、SCB 方程对经典氩气三维高超声速球头算例进行

了数值计算并与文献 DSMC 结果进行比对验证。文献中 Zhong 采用增广 Burnett 方程[68]，Vogenitz 和 Takara[69]采用 DSMC 方法进行了相关数值模拟，本小节重点与他们的模拟结果进行对比验证，其对应物理模型及计算来流条件为

$$
\begin{aligned}
&r=0.02\ \mathrm{m} && Ma_{\infty}=10 \\
&Kn_{\infty}=0.1 && p_{\infty}=2.388\,1\ \mathrm{N/m^2} \\
&T_{\infty}=208.4\ \mathrm{K} && T_{\mathrm{w}}=208.4\ \mathrm{K} \\
&\gamma=1.67 && Pr=0.67 \\
&R=208.13\ \mathrm{m^2/(s^2\cdot K)}
\end{aligned}
\tag{4.174}
$$

氩气黏性系数采用逆幂律公式进行计算，与式(4.173)一致。

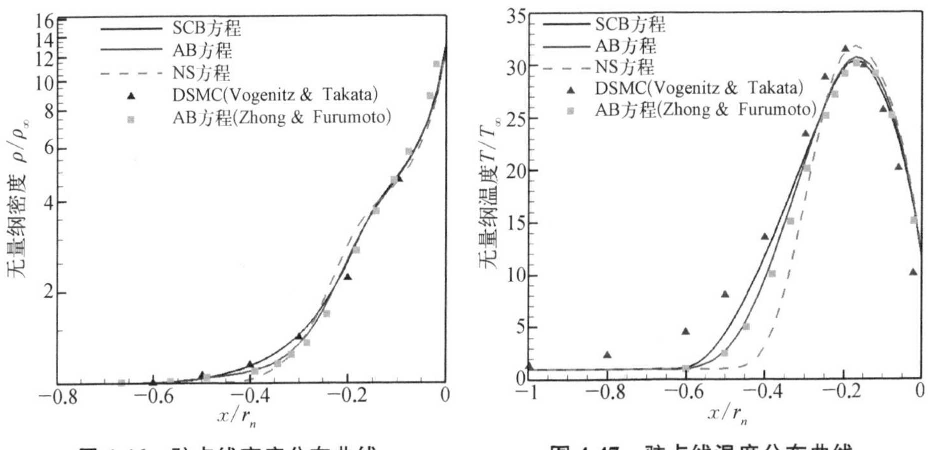

图 4.46　驻点线密度分布曲线　　**图 4.47　驻点线温度分布曲线**

图 4.46 和图 4.47 首先给出了不同计算方法密度与温度驻点线分布曲线。从图中可以看出：当 $Kn_{\infty}=0.1$ 时 NS 方程较 DSMC 方法驻点线物理量分布有较大差异，主要表现为 NS 方程激波厚度偏小及激波起始位置靠后。此外增广 Burnett 方程和 SCB 方程结果与文献中增广 Burnett 方程获得的结果基本一致，且相比 NS 方程计算结果更趋近于 DSMC 方法，证明了 SCB 方程高阶本构关系在过渡流区域能够比 N-S-F 线性本构关系能更好地描述流场结构。同时，SCB 方程的密度与温度分布曲线较增广 Burnett 方程更接近于 DSMC 方法，初步验证了三维 SCB 方程与程序的准确性。

3. 来流努森数与马赫数对过渡流三维球头绕流影响研究

在上节计算基础上，本小节开展了来流努森数与马赫数对三维球头过渡流

流场结构影响研究。首先在保证来流温度与马赫数一定的前提下，降低来流密度使来流努森数分别升高至 0.01、0.1 和 0.2，其余物理模型与来流参数均保持不变。不同来流努森数下计算得到的驻点线无量纲密度与温度分布曲线如图 4.48～图 4.50 所示。

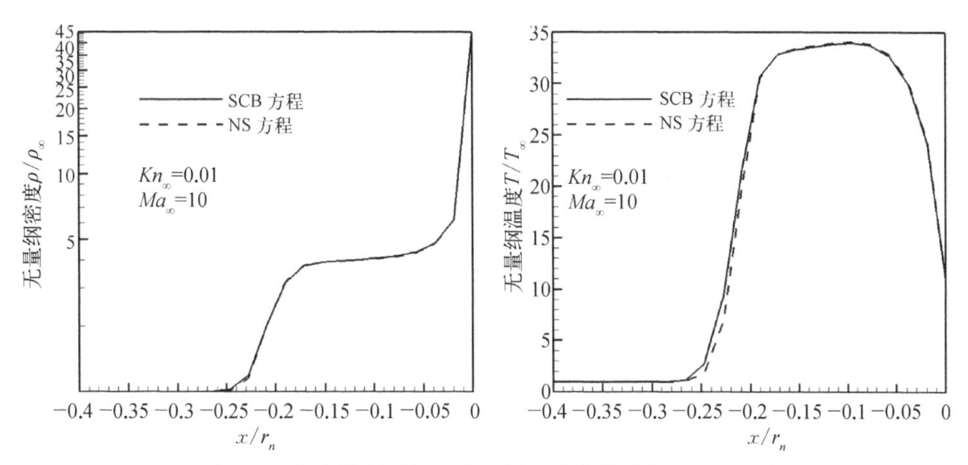

图 4.48　驻点线无量纲密度与温度分布曲线($Kn_\infty=0.01$)

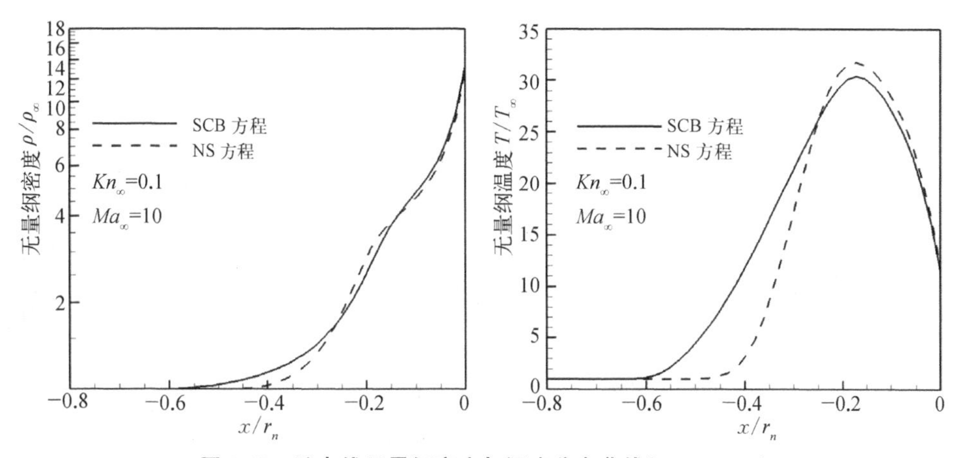

图 4.49　驻点线无量纲密度与温度分布曲线($Kn_\infty=0.1$)

当 $Kn=0.01$ 即刚刚进入滑移流时，两种计算方法结果基本一致，可以认为 NS 方程与一阶滑移边界条件能够对该来流条件下的流动进行准确描述。随着来流努森数逐渐增大至 0.2 流动完全进入过渡流域，稀薄效应愈发显著，NS 方程与 Burnett 方程的激波位置、激波厚度、激波层与努森层内流场分布等结果差异愈发明显，尤以温度分布为甚。根据上节 DSMC 方法比对结果对 SCB 方程的

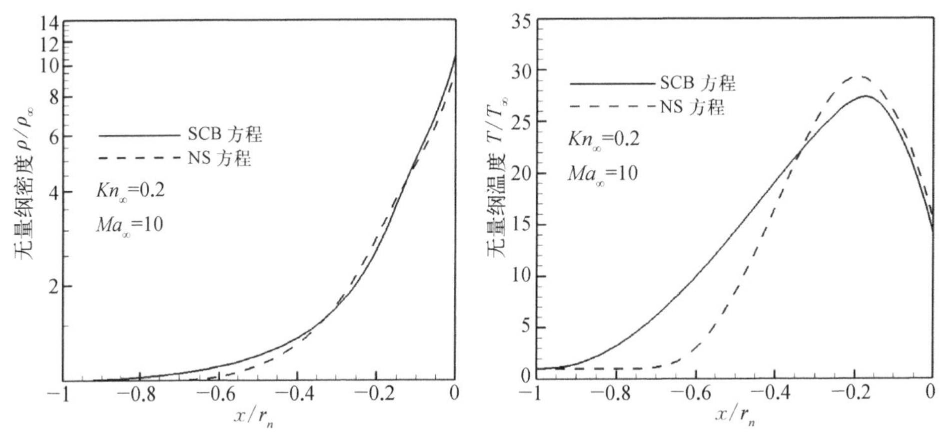

图 4.50 驻点线无量纲密度与温度分布曲线($Kn_\infty=0.2$)

验证，采用具有更高阶本构关系的 Burnett 方程在大努森数过渡流域对流动的描述应当更为准确。

此外在 $Kn_\infty=0.1$ 条件下，同时保证来流温度、压力与努森数不变，通过改变来流速度研究不同来流马赫数对流动影响。计算来流马赫数分别取为 5、10 及 15。其中马赫数 5 与马赫数 15 的驻点线密度与温度分布曲线如图 4.51 与图 4.52 所示。

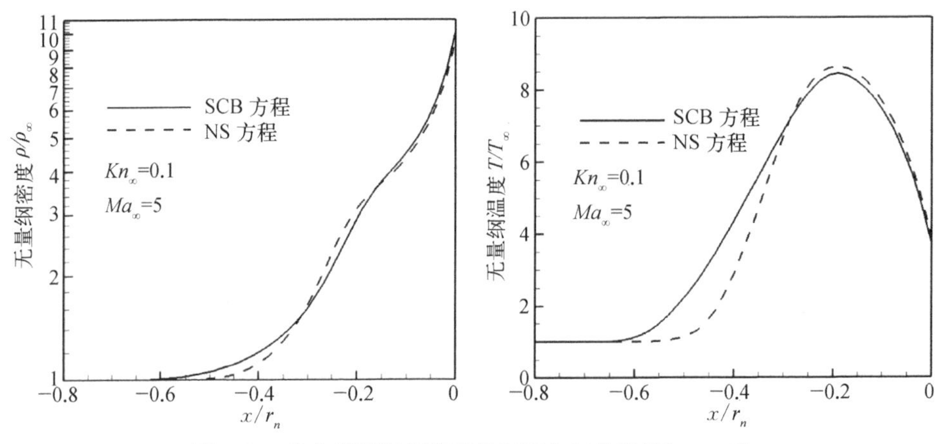

图 4.51 驻点线无量纲密度与温度分布曲线($Ma_\infty=5$)

随着来流马赫数增大，流体微团更多的动能在头部驻点区转化为气体内能，激波强度明显增强导致波后驻点区温度急剧升高，但从温度与密度分布来看两组方程各自的激波厚度与结构相对差异随马赫数变化不大。由于来流努森数属

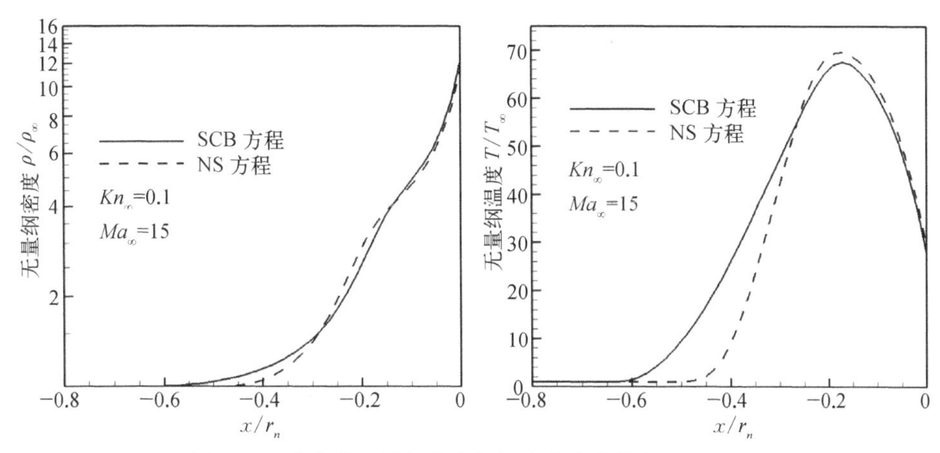

图 4.52　驻点线无量纲密度与温度分布曲线($Ma_\infty=15$)

于典型过渡流条件，因此 SCB 方程与 NS 方程间计算结果的差异始终存在，但两种方法给出的驻点线流场无量纲计算结果的差异并没有因为来流马赫数增大而产生明显变化。可见，在本算例考量的马赫数和努森数变化范围内，来流马赫数对流场无量纲参数的影响较努森数要弱得多。

4.7.3　三维双曲钝锥再入流动

除二维圆柱与三维球头外，本小节对 SCB 方程的应用范围进一步拓展到三维双曲钝锥。Adams 等[70]提出可采用等效旋成体模型来预测航天飞机特定攻角条件下迎风面流动物面特征参数，其旋成体模型假设为双曲面旋成体。Moss 和 Bird[71]采用 DSMC 方法对航天飞机再入时不同高度下双曲钝锥模型进行了细致的研究，本小节采用 SCB 方程对高度为 104.93 km、马赫数为 25.3 的典型工况进行数值计算，并与文献 DSMC 结果进行对比分析。计算物理模型与网格如图 4.53 所示，由文献[71]可知 104.93 km 模型双曲面半角为 42.5°，头部半径为 1.362 m。物理模型与来流条件为

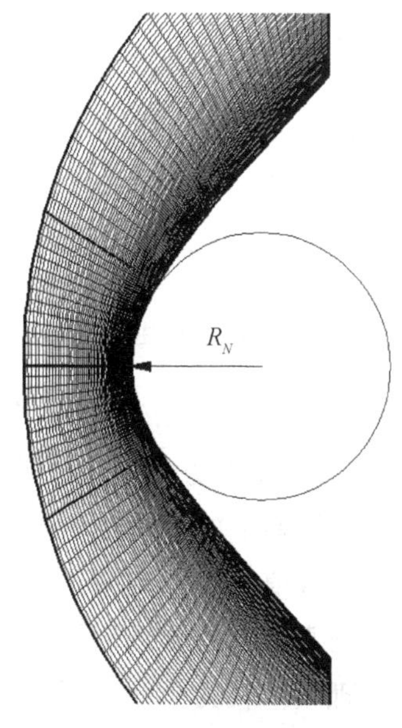

图 4.53　双曲钝锥模型与网格示意图

$$
\begin{aligned}
&r = 1.362\ \text{m} && Ma_{\infty} = 25.3 \\
&Kn_{\infty} = 0.227 && p_{\infty} = 0.016\,36\ \text{N/m}^2 \\
&T_{\infty} = 223\ \text{K} && T_{w} = 560\ \text{K} \\
&\gamma = 1.4 && Pr = 0.75 \\
&R = 298.54\ \text{m}^2/(\text{s}^2 \cdot \text{K})
\end{aligned}
\tag{4.175}
$$

由于文献中 DSMC 计算同时考虑了空气平动-振动与平动-转动非平衡效应，Jain[72] 指出在 104.93 km 条件下比热比应采用 $\gamma=1.31$ 来准确描述气体物理属性，他采用 Merged-Layer（ML）NS 方程对双曲钝锥进行了计算，得到了与 DSMC 较为一致的激波后温度最大值，但温度分布差距明显。因此，本节并未采用 Jain 给出的比热比值，仍采用 $\gamma=1.4$ 进行计算，且只考虑平动-转动非平衡效应。由于流动介质为空气，因此黏性系数直接采用 Sutherland 公式进行计算，与式(4.166)一致。

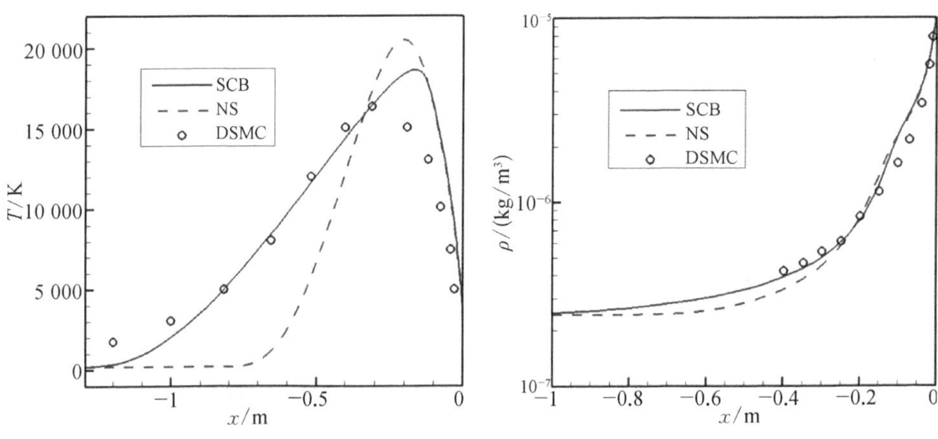

图 4.54　双曲钝锥驻点线温度分布曲线　　**图 4.55　双曲钝锥驻点线密度分布曲线**

图 4.54 与图 4.55 给出了钝锥头部驻点线温度与密度分布曲线，与三维球头算例类似，SCB 方程均给出了更为趋近于 DSMC 仿真方法的结果。但需要注意的是，虽 SCB 方程预测得到的激波后最高温度低于 NS 方程，但与 DSMC 方法相比其数值大小及激波层内温度分布仍存在较大差异。该差异来源应为 SCB 方程仿真气体的物理属性与 DSMC 方法存在不同，由于文献 DSMC 方法考虑的物理效应较为全面，不仅考虑了转动能、振动能激发，且考虑了空气组元在高温条件下发生的复杂化学反应，因此 SCB 方程计算所采用的量热完全气体假设及黏性系数 Sutherland 计算公式会对计算结果有一定影响。但简化模型

的计算已足以证明，高空再入稀薄条件下 SCB 方程对 NS 方程本构关系的修正能够显著改善流场预测精度，使得流场结果趋于 DSMC 方法所代表的真实物理流动。

4.7.4　三维空心扩张圆管

本小节和下一小节将已验证的三维 SCB 方程首次推广应用于三维空心扩张圆管与高超声速尖双锥飞行器绕流中，对连续流、滑移过渡流条件下的实际工程问题进行计算与探讨。高超声速流动中激波-边界层干扰往往会导致控制面舵效降低及再附点附近热流升高，因此激波-边界层干扰问题对于流对分离及再附点位置预测精度提出了苛刻的工程需求。目前滑移过渡流工程应用的主流数值方法为数值求解 NS 方程配合滑移边界条件对努森层进行修正。虽然相关风洞实验来流全局努森数仍严格属于连续流范畴，但在尖锐前缘区域及部分膨胀区由于局部稀薄效应使得当地努森数已远远超过了 NS 方程本构关系的有效范围，因此文献计算结果表明 DSMC 方法在这些区域往往能够给出更为趋近实验值的结果。

三维轴对称空心扩张圆管及尖双锥模型作为研究激波边界层干扰的标模，学术界已开展了大量的风洞实验及数值模拟研究，获得了十分详尽的实验数据比对与分析结果[73-75]。本小节首先采用 SCB 方程及 NS 方程分别对风洞实验值状态下三维空心扩张圆管进行数值模拟，并将流场和物面参数与文献[74] DSMC 方法和实验值进行对比，在对实验条件下 SCB 方程验证的基础上，进一步探讨过渡流激波边界层干扰流动机理与热力学非平衡现象。三维轴对称空心扩张圆管计算模型见图 4.56。

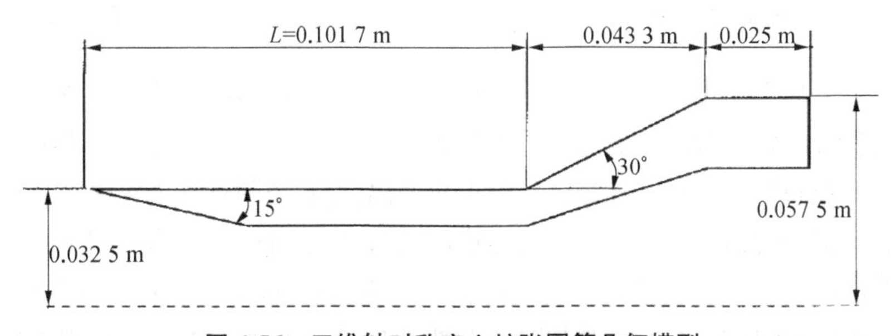

图 4.56　三维轴对称空心扩张圆管几何模型

选取文献 DSMC 及实验条件下最稀薄的来流条件进行研究，有

$$
\begin{aligned}
&L=0.101\,7\ \mathrm{m} && Ma_{\infty}=9.91 \\
&Kn_{\infty}=7.77\times10^{-4} && p_{\infty}=6.3\ \mathrm{N/m^2} \\
&T_{\infty}=51\ \mathrm{K} && T_{\mathrm{w}}=293\ \mathrm{K} \\
&\gamma=1.4 && Pr=0.72 \\
&R=296.72\ \mathrm{m^2/(s^2\cdot K)} && Re_{\infty}=1.891\,6\times10^{4} \\
&\rho_{\infty}=4.163\times10^{-4}\ \mathrm{kg/m^3} &&
\end{aligned}
\tag{4.176}
$$

文献中 DSMC 计算采用 SMILE[76] 程序及变硬球模型(variable hard sphere, VHS[77]),其中平动能与转动能能量交换模型为 Larsen-Borgnakke 模型[78],且不考虑振动能激发与化学反应影响。由于流动介质为氮气,黏性系数采用逆幂律公式进行计算,与式(4.173)一致,其中参考温度与参考黏性系数分别为 $\mu_{\mathrm{ref}}=3.228\,5\times10^{-6}\ \mathrm{kg/(s\cdot m)}$,$T_{\mathrm{ref}}=51.0\ \mathrm{K}$,温度黏性系数取为 0.75,其中雷诺数与努森数计算特征长度均采用 $L=0.101\,7\ \mathrm{m}$。

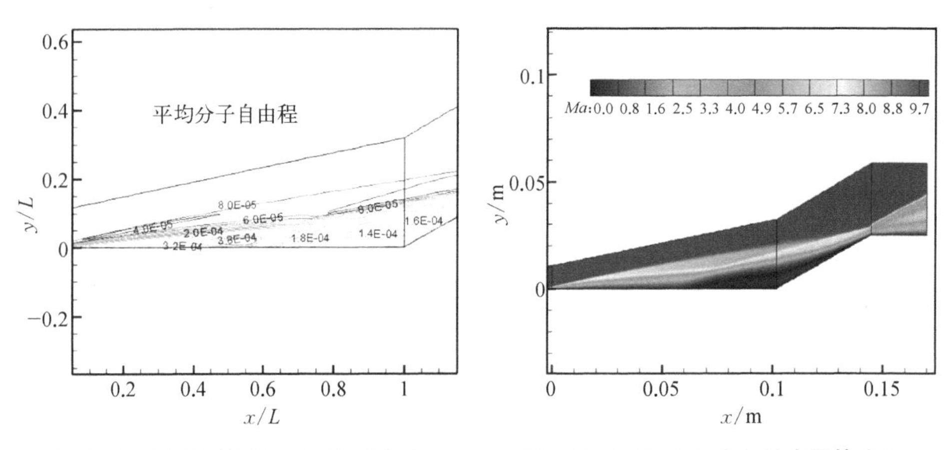

图 4.57 扩张圆管流场平均分子自由程等值线(后附彩图)

图 4.58 双温 SCB 方程扩张圆管流场马赫数云图(后附彩图)

双温 SCB 方程计算得到的流场马赫数云图如图 4.58 所示,扩张圆管外壁面流动在头部产生较强斜激波,波后的超音速流动由于下游壁面拐角处出现激波边界层干扰形成分离区,分离点压缩波汇聚形成分离激波,再附点也由于流动再次压缩而形成较强压缩波,并在再附点下游形成高压与高热流区,激波边界层干扰使得整个流场结构较为复杂,且受来流条件努森数影响,局部区域存在稀薄气体效应,主要表现在头部尖锐前缘、分离位置结束的膨胀区及斜激波内部。为直观表达局部低密度区域,图 4.57 给出了流场平均分子自由程分布等值线,从中可以看出前缘斜激波后出现膨胀区并终止于分离激波前,膨胀区内平均分子自由程显著增大。

图 4.59 给出了不同计算方法扩张圆管表面压力系数分布曲线，从图中可以看出，由于来流努森数尚处于连续流范畴，SCB 方程和 NS 方程同样给出了与实验和 DSMC 较为一致的压力分布计算结果，不同计算方法预测的压力峰值位置和大小基本与实验和 DSMC 一致。但是不论是 NS 方程还是 SCB 方程，计算得到的激波边界层干扰分离区起始位置都比实验和 DSMC 结果靠前。相比于单温模型，SCB 双温模型预测的分离区起始位置更趋近于实验和 DSMC 结果，表明采用双温 SCB 方程能够对局部区域的稀薄效应进行更精确的描述。

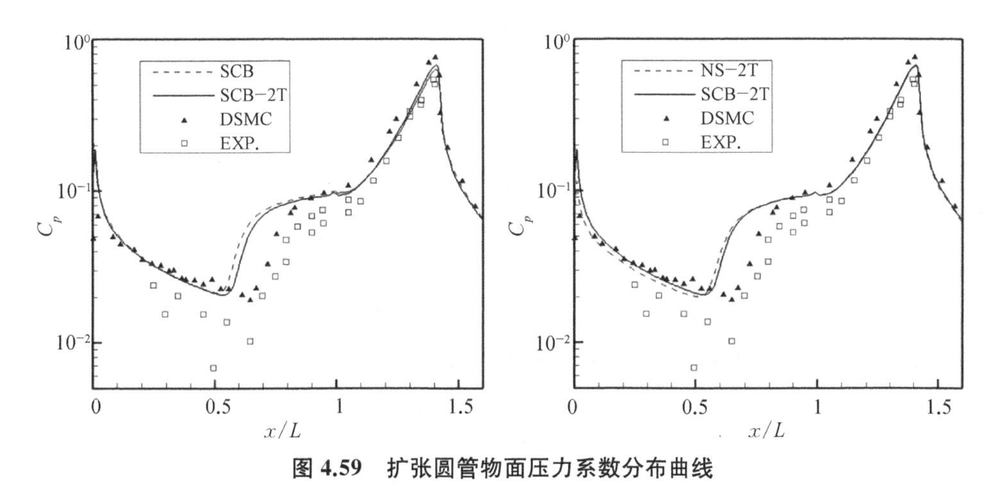

图 4.59　扩张圆管物面压力系数分布曲线

图 4.60 和图 4.61 给出了实验条件下 NS 方程与 SCB 方程热力学非平衡流场马赫数及压力等值线图，其中马赫数等值线基本一致，但在前缘扩张段上游由于头部稀薄气体效应影响，两组方法压力等值线存在差异。

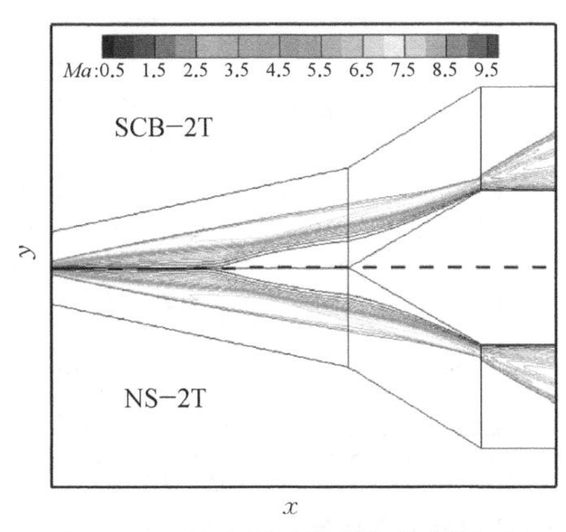

图 4.60　扩张圆管马赫数等值线图（后附彩图）

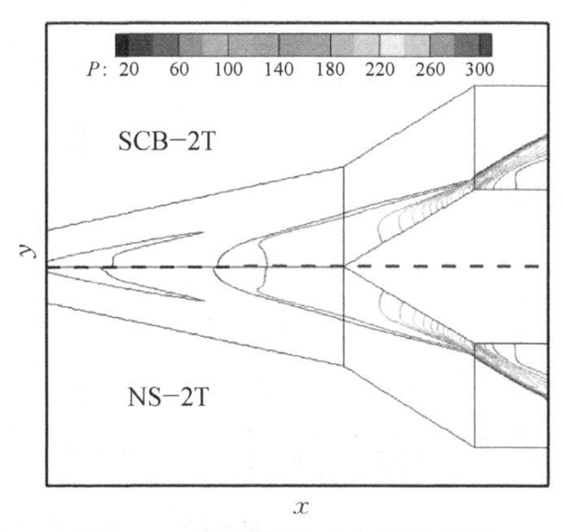

图 4.61　扩张圆管压力等值线图（后附彩图）

由于风洞试验来流状态稀薄程度有限,在流场结构上 SCB 方程虽在局部稀薄区域对 NS 方程有一定修正,但效果十分有限。为进一步研究转动非平衡与稀薄效应对扩张圆管流动特征的影响,通过降低来流压力,分别计算了两组滑移流条件下的三维空心扩张圆管流动,算例一的来流条件为

$$\begin{array}{ll} L=0.1017\ \mathrm{m} & Ma_{\infty}=9.91 \\ Kn_{\infty}=0.00777 & p_{\infty}=0.63\ \mathrm{N/m^2} \\ T_{\infty}=51\ \mathrm{K} & T_{\mathrm{w}}=293\ \mathrm{K} \\ \gamma=1.4 & Pr=0.72 \\ R=296.72\ \mathrm{m^2/(s^2\cdot K)} & \rho_{\infty}=4.163\times10^{-5}\ \mathrm{kg/m^3} \end{array} \tag{4.177}$$

来流条件显然更加稀薄,但按定义仍属于连续流范畴。由图 4.62 可见,在前缘激波和拐角下游等稀薄效应显著区域,由热力学非平衡双温 SCB 模型计算得到的物面压力系数与斯坦顿数分布曲线相比单温 SCB 模型差异较为明显。由于来流更为稀薄,再附点下游的压力与热流峰值变化更加平缓。除在拐角下游热流斯坦顿数分布曲线存在局部差异外,考虑转动能双温 SCB 方程与双温 NS 方程给出的压力系数与热流分布基本保持一致。由图 4.63 与图 4.64 给出的不同方程计算得到的马赫数与压力等值线图可以更加直观看出,与风洞状态算例相比,拐角前流动分离区消失,头部斜激波厚度显著增加且更远离物面,但由不同方程计算得到的马赫数与压力等值线几乎没有明显不同。

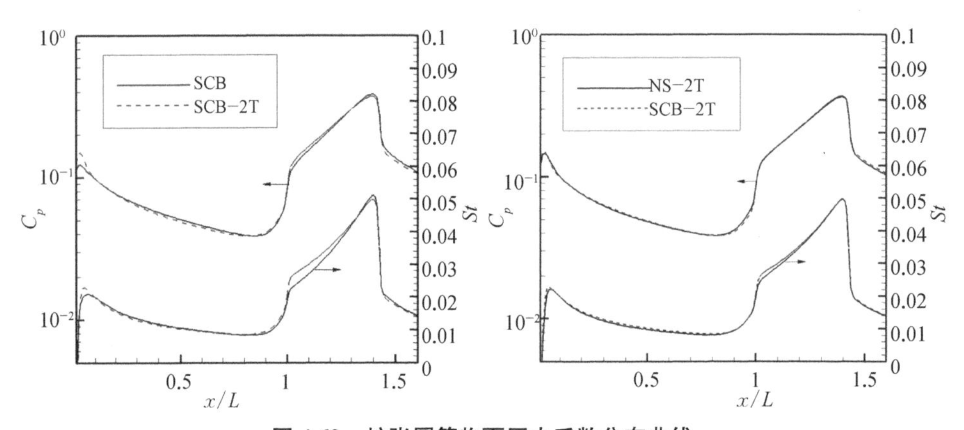

图 4.62 扩张圆管物面压力系数分布曲线

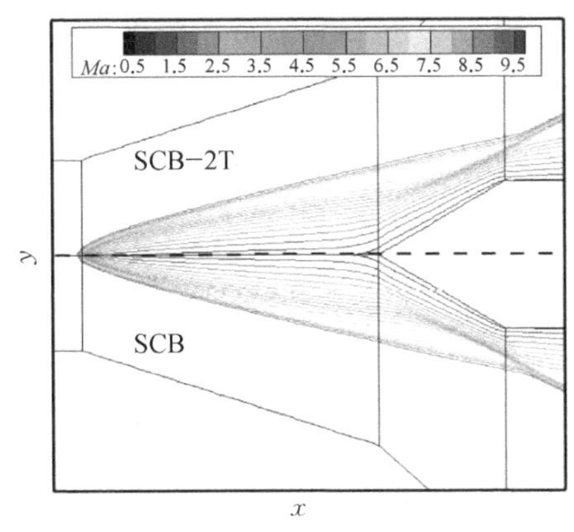

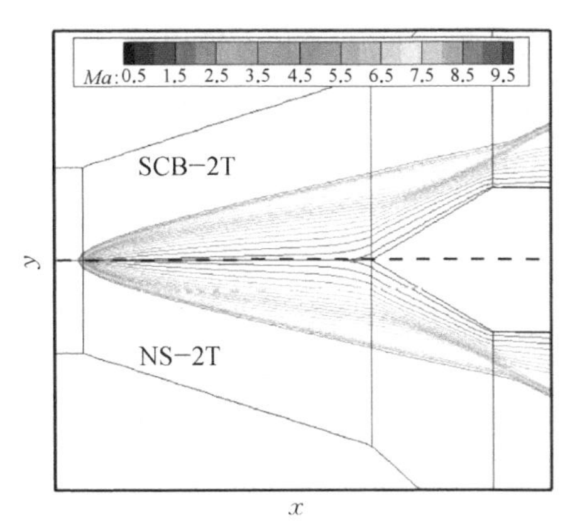

图 4.63　扩张圆管马赫数等值线图

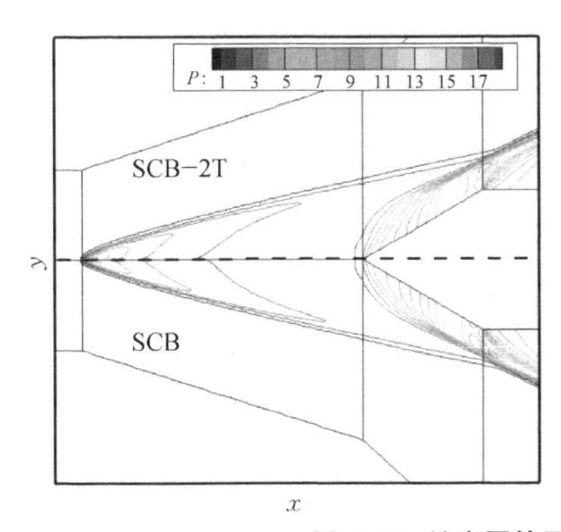

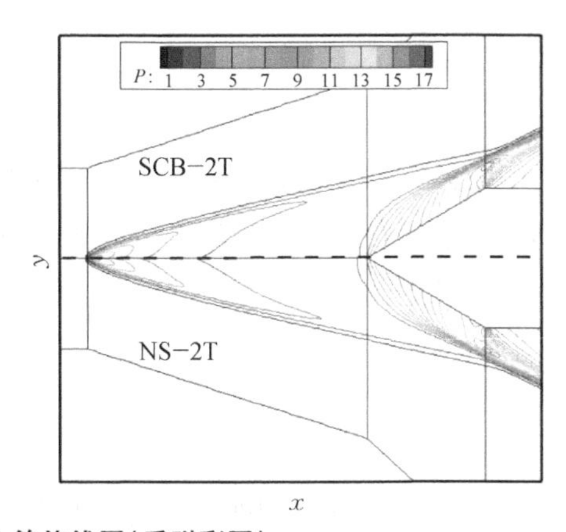

图 4.64　扩张圆管压力等值线图(后附彩图)

进一步降低来流压力，算例二的计算来流条件为

$$
\begin{array}{ll}
L=0.1017\ \mathrm{m} & Ma_{\infty}=9.91 \\
Kn_{\infty}=0.0389 & p_{\infty}=0.126\ \mathrm{N/m^2} \\
T_{\infty}=51\ \mathrm{K} & T_{\mathrm{w}}=293\ \mathrm{K} \\
\gamma=1.4 & Pr=0.72 \\
R=296.72\ \mathrm{m^2/(s^2\cdot K)} & \rho_{\infty}=4.163\times10^{-6}\ \mathrm{kg/m^3}
\end{array}
\tag{4.178}
$$

此时流动已完全进入滑移流状态，由图 4.65 给出的压力系数与斯坦顿数分布曲线可以看出圆管前缘区局部稀薄效应十分显著，且再附点后物面高温与高压峰值点被抹平成为一段高压与高热流区。由热力学非平衡双温 SCB 模型计算得到的物面压力系数与斯坦顿数分布曲线相比单温 SCB 模型差异更为明显，稀薄来流进一步强化了热力学非平衡效应。而同样考虑了热力学非平衡的双温

NS方程与双温SCB方程相比，其计算得到的压力系数与热流分布除在圆管前缘区域局部结果产生了明显差异之外，其余位置计算结果仍保持基本一致。

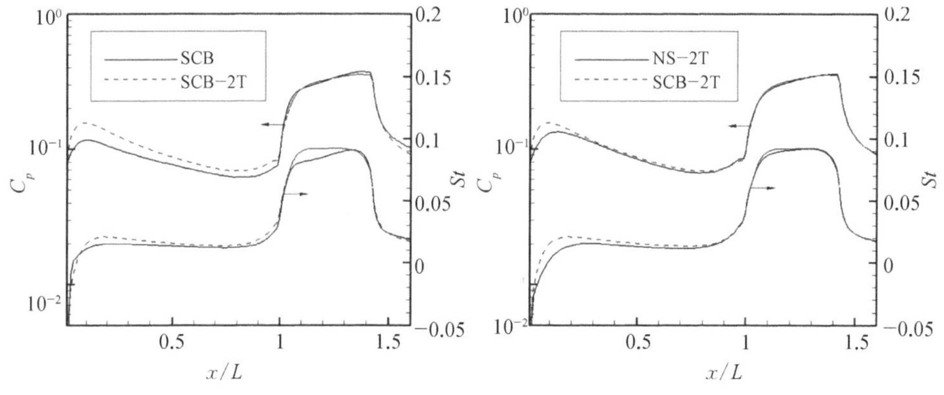

图 4.65 扩张圆管物面压力系数分布曲线

为进一步直观阐明热力学非平衡与稀薄效应的影响，图4.66给出了流场转动能非平衡参数云图及基于当地梯度的努森数分布等值线图。其中转动非平衡参数定义见式(4.179)所示，Kn_{GLL}的定义与前文保持一致。

$$\theta_{\mathrm{rot}} = \frac{|T_{\mathrm{tran}} - T_{\mathrm{rot}}|}{T_{\mathrm{tran}}} \tag{4.179}$$

图4.66中的转动能非平衡参数云图表明，在式(4.178)来流条件下三维空心扩张圆管头部及斜激波内部存在显著的转动能非平衡效应，计算应充分考虑平动-转动非平衡影响。当地努森数分布等值线图中，除圆柱头部及斜激波内部

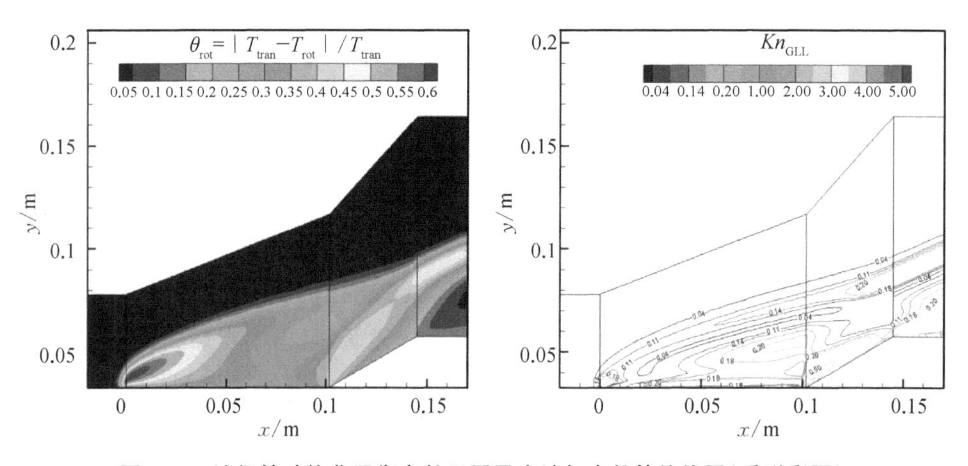

图 4.66 流场转动能非平衡参数云图及当地努森数等值线图(后附彩图)

外，拐点上游物面附近稀薄效应同样十分明显，根据文献连续流失效假设($Kn_{\mathrm{GLL}} > 0.05$)，这些区域都应当采用 DSMC 方法或Burnett方程进行求解。

图 4.67 和图 4.68 给出了三种不同方程计算得到的马赫数与压力等值线图，与前两组小努森数连续流条件算例相比存在明显差异。无论是头部斜激波还是分离诱导激波，其激波厚度继续增长并逐渐抹平间断，且随来流努森数增大激波位置更加远离物面。不同方程计算的压力分布也存在明显差异，尤其在扩张段前缘附近位置高阶本构关系作用显现。由于在该条件下没有对应的 DSMC 或实验结果可以进行对比验证，因此只能初步判定：是否考虑转动能非平衡效应及高阶本构关系对滑移流条件下的三维空心扩张圆管流动特征影响十分显著，且 SCB 方程在对应条件下计算得到的稀薄流场特征与理论分析定性吻合，但是否与实验或 DSMC 方法计算结果定量趋同仍有待进一步研究与验证。

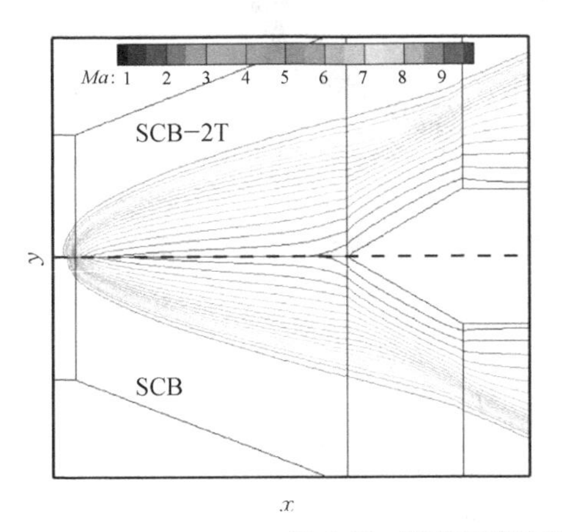

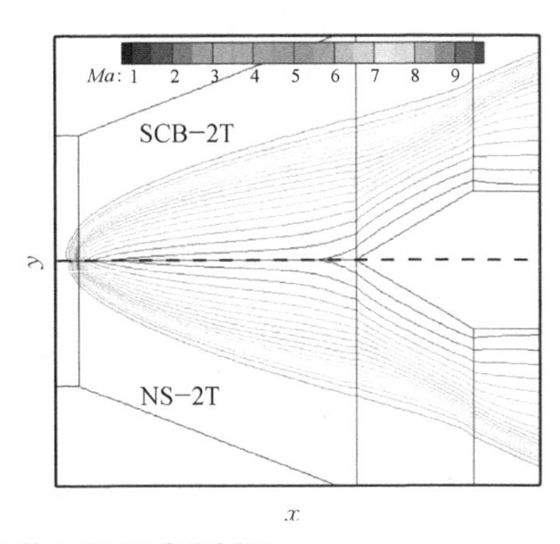

图 4.67 扩张圆管马赫数等值线图(后附彩图)

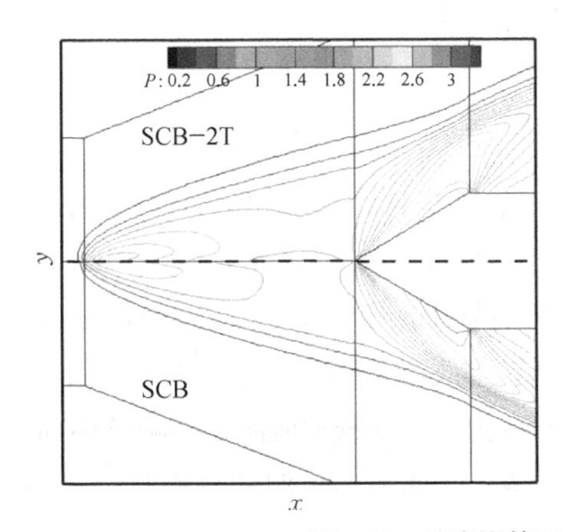

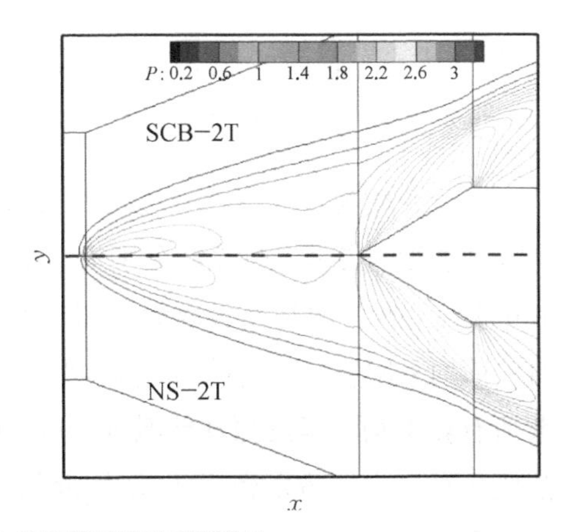

图 4.68 扩张圆管压力等值线图(后附彩图)

4.7.5 三维高超声速尖双锥飞行器

与上节空心扩张圆管相比，三维尖双锥飞行器高超声速流动同样也具备丰富的 DSMC 数值模拟与风洞实验结果，不仅能够对滑移过渡流数值计算方法的准确性进行验证与分析，而且同时具备较强的工程应用背景和研究价值。三维尖双锥物理模型与计算网格示意图如图 4.69 与图 4.70 所示。

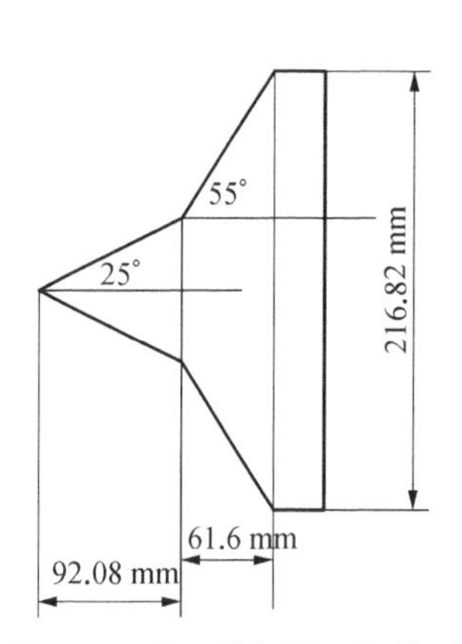

图 4.69 尖双锥切面几何模型

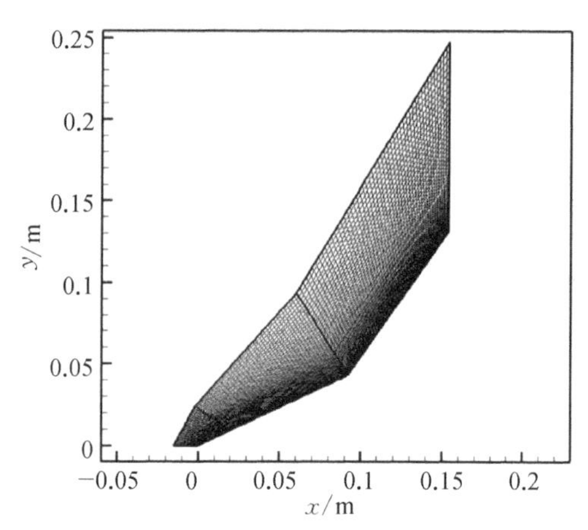

图 4.70 尖双锥切面网格示意图

计算来流条件为

$$
\begin{aligned}
&Ma_{\infty}=15.6 && Re_{\infty}/L=1.37\times10^{5}\,\mathrm{m}^{-1}\\
&Kn_{\infty}=1.286\times10^{-3} && p_{\infty}=2.227\ \mathrm{N/m^2}\\
&T_{\infty}=42.6\ \mathrm{K} && T_{\mathrm{w}}=297\ \mathrm{K}\\
&\gamma=1.4 && Pr=0.72\\
&R=296.72\ \mathrm{m^2/(s^2\cdot K)} &&\\
&\rho_{\infty}=1.76\times10^{-4}\ \mathrm{kg/m^3} &&
\end{aligned}
\tag{4.180}
$$

来流介质为氮气，黏性系数仍采用逆幂律公式进行计算，与式(4.173)一致，其中参考温度与参考黏性系数分别为：$\mu_{\mathrm{ref}}=2.662\times10^{-6}\,\mathrm{kg/(s\cdot m)}$，$T_{\mathrm{ref}}=42.6\,\mathrm{K}$，其中温度黏性逆幂律系数取为 0.75。来流努森数计算参考长度 $L=0.09208\ \mathrm{m}$，且物面均采用一阶速度滑移与温度跳跃边条。与文献 DSMC 方法不同的是本小节所有算例均不考虑振动能激发影响，由于压力分布受振动能激发影响较小，而热流分布与内能激发密切相关，因此热流计算结果没有与风洞试验和 DSMC 结果进行对比。

高超声速尖双锥流动在第一尖锥头部形成锥形斜激波，由于第二尖锥半锥角较大，因此在第二尖锥前将形成较强的脱体斜激波。复杂的流动现象出现在尖锥拐点，拐点处激波与边界层发生干扰。产生原因是气流通过第二道锥形斜激波后压力升高，并通过拐点附近边界层内亚音速区逆流向前传播，使得拐点上游边界层内压力升高边界层增厚，若压力继续升高便会出现逆压梯度导致边界层分离，分离区前气流形成压缩波并汇聚形成分离激波。气流绕过外凸分离区膨胀加速形成扇形膨胀波面，通过再附点重新压缩形成压缩波并汇聚成再附激波。因此，同空心扩张圆管类似，尖双锥模型在再附点下游物面附近也会出现压力与热流峰值，其预测精度对飞行器气动性能与热防护设计息息相关。因此，激波边界层干扰对 CFD 计算方法的黏性分辨率提出了较高的要求。计算得到的拐点附近流动压力分布如图 4.71 所示，从图中可以清楚地看出激波边界层干扰导致的边界层分离与再附的流动特点，尤其是再附点后的高压与高热流区域。

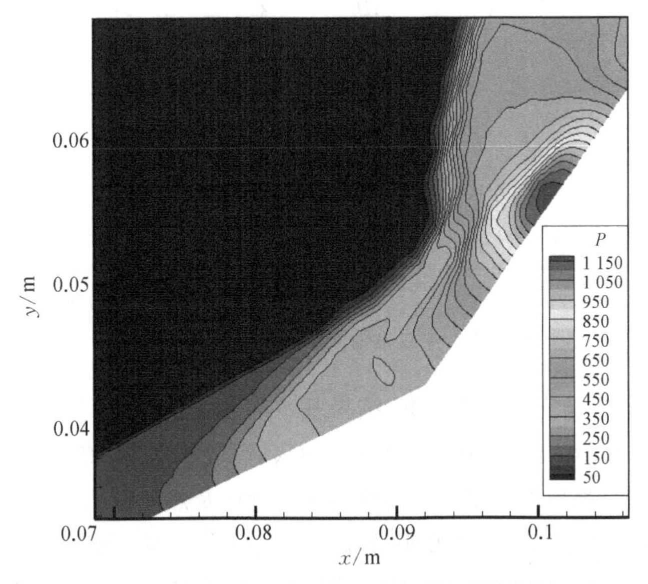

图 4.71　尖双锥拐点压力分布云图(后附彩图)

图 4.72 给出了文献来流条件下不同计算方法沿物面压力系数分布曲线并与 DSMC 和实验结果对比，图 4.73 给出了不同方法热流与摩阻分布曲线。

不同计算方法的压力系数、热流及摩阻在再附点后均出现峰值，与实验结论一致。由于来流条件属于连续流范畴，本小节采用的单温 SCB 方程(SCB)及考虑转动能非平衡效应的 SCB 方程(SCB-2T)、NS 方程均获得了较为一致的压力

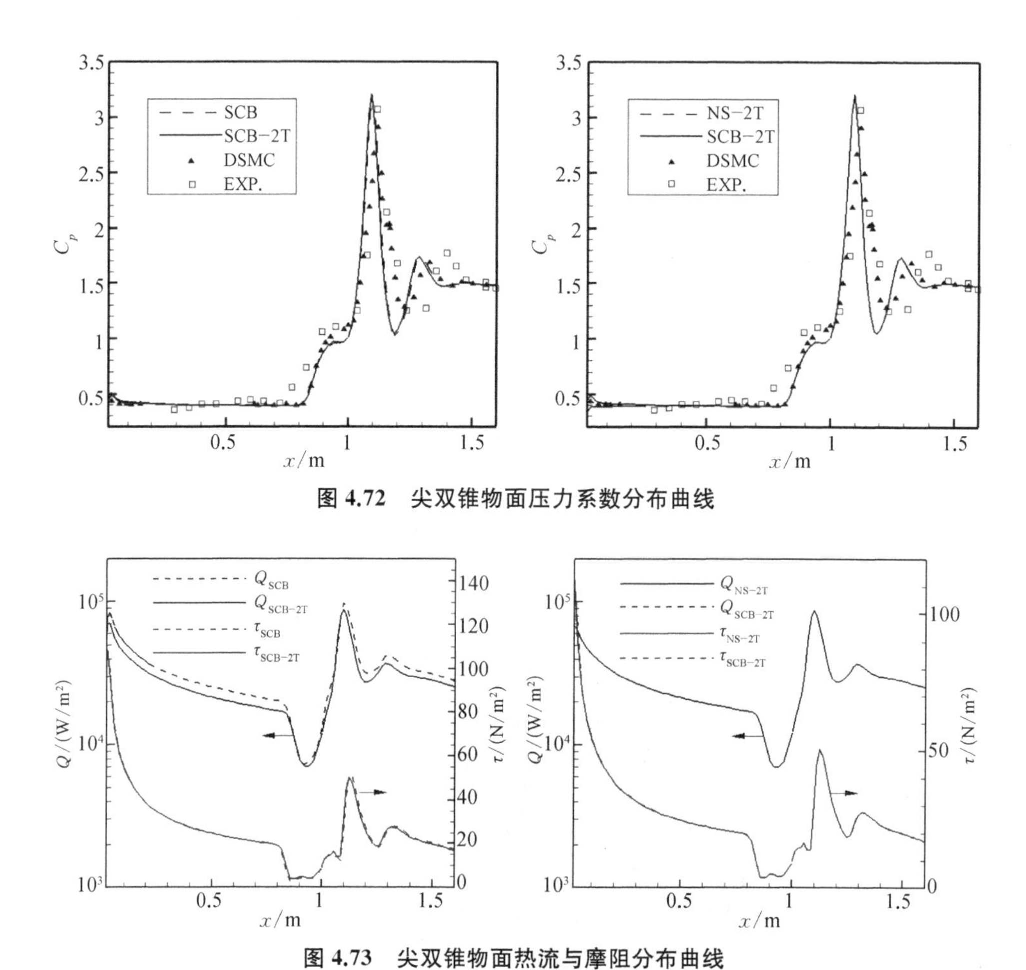

图 4.72　尖双锥物面压力系数分布曲线

图 4.73　尖双锥物面热流与摩阻分布曲线

系数分布曲线，且与实验和 DSMC 结果基本吻合，验证了采用滑移边界条件及考虑转动能非平衡的 SCB 方程具有较好的黏性分辨率和稳定性。除双温 SCB 方程热流分布曲线与单温模型在尖锥前缘附近以及热流峰值点之后的区域存在一定差异外，其余方程预测的摩阻分布与热流分布基本一致。为进一步考虑壁面附近努森层内转动能非平衡效应对热流预测的影响，图 4.74 给出了双温 SCB 方程计算得到的物面平动温度、物面转动温度及转动非平衡参数分布曲线。

图 4.74 表明尖锥前缘转动非平衡参数约为 0.3，表明前缘附近区域物面上转动能非平衡效应十分显著，因此转动能非平衡效应应在双原子气体分子流场计算中予以考虑，不考虑转动能温度的 SCB 方程热流预测结果比双温模型结果高 5%左右。

为直观表示流场局部稀薄效应和转动能非平衡效应，图 4.75 给出了 SCB 方

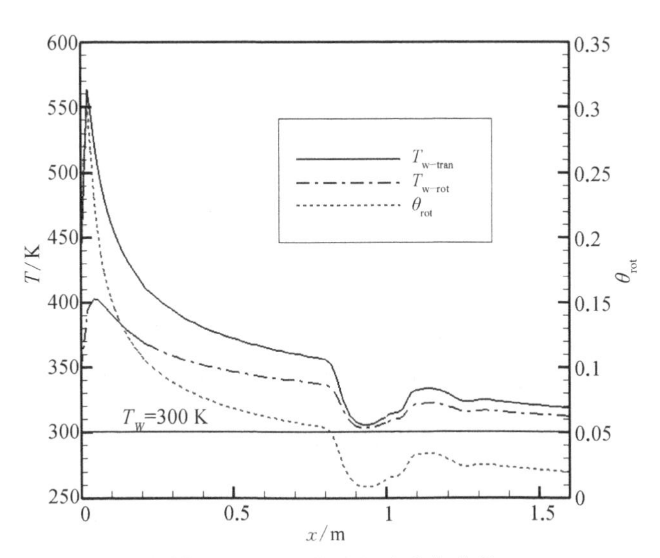

图 4.74 不同物面温度分布曲线

程局部努森数与转动非平衡参数的空间分布云图。图 4.75 表明，即使在连续流条件下，激波内部与头部尖锐前缘局部稀薄效应显著，整个计算区域若采用统一双温 SCB 方程进行计算能够保证获得更为准确的模拟结果。

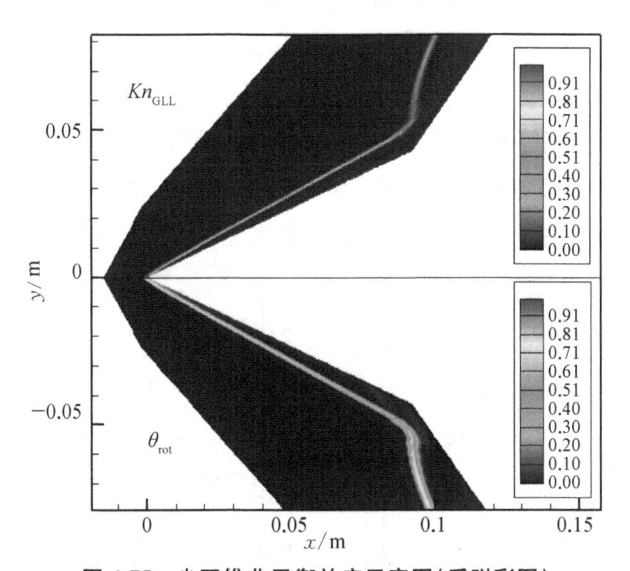

图 4.75 尖双锥非平衡效应示意图(后附彩图)

通过降低来流压力计算了来流努森数为 0.02 时的尖双锥高超声速流，进一步研究来流努森数增大后不同计算方法间差异，其计算条件为

$$
\begin{aligned}
&Ma_{\infty}=15.6 && \rho_{\infty}=1.131\,68\times10^{-5}\ \mathrm{kg/m^3}\\
&Kn_{\infty}=0.02 && p_{\infty}=0.143\ \mathrm{N/m^2}\\
&T_{\infty}=42.6\ \mathrm{K} && T_{\mathrm{w}}=297\ \mathrm{K}\\
&\gamma=1.4 && Pr=0.72\\
&R=296.72\ \mathrm{m^2/(s^2\cdot K)}
\end{aligned}
\tag{4.181}
$$

图 4.76 给出了三组方程计算得到的物面压力系数与斯坦顿数分布曲线，其热流与压力系数峰值较前一组算例表现更为平缓，更为重要的是在头部尖锐前缘区和再附点附近，单温与双温 SCB 方程对比及 SCB 与 NS 方程对比均出现明显差异，虽然来流的全局努森数仍属于滑移流 $(0.01<Kn_{\infty}\leqslant 0.1)$ 区域，但流场局部稀薄效应已凸显。相比单温 SCB 方程，双温 SCB 方程计算得到的再附点后的热流峰值低 20%左右，而压力峰值低 10%左右。相比物面压力系数而言，物面热流斯坦顿数受热力学非平衡效应的影响更为显著。从尖锥前缘直到拐角之前的较长区域，由单温度 SCB 方程计算得到的热流斯坦顿数明显高于双温度结果，但此区域内的压力系数分布除尖锥前缘附近两者显示出一定的差异外，其余位置压力系数计算结果基本一致。比较图 4.76 给出的双温度 SCB 方程与双温度 NS 方程计算结果可以看出，稀薄气体效应不仅对尖锥前缘的热流斯坦顿数而且对靠近尖锥前缘较长区域的物面压力系数都产生了显著影响，SCB 方程预测的尖锥前缘压力系数与热流斯坦顿数都明显高于 NS 方程结果。图 4.77 和图 4.78 给出了更为直观的马赫数与平动温度等值线图。相比于压力与热流分布曲线，等值线云图的差异并不显著。双温 SCB 方程斜激波较单温方程激波更厚，SCB 方程得到的斜激波较 NS 方程更厚，与前述算例本构关系和非平衡效应对激波影响结论一致。

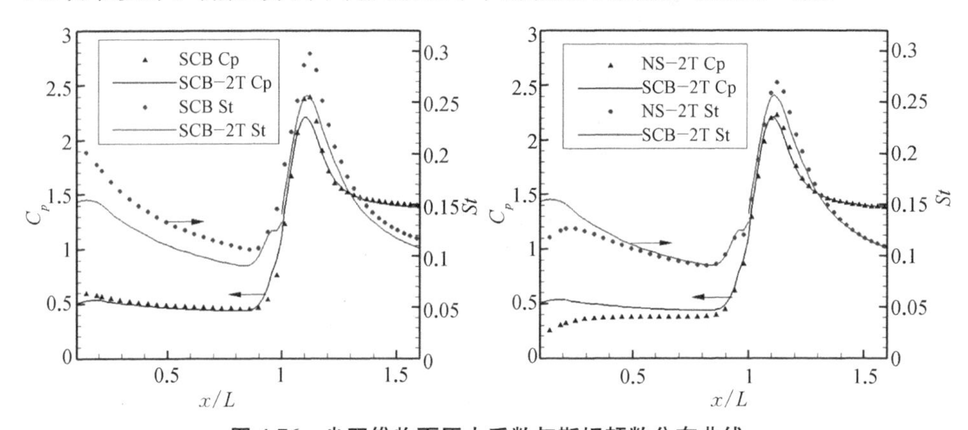

图 4.76 尖双锥物面压力系数与斯坦顿数分布曲线

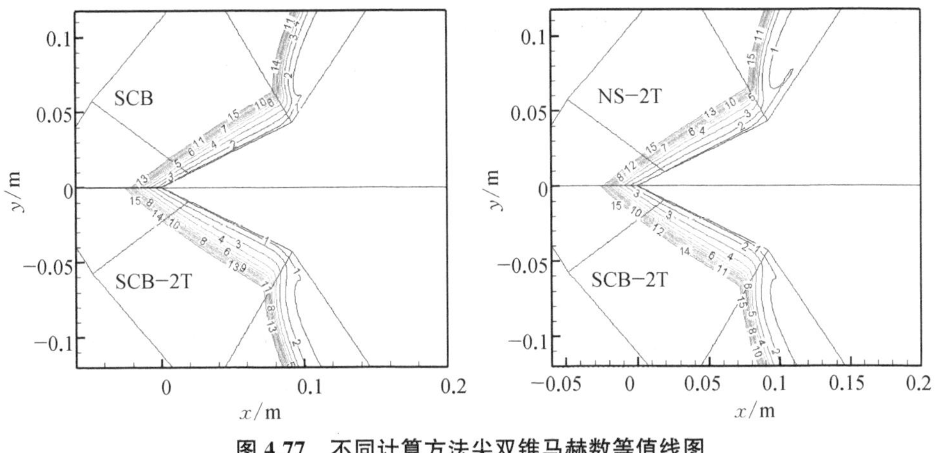

图 4.77　不同计算方法尖双锥马赫数等值线图

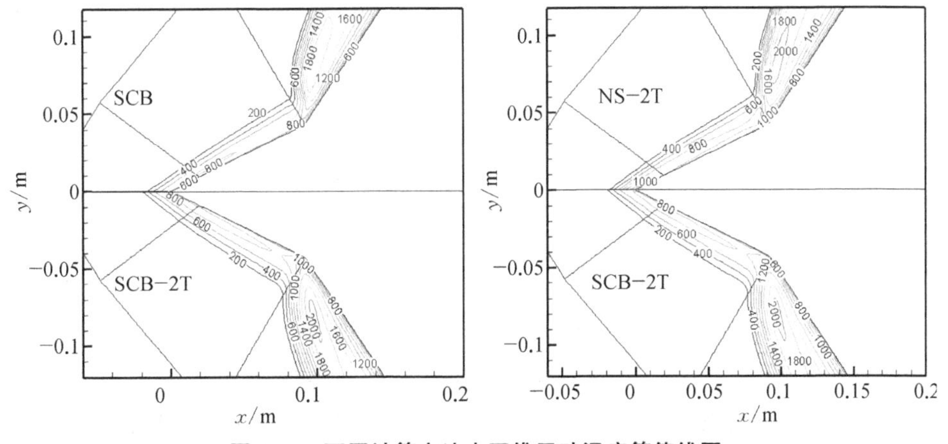

图 4.78　不同计算方法尖双锥平动温度等值线图

4.7.6　三维高超声速类 HTV-2 飞行器

本小节针对不同飞行高度和攻角条件下类 HTV-2 高超声速飞行器外形绕流进行了数值计算与分析，由于真实 HTV-2 模型尺寸无法获得，所计算的类 HTV-2 飞行器模型按照文献公开的外形特征进行设计，保留了该类飞行器面对称及小控制舵面等典型特征，其中飞行器全长 2.1 m，展长 0.91 m，全弹模型示意图如图 4.79 所示，计

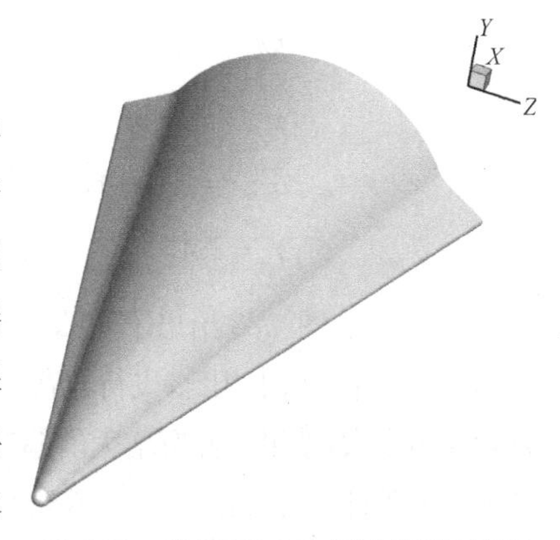

图 4.79　类 HTV-2 飞行器外形示意图

算网格采用结构网格划分，网格数量为 693 600，不考虑底部流动且物面附近第一层网格雷诺数均保证为 0.1。其中飞行高度 50 km 的来流条件为

$$\begin{array}{ll} Ma_{\infty}=20 & \rho_{\infty}=8.38\times 10^{-4}\ \mathrm{kg/m^3} \\ p_{\infty}=79.78\ \mathrm{N/m^2} & T_{\infty}=270.65\ \mathrm{K} \\ T_{\mathrm{w}}=1\,000\ \mathrm{K} & Pr=0.72 \\ \gamma=1.4 & R=287.1\ \mathrm{m^2/(s^2\cdot K)} \end{array} \tag{4.182}$$

图 4.80 和图 4.81 分别给出了 50 km 高度、0°和 10°攻角对称面中心线物面热流分布曲线，由于飞行高度严格属于连续流范畴，SCB 方程计算得到的热流分布与 NS 方程基本一致。

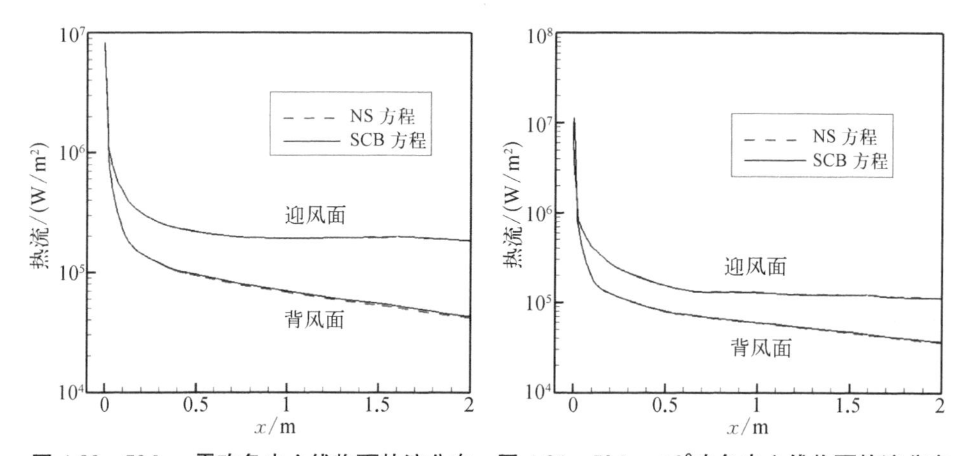

图 4.80　50 km、零攻角中心线物面热流分布　图 4.81　50 km、10°攻角中心线物面热流分布

随着飞行高度升高至 60 km，其来流计算条件为

$$\begin{array}{ll} Ma_{\infty}=20 & \rho_{\infty}=3.1\times 10^{-4}\ \mathrm{kg/m^3} \\ p_{\infty}=21.96\ \mathrm{N/m^2} & T_{\infty}=247.021\ \mathrm{K} \\ T_{\mathrm{w}}=1\,000\ \mathrm{K} & Pr=0.72 \\ \gamma=1.4 & R=287.1\ \mathrm{m^2/(s^2\cdot K)} \end{array} \tag{4.183}$$

图 4.82 和图 4.83 给出了 60 km 高度、0°和 10°攻角中心线物面热流分布曲线，与 50 km 热流计算结果相比，飞行器背风区两组方程热流分布计算结果出现明显差异，且随攻角增大，结果差异有增大的趋势。计算结果表明虽然 60 km 高度来流仍为典型连续流条件，但在背风区由于头部斜激波后流动膨胀会出现局部稀薄气体效应，导致 NS 方程在该区域计算失效，随攻角增大背风区面积扩大且稀薄程度有所增强。

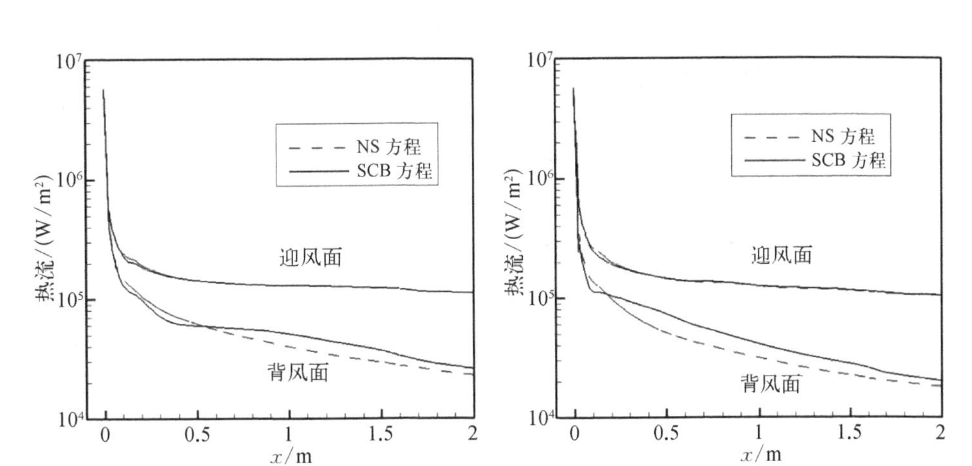

图 4.82　60 km、零攻角中心线物面热流分布　图 4.83　60 km、10°攻角中心线物面热流分布

为比较 SCB 方程与 NS 方程计算得到的气动力特性差异，表 4.5 给出了不同高度和攻角条件下飞行器纵向平面轴向力、法向力和俯仰力矩系数结果。气动力预测结果表明，在 50 km 高度无论是 0°攻角还是 10°攻角，NS 方程与 SCB 方程计算得到的飞行器纵向气动特性基本一致，而当高度升高至 60 km，0°攻角 SCB 方程预测轴向力系数较 NS 方程偏高 5%左右，10°攻角 SCB 方程轴向力系数偏高 7%左右。法向力系数在 0°攻角时指向飞行器迎风面，SCB 方程偏低约 7%，10°攻角条件法向力反向指向背风面，SCB 方程与 NS 方程计算结果基本一致，这是由于法向力在 10°攻角条件下主要由底部迎风面提供，因此背风面稀薄效应对法向力影响有限。本构关系在 60 km 高度对俯仰力矩系数影响有限，两组结果差异不大。

表 4.5　类 HTV-2 飞行器气动力系数计算结果

来流条件	方程类型	轴向力系数	法向力系数	俯仰力矩系数
50 km，0°攻角	NS	1.75E−02	−2.89E−02	−2.11E+00
	SCB	1.76E−02	−2.89E−02	−2.10E+00
50 km，10°攻角	NS	1.44E−02	7.09E−02	4.62E+00
	SCB	1.44E−02	7.10E−02	4.63E+00
60 km，0°攻角	NS	2.81E−02	−2.68E−02	−2.01E+00
	SCB	2.95E−02	−2.50E−02	−1.95E+00
60 km，10°攻角	NS	2.55E−02	7.02E−02	4.58E+00
	SCB	2.73E−02	6.99E−02	4.55E+00

不同高度和攻角条件下类 HTV-2 飞行器热流及轴向力和法向力系数差异表明即使在来流可假设为连续流的 60 km 高度下，高超声速飞行器局部稀薄效应影响使得该区域连续性假设不再成立，从而改变流场速度与温度分布并对飞行器气动力、气动热预测产生不可忽视的影响。

本章基于有限体积的量热完全气体三维简化常规 Burnett(SCB)方程的数值计算方法，针对不同来流努森数对应的连续流、滑移流及过渡流单原子及双原子气体典型二维圆柱、三维球头与钝锥绕流算例开展了计算验证工作，分析了来流马赫数与努森数对高超声速稀薄流动特征的影响。同时，应用单温度 SCB 方程与双温度 SCB 方程、双温度 NS 方程对三维空心扩张圆管和三维高超声速尖双锥外形流场进行了数值计算，并与风洞结果及 DSMC 方法计算结果进行了分析，比较了不同来流努森数对三维空心扩张圆管和三维高超声速尖双锥流动细节和物面压力系数、热流斯坦顿数的影响。最后将 SCB 方程首次推广到类 HTV-2 高超声速飞行器气动力与气动热预测中，探讨了不同飞行高度条件下方程本构关系对飞行器气动特性影响，主要结论如下。

① 二维与三维 SCB 方程在连续流条件下均获得了与 NS 方程和风洞实验一致的流场结果，算例验证表明 SCB 方程作为高阶连续性方法能够向下覆盖对连续流进行准确描述，其计算适用范围涵盖了连续流。

② 二维与三维 SCB 方程在高超声速滑移过渡流条件下不仅比常规与增广 Burnett 方程形式更为简洁，而且依然能够准确捕捉高阶本构关系对高超声速流动特征的影响，且方程的高维非线性稳定性获得了计算验证。此外与 DSMC 方法进行计算结果对比表明：在典型局部稀薄流域，SCB 方程计算结果较 NS 方程显然更趋近于 DSMC 方法，高阶本构关系能够有效改善 NS 方程在稀薄滑移与过渡流域连续性失效的不足。

③ 通过改变来流马赫数与努森数对典型二维圆柱、三维球头与钝锥绕流流场进行参数影响分析表明：随着努森数与马赫数增大，流动无量纲参数沿驻点线分布曲线均发生显著变化，随努森数增大 SCB 方程与 NS 方程差异迅速扩大，但随马赫数增大两组方程无量纲计算结果的相对差异变化并不大。三维空心扩张圆管与尖双锥飞行器在风洞实验连续流条件下仍存在局部稀薄效应，若以当地局部努森数及非平衡参数分布作为稀薄效应和热力学非平衡判断准则，算例的连续流失效区主要出现在激波内部及膨胀区。在该算例考量的来流努森数范围内，三维空心扩张圆管与尖双锥飞行器绕流的 SCB 方程与 NS 方程计算结果流场云图之间差异有限，但物面压力与热流分布曲线表现出随着努森数增大差

异迅速增大的特点。

④ 针对 SCB 方程工程应用推广的类 HTV-2 高超声速飞行器算例，50 km 连续流不同攻角下 SCB 方程与 NS 方程气动特性均保持较好的一致性。随着飞行高度升高至 60 km，两组方程物面热流分布在背风面底部出现明显差异，SCB 方程较 NS 方程热流偏高。飞行器不同攻角轴向力系数及 0°攻角条件下法向力系数也受到本构关系影响，表明局部连续流失效对飞行器气动力、气动热预测产生的影响不容小觑。

参考文献

[1] Bird G A. Molecular gas dynamics[M]. Oxford: Clarendon Press, 1976: 238.

[2] Fiszdon W, Herczynski R, Walenta Z. The structure of a plane shock wave of a monatomic gas: Theory and experiment[C]. Goettingen Germany, 1974.

[3] Fiscko K A. Study of continuum higher order closure models evaluated by a statistical theory of shock structure[D]. Stanford, CA: Stanford University, 1988.

[4] Zhong X L, Maccormack R W, Chapman D R. Stabilization of the Burnett equations and application to high-altitude hypersonic flows[C]. Reno, NV, U.S.A.: AIAA-1991-770, 1991.

[5] Chapman D R, Park C, Lumpkin Iii F E. A new rotational relaxation model for use in hypersonic computational fluid dynamics[C]. Buffalo, NY, U.S.A.: AIAA-1989-1737, 1989.

[6] Maitland G C. Intermolecular forces: their origin and determination[M]. Oxford: Clarendon Press, 1981: 616.

[7] Cousins E D P, Shepherd S G. Statistical maps of small-scale electric field variability in the high-latitude ionosphere[J]. Journal of Geophysical Research: Space Physics, 2012, 117(A12): 19.

[8] Hirschfelder J O, Curtiss C F, Bird R B. Molecular theory of gases and liquids[M]. New York: Wiley, 1954: 1219.

[9] Chapman S, Cowling T G. The mathematical theory of non-uniform gases: an account of the kinetic theory of viscosity, thermal conduction and diffusion in gases[M]. 3rd ed. Cambridge: Cambridge university press, 1970: 423.

[10] Vargaftik N B. Tables on the thermophysical properties of liquids and gases: in normal and dissociated states[M]. 2nd ed. Washington: Hemisphere Pub. Corp., 1975: 758.

[11] Alsmeyer H. Density profiles in argon and nitrogen shock waves measured by the absorption of an electron beam[J]. Journal of Fluid Mechanics, 1976, 74(3): 497-513.

[12] Ohwada T. Structure of normal shock waves: Direct numerical analysis of the Boltzmann equation for hard-sphere molecules[J]. Physics of Fluids A: Fluid Dynamics, 1993, 5: 217.

[13] Candler G V, Nijhawan S, Bose D, et al. A multiple translational temperature gas-

dynamics model[J]. Physics of Fluids, 1994, 6(11): 3776-3786.

[14] Chapman D R, Fiscko K, Lumpkin Iii F E. Fundamental problem in computing radiating flow fields with thick shock waves [J]. SPIE Proceedings on Sensing, Discrimination, and Signal Processing and Superconducting Materials and Instrumentation, 1988, 879: 106-112.

[15] Boyd I D, Chen G, Candler G V. Predicting failure of the continuum fluid equations in transitional hypersonic flows[J]. Physics of Fluids, 1995, 7: 210.

[16] Nijhawan S, Candler G V, Bose D, et al. Improved continuum modeling of low density hypersonic flows[C]. Springs, CO, U.S.A.: AIAA 1994-1956, 1994.

[17] Lumpkin Iii F E. Development and evaluation of continuum models for translational-rotational nonequilibrium[D]. Stanford, CA: Stanford University, 1990.

[18] Parker J G. Rotational and vibrational relaxation in diatomic gases[J]. Physics of Fluids, 1959, 2: 449.

[19] Andersen W H, Hornig D F. The structure of shock fronts in various gases [J]. Molecular Physics, 1959, 2(1): 49-63.

[20] Greenspan M. Rotational relaxation in nitrogen, oxygen, and air[J]. The Journal of the Acoustical Society of America, 1959, 31: 155.

[21] Lordi J A, Mates R E. Rotational relaxation in nonpolar diatomic gases[J]. Physics of Fluids, 1970, 13: 291.

[22] Park C. Rotational relaxation of N2 behind a strong shock wave [J]. Journal of Thermophysics and Heat Transfer, 2004, 18(4): 527-533.

[23] Robben F, Talbot L. Experimental study of the rotational distribution function of nitrogen in a shock wave[J]. Physics of Fluids, 1966, 9: 653.

[24] Camac M. Argon shock structure[C]. Toronto: Academic Press, 1965.

[25] Boyd I D, Gokcen T. Evaluation of thermochemical models for particle and continuum simulations of hypersonic flow[C]. Nashville, TN, U.S.A.: AIAA-1992-2954, 1992.

[26] Lockerby D A, Reese J M. High-resolution Burnett simulations of micro Couette flow and heat transfer[J]. Journal of Computational Physics, 2003, 188(2): 333-347.

[27] Xue H, Ji H M. Prediction of flow and heat transfer characteristics in micro-Couette flow[J]. Microscale Thermophysical Engineering, 2003, 7(1): 51-68.

[28] Xue H, Ji H M, Shu C. Analysis of micro-Couette flow using the Burnett equations[J]. International Journal of Heat and Mass Transfer, 2001, 44(21): 4139-4146.

[29] 包福兵. 微纳尺度气体流动和传热的 Burnett 方程研究[D]. 杭州：浙江大学，2008.

[30] Maxwell J C. On stresses in rarified gases arising from inequalities of temperature[J]. Philosophical Transactions of the Royal Society of London, 1879, 170: 231-256.

[31] Hsia Y T, Domoto G A. An experimental investigation of molecular rarefaction effects in gas lubricated bearings at ultra-low clearances [J]. Journal of Tribology, 1983, 105(1): 120-129.

[32] Nanbu K. Analysis of the Couette-flow by means of the new direct-simulation method [J]. Journal of the Physical Society of Japan, 1983, 52(5): 1602-1608.

[33] Landau L, Teller E. Zur theorie der schalldispersion[J]. Phys. Z. Sowjetunion, 1936, 10(1).

[34] Beam R M, Warming R F. An implicit finite-difference algorithm for hyperbolic systems in conservation-law form[J]. Journal of Computational Physics, 1976, 22(1): 87-110.

[35] Van-Leer B. Flux-vecter splitting for the Euler equation[J]. Lecture Notes in Physics, 1982: 170.

[36] Godunov S K. A difference method for numerical calculation of discontinuous solutions of the equations of hydrodynamics [J]. Matematicheskii Sbornik, 1959, 89 (3): 271-306.

[37] Steger J L, Warming R F. Flux vector splitting of the inviscid gasdynamic equations with application to finite-difference methods[J]. Journal of Computational Physics, 1981, 40(2): 263-293.

[38] Roe P L. Approximate Riemann solvers, parameter vectors, and difference schemes[J]. Journal of Computational Physics, 1981, 43(2): 357-372.

[39] Osher S. Numerical solution of singular perturbation problems and hyperbolic systems of conservation laws[J]. North-Holland Mathematics Studies, 1981, 47: 179-204.

[40] Jameson A, Schmidt W, Turkel E, et al. Numerical solution of the Euler equations by finite volume methods using Runge-Kutta time-stepping schemes[J]. Convergence, 1981, 1000(81-1259): 1-19.

[41] Harten A. High resolution schemes for hyperbolic conservation laws[J]. Journal of Computational Physics, 1983, 49(3): 357-393.

[42] Liou M S, Steffen C J. A new flux splitting scheme[J]. Journal of Computational Physics, 1993, 107(1): 23-39.

[43] 张涵信. 无波动，无自由参数的耗散差分格式[J]. 空气动力学学报，1988, 6(2): 143-165.

[44] 李松波. 耗散守恒格式理论[M]. 北京：高等教育出版社，1997: 223.

[45] 傅德薰，王翼云. 计算空气动力学[M]. 北京：宇航出版社，1994.

[46] 宗文刚. 高阶紧致格式及其在复杂流场求解中的应用[D]. 绵阳：中国空气动力研究与发展中心，2000.

[47] Deng X, Maekawa H. Compact high-order accurate nonlinear schemes[J]. Journal of Computational Physics, 1997, 130(1): 77-91.

[48] Deng X, Zhang H. Developing high-order weighted compact nonlinear schemes[J]. Journal of Computational Physics, 2000, 165(1): 22-44.

[49] 张涵信，沈孟育. 计算流体力学：差分方法的原理和应用[M]. 北京：国防工业出版社，2003: 488.

[50] Zingg D W, De Rango S, Nemec M, et al. Comparison of several spatial discretizations for the Navier-Stokes equations[C]. Norfolk, VA, U.S.A.: AIAA-99-3260, 1999.

[51] 阎超，张智，张立新，等. 上风格式的若干性能分析[J]. 空气动力学学报，2003, 21(3): 336-341.

[52] Kim K H, Kim C. Accurate, efficient and monotonic numerical methods for multi-

dimensional compressible flows — Part II: Multi-dimensional limiting process[J]. Journal of Computational Physics, 2005, 208(2): 570-615.

[53] Kim K H, Kim C, Rho O H. Methods for the accurate computations of hypersonic flows: I. AUSMPW+ scheme[J]. Journal of Computational Physics, 2001, 174(1): 38-80.

[54] Liou M S. A further development of the AUSM+ scheme towards robust and accurate solutions for all speeds[C]. Orlando, FL, U.S.A.: AIAA-2003-4116, 2003.

[55] Liou M S. Progress towards an improved CFD method: AUSM+[C]. San Diego, CA, U.S.A.: AIAA-95-1701, 1995.

[56] Liou M S. A sequel to AUSM, Part II: AUSM+-up for all speeds[J]. Journal of Computational Physics, 2006, 214(1): 137-170.

[57] Fiscko K A, Chapman D R. Comparison of Burnett, super-Burnett and Monte Carlo solutions for hypersonic shock structure[C]. Pasadena, CA, U.S.A.: 1988.

[58] Yoon S, Jameson A. Lower-upper symmetric-Gauss-Seidel method for the Euler and Navier-Stokes equations[J]. AIAA Journal, 1988, 26(9).

[59] Schaaf S A, Chambré P L. Flow of rarefied gas[M]. Princeton: Princeton University Press, 1961.

[60] Kennard E H. Kinetic theory of gases: with an introduction to statistical mechanics[M]. New York: McGraw-Hill Book Company, 1938: 483.

[61] Kim C S. Experimental studies of supersonic flow past a circular cylinder[J]. Journal of the Physical Society of Japan, 1956, 11(4): 439-445.

[62] Zhong X L, Maccormack R W, Chapman D R. Stabilization of the Burnett equations and application to hypersonic flows[J]. AIAA Journal, 1993, 31(6): 1036-1043.

[63] Yun K Y. Numerical simulation of 3-D augmented Burnett equations for hypersonic flow in continuum-transition regime[D]. Wichita, KS: Wichita State University, 1999.

[64] Schwartzentruber T E, Boyd I D. A hybrid particle-continuum method applied to shock waves[J]. Journal of Computational Physics, 2006, 215(2): 402-416.

[65] Schwartzentruber T E, Scalabrin L C, Boyd I D. Hybrid particle-continuum simulations of nonequilibrium hypersonic blunt-body flow fields[J]. Journal of Thermophysics and Heat Transfer, 2008, 22(1): 29-37.

[66] Schwartzentruber T E, Scalabrin L C, Boyd I D. Hybrid particle-continuum simulations of non-equilibrium hypersonic blunt body flow fields[C]. San Francisco, CA, U.S.A.: AIAA 2006-3602, 2006.

[67] Lobb R K. Experimental measurement of shock detachment distance on spheres fired in air at hypervelocities[M]. The High Temperature Aspects of hypersonic flow, Nelson W C, New York: Pergamon, 1964: 519-528.

[68] Zhong X L, Furumoto G H. Solutions of the Burnett equations for axisymmetric hypersonic flow past spherical blunt bodies[C]. Colorado Springs, CO, U.S.A.: AIAA-94-1959, 1994.

[69] Vogenitz F W, Takara G Y. Monte Carlo study of blunt body hypersonic viscous shock

layers[J]. Rarefied Gas Dynamics, 1971, 2: 911.

[70] Adams J, Martindale W, Mayne Jr A, et al. Real gas scale effects on hypersonic laminar boundary-layer parameters including effects of entropy-layer swallowing[C]. San Diego, CA, U.S.A.: AIAA-1976-358, 1976.

[71] Moss J N, Bird G A. Direct simulation of transitional flow for hypersonic reentry conditions (Reprinted from AIAA paper 84-0223, Jan. 1984)[J]. Journal of Spacecraft and Rockets, 2003, 40(5): 830-843.

[72] Jain A C. Hypersonic merged-layer flow on a sphere[J]. Journal of Thermophysics and Heat Transfer, 1987, 1(1): 21-27.

[73] Harvey J K. A review of a validation exercise on the use of the DSMC method to compute viscous/inviscid interactions in hypersonic flow[C]. Orlando, FL, U. S. A.: AIAA-2003-3643, 2003.

[74] Markelov G N, Kudryavtsev A N, Ivanov M S. Continuum and kinetic simulation of laminar separated flow at hypersonic speeds[J]. Journal of Spacecraft and Rockets, 2000, 37(4): 499-506.

[75] Moss J N, Dogra V K, Price J M. DSMC simulations of viscous interactions for a hollow cylinder-flare configuration[C]. Colorado Springs, CO, U.S.A.: AIAA-1994-2015, 1994.

[76] Ivanov M S, Markelov G N, Gimelshein S F. Statistical simulation of reactive rarefied flows — Numerical approach and applications[C]. Albuquerque, NM, U.S.A.: AIAA-1998-2669, 1998.

[77] Bird G A. Molecular gas dynamics and the direct simulation of gas flows[M]. Oxford: Clarendon Press, 1994: 458.

[78] Borgnakke C, Larsen P S. Statistical collision model for Monte Carlo simulation of polyatomic gas mixture[J]. Journal of Computational Physics, 1975, 18(4): 405-420.

第五章

考虑高温气体效应的 Burnett 方程流动数值模拟

在稀薄条件下的高超声速流动中，气流由于激波的强烈压缩及黏性阻滞而减速，分子的部分动能转化成分子内能，导致气体温度急剧升高，出现振动能激发、离解及电离等一系列典型高温气体效应，量热完全气体假设模型失效。例如，85 km 条件下，考虑化学反应的返回舱绕流流场驻点温度、激波结构及激波脱体距离均与量热完全气体存在很大差异[1]。同时在稀薄条件下由于分子平均碰撞时间增大（分子平均自由程增大）导致化学反应及热力学松弛时间延长，临近空间高超声速飞行器流场中的化学反应与热力学过程从平衡态向非平衡状态过渡。此外，在连续流条件下采用单一温度变量描述的动力学速率关系失效，建立在分子层面的热力学与化学反应碰撞理论才能更准确描述气体分子的非平衡状态。因此从分子动力学角度来讲，不仅需要考虑分子动理论方法研究气体的宏观流动现象，还需要深入研究高超声速流动中气体分子内部由于内能激发、化学反应及电离等物理过程导致的热化学非平衡现象，高超声速滑移过渡流动的稀薄气体效应与高温气体效应相互耦合，非平衡流动的物理化学现象更加复杂。

由于飞行试验和风洞试验数据十分昂贵与稀缺，化学反应与热力学模型局限性以及对所伴随的稀薄、辐射、烧蚀、催化等一系列复杂物理化学过程认识的不足，高温气体效应无论是实验还是数值计算方法始终吸引着国内外众多学者持续而广泛的关注。飞行试验方面，Park[2]对已有稀薄条件高超声速飞行试验数据进行了总结性阐述。较为典型的飞行数据包括 Blanchard 等[3]给出的航天飞机过渡流气动特性参数，高马赫数激波辐射强度和光谱测量数据[4-6]及高超声速飞行器辐射热流与等离子体参数[7]等。在数值方法研究方面，Park[8]提出了考虑高温气体效应 CFD 计算中尚认识不足的九个问题，这其中就包括了扩张流动和边界层内流动热化学反应过程等与稀薄效应息息相关的问题，他同时指出，上述问题认识的不足会对飞行器气动特性、内外流一体化计算分析、飞行器物面烧蚀计算带来诸多不确定性。

针对稀薄条件下的热化学非平衡流动，主要研究均集中于基于滑移边界条件的 NS 方程和直接模拟蒙特卡洛(DSMC)方法。针对返回舱外形的数值计算方法中，Bisceglia 等[9]对 OREX(orbital re-entry experiment)返回舱(飞行马赫数为 9～26，飞行高度为 40～80 公里)外形开展了考虑热化学非平衡效应的数值模拟研究，将壁面热流和摩阻系数与实验和飞行数据进行了对比。Hassan 等[10]开展了双温热化学非平衡效应的阿波罗返回舱气动分析，计算结果中配平攻角和升阻比均小于风洞实验结果，但与飞行实验数据较为吻合。Pezzella 等[11]采用 NS 方程计算程序 H3NS 和 DSMC 计算程序 DS2V，分别对类阿波罗返回舱外形 CRV(crew return vehicle)量热完全气体、多组分化学反应气体以及稀薄气体流动进行了计算，结果表明稀薄气体效应和高温气体效应会对返回舱的气动特性产生较大影响。Gnoffo[12]对 NASA 兰利中心的考虑热化学反应流气动热计算程序 LAURA(Landley aerothermodynamic upwind relaxation algorithm)[13]、针对发动机内流的 VULCAN(viscous upwind algorithm for complex flow analysis)[14]与包括 FUN3D[15]和 US2D 在内的连续流非结构网格程序所用的热化学反应、表面催化、辐射和湍流模型进行了介绍，并发展了隐式时间格式 LAURA 程序，对不同星球大气环境的再入高温非平衡流动进行了数值计算。

DSMC 方法作为目前唯一适用于考虑高温气体效应的过渡流方法获得了广泛关注与发展[16-19]，其重点研究方向是如何采用粒子统计方法高效、准确地描述气体分子的热力学与化学反应过程、辐射和电离等。DSMC 方法的研究难点主要是不能直接采用连续性方法中基于温度的化学反应速率模型，而必须考虑基于能量的反应碰撞截面模型。然而即使是最简单的单组元离解反应，构造完整的不同温度离解反应碰撞截面模型也几乎难以实现。目前，DSMC 方法在计算高超声速稀薄化学反应流中应用最广泛的简化模型是全碰撞能量模型(total collision energy model, TCE)[20]，其主要假设是通过总的碰撞能量计算分子间的反应概率。因此，虽然 DSMC 方法在描述热力学与化学反应过程及辐射和电离等方面均开展了相应的研究，但现有 DSMC 方法在近连续热化学非平衡流条件下仍不能同时具备高效、稳定、工程可用的特点，且不能够同时准确描述所有前述物理现象[1]。

在等壁温条件下飞行器物面附近气体温度由激波后的高温迅速降低至较低温度的飞行器壁温，激波层中离解的氧原子和氮原子将在物面附近发生复合反应，但由于来流稀薄导致物面分子反射后再次发生碰撞距离增大，物面附近形成较厚的努森层，因此物面对外流场的影响区域扩大且物面特性参数（摩阻、热流）预测精度直接受到努森层内稀薄效应与热化学非平衡效应耦合影响。针对稀薄效应与热化学非平衡效应耦合研究方面，Holman 等[21]研究表明大努森数条件下流动分子离解趋于冻结，对流动特征影响不显著。Park 等[22]采用 NS 方程对 50～85 km 随高度变化椭圆翼型绕流的高温气体效应影响进行了对比研究，表明热化学非平衡效应对气动特性影响随高度升高而减弱。陈松等[23]对高超声速流场中的化学非平衡现象与最大氧离解度进行了分析，得到了氧分子最大离解度及边界层外缘温度随速度-高度变化的等值线图。

目前在高超声速流动中采用 Burnett 方程、BGK 模型方法、Grad 十三矩方程等滑移过渡流数值计算方法并同时考虑高温气体效应影响的研究工作尚不成熟，国内外亦未见有相关文献发表。

本章在前述量热完全气体三维 Burnett 方程计算方法的基础上，耦合 SCB 方程、热化学反应关系与气体物理模型，对三维考虑振动能与化学非平衡效应的 SCB 方程计算方法进行了介绍，并针对文献连续流、滑移流和局部过渡流条件（$Kn_\infty < 1$）下二维圆柱、三维球头及钝锥模型的高超声速绕流进行了数值计算与分析。

5.1 高温气体热力学与化学非平衡理论

5.1.1 气体模型与高温气体效应

气体模型是研究高超声速空气动力学，尤其是气动热力学十分重要的理论基础。从经典物理化学概念出发，通常按照是否考虑分子间作用势影响，可以将气体分为真实气体（real gas）与完全气体（perfect gas）两大类。一般情况下空气均视为完全气体，只有在高压（1 000 个大气压）与极低温（30 K）情况下才考虑真实气体模型。

在完全气体中，按定压比热与定容比热的属性，又分为量热完全气体、热完全气体及化学反应完全气体混合物三类。当空气温度小于 800 K 时，气体定压比热 c_p 与定容比热 c_v 均为常数，此时气体比焓 h 与比内能 e 均为温度的线性函数，这类气体被定义为量热完全气体（calorically perfect gas），是空气动力学中最常见的气体模型。当空气温度大于 800 K 而小于 2 500 K 时，振动能与电子激发能被部分激发，定压比热 c_p 与定容比热 c_v 不再为常数而成为温度 T 的函数(且仅为温度函数)，此时空气比焓 h 与比内能 e 为温度的非线性函数，这类气体被称为热完全气体(thermally perfect gas)或量热不完全热完全气体。当空气温度大于 2 500 K 后，空气中分子开始离解并随着温度继续升高继而出现电离反应，此时每一种组元的气体仍遵循完全气体状态方程，若经历足够长时间达到热力学平衡状态则混合气体定压比热 c_p 与定容比热 c_v 不仅与混合气体温度 T 有关，还与压力 p 相关联。在非平衡条件下定压比热与定容比热还与时间历程相关联，具体表现形式为定压与定容比热为温度与各组元质量分数的函数。无论是否达到平衡，混合气体中单一组元仍遵循完全气体状态方程，此时的气体均被称为化学反应完全气体混合物(chemically reacting mixture of perfect gas)。

然而在许多高超声速空气动力学文献中，将高焓流动产生的空气振动激发、离解及电离现象称为真实气体效应(real gas effect)，实际上这里的真实气体效应着重描述气体偏离了量热完全气体假设的范畴。本书为避免混淆，均采用高温气体效应对高焓流动进行表述。

5.1.2　热力学状态与温度模型

从量子力学中 Schrodinger 方程出发计算得到的空气不同气体分子所对应的转动特征温度与振动特征温度如表 5.1 所示。

表 5.1　N_2、NO 和 O_2 分子特征温度

气体种类	转动/K	振动/K	离解/K	电离/K
N_2	2.88	3 371	113 500	181 000
NO	2.44	2 719	75 500	108 000
O_2	2.07	2 256	59 500	142 000

由于转动能特征温度极低、振动能特征温度较高，因此通常情况下转动能完全激发，振动能只有多原子气体在一定温度条件下才开始激发(一般为 600～800 K)。在高超声速流动的驻点区，由于高能粒子数量碰撞概率增大与复合反应放热过程缺乏第三体难度较大，往往实际发生离解的温度远远低于离解特征温度。此外当温度达到 10 000 K 以上时，空气中气体分子就会出现电离现象。图 5.1 给出双原子气体分子热力学平衡条件下定容比热随温度变化曲线，其中还描述了不同种类内能开始激发的温度。

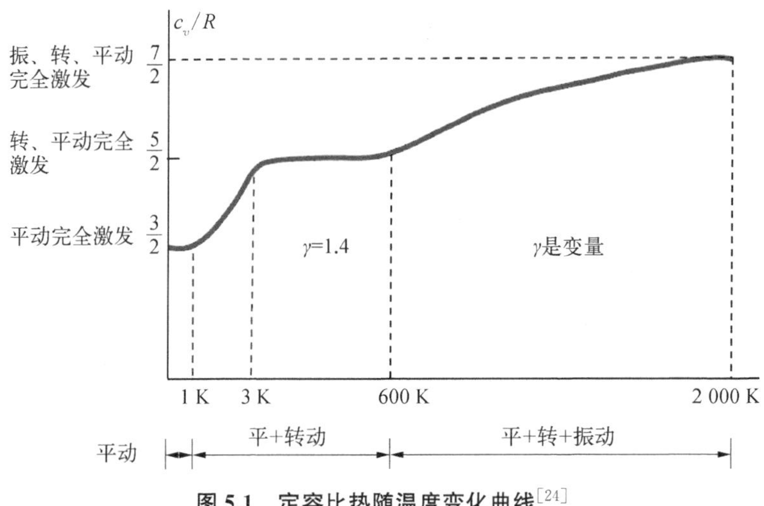

图 5.1 定容比热随温度变化曲线[24]

分子内能的激发与不同种类内能间的松弛平衡不能混为一谈。气体分子无论热力学或化学变化均是一个具有一定速率的过程，通常定义从非平衡态过渡到平衡态的时间为松弛时间。在不考虑辐射条件下，分子能态变化或化学反应都是由分子间碰撞来完成这一物理过程，因此松弛时间与分子平均碰撞时间成正比。松弛距离定义为在松弛时间内分子运动的平均距离，与平均分子自由程成正比。松弛时间与流动特征时间的比值决定了气体热力学平衡与非平衡状态。当各种能量模式均处于平衡状态时，可以用一个温度进行描述，通常被称为单温模型。当处于热力学非平衡状态时，不同能量模式应采用不同温度进行描述。例如，在连续流领域常温下平动能与转动能够被完全激发，且由于平动-转动松弛时间仅为 5～10 倍平均碰撞时间，若远小于流动特征时间，可以认为气体处于平动-转动热力学平衡状态，采用统一温度进行内能描述。在连续流高温条件下振动能被部分或完全激发，其振动松弛时间比平均碰撞时间大 3～4 个量级，因此流场中若平动-振动松弛时间与流动特征时间相比拟，则会出现振动能非平衡现象，即气体分子振动能与平动-转动能间能量交换不能迅速达到平衡状态，热力学平衡态假设失效。例如，飞行器在高空高马赫数条件下，由于来流密度较低且飞行速度较高，局部平动-转动非平衡会产生显著影响，使得流场中出现平动、转动及振动能三者间及振动-振动和转动-转动松弛的非平衡关系。文献[25]给出了半径为 0.305 m 的钝头球体驻点区域热化学特性与飞行高度与速度的关系示意图(图 5.2)。图 5.2 不仅给出了 2 组元、5 组元、7 组元、11 组元等

4 种混合空气模型对应的高度和速度范围，还给出了热化学平衡流、化学非平衡与热力学平衡流以及热化学非平衡流动模型适应的高度速度区间。同时还给出了 ASTV（aeroassisted space transfer vehicle）与 NASP（national aero-space plane）飞行走廊与航天飞机发射与再入弹道。但由于其转动能激发、分子离解与电离区间划分均依据平衡气体模型，并未考虑非平衡效应的影响，当来流稀薄程度增大导致非平衡效应显著后，实际流动的区域划分与图示区域将产生显著差异。因此，高马赫数稀薄条件下稀薄与高温气体两种效应的耦合是高超声速飞行器气动特性研究中需要着重考虑的基础性科学问题。

热化学非平衡区域	
区域	气动热现象
Ⓐ	热化学平衡
Ⓑ	化学非平衡热力学平衡
Ⓒ	热化学非平衡

高温气体中的化学组分		
区域	空气化学模型	出现的组分
Ⅰ	2 组元	O_2, N_2
Ⅱ	5 组元	O_2, N_2, O, N, NO
Ⅲ	7 组元	O_2, N_2, O, N, NO, NO^+, e^-
Ⅳ	11 组元	O_2, N_2, O, N, NO, O_2^+, N_2^+, O^+, N^+, NO^+, e^-

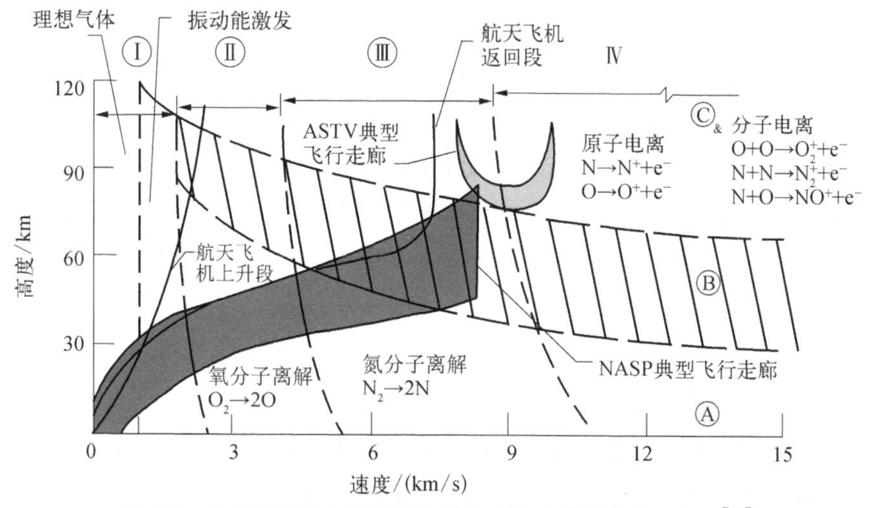

图 5.2　钝头球体驻点区域热化学反应流动模型高度速度图[25]

当流动从连续流逐渐向稀薄流过渡时，由于气体分子平均碰撞时间逐渐增大，使得分子平动-转动松弛平均碰撞时间增大导致气体分子的碰撞无法维持在平动-转动平衡态，继而出现平动-转动非平衡现象，甚至不同方向平动能间也会出现非平衡现象。因此，稀薄效应对分子平均碰撞时间的影响使得热力学非平衡效应凸显，而分子内能激发亦对稀薄流动数值计算结果产生较大影响。

Chapman 等曾在文章中指出[26]，在 N_2 激波结构数值计算中考虑平动-转动热力学非平衡效应与本构关系修正一样重要。本书第四章有关转动非平衡对于激波结构的影响研究也可得到类似的结论。

由于各种热力学非平衡现象的出现，需要考虑采用不同温度对不同热力学内能进行单独描述。在不考虑辐射条件下，分子由于弹性或非弹性碰撞所产生的能量交换模式主要包括平动-振动能交换、振动-振动能交换、平动-电子能交换及振动-电子能交换等四类。高温气体动力学研究中通常采用的温度包括：平动能温度 T_{t}、转动能温度 T_{r}、振动能温度 T_{vib} 及电子能温度 T_{el}。此外为单独研究某种分子的振动模式，还可将各组元振动温度进行单独计算，以及考虑不同方向平动温度的多温度模型等。但由于现阶段物理模型与参数精度限制，在实际应用中并不是将温度划分越细越准确，因此高超声速流场计算时一般采用只考虑平动-转动温度 $T_{t\text{-}r}$ 及振动-电子温度 $T_{vib\text{-}el}$ 的双温度模型，其计算精度与效率均得到了较好的体现。目前，Park[27] 提出的双温度模型在高超声速热化学非平衡流动模拟中应用最为广泛。研究热力学平衡但化学非平衡的流动时，往往也会采用单温度模型来对高温气体效应进行描述，即采用统一的热力学温度描述气体所有的能量模式，假设所有能量模式均瞬时达到平衡。

本书构建的热化学非平衡 SCB 方程计算理论所选热力学模型亦直接采用 Park 双温度模型，忽略了除平动-振动能量交换（T-V）之外其他所有的能量模式交换，其分子振动能、电子激发能及电子平动能由同一个温度进行描述。本书部分算例同时还采用单温度模型对 SCB 方程进行求解，并与量热完全气体和双温模型进行对比。

5.1.3 化学平衡流、非平衡流与冻结流

达姆科勒（Da）数通常被用来定义化学平衡流、非平衡流于冻结流。其定义为流动特征时间 τ_f 与反应特征时间 τ_r 的比值，即

$$Da = \frac{\tau_f}{\tau_r} \tag{5.1}$$

其中，反应特征时间与热力学松弛时间定性关系有

$$\tau_r > \tau_{vib} > \tau_{rot} > \tau_{trans} \tag{5.2}$$

高温条件下空气将被电离、离解成为包含多组元的混合气体，其中主要包括

N_2、O_2、NO、N、O、N^+、O^+、NO^+、N_2^+、O_2^+、e 共 11 种组元，组元间相互碰撞发生十分复杂的反应过程。不同的化学反应包含不同的反应速率和达到平衡所需要的松弛时间，即反应特征时间。根据 Da 的定义，化学平衡流定义为 $Da \gg 1$ 的流动，即化学反应在流场各点都能够达到当地温度与压力下的平衡状态；冻结流定义为 $Da \ll 1$ 的流动，表明由于流动特征时间极短暂，流体微团内的组元分数在有限空间范围内没有发生任何反应变化就已经离开，控制方程无生成源项。前述两类流动都属于十分极端和理想化的理论模型，介于化学冻结流与平衡流之间的流动被定义为化学非平衡流动。非平衡流动 Da 数大致接近于 1，流动特征时间与反应特征时间位于同一量级，因此流场中各点的化学反应状态较为复杂，都发生了化学反应，但可能未达到当地温度或压力下的平衡态。化学非平衡流动是比平衡流和冻结流更具有普遍性的流动物理模型，反应会对飞行器表面气动力、气动热环境、激波结构及流场结构产生十分重要的影响，需要重点研究与讨论。

在稀薄环境下由于分子平均碰撞时间显著增大，导致化学反应松弛时间明显延长，原本处于化学平衡态的流动可能转化为非平衡流动。但随着高度持续升高，稀薄效应增强，化学非平衡流又逐渐向化学冻结流转变。以氧分子离解为例，结合化学反应平衡移动原理，驻点区域氧分子离解反应的离解度就将出现随高度先增大后减小的趋势，这是由于在低高度下高超声速流场中的化学反应松弛时间远小于流动特征时间，化学反应流动处于平衡状态，而氧分子的离解反应随着压力下降将向离解方向移动，离解度此时随高度升高而增大。但随着高度进一步升高，稀薄效应使得高超声速流场中的化学反应松弛时间接近流动特征时间，化学反应平衡状态打破，此时驻点区域离解度变为由化学松弛方程决定。流体微团化学松弛时间越长，化学反应持续时间越短，氧分子离解度越低，因此驻点离解度又出现随高度降低的趋势。由于飞行高度或者稀薄效应与高温气体效应之间影响机理十分复杂，对正确、快速预测飞行器流场气动环境提出一系列问题与挑战。

5.2　高温热化学非平衡流动控制方程

5.2.1　振动能化学非平衡流 Burnett 方程直角坐标形式

在笛卡儿直角坐标系下，对于连续介质分别应用质量、动量、能量守恒定律，

以及混合气体各组分的质量守恒定律，可以得到包含多组分气体的三维非定常流动控制方程为

$$\frac{\partial \boldsymbol{Q}}{\partial t}+\frac{\partial \boldsymbol{E}}{\partial x}+\frac{\partial \boldsymbol{F}}{\partial y}+\frac{\partial \boldsymbol{G}}{\partial z}+\frac{\partial \boldsymbol{E}_v}{\partial x}+\frac{\partial \boldsymbol{F}_v}{\partial y}+\frac{\partial \boldsymbol{G}_v}{\partial z}=\boldsymbol{S} \tag{5.3}$$

其中，$\boldsymbol{Q}$ 为求解矢量；$\boldsymbol{E}$、$\boldsymbol{F}$、$\boldsymbol{G}$ 为无黏通量；$\boldsymbol{E}_v$、$\boldsymbol{F}_v$、$\boldsymbol{G}_v$ 为黏性通量；$\boldsymbol{S}$ 为化学反应源项，其相应表达式为

$$\boldsymbol{Q}=\begin{bmatrix}\rho C_i\\ \rho u\\ \rho v\\ \rho w\\ \rho E\\ \rho e_{\text{vib}}\end{bmatrix}\quad \boldsymbol{E}=\begin{bmatrix}\rho C_i u\\ \rho u^2+p\\ \rho u v\\ \rho u w\\ (\rho E+p)u\\ \rho e_{\text{vib}}u\end{bmatrix}\quad \boldsymbol{F}=\begin{bmatrix}\rho C_i v\\ \rho u v\\ \rho v^2+p\\ \rho v w\\ (\rho E+p)v\\ \rho e_{\text{vib}}v\end{bmatrix}\quad \boldsymbol{G}=\begin{bmatrix}\rho C_i w\\ \rho u w\\ \rho v w\\ \rho w^2+p\\ (\rho E+p)w\\ \rho e_{\text{vib}}w\end{bmatrix}$$

$$\boldsymbol{E}_v=\begin{bmatrix}-\rho D_i\dfrac{\partial C_i}{\partial x}\\ \tau_{xx}\\ \tau_{yx}\\ \tau_{zx}\\ q_x+q_{\text{vib}x}+u_i\tau_{xi}-\rho\sum\limits_{i=1}^{ns}D_i h_i\dfrac{\partial C_i}{\partial x}\\ q_{\text{vib}x}-\rho\sum\limits_{i=1}^{mol}D_i e_{\text{vib}}^i\dfrac{\partial C_i}{\partial x}\end{bmatrix}$$

$$\boldsymbol{F}_v=\begin{bmatrix}-\rho D_i\dfrac{\partial C_i}{\partial y}\\ \tau_{xy}\\ \tau_{yy}\\ \tau_{zy}\\ q_y+q_{\text{vib}y}+u_j\tau_{yj}-\rho\sum\limits_{i=1}^{ns}D_i h_i\dfrac{\partial C_i}{\partial y}\\ q_{\text{vib}y}-\rho\sum\limits_{i=1}^{mol}D_i e_{\text{vib}}^i\dfrac{\partial C_i}{\partial y}\end{bmatrix}$$

$$\boldsymbol{G}_v = \begin{bmatrix} -\rho D_i \dfrac{\partial C_i}{\partial z} \\ \tau_{xz} \\ \tau_{yz} \\ \tau_{zz} \\ q_z + q_{\text{vib}z} + u_k \tau_{zk} - \rho \sum\limits_{i=1}^{ns} D_i h_i \dfrac{\partial C_i}{\partial z} \\ q_{\text{vib}z} - \rho \sum\limits_{i=1}^{mol} D_i e_{\text{vib}}^i \dfrac{\partial C_i}{\partial z} \end{bmatrix} \quad \boldsymbol{S} = \begin{bmatrix} \dot{\omega}_i \\ 0 \\ 0 \\ 0 \\ 0 \\ \dot{\omega}_{\text{vib}} \end{bmatrix} \tag{5.4}$$

其中，$C_i = \dfrac{\rho_i}{\rho}$ 为组元质量分数；$\dot{\omega}_i$ 表示组分 i 质量生成率；D_i 为组分 i 的扩散系数；$q_{\text{vib}x}$、$q_{\text{vib}y}$、$q_{\text{vib}z}$ 为振动热流项；$\dot{\omega}_{\text{vib}}$ 为振动能量生成源项。

由质量分数定义可知混合气体密度公式为

$$\rho = \sum_{i=1}^{ns} \rho_i \tag{5.5}$$

混合气体状态方程表示为

$$p = \sum_{i=1}^{ns} \rho_i R_i T \tag{5.6}$$

$$R_i = \frac{R_0}{M_{wi}} \tag{5.7}$$

本书采用式(5.8)求解声速：

$$a = \sqrt{\left[\frac{\partial p}{\partial(\rho E)} + 1\right] \frac{p}{\rho}} \tag{5.8}$$

其中，定义 $\bar{\gamma} = \dfrac{\partial p}{\partial(\rho E)} + 1$ 为等效比热比。

振动能守恒方程中振动能量源项 $\dot{\omega}_{\text{vib}}$ 表示为

$$\dot{\omega}_{\text{vib}} = Q_{T\text{-}V} + \sum_{i=mole} \dot{\omega}_i e_{\text{vib}}^i \tag{5.9}$$

式(5.9)表示振动能源项由两部分组成，其中第一项 $Q_{T\text{-}V}$ 为平动振动能量松弛项，第二项 $\sum\limits_{i=mole} \dot{\omega}_i e_{\mathrm{vib}}^i$ 为化学反应导致的气体组分改变所引起的振动能变化。本书采用的振动能松弛模型为 Landau-Teller[28] 模型，其平动-振动能量松弛项表示为

$$Q_{T-V} = \sum_{i=mole} \rho_i \frac{e_{\mathrm{vib},i}^*(T) - e_{\mathrm{vib},i}(T_{\mathrm{vib}})}{\tau_i} \tag{5.10}$$

其中，τ_i 表示组元 i 的振动松弛特征时间，又叫 Landau-Teller 时间。振动松弛特征时间等于 Millikan-White 松弛时间 τ_i^{MW} 与有限碰撞时间 τ_i^p 之和：

$$\tau_i = \tau_i^{\mathrm{MW}} + \tau_i^p \tag{5.11}$$

Millikan-White 松弛时间是由 Millikan 与 White[29] 在 1963 年提出的半经验组分非弹性碰撞的振动松弛时间，其适应范围为 300～8 000 K，其表达式为

$$\tau_i^{\mathrm{MW}} = \frac{1}{p} \frac{\sum\limits_{j=1}^{ns} n_j \exp\left[A_i\left(T^{-\frac{1}{3}} - 0.015\mu_{ij}^{\frac{1}{4}}\right) - 18.42\right]}{\sum\limits_{j=1}^{ns} n_j}, \ p\text{：大气压单位} \tag{5.12}$$

其中，μ_{ij} 为碰撞组元 i、j 的折合质量；p 为大气压单位表示的压力值；常数 $A_i = 1.16 \times 10^{-3} \mu_{ij} \theta_{v,i}$，其中组元振动特征温度 $\theta_{v,i}$ 在附录 F.2 中给出。折合质量公式为

$$\mu_{ij} = 1\,000 \cdot \frac{M_{wi} M_{wj}}{M_{wi} + M_{wj}}, \ \mathrm{kg/kmol} \tag{5.13}$$

Park[27] 在“有限碰撞模型”认为 Millikan-White 松弛时间当温度高于 8 000 K 时过高估计了碰撞截面，得到了偏大的松弛速率，因此加入有限碰撞时间 τ_i^p 对振动松弛时间进行了修正，有

$$\tau_i^p = (\sigma_i \bar{c}_i n_i)^{-1} \tag{5.14}$$

其中，σ_i 为振动松弛的有限碰撞截面积；$\bar{c}_i$ 为分子平均热运动速度；n_i 为组元粒子数密度，其表达式分别为

$$n_i = \frac{\rho_i N_0}{M_{wi}}, \ N_0 = 6.022\,5 \times 10^{23}/\mathrm{mol} \tag{5.15}$$

$$\bar{c}_i=\left(\frac{8R_0T}{\pi M_{wi}}\right)^{\frac{1}{2}} \tag{5.16}$$

$$\sigma_i=\left(\frac{50\ 000}{T}\right)^2\times10^{-21} \tag{5.17}$$

本书平动-振动能量松弛项求解采用了文献[30]中的方法进行了一些简化，得

$$Q_{T\text{-}V}=\sum_{i=mole}\rho_i\frac{e^*_{\mathrm{vib},\,i}(T)-e_{\mathrm{vib},\,i}(T_{\mathrm{vib}})}{\tau_i}\approx\rho\frac{e^*_{\mathrm{vib}}(T)-e_{\mathrm{vib}}(T_{\mathrm{vib}})}{\tau_{\mathrm{vib}}} \tag{5.18}$$

其中

$$\tau_{\mathrm{vib}}=\frac{\displaystyle\sum_{i=mole}\frac{\rho_i}{M_{wi}}}{\displaystyle\sum_{i=mole}\frac{\rho_i}{M_{wi}\cdot\tau_i}} \tag{5.19}$$

控制方程中振动热流项 $q_{\mathrm{vib}x}$、$q_{\mathrm{vib}y}$、$q_{\mathrm{vib}z}$ 表达式为

$$q_{\mathrm{vib}x}=-\kappa_{\mathrm{vib}}\frac{\partial T_{\mathrm{vib}}}{\partial x},\ q_{\mathrm{vib}y}=-\kappa_{\mathrm{vib}}\frac{\partial T_{\mathrm{vib}}}{\partial y},\ q_{\mathrm{vib}z}=-\kappa_{\mathrm{vib}}\frac{\partial T_{\mathrm{vib}}}{\partial z} \tag{5.20}$$

在控制方程式(5.4)中，C_i 为各气体的质量分数，μ、D_i 分别表示气体的黏性系数和组分的扩散系数，其余变量与完全气体一致。对于流场中的化学反应混合气体，比内能与压强和密度之间不再有简单的关系式，而是

$$\begin{cases}\rho e=\displaystyle\sum_1^n\rho_i h_i-p=\sum_1^n\rho C_i h_i-p\\ h_i=\displaystyle\int_{T_1}^{T}c_{pi}\,\mathrm{d}T+\Delta h_{fi}\\ p=\displaystyle\sum_1^n\frac{\rho_i R_0T}{M_{wi}}=\rho\sum_1^n\frac{C_iR_0T}{M_{wi}}\end{cases} \tag{5.21}$$

其中，c_{pi}、Δh_{fi} 分别为各组分的单位质量定压比热和生成焓，空气组元参考温度 $T_{\mathrm{ref}}=0$ K 时生成焓与零点能相等，生成焓与各组元气体的摩尔质量 M_{wi} 详见附录 F.2，普适气体常数 $R_0=8.314$ J/(kg · mol · K)。

SCB 方程的剪切应力张量 τ_{ij} 以及热量传输强度项 q_i 的具体表达式为

$$\tau_{ij}=\tau_{ij}^{(1)}+\tau_{ij}^{(2)}=-2\mu\overline{\frac{\partial u_i}{\partial x_j}}+K_1\frac{\mu^2}{p}\frac{\partial u_k}{\partial x_k}\overline{\frac{\partial u_i}{\partial x_j}}$$
$$+K_2\frac{\mu^2}{p}\left(-\overline{\frac{\partial u_k}{\partial x_i}\frac{\partial u_j}{\partial x_k}}-2\overline{\overline{\frac{\partial u_i}{\partial x_k}}\frac{\partial u_k}{\partial x_j}}\right)+K_6\frac{\mu^2}{p}\overline{\overline{\frac{\partial u_i}{\partial x_k}\frac{\partial u_k}{\partial x_j}}}\tag{5.22}$$

$$q_i=q_i^{(1)}+q_i^{(2)}=-\kappa\frac{\partial T}{\partial x_i}+\theta_1\frac{\mu^2}{\rho T}\frac{\partial u_k}{\partial x_k}\frac{\partial T}{\partial x_i}$$
$$+\theta_2\frac{\mu^2}{\rho T}\left[\frac{2}{3}\frac{\partial}{\partial x_i}\left(T\frac{\partial u_k}{\partial x_k}\right)+2\frac{\partial u_k}{\partial x_i}\frac{\partial T}{\partial x_k}\right]$$
$$+\left(\theta_3\frac{\mu^2}{\rho p}\frac{\partial p}{\partial x_k}+\theta_4\frac{\mu^2}{\rho}\frac{\partial}{\partial x_k}+\theta_5\frac{\mu^2}{\rho T}\frac{\partial T}{\partial x_k}\right)\overline{\frac{\partial u_k}{\partial x_i}}\tag{5.23}$$

本书采用特征长度 L、来流声速 a_∞、来流密度 ρ_∞、来流分子黏性系数 μ_∞ 等变量对控制方程式(5.4)进行无量纲化处理：

$$\begin{cases}\bar{x}=\dfrac{x}{L},\ \bar{y}=\dfrac{y}{L},\ \bar{z}=\dfrac{z}{L},\ \bar{u}=\dfrac{u}{a_\infty},\ \bar{v}=\dfrac{v}{a_\infty},\ \bar{p}=\dfrac{p}{\rho_\infty a_\infty^2},\ \bar{\rho}=\dfrac{\rho}{\rho_\infty},\ \bar{t}=\dfrac{t}{L_\infty/a_\infty}\\ \bar{T}=\dfrac{T}{T_\infty},\ \bar{\mu}=\dfrac{\mu}{\mu_\infty},\ \bar{\kappa}=\dfrac{\kappa}{\kappa_\infty},\ \bar{\dot{\omega}}=\dfrac{\dot{\omega}}{\rho_\infty a_\infty/L},\ \bar{D}_i=\dfrac{D_i}{\mu_\infty/\rho_\infty}\\ \bar{e}_i=\dfrac{e_i}{a_\infty^2},\ \bar{h}_i=\dfrac{h_i}{a_\infty^2},\ \bar{\dot{\omega}}_{\text{vib}}=\dfrac{\dot{\omega}_{\text{vib}}}{\rho_\infty a_\infty^3/L}\end{cases}\tag{5.24}$$

其中，上标“—”为无量纲变量。

将无量纲量代入式(5.4)后，得到无量纲形式的控制方程为

$$\frac{\partial \boldsymbol{Q}}{\partial t}+\frac{\partial \boldsymbol{E}}{\partial x}+\frac{\partial \boldsymbol{F}}{\partial y}+\frac{\partial \boldsymbol{G}}{\partial z}+\frac{Ma_\infty}{Re_\infty}\left(\frac{\partial \boldsymbol{E}_v}{\partial x}+\frac{\partial \boldsymbol{F}_v}{\partial y}+\frac{\partial \boldsymbol{G}_v}{\partial z}\right)=\boldsymbol{S}\tag{5.25}$$

其中，无黏通量 $\boldsymbol{Q}$、$\boldsymbol{E}$、$\boldsymbol{F}$、$\boldsymbol{G}$ 的表达式及黏性通量 $\boldsymbol{E}_v$、$\boldsymbol{F}_v$、$\boldsymbol{G}_v$ 中表达形式与完全气体一致。无量纲后的状态方程在表达形式上与原控制方程基本一致：$\bar{p}=\sum_{i=1}^{ns}\bar{\rho}_i\overline{TR}_i$，其中 $\bar{R}_i=\dfrac{R_0}{M_{wi}}\Big/\left(\dfrac{a_\infty^2}{T_\infty}\right)$。控制方程坐标系转换方法与量热完全气体一致，此处不再赘述。

5.2.2　化学反应动力学模型

化学动力学模型和多温度场模型一直以来是研究热化学非平衡效应的重点，Dunn 和 Kang[31]、Park[32]、Bortner[33]及 Gupta[34]等都提出了各自的反应与温度模型。文献中常用的空气组元模型包括五组元、七组元和十一组元三大类，其中五组元模型一般用于低速无电离的高超声速流动，七组元模型较多用于速度约为 7 km/s 的高马赫数条件，十一组元和更高的组元模型一般用于速度约为 11 km/s 的再入飞行及辐射现象研究。空气五组元模型涉及的组分包括：O_2、N_2、NO、N、O；七组元模型涉及的组分包括：O_2、N_2、NO、N、O、NO^+、e；十一组元模型涉及的组分包括：O_2、N_2、NO、N、O、O_2^+、N_2^+、O^+、N^+、NO^+、e。

Gupta 等[34]对 Bortner 与 Dunn 和 Kang 模型进行整理并给出了空气十一组元的化学反应速率表，详见附录表 F.1，表中共包含 20 个反应式，其中五组元化学反应采用前六个反应式数据，七组元化学反应增加第七个化学反应式即可。NS 个组元参与的 NR 个化学反应方程式可以简化为

$$\sum_{i=1}^{ns} \nu_{ji} A_i \underset{k_{b,j}}{\overset{k_{f,j}}{\longleftrightarrow}} \sum_{i=1}^{ns} \nu''_{ji} A_i, \quad j=1, 2, \cdots, nr \tag{5.26}$$

其中，ν_{ji} 和 ν''_{ji} 分别为正向和逆向化学反应计量系数；$A_i=\dfrac{\rho_i}{M_{wi}}$ 为组分 i 的摩尔浓度。$k_{f,j}$ 和 $k_{b,j}$ 是由 Arrhenius 公式给出的正反应和逆反应化学反应速率，其计算公式为

$$\begin{aligned} k_{f,j} &= A_{f,j} T^{B_{f,j}} \exp\left(-\frac{E_{f,j}}{T}\right) \\ k_{b,j} &= A_{b,j} T^{B_{b,j}} \exp\left(-\frac{E_{b,j}}{T}\right) \end{aligned} \tag{5.27}$$

控制方程中的组元质量生成率 $\dot{\omega}_i$ (一共 NR 个反应)为

$$\dot{\omega}_i = M_{wi} \sum_{j=1}^{NR} (\dot{C}_i)_j \tag{5.28}$$

其中，i 组元在 j 反应中的摩尔浓度变化率为(上标 $ns+4$ 表示包含四种催化三体)

$$(\dot{C}_i)_j = (\nu''_{j,i} - \nu_{j,i}) \left[k_{f,j} \prod_{m=1}^{ns+4} (C_m)^{\nu_{j,m}} - k_{b,j} \prod_{m=1}^{ns+4} (C_m)^{\nu''_{j,m}} \right] \tag{5.29}$$

空气组元间化学反应可划分为离解反应、置换反应、化合电离反应及电子碰撞电离反应四类。在 Arrhenius 公式中不同反应类型具有不同的控制温度。离解反应控制温度本书采用 Park 的混合温度定义：

$$T_{\mathrm{d}} = T^{n} \cdot T_{\mathrm{vib}}^{1-n} \tag{5.30}$$

其中，常数 $n = 0.5$。

此外电子碰撞电离反应的反应控制温度为电子温度 T_{e}，在双温模型中即为振动温度。其余化学反应正向反应控制温度取为平动温度，逆向反应有电子参加反应其控制温度为电子温度，无电子参加反应其控制温度为平动温度。

由于在化学反应中离解反应特征时间与振动松弛特征时间相当，因此两者间存在的相互作用被称为振动-离解耦合，主要包括离解优先与非离解优先两大类模型。离解优先模型认为分子振动能激发对离解反应有促进作用，因此高振动态分子更容易发生离解。同时分子离解使得分子平均振动能下降，在振动能守恒方程中应考虑离解产生的源项。但在高能流场中由于高能量碰撞使得分子离解迅速发生，因此离解优先假设并不适用。非离解优先模型则假设任何振动能级分子离解概率相当。目前采用较多的模型包括 Treanor-Marrone 离解优先模型、Marrone 非离解优先模型和 Park 模型。本书采用较为简单的 Park 模型来考虑振动能激发对离解影响，即离解反应控制温度式(5.30)，该模型由于形式简单，广泛应用于考虑振动离解耦合效应高焓流动计算中。

5.2.3 热力学关系

混合气体的热力学关系可以近似由各组元热力学特性进行质量分数加权平均得到，因此必须首先求解不同气体组元的比热、内能及焓值等热力学特性参数。微观气体粒子内能是由平动能、转动能、振动能、电子激发能等多种不同类型能量构成。为了简化物理过程，双温度模型假设只考虑平动、振动及电子能之间能量交换，其认为：① 平动-转动能能量交换松弛时间为零，即可以采用平动-转动温度进行描述；② 振动能之间及振动-电子能能量交换松弛时间为零，即可以采用振动-电子温度进行描述，着重考虑平动-振动能量交换而忽略平动-电子能量交换。在双温模型假设下，其组元总内能可以表示为

$$e_{i} = e_{\mathrm{tr}}^{i} + e_{\mathrm{rot}}^{i} + e_{\mathrm{vib}}^{i} + e_{\mathrm{el}}^{i} + e_{0}^{i} \tag{5.31}$$

或

$$e_i = \int_{T_0}^{T} c_{v,i} \mathrm{d}T + e_0^i \tag{5.32}$$

其中，e_0^i 为零点能，由于转动零点能为零，因此零点能也能表示为平动、振动与电子零点能之和，不同组元零点能一般通过查表获得，详见附录表 F.2。粒子组元的焓值可以表示为

$$h_i = \int_{T_0}^{T} c_{p,i} \mathrm{d}T + h_0^i \tag{5.33}$$

其中，生成焓为

$$h_0^i = e_0^i + R_i T_{\mathrm{ref}} \tag{5.34}$$

其中，T_{ref} 为参考温度，本书取 $T_{\mathrm{ref}} = 0\ \mathrm{K}$，因此有 $h_0^i = e_0^i$。

对于分子组分而言，其平动、转动、振动和电子激发能及对应的定容比热分别为

$$e_{\mathrm{tr}}^i = \frac{3}{2} R_i T, \quad c_{v,\mathrm{tr}}^i = \frac{3}{2} R_i \tag{5.35}$$

$$e_{\mathrm{rot}}^i = R_i T, \quad c_{v,\mathrm{rot}}^i = R_i \tag{5.36}$$

$$e_{\mathrm{vib}}^i = R_i \frac{\theta_{v,i}}{\exp\left(\dfrac{\theta_{v,i}}{T_{\mathrm{vib}}}\right) - 1}, \quad c_{v,\mathrm{vib}}^i = \frac{\partial e_{\mathrm{vib}}^i}{\partial T_{\mathrm{vib}}} = R_i \left(\frac{\theta_{v,i}}{T_{\mathrm{vib}}}\right)^2 \frac{\exp\left(\dfrac{\theta_{v,i}}{T_{\mathrm{vib}}}\right)}{\left[\exp\left(\dfrac{\theta_{v,i}}{T_{\mathrm{vib}}}\right) - 1\right]^2} \tag{5.37}$$

$$e_{\mathrm{el}}^i = R_i \frac{\theta_{\mathrm{el},i} g_{1,i} \exp(\theta_{\mathrm{el},i}/T_{\mathrm{vib}})}{g_{0,i} + g_{1,i} \exp(\theta_{\mathrm{el},i}/T_{\mathrm{vib}})}, \quad c_{v,\mathrm{el}}^i \approx 0 \tag{5.38}$$

对于单原子气体，其平动、转动、振动和电子激发能及对应的定容比热分别为

$$e_{\mathrm{tr}}^i = \frac{3}{2} R_i T, \quad c_{v,\mathrm{tr}}^i = \frac{3}{2} R_i \tag{5.39}$$

$$e_{\mathrm{rot}}^i = 0, \quad c_{v,\mathrm{rot}}^i = 0 \tag{5.40}$$

$$e_{\mathrm{vib}}^i = 0, \quad c_{v,\mathrm{vib}}^i = \frac{\partial e_{\mathrm{vib}}^i}{\partial T_{\mathrm{vib}}} = 0 \tag{5.41}$$

$$e_{\mathrm{el}}^i = 0, \quad c_{v,\mathrm{el}}^i = 0 \tag{5.42}$$

因此各组元平动-转动定容比热与定压比热可表示为

$$c_{v,\mathrm{trro}}^{i}=c_{v,\mathrm{tr}}^{i}+c_{v,\mathrm{rot}}^{i} \tag{5.43}$$

$$c_{p,\mathrm{trro}}^{i}=c_{v,\mathrm{trro}}^{i}+R_i \tag{5.44}$$

振动-电子定容与定压比热忽略电子比热，且振动-电子定容与定压比热相等，可表示为

$$c_{v,\mathrm{ve}}^{i}=c_{v,\mathrm{vib}}^{i}=c_{p,\mathrm{ve}}^{i} \tag{5.45}$$

求和即得到各组元总定压比热与定容比热表达式：

$$c_{v}^{i}=c_{v,\mathrm{trro}}^{i}+c_{v,\mathrm{ve}}^{i}=c_{v,\mathrm{tr}}^{i}+c_{v,\mathrm{rot}}^{i}+c_{v,\mathrm{ve}}^{i} \tag{5.46}$$

$$c_{p}^{i}=c_{p,\mathrm{trro}}^{i}+c_{p,\mathrm{ve}}^{i}=c_{v,\mathrm{tr}}^{i}+c_{v,\mathrm{rot}}^{i}+R_i+c_{v,\mathrm{ve}}^{i}=c_{v}^{i}+R_i \tag{5.47}$$

混合气体的内能与焓值表示为

$$e=\sum_{i=1}^{ns}C_i e_i,\quad h=\sum_{i=1}^{ns}C_i h_i \tag{5.48}$$

由比热定义有

$$\begin{aligned}
c_v&=\left.\frac{\partial e}{\partial T}\right|_v=\left.\frac{\partial\sum_{i=1}^{ns}C_i e_i}{\partial T}\right|_v=\sum_{i=1}^{ns}C_i c_{v,i}+\sum_{i=1}^{ns}e_i\left.\frac{\partial C_i}{\partial T}\right|_v\\
c_p&=\left.\frac{\partial h}{\partial T}\right|_p=\left.\frac{\partial\sum_{i=1}^{ns}C_i h_i}{\partial T}\right|_p=\sum_{i=1}^{ns}C_i c_{p,i}+\sum_{i=1}^{ns}h_i\left.\frac{\partial C_i}{\partial T}\right|_p
\end{aligned} \tag{5.49}$$

若流动化学反应冻结，则 $\left.\frac{\partial C_i}{\partial T}\right|_p$ 与 $\left.\frac{\partial C_i}{\partial T}\right|_v$ 均等于 0，则混合气体的冻结定容比热与冻结定压比热表示为

$$c_v=\sum_{i=1}^{ns}C_i c_{v,i},\quad c_p=\sum_{i=1}^{ns}C_i c_{p,i} \tag{5.50}$$

5.2.4 混合气体输运系数

对于混合气体，由于理想气体状态方程与 Sutherland 公式均已不再适用，需要重新根据分子动力学理论，对不同组元气体分子复杂输运过程进行描述。

混合气体黏性系数 μ 由 Wilke[35]的半经验公式计算得

$$\begin{cases}\mu = \sum_{i=1}^{ns} \dfrac{X_i \mu_i}{\phi_i} \\ \phi_i = \sum_{j=1}^{ns} X_j \left[1 + \sqrt{\dfrac{\mu_i}{\mu_j}} \left(\dfrac{M_{wj}}{M_{wi}}\right)^{\frac{1}{4}}\right]^2 \Bigg/ \sqrt{8\left(1 + \dfrac{M_{wi}}{M_{wj}}\right)}\end{cases} \tag{5.51}$$

$$X_i = C_i \frac{M_w}{M_{wi}} \tag{5.52}$$

其中，X_i、M_{wi}、μ_i 分别为气体组分的摩尔分数、摩尔质量和黏性系数。M_w 为混合气体平均分子量，表示为

$$M_w = \left(\sum_{i=1}^{ns} \frac{C_i}{M_{wi}}\right)^{-1} \tag{5.53}$$

各组分黏性系数 μ 利用 Chapman-Enskog 理论中的 Lennard-Jones 模型公式得

$$\begin{cases}\mu_i = 2.669\,3 \times 10^{-5} \dfrac{\sqrt{M_{wi} T}}{\sigma^2 \Omega_i},\ [\mathrm{g/(cm \cdot s)}] \\ \Omega_i = 1.147\left(T\Big/\dfrac{\varepsilon_i}{k} + 0.5\right)^{-0.145} + \left(T\Big/\dfrac{\varepsilon_i}{k} + 0.5\right)^{-2}\end{cases} \tag{5.54}$$

其中，σ_i、Ω_i 分别代表组分的分子碰撞直径和碰撞积分；$k = 1.38 \times 10^{-28}$ J/mol·K 为波尔兹曼常数。鉴于上述理论计算十分复杂，本书采用简化的温度拟合经验公式计算各组元气体的黏性系数，式(5.54)可改写为

$$\mu_i = \exp[(A_i \ln T + B_i)\ln T + C_i] \tag{5.55}$$

其中，T 是当地温度；A_i、B_i、C_i 是相应拟合常数。本书选用 Gupta 十一组元黏性系数拟合常数进行计算，详见附表 F.3。Blottner 等[36]也给出了独立的黏性系数拟合常数，Wood 等[37]对两套系数分别进行了拟合，其黏性系数计算结果基本一致。

同黏性系数一样，混合气体热传导系数采用 Wilke[35]半经验公式进行计算：

$$\begin{cases}\kappa = \sum_{i=1}^{ns} \dfrac{X_i \kappa_i}{\phi_i} \\ \kappa_{\mathrm{vib}} = \sum_{i=1}^{ns} \dfrac{X_i \kappa_{\mathrm{vib},\, i}}{\phi_i} \\ \phi_i = \sum_{j=1}^{ns} X_j \left[1 + \sqrt{\dfrac{\mu_i}{\mu_j}} \left(\dfrac{M_{wj}}{M_{wi}}\right)^{\frac{1}{4}}\right]^2 \Bigg/ \sqrt{8\left(1 + \dfrac{M_{wi}}{M_{wj}}\right)}\end{cases} \tag{5.56}$$

各组元热传导系数计算一般采用 Gupta 组元热传导拟合公式或采用半经验 Eucken 公式，但由于 Gupta 拟合公式是在热力学平衡条件下测得，因此在热力学非平衡条件下还应进行修正。对于混合气体热力学非平衡条件热传导系数一般采用 Eucken[28] 半经验公式进行计算，如 Candler[38] 采用半经验公式计算了组元热传导系数、振动热传导系数为

$$\kappa_i = \mu_i \left(\frac{5}{2} c_{v,\mathrm{tr}}^i + c_{v,\mathrm{rot}}^i \right) \tag{5.57}$$

$$\kappa_{\mathrm{vib},i} = \mu_i c_{v,\mathrm{vib}}^i \tag{5.58}$$

组元扩散系数的求解较为复杂，单一组元扩散系数不仅与其余各组元浓度相关，还受到流场温度与压力影响，一般采用简化扩散系数计算公式。若施密特(Schmidt)数为常数，则采用黏性系数求解组元扩散系数的公式为

$$\rho D_i = \frac{\mu}{Sc} \frac{1 - C_i}{1 - X_i} \tag{5.59}$$

其中，$c_p = \sum C_i c_{pi}$ 为混合气体定压比热比；c_{pi} 为各组分气体的定压比热比；Sc 为施密特数，其中分子和原子 $Sc = 0.5$，离子组元 $Sc = 0.25$。电子扩散系数计算公式为

$$\rho D_{ie} = \frac{\sum\limits_{ions} \rho_s D_{is}}{\sum\limits_{ions} C_s} \tag{5.60}$$

输运系数的理论值是由分子作用势模型决定的，采用不同模型得到的结果差别较大，因此在计算和与文献对比时应首先查找恰当的、准确的输运系数文献[39]。

5.3 非平衡流数值计算方法

5.3.1 控制方程定解条件

由于考虑高温气体效应的 SCB 方程增加了组元质量分数及振动能守恒方程，因此需要在各个边界上补充 C_i 及 T_{vib} 相关的边界条件。对考虑振动能非平衡的滑移物面边界有

$$u_s = \frac{2-\sigma_u}{\sigma_u}\lambda\left(\frac{\partial u}{\partial y}\right)_{y=0} + \frac{3}{4}\lambda\sqrt{\frac{2R}{\pi T}}\left(\frac{\partial T}{\partial x}\right)_{y=0} \tag{5.61}$$

$$T_s - T_w = \frac{2\gamma}{Pr(\gamma+1)}\frac{2-\sigma_T}{\sigma_T}\lambda\left(\frac{\partial T}{\partial y}\right)_{y=0} \tag{5.62}$$

$$T_{\text{vib-}s} - T_w = \frac{2\kappa_{\text{vib}}}{\rho\bar{c}c_{v,\text{vib}}}\frac{2-\sigma_T}{\sigma_T}\left(\frac{\partial T_{\text{vib}}}{\partial y}\right)_{y=0} \tag{5.63}$$

对于非催化壁面有 $\frac{\partial C_i}{\partial n}=0$，对于完全催化壁面有 $C_i = C_i^{\text{equ}}(T, T_{\text{vib}})$。除物面边界条件外，其余边界条件与完全气体控制方程边界条件基本一致，在此不再赘述。

5.3.2　数值离散与差分格式

热化学非平衡 SCB 方程无黏项差分格式采用构造简单且获得广泛好评的 AUSMPW＋格式，以 ξ 方向为例，其数值通量为

$$\widetilde{E}_{i+1/2} = a_{1/2}(\overline{M}_L^+\boldsymbol{\Phi}_L + \overline{M}_R^-\boldsymbol{\Phi}_R) + (P_L^+\boldsymbol{P}_L + P_R^-\boldsymbol{P}_R) \tag{5.64}$$

压力通量与对流通量分别为

$$\boldsymbol{\Phi}_{L/R} = \begin{pmatrix}\rho_1\\ \vdots\\ \rho_i\\ \rho u\\ \rho v\\ \rho w\\ \rho H\\ \rho e_{\text{vib}}\end{pmatrix}_{L/R}, \quad \boldsymbol{P} = \begin{pmatrix}0\\ \vdots\\ 0\\ p\\ 0\\ 0\\ 0\\ 0\end{pmatrix}_{L/R} \tag{5.65}$$

5.3.3　化学反应源项点隐式处理

在连续流条件下，考虑热力学与化学非平衡效应的 NS 方程求解会遇到源项计算的相关问题，滑移过渡流条件下 SCB 方程也同样如此，具体问题如下。

① 显式求解刚性问题。由于流动特征时间、热力学松弛时间及化学反应时间存在时间多尺度效应，在较大时间步长下，控制方程中源项的化学反应生成项量值有可能远大于其他通量值，计算将出现非物理解并发散。但若采用能够保证当地热

力学与化学反应过程稳定的最大时间步长,则计算成本又迅速增加,出现收敛困难。

② 隐式求解计算效率问题。由于矩阵维数增加,当采用全隐式方法处理化学反应源项时会导致程序计算量呈平方量级急剧增长,且 Burnett 方程黏性项隐式处理较 NS 方程更为复杂,大内存、高性能计算平台和并行环境的需求给 SCB 方程非平衡流全隐式求解带来苛刻的要求。

本书 SCB 方程求解对源项的处理选用文献[39-41]中 NS 方程广泛采用的点隐式方法,即直接采用对角化矩阵替代源项雅克比矩阵,有

$$\boldsymbol{T}=\frac{\partial \boldsymbol{S}}{\partial \boldsymbol{Q}}=\begin{bmatrix} \frac{\partial \dot{\omega}_1}{\partial \rho_1} & \cdots & \frac{\partial \dot{\omega}_1}{\partial \rho_{ns}} & \frac{\partial \dot{\omega}_1}{\partial \rho u} & \frac{\partial \dot{\omega}_1}{\partial \rho v} & \frac{\partial \dot{\omega}_1}{\partial \rho w} & \frac{\partial \dot{\omega}_1}{\partial \rho E} & \frac{\partial \dot{\omega}_1}{\partial \rho e_{\mathrm{vib}}} \\ \vdots & \ddots & \vdots & \vdots & \vdots & \vdots & \vdots & \vdots \\ \frac{\partial \dot{\omega}_{ns}}{\partial \rho_1} & \cdots & \frac{\partial \dot{\omega}_{ns}}{\partial \rho_{ns}} & \frac{\partial \dot{\omega}_{ns}}{\partial \rho u} & \frac{\partial \dot{\omega}_{ns}}{\partial \rho v} & \frac{\partial \dot{\omega}_{ns}}{\partial \rho w} & \frac{\partial \dot{\omega}_{ns}}{\partial \rho E} & \frac{\partial \dot{\omega}_{ns}}{\partial \rho e_{\mathrm{vib}}} \\ 0 & \cdots & 0 & 0 & 0 & 0 & 0 & 0 \\ 0 & \cdots & 0 & 0 & 0 & 0 & 0 & 0 \\ 0 & \cdots & 0 & 0 & 0 & 0 & 0 & 0 \\ 0 & \cdots & 0 & 0 & 0 & 0 & 0 & 0 \\ \frac{\partial \dot{\omega}_{\mathrm{vib}}}{\partial \rho_1} & \cdots & \frac{\partial \dot{\omega}_{\mathrm{vib}}}{\partial \rho_{ns}} & \frac{\partial \dot{\omega}_{\mathrm{vib}}}{\partial \rho u} & \frac{\partial \dot{\omega}_{\mathrm{vib}}}{\partial \rho v} & \frac{\partial \dot{\omega}_{\mathrm{vib}}}{\partial \rho w} & \frac{\partial \dot{\omega}_{\mathrm{vib}}}{\partial \rho E} & \frac{\partial \dot{\omega}_{\mathrm{vib}}}{\partial \rho e_{\mathrm{vib}}} \end{bmatrix} \tag{5.66}$$

由于非对角化矩阵在 LU-SGS 方法中需要求逆,程序实现比较复杂。为保持方法无须求逆的优点,可以简化为直接取雅克比矩阵中的对角项进行求解,即

$$\hat{\boldsymbol{T}}=\begin{bmatrix} \frac{\partial \dot{\omega}_1}{\partial \rho_1} & \cdots & 0 & 0 & 0 & 0 & 0 & 0 \\ \vdots & \ddots & \vdots & \vdots & \vdots & \vdots & \vdots & \vdots \\ 0 & \cdots & \frac{\partial \dot{\omega}_{ns}}{\partial \rho_{ns}} & 0 & 0 & 0 & 0 & 0 \\ 0 & \cdots & 0 & 0 & 0 & 0 & 0 & 0 \\ 0 & \cdots & 0 & 0 & 0 & 0 & 0 & 0 \\ 0 & \cdots & 0 & 0 & 0 & 0 & 0 & 0 \\ 0 & \cdots & 0 & 0 & 0 & 0 & 0 & 0 \\ 0 & \cdots & 0 & 0 & 0 & 0 & 0 & \frac{\partial \dot{\omega}_{\mathrm{vib}}}{\partial \rho e_{\mathrm{vib}}} \end{bmatrix} \tag{5.67}$$

在 LU-SGS 方法中，控制方程可以表示为

$$\Delta Q+\Delta t\left[\frac{(\boldsymbol{A}_i^{+}\Delta \boldsymbol{Q}_i-\boldsymbol{A}_{i-1}^{+}\Delta \boldsymbol{Q}_{i-1})}{\Delta\xi}+\frac{(\boldsymbol{A}_{i+1}^{-}\Delta \boldsymbol{Q}_{i+1}-\boldsymbol{A}_i^{-}\Delta \boldsymbol{Q}_i)}{\Delta\xi}+\frac{(\boldsymbol{B}_j^{+}\Delta \boldsymbol{Q}_j-\boldsymbol{B}_{j-1}^{+}\Delta \boldsymbol{Q}_{j-1})}{\Delta\eta}+\frac{(\boldsymbol{B}_{j+1}^{-}\Delta \boldsymbol{Q}_{j+1}-\boldsymbol{B}_j^{-}\Delta \boldsymbol{Q}_j)}{\Delta\eta}+\frac{(\boldsymbol{C}_k^{+}\Delta \boldsymbol{Q}_k-\boldsymbol{C}_{k-1}^{+}\Delta \boldsymbol{Q}_{k-1})}{\Delta\zeta}+\frac{(\boldsymbol{C}_{k+1}^{-}\Delta \boldsymbol{Q}_{k+1}-\boldsymbol{C}_k^{-}\Delta \boldsymbol{Q}_k)}{\Delta\zeta}-\boldsymbol{T}\right]=-\Delta t\boldsymbol{RHS} \tag{5.68}$$

由于对源项的雅克比矩阵采用了点隐式处理，因此式(5.68)可以表示为

$$(\boldsymbol{D}+\overline{\boldsymbol{U}}+\overline{\boldsymbol{L}})\Delta \boldsymbol{Q}=-\boldsymbol{RHS} \tag{5.69}$$

其中

$$\overline{\boldsymbol{U}}=\boldsymbol{A}_{i+1}^{-}+\boldsymbol{B}_{j+1}^{-}+\boldsymbol{C}_{k+1}^{-} \tag{5.70}$$

$$\overline{\boldsymbol{L}}=-(\boldsymbol{A}_{i-1}^{+}+\boldsymbol{B}_{j-1}^{+}+\boldsymbol{C}_{k-1}^{+}) \tag{5.71}$$

$$\boldsymbol{D}=\frac{\boldsymbol{I}}{\Delta t}+(\boldsymbol{A}^{+}-\boldsymbol{A}^{-}+\boldsymbol{B}^{+}-\boldsymbol{B}^{-}+\boldsymbol{C}^{+}-\boldsymbol{C}^{-})-\hat{\boldsymbol{T}} \tag{5.72}$$

对式(5.69)采用 LU 分解法进行求解，且控制方程中的 SCB 方程黏性项仍采用近似隐式处理，此处不再赘述。采用点隐方法对热化学非平衡流动 SCB 方程进行数值求解，不仅极大提高了计算效率，也能够保证最终获得稳定、收敛的计算结果。

5.3.4　热力学温度的求解

由于混合气体振动能与振动能温度之间并非线性关系，因此在获得下一时刻混合气体单位质量振动能后需采用牛顿迭代法得到对应振动温度，即

$$e_{\text{vib}}=\sum_{i=1}^{ns}C_i\,e_{\text{vib}}^i(T_{\text{vib}}) \tag{5.73}$$

牛顿法迭代的目标方程为

$$f(T_{\text{vib}})=e_{\text{vib}}^{\text{known}}-\sum_{i=1}^{ns}C_i^{\text{known}}\,e_{\text{vib}}^i(T_{\text{vib}})=0 \tag{5.74}$$

因此其迭代方程为

$$T_{\text{vib}}^{n+1}=T_{\text{vib}}^{n}-\frac{f(T_{\text{vib}}^{n})}{f'(T_{\text{vib}}^{n})}=T_{\text{vib}}^{n}+\frac{e_{\text{vib}}^{\text{known}}-\sum_{i=1}^{ns}C_i^{\text{known}}e_{\text{vib}}^{i}(T_{\text{vib}}^{n})}{\sum_{i=1}^{ns}C_i^{\text{known}}c_{\text{vib}}^{i}(T_{\text{vib}}^{n})} \tag{5.75}$$

得到振动能温度后，平动-转动温度直接显式求解即可

$$e_{\text{tr-rot}}=e-e_{\text{vib}}-e_{\text{el}}-e_0=\sum_{i=1}^{ns}C_i c_{v,\text{ trro}}^{i}T \tag{5.76}$$

对于单温度模型中的温度，同样由于比内能与温度间的非线性关系只能采用牛顿迭代法进行求解，其迭代目标函数为

$$f(T)=e^{\text{known}}-\sum_{i=1}^{ns}C_i^{\text{known}}e_i(T)=0 \tag{5.77}$$

迭代求解过程不再赘述。

5.4 典型流动数值模拟与分析

5.4.1 二维高超声速圆柱绕流

1. 连续流条件下高焓圆柱绕流

采用文献二维钝头圆柱风洞实验结果对连续流条件下考虑热化学非平衡效应的 SCB 方程进行验证，该算例试验在德国航天中心 HEG 风洞（High Enthalpy Shock Goettingen）中进行，文献[42]提供了风洞实验气动热数据便于验证数值计算方法的准确性，计算来流条件为

$$\begin{aligned}&r=0.045\text{ m} && U_\infty=4\,776\text{ m/s}\\&p_\infty=687\text{ N/m}^2 && T_w=343\text{ K}\\&T_\infty=694\text{ K}\end{aligned} \tag{5.78}$$

来流组元质量分数分别为

$$\begin{aligned}&Y_{O}=0.079\,55 && Y_{N}=1.0\times10^{-9}\\&Y_{O_2}=0.134 && Y_{N_2}=0.735\,55\\&Y_{NO}=0.050\,9\end{aligned} \tag{5.79}$$

NS 与 SCB 方程均分别采用完全催化壁面边界条件，且分别采用了单温与

考虑振动能非平衡的双温七组元模型进行计算，网格量 100×80(周向×径向)，第一层网格间距 5.0×10^{-5} m。图 5.3 给出了完全气体 NS 方程与双温 SCB 方程流场计算结果压力、温度与马赫数云图。图 5.4 与图 5.5 给出了不同计算方法圆柱表面热流分布与文献数值计算及风洞实验值比较。

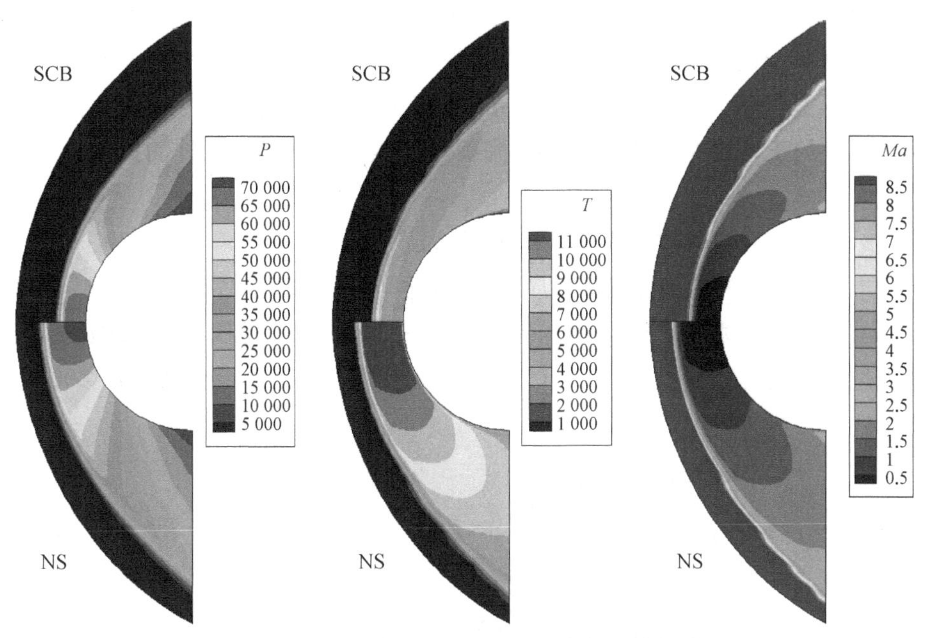

图 5.3　完全气体 NS 方程与双温 SCB 方程压力、温度与马赫数对比云图(后附彩图)

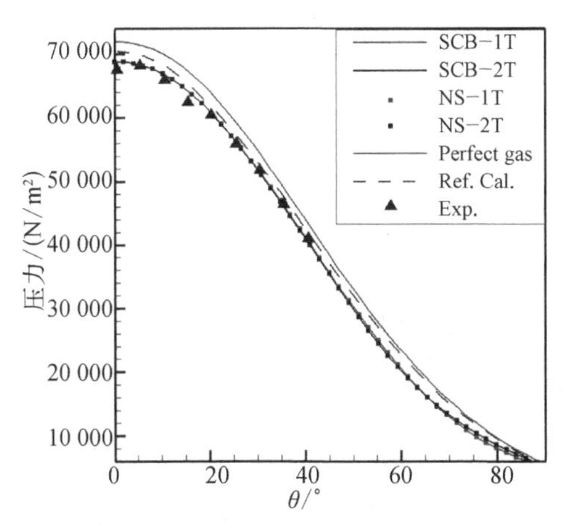

图 5.4　不同计算方法与实验物面压力分布曲线

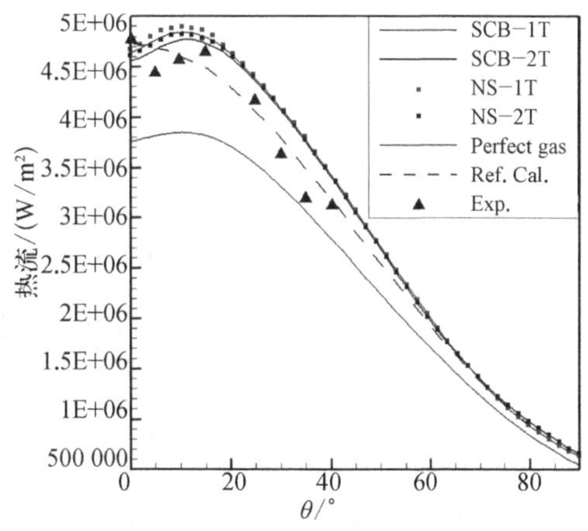

图 5.5　不同计算方法与风洞实验物面热流分布曲线

在高焓风洞来流条件下，量热完全气体模型假设失效，考虑热化学非平衡模型后的激波位置及表面热流分布与量热完全气体 NS 方程计算结果存在较大差异，且非平衡气体计算结果与模型风洞实验数据趋同，表明在文献来流条件下需要考虑真实气体效应影响。对比同一方程的单温与双温计算结果可以看出，振动能非平衡效应对物面热流与压力分布影响较小，其影响可以忽略。其次由于来流严格属于连续流范畴，因此本书发展的 SCB 方程无论是单温还是双温模型均获得了与 NS 方程一致的计算结果，与实验结果的吻合同时证明了二维 SCB 程序的正确性及其适用于连续流条件下热化学非平衡条件的数值计算的特点。

2. 不同努森数条件下 $Ma=25$ 圆柱绕流

本小节采用考虑高温气体效应的 NS 方程与 SCB 方程对不同努森数条件下 $Ma=25$ 的二维圆柱绕流分别进行计算，其中来流努森数范围涵盖连续流、滑移流与过渡流范畴（$Kn_\infty=0.002$、0.01、0.05、0.25），圆柱半径及努森数 0.002 来流条件为

$$
\begin{aligned}
& r=0.3048\ \mathrm{m} && Kn_\infty=0.002 \\
& p_\infty=5.78\ \mathrm{N/m^2} && T_\infty=200\ \mathrm{K} \\
& \gamma=1.4 && Pr=0.72 \\
& R=287.1\ \mathrm{m^2/(s^2\cdot K)} && T_w=1500\ \mathrm{K}
\end{aligned}
\tag{5.80}
$$

来流组元质量分数分别为

$$
\begin{aligned}
& Y_O=0.0 && Y_N=0.0 \\
& Y_{O_2}=0.21 && Y_{N_2}=0.79 \\
& Y_{NO}=0.0
\end{aligned}
\tag{5.81}
$$

不同努森数条件下来流密度与压力见表 5.2。

表 5.2 不同来流努森数对应来流条件表

Kn_∞	来流密度/(kg/m³)	来流压力/(N/m²)
0.002	1.007×10^{-4}	5.78
0.01	2.014×10^{-5}	1.156
0.05	4.028×10^{-6}	0.232
0.25	8.056×10^{-7}	0.0464

当来流努森数为 0.002 时流动处于严格连续流范畴，图 5.6 首先给出了 NS 方程与 SCB 方程计算得到的不同流动参数云图，其中包括马赫数、压力、平动温度及振动温度。

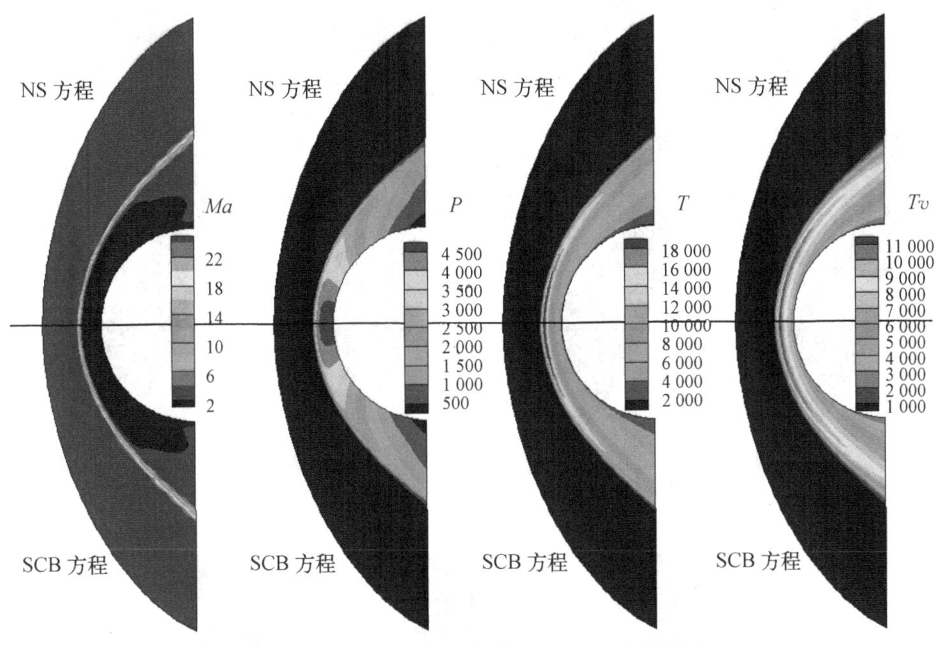

图 5.6　$Kn=0.002$ 时流场参数云图(后附彩图)

如图 5.6 结果所示，NS 方程与 SCB 方程在来流努森数 0.002 条件下的计算结果表现出较好的一致性，与上节中的连续流验证结果一致。为表现不同方程化学反应组元分布差异，图 5.7 还给出了两种计算方法不同组元质量分数分布云图。

图 5.7 计算结果表明在高超声速来流条件下，圆柱头部空气组分发生了较为显著的变化，头部驻点区域由于温度急剧升高导致氧气和氮气发生较大程度离解。但无论是组元质量分数较大的氧气与氮气分子，还是质量分数较小的 NO^+ 离子与电子，两种计算方法得到的组元质量分数在云图上表现出的差异基本可以忽略。图 5.8 与图 5.9 还给出了物面压力、热流与摩阻分布曲线，SCB 方程与 NS 方程几乎没有差异。

来流努森数增大至 0.01，流动开始进入滑移流域。图 5.10 给出了两组计算方法的流场特征参数(马赫数、压力、平动能与振动能温度)云图。

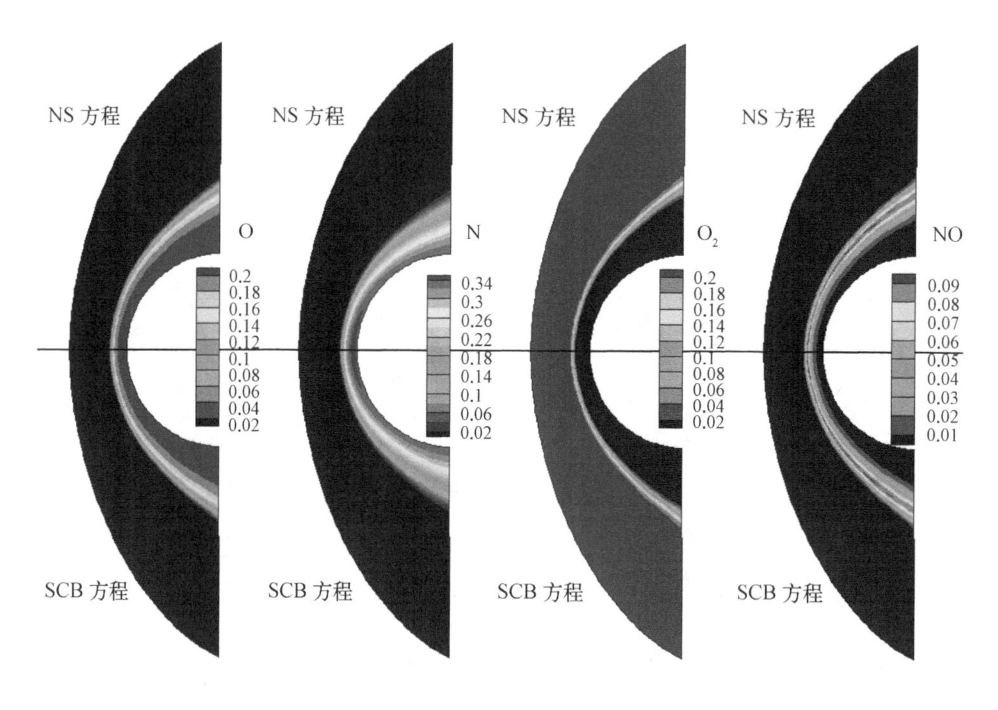

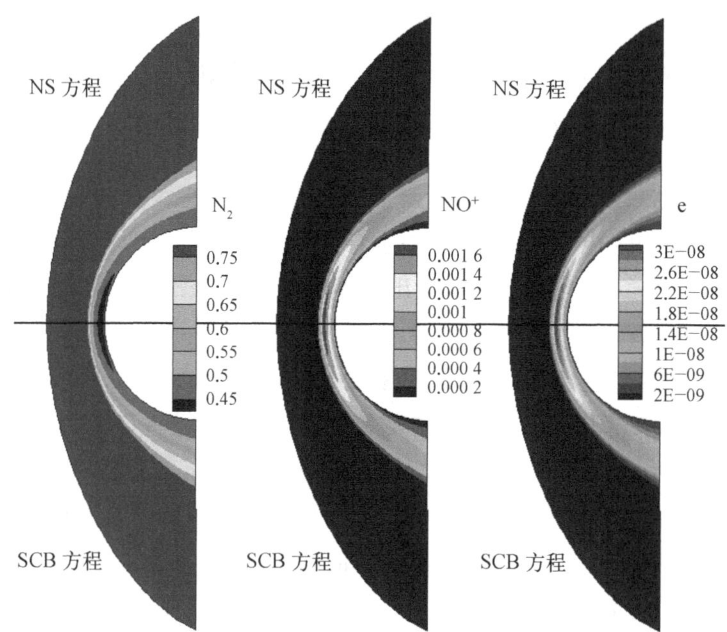

图 5.7 $Kn=0.002$ 时流场各组元质量分数云图(后附彩图)

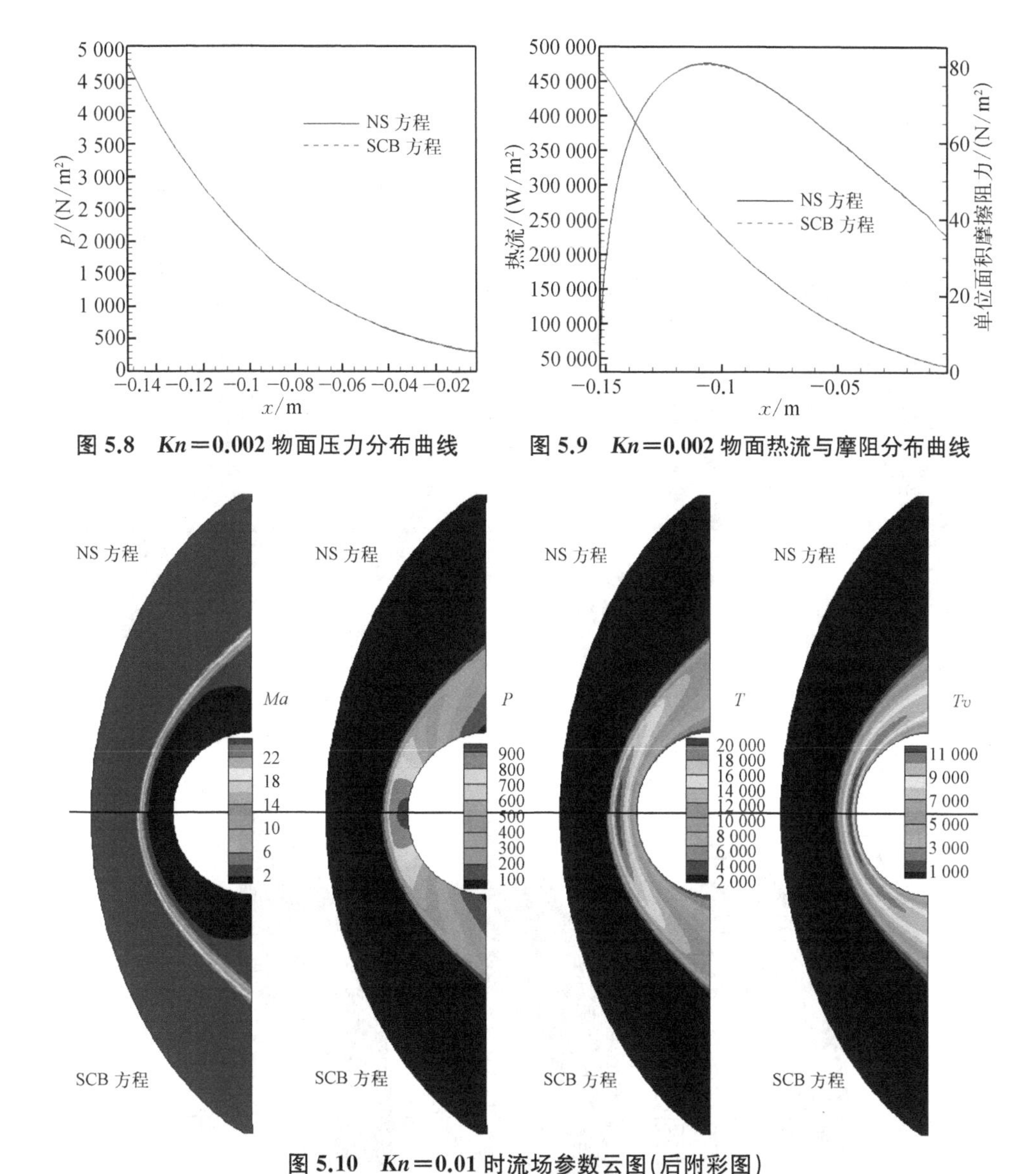

图 5.8　Kn=0.002 物面压力分布曲线

图 5.9　Kn=0.002 物面热流与摩阻分布曲线

图 5.10　Kn=0.01 时流场参数云图(后附彩图)

随着流动进入滑移流域，流动的稀薄特点在努森层和激波内部首先表现出来，理论上 NS 方程线性本构关系开始失效，但由于努森层相比特征尺度仍属于小量，因此物面滑移对努森层外部流场结构影响有限。传统计算方法往往通过考虑滑移边界条件结合热化学非平衡效应对这一流域高超声速滑移流动进行数值模拟。如图 5.10 所示虽然两组计算方法流场结构大致相同，但 SCB 方程较 NS 方程还是获得了更厚的激波，这不仅是稀薄条件下激波的典型特征，也是仅采用滑移边界条件所无法获得的模拟结果。图 5.11 给出了不同化学组元质量分数云图来分析滑移流条件下方程本构关系对化学反应的影响。

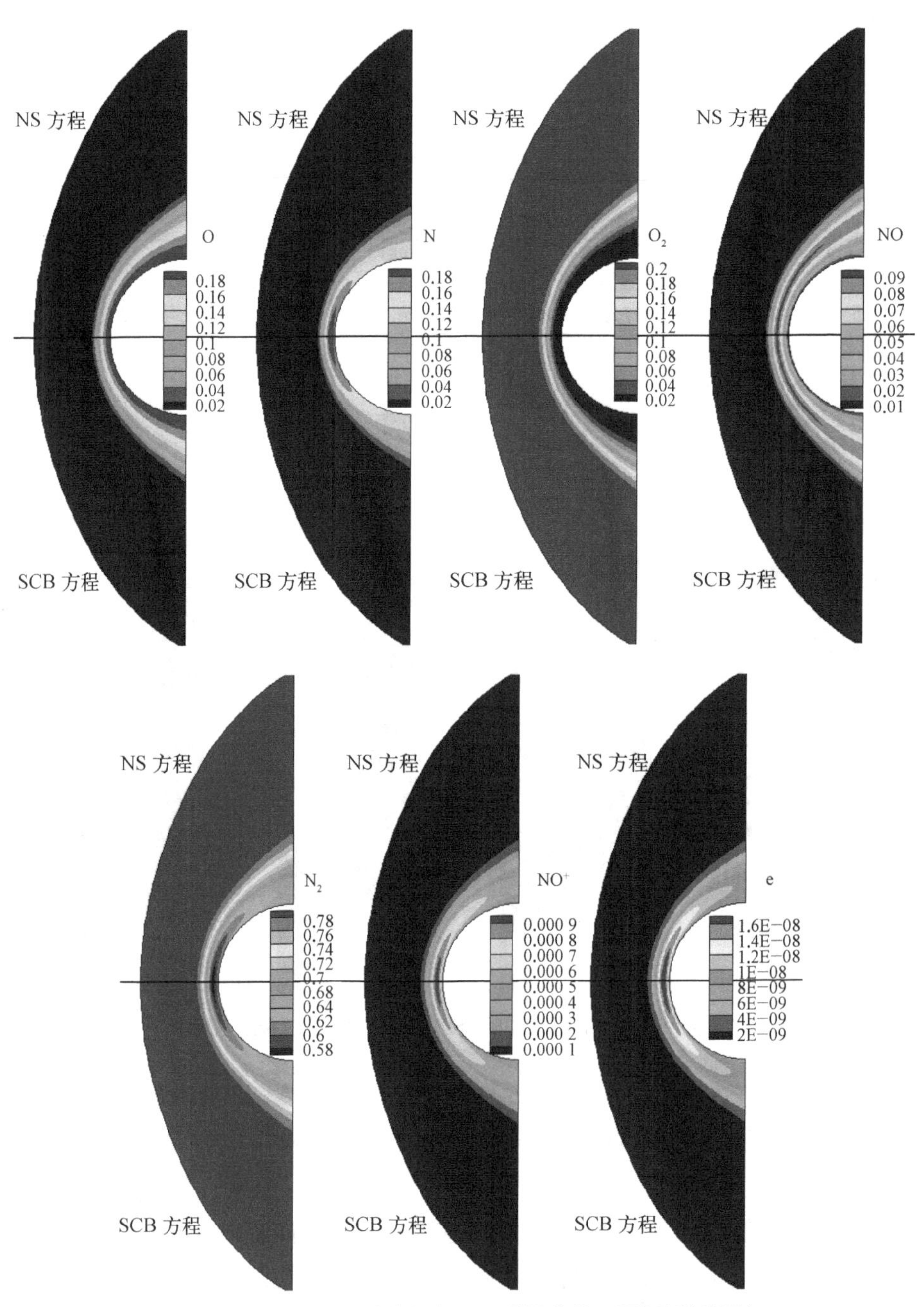

图 5.11 $Kn=0.01$ 时流场各组元质量分数云图(后附彩图)

虽然两种方法在流场马赫数与平动温度云图中存在差异，但图 5.11 表明化学反应和组元离解程度显然并未受到太大影响，即使在激波内两种方法间差异也基本可以忽略。结果表明在滑移流条件下高阶本构关系对流场各点化学非平衡效应影响十分有限。

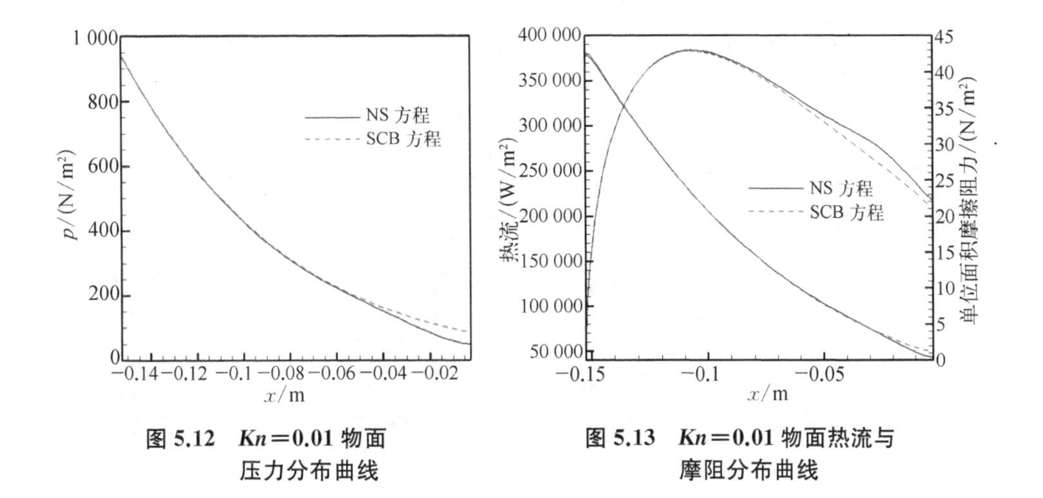

图 5.12　*Kn*=0.01 物面压力分布曲线

图 5.13　*Kn*=0.01 物面热流与摩阻分布曲线

图 5.12 与图 5.13 描述了物面压力、热流与摩阻分布曲线，与连续流有所不同的是，在圆柱后部流动膨胀区域由于流动局部稀薄效应影响，两种计算方法的物面参数表现出局部差异，SCB 方程表面压力和热流明显更大但摩阻偏小，表明高阶本构关系在这个区域影响凸显。

继续增大来流努森数至 0.05，此时流动已完全进入滑移流范围，壁面努森层及激波结构稀薄效应十分明显。

图 5.14 给出的流场参数云图与前两组算例相比已表现出明显的差异，稀薄来流条件使得头部激波强间断逐渐消失，但头部仍存在较强的压缩过程。同时 SCB 方程计算得到的压缩波中心位置和厚度较 NS 方程更远离物面，表明 SCB 方程的高阶本构关系配合滑移边界条件在完全滑移流域的作用已不可忽视，由于缺少相同物理条件下 DSMC 和实验数据，虽不能对 SCB 方程的流场结果进行定量验证，但从前文量热完全气体及其文献相关算例中 DSMC 与 NS 方程对比结果可以看出：NS 方程作为连续流方法预测的激波脱体距离较 DSMC 方法普遍偏小且激波偏薄，表明 SCB 方程作为高阶连续性方法能够定性趋近于 DSMC 方法数值解。

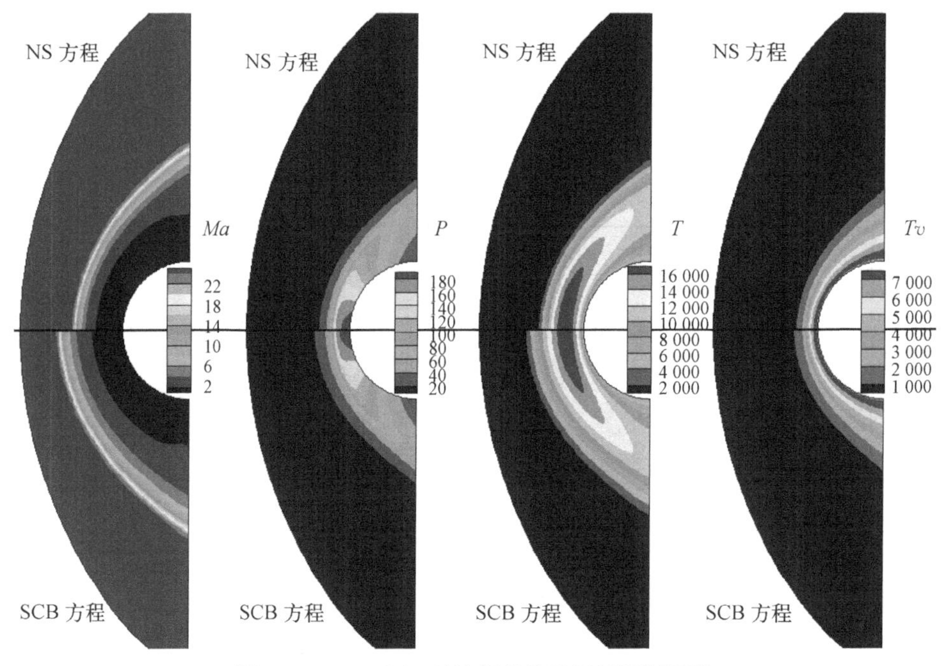

图 5.14 *Kn*=0.05 时流场参数云图(后附彩图)

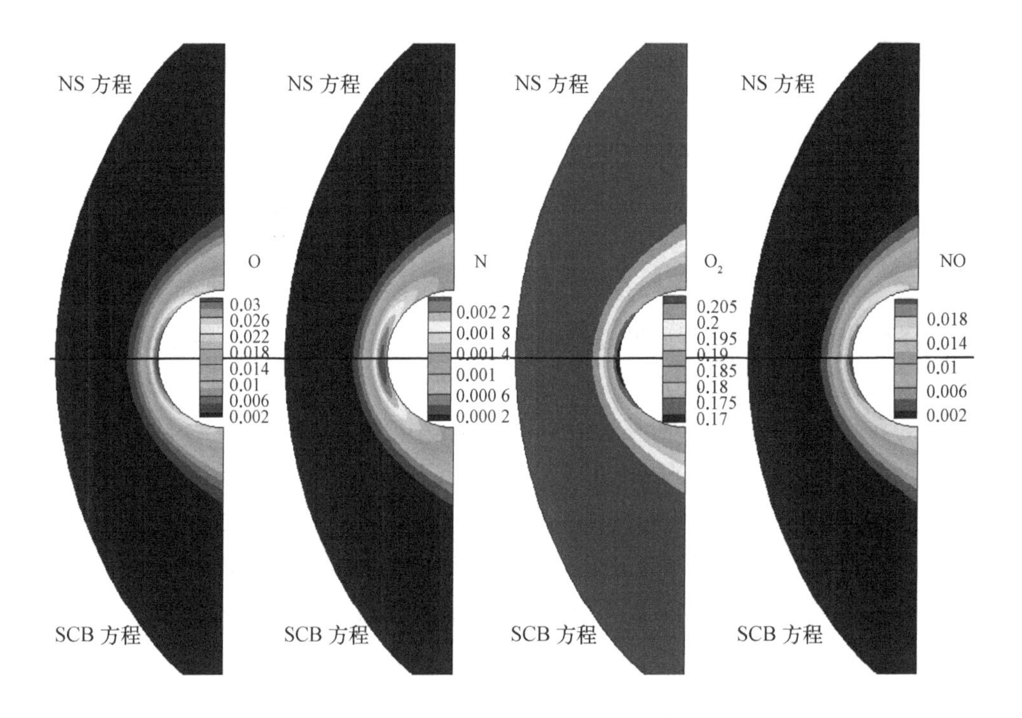

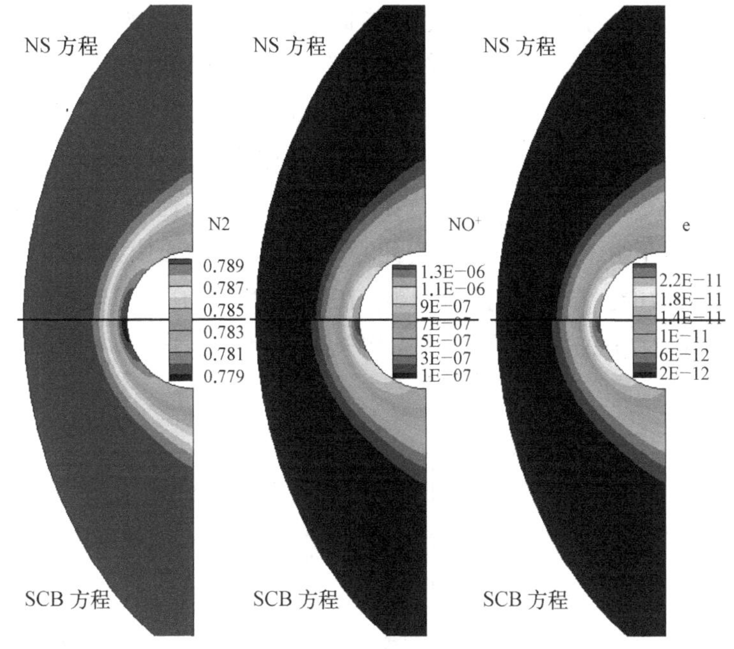

图 5.15　$Kn=0.05$ 时流场各组元质量分数云图(后附彩图)

本构关系的差异不仅表现在压力、平动温度和马赫数等流动参数，图 5.15 给出的组元质量分数云图表明在激波与驻点附近两种方法得到的组元成分也开始表现出差异，SCB 方程高阶本构关系使得离解、电离等反应程度得到增强，驻点附近原子与离子组元增多。为更直观表现这种差异，图 5.16 和图 5.17 给出了驻点线组元质量与摩尔分数分布曲线。

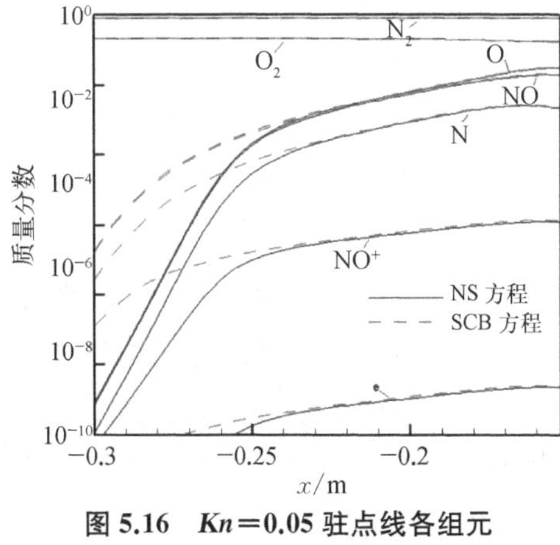

图 5.16　$Kn=0.05$ 驻点线各组元质量分数分布曲线

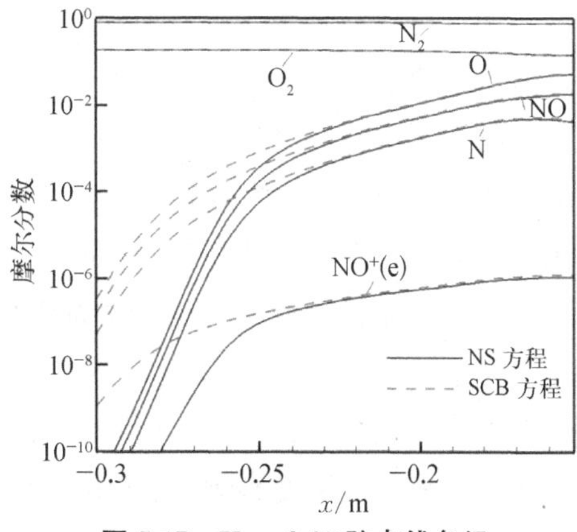

图 5.17　$Kn=0.05$ 驻点线各组元摩尔分数分布曲线

由于氧分子活化能较氮分子活化能低，因此氧分子离解度较氮分子更高。在 $Kn=0.05$ 条件下，氧分子在头部高温区发生了部分离解反应，氮分子离解、氧原子及氮原子化合反应程度相当有限。从图 5.16 驻点质量分布曲线可以直观看出，质量分数中的小量（除氧分子与氮分子之外的组元）在两种方法中差异较大，集中表现为 SCB 方程中质量分数在压缩波后的增长起始位置较 NS 方程更为远离物面，这是由于 SCB 方程所得到的头部压缩波中心位置和温度升高位置远离物面所导致的。与前两组算例不同，在物面附近努森层内这些小量 SCB 方程与 NS 方程也存在一定差异，表明本构关系对化学非平衡影响在努森层内也开始显现。

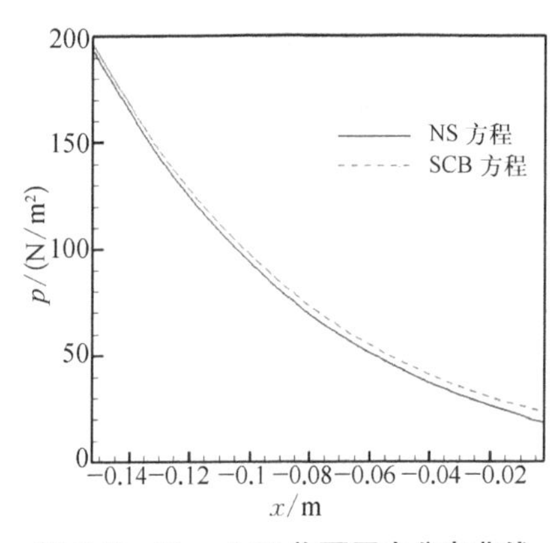

图 5.18　$Kn=0.05$ 物面压力分布曲线

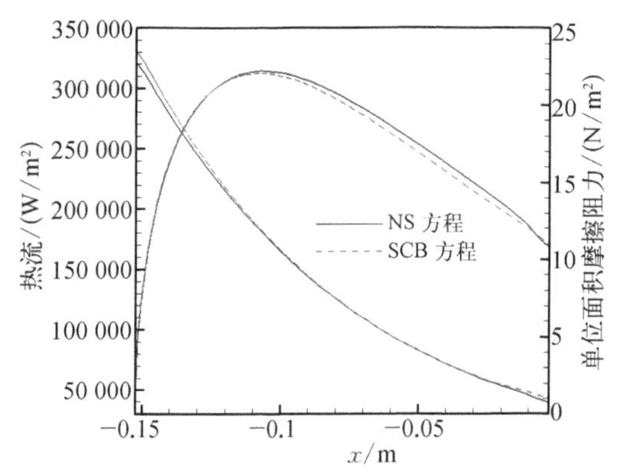

图 5.19　$Kn=0.05$ 物面热流与摩阻分布曲线

图 5.18 与图 5.19 给出了 $Kn=0.05$ 条件下物面压力、热流与摩阻分布曲线，两条曲线对比清晰表达了两种计算方法在物面参数预测上存在明显差异，与刚进入滑移流的 $Kn=0.01$ 条件下仅圆柱后部膨胀区存在差异不同，SCB 方程得到的物面压力在整个物面上均高于 NS 方程。除压力分布外，表面热流与摩阻分布也表现出不同：稀薄效应影响区域从后部向头部扩展延伸，头部 SCB 方程预测热流值比 NS 方程偏大 4%左右。

无论是流场参数云图还是物面特性分布曲线都能看出：在 $Kn=0.05$ 滑移流条件下 SCB 方程已表现出与 NS 方程不一致的计算结果，除流场结构与激波位置差异较大外，物面参数分布也存在差异。高阶本构关系对振动能温度影响要弱于对平动能温度影响，这是由于 SCB 方程本构关系高阶项中的温度均只考虑了平动温度导致。SCB 方程对化学非平衡效应的影响的主要来源是本构关系对激波位置的影响，小量组元质量分数表现出激波后抬升起始位置更远离物面，但由于较大的平均分子自由程导致化学反应减弱，高阶本构关系对氧分子与氮分子组元分布影响有限。

当来流努森数增长至 0.25 时，流动已完全进入过渡流条件。图 5.20 给出了该条件下马赫数、压力与不同温度云图，可以看出圆柱头部压缩波厚度与影响范围进一步扩大。

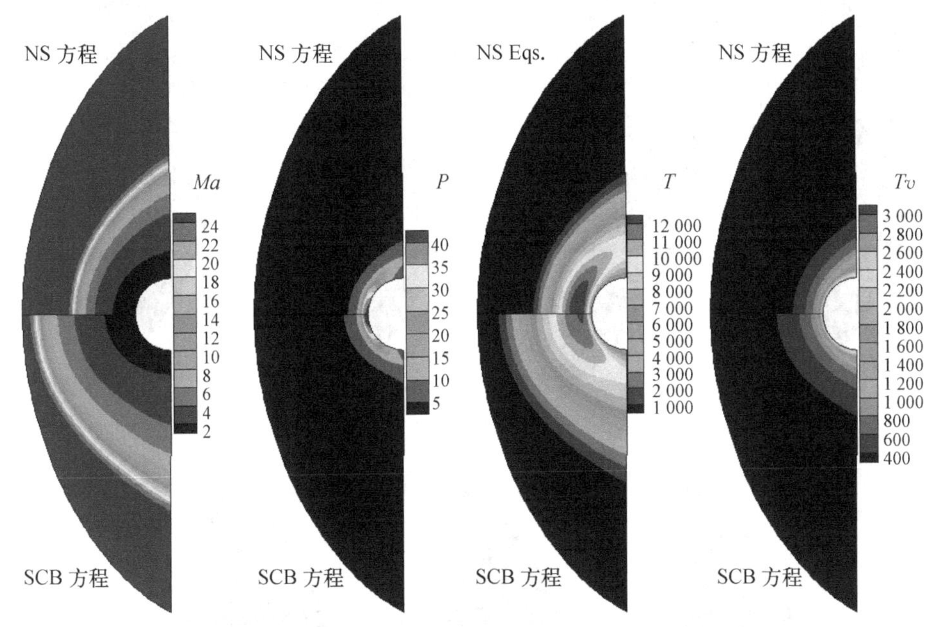

图 5.20　Kn=0.25 时流场参数云图(后附彩图)

当来流条件进入过渡区后不同计算方法之间差异更为明显，尤其是两种方法给出的马赫数与温度云图表明头部驻点区域附近流动存在较强的稀薄效应，从马赫数云图来看 SCB 方程预测的头部压缩波影响区域比 NS 方程大约 50%。图 5.21 同样给出了 SCB 与 NS 方程七种组元的质量分数分布云图。

与 Kn=0.05 时组元仅在驻点附近出现小范围差异不同，过渡流来流 Kn=0.25 条件下头部小量组元质量分数存在量级上差异，表现为 SCB 方程描述的热化学非平衡流动不仅使得组元间发生反应起始位置(压缩波起始位置)更远离物面，且在驻点附近原子及离子组元质量分数明显增大。为更直观表现组元差异，图 5.22 和图 5.23 给出了各组元沿驻点线质量与摩尔分数分布曲线。

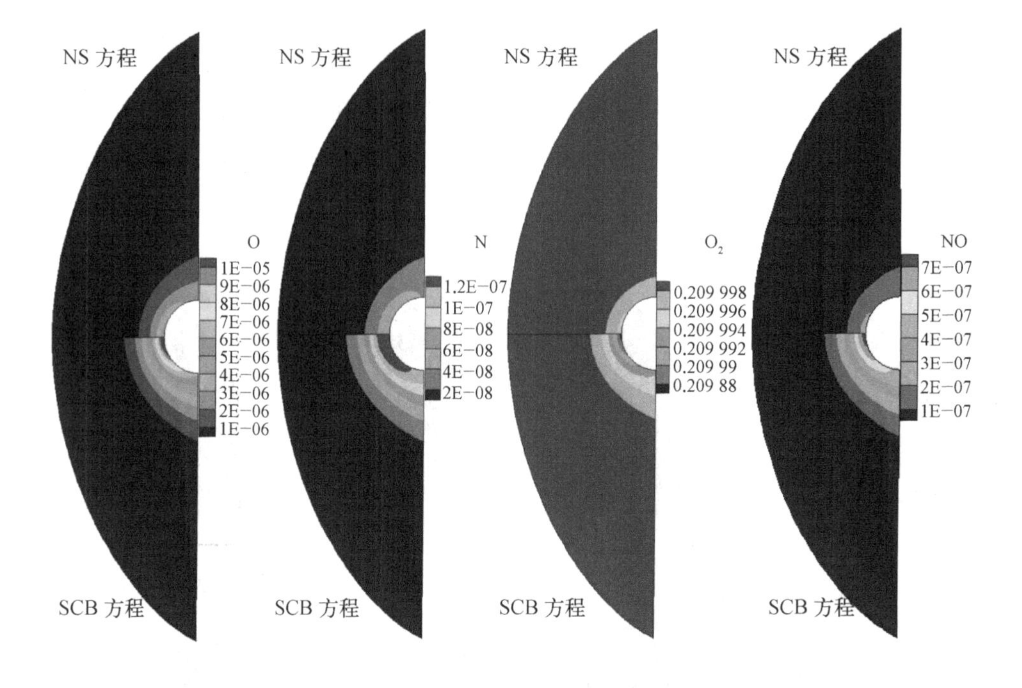

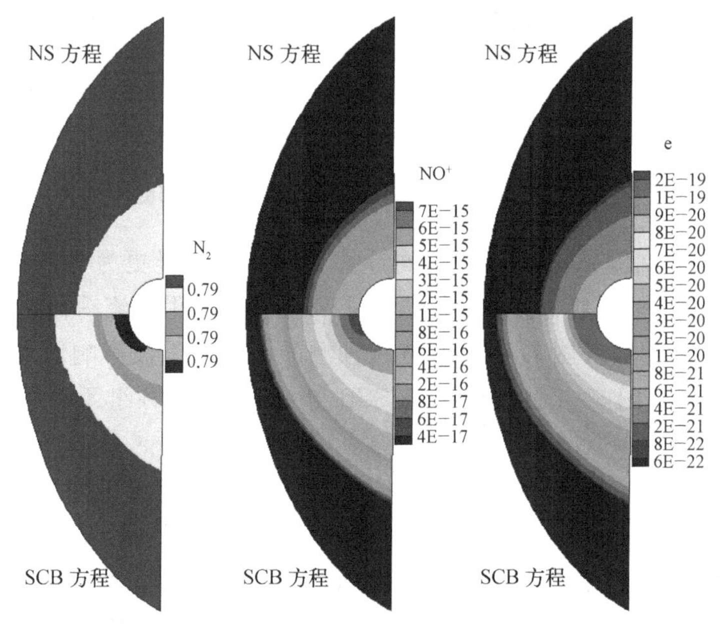

图 5.21 $Kn=0.25$ 时流场各组元质量分数云图(后附彩图)

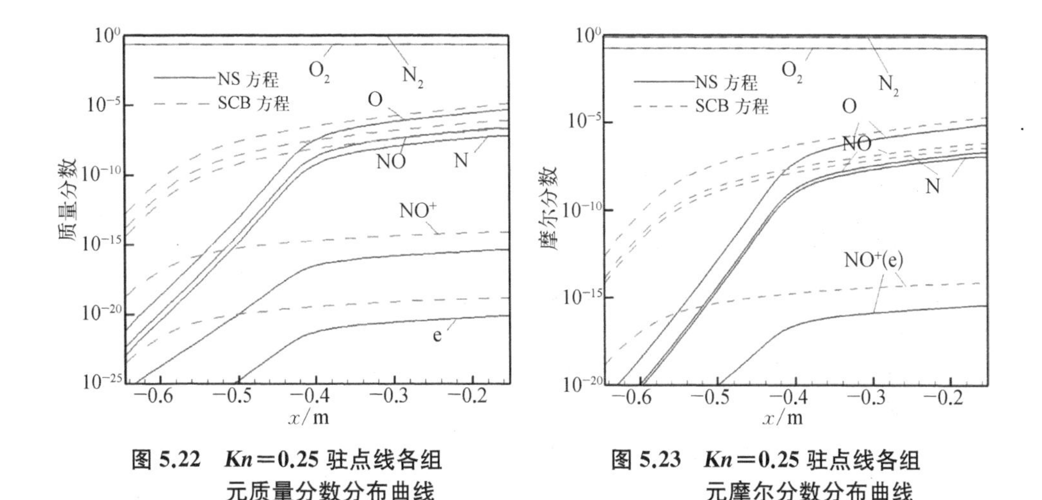

图 5.22　*Kn*＝0.25 驻点线各组元质量分数分布曲线

图 5.23　*Kn*＝0.25 驻点线各组元摩尔分数分布曲线

由于来流十分稀薄，组元之间的化学反应较之前算例更为微弱，氧原子、氮原子及一氧化氮分子质量和摩尔分数在驻点处也仅为 10^{-7}～10^{-5} 量级，但由于考虑了 NO 分子的电离反应，空间组元电子数密度虽然较小但作为等离子体鞘和黑障研究重点关注的参数，准确预测其空间分布仍具有十分重要的科学与工程价值。对比方程间组元结果，除氧分子与氮分子差异程度有限外，其余各组元 SCB 方程计算得到的组元质量分数在相同位置较 NS 方程均存在量级上差异，在驻点位置 NO^+ 离子与电子组元质量分数差异达到约两个量级。此外 SCB 方程化学反应起始位置也显然更远离物面，空间电子数密度分布差异显著。

为研究物面特性参数分布与 NS 方程结果差异，图 5.24 与图 5.25 给出了不同方法物面压力、热流与摩阻分布曲线。

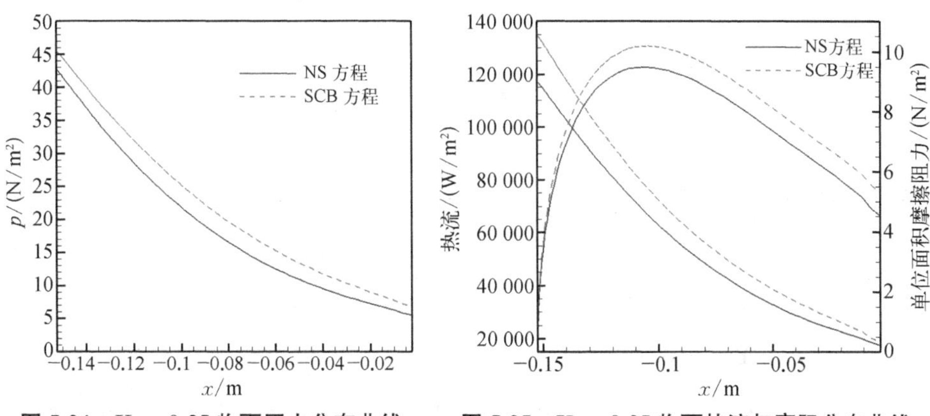

图 5.24　*Kn*＝0.25 物面压力分布曲线

图 5.25　*Kn*＝0.25 物面热流与摩阻分布曲线

SCB 方程和 NS 方程计算结果与 $Kn=0.05$ 时物面特性参数趋势一致，且 SCB 方程预测的物面压力与热流均大于 NS 方程计算结果，其中驻点压力值偏大 10% 左右，驻点热流值偏大 17%左右。随着来流稀薄程度增强，两组方程之间差异显著增大，表明高阶本构关系的影响不可忽视。物面摩阻分布在驻点附近基本一致，圆柱后部 SCB 方程计算得到的摩阻更大。因此，在过渡流条件下高阶本构关系不仅影响物面热流与摩阻预测大小，同时对物面压力分布也产生了重要影响。

综合以上计算结果和结论，通过增大来流努森数条件计算典型连续流、滑移流和过渡流状态圆柱绕流可以发现，高阶本构关系对流场作用随努森数增大而迅速凸显，除头部压缩波厚度与中心位置差异等在量热完全气体中已经得到验证的结论外，高阶本构关系对考虑热化学非平衡效应的组元质量分数分布、物面压力和热流与摩阻分布也产生较大影响，尤其是进入过渡流后不仅化学反应起始位置更远离物面，且努森层内组元的离解、电离等反应程度明显增强。此外，SCB 方程引入的高阶本构关系还使得物面压力与热流均表现出增大的趋势。因此，高马赫数稀薄过渡流条件下采用考虑高温气体效应的二阶 Burnett 方程与传统连续流 NS 方程的流场结构、组元分布、电子数密度分布及物面特性参数均存在差异，但 SCB 方程的实验与 DSMC 方法定量验证还有待进一步研究。

5.4.2 三维高超声速球头绕流

与量热完全气体验证思路一致，本小节首先对三维连续流条件考虑真实气体效应 SCB 方程进行验证，算例采用文献[43]ELECTRE 钝锥球头，球头半径为 0.175 m，通过与文献中飞行试验头部热流数据对比进行验证，计算来流条件为

$$\begin{aligned} & r=0.175\ \mathrm{m} && U_\infty=4\,230\ \mathrm{m/s} \\ & \rho_\infty=6.944\times10^{-4}\ \mathrm{kg/m^3} && T_\mathrm{w}=343\ \mathrm{K} \\ & T_\infty=265\ \mathrm{K} && \end{aligned} \tag{5.82}$$

来流空气组元质量分数分别为

$$\begin{aligned} & Y_\mathrm{O}=0.0 && Y_\mathrm{N}=0.0 \\ & Y_{\mathrm{O_2}}=0.23 && Y_{\mathrm{N_2}}=0.77 \\ & Y_\mathrm{NO}=0.0 && \end{aligned} \tag{5.83}$$

图 5.26 和图 5.27 首先给出了不同计算方法与不同物面催化类型下球头表面压力与热流分布曲线。

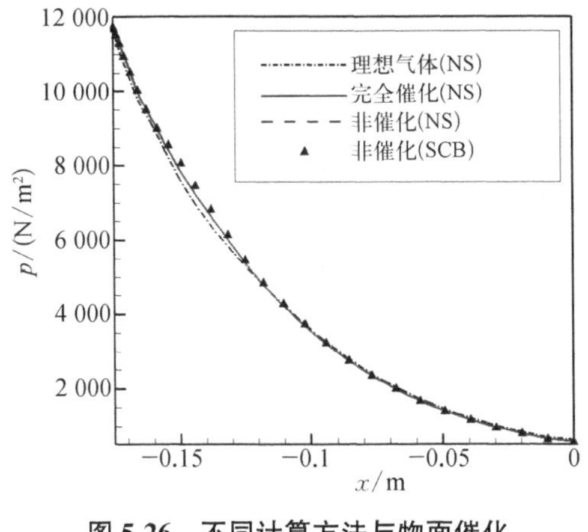

图 5.26　不同计算方法与物面催化条件下表面压力分布曲线

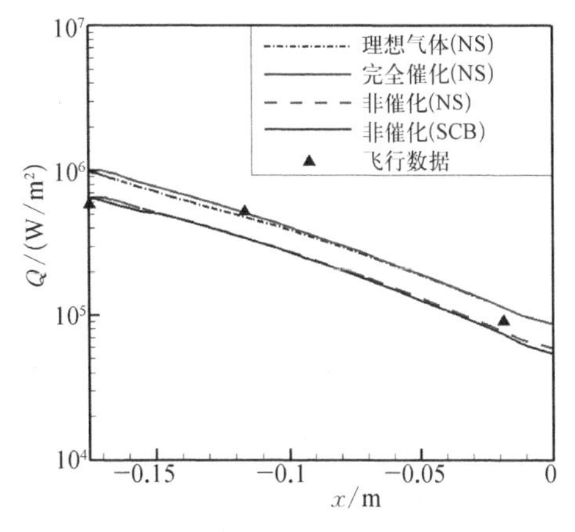

图 5.27　不同计算方法与物面催化条件下表面热流分布曲线

无论是完全催化还是完全非催化壁，壁面复合反应对物面压力分布影响不大，且 SCB 方程与 NS 方程在完全非催化条件下得到了一致的压力分布，这是由连续流条件所决定的。但在物面热流分布中，由于物面催化效应影响，完全催化壁由于气体原子在物面发生放热复合反应，使得表面热流高于完全非催化壁条件。真实飞行条件下飞行器表面属于有限催化模型，因此热流应位于完全催化与非催化之间。图 5.27 给出的不同催化壁模型计算得到的表面热流包络，基本涵盖了飞行试验测量得到的飞行器表面各个点的热流数据。由于来流属于典型连续流范畴，完全非催化壁 SCB 方程得到的热流分布与 NS 方程保持一致。

为研究不同计算方法与物面条件下空间流场与激波位置的差异，图 5.28～图 5.30 给出了驻点线密度、转动温度、振动温度及各组元质量分数分布曲线。

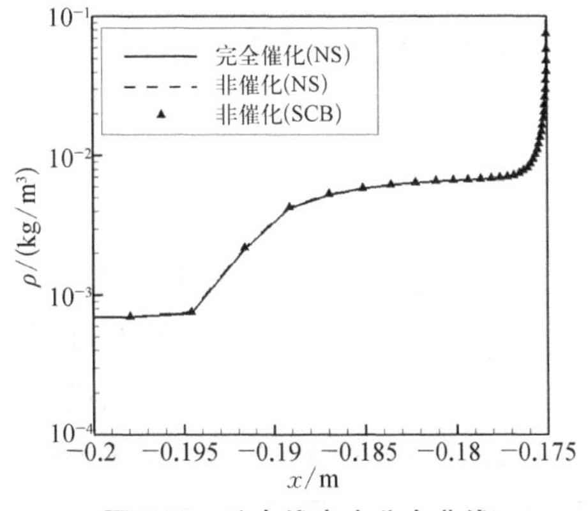

图 5.28　驻点线密度分布曲线

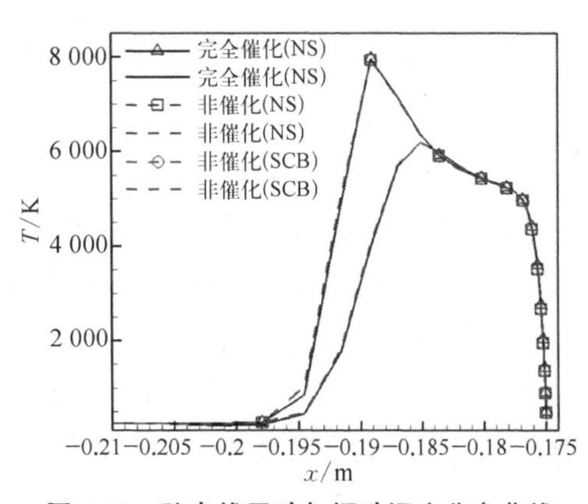

图 5.29　驻点线平动与振动温度分布曲线

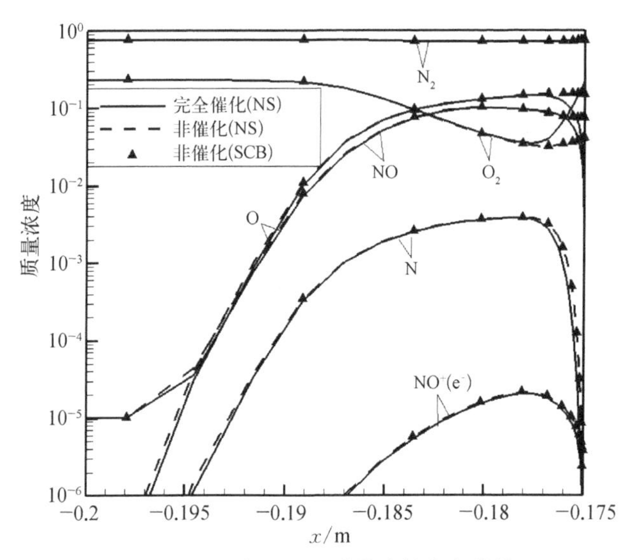

图 5.30　驻点线组元质量分数分布曲线

驻点线流动特征参数清晰地展现了头部弓形激波位置及激波内平动-振动热力学非平衡现象，其中完全催化壁面与完全非催化物面密度与温度分布曲线基本一致，但由于完全催化壁面模型在物面上的复合反应，物面附近组元质量分数存在明显差异。在完全催化壁面模型下物面氧原子、氮原子、一氧化氮离子与电子迅速复合达到当地壁温下平衡状态组元分布，而完全非催化壁保持了物面组元质量分数梯度为 0 的特点。此外由于氧分子活化能较氮分子低，因此在头部高温区氧分子离解程度明显更大，而氮分子离解较弱。比较两组计算方法可以看出，完全非催化壁面 SCB 方程获得了与 NS 方程基本一致的驻点线分布。

综上所述，空间流场与物面特性参数计算结果均验证了三维 SCB 方程适用于高超声速连续流热化学非平衡流特点。

5.4.3　三维高超声速钝锥绕流

20 世纪 60 年代，三组试验探测器分别开展了再入临近空间高超声速飞行试验并获得了十分宝贵的飞行试验数据[7, 44, 45]，该试验被命名为 RAM-C，其中 RAM-C-II 试验重点测量了钝锥表面以及附近电子数密度分布[38]。本小节计算了三组飞行高度条件下 RAM-C 钝锥外形热化学非平衡绕流，RAM-C 钝锥球头半径 $r=0.152\,4$ m，半锥角 9°，全长 1.295 m。三组高度条件来流速度均为 7 650 km/s，对应马赫数与雷诺数见表 5.3。

表 5.3　不同高度来流马赫数与雷诺数

高度/km	马赫数	雷诺数
61	23.9	19 500
71	25.9	6 280
81	28.3	1 590

来流组元仅包含氮气与氧气，且质量分数分别为 79%与 21%，钝锥物面边界均采用文献中认为更符合飞行试验状态的完全非催化物面，壁温 $T_w = 1\,500$ K。

图 5.31～图 5.36 首先给出了三组高度头部驻点线组元摩尔分数分布与平动和振动温度分布曲线，除高度为 61 km 时由于来流属于典型连续流范畴仅给出 NS 方程计算结果外，高度为 71 km 与 81 km 均同时给出了 NS 方程与 SCB 方程进行对比。

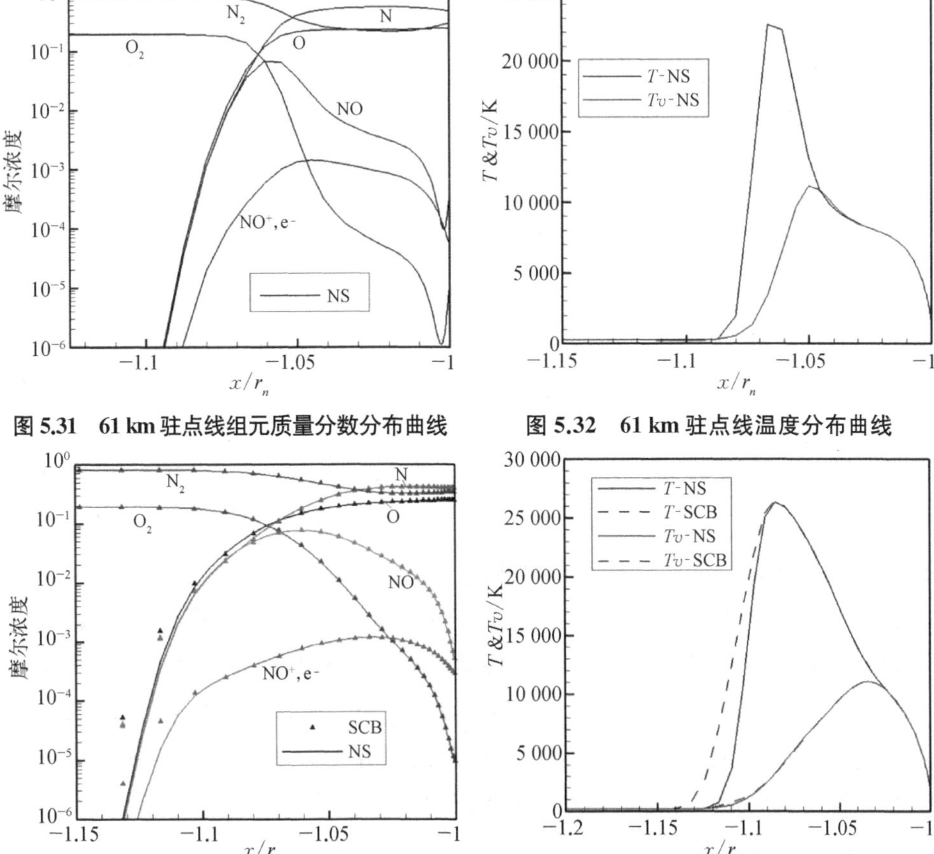

图 5.31　61 km 驻点线组元质量分数分布曲线

图 5.32　61 km 驻点线温度分布曲线

图 5.33　71 km 驻点线组元质量分数分布曲线

图 5.34　71 km 驻点线平动与振动温度分布曲线

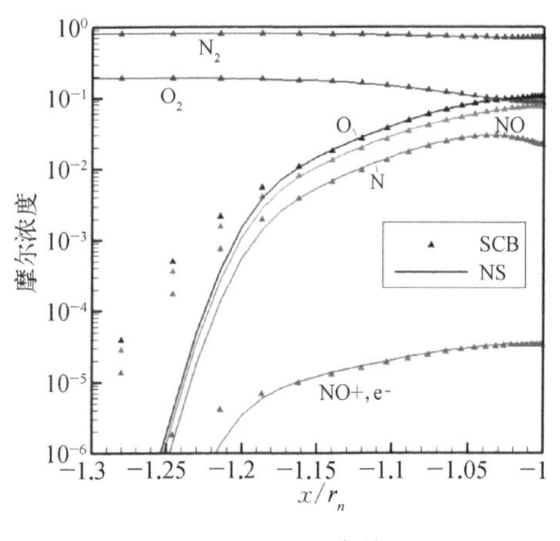

图 5.35　81 km 驻点线组元质量分数分布曲线

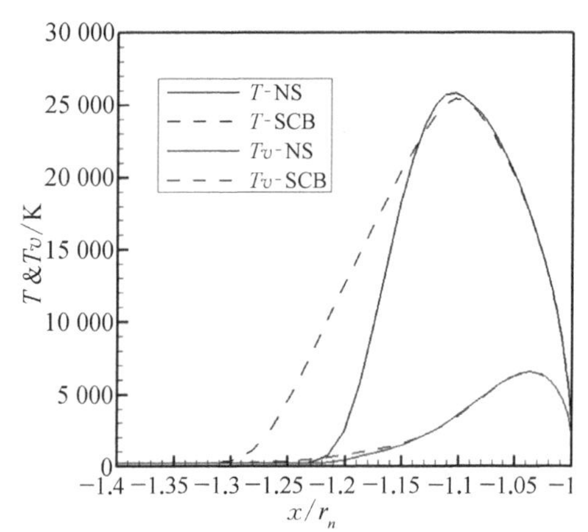

图 5.36　81 km 驻点线平动与振动温度分布曲线

由图 5.31～图 5.36 所示驻点线组元摩尔分数分布与温度分布表明，激波后高温区域出现明显的分子离解与电离反应，而物面附近边界层内由于温度急剧下降至壁温，因此化学反应向复合方向移动使得原子摩尔分数下降，分子摩尔分数上升。平动温度与振动温度在波后存在显著差异，表明该区域存在十分明显的平动-振动非平衡现象。三组高度虽然曲线定性趋势一致，但随飞行高度升高，相同位置原子与离子组元摩尔分数下降，表明由于平均分子自由程增大导致分子离解与电离程度明显减弱，化学反应趋于冻结，这与有关文献给出的结论相吻合。然而平动-振动非平衡效应随飞行高度升高显著增强，表明随飞行高度升高来流稀薄程度增加，稀薄气体效应对化学反应非平衡与热力学非平衡影响存在差异。

对比飞行高度 71 km 与 81 km 条件下 NS 方程与 SCB 方程计算结果，高阶本构关系对摩尔分数较大的氧分子与氮分子影响基本可以忽略，但小量摩尔分数差异较为显著。同时 SCB 方程激波厚度明显大于 NS 方程，且随高度升高差异愈发显著。温度分布曲线中两种方法得到的振动能温度结果基本一致，这与高阶 Burnett 方程本构关系二阶项与振动能温度无关的假设密切相关。两种方法平动能温度差异较大，SCB 方程得到的激波平动能温度抬升位置(压缩波起始位置)较 NS 方程更远离物面，且随高度升高差异增大明显。在 81 km 条件下 SCB 方程得到的最大平动温度小于 NS 方程。

为研究物面压力与热流分布，图 5.37～图 5.40 给出了两组高度条件下不同计算方法得到的沿物面压力与热流分布曲线。

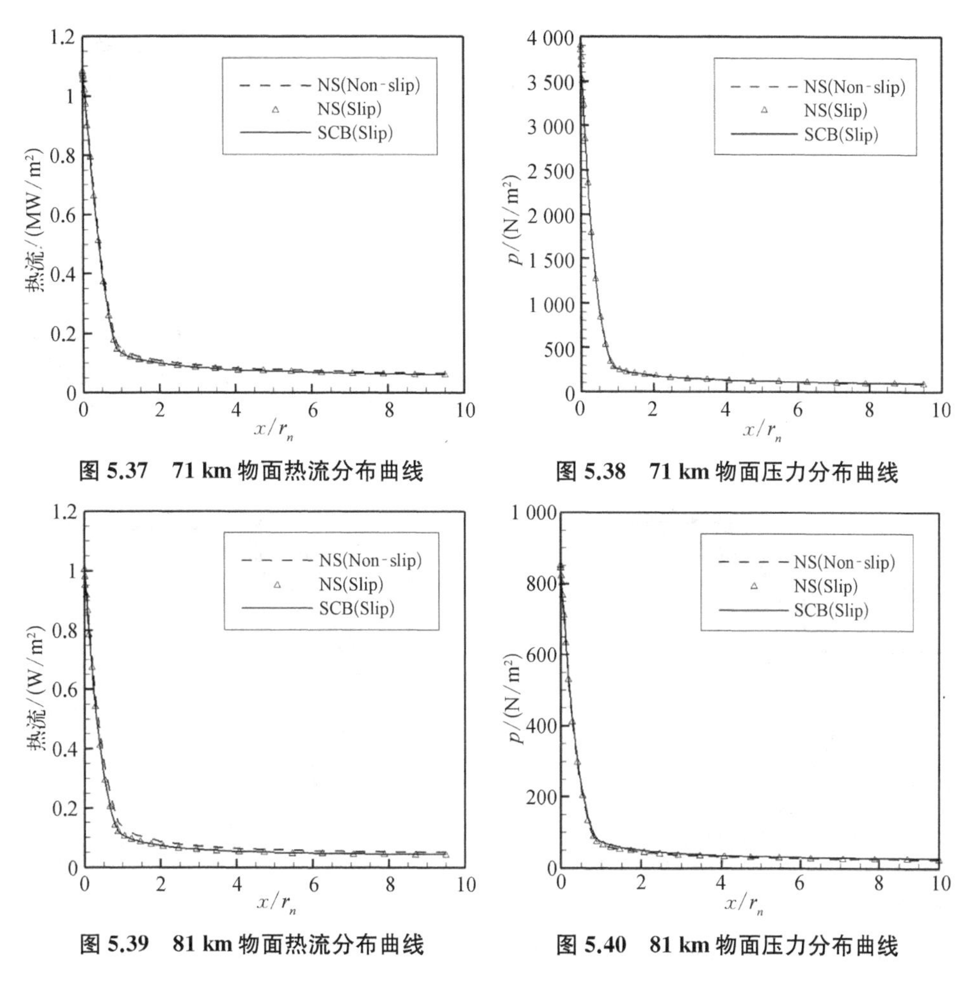

图 5.37　71 km 物面热流分布曲线

图 5.38　71 km 物面压力分布曲线

图 5.39　81 km 物面热流分布曲线

图 5.40　81 km 物面压力分布曲线

在本书考虑的高度范围内,考虑滑移边界条件 SCB 方程计算得到的钝锥表面压力与热流分布与 NS 方程均无明显差异。SCB 方程与 NS 方程空间马赫数云图与压力云图对比如图 5.41～图 5.48 所示。

图 5.41～图 5.48 直观表明随着飞行高度升高,SCB 方程获得了较 NS 方程更厚的激波,稀薄特征得到加强。结合飞行试验数据,图 5.49～图 5.51 将三组高度下不同计算方法得到的物面电子数密度分布与飞行试验进行了对比。由于物面电子摩尔分数属于极小量,因此热化学反应物理模型的选择对计算结果影响较大,本书所发展的 SCB 方程与 NS 方程均获得了与飞行试验趋势与量级较为一致的计算结果,尤其在驻点附近电子数密度较高区域,与实验计算结果基本一致。对比两组方程计算结果,不同高度下 SCB 方程在钝锥后部表面电子数密度均低于 NS 方程结果,且随着高度升高两组方法之间的差异逐渐增大。由于

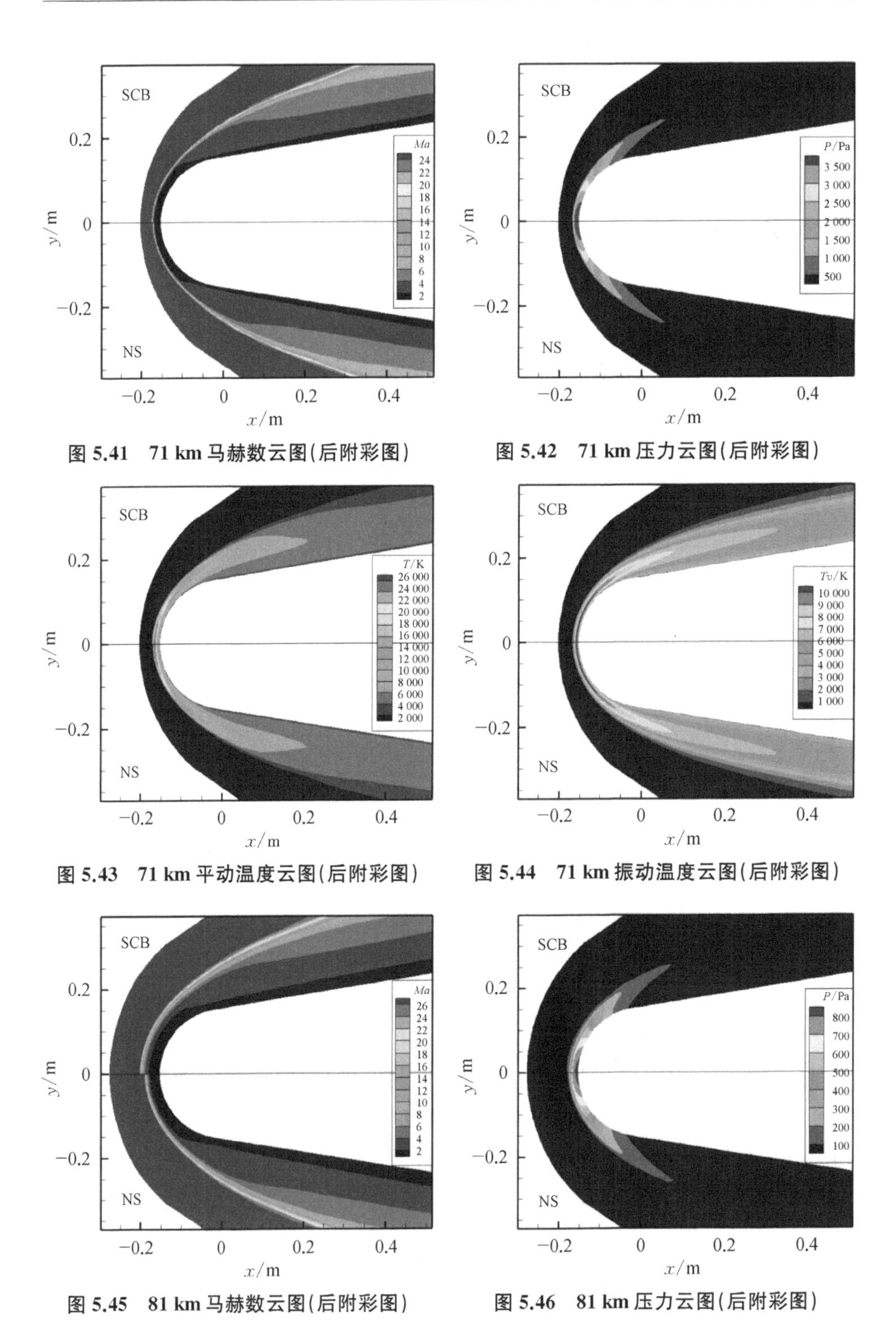

图 5.41　71 km 马赫数云图(后附彩图)

图 5.42　71 km 压力云图(后附彩图)

图 5.43　71 km 平动温度云图(后附彩图)

图 5.44　71 km 振动温度云图(后附彩图)

图 5.45　81 km 马赫数云图(后附彩图)

图 5.46　81 km 压力云图(后附彩图)

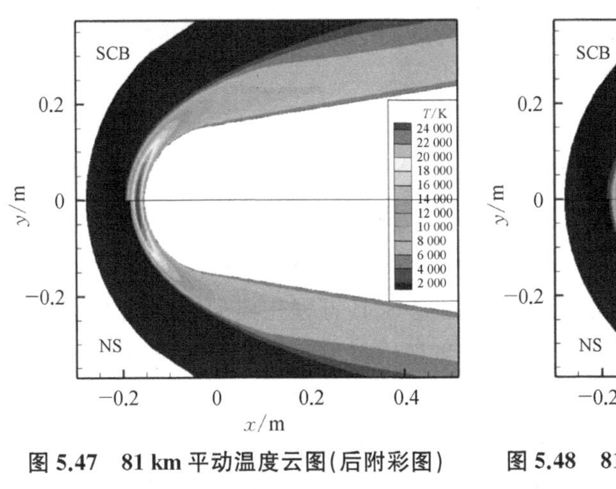

图 5.47　81 km 平动温度云图(后附彩图)

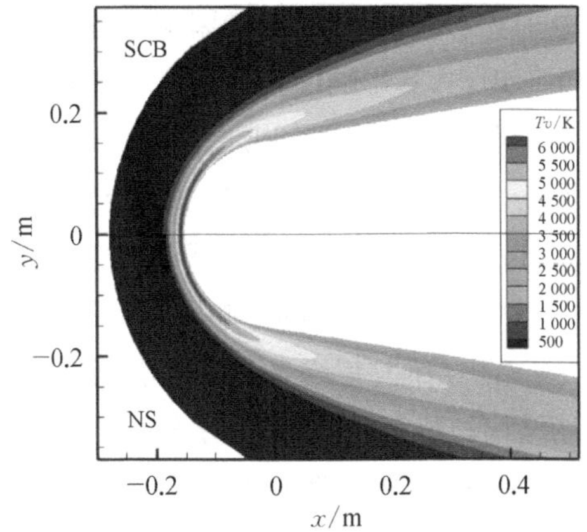

图 5.48　81 km 振动温度云图(后附彩图)

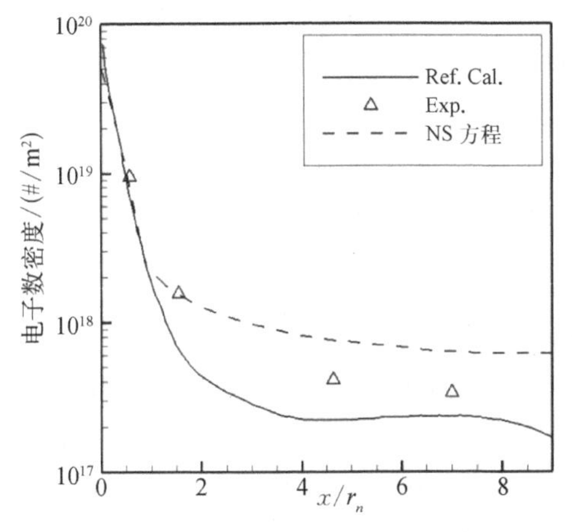

图 5.49　61 km 物面电子数密度分布曲线

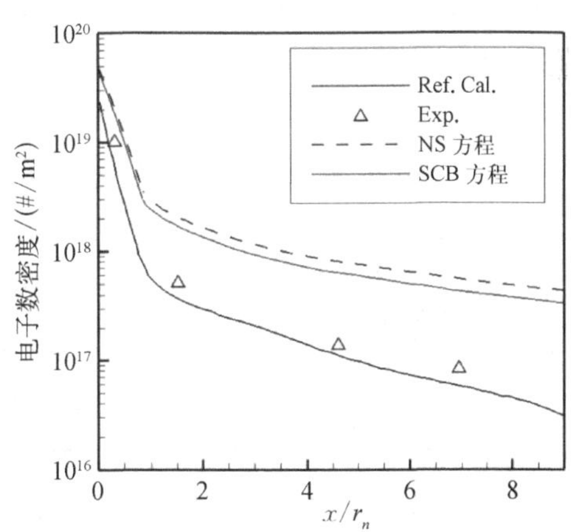

图 5.50　71 km 物面电子数密度分布曲线

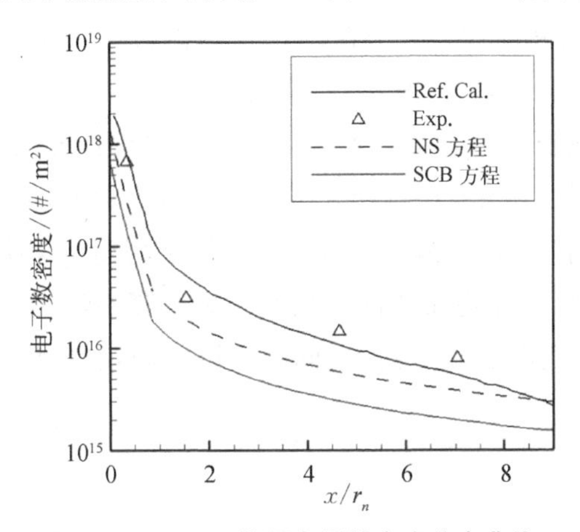

图 5.51　81 km 物面电子数密度分布曲线

电子数密度量级小、影响因素十分复杂的特点，SCB 方程结果与实验值对比验证并不理想，其影响因素有待进一步研究。

本章首次建立了考虑高温气体效应的三维简化常规 Burnett 方程数值计算方法，对连续流、滑移流和过渡流条件（$Kn<1$）下典型高焓流动进行了验证与计算，讨论了平动-振动能非平衡效应、高阶本构关系对高超声速绕流流场、组元分布及物面特性参数的影响。主要结论如下。

① 二维与三维条件下考虑高温气体效应 SCB 方程在典型连续流条件下流场结构与物面特性参数分布与 NS 方程和高焓风洞试验结果高度一致，表明 SCB 方程在热化学非平衡条件下也能够覆盖连续流计算范围。

② 稀薄条件下 SCB 方程马赫数、压力及平动-转动温度分布云图与 NS 方程存在显著差异，且随着来流稀薄程度增大差异愈发显著，SCB 方程模拟结果更能够表现稀薄流动的典型特征。两组方程振动能温度空间分布的差异与平动能温度相比更小，表明高阶本构关系对振动能非平衡影响有限。

③ 在滑移与过渡流条件下，求解 SCB 方程计算二维圆柱绕流预测得到的物面压力、热流与摩阻均大于 NS 方程计算结果，且随来流努森数增大两组方程间差异迅速增大，并由膨胀区逐渐扩展至整个物面。在努森数为 0.25 的过渡流条件下，二维圆柱 SCB 方程驻点压力与热流比 NS 方程分别偏大 10%和 17%左右。

④ 当努森数逐渐增大至过渡流条件，虽然化学反应由于分子平均自由程增大逐渐趋于冻结，氧分子与氮分子离解程度有限，但 SCB 方程计算得到的流场组元分布与 NS 方程差异开始显现，不仅组元分子开始离解电离的起始位置（头部压缩波起始位置）随激波厚度增大更远离物面，在物面附近努森层内原子组元的质量分数较 NS 方程更大。在努森数为 0.25 的过渡流条件下，二维圆柱 SCB 方程驻点电子数密度比 NS 方程大 2 个量级左右。

综上所述，虽然目前考虑振动能非平衡 SCB 方程计算结果在稀薄与过渡流条件下并未与 DSMC 方法或试验结果进行直接对比验证，但从与考虑高温气体效应 NS 方程对比结果来看，滑移与过渡流条件下高超声速绕流问题中 Burnett 方程二阶项对流场结果和物面特性参数的影响不容小觑，计算中稀薄气体效应连续性假设失效与高温气体效应需要同时予以考虑，以保证气动特性与流场的精确模拟与预测。

参考文献

[1] Ivanov M S, Gimelshein S F. Current status and prospects of the DSMC modeling of

near-continuum flows of non-reacting and reacting gases[C]. Whistler, British Columia, Canada: American Institute of Physics, 2003.

[2] Park C. Nonequilibrium hypersonic aerothermodynamics [M]. New York: Wiley, 1989: 372.

[3] Blanchard R C, Wilmoth R G, Lebeau G J. Rarefied-flow transition regime orbiter aerodynamic acceleration flight measurements[J]. Journal of Spacecraft and Rockets, 1997, 34(1): 8-15.

[4] Arnold J O, Whiting E E. Nonequilibrium effects on shock-layer radiometry during earth entry[J]. Journal of Quantitative Spectroscopy & Radiative Transfer, 1973, 13(9): 861.

[5] Erdman P W, Zipf E C, Espy P, et al. Measurements of ultraviolet-radiation from a 5-km/s bow shock[J]. Journal of Thermophysics and Heat Transfer, 1994, 8(3): 441-446.

[6] Seiff A, Reese D E, Sommer S C, et al. PAET, an entry probe experiment in the Earth's atmosphere[J]. Icarus, 1973, 18(4): 525-563.

[7] Jones W L, Cross A E. Electrostatic-probe measurements of plasma parameters for two reentry flight experiments at 25,000 feet per second[R]. Hampton, VA, United States: NASA Technical Report, 1972.

[8] Park C. Validation of CFD codes for real-gas regime[C]. Atlanta, GA, U.S.A.: AIAA-1997-2530, 1997.

[9] Bisceglia S, Ranuzzi G. Real gas effects on a planetary re-entry capsule[C]. Capua, Italy: AIAA-2005-3385, 2005.

[10] Hassan B, Candler G V, Olynick D R. The effect of thermo-chemical nonequilibrium on the aerodynamics of aerobraking vehicles[C]. Nashville, TN, U.S.A.: AIAA-1992-2877, 1992.

[11] Pezzella G, Votta R. Finite rate chemistry effects on the high altitude aerodynamics of an Apollo-shaped reentry capsule[C]. Bremen, Germany: AIAA-2009-7306, 2009.

[12] Gnoffo P A. Computational aerothermodynamics in aeroassist applications[J]. Journal of Spacecraft and Rockets, 2003, 40(3): 305-312.

[13] Gnoffo P A, Cheatwood F M. User's manual for the Langley aerothermodynamic upwind relaxation algorithm (LAURA) [R]. Hampton, VA United States: NASA Technical Report, 1996.

[14] Litton D K, Edwards J R, White J A. Algorithmic enhancements to the VULCAN Navier-Stokes solver[C]. Orlando, FL, U.S.A.: AIAA-2003-3979, 2003.

[15] Gnoffo P A, White J A. Computational aerothermodynamic simulation issues on unstructured grids[C]. Portland, Oregon, U.S.A.: AIAA-2004-2371, 2004.

[16] Koura K. Statistical inelastic cross-section model for the Monte-Carlo simulation of molecules with discrete internal energy[J]. Physics of Fluids A-Fluid Dynamics, 1992, 4(8): 1782-1788.

[17] Haas B L, Boyd I D. Models for vibrationally-favored dissociation applicable to a particle

simulation[C]. Reno, NV, U.S.A.: AIAA-1991-774, 1991.

[18] Boyd I D. A threshold line dissociation model for the direct simulation Monte Carlo method[J]. Physics of Fluids, 1996, 8(5): 1293-1300.

[19] Boyd I D. Relaxation of discrete rotational energy-distributions using a Monte-Carlo method[J]. Physics of Fluids A-Fluid Dynamics, 1993, 5(9): 2278-2286.

[20] Bird G A. Simulation of multi-dimensional and chemically reacting flows[M]. Rarefied Gas Dynamics, Campargue R, Paris: Commissariat a Lenergie Atomique, 1979, 1: 365-388.

[21] Holman T D, Boyd I D. Effects of continuum breakdown on hypersonic aerothermodynamics for reacting flow[J]. Physics of Fluids, 2011, 23(0271012).

[22] Park C, Yoon S. Calculation of real-gas effects on airfoil aerodynamic characteristics[J]. Journal of Thermophysics and Heat Transfer, 1993, 7(4): 727-729.

[23] 陈松,孙泉华. 高超声速飞行流场中的最大氧离解度分析[J]. 力学学报,2014(01): 20-27.

[24] 卞荫贵,徐立功. 气动热力学[M]. 第二版. 合肥:中国科学技术大学出版社,2011: 333.

[25] Hansen C F, Heims S P. A review of the thermodynamic, transport, and chemical reaction rate properities of high-temperature air[R]. Moffett Field, CA, United States: NACA Technical Note, 1958.

[26] Chapman D R, Fiscko K, Lumpkin Iii F E. Fundamental problem in computing radiating flow fields with thick shock waves [J]. SPIE Proceedings on Sensing, Discrimination, and Signal Processing and Superconducting Materials and Instrumentation, 1988, 879: 106-112.

[27] Park C. Problems of rate chemistry in the flight regimes of aeroassisted orbital transfer vehicles[J]. Progress in Astronautics and Aeronautics, 1985(96): 511-537.

[28] Vincenti W G, Kruger C H. Introduction to physical gas dynamics[M]. New York: Wiley, 1965: 538.

[29] Millikan R C, White D R. Systematics of vibrational relaxation[J]. The Journal of Chemical Physics, 1963, 39: 3209.

[30] 欧阳水吾,谢中强. 高温非平衡空气绕流[M]. 北京:国防工业出版社,2001: 233.

[31] Dunn M G, Kang S W. Theoretical and experimental studies of reentry plasmas[R]. Washington, United States: NASA Technical Report, 1973.

[32] Park C, Jaffe R L, Partridge H. Chemical-kinetic parameters of hyperbolic earth entry [J]. Journal of Thermophysics and Heat Transfer, 2001, 15(1): 76-90.

[33] Bortner M H. Suggested standard chemical kinetics for flow field calculations-a consensus opinion[J]. AMRAC Proceedings, 1966, 14(Part 1): 569-581.

[34] Gupta R N, Yos J M, Thompson R A, et al. A review of reaction rates and thermodynamic and transport properties for an 11-species air model for chemical and thermal nonequilibrium calculations to 30,000 K[R]. Hampton, VA, United States: NASA Technical Report, 1990.

[35] Wilke C R. A viscosity equation for gas mixtures[J]. The Journal of Chemical Physics,

1950, 18: 517.

[36] Blottner F G, Johnson M, Ellis M. Chemically reacting viscous flow program for multi-component gas mixtures[R]. Albuquerque, N. Mex.: Sandia Labs. Rept, SC-RR-70-754, 1971.

[37] Wood W A, Thompson R A, Eberhardt S. Dual-code solution strategy for hypersonic flows[J]. Journal of Spacecraft and Rockets, 1996, 33(3): 449-451.

[38] Candler G V, Maccormack R W. The computation of hypersonic ionized flows in chemical and thermal nonequlibrium[C]. Reno, NV, U.S.A.: AIAA-1988-0511, 1988.

[39] 潘沙. 高超声速气动热数值模拟方法及大规模并行计算研究[D]. 长沙：国防科学技术大学，2010.

[40] 常雨. 超声速/高超声速等离子体流场数值模拟及其电磁特性研究[D]. 长沙：国防科学技术大学，2009.

[41] 柳军. 热化学非平衡流及其辐射现象的实验和数值计算研究[D]. 长沙：国防科学技术大学，2004.

[42] Hannemann K, Schramm J M, Karl S, et al. Cylinder shock layer density profiles measured in high enthalpy flows in HEG[C]. St. Louis, MO, U.S.A.: AIAA 2002-2913, 2002.

[43] Muylaert J, Walpot L, H User J, et al. Standard model testing in the European high enthalpy facility F4 and extrapolation to flight[C]. Nashville, TN, U.S.A.: AIAA-1992-3905, 1992.

[44] Akey N D, Cross A E. Radio blackout alleviation and plasma diagnostic results from a 25,000 foot per second blunt-body reentry[R]. Hampton, VA, United States: NASA Technical Report, 1970.

[45] Grantham W L. Flight results of a 25,000-foot-per-second reentry experiment using microwave reflectometers to measure plasma electron density and standoff distance[R]. Hampton, VA, United States: NASA Technical Report, 1970.

第六章

Grad 矩方法及正则化方法

由于矩方程一般形式中始终存在更高的下一阶矩及碰撞源项，方程组无法自我封闭。因此，Grad[1] 在 1949 年提出的在平衡态附近对速度分布函数 Hermite 多项式展开与 Chapman-Enskog 展开一样，获得了广泛关注与研究。本章重点介绍基于 Grad 方法的十三矩方程以及十三矩方程的正则化形式。

6.1 基于 Grad 方法的矩封闭理论

基于经典 Grad 矩方法理论，微观描述气体分子热运动状态量集合 $\psi_A(c_k)$ 与流场宏观量集合 u_A 存在如下关系：

$$u_A = \int \psi_A(c_k) f \mathrm{d}\boldsymbol{c} \tag{6.1}$$

以十三矩方程为例，其分子热运动状态量集合 $\psi_A^{(13)} = m\left\{1,\ c_i,\ \frac{1}{2}C^2,\ C_{\langle i}C_{j\rangle},\ \frac{1}{2}C^2 C_i\right\}$，对应的流场宏观量集合为：$u_A^{(13)} = m\{\rho,\ \rho v_i,\ \rho u,\ \sigma_{ij},\ q_i\}$，方程中具体考虑的矩数目可以拓展到无穷大，需要针对具体物理问题进行取舍。

将忽略外体力 Boltzmann 方程两侧同时乘 $\psi_A(c_k)$ 并在速度空间积分可以得到矩方程的一般表达形式为

$$\frac{\partial u_A}{\partial t} + \frac{\partial F_{Ak}}{\partial x_k} = P_A \tag{6.2}$$

其中，矩通量 F_{Ak} 及源项 P_A 分别表示为

$$F_{Ak}=\int\psi_A c_k f \mathrm{d}\boldsymbol{c},\quad P_A=\int\psi_A S\mathrm{d}\boldsymbol{c} \tag{6.3}$$

由于式(6.2)中的通量项及源项中始终存在比 u_A 更高阶的矩，因此矩方程一般形式表现出不封闭的特点。例如对于五矩 $u_A^{(5)}=m\{\rho,\ \rho v_i,\ \rho u\}$ 的守恒量输运方程组，其各方程源项 P_A 均等于零，但在矩通量 F_{Ak} 中存在应力张量 σ_{ij} 及热流项 q_i，需要提供额外的方程进行封闭。

Grad 为封闭矩方程一般形式式(6.2)，将速度分布函数在 Maxwellian 平衡态附近进行了 Hermite 多项式展开，其速度分布函数展开形式为

$$f_{\mathrm{Grad}}=\left(a+a_i\frac{\partial}{\partial C_i}+a_{ij}\frac{\partial^2}{\partial C_i\partial C_j}+a_{ijk}\frac{\partial^3}{\partial C_i\partial C_j\partial C_k}+\cdots\right)f_{\mathrm{M}} \tag{6.4}$$

其中，系数 a 可以通过式(6.1)对基本流场物理量求矩得到，因此 Grad 速度分布函数可以表示为流场宏观量 u_A 与脉动速度的函数 $f_{\mathrm{Grad}}=f_{\mathrm{Grad}}(u_A(\boldsymbol{x},\ \boldsymbol{t}),\ C_i)$，即 f_{Grad} 仅通过宏观物理量与时间和空间建立联系。考虑到 f_M 的具体求导形式，式(6.4)一般表示为

$$f_{\mathrm{Grad}}=f_{\mathrm{M}}\begin{bmatrix}a-\dfrac{1}{\theta}a_i C_i+\dfrac{1}{\theta}a_{ij}\left(\dfrac{1}{\theta}C_i C_j-\delta_{ij}\right)\\+\dfrac{1}{\theta^2}a_{ijk}\left(3C_{(i}\delta_{jk)}-\dfrac{1}{\theta}C_i C_j C_k\right)+\cdots\end{bmatrix} \tag{6.5}$$

将速度分布函数表达形式代入方程式(6.3)中，此时矩通量 F_{Ak} 及源项 P_A 仅为流场宏观量 u_A 的函数，整个矩方程系统得以封闭。

与 Chapman-Enskog 方程相比，Grad 矩方法的主要特点表现在以下三个方面：① Grad 方法考虑的矩个数至少为 13 个，多于 C-E 方法；② Grad 速度分布函数仅为流场宏观量 u_A 的函数，与 u_A 的梯度无关；③ Grad 速度分布的构造虽然与 Boltzmann 方程无关，然而对矩方程封闭起到了十分重要的作用。

对于 Grad 类型矩方程，另外一个十分重要且必须回答的问题就是矩的个数取多少能够真实地描述所研究的物理过程。但至今为止，矩的个数虽证明与物理问题非平衡或稀薄程度(例如努森数)直接相关，但其定量关系缺少直接理论表述。对这一问题的研究仍然停留在针对同一问题增加方程矩个数的试凑阶段，若矩的个数达到一定规模，所关心的流场特征物理量不再变化，表明该数量的矩能够表征这个流动现象，这显然不是一种高效的计算模式。现有文献研究结果初步表明：小努森数范围条件下矩的数量和方程组规模较小就能与 NSF

方程保持一致的解,但是矩的数量必须足够多才能准确描述大梯度、高频振荡及强激波这些大努森数区域,且往往随着矩方程规模逐渐扩大,其物理量收敛速度放缓。换句话说,如果希望对存在大努森数的流场进行准确、精细的物理描述并最终收敛于 Boltzmann 方程的解,其采用的矩数量可能会变得非常庞大,在这种情况下数值求解所消耗的计算资源与 DSMC 方法或离散速度方法求解 Boltzmann 方程基本相当,矩方法的优势丧失殆尽。因此,矩方法作为求解 Boltzmann 方程的一个重要分支,其最大特点就在于能够在有限计算资源条件下获得足够精度的计算结果,相比于超高阶矩方法,十三矩或二十六矩方程往往在努森数并不是特别大的前提下就能够满足计算精度的要求,因此这两种矩方程一直以来都是整个矩方法理论研究的重点。

基于任意矩的方程组构造在一维条件下并不是十分困难,Weiss[2]、Struchtrup[3]及 Au[4] 等均针对超高阶矩方程开展了相关研究,采用诸如 Mathematica 等数学商业软件能够迅速给出超高阶矩封闭形式及一维解,Torrilhon[5]对上述研究进行了总结。针对 Maxwell 气体分子,超高阶矩方程被广泛应用于一维声波传播[2]、大努森数条件热传导[3]、激波结构[4]及光散射[2]等经典物理问题研究中。例如所采用的一维矩方程数目最高达到 506 个,若在三维条件下可同时包含 15 180 个矩。这在二维与三维条件下,求解难度和计算规模是不可想象的。此外,目前超高阶矩方程源项均基于 Maxwell 分子或 BGK 模型进行计算。即使在量子气体研究中常见的辐射跃迁[6-9]、晶体声子输运[10]及半导体电子输运[11-13]等现象中采用的超高阶矩方法,其矩个数的选择仍然遵循上述研究规律。

由于封闭的 Grad 类型矩方程仅包含时空一阶导数项,对绝大部分矩方程而言可以认为方程组具有明显对称双曲型的特点。双曲型方程的最大特点在于方程系统的稳定性及产生间断激波解。这一双曲型的特点导致 Grad 类型矩方程不能在特定马赫数以上得到光滑的激波结构,例如十三矩方程能够模拟激波的最大来流马赫数仅为 1.65,且最大马赫数随着矩的数目增大变化十分有限[14]。这个已被广泛证明的数学特性问题极大地阻碍了矩方法的发展。此外,在脉动速度较大条件下,f_{Grad} 存在非正的可能,这在 $f_{\mathrm{C-E}}$ 中也存在类似缺陷,这与两种展开方法均为数学近似展开,不能完全保证物理合理性存在直接联系。即使在脉动速度较大条件下速度分布函数非正,由于 f_{M} 是 $-C^2$ 的指数函数,其最终得到的 f_{Grad} 或 $f_{\mathrm{C-E}}$ 也是绝对值极小的负值,对计算结果的影响可以忽略不计[15]。

6.2　Grad 十三矩方程

三大守恒方程：

$$\begin{aligned}
&\frac{\mathrm{D}\rho}{\mathrm{D}t}+\rho\frac{\partial v_k}{\partial x_k}=0\\
&\rho\frac{\mathrm{D}v_i}{\mathrm{D}t}+\theta\frac{\partial\rho}{\partial x_i}+\rho\frac{\partial\theta}{\partial x_i}+\frac{\partial\sigma_{ik}}{\partial x_k}=\rho G_i\\
&\frac{3}{2}\rho\frac{\mathrm{D}\theta}{\mathrm{D}t}+\rho\theta\frac{\partial v_k}{\partial x_k}+\frac{\partial q_k}{\partial x_k}+\sigma_{kl}\frac{\partial v_k}{\partial x_l}=0
\end{aligned}\tag{6.6}$$

非守恒量输运方程：

$$\begin{aligned}
&\frac{\mathrm{D}\sigma_{ij}}{\mathrm{D}t}+\frac{\partial u^0_{ijk}}{\partial x_k}+\frac{4}{5}\frac{\partial q_{\langle i}}{\partial x_{j\rangle}}+2\sigma_{k\langle i}\frac{\partial v_{j\rangle}}{\partial x_k}+\sigma_{ij}\frac{\partial v_k}{\partial x_k}+2\rho\theta\frac{\partial v_{\langle i}}{\partial x_{j\rangle}}=P^0_{ij}\\
&\frac{\mathrm{D}q_i}{\mathrm{D}t}+\frac{5}{2}\rho\theta\frac{\partial\theta}{\partial x_i}-\sigma_{ik}\frac{\partial\theta}{\partial x_k}-\sigma_{ik}\theta\frac{\partial\ln\rho}{\partial x_k}-\frac{\sigma_{ik}}{\rho}\frac{\partial\sigma_{kl}}{\partial x_l}-\frac{5}{2}\theta\frac{\partial\sigma_{ik}}{\partial x_k}+\frac{1}{2}\frac{\partial u^1_{ik}}{\partial x_k}\\
&\quad+\frac{1}{6}\frac{\partial\omega^2}{\partial x_i}+u^0_{ikl}\frac{\partial v_k}{\partial x_l}+\frac{7}{5}q_i\frac{\partial v_k}{\partial x_k}+\frac{7}{5}q_k\frac{\partial v_i}{\partial x_k}+\frac{2}{5}q_k\frac{\partial v_k}{\partial x_i}=\frac{1}{2}P^1_i
\end{aligned}\tag{6.7}$$

其中，u^0_{ijk}、u^1_{ik} 及 ω^2 这些高阶矩具体表达式为

$$\begin{aligned}
u^0_{ijk}&=m\int C_{\langle i}C_j C_{k\rangle}f\,\mathrm{d}\boldsymbol{c}\\
u^1_{ik}&=m\int C^2C_{\langle i}C_{j\rangle}f\,\mathrm{d}\boldsymbol{c}\\
\omega^2&=m\int C^4(f-f_M)\,\mathrm{d}\boldsymbol{c}
\end{aligned}\tag{6.8}$$

由于十三矩方程基于的流场宏观量仅包括 $u^{(13)}_A=\int\psi^{(13)}_A f\,\mathrm{d}\boldsymbol{c}=m\{\rho,\ \rho v_i,\ \rho u,\ \sigma_{ij},\ q_i\}$，而式(6.7)中由于包含高阶矩，该方程组不封闭。将 Grad 十三矩分布函数 $f_{\mathrm{Grad}}=f_{\mathrm{Grad}}(u_A(\boldsymbol{x},\boldsymbol{t}),\ C_i)$ 代入式(6.8)进行积分求矩，则高阶矩能够采用流场宏观量 u_A 进行表述。

$$f_{13}=f_M(\lambda^0+\lambda^0_i C_i+\lambda^1C^2+\lambda^0_{\langle ij\rangle}C_{\langle i}C_{j\rangle}+\lambda^1_i C^2C_i)\tag{6.9}$$

其中，系数 $\lambda^{a}_{\langle i_1,\cdots,i_n\rangle}$ 通过式(6.10)确定。

$$\rho=m\int f_{13}\mathrm{d}\boldsymbol{c},\quad \rho v_i=m\int c_i f_{13}\mathrm{d}\boldsymbol{c},\quad \frac{3}{2}\rho\theta=\frac{m}{2}\int C^2 f_{13}\mathrm{d}\boldsymbol{c}$$
$$\sigma_{ij}=m\int C_{\langle i}C_{j\rangle}f_{13}\mathrm{d}\boldsymbol{c},\quad q_i=\frac{m}{2}\int C^2C_i f_{13}\mathrm{d}\boldsymbol{c} \tag{6.10}$$

最终 Grad 十三矩方程速度分布函数表示为

$$f_{13}=f_{\mathrm{M}}\left[1+\frac{\sigma_{ik}}{2p}\frac{C_{\langle i}C_{k\rangle}}{\theta}+\frac{2}{5}\frac{q_k}{p\theta}C_k\left(\frac{C^2}{2\theta}-\frac{5}{2}\right)\right] \tag{6.11}$$

将式(6.11)代入式(6.8)可以得到 Grad 十三矩方程本构关系为

$$u^0_{ijk}\big|_{13}=0,\quad u^1_{ik}\big|_{13}=7\theta\sigma_{ik},\quad \omega^2\big|_{13}=0 \tag{6.12}$$

对于源项，若假设气体为 Maxwell 分子，则式(6.7)中源项 P^0_{ij} 与 P^1_i 与速度分布函数具体表达形式无关，可统一表示为：$P^0_{ij}=-\dfrac{p}{\mu}\sigma_{ij}$，$\dfrac{1}{2}P^1_i=-\dfrac{2}{3}\dfrac{p}{\mu}q_i$。因此最终 Maxwell 分子 Grad 十三矩方程最终封闭形式为

$$\begin{aligned}
&\frac{\mathrm{D}\rho}{\mathrm{D}t}+\rho\frac{\partial v_k}{\partial x_k}=0\\
&\rho\frac{\mathrm{D}v_i}{\mathrm{D}t}+\theta\frac{\partial\rho}{\partial x_i}+\rho\frac{\partial\theta}{\partial x_i}+\frac{\partial\sigma_{ik}}{\partial x_k}=\rho G_i\\
&\frac{3}{2}\rho\frac{\mathrm{D}\theta}{\mathrm{D}t}+\rho\theta\frac{\partial v_k}{\partial x_k}+\frac{\partial q_k}{\partial x_k}+\sigma_{kl}\frac{\partial v_k}{\partial x_l}=0\\
&\frac{\mathrm{D}\sigma_{ij}}{\mathrm{D}t}+\frac{4}{5}\frac{\partial q_{\langle i}}{\partial x_{j\rangle}}+2\sigma_{k\langle i}\frac{\partial v_{j\rangle}}{\partial x_k}+\sigma_{ij}\frac{\partial v_k}{\partial x_k}+2\rho\theta\frac{\partial v_{\langle i}}{\partial x_{j\rangle}}=-\frac{p}{\mu}\sigma_{ij}\\
&\frac{\mathrm{D}q_i}{\mathrm{D}t}+\frac{5}{2}\rho\theta\frac{\partial\theta}{\partial x_i}+\frac{5}{2}\sigma_{ik}\frac{\partial\theta}{\partial x_k}-\sigma_{ik}\theta\frac{\partial\ln\rho}{\partial x_k}-\frac{\sigma_{ik}}{\rho}\frac{\partial\sigma_{kl}}{\partial x_l}\\
&\qquad+\theta\frac{\partial\sigma_{ik}}{\partial x_k}+\frac{7}{5}q_i\frac{\partial v_k}{\partial x_k}+\frac{7}{5}q_k\frac{\partial v_i}{\partial x_k}+\frac{2}{5}q_k\frac{\partial v_k}{\partial x_i}=-\frac{2}{3}\frac{p}{\mu}q_i
\end{aligned} \tag{6.13}$$

对比 Maxwell 分子或 ES-BGK 模型的一阶 C-E 展开形式式(6.14)与式(6.11)可以发现，Grad 十三矩方程速度分布函数与一阶 C-E 展开速度分布函数形式完全一致，唯一的区别在于在 $f_{\text{C-E}}$ 中仅包含应力张量与热流项的一阶值，

且在 NS 方程中应力张量与热流并不作为独立的变量进行求解。但在 f_{13} 中 σ_{ij} 与 q_k 本所就是作为流场宏观量集合 u_A 的部分独立存在。

$$f_{\text{C-E}}=f_{\text{M}}\left[1+\frac{\sigma_{ik}^{(1)}}{2p}\frac{C_{\langle i}C_{\rangle k}}{\theta}+\frac{2}{5}\frac{q_k^{(1)}}{p\theta}C_k\left(\frac{C^2}{2\theta}-\frac{5}{2}\right)\right] \tag{6.14}$$

两个分布函数的相似之处暗示了 Grad 十三矩方程在 C-E 限制下或许能够回归到 NSF 方程，同时应力与热流的输运方程似乎比 NS 方程包含了更多 Boltzmann 方程的特征信息。下一节中将采用 C-E 方法基于 Grad 矩方程还原出 NSF 与 Burnett 方程。

6.3　Grad 方程 Chapman-Enskog 展开

上一节讨论了 Grad 矩方法与 Chapman-Enskog 展开方法的差异与特点，其目标方程均瞄准 Boltzmann 方程。在这一节中，将着重介绍如何对 Grad 类型矩方程进行 Chapman-Enskog 展开。

既然 Grad 矩方程在矩的数量趋于无穷大时能够收敛于 Boltzmann 方程，那么同样可以采用 C-E 展开方法对封闭的 Grad 矩方程进行分析。

由于式(6.13)为有量纲方程，若希望对矩方程进行 C-E 展开，首先需要在方程右端引入小量 ε 作为换算因子代替无量纲方程中右端项的努森数。

$$\begin{aligned}
&\frac{\mathrm{D}\sigma_{ij}}{\mathrm{D}t}+\frac{4}{5}\frac{\partial q_{\langle i}}{\partial x_{j\rangle}}+2\sigma_{k\langle i}\frac{\partial v_{j\rangle}}{\partial x_k}+\sigma_{ij}\frac{\partial v_k}{\partial x_k}+2\rho\theta\frac{\partial v_{\langle i}}{\partial x_{j\rangle}}=-\frac{1}{\varepsilon}\frac{p}{\mu}\sigma_{ij}\\
&\frac{\mathrm{D}q_i}{\mathrm{D}t}+\frac{5}{2}\rho\theta\frac{\partial\theta}{\partial x_i}+\frac{5}{2}\sigma_{ik}\frac{\partial\theta}{\partial x_k}-\sigma_{ik}\theta\frac{\partial\ln\rho}{\partial x_k}-\frac{\sigma_{ik}}{\rho}\frac{\partial\sigma_{kl}}{\partial x_l}+\theta\frac{\partial\sigma_{ik}}{\partial x_k}\\
&\qquad+\frac{7}{5}q_i\frac{\partial v_k}{\partial x_k}+\frac{7}{5}q_k\frac{\partial v_i}{\partial x_k}+\frac{2}{5}q_k\frac{\partial v_k}{\partial x_i}=-\frac{1}{\varepsilon}\frac{2}{3}\frac{p}{\mu}q_i
\end{aligned} \tag{6.15}$$

并将速度分布函数写成幂级数展开形式，得

$$f_{13}\big|_{\text{C-E}}=f^{(0)}+\varepsilon f^{(1)}+\varepsilon^2 f^{(2)}+\varepsilon^3 f^{(3)}+\cdots \tag{6.16}$$

则对应 $f^{(0)}=f_{\text{M}}$ 且应力张量与热力同样可以表示成级数形式，有

$$\sigma_{ij}=\varepsilon\sigma_{ij}^{(1)}+\varepsilon^2\sigma_{ij}^{(2)},\quad q_i=\varepsilon q_i^{(1)}+\varepsilon^2 q_i^{(2)} \tag{6.17}$$

将式(6.17)代入式(6.15),并将等式两侧相同 ε 量级的项取出,便可以得到一阶与二阶应力张量与热流项的表达式为

$$
\begin{aligned}
&\sigma_{ij}^{(1)}=-2\mu\frac{\partial v_{\langle i}}{\partial x_{j\rangle}},\quad q_i^{(1)}=-\frac{15}{4}\mu\frac{\partial\theta}{\partial x_i}\\
&\sigma_{ij}^{(2)}=-\frac{\mu}{p}\left[\frac{\mathrm{D}_0\sigma_{ij}^{(1)}}{\mathrm{D}t}+\frac{4}{5}\frac{\partial q_{\langle i}^{(1)}}{\partial x_{j\rangle}}+2\sigma_{k\langle i}^{(1)}\frac{\partial v_{j\rangle}}{\partial x_k}+\sigma_{ij}^{(1)}\frac{\partial v_k}{\partial x_k}\right]\\
&q_i^{(2)}=-\frac{3}{2}\frac{\mu}{p}\left[\begin{aligned}&\frac{\mathrm{D}_0q_i^{(1)}}{\mathrm{D}t}+\frac{5}{2}\sigma_{ik}^{(1)}\frac{\partial\theta}{\partial x_k}-\sigma_{ik}^{(1)}\theta\frac{\partial\ln\rho}{\partial x_k}+\theta\frac{\partial\sigma_{ik}^{(1)}}{\partial x_k}\\&+\frac{7}{5}q_i^{(1)}\frac{\partial v_k}{\partial x_k}+\frac{7}{5}q_k^{(1)}\frac{\partial v_i}{\partial x_k}+\frac{2}{5}q_k^{(1)}\frac{\partial v_k}{\partial x_i}\end{aligned}\right]
\end{aligned}\tag{6.18}
$$

将一阶近似应力张量与热流项代入得到时间导数项为

$$
\begin{aligned}
&\frac{\mathrm{D}_0\theta}{\mathrm{D}t}=-\frac{2}{3}\theta\frac{\partial v_k}{\partial x_k}\\
&\frac{\mathrm{D}_0}{\mathrm{D}t}\frac{\partial\theta}{\partial x_i}=-\frac{2}{3}\theta\frac{\partial^2 v_k}{\partial x_i\partial x_k}-\frac{2}{3}\frac{\partial v_k}{\partial x_k}\frac{\partial\theta}{\partial x_i}-\frac{\partial\theta}{\partial x_k}\frac{\partial v_k}{\partial x_i}\\
&\frac{\mathrm{D}_0}{\mathrm{D}t}\frac{\partial v_{\langle i}}{\partial x_{j\rangle}}=\frac{\partial}{\partial x_{\langle i}}\left(-\frac{1}{\rho}\frac{\partial p}{\partial x_{j\rangle}}\right)-\frac{\partial v_{\langle i}}{\partial x_r}\frac{\partial v_r}{\partial x_{j\rangle}}
\end{aligned}\tag{6.19}
$$

及黏性系数统一形式 $\mu=\mu_0(\theta/\theta_0)^{\omega}$ 得到最终形式为

$$
\begin{aligned}
&\sigma_{ij}^{(2)}=-\frac{\mu^2}{p}\left[\begin{aligned}&\tilde{\omega}_1\frac{\partial v_k}{\partial x_k}S_{ij}-\tilde{\omega}_2\left(\frac{\partial}{\partial x_{\langle i}}\left(\frac{1}{\rho}\frac{\partial p}{\partial x_{j\rangle}}\right)+\frac{\partial v_k}{\partial x_{\langle i}}\frac{\partial v_{j\rangle}}{\partial x_k}+2\frac{\partial v_k}{\partial x_{\langle i}}S_{j\rangle k}\right)\\&+\tilde{\omega}_3\frac{\partial^2\theta}{\partial x_{\langle i}\partial x_{j\rangle}}+\tilde{\omega}_4\frac{\partial\theta}{\partial x_{\langle i}}\frac{\partial\ln p}{\partial x_{j\rangle}}+\tilde{\omega}_5\frac{1}{\theta}\frac{\partial\theta}{\partial x_{\langle i}}\frac{\partial\theta}{\partial x_{j\rangle}}+\tilde{\omega}_6S_{k\langle i}S_{j\rangle k}\end{aligned}\right]\\
&q_i^{(2)}=\frac{\mu^2}{\rho}\left[\begin{aligned}&\theta_1\frac{\partial v_k}{\partial x_k}\frac{\partial\ln\theta}{\partial x_i}-\theta_2\left(\frac{2}{3}\frac{\partial^2 v_k}{\partial x_k\partial x_i}+\frac{2}{3}\frac{\partial v_k}{\partial x_k}\frac{\partial\ln\theta}{\partial x_i}+2\frac{\partial v_k}{\partial x_i}\frac{\partial\ln\theta}{\partial x_k}\right)\\&+\theta_3S_{ik}\frac{\partial\ln p}{\partial x_k}+\theta_4\frac{\partial S_{ik}}{\partial x_k}+3\theta_5S_{ik}\frac{\partial\ln\theta}{\partial x_k}\end{aligned}\right]
\end{aligned}\tag{6.20}
$$

其中,$\tilde{\omega}$ 与 θ 均为 Burnett 系数,这与之前得到的 Burnett 方程本构关系完全一致。若希望得到 Super-Burnett 方程,则需要采用更高阶封闭矩方法。

6.4 Grad方程正则化理论及R-13方程

由于Grad十三矩方程存在双曲型特点所导致的非物理间断制约了其应用与发展，Struchtrup和Torrihon[16, 17]提出了正则化的Grad十三矩方程，该方程克服了上述缺陷并在激波结构等一维问题上得到了初步验证。历史上R-13方程正则化思想首次出现在Grad[18]文献批注中，但他并非十分看好这种推导方式，因此未开展深入理论与应用研究。本节将着重阐述正则化理论的基本思想及R-13方程的推导过程。

假设气体从当地非平衡态向平衡态的过渡时间定义为平均弛豫时间τ，当地Maxwellian速度分布函数本质上是在速度分布函数上定义了一个参考点，由于方程碰撞源项的作用，气体速度分布函数总是向着当地Maxwellian平衡态移动，最终达到当地Maxwellian速度分布函数的时间即为τ，此时对应的描述宏观物理量的方程为欧拉方程，欧拉方程所对应的速度分布函数即为$f_{\mathrm{M}}(\boldsymbol{x}, t, \boldsymbol{c})$，只有在努森数趋于0的条件下，局部Maxwellian分布的假设才能得到保证，因此$Kn \to 0$也是欧拉方程的适用条件。对于NS方程而言，其对应速度分布函数为f_M基于努森数一阶近似展开，可以认为在努森数较小的条件下，该速度分布函数能够准确描述平衡态附近的流动。通过目前针对NS方程的应用来看，在绝大多数连续流和近连续流条件下已经能够保证计算准确性。Burnett与Super-Burnett方程正是沿用C-E展开的思路，希望能通过级数展开在平衡态附近构造适用范围更大的分布函数，然而方程稳定性遇到了一系列问题。Grad矩方程速度分布函数与Burnett方程类似，该分布函数适用范围严格限制在平衡态附近，且在一定条件下能回归当地平衡态Maxwellian分布函数。实际上，相比于f_{M}对应的当地平衡态假设，f_{13}与f_{Burnett}一样均没有明确物理意义，因此可以将f_{13}所对应的气体状态假设为中间态(Manifolds)[19]，非平衡气体首先经过一个快速弛豫时间τ_ε回归到这个中间态，然后再经过弛豫时间τ向当地平衡态趋近。由于C-E展开首先需要在矩方程右端引入小量，基于上述物理过程，Struchtrup对Grad十三矩方程中比应力张量与热流项更高阶矩方程引入换算因子，并借鉴NS方程一阶C-E展开思想对Grad十三矩方程进行了正则化。最终得到的R-13方程不具备双曲型特点，能够模拟全马赫数范围光滑的激波结构。然而，这种假设仅仅只是为了给正则Grad方程提供物理基础，其存在性与合理性尚无法证明。事实上，从高阶矩方程右端项系数可以看出，在包括应力热流及更高阶矩的集合内，矩松弛时间往往均与 $\tau=\mu/p$ 几乎同一量级，这与 R-13方程中高阶矩 ω^2、u_{ij}^1、u_{ijk}^0 更快的松弛特征时间 $\tau_\varepsilon=\ell\tau$ 假设存在矛盾，但在 Grad 十三矩方程中，这些高阶矩的松弛时间实际上均默认为 0，因为气体被严格限定在 f_{13} 所能描述的分布函数范围之内，因此 R-13 的小量假设从这个角度来看也是合理的。

在 Grad 十三矩封闭方程中，高阶矩 $\omega_{|13}^2$、$u_{ij|13}^1$ 及 $u_{ijk|13}^0$ 的封闭借助了 f_{Grad} 的介入，最终本构关系如式(6.12)所示。在推导 R-13 方程之前，首先给出高阶矩修正量 Δ, R_{ij} 与 m_{ijk} 的定义：

$$\begin{aligned}
&\Delta=\omega^2-\omega_{|13}^2=\omega^2\\
&R_{ij}=u_{ij}^1-u_{ij|13}^1=u_{ij}^1-7\theta\sigma_{ij}\\
&m_{ijk}=u_{ijk}^0-u_{ijk|13}^0=u_{ijk}^0
\end{aligned}\tag{6.21}$$

对于 Grad 十三矩方程而言，修正量 $\Delta=R_{ij}=m_{ijk}=0$，式(6.22)～式(6.24)通过高阶矩输运方程给出了 Maxwell 分子线性碰撞项的修正量输运方程：

$$\begin{aligned}
&\frac{\mathrm{D}\Delta}{\mathrm{D}t}-20\theta\frac{\partial q_k}{\partial x_k}+8\theta\sigma_{kl}\frac{\partial v_k}{\partial x_l}+4R_{kl}\frac{\partial v_k}{\partial x_l}-8q_k\frac{\partial\theta}{\partial x_k}-8q_k\theta\frac{\partial\ln\rho}{\partial x_k}\\
&\quad-8\frac{q_k}{\rho}\frac{\partial\sigma_{kl}}{\partial x_l}+\frac{\partial u_k^2}{\partial x_k}+\frac{7}{3}\Delta\frac{\partial v_k}{\partial x_k}=-\frac{2}{3}\frac{p}{\mu}\Delta
\end{aligned}\tag{6.22}$$

$$\begin{aligned}
&\frac{\mathrm{D}R_{ij}}{\mathrm{D}t}+\frac{2}{5}\frac{\partial u_{\langle i}^2}{\partial x_{j\rangle}}-\frac{28}{5}\theta\frac{\partial q_{\langle i}}{\partial x_{j\rangle}}-\frac{28}{5}q_{\langle i}\frac{\partial\theta}{\partial x_{j\rangle}}-\frac{28}{5}\theta q_{\langle i}\frac{\partial\ln\rho}{\partial x_{j\rangle}}-\frac{28}{5}\frac{q_{\langle i}}{\rho}\frac{\partial\sigma_{j\rangle k}}{\partial x_k}\\
&+4\theta\left[\sigma_{k\langle i}\frac{\partial v_k}{\partial x_{j\rangle}}+\sigma_{k\langle i}\frac{\partial v_{j\rangle}}{\partial x_k}-\frac{2}{3}\sigma_{ij}\frac{\partial v_k}{\partial x_k}\right]-\frac{14}{3}\frac{1}{\rho}\sigma_{ij}\frac{\partial q_k}{\partial x_k}-\frac{14}{3}\frac{\sigma_{ij}\sigma_{kl}}{\rho}\frac{\partial v_k}{\partial x_l}\\
&-7\theta\frac{\partial m_{ijk}}{\partial x_k}-2\frac{m_{ijk}}{\rho}\left(\frac{\partial\sigma_{kl}}{\partial x_l}+\frac{\partial\theta\rho}{\partial x_k}\right)+\frac{\partial u_{ijk}^1}{\partial x_k}+2u_{ijkl}^0\frac{\partial v_k}{\partial x_l}+\frac{6}{7}R_{\langle ij}\frac{\partial v_{k\rangle}}{\partial x_k}\\
&+\frac{4}{5}R_{k\langle i}\frac{\partial v_k}{\partial x_{j\rangle}}+2R_{k\langle i}\frac{\partial v_{j\rangle}}{\partial x_k}+R_{ij}\frac{\partial v_k}{\partial x_k}+\frac{14}{15}\Delta\frac{\partial v_{\langle i}}{\partial x_{j\rangle}}=-\frac{7}{6}\frac{p}{\mu}R_{ij}
\end{aligned}\tag{6.23}$$

$$\begin{aligned}
&\frac{\mathrm{D}m_{ijk}}{\mathrm{D}t}-3\frac{\sigma_{\langle ij}}{\rho}\frac{\partial\sigma_{k\rangle l}}{\partial x_l}-3\sigma_{\langle ij}\theta\frac{\partial\ln\rho}{\partial x_{k\rangle}}+\frac{\partial u_{ijkl}^0}{\partial x_l}+\frac{3}{7}\frac{\partial R_{\langle ij}}{\partial x_{k\rangle}}+3\theta\frac{\partial\sigma_{\langle ij}}{\partial x_{k\rangle}}+3m_{l\langle ij}\frac{\partial v_{k\rangle}}{\partial x_l}\\
&\quad+m_{ijk}\frac{\partial v_l}{\partial x_l}+\frac{12}{5}q_{\langle i}\frac{\partial v_j}{\partial x_{k\rangle}}=-\frac{3}{2}\frac{p}{\mu}m_{ijk}
\end{aligned}\tag{6.24}$$

为采用 C-E 方法，在上述方程右端引入小量 ℓ 作为换算因子，有

$$\begin{aligned}
&\frac{\mathrm{D}\Delta}{\mathrm{D}t}+\{\cdots \text{矩空间导数} \cdots\}=-\frac{1}{\ell}\frac{2}{3}\frac{p}{\mu}\Delta \\
&\frac{\mathrm{D}R_{ij}}{\mathrm{D}t}+\{\cdots \text{矩空间导数} \cdots\}=-\frac{1}{\ell}\frac{7}{6}\frac{p}{\mu}R_{ij} \\
&\frac{\mathrm{D}m_{ijk}}{\mathrm{D}t}+\{\cdots \text{矩空间导数} \cdots\}=-\frac{1}{\ell}\frac{3}{2}\frac{p}{\mu}m_{ijk}
\end{aligned} \tag{6.25}$$

对于 R-13 方程中应力张量 σ_{ij} 与热流 q_i 而言，其松弛特征时间 $\tau=\mu/p$，然而更高阶矩向中间态过渡的特征时间 $\tau_\varepsilon=\ell\tau$，其中 ℓ 即为式(6.25)中的换算因子小量。对分布函数在 f_{Grad} 附近基于 ℓ 级数展开，可以得到修正量展开形式为

$$\begin{aligned}
&\Delta=\Delta^{(0)}+\ell\Delta^{(1)}+\cdots \\
&R_{ij}=R_{ij}^{(0)}+\ell R_{ij}^{(1)}+\cdots \\
&m_{ijk}=m_{ijk}^{(0)}+\ell m_{ijk}^{(1)}+\cdots
\end{aligned} \tag{6.26}$$

将式(6.26)代入式(6.25)，并将等式两侧相同 ℓ 量级的项取出，可以得到对应零阶与一阶修正量的表达式，此时 $\Delta^{(0)}=R_{ij}^{0}=m_{ijk}^{0}=0$，这与分布函数在 f_{Grad} 附近展开且零阶近似回归 Grad 十三矩方程一致，一阶修正量表达式为

$$\begin{aligned}
&-\frac{2}{3}\frac{p}{\mu}\Delta^{(1)}=\left.\left[\frac{\mathrm{D}\Delta}{\mathrm{D}t}+\{\cdots \text{矩空间导数} \cdots\}\right]\right|_{f_{13}} \\
&-\frac{7}{6}\frac{p}{\mu}R_{ij}^{(1)}=\left.\left[\frac{\mathrm{D}R_{ij}}{\mathrm{D}t}+\{\cdots \text{矩空间导数} \cdots\}\right]\right|_{f_{13}} \\
&-\frac{3}{2}\frac{p}{\mu}m_{ijk}^{(1)}=\left.\left[\frac{\mathrm{D}m_{ijk}}{\mathrm{D}t}+\{\cdots \text{矩空间导数} \cdots\}\right]\right|_{f_{13}}
\end{aligned} \tag{6.27}$$

式(6.27)中所出现的更高阶矩最终均采用 f_{13} 进行计算，具体为：$u_{ijkl|13}^{0}=u_{ijk|13}^{1}=0$，$u_{k|13}^{2}=28\theta q_k$。最终得到的修正量表达式为

$$\Delta=-12\frac{\mu}{p}\left[\theta\frac{\partial q_k}{\partial x_k}+\frac{5}{2}q_k\frac{\partial\theta}{\partial x_k}-\theta q_k\frac{\partial\ln\rho}{\partial x_k}-\frac{q_k}{\rho}\frac{\partial\sigma_{kl}}{\partial x_l}+\theta\sigma_{kl}\frac{\partial v_k}{\partial x_l}\right]$$

$$\begin{aligned}
R_{ij}=&-\frac{24}{5}\frac{\mu}{p}\left[\theta\frac{\partial q_{\langle i}}{\partial x_{j\rangle}}+q_{\langle i}\frac{\partial\theta}{\partial x_{j\rangle}}-\theta q_{\langle i}\frac{\partial\ln\rho}{\partial x_{j\rangle}}-\frac{q_{\langle i}}{\rho}\frac{\partial\sigma_{j\rangle k}}{\partial x_k}\right. \\
&\left.+\frac{5}{7}\theta\left[\sigma_{k\langle i}\frac{\partial v_{j\rangle}}{\partial x_k}+\sigma_{k\langle i}\frac{\partial v_k}{\partial x_{j\rangle}}-\frac{2}{3}\sigma_{ij}\frac{\partial v_k}{\partial x_k}\right]-\frac{5}{6}\frac{\sigma_{ij}}{\rho}\frac{\partial q_k}{\partial x_k}-\frac{5}{6}\frac{\sigma_{ij}\sigma_{kl}}{\rho}\frac{\partial v_k}{\partial x_l}\right]
\end{aligned}$$

$$m_{ijk}=-2\frac{\mu}{p}\left[\theta\frac{\partial\sigma_{\langle ij}}{\partial x_{k\rangle}}-\theta\sigma_{\langle ij}\frac{\partial\ln\rho}{\partial x_{k\rangle}}+\frac{4}{5}q_{\langle i}\frac{\partial v_j}{\partial x_{k\rangle}}-\frac{\sigma_{\langle ij}}{\rho}\frac{\partial\sigma_{k\rangle l}}{\partial x_l}\right] \tag{6.28}$$

将式(6.21)代入十三矩方程的应力张量与热流量输运方程式(6.7)中,最终修正为

$$\begin{aligned}
&\frac{\mathrm{D}\sigma_{ij}}{\mathrm{D}t}+\frac{\partial m_{ijk}}{\partial x_k}+\frac{4}{5}\frac{\partial q_{\langle i}}{\partial x_{j\rangle}}+2\sigma_{k\langle i}\frac{\partial v_{j\rangle}}{\partial x_k}+\sigma_{ij}\frac{\partial v_k}{\partial x_k}+2\rho\theta\frac{\partial v_{\langle i}}{\partial x_{j\rangle}}=-\frac{p}{\mu}\sigma_{ij}\\
&\frac{\mathrm{D}q_i}{\mathrm{D}t}+\frac{5}{2}\rho\theta\frac{\partial\theta}{\partial x_i}+\frac{5}{2}\sigma_{ik}\frac{\partial\theta}{\partial x_k}-\sigma_{ik}\theta\frac{\partial\ln\rho}{\partial x_k}-\frac{\sigma_{ik}}{\rho}\frac{\partial\sigma_{kl}}{\partial x_l}+\frac{1}{2}\frac{\partial R_{ik}}{\partial x_k}+\theta\frac{\partial\sigma_{ik}}{\partial x_k}\\
&\quad+\frac{1}{6}\frac{\partial\Delta}{\partial x_i}+m_{ikl}\frac{\partial v_k}{\partial x_l}+\frac{7}{5}q_i\frac{\partial v_k}{\partial x_k}+\frac{7}{5}q_k\frac{\partial v_i}{\partial x_k}+\frac{2}{5}q_k\frac{\partial v_k}{\partial x_i}=-\frac{2}{3}\frac{p}{\mu}q_i
\end{aligned} \tag{6.29}$$

综上,守恒量输运方程加上式(6.28)与式(6.29)便构成了完整 R-13 方程推导。

事实上,NSF 方程与 Euler 方程和 R-13 方程与 Grad-13 方程之间有十分紧密的联系,Euler 方程与 Grad-13 方程一样具有双曲型特点,从而不能模拟光滑的激波结构,因此可以认为 NSF 方程和 Euler 方程本质上就是正则化和原始的五矩方程。下面给出对五矩 Euler 方程正则化的推导过程。

五矩方程所包含的分子热运动状态量集合 $\psi_A^{(5)}=m\left\{1,\ c_i,\ \frac{1}{2}C^2\right\}$,对应的流场宏观量集合为:$u_A^{(5)}=m\{\rho,\ \rho v_i,\ \rho u\}$,无外力场条件下其具体方程组为

$$\begin{aligned}
&\frac{\mathrm{D}\rho}{\mathrm{D}t}+\rho\frac{\partial v_k}{\partial x_k}=0\\
&\rho\frac{\mathrm{D}v_i}{\mathrm{D}t}+\theta\frac{\partial\rho}{\partial x_i}+\rho\frac{\partial\theta}{\partial x_i}+\frac{\partial\sigma_{ik}}{\partial x_k}=0\\
&\frac{3}{2}\rho\frac{\mathrm{D}\theta}{\mathrm{D}t}+\rho\theta\frac{\partial v_k}{\partial x_k}+\frac{\partial q_k}{\partial x_k}+\sigma_{kl}\frac{\partial v_k}{\partial x_l}=0
\end{aligned} \tag{6.30}$$

显然上式中由于应力张量与热流项的存在不封闭,采用 Grad 矩封闭理论得到的 Grad 五矩方程速度分布函数表示为

$$f_5=f_{\mathrm{M}} \tag{6.31}$$

对应计算得到的应力张量与热流项均为零,即最终得到欧拉方程。采用与推导 R-13 方程相同的正则化方法推导 NS 方程,在应力与热流输运方程右端引入小

量 ε 作为换算因子代替无量纲方程中右端项的努森数，得

$$\begin{aligned}
&\frac{\mathrm{D}\sigma_{ij}}{\mathrm{D}t}+\frac{4}{5}\frac{\partial q_{\langle i}}{\partial x_{j\rangle}}+2\sigma_{k\langle i}\frac{\partial v_{j\rangle}}{\partial x_k}+\sigma_{ij}\frac{\partial v_k}{\partial x_k}+2\rho\theta\frac{\partial v_{\langle i}}{\partial x_{j\rangle}}=-\frac{1}{\varepsilon}\frac{p}{\mu}\sigma_{ij}\\
&\frac{\mathrm{D}q_i}{\mathrm{D}t}+\frac{5}{2}\rho\theta\frac{\partial\theta}{\partial x_i}+\frac{5}{2}\sigma_{ik}\frac{\partial\theta}{\partial x_k}-\sigma_{ik}\theta\frac{\partial\ln\rho}{\partial x_k}-\frac{\sigma_{ik}}{\rho}\frac{\partial\sigma_{kl}}{\partial x_l}+\theta\frac{\partial\sigma_{ik}}{\partial x_k}\\
&\quad+\frac{7}{5}q_i\frac{\partial v_k}{\partial x_k}+\frac{7}{5}q_k\frac{\partial v_i}{\partial x_k}+\frac{2}{5}q_k\frac{\partial v_k}{\partial x_i}=-\frac{1}{\varepsilon}\frac{2}{3}\frac{p}{\mu}q_i
\end{aligned}\tag{6.32}$$

并将速度分布函数写成幂级数展开形式，即

$$f_{\mathrm{NS}}\big|_{\mathrm{C\text{-}E}}=f^{(0)}+\varepsilon f^{(1)}+\varepsilon^2 f^{(2)}+\varepsilon^3 f^{(3)}+\cdots\tag{6.33}$$

则对应 $f^{(0)}=f_{\mathrm{M}}$ 且应力张量与热力同样可以表示成级数形式，有

$$\sigma_{ij}=\sigma_{ij}^{(0)}+\varepsilon\sigma_{ij}^{(1)},\quad q_i=q_i^{(0)}+\varepsilon q_i^{(1)}\tag{6.34}$$

将式(6.34)代入式(6.32)，并将等式两侧相同 ε 量级的项取出，便可以得到零阶与一阶应力张量与热流项的表达式为

$$\begin{aligned}
&\sigma_{ij}^{(0)}=0,\ q_i^{(0)}=0\\
&\sigma_{ij}^{(1)}=-2\mu\frac{\partial v_{\langle i}}{\partial x_{j\rangle}},\quad q_i^{(1)}=-\frac{15}{4}\mu\frac{\partial\theta}{\partial x_i}
\end{aligned}\tag{6.35}$$

因此最终得到的应力和热流与 NSF 方程完全一致。

此外需要特别注意的是，本节中推导的 R-13 方程均只考虑了 Maxwell 气体的线性碰撞项，因此，上述正则化方法及 Grad 分布函数只有非线性项的影响可以忽略时才严格成立。R-13 方程的正则化可以向更高阶矩方程进行扩展，例如基于二十六矩方程的 R-26 方程及更高阶 R-45 等等，但由于这类方程形式过于复杂，至今已发表的研究成果十分少见。从 R-13 方程的推导过程与物理假设也能看出，该方程已包含了部分二十六矩方程的数学及物理信息，例如式(6.22)～式(6.24)就是从二十六矩方程中的高阶矩输运方程推导得到的。因此 Burnett 方程、Super-Burnett 方程以及完整的十三矩方程都被证明能够被 R-13 方程包括进来，这从 R-13 方程分布函数描述的非平衡范围也能看出。

与上节十三矩方程一样，若采用 C-E 展开方法对 R-13 方程进行分析便能够分别得到 NS 方程、Burnett 方程及 Super-Burnett 方程，若速度分布函数展开

到 4 阶以上，则将无法得到与 C-E 展开一致的结果。

与 Burnett 及 Super-Burnett 方程相比，R-13 方程特点主要表现在以下几个方面：① R-13 方程推导基于十三矩方程并采用一阶 C-E 展开，推导过程简单明了，这比采用二阶或三阶 C-E 展开的 Burnett 及 Super-Burnett 方程繁琐的推导过程相比得到极大简化；② R-13 方程中空间导数最高仅为 2 阶，而 Super-Burnett 方程包含 4 阶导数项，R-13 数值求解方法更为简单；③ 最重要的是与 Burnett 及 Super-Burnett 方程不稳定的缺点相比，R-13 方程线性稳定性得到了证明。

6.5 矩方程量纲分析法

虽然十三矩方程与 Burnett 方程、R-13 方程与 Super-Burnett 方程之间有十分紧密的联系，但传统的 Grad 方法及 C-E 方法所针对 Boltzmann 方程的推导方式仍存在本质上的不同。Struchtrup 采用基于努森数的量纲分析方法，将 Euler 方程、NS 方程、Grad 十三矩方程及 R-13 方程这一系列矩方法进行统一推导与囊括，并给出了 Grad 类方法与努森数之间的关系。本节将简单介绍量纲分析法的基本思想，具体推导与描述详见文献[15]。

Muller 等[20]最早试图将 Grad 类方法与努森数联系起来，他们所提出的阶数相容拓展热力学(consistently ordered extended thermodynamics, COET)理论基于 BGK 玻尔兹曼方程无穷矩系统[21]，COET 理论与量纲分析法有很多相似之处，但细节上差异十分明显，限于篇幅内容，本书对 COET 方法不作详细介绍，具体推导过程可以参见相关文献。

构造努森数精度为 λ_0 的矩方程量纲分析法包括以下基本步骤：① 确定矩的量纲 λ；② 在 λ 阶条件下形成完整矩组合且矩个数最少；③ 去掉矩方程组中阶数 $\lambda > \lambda_0$ 的项。在第一步中任意阶矩按照 C-E 方法展开为

$$u^a_{i_1\cdots i_n} = \sum_{\beta=0} \varepsilon^\beta u^a_{i_1\cdots i_n|\beta} = \varepsilon^0 u^a_{i_1\cdots i_n|0} + \varepsilon^1 u^a_{i_1\cdots i_n|1} + \varepsilon^2 u^a_{i_1\cdots i_n|2} + \varepsilon^3 u^a_{i_1\cdots i_n|3} + \cdots \tag{6.36}$$

矩的主导量纲 λ 定义为：若针对上述展开式，有 $\beta < \lambda$ 的 $u^a_{i_1\cdots i_n|\beta}$ 均为 0，则该矩的主导量纲为 λ。针对矩方程一般形式为

$$
\begin{aligned}
&\frac{\mathrm{D}\omega^a}{\mathrm{D}t}+\cdots=-\frac{1}{\varepsilon}\left[\sum_b C_{ab}^{(0)}\frac{\omega^b}{\tau\theta^{b-a}}+\sum_{r,b,c}y_{a,bc}^{0,r,0}\frac{\bar{u}_{j_1\cdots j_r}^b\bar{u}_{j_1\cdots j_r}^c}{\tau\rho\theta^{b+c+r-a}}\right]\\
&\frac{\mathrm{D}u_i^a}{\mathrm{D}t}+\cdots=-\frac{1}{\varepsilon}\left[\sum_b C_{ab}^{(1)}\frac{u_i^b}{\tau\theta^{b-a}}+\sum_{r,b,c}y_{a,bc}^{1,r,1}\frac{\bar{u}_{ij_1\cdots j_r}^b\bar{u}_{j_1\cdots j_r}^c}{\tau\rho\theta^{b+c+r-a}}\right]\\
&\frac{\mathrm{D}u_{ij}^a}{\mathrm{D}t}+\cdots=-\frac{1}{\varepsilon}\left[-\sum_b C_{ab}^{(2)}\frac{u_{ij}^b}{\tau\theta^{b-a}}+\sum_{r,b,c}y_{a,bc}^{2,r,2}\frac{\bar{u}_{k_1\cdots k_r ij}^b\bar{u}_{k_1\cdots k_r}^c}{\tau\rho\theta^{b+c+r-a}}\right]\\
&\cdots
\end{aligned}
\tag{6.37}
$$

将展开后的各阶矩代入上式确定各矩的主导量纲，若保留等式两端量纲为 0 的项有：$\omega_{|0}^b=u_{i_1\cdots i_n|0}^b=0$，若保留等式两端量纲为 1 的项则有

$$
\begin{aligned}
&0=-\sum_b C_{ab}^{(0)}\frac{\omega_{|1}^b}{\tau\theta^{b-a}}\\
&\frac{a(2a+3)!!}{3}\rho\theta^a\frac{\partial\theta}{\partial x_i}=-\sum_b C_{ab}^{(1)}\frac{u_{i|1}^b}{\tau\theta^{b-a}}\\
&\frac{2}{15}(2a+5)!!\ \rho\theta^{a+1}\frac{\partial v_{\langle i}}{\partial x_{j\rangle}}=-\sum_b C_{ab}^{(2)}\frac{u_{ij|1}^b}{\tau\theta^{b-a}}\\
&\cdots\\
&0=-\sum_b C_{ab}^{(n)}\frac{u_{i_1\cdots i_n|1}^b}{\tau\theta^{b-a}}
\end{aligned}
\tag{6.38}
$$

以此类推，可以得到结论：主导量纲为 1 的矩包括向量 u_i^a 与二阶张量 u_{ij}^a，主导量纲为 2 的矩包括标量 ω^a 与三阶、四阶张量，更高阶矩具备更高的主导量纲。

第二步便可以根据所有具有相同主导量纲的矩构造完整矩组合，在此基础上将小量 ε 作为矩标识符代入矩方程组中，即将各方程中的矩 $u_{i_1\cdots i_n}^b$ 替换成为 $\varepsilon^\beta u_{i_1\cdots i_n}^b$，其中 β 为该矩的主导量纲，例如此时五矩方程可以表示为

$$
\begin{aligned}
&\frac{\mathrm{D}\rho}{\mathrm{D}t}+\rho\frac{\partial v_k}{\partial x_k}=0\\
&\rho\frac{\mathrm{D}v_i}{\mathrm{D}t}+\theta\frac{\partial\rho}{\partial x_i}+\varepsilon\left(\rho\frac{\partial\theta}{\partial x_i}+\frac{\partial\sigma_{ik}}{\partial x_k}\right)=0\\
&\frac{3}{2}\rho\frac{\mathrm{D}\theta}{\mathrm{D}t}+\rho\theta\frac{\partial v_k}{\partial x_k}+\varepsilon\left(\frac{\partial q_k}{\partial x_k}+\sigma_{kl}\frac{\partial v_k}{\partial x_l}\right)=0
\end{aligned}
\tag{6.39}
$$

若仅保留方程中的 $o(\varepsilon^0)$ 阶项，则对应得到欧拉方程。若将应力张量与热流输运方程采用同样方式构成十三矩方程组，则对应保留 $o(\varepsilon^0)$ 与 $o(\varepsilon^1)$ 阶项能够得到 NS 方程，对应保留 $o(\varepsilon^0)$、$o(\varepsilon^1)$ 与 $o(\varepsilon^2)$ 阶项能够得到 Grad 十三矩方程，保留到 $o(\varepsilon^3)$ 能够得到 R-13 方程，具体的推导过程限于篇幅，此处从略。

量纲分析法与传统 C-E 展开方法相比最大的特点在于它的每一阶展开都能得到稳定的方程形式，而不会出现类似于 Burnett 方程一样的不稳定方程组。

参考文献

[1] Grad H. On the kinetic theory of rarefied gases[J]. Communications on Pure and Applied Mathematics，1949，2(4)：331-407.

[2] Weiss W. Zur Hierarchie der Erweiterten Thermodynamik[D]. Technical University Berlin，1990.

[3] Struchtrup H. Heat transfer in the transition regime：Solution of boundary value problems for Grad's moment equations via kinetic schemes[J]. PHYSICAL REVIEW E，2002，65(04120441).

[4] Au J D. Nichtlineare Probleme und Losungen in der Erweiterten Thermodynamik[D]. Technical University Berlin，2000.

[5] Torrilhon M，Au J D，Struchtrup H. Explicit fluxes and productions for large systems of the moment method based on extended thermodynamics[J]. Continuum Mechanics and Thermodynamics，2003，15(1)：97-111.

[6] Struchtrup H. Zur irreversiblen Thermodynamik der Strahlung [D]. Technical University Berlin，1996.

[7] Struchtrup H. On the number of moments in radiative transfer problems[J]. Annals of Physics，1998，266(1)：1-26.

[8] Struchtrup H. An extended moment method in radiative transfer：The matrices of mean absorption and scattering coefficients[J]. Annals of Physics，1997，257(2)：111-135.

[9] Thorne K S. Relativistic radiative-transfer-moment formalisms[J]. Monthly Notices of the Royal Astronomical Society，1981，194(2)：439-473.

[10] Dreyer W，Struchtrup H. Heat pulse experiments revisited[J]. Continuum Mechanics and Thermodynamics，1993，5(1)：3-50.

[11] Anile A M，Romano V. Non parabolic band transport in semiconductors：closure of the moment equations[J]. Continuum Mechanics and Thermodynamics，1999，11(5)：307-325.

[12] Anile A M，Romano V，Russo G. Extended hydrodynamical model of carrier transport in semiconductors[J]. Siam Journal on Applied Mathematics，2000，61(1)：74-101.

[13] Struchtrup H. Extended moment method for electrons in semiconductors[J]. Physica A，2000，275(1-2)：229-255.

[14] Weiss W. Continuous shock structure in extended thermodynamics[J]. Physical Review

E，1995，52(6A)：R5760-R5763.

[15] Struchtrup H. Macroscopic transport equations for rarefied gas flows[M]. Berlin：Springer Berlin Heidelberg，2005：245.

[16] Struchtrup H，Torrilhon M. Regularization of Grad's 13 moment equations：Derivation and linear analysis[J]. Physics of Fluids，2003，15(9)：2668-2680.

[17] Torrilhon M，Struchtrup H. Regularized 13-moment equations：shock structure calculations and comparison to Burnett models[J]. Journal of Fluid Mechanics，2004，513：171-198.

[18] Grad H. Principles of the Kinetic Theory of Gases[M]. Berlin：Springer，1958.

[19] Karlin I V，Gorban A N，Dukek G，et al. Dynamic correction to moment approximations[J]. Physical Review E，1998，57(2)：1668-1672.

[20] Muller I，Reitebuch D，Weiss W. Extended thermodynamics — consistent in order of magnitude[J]. Continuum Mechanics and Thermodynamics，2003，15(2)：113-146.

[21] Bhatnagar P L，Gross E P，Krook M. A model for collision processes in gases. I. Small amplitude processes in charged and neutral one-component systems[J]. Physical Review，1954，94(3)：511.

第七章

广义流体力学方法理论及应用

为了提供一种可靠并能够实现稳定计算的高阶流体动力学模型，Eu[1]从广义流体动力学理论出发，结合非平衡集成方法，提出了一组广义的流体动力学方程(generalized hydrodynamic equations, GHE)。他采用不可逆的扩展热力学作为理论工具，为统计力学提供了一组坚实可靠的模型方程。这套理论的核心在于巧妙地构建了一个形态定义非平衡态分布函数，作为一座桥梁把从非平衡态到平衡态演化的熵增特性和宏观非守恒量的耗散演化的过程紧密联系起来，使得这套理论从一开始就强制确保其满足 Boltzmann-H 定理。为了完成对高阶非守恒量输运方程的封闭，Eu 对其碰撞项进行累积量展开，并消去高阶展开式，仅保留一阶项。这个一阶项数学形式是关于宏观非守恒量的双曲正弦函数，在近平衡态附近演化成 Rayleigh-Onsager 耗散函数。目前，广义流体动力学方程已经成功地运用到高马赫数的一维激波结构[2]和声波吸收散布问题的研究当中[3]。

但是，当上升到多维问题的研究时，GHE 的应用受到极大限制。这主要是由于 GHE 方程形式复杂，高阶非守恒量之间强非线性耦合。为此，Myong 在 GHE 基础上发展了一套有效的多维计算动力学模型，并为之提出一套行之有效的解耦求解算法[4]。该模型是由 GHE 在 Eu 的绝热假设和封闭假设条件下，通过对高阶非守恒量时间项和对流项的简化处理得到的一组非线性耦合代数方程，通过解耦求解算法能有效地结合双曲守恒律控制方程，实现对流动的数值模拟。目前非线性耦合本构关系(简称 NCCR 模型)在单原子气体的一维激波结构和二维平板、钝头绕流等问题中得到了初步验证[5]，表明了其在高速稀薄流域流动机理模拟的潜力。若考虑和体积黏性有关的附加体积应力，通过引入附加体积应力这个高阶非守恒量演化方程，可以直接拓展到双原子气体流动问题的模拟中，文献[6]已在二维高超声速稀薄钝头绕流的研究中获得了初步应用。鉴于该理论在非平衡流动问题中取得的成功，NCCR 模型开始受到国内外学者的关注，并在多方面得到拓展性的研究与发展，包括在微机电系统下的微尺度流动，结合间断伽辽金计算方法的高精度算法研究等问题[6-9]。

作者近年来首次将 NCCR 模型拓展到三维守恒律问题的计算当中，并验证了该模型在远离平衡态的复杂高超稀薄气体流动中的能力和有效性。但是，在部分三维复杂流动问题中，解耦求解的 NCCR 模型会受到计算稳定性的限制。为了克服计算不稳定问题，作者首次提出了一套高效的耦合计算方法，将 Myong 的解耦计算方法[10]拓展到三维非线性耦合代数本构方程的求解，并采用传统的有限体积方法和一些成熟的数值离散格式，包括 LU-SGS 隐式时间推进，无黏项 MUSCL 重构和 AUSMPW＋格式离散，黏性项采用二阶中心差分格式等。实现了 NCCR 模型的高超声速复杂流场的数值模拟。

7.1　NCCR 理论基础与方程基本形式

7.1.1　Boltzmann-Curtiss 方程

前述章节已对 Boltzmann 方程进行了详细的介绍，其中考虑外力影响的针对稀疏混合气体的 Boltzmann 方程可以表示为

$$\partial_t f_i + \boldsymbol{v}_i \cdot \nabla f_i + \boldsymbol{F}_i \cdot \nabla_{vi} f_i = \Re(f_i) \tag{7.1}$$

其中

$$\Re(f_i) = \sum_{j=1}^{r} C(f_i,\ f_j)$$

$$C(f_i,\ f_j) = \int \mathrm{d}\boldsymbol{v}_j \int_0^{2\pi} \mathrm{d}\phi \int_0^{\infty} \mathrm{d}b b g_{ij} [f_i^*(\boldsymbol{v}_i^*,\ \boldsymbol{r};\ t) f_j^*(\boldsymbol{v}_j^*,\ \boldsymbol{r};\ t) - f_i(\boldsymbol{v}_i,\ \boldsymbol{r};\ t) f_j(\boldsymbol{v}_i,\ \boldsymbol{r};\ t)]$$

其中，$g_{ij} = | v_i - v_j |$ 是相对速度；b 代表在粒子 i 和 j 之间的两体碰撞的影响系数；ϕ 是散射方位角。Curtiss[11]针对稀疏刚性双原子气体，在 Boltzmann 方程基础上做了热力学一致性扩展，提出了 Boltzmann-Curtiss 运动方程。该方程跟单原子气体的 Boltzmann 方程形式类似，但是包含有关分子转动的项。分布函数 f 不仅仅是分子速度、位置和时间的函数，同时还包括有关内部转动自由度的信息，例如角动量和跟分子方位有关的方位角度。不考虑外力影响的

Boltzmann-Curtiss 运动方程表示为

$$\left(\frac{\partial}{\partial t}+\boldsymbol{v}\cdot\nabla+\boldsymbol{L}_r\right)f(\boldsymbol{v},\ \boldsymbol{r},\ \boldsymbol{j},\ \psi,\ t)=\Re(f) \tag{7.2}$$

其中，$\boldsymbol{L}_r$ 是刘维尔算子，表示为

$$\boldsymbol{L}_r=\frac{\boldsymbol{j}}{I}\frac{\partial}{\partial\psi}+(\omega_B\times\boldsymbol{j})\cdot\frac{\partial}{\partial\boldsymbol{j}} \tag{7.3}$$

其中，I 是惯性矩；$\boldsymbol{\omega}_B$ 是角频率矢量。碰撞积分项 $\Re(f)$ 为

$$\begin{aligned}\Re(f)=&\iiiint\!\!\int \mathrm{d}\boldsymbol{v}_r^*\,\mathrm{d}\boldsymbol{v}_1\,\mathrm{d}\Omega_1\,\mathrm{d}\Omega^*\,\mathrm{d}\Omega_1^*\,\boldsymbol{v}_r'\\&\times\sigma(\boldsymbol{v}_r',\ \boldsymbol{j}^*,\ \boldsymbol{j}_1^*\,|\,v_r,\ \boldsymbol{j},\ \boldsymbol{j}_1)(f^*f_1^*-ff_1)\end{aligned} \tag{7.4}$$

其中，星号表示逆碰撞；$\boldsymbol{v}_r$ 代表相对速度；$\mathrm{d}\Omega$ 是散射立体角；$\sigma(\boldsymbol{v}_r',\ \boldsymbol{j}^*,\ \boldsymbol{j}_1^*\,|\,v_r,\ \boldsymbol{j},\ \boldsymbol{j}_1)$ 代表微分碰撞截面。分布函数从非平衡态到平衡态的演化过程不可逆，即 $f^*f_1^*$ 和 ff_1 在演化过程中是不对等的，只有达到平衡态的时候两者相等。正逆碰撞不对等是驱使非平衡态向平衡态过渡的主要原因。

7.1.2 广义流体动力学方程推导

1. 广义的速度矩

若将关心的宏观物理量分为守恒量(碰撞不变量)(ρ, $\boldsymbol{u}$, E) 和非守恒量 ($\boldsymbol{\Pi}$, Δ, $\boldsymbol{Q}$, $\boldsymbol{J}_i$)，可以通过统一的微观式表达为

$$\boldsymbol{\Phi}^{(k)}=\langle h^{(k)}f(\boldsymbol{v},\ \boldsymbol{r},\ \boldsymbol{j},\ \psi,\ t)\rangle \tag{7.5}$$

其中，角括号代表对分子速度和角速度的积分；$h^{(k)}$ 是两组物理量的分子微观表达式。将守恒量定义为

$$\boldsymbol{\Phi}^{(1)}=\rho,\ \boldsymbol{\Phi}^{(2)}=\rho\boldsymbol{u},\ \boldsymbol{\Phi}^{(3)}=\rho e \tag{7.6}$$

其相对应的分子微观表达式为

$$h^{(1)}=m,\ h^{(2)}=mu,\ h^{(3)}=1/2mC^2+H_{\mathrm{rot}} \tag{7.7}$$

非守恒量则定义为

$$\boldsymbol{\Phi}^{(4)}=\boldsymbol{\Pi}=[\boldsymbol{P}]^{(2)},\ \boldsymbol{\Phi}^{(5)}=\Delta=\frac{1}{3}\mathrm{Tr}\boldsymbol{P}-p,\ \boldsymbol{\Phi}^{(6)}=\boldsymbol{Q},\ \boldsymbol{\Phi}^{(7)}=\boldsymbol{J}_i \tag{7.8}$$

以及它们所对应的分子微观表达式为

$$h^{(4)}=[m\boldsymbol{CC}]^{(2)},\ h^{(5)}=\frac{1}{3}mC^2-p/n,\ h^{(6)}$$
$$=\left(\frac{1}{2}mC^2+H_{\text{rot}}-\hat{h}m\right)\boldsymbol{C},\ h^{(7)}=m_iC_i \tag{7.9}$$

其中，$\boldsymbol{\Pi}$、Δ、$\boldsymbol{Q}$、$\boldsymbol{J}_i$ 分别表示剪切应力、附加正应力、热流和组分扩散通量。附加正应力与双原子气体的体积黏性有关，体积黏性的微观机理与体积变化时的能量耗散机制有关，因此附加正应力考虑了双原子气体分子由于体积膨胀带来的额外正应力，主要体现在一些远离平衡态的特殊温度流域里。n 和 $\hat{h}$ 表示分子数密度和单位质量的焓密度。数学符号 $[\boldsymbol{A}]^{(2)}$ 在这里定义为二阶无迹对称张量，即

$$[\boldsymbol{A}]^{(2)}=\frac{1}{2}(\boldsymbol{A}+\boldsymbol{A}^t)-\frac{1}{3}\boldsymbol{I}Tr\boldsymbol{A} \tag{7.10}$$

应力张量可以表示为

$$\boldsymbol{P}=(p+\Delta)\boldsymbol{I}+\boldsymbol{\Pi} \tag{7.11}$$

其中，$\boldsymbol{I}$ 代表单位张量；p 则表示热力学压力。上面提到的应力和热流等非守恒量是有物理含义的速度矩。为了下面推导广义非守恒量的演化方程的需要，提前在这里定义一个 l 阶广义速度矩 $\Phi_i^{(abc\cdots l)}$，实际上这个速度矩是一个 l 阶张量，表示为

$$\Phi_i^{(abc\cdots l)}=\langle m_iC_{ia}C_{ib}C_{ic}\cdots C_{il}f_i(\boldsymbol{v},\ \boldsymbol{r},\ t)\rangle \tag{7.12}$$

2. 守恒量和非守恒量的演化方程

由于守恒量是碰撞不变量，不存在碰撞耗散项，因此将式(7.6)代入Boltzmann方程可以得到不考虑体积力的三大守恒方程以及只考虑混合气体分子而不考虑化学反应的质量分数平衡方程为

质量守恒方程：

$$\frac{\mathrm{D}\rho}{\mathrm{D}t}+\rho\nabla\cdot\boldsymbol{u}=0 \tag{7.13}$$

动量守恒方程：

$$\rho \frac{\mathrm{D}\boldsymbol{u}}{\mathrm{D}t} + \nabla \cdot \boldsymbol{P} = 0 \tag{7.14}$$

能量守恒方程：

$$\rho \frac{\mathrm{D}e}{\mathrm{D}t} + \nabla \cdot \boldsymbol{Q} + \boldsymbol{P} : \nabla \boldsymbol{u} = 0 \tag{7.15}$$

质量分数平衡方程：

$$\rho \frac{\mathrm{d}A_i}{\mathrm{d}t} + \nabla \cdot \boldsymbol{J}_i = 0 \tag{7.16}$$

其中，质量分数定义为 $A_i = \rho_i / \rho$。在式(7.12)中已经定义了一个 l 阶广义的速度矩，为了推导广义非守恒量的演化方程，首先对式(7.12)进行时间求导有

$$\begin{aligned} \frac{\partial}{\partial t} \Phi_i^{(abc\cdots kl)} = & -\partial_t u_a \Phi_i^{(bc\cdots l)} - \partial_t u_b \Phi_i^{(ac\cdots l)} - \partial_t u_c \Phi_i^{(ab\cdots l)} - \cdots \\ & - \partial_t u_l \Phi_i^{(abc\cdots k)} + \langle m_i C_{ia} C_{ib} C_{ic} \cdots C_{il} \partial_t f_i \rangle \end{aligned} \tag{7.17}$$

上式的最后一项用 $S_{ab\cdots kl}$ 表示，并将 Boltzmann 方程代入该项，定义碰撞耗散项为

$$\Lambda_i^{(\Phi)(abc\cdots kl)} = \sum_{j=1}^{r} \langle m_i C_{ia} C_{ib} C_{ic} \cdots C_{il} C(f_i, f_j) \rangle$$

可以得到

$$\begin{aligned} S_{ab\cdots kl} = & -(\boldsymbol{u} \cdot \nabla u_a) \Phi_i^{(bc\cdots l)} - (\boldsymbol{u} \cdot \nabla u_b) \Phi_i^{(ac\cdots l)} - (\boldsymbol{u} \cdot \nabla u_c) \Phi_i^{(abd\cdots l)} \\ & - \cdots - (\boldsymbol{u} \cdot \nabla u_l) \Phi_i^{(abc\cdots k)} - \Phi_i^{(\cdot bc\cdots l)} \cdot \nabla u_a - \Phi_i^{(a \cdot c\cdots l)} \cdot \nabla u_b \\ & - \Phi_i^{(ab \cdot d\cdots l)} \cdot \nabla u_c - \cdots - \Phi_i^{(ab\cdots k \cdot)} \cdot \nabla u_l + F_{ia} \Phi_i^{(bc\cdots l)} \\ & + F_{ib} \Phi_i^{(ac\cdots l)} + F_{ic} \Phi_i^{(abd\cdots l)} + \cdots + F_{il} \Phi_i^{(abc\cdots k)} \\ & - \nabla \cdot (\Phi_i^{(\cdot ab\cdots l)} + \boldsymbol{u} \Phi_i^{(ab\cdots l)}) + \Lambda_i^{(\Phi)(abc\cdots kl)} \end{aligned} \tag{7.18}$$

其中

$$\Phi_i^{(\cdot bc\cdots l)} = \langle C_{i\cdot} C_{ib} C_{ic} \cdots C_{il} f_i \rangle$$

其中，上标和下标中点 (•) 符号代表 ∇ 的标量积的缩写。将式(7.18)代入式(7.17)，然后采用速度的随体导数形式，最终可以得到广义速度矩的演化方程为

$$\frac{\partial}{\partial t}\Phi_i^{(abc\cdots kl)}=-\nabla\cdot(\Phi_i^{(\cdot ab\cdots l)}+\boldsymbol{u}\Phi_i^{(ab\cdots l)})-\sum_{\text{all terms}}\left(\frac{\mathrm{d}\boldsymbol{u}}{\mathrm{d}t}\right)_a\Phi_i^{(bc\cdots l)}$$
$$-\sum_{\text{all terms}}\Phi_i^{(\cdot bc\cdots l)}\cdot\nabla u_a+\sum_{\text{all terms}}F_{ia}\Phi_i^{(bc\cdots l)}+\Lambda_i^{(\Phi)(abc\cdots kl)} \tag{7.19}$$

将应力热流等非守恒量的速度矩式(7.8)代入式(7.19),可以得到一个不封闭的非守恒量控制方程为

$$\rho\frac{\mathrm{d}}{\mathrm{d}t}\hat{\Phi}_i^{(\alpha)}=Z_i^{(\alpha)}+\Lambda_i^{(\alpha)} \tag{7.20}$$

其中

$$\hat{\Phi}_i^{(\alpha)}=\Phi_i^{(\alpha)}/\rho \tag{7.21}$$

$$\Lambda_i^{(\alpha)}=\sum_{j=1}^{r}\langle h_i^{(\alpha)}C(f_i,f_j)\rangle \tag{7.22}$$

$$Z_i^{(\alpha)}=-\nabla\cdot\psi_i^{(\alpha)}+\langle f_i(d_t+C_i\cdot\nabla+\boldsymbol{F}_i\cdot\nabla_{vi})h_i^{(\alpha)}\rangle \tag{7.23}$$

其中,$\psi_i^{(\alpha)}$ 为高阶矩的对流通量,即 $\psi_i^{(\alpha)}=\langle C_ih_i^{(\alpha)}f_i\rangle$;$\Lambda_i^{(\alpha)}$ 和 $Z_i^{(\alpha)}$ 则分别表示与不可逆热力学定律有关的能量耗散项以及分子扩散引起的流体流线效应的运动项。运动项 $Z_i^{(\alpha)}$ 具体形式总结如下:

$$Z_i^{(4)}=-\boldsymbol{\nabla}\cdot\psi_i^{(4)}-2[(d_t\boldsymbol{u}-\boldsymbol{F}_i)\boldsymbol{J}_i]^{(2)}+2[\boldsymbol{\Pi}_i\cdot\boldsymbol{\gamma}]^{(2)}$$
$$+[\boldsymbol{\Pi}_i,\boldsymbol{\omega}_{\text{eff}}]+2\Delta_i\boldsymbol{\gamma}-\frac{2}{3}\boldsymbol{\Pi}_i\boldsymbol{\nabla}\cdot\boldsymbol{u}+2p_i\boldsymbol{\gamma} \tag{7.24}$$

$$Z_i^{(5)}=-\boldsymbol{\nabla}\cdot\psi_i^{(5)}-\frac{2}{3}(d_t\boldsymbol{u}-\boldsymbol{F}_i)\cdot\boldsymbol{J}_i+\frac{2}{3}\boldsymbol{\Pi}_i:$$
$$\boldsymbol{\gamma}-\frac{2}{3}\Delta_i\boldsymbol{\nabla}\cdot\boldsymbol{u}-p_i\,d_t\ln(p_i\,v^{5/3})-\boldsymbol{\nabla}\cdot(\boldsymbol{J}_i\,p_i/\rho_i) \tag{7.25}$$

$$Z_i^{(6)}=-\boldsymbol{\nabla}\cdot\psi_i^{(6)}-(d_t\boldsymbol{u}-\boldsymbol{F}_i)\cdot(\boldsymbol{P}_i-p_i\boldsymbol{U})+\boldsymbol{Q}'_i\cdot\left(\boldsymbol{\gamma}+\boldsymbol{\omega}_{\text{eff}}-\frac{1}{3}\boldsymbol{U}\,\boldsymbol{\nabla}\cdot\boldsymbol{u}\right)$$
$$+\varphi_i^{(3)}:\left(\boldsymbol{\gamma}-\boldsymbol{\omega}_{\text{eff}}-\frac{1}{3}\boldsymbol{U}\,\boldsymbol{\nabla}\cdot\boldsymbol{u}\right)-\boldsymbol{J}_i\,d_t\,\hat{h}_i-\boldsymbol{P}_i\cdot\boldsymbol{\nabla}\hat{h}_i \tag{7.26}$$

$$Z_i^{(7)}=-\boldsymbol{\nabla}\cdot\boldsymbol{P}_i-\rho_i(d_t\boldsymbol{u}-\boldsymbol{F}_i)+\boldsymbol{J}_i\cdot\left(\boldsymbol{\gamma}-\frac{1}{3}\boldsymbol{U}\,\boldsymbol{\nabla}\cdot\boldsymbol{u}\right)+\boldsymbol{J}_i\cdot\boldsymbol{\omega}_{\text{eff}} \tag{7.27}$$

其中

$$\boldsymbol{F}_i = z_i(\boldsymbol{E} + c^{-1}\boldsymbol{u} \times \boldsymbol{B})\ (\text{洛伦兹力}),\ z_i = e_i / m_i$$

$$\boldsymbol{\omega}_{\text{eff}} = \frac{1}{2}[\nabla \boldsymbol{u} - (\nabla \boldsymbol{u})^t] + c^{-1} z_i [\nabla \boldsymbol{A} - (\nabla \boldsymbol{A})^t],\ \boldsymbol{A} = \nabla \times \boldsymbol{B}$$

$$[\boldsymbol{\Pi}, \boldsymbol{\omega}_{\text{eff}}] = \boldsymbol{\Pi} \cdot \boldsymbol{\omega}_{\text{eff}} - \boldsymbol{\omega}_{\text{eff}} \cdot \boldsymbol{\Pi}$$

$$\varphi_i^{(3)} = \langle m_i C_i C_i C_i f_i \rangle$$

3. Eu 分布函数的形态定义及系数确定

为了处理系统中的分子碰撞耗散项以实现对方程式(7.20)的封闭，Eu[1] 构建了非平衡态分布函数的形态定义，在数学和物理的层面保证熵和 Calortropy 变化的非负属性。这个非平衡态分布函数充当连接熵增源项和宏观非守恒量的耗散演化过程的桥梁功能。该分布函数的单组分气体分子的形态定义为

$$f = \exp\left[-\frac{1}{k_B T}\left(\frac{1}{2} m C^2 + H_{\text{rot}} + \sum_{k=1}^{\infty} X_k h^{(k)} - \mu\right)\right] \tag{7.28}$$

其中，μ 是标准化因子；X_k 是与宏观量有关的系数，其作用跟 Grad 矩方程的系数相似；T、k_B、m 和 H_{rot} 分别代表温度、Boltzmann 常数、分子质量和分子转动的汉密尔顿函数。式(7.28)还可以表达成如下多组分气体分子的形式：

$$f_i = \exp[-\beta(H_i + H_i^{(1)} - \mu_i)] \tag{7.29}$$

其中

$$H_i = \frac{1}{2} m_i C_i^2 + H_{\text{rot}}$$

$$H_i^{(1)} = \sum_{k=1}^{\infty} X_k h^{(k)}$$

$$\beta = \frac{1}{k_B T}$$

$$\exp(-\beta \mu_i) = n_i^{-1} \langle \exp[-\beta(H_i + H_i^{(1)})] \rangle$$

利用 Eu 分布函数形态定义的形式计算熵增项，将式(7.29)代入熵增项的定义表达式可以得到熵增项的表达式为

$$\sigma_{\text{ent}} = T^{-1} \sum_{i=1}^{r} \sum_{\alpha \geqslant 1} X_i^{(\alpha)} \odot \Lambda_i^{(\alpha)} \tag{7.30}$$

其中，$\Lambda_i^{(\alpha)}$ 的定义表达式为式(7.22)。式(7.30)充分体现出 GHE 方程对熵增特

性的清晰的描述。Eu 认为能量耗散是系统的分子间碰撞导致的，微观上的分子碰撞又会导致非守恒量耗散演化的宏观过程，而熵增特性正是对能量耗散的一种直接体现。式(7.30)建立了耗散项、宏观非守恒量和熵增项的联系，这正是 Eu 修正矩方法的基石，也是和 Grad 矩方法有所区别的关键。式(7.31)列出了 Grad 矩方法熵增的具体表达式，与 Eu 的熵增表达式相比，其没有像式(7.30)一样清楚地将熵增源项和宏观非守恒量的耗散演化紧密联系起来，这也从侧面反映了 Eu 定义的非平衡态分布函数的重要性。

$$\sigma_{\text{ent}} = -k_{\text{B}} \sum_{i,\,j=1}^{r} \langle \ln(\phi_i + 1) C(f_i^{(0)} \phi_i,\ f_j^{(0)} \phi_j) \rangle \tag{7.31}$$

基于函数式(7.29)，也可以将局部平衡态分布函数表示为

$$f_i^{(0)} = \exp[-\beta(H_i - \mu_i^0)] \tag{7.32}$$

其中

$$\exp(-\beta\mu_i^0) = n_i^{-1} \langle \exp(-\beta H_i) \rangle$$

为了撰写方便，此处采用简便的速记符号：

$$\bar{\mu}_i = \mu_i / T,\ \bar{\mu}_i^0 = \mu_i^0 / T,\ \Delta\bar{\mu}_i = \bar{\mu}_i - \bar{\mu}_i^0,\ \overline{X}_i^{(\alpha)} = X_i^{(\alpha)} / T$$

结合局部平衡态分布函数式(7.32)和上面的速记符号，Eu 分布函数式(7.28)可以进一步表达为

$$f_i = f_i^{(0)} \exp\left[-k_{\text{B}}^{-1} \left(\sum_\alpha \overline{X}_i^{(\alpha)} \odot h_i^{(\alpha)} - m_i \Delta\bar{\mu}_i \right) \right] \tag{7.33}$$

由于上式分布函数右端的系数未知，因此有必要将系数函数 $X_i^{(\alpha)}$ 求解出来。该系数函数可以通过服从守恒量控制方程式(7.13)～式(7.16)和非守恒量演化方程式(7.24)～式(7.27)的宏观物理量计算求出。对于分子微观表达式(7.9)的碰撞积分项式(7.22)，将上面定义的 Eu 分布函数式(7.33)代入，然后用 Boltzmann 方程左端项代替碰撞积分项，可得

$$\langle f_i h_i^{(\gamma)} (d_t + C_i \cdot \nabla + F_i \cdot \nabla_{vi}) (-k_{\text{B}}^{-1}) \left(\sum_\alpha \overline{X}_i^{(\alpha)} \odot h_i^{(\alpha)} - m_i \Delta \bar{\mu}_i \right) \rangle = \Lambda_i^{(\gamma)} \tag{7.34}$$

定义一个标量

$$B_i^{(\alpha)} = h_i^{(\alpha)} \left[1 + k_{\text{B}}^{-1} \sum_\gamma \overline{X}_i^{(\gamma)} \odot h_i^{(\gamma)} - k_{\text{B}}^{-1} m_i \Delta \bar{\mu}_i \right]$$

则 $\langle f_i B_i^{(\gamma)} \rangle$ 的输运演化方程为

$$\rho d_t(\rho^{-1}\langle f_i B_i^{(\gamma)}\rangle) = -\nabla\cdot\langle C_i B_i^{(\gamma)} f_i\rangle + \langle f_i(d_t + C_i\cdot\nabla + F_i\cdot\nabla_{vi})B_i^{(\gamma)}\rangle + \sum_{j=1}^{r}\langle B_i^{(\gamma)} C(f_i, f_j)\rangle \tag{7.35}$$

再次把非守恒量输运演化方程表述为

$$\rho d_t(\rho^{-1}\langle f_i h_i^{(\gamma)}\rangle) = -\nabla\cdot\langle C_i h_i^{(\gamma)} f_i\rangle + \langle f_i(d_t + C_i\cdot\nabla + F_i\cdot\nabla_{vi})h_i^{(\gamma)}\rangle + \sum_{j=1}^{r}\langle h_i^{(\gamma)} C(f_i, f_j)\rangle \tag{7.36}$$

实际上,式(7.35)和式(7.36)形式相同。通过比较,有

$$\langle f_i B_i^{(\gamma)}\rangle = b\Phi_i^{(r)} \tag{7.37}$$

其中,b 是常量。既然式(7.34)和式(7.36)都等价于 Boltzmann 方程,两者之差实际上为式(7.35),那么常量 b 必为零。因此由 $B_i^{(\alpha)}$ 定义式及 $\langle f_i B_i^{(\gamma)}\rangle = 0$ 有

$$\sum_\alpha \langle f_i h_i^{(\gamma)} h_i^{(\alpha)}\rangle \odot \overline{X}_i^{(\alpha)} = -(k_B - m_i \Delta\bar{\mu}_i)\Phi_i^{(r)} \tag{7.38}$$

利用摄动法理论,取特殊值 $f_i = f_i^0$ 时 $\Delta\bar{\mu}_i = 0$,故

$$\sum_\alpha \langle f_i^{(0)} h_i^{(\gamma)} h_i^{(\alpha)}\rangle \odot X_i^{(\alpha)} = -k_B T\Phi_i^{(r)} \tag{7.39}$$

其中,$h_i^{(\alpha)}$ 是正交张量的赫米特多项式,左端积分项相互正交,有

$$\langle f_i^{(0)} h_i^{(\gamma)} h_i^{(\alpha)}\rangle = \delta_{\alpha\gamma}\langle f_i^{(0)} h_i^{(\gamma)} h_i^{(\gamma)}\rangle \tag{7.40}$$

式(7.39)可以变为

$$\langle f_i^{(0)} h_i^{(\gamma)} h_i^{(\gamma)}\rangle \odot X_i^{(\gamma)} = -k_B T\Phi_i^{(r)} \tag{7.41}$$

最终可以得到系数函数 $X_i^{(\alpha)}$ 的低阶表示:

$$\begin{aligned}
X_i^{(4)} &= -\Phi_i^{(4)}/2p_i = -\Pi_i/2p_i \equiv -\Pi_i g_i^{(4)} \\
X_i^{(5)} &= -3\Phi_i^{(5)}/2p_i = -3\Delta_i/2p_i \equiv -\Delta_i g_i^{(5)} = 0 \\
X_i^{(6)} &= -\Phi_i^{(6)}/p_i\hat{h}_i = -Q_i'/2p_i\hat{h}_i \equiv -Q_i' g_i^{(6)} \\
X_i^{(7)} &= -\Phi_i^{(7)}/\rho_i = -J_i/\rho_i \equiv -J_i g_i^{(7)}
\end{aligned} \tag{7.42}$$

4. 非守恒量演化方程的碰撞项处理

经过前几节的推导,得到了一组不封闭的非守恒量控制方程式(7.20)~式(7.27)及一个确保熵增特性的 Eu 分布函数的形态定义,但是对于演化方程中的

耗散项式(7.22)依然尚未确定。为了完成方程的封闭，Eu 利用 $X_i^{(\alpha)}$ 项和累积量近似，从熵增特性着手，对耗散项式(7.22)进行计算，使耗散项的计算从一开始就严格满足热力学第二定律。分布函数式(7.29)根据局部平衡态分布函数式(7.32)可以改写成

$$f_i = f_i^{(0)} \exp(-x_i) \tag{7.43}$$

其中

$$x_i = \beta(H_i^{(1)} - \mu_i + \mu_i^0) \tag{7.44}$$

将上面的分布函数代入熵增项表达式可以得到

$$\sigma_{\text{ent}} = T^{-1} \sum_{i,j}^{r} \langle (H_i + H_i^{(1)} - \mu_i) C[f_i^{(0)} \exp(-x_i),\ f_j^{(0)} \exp(-x_j)] \rangle \tag{7.45}$$

由于碰撞不变量 H_i 和化学势能对熵的产生没有贡献，只有非平衡态部分 $H_i^{(1)}$ 和 $H_j^{(1)}$ 对熵增有影响，那么熵增项式(7.45)可以改写为

$$\begin{aligned}\sigma_{\text{ent}} = &\frac{1}{4} k_{\mathrm{B}} \sum_{i,j}^{r} \int \mathrm{d}v_i \int \mathrm{d}v_j \int_0^{2\pi} \mathrm{d}\phi \int_0^{\infty} \mathrm{d}b b g_{ij} f_i^0 f_j^0 \\ &\times [\exp(-y_{ij}) - \exp(-x_{ij})](x_{ij} - y_{ij})\end{aligned} \tag{7.46}$$

其中

$$x_{ij} = x_i + x_j, \quad y_{ij} = x_i^* + x_j^*$$

其中，带星号代表逆碰撞的值。为了方便接下来的推导计算，有必要将 Boltzmann 碰撞积分项利用下面的简化符号，写成简化的表达形式。简化变量符号定义为

$$\bar{b} = b/d,\ \bar{g}_{ij} = g_{ij}(m/2k_{\mathrm{B}}T)^{1/2},\ g = (m/2k_{\mathrm{B}}T)^{1/2}/n^2 d^2,\ \hat{\sigma}_{\text{ent}} = \sigma_{\text{ent}} g/k_{\mathrm{B}}$$

其中，d 是分子平均直径；m 是平均质量；k_{B}/g 是单位时间单位体积的熵。另外可以定义一个简化符号：

$$\langle\langle A \rangle\rangle = \int \mathrm{d}w_i \int \mathrm{d}w_j \int_0^{2\pi} \mathrm{d}\phi \int_0^{\infty} \mathrm{d}\bar{b}\bar{b}\ \bar{g}_{ij} \exp(-w_i^2 - w_j^2) A$$

简化的分子特征速度定义为

$$w_i = (m_i/2k_{\mathrm{B}}T)^{1/2} C_i$$

因此无量纲简化后的熵增项简化表达为

$$\hat{\sigma}_{\text{ent}} = \frac{1}{4}\sum_{i,j}^{r}\langle\langle (x_{ij}-y_{ij})[\exp(-y_{ij})-\exp(-x_{ij})]\rangle\rangle \tag{7.47}$$

再定义以下无量纲表达式：

$$\begin{aligned}\Re^{(+)}(\lambda) &\equiv \left\langle\left\langle \sum_{i,j}^{r}(x_{ij}-y_{ij})[\exp(-\lambda y_{ij})-1] \right\rangle\right\rangle \\ \Re^{(-)}(\lambda) &\equiv \left\langle\left\langle \sum_{i,j}^{r}(x_{ij}-y_{ij})[\exp(-\lambda x_{ij})-1] \right\rangle\right\rangle\end{aligned} \tag{7.48}$$

其中，λ 是一个统计参数，在进行计算时会回归为 1。那么熵增项式(7.47)改写成

$$\hat{\sigma}_{\text{ent}} = \frac{1}{4}[\Re^{(+)}(\lambda)-\Re^{(-)}(\lambda)]_{\lambda=1} \tag{7.49}$$

将这两个因子 $\Re^{(+)}$ 和 $\Re^{(-)}$ 通过累积量进行展开

$$\Re^{(\pm)} = \left\langle\left\langle \sum_{i,j}^{r}(x_{ij}-y_{ij})^2 \right\rangle\right\rangle^{1/2}\left\{\exp\left[\sum_{l=1}^{\infty}\frac{(-\lambda)^l}{l!}\kappa_l^{(\pm)}\right]-1\right\} \tag{7.50}$$

其中，$\kappa_l^{(\pm)}$ 为累积量。定义下面的积分表达式：

$$\kappa = \frac{1}{2}\left\langle\left\langle \sum_{i,j}^{r}(x_{ij}-y_{ij})^2 \right\rangle\right\rangle^{1/2} \tag{7.51}$$

$$\kappa_2 = \frac{1}{4}\left\langle\left\langle \sum_{i,j}^{r}(x_{ij}-y_{ij})^2(x_{ij}+y_{ij}) \right\rangle\right\rangle \tag{7.52}$$

$$\kappa_3 = \frac{1}{4}\left\langle\left\langle \sum_{i,j}^{r}(x_{ij}-y_{ij})^2(x_{ij}^2+x_{ij}y_{ij}+y_{ij}^2) \right\rangle\right\rangle \tag{7.53}$$

分别将式(7.48)和式(7.50)按 λ 指数形式展开并通过级数相等进行比较。以 $\Re^{(+)}$ 为例，可以得到前面几阶方程的具体形式为

$$\begin{aligned}&\left\langle\left\langle \sum_{i,j}^{r}(x_{ij}-y_{ij})y_{ij} \right\rangle\right\rangle = 2\kappa\kappa_1^{(+)} \\ &\left\langle\left\langle \sum_{i,j}^{r}(x_{ij}-y_{ij})y_{ij}^2 \right\rangle\right\rangle = 2\kappa(\kappa_2^{(+)}+\kappa_1^{(+)2}) \\ &\left\langle\left\langle \sum_{i,j}^{r}(x_{ij}-y_{ij})y_{ij}^3 \right\rangle\right\rangle = 2\kappa(\kappa_3^{(+)}+3\kappa_1^{(+)}\kappa_2^{(+)}+\kappa_1^{(+)3}) \\ &\cdots\end{aligned} \tag{7.54}$$

利用 Boltzmann 方程碰撞积分项时间可逆的对称性质，在式(7.54)等号左端推导出恒等式，得

$$\begin{aligned}
\left\langle\left\langle\sum_{i,j}^{r}(x_{ij}-y_{ij})y_{ij}\right\rangle\right\rangle&=-\frac{1}{2}\left\langle\left\langle\sum_{i,j}^{r}(x_{ij}-y_{ij})^{2}\right\rangle\right\rangle=-2\kappa^{2}\\
\left\langle\left\langle\sum_{i,j}^{r}(x_{ij}-y_{ij})y_{ij}^{2}\right\rangle\right\rangle&=-\frac{1}{2}\left\langle\left\langle\sum_{i,j}^{r}(x_{ij}-y_{ij})(x_{ij}^{2}-y_{ij}^{2})\right\rangle\right\rangle=-2\kappa_{2}\\
\left\langle\left\langle\sum_{i,j}^{r}(x_{ij}-y_{ij})y_{ij}^{3}\right\rangle\right\rangle&=-\frac{1}{2}\left\langle\left\langle\sum_{i,j}^{r}(x_{ij}-y_{ij})(x_{ij}^{3}-y_{ij}^{3})\right\rangle\right\rangle=-2\kappa_{3}
\end{aligned}\tag{7.55}$$

对比式(7.54)和式(7.55)可以得到累积量 $\kappa_{l}^{(+)}$ 的值为

$$\begin{aligned}
&\kappa_{1}^{(+)}=-\kappa\\
&\kappa_{2}^{(+)}=-\kappa_{2}/\kappa-\kappa^{2}\\
&\kappa_{3}^{(+)}=-\kappa_{3}/\kappa-3\kappa_{2}-2\kappa^{3}\\
&\cdots
\end{aligned}\tag{7.56}$$

相类似，也可以得到累积量 $\kappa_{l}^{(-)}$ 的值为

$$\begin{aligned}
&\kappa_{1}^{(-)}=\kappa\\
&\kappa_{2}^{(-)}=\kappa_{2}/\kappa-\kappa^{2}\\
&\kappa_{3}^{(-)}=\kappa_{3}/\kappa-3\kappa_{2}+2\kappa^{3}\\
&\cdots
\end{aligned}\tag{7.57}$$

将式(7.56)和式(7.57)代入式(7.49)和式(7.50)，那么通过累积量展开最终得到的熵增源项的表达形式为

$$\begin{aligned}
\hat{\sigma}_{\text{ent}}=\frac{\kappa}{2}\Bigg\{&\exp\left[\kappa-\frac{1}{2}(\kappa_{2}/\kappa+\kappa^{2})+\frac{1}{3!}(\kappa_{3}/\kappa+3\kappa_{2}+2\kappa^{3})+\cdots\right]\\
&-\exp\left[-\kappa+\frac{1}{2}(\kappa_{2}/\kappa-\kappa^{2})-\frac{1}{3!}(\kappa_{3}/\kappa-3\kappa_{2}+2\kappa^{3})+\cdots\right]\Bigg\}
\end{aligned}\tag{7.58}$$

Eu 认为上式取一阶累积量近似已经表现出高度的非线性特性，足够用来解释一些有趣的实验观测现象和模拟非平衡态的流动问题。因此略去二阶以上的项，下面的研究均取熵增项的一阶最简形式：

$$\hat{\sigma}_{\text{ent}} = \kappa \sinh\kappa = \kappa^2 q(\kappa) \tag{7.59}$$

既然 κ 取值为非负，式(7.59)表达的熵增项显然也为非负。当趋于平衡态流动时，κ 趋于在近平衡态发展的 Rayleigh-Onsager 耗散函数，即

$$\kappa = \frac{(m_i k_{\mathrm{B}})^{1/4}}{\sqrt{2}d} \frac{T^{1/4}}{p} \left[\frac{\boldsymbol{\Pi}_i : \boldsymbol{\Pi}_i}{2\eta} + \gamma' \frac{\Delta_i^2}{\eta_b} + \frac{\boldsymbol{Q}_i \cdot \boldsymbol{Q}_i}{\lambda T} \right]^{1/2} \tag{7.60}$$

为了更加清楚地了解碰撞耗散项 $\Lambda_i^{(\alpha)}$ 的推导过程，式(7.60)还可以转换成系数函数 $X_i^{(\alpha)}$ 的二次的形式，表示为

$$\kappa^2 = \sum_{i,j}^{r} \sum_{\alpha,\gamma \geqslant 1} R_{ij}^{(\alpha\gamma)} X_i^{(\alpha)} \odot X_j^{(\gamma)} \tag{7.61}$$

其中，系数 $R_{ij}^{(\alpha\gamma)}$ 由碰撞括号积分式(7.64)所得。$R_{ij}^{(\alpha\gamma)}$ 满足 Onsager 相互关系：

$$R_{ij}^{(\alpha\gamma)} = R_{ji}^{(\alpha\gamma)},\ R_{ij}^{(\alpha\gamma)} = R_{ij}^{(\gamma\alpha)} \tag{7.62}$$

通过之前已经推导出熵增项的有关系数函数 $X_i^{(\alpha)}$ 和碰撞耗散项 $\Lambda_i^{(\alpha)}$ 的双线性形式式(7.30)，结合一阶的累积量近似式(7.59)，最终可以推导出碰撞耗散项的表达式为

$$\Lambda_i^{(\alpha)} = (k_{\mathrm{B}} T/g) \sum_{j=1}^{r} \sum_{\gamma \geqslant 1} R_{ij}^{(\alpha\gamma)} X_j^{(\gamma)} (\sinh\kappa/\kappa) \tag{7.63}$$

其中，碰撞括号积分系数 $R_{ij}^{(\alpha\gamma)}$ 为

$$\begin{aligned}
R_{ii}^{(11)} &= \frac{1}{5}\beta^2 \left\{ \begin{aligned} &\frac{1}{4} \left[(h_i^{(1)} + h_{i'}^{(1)} - h_i^{(1)*} - h_{i'}^{(1)*}) : (h_i^{(1)} + h_{i'}^{(1)} - h_i^{(1)*} - h_{i'}^{(1)*}) \right]_{ii'} \\ &+ \frac{1}{2} \sum_{j \neq i} \left[(h_i^{(1)} - h_i^{(1)*}) : (h_i^{(1)} - h_i^{(1)*}) \right]_{ij} \end{aligned} \right\} \\
R_{ij}^{(11)} &= \frac{1}{5}\beta^2 \left[(h_i^{(1)} - h_i^{(1)*}) : (h_j^{(1)} - h_j^{(1)*}) \right]_{ij},\ i \neq j \\
R_{ii}^{(22)} &= \beta^2 \left\{ \frac{1}{4} \left[(h_i^{(2)} + h_{i'}^{(2)} - h_i^{(2)*} - h_{i'}^{(2)*})^2 \right]_{ii'} + \frac{1}{2} \sum_{j \neq i} \left[(h_i^{(2)} - h_i^{(2)*})^2 \right]_{ij} \right\} \\
R_{ij}^{(22)} &= \beta^2 \left[(h_i^{(2)} - h_i^{(2)*})(h_j^{(2)} - h_j^{(2)*}) \right]_{ij},\ i \neq j
\end{aligned} \tag{7.64}$$

对于 α、$\gamma = 3$、4，也就是热流和扩散分量有

$$R_{ii}^{(\alpha\gamma)} = \frac{1}{3}\beta^2 \left\{ \begin{array}{l} \frac{1}{4}\left[(h_i^{(\alpha)} + h_{i'}^{(\alpha)} - h_i^{(\alpha)^*} - h_{i'}^{(\alpha)^*}) \cdot (h_i^{(\gamma)} + h_{i'}^{(\gamma)} - h_i^{(\gamma)^*} - h_{i'}^{(\gamma)^*})\right]_{ii'} \\ + \frac{1}{2}\sum_{j \neq i}\left[(h_i^{(\alpha)} - h_i^{(\alpha)^*}) \cdot (h_i^{(\lambda)} - h_i^{(\gamma)^*})\right]_{ij} \end{array} \right\}$$

$$R_{ij}^{(\alpha\gamma)} = \frac{1}{3}\beta^2\left[(h_i^{(\alpha)} - h_i^{(\alpha)^*}) \cdot (h_j^{(\gamma)} - h_j^{(\gamma)^*})\right]_{ij},\ i \neq j \tag{7.65}$$

其中，括号的定义有 $[A \odot B]_{ij} = (n_i \ n_j / n^2)\int \mathrm{d}w_i \int \mathrm{d}w_j \int_0^{2\pi} \mathrm{d}\phi \int_0^{\infty} \mathrm{d}\bar{b}\bar{b}\bar{g}_{ij}$ $\exp[-(w_i^2 + w_j^2)]A \odot B$。

5. 双原子气体的非线性耦合本构关系演化

在式(7.20)～式(7.27)基础上经过上面的推导，在不考虑多组分混合气体的条件下，针对双原子单一气体分子最终可以得到一组非守恒量演化方程，也就是 Eu 的广义流体动力学方程，即

$$\rho \frac{\mathrm{D}(\boldsymbol{\Pi}/\rho)}{\mathrm{D}t} + \nabla \cdot \psi^{(4)} = -2\left[\boldsymbol{\Pi} \cdot \nabla \boldsymbol{u}\right]^{(2)} - \frac{p}{\eta}\boldsymbol{\Pi} q(\kappa) - 2(p + \Delta)\left[\nabla \boldsymbol{u}\right]^{(2)}$$

$$\rho \frac{\mathrm{D}(\Delta/\rho)}{\mathrm{D}t} + \nabla \cdot \psi^{(5)} = -2\gamma'(\Delta \boldsymbol{I} + \boldsymbol{\Pi}) : \nabla \boldsymbol{u} - \frac{2}{3}\gamma' p \nabla \cdot \boldsymbol{u} - \frac{2}{3}\gamma' \frac{p}{\eta_b}\Delta q(\kappa)$$

$$\rho \frac{\mathrm{D}(\boldsymbol{Q}/\rho)}{\mathrm{D}t} + \nabla \cdot \psi^{(6)} = -\boldsymbol{\Pi} \cdot c_p \nabla T - \boldsymbol{Q} \cdot \nabla \boldsymbol{u} - \frac{p c_p}{\lambda}\boldsymbol{Q} q(\kappa) - (p + \Delta) c_p \nabla T - \frac{\mathrm{D}u}{\mathrm{D}t} \cdot (\boldsymbol{\Pi} + \Delta \boldsymbol{I}) \tag{7.66}$$

其中，非线性耗散因子 $q(\kappa)$ 是关于 Rayleigh-Onsager 耗散表达式的双曲正弦函数形式，被认为是 Eu 改进的矩方法的基石。但是，式(7.66)仍然是一个开放的偏微分方程系统，Eu[2] 提出另一种不同于 Grad 封闭的封闭方法：

$$\psi^{(4)} = \psi^{(5)} = \psi^{(6)} = 0 \tag{7.67}$$

由于非守恒量时间偏导项的存在，在这样一个非线性系统中会带来比较大的计算难度，因此非常有必要通过近似来得到数值上可操作的形式。Eu 认为两组宏观物理量演变的时间尺度是不一样的，非守恒量比守恒量的演化要快，因此在守恒量的长时间演变历程中，非守恒量早已经达到它们的平衡状态。从另一个角度而言，在非守恒量的演变时间尺度上看，守恒量可以被看作是一个常量。因

此,可以简单地忽略这些非守恒量的时间偏导项,得到一组定常的演化方程,并在迭代求解非守恒量时,将方程里面的守恒量当作常量,这就是绝热假设的基本原理,同时方程的 $D\boldsymbol{u}/Dt\cdot(\boldsymbol{\Pi}+\Delta\boldsymbol{I})$ 直接被忽略。此外,在 Myong 的文章[5, 10]当中,该项 $\boldsymbol{Q}\cdot\nabla\boldsymbol{u}$ 仅仅为了简化起见,也从本构关系中省略。作者近年来的研究也表明,该项在一维激波结构中影响甚微,因此可以将其忽略。根据绝热假设和 Eu 的封闭方法,最终可以得到一个适用于双原子单一气体的一般化的流体动力学计算模型,也就是非线性耦合本构关系(NCCR 模型),总结为

$$
\begin{aligned}
&-2\left[\boldsymbol{\Pi}\cdot\nabla\boldsymbol{u}\right]^{(2)}-\frac{p}{\eta}\boldsymbol{\Pi}q(\kappa)-2(p+\Delta)\left[\nabla\boldsymbol{u}\right]^{(2)}=0\\
&-2\gamma'(\Delta\boldsymbol{I}+\boldsymbol{\Pi}):\nabla\boldsymbol{u}-\frac{2}{3}\gamma'p\,\nabla\cdot\boldsymbol{u}-\frac{2}{3}\gamma'\frac{p}{\eta_b}\Delta q(\kappa)=0\\
&-\boldsymbol{\Pi}\cdot c_p\nabla T-\frac{pc_p}{\lambda}\boldsymbol{Q}q(\kappa)-(p+\Delta)c_p\nabla T=0
\end{aligned}
\tag{7.68}
$$

6. 单原子气体的非线性耦合本构关系的 Eu 系列展开解

对于单原子气体分子的输运过程,一般不考虑附加体积应力的影响,即可以认为 $\Delta=0$。在双原子单一气体的计算模型式(7.68)基础上,忽略附加正应力的输运方程,便可以得到适用于单原子单一气体的非线性耦合本构模型为

$$
\begin{aligned}
&-2\left[\boldsymbol{\Pi}\cdot\nabla\boldsymbol{u}\right]^{(2)}-\frac{p}{\eta}\boldsymbol{\Pi}q(\kappa)-2p\left[\nabla\boldsymbol{u}\right]^{(2)}=0\\
&-\boldsymbol{\Pi}\cdot c_p\nabla T-\frac{pc_p}{\lambda}\boldsymbol{Q}q(\kappa)-pc_p\nabla T=0
\end{aligned}
\tag{7.69}
$$

为了得到各阶方程之间的相互关系,传统的 Chapman-Enskog 展开将努森数这一无量纲参数作为展开参数,把分布函数表达成以努森数各阶项相加的形式,然后代入 Boltzmann 方程,推导出各阶方程,其中零阶方程为欧拉方程,一阶方程为纳维斯托克斯方程,二阶方程为 Burnett 方程,三阶方程则为 Super-Burnett 方程。与 Chapman-Enskog 展开类似,为了得到广义流体动力学方程与传统方程的联系,Eu 提供了另一种展开方法。由于单原子单一气体计算模型相对简单,本节将基于方程式(7.69)把 Eu 展开相关理论进行阐述。在进行展开之前,将对控制方程进行无量纲化。无量纲化的参考变量根据研究的问题对象可以不同,Eu 和 Myong[1, 12]采用下面开放的参考变量形式:

$$\boldsymbol{x}^* = \boldsymbol{x}/L,\ \boldsymbol{u}^* = \boldsymbol{u}/U_r,\ \rho^* = \rho/\rho_r,\ p^* = p/p_r,\ T^* = T/T_r,\ c_p^* = c_p/c_{pr}$$
$$\eta^* = \eta/\eta_r,\ \lambda^* = \lambda/\lambda_r,\ \boldsymbol{\Pi}^* = \boldsymbol{\Pi}/(\eta_r U_r/L),\ Q^* = Q/(\lambda_r \Delta T/L T_r)$$

其中，下标代表参考变量；L 是特征长度；U_r 是特征速度；ΔT 代表两个特征位置点的温度差，例如，$\Delta T = T_w - T_r$ 或 $T_r - T_w$，T_w 为壁温。几个传统的无量纲参数分别定义如下：

马赫数：$Ma = U_r/\sqrt{\gamma R T_r}$

雷诺数：$Re = \rho_r U_r L/\eta_r$

埃克尔数：$Ec = U_r^2/c_{pr}\Delta T$

勃朗特数：$Pr = C_{pr}\eta_r/\lambda_r$

努森数：$Kn = l/L$

Eu 根据需要，定义了另一个无量纲复合参数，定义为

$$N_\delta = \frac{\eta_r U_r}{p_r L} = \frac{\gamma Ma^2}{Re} = \sqrt{\frac{2\gamma}{\pi}} KnMa \tag{7.70}$$

该参数与马赫数和努森数乘积成比例，体现了黏性力和静水压力的比值，可以用来描述气体偏离平衡态的程度。那么无量纲化的单原子单一气体计算模型表达为

$$\begin{aligned} &-2[\boldsymbol{\Pi}\cdot\nabla \boldsymbol{u}]^{(2)} - \frac{1}{N_\delta}\frac{p}{\eta}\boldsymbol{\Pi} q(\kappa) - \frac{2p}{N_\delta}[\nabla \boldsymbol{u}]^{(2)} = 0 \\ &-Pr\boldsymbol{\Pi}\cdot\nabla T - \frac{Pr}{N_\delta}\frac{p}{\lambda}\boldsymbol{Q} q(\kappa) - \frac{Pr}{N_\delta} p\nabla T = 0 \end{aligned} \tag{7.71}$$

在无量纲的单原子 NCCR 模型式(7.71)中，N_δ 是唯一一个与分子碰撞和气体密度有关的参数，因此 Eu 将其作为展开参数。将非守恒量 $\boldsymbol{\Pi}$、$\boldsymbol{Q}$ 和非线性耗散因子 $q(N_\delta \boldsymbol{\kappa})$ 对 N_δ 幂级数展开，得

$$\boldsymbol{\Pi} = \boldsymbol{\Pi}_0 + N_\delta \boldsymbol{\Pi}_1 + N_\delta^2 \boldsymbol{\Pi}_2 + \cdots \tag{7.72}$$

$$\boldsymbol{Q} = \boldsymbol{Q}_0 + N_\delta \boldsymbol{Q}_1 + N_\delta^2 \boldsymbol{Q}_2 + \cdots \tag{7.73}$$

$$q(N_\delta \boldsymbol{\kappa}) = 1 + \frac{1}{3!}\boldsymbol{\kappa}_0^2 N_\delta^2 + \frac{1}{5!}\boldsymbol{\kappa}_0^4 N_\delta^4 \cdots \tag{7.74}$$

将以上级数表达式(7.72)～式(7.74)代入方程式(7.71)，N_δ 的同幂项匹配在一起，就可以推导出这些非守恒量的不同阶数的方程形式为

$$\boldsymbol{\Pi}_0 = -2\eta [\nabla \boldsymbol{u}]^{(2)} \tag{7.75}$$

$$\boldsymbol{Q}_0 = -\lambda \nabla T \tag{7.76}$$

$$\boldsymbol{\Pi}_1 = -\frac{2\eta}{p} [\boldsymbol{\Pi}_0 \cdot \nabla \boldsymbol{u}]^{(2)} \tag{7.77}$$

$$\boldsymbol{Q}_1 = -\frac{\lambda}{p}\left(\boldsymbol{\Pi}_0 \cdot \nabla T + \frac{1}{Pr}\boldsymbol{Q}_0 \cdot \nabla \boldsymbol{u}\right) \tag{7.78}$$

可以看出，零阶 Eu 展开解式(7.75)和式(7.76)与一阶 Chapman-Enskog 展开一致，即线性的牛顿黏性定律和傅里叶热传导定律。一阶 Eu 展开则是二阶的 Chapman-Enskog 展开解，即 Burnett 方程。由于 $q(N_\delta \kappa)$ 的展开式(7.74)并不显式存在线性的一阶项，因此非线性耗散因子在 Eu 展开的零阶和一阶解中并没有显式出现。可见，二阶的 Burnett 方程和 NSF 方程一样，并不包含更多有关熵增的信息。因此，无论是 NSF 方程还是 Burnett 方程都很难将远离平衡态的流动描述清楚。

将熵增项 $\hat{\sigma}_{\text{ent}} = N_\delta \kappa \sinh(N_\delta \kappa) = (N_\delta \kappa)^2 q(N_\delta \kappa)$ 按式(7.74)级数展开，获得最低阶项为

$$\hat{\sigma}_{\text{ent}} = (N_\delta \kappa)^2 \tag{7.79}$$

根据 Rayleigh-Onsager 耗散函数，显然上式 $\hat{\sigma}_{\text{ent}}$ 可表达为非守恒量 $\boldsymbol{\Pi}$ 和 $\boldsymbol{Q}$ 的二次函数形式。这反映出非线性耗散因子 $q(N_\delta \kappa)$ 是 NCCR 模型有区别于线性的 NSF 方程和二阶的 Burnett 方程的关键所在，它的存在包含熵增源项的信息，使得 NCCR 模型有能力刻画远离非平衡态的非线性流动。

7.2 NCCR 理论数值计算方法

7.2.1 无量纲化的控制方程和非线性耦合本构模型

采用下面传统的特征参数对方程进行无量纲化：

$$x^* = \frac{x}{L_0},\ y^* = \frac{y}{L_0},\ z^* = \frac{z}{L_0},\ u^* = \frac{u}{a_\infty},\ v^* = \frac{v}{a_\infty},\ w^* = \frac{w}{a_\infty},\ p^* = \frac{p}{\rho_\infty a_\infty^2}$$

$$\rho^* = \frac{\rho}{\rho_\infty},\ T^* = \frac{T}{T_\infty},\ \eta^* = \frac{\eta}{\eta_\infty},\ \eta_b^* = \frac{\eta_b}{\eta_\infty},\ \lambda^* = \frac{\lambda}{\lambda_\infty},\ E^* = \frac{E}{a_\infty^2}$$

$$h^* = \frac{h}{a_\infty^2},\ t^* = \frac{t}{L_0/a_\infty},\ R^* = \frac{R}{a_\infty^2/T_\infty} = \frac{1}{\gamma},\ c_p^* = \frac{c_p}{a_\infty^2/T_\infty} = \frac{1}{\gamma - 1}$$

$$c_v^* = \frac{c_v}{a_\infty^2/T},\ \boldsymbol{\Pi}^* = \frac{\boldsymbol{\Pi}}{\eta_\infty a_\infty/L_0},\ \Delta^* = \frac{\Delta}{\eta_\infty a_\infty/L_0},\ \boldsymbol{Q}^* = \frac{\boldsymbol{Q}}{\lambda_\infty T_\infty/L_0}$$

其中,上标星号代表无量纲化参数。为了记录方便,以下的无量纲参数都省略了星号。得到适用于双原子气体的无量纲演化控制方程为

$$\frac{\partial \boldsymbol{U}}{\partial t} + \nabla \cdot \boldsymbol{F}_c + N_\delta \nabla \cdot \boldsymbol{F}_v = 0 \tag{7.80}$$

$$\boldsymbol{U} = \begin{pmatrix} \rho \\ \rho \boldsymbol{u} \\ \rho E \end{pmatrix} \quad \boldsymbol{F}_c = \begin{pmatrix} \rho \boldsymbol{u} \\ \rho \boldsymbol{u}\boldsymbol{u} + p\boldsymbol{I} \\ (\rho E + p)\boldsymbol{u} \end{pmatrix} \quad \boldsymbol{F}_v = \begin{pmatrix} 0 \\ \boldsymbol{\Pi} + \Delta \boldsymbol{I} \\ (\boldsymbol{\Pi} + \Delta \boldsymbol{I}) \cdot \boldsymbol{u} + \varepsilon \boldsymbol{Q} \end{pmatrix}$$

和 NCCR 本构方程

$$\hat{\boldsymbol{\Pi}} q(c\hat{R}) = (1 + \hat{\Delta})\hat{\boldsymbol{\Pi}}_0 + [\hat{\boldsymbol{\Pi}} \cdot \nabla \hat{\boldsymbol{u}}]^{(2)} \tag{7.81}$$

$$\hat{\Delta} q(c\hat{R}) = \hat{\Delta}_0 + \frac{3}{2} f_b (\hat{\Delta}\boldsymbol{I} + \hat{\boldsymbol{\Pi}}) : \nabla \hat{\boldsymbol{u}} \tag{7.82}$$

$$\hat{\boldsymbol{Q}} q(c\hat{R}) = (1 + \hat{\Delta})\hat{\boldsymbol{Q}}_0 + \hat{\boldsymbol{\Pi}} \cdot \hat{\boldsymbol{Q}}_0 \tag{7.83}$$

其中,$\hat{\boldsymbol{\Pi}}_0$、$\hat{\Delta}_0$ 和 $\hat{\boldsymbol{Q}}_0$ 分别表示剪应力张量的牛顿黏性定律、线性的附加正应力和傅里叶热传导定律,表示为

$$\boldsymbol{\Pi}_0 = -2\eta[\nabla \boldsymbol{u}]^{(2)}, \quad \Delta_0 = -\eta_b \nabla \cdot \boldsymbol{u}, \quad \boldsymbol{Q}_0 = -\lambda \nabla T \tag{7.84}$$

其中

$$\frac{\eta_\infty}{\rho_\infty a_\infty L_0} = N_\delta = \frac{Ma}{Re},\ \hat{\boldsymbol{\Pi}} = \frac{N_\delta}{p}\boldsymbol{\Pi},\ \hat{\Delta} = \frac{N_\delta}{p}\Delta,\ \hat{\boldsymbol{Q}} = \frac{N_\delta}{p}\frac{\boldsymbol{Q}}{\sqrt{T/(2\varepsilon)}}$$

$$\hat{R} = \left[\hat{\boldsymbol{\Pi}} : \hat{\boldsymbol{\Pi}} + \frac{2\gamma'}{f_b}\hat{\Delta}^2 + \hat{\boldsymbol{Q}} \cdot \hat{\boldsymbol{Q}}\right]^{1/2},\ \nabla \hat{\boldsymbol{u}} = -2\eta \frac{N_\delta}{p} \nabla \boldsymbol{u},\ \varepsilon = \frac{1}{Pr(\gamma - 1)}$$

黏性系数可通过逆幂律分子模型公式计算，即

$$\eta = \frac{5m\ (RT/\pi)^{\frac{1}{2}}\ (2mRT/K)^{\frac{2}{\nu-1}}}{8A_2(\nu)\Gamma\left[4-\dfrac{2}{\nu-1}\right]} \tag{7.85}$$

式(7.85)也可以定义为

$$\eta = \eta_{\mathrm{ref}}\left(\frac{T}{T_{\mathrm{ref}}}\right)^{s} \tag{7.86}$$

其中，s 由公式 $s=1/2+2/(\nu-1)$ 给出，参数 ν 是逆幂律模型的指数，非线性耗散因子定义为 $q(c\hat{R})=\sinh(c\hat{R})/c\hat{R}$，常数 c 有以下关系：

$$c = (mk_{\mathrm{B}}T_{\mathrm{r}})^{\frac{1}{4}}\frac{1}{2d_{\mathrm{r}}\eta_{\mathrm{r}}^{1/2}} \tag{7.87}$$

那么当黏性系数是基于逆幂律模型求解时，上述常数 c 可以推导成逆幂律模型指数的函数形式，即

$$c = \left[\frac{2\sqrt{\pi}}{5}A_2(\nu)\Gamma\left(4-\frac{2}{\nu-1}\right)\right]^{\frac{1}{2}} \tag{7.88}$$

其中，函数 $A_2(\nu)$ 的值可以通过文献[13]获得；伽马函数 Γ 可以通过数学手册[14]进行计算。对于完全气体，其他无量纲关系式有

$$\begin{aligned}
&p=\rho T/\gamma,\ c_p=1/(\gamma-1),\ d=T^{1/(1-\nu)}\\
&\eta=T^s,\ \eta_b=f_b\eta=f_bT^s,\ \lambda=\eta=T^s\\
&T^{1/4}/(d\sqrt{\eta})=1,\ \gamma'=(5-3\gamma)/2
\end{aligned} \tag{7.89}$$

其中，f_{b} 是体积黏性和剪切黏性的比值。对于氮气，该值为 0.8。

7.2.2 非线性耦合本构关系的迭代解法

1. 解耦计算方法

NCCR 模型尽管在 GHE 方程基础上得到很大的简化，但是由于它的高阶非守恒量的非线性特点和相互耦合关系，依然很难进行数值求解。因此，Myong 提出了 NCCR 模型的非线性代数系统形式[5, 6]。这个系统可以通过迭代方法进行求解，并不需要和前面提到的 Grad 矩方程一样去处理有着更多更高阶量的双

曲型系统，只需要一个附加的迭代过程从这个非线性代数系统中计算应力和热流，然后代入守恒控制方程对守恒量进行计算即可。整个算法与 NS 方程处理五矩方程的过程一致。基于 Myong 的二维算法，可以将三维问题近似地简化为 x、y、z 三个方向的一维问题来进行处理。在三维有限控制体的一个面上由热力学力 (u_x, v_x, w_x, T_x) 引起的应力和热流分量 (Π_{xx}, Π_{xy}, Π_{xz}, Δ, Q_x)，可以近似成两个解耦求解器的线性叠加，其中一个求解器求解描述压缩膨胀方向的流动 (u_x, 0, 0, T_x)，另一个则计算剪切方向的流动 (0, v_x, 0, 0) 和 (0, 0, w_x, 0)。此处为了给出三维 NCCR 模型的解耦求解过程的简洁表达，采用统一轮换符号标示，见表 7.1。

表 7.1　轮换符号

i	$x_i\ u_i$	j	$x_j\ u_j$	k	$x_k\ u_k$
1	$x\ u$	2	$y\ v$	3	$z\ w$
2	$y\ v$	3	$z\ w$	1	$x\ u$
3	$z\ w$	1	$x\ u$	2	$y\ v$

在 x_i 面法向方向的 NCCR 模型的非线性代数系统表示为

$$
\begin{aligned}
q(c\hat{R})\hat{\Pi}_{x_ix_i}^{u_i,i} &= (1+\hat{\Delta}^{u_i,i}+\hat{\Pi}_{x_ix_i}^{u_i,i})\hat{\Pi}_{x_ix_i0}^{u_i,i} \\
q(c\hat{R})\hat{\Delta}^{u_i,i} &= [1+3(\hat{\Pi}_{x_ix_i}^{u_i,i}+\hat{\Delta}^{u_i,i})]\hat{\Delta}_0^{u_i,i} \\
q(c\hat{R})\hat{Q}_{x_i} &= (1+\hat{\Delta}^{u_i,i}+\hat{\Pi}_{x_ix_i}^{u_i,i})\hat{Q}_{x_i0}
\end{aligned}
\tag{7.90}
$$

其中

$$
\hat{R}^2 = \frac{3}{2}(\hat{\Pi}_{x_ix_i}^{u_i,i})^2 + \frac{2\gamma'}{f_b}(\hat{\Delta}^{u_i,i})^2 + \hat{Q}_{x_i}^2
\tag{7.91}
$$

在 x_i 面两个剪切方向 j 和 k 的 NCCR 模型的非线性代数系统表示为

$$
\begin{aligned}
q(c\hat{R})\hat{\Pi}_{x_ix_i}^{u_j,i} &= -\frac{2}{3}\hat{\Pi}_{x_ix_j}^{u_j,i}\hat{\Pi}_{x_ix_j0}^{u_j,i} & q(c\hat{R})\hat{\Pi}_{x_ix_i}^{u_k,i} &= -\frac{2}{3}\hat{\Pi}_{x_ix_k}^{u_k,i}\hat{\Pi}_{x_ix_k0}^{u_k,i} \\
q(c\hat{R})\hat{\Pi}_{x_ix_j}^{u_j,i} &= (1+\hat{\Delta}^{u_j,i}+\hat{\Pi}_{x_ix_i}^{u_j,i})\hat{\Pi}_{x_ix_j0}^{u_j,i} & q(c\hat{R})\hat{\Pi}_{x_ix_k}^{u_k,i} &= (1+\hat{\Delta}^{u_k,i}+\hat{\Pi}_{x_ix_i}^{u_k,i})\hat{\Pi}_{x_ix_k0}^{u_k,i} \\
q(c\hat{R})\hat{\Delta}^{u_j,i} &= 3f_b\hat{\Pi}_{x_ix_j}^{u_j,i}\hat{\Pi}_{x_ix_j0}^{u_j,i} & q(c\hat{R})\hat{\Delta}^{u_k,i} &= 3f_b\hat{\Pi}_{x_ix_k}^{u_k,i}\hat{\Pi}_{x_ix_k0}^{u_k,i}
\end{aligned}
\tag{7.92}
$$

其中

$$
\begin{aligned}
\hat{R}^2 &= 6\left(\hat{\Pi}^{u_{j,i}}_{x_i x_i}\right)^2 + 2\left(\hat{\Pi}^{u_{j,i}}_{x_i x_j}\right)^2 + \frac{2\gamma'}{f_{\mathrm{b}}}\left(\hat{\Delta}^{u_{j,i}}\right)^2 \\
\hat{R}^2 &= 6\left(\hat{\Pi}^{u_{k,i}}_{x_i x_i}\right)^2 + 2\left(\hat{\Pi}^{u_{k,i}}_{x_i x_k}\right)^2 + \frac{2\gamma'}{f_{\mathrm{b}}}\left(\hat{\Delta}^{u_{k,i}}\right)^2
\end{aligned}
\tag{7.93}
$$

其中，$\hat{\Pi}^{u_{i,i}}_{x_i x_i}$ 的上标 $u_{i,i}$ 可表示成 $\partial u_i/\partial x_i$，代表在 $i=1$ 情况下速度 u 对 x 坐标的偏导数。$\hat{\Pi}^{u_{i,i}}_{x_i x_i}$ 表示在 x_i 面由速度梯度 $\partial u_i/\partial x_i$ 引起的 x_i 方向的偏应力。

采用 Myong 的迭代方法求解上面的非线性代数系统，简要总结如下。

1）在 $(u_{i,i}, 0, 0, T_i)$ 的第一解耦求解器

有关迭代的剪切应力、附加正应力和热流的初值通过 NSF 本构模型的线性值进行预计算，有

$$
\begin{aligned}
\hat{R}_0^2 &= \frac{3}{2}\left(\hat{\Pi}^{u_{i,i}}_{x_i x_i 0}\right)^2 + \frac{2\gamma'}{f_{\mathrm{b}}}\left(\hat{\Delta}_0^{u_{i,i}}\right)^2 + \hat{Q}_{x_i 0}^2 \\
\hat{\Pi}^{u_{i,i}}_{x_i x_i 1} &= \frac{\sinh^{-1}(c\hat{R}_0)}{c\hat{R}_0}\hat{\Pi}^{u_{i,i}}_{x_i x_i 0} \\
\hat{\Delta}_1^{u_{i,i}} &= \frac{\sinh^{-1}(c\hat{R}_0)}{c\hat{R}_0}\hat{\Delta}_0^{u_{i,i}} \\
\hat{Q}_{x_i 1} &= \frac{\sinh^{-1}(c\hat{R}_0)}{c\hat{R}_0}\hat{Q}_{x_i 0}
\end{aligned}
\tag{7.94}
$$

当 $\hat{\Pi}^{u_{i,i}}_{x_i x_i 0}$ 和 $\hat{Q}_{x_i 0}$ 为正值时，求解公式为

$$
\begin{aligned}
\hat{R}_n^2 &= \frac{3}{2}\left(\hat{\Pi}^{u_{i,i}}_{x_i x_i}\right)_n^2 + \frac{2\gamma'}{f_{\mathrm{b}}}\left(\hat{\Delta}^{u_{i,i}}\right)_n^2 + \hat{Q}_{x_i n}^2 \\
\hat{R}_{n+1} &= \frac{1}{c}\sinh^{-1}\left[c\sqrt{Y_n}\right] \\
\left(\hat{\Pi}^{u_{i,i}}_{x_i x_i}\right)_{n+1} &= \left[1 + \left(\hat{\Delta}^{u_{i,i}}\right)_n + \left(\hat{\Pi}^{u_{i,i}}_{x_i x_i}\right)_n\right]\hat{\Pi}^{u_{i,i}}_{x_i x_i 0}\frac{\hat{R}_{n+1}}{\sqrt{Y_n}} \\
\left(\hat{Q}_{x_i}\right)_{n+1} &= \frac{\hat{Q}_{x_i 0}}{\hat{\Pi}^{u_{i,i}}_{x_i x_i 0}}\left(\hat{\Pi}^{u_{i,i}}_{x_i x_i}\right)_{n+1} \\
\left(\hat{\Delta}^{u_{i,i}}\right)_{n+1} &= \frac{1}{8}\left[(9f_{\mathrm{b}} - 4)\left(\hat{\Pi}^{u_{i,i}}_{x_i x_i}\right)_{n+1} - 4 + \sqrt{D_{n+1}}\right]
\end{aligned}
\tag{7.95}
$$

其中

$$D_{n+1}=(81f_{\mathrm{b}}^2+72f_{\mathrm{b}}+16)(\hat{\Pi}_{x_ix_i}^{u_{i,i}})_{n+1}^2+(32-24f_{\mathrm{b}})(\hat{\Pi}_{x_ix_i}^{u_{i,i}})_{n+1}+16$$

$$Y_n=(1+(\hat{\Delta}^{u_{i,i}})_n+(\hat{\Pi}_{x_ix_i}^{u_{i,i}})_n)^2\hat{R}_0^2$$
$$+4[(\hat{\Pi}_{x_ix_i}^{u_{i,i}})_n+(\hat{\Delta}^{u_{i,i}})_n]\{1+2[(\hat{\Pi}_{x_ix_i}^{u_{i,i}})_n+(\hat{\Delta}^{u_{i,i}})_n]\}\frac{2\gamma'}{f_{\mathrm{b}}}(\hat{\Delta}_0^{u_{i,i}})^2 \tag{7.96}$$

当 $\hat{\Pi}_{x_ix_i0}^{u_{i,i}}$ 和 $\hat{Q}_{x_i0}$ 为负值时，求解公式为

$$\begin{aligned}
&\hat{R}_n^2=\frac{3}{2}(\hat{\Pi}_{x_ix_i}^{u_{i,i}})_n^2+\frac{2\gamma'}{f_{\mathrm{b}}}(\hat{\Delta}^{u_{i,i}})_n^2+\hat{Q}_{x_in}^2\\
&(\hat{\Pi}_{x_ix_i}^{u_{i,i}})_{n+1}=\frac{[1+(\hat{\Delta}^{u_{i,i}})_n]\hat{\Pi}_{x_ix_i0}^{u_{i,i}}}{q(c\hat{R}_n)-\hat{\Pi}_{x_ix_i0}^{u_{i,i}}}\\
&(\hat{Q}_{x_i})_{n+1}=\frac{\hat{Q}_{x_i0}}{\hat{\Pi}_{x_ix_i0}^{u_{i,i}}}(\hat{\Pi}_{x_ix_i}^{u_{i,i}})_{n+1}\\
&(\hat{\Delta}^{u_{i,i}})_{n+1}=\frac{1}{8}\left[(9f_{\mathrm{b}}-4)(\hat{\Pi}_{x_ix_i}^{u_{i,i}})_{n+1}-4+\sqrt{D_{n+1}}\right]
\end{aligned} \tag{7.97}$$

其中，D_{n+1} 可以通过式(7.96)进行计算。

2）在 $(0,u_{j,i},0,0)$ 和 $(0,0,u_{k,i},0)$ 的第二解耦求解器

两个剪切方向 $(0,u_{j,i},0,0)$ 和 $(0,0,u_{k,i},0)$ 的第二解耦求解器相类似，因此这里只介绍在 $(0,u_{j,i},0,0)$ 方向的第二求解过程。注意到一个重要区别：在 NSF 线性本构关系中并不存在由热力学力 $u_{j,i}$ 引起应力 $\Pi_{x_ix_i0}$。因此，$\hat{\Pi}_{x_ix_i1}^{u_{j,i}}$ 的初始迭代值为零。由式(7.92)可以推导出一组约束条件为

$$\hat{\Pi}_{x_ix_j}^{u_{j,i}}=\mathrm{sign}(\hat{\Pi}_{x_ix_j0}^{u_{j,i}})\left\{-\frac{3}{2}\hat{\Pi}_{x_ix_i}^{u_{j,i}}\left[\left(1-\frac{9}{2}f_{\mathrm{b}}\right)\hat{\Pi}_{x_ix_i}^{u_{j,i}}+1\right]\right\}^{1/2} \tag{7.98}$$

它的数学特征表明在参数 f_{b} 为临界点 2/9 时会由椭圆形变为双曲形曲线。因此，两种情况有必要在迭代方法中分别对待。对于 $f_{\mathrm{b}}>2/9$，第二解耦求解器为

$$\begin{aligned}
&\hat{R}_n=\left\{3(\hat{\Pi}_{x_ix_i}^{u_{j,i}})_n\left[\left(1+\frac{9}{2}(3\gamma'+1)f_{\mathrm{b}}\right)(\hat{\Pi}_{x_ix_i}^{u_{j,i}})_n-1\right]\right\}^{1/2}\\
&\hat{R}_{n+1}=\frac{1}{c}\mathrm{arsinh}(cY_n)\\
&(\hat{\Pi}_{x_ix_i}^{u_{j,i}})_{n+1}=\frac{3-\sqrt{D_{n+1}}}{3[2+9(3\gamma'+1)f_{\mathrm{b}}]}
\end{aligned} \tag{7.99}$$

其中

$$D_{n+1}=9+12\left(1+\frac{9}{2}(3\gamma'+1)f_{\mathrm{b}}\right)\hat{R}_{n+1}^{2}$$

$$Y_n=\left\{2\left[1+\left(1-\frac{9}{2}f_{\mathrm{b}}\right)(\hat{\Pi}_{x_ix_i}^{u_j,i})_n\right]\left[1-\left(1+\frac{9}{2}(3\gamma'+1)f_{\mathrm{b}}\right)(\hat{\Pi}_{x_ix_i}^{u_j,i})_n\right]\right\}^{1/2}\hat{\Pi}_{x_ix_j0}^{u_j,i}$$

对于 $f_{\mathrm{b}}<2/9$，第二解耦求解器为

$$(\hat{\Pi}_{x_ix_i}^{u_j,i})_{n+1}=\frac{-2(\hat{\Pi}_{x_ix_j0}^{u_j,i})^2}{3q^2(c\hat{R}_n)+(2-9f_{\mathrm{b}})(\hat{\Pi}_{x_ix_j0}^{u_j,i})^2}$$
$$\hat{R}_n=\left\{3(\hat{\Pi}_{x_ix_i}^{u_j,i})_n\left[\left(1+\frac{9}{2}(3\gamma'+1)f_{\mathrm{b}}\right)(\hat{\Pi}_{x_ix_i}^{u_j,i})_n-1\right]\right\}^{1/2} \tag{7.100}$$

计算得到了 $\hat{\Pi}_{x_ix_i}^{u_j,i}$ 的收敛值后，可以代入下面的公式获得 $\hat{\Delta}^{u_j,i}$ 和 $\hat{\Pi}_{x_ix_j}^{u_j,i}$ 的新值：

$$(\hat{\Delta}^{u_j,i})_{n+1}=-\frac{9}{2}f_{\mathrm{b}}(\hat{\Pi}_{x_ix_i}^{u_j,i})_{n+1}$$
$$(\hat{\Pi}_{x_ix_j}^{u_j,i})_{n+1}=\mathrm{sign}(\hat{\Pi}_{x_ix_j0}^{u_j,i})\left[-\frac{3}{2}(\hat{\Pi}_{x_ix_i}^{u_j,i})_{n+1}\left(\left(1-\frac{9}{2}f_{\mathrm{b}}\right)(\hat{\Pi}_{x_ix_i}^{u_j,i})_{n+1}+1\right)\right]^{1/2} \tag{7.101}$$

当 $|\hat{R}_{n+1}-\hat{R}_n|\leqslant 10^{-5}$ 时，整个 NCCR 模型的非线性代数系统迭代计算被认为收敛。所有的非守恒量收敛之后在这个时刻的值可以线性叠加起来得到最终应力与热流。

$$\Pi_{xx}=\frac{p}{N_\delta}(\hat{\Pi}_{xx}^{u_x}+\hat{\Pi}_{xx}^{v_x}+\hat{\Pi}_{xx}^{w_x})\quad \Pi_{xy}=\Pi_{yx}=\frac{p}{N_\delta}(\hat{\Pi}_{yx}^{u_y}+\hat{\Pi}_{xy}^{v_x})$$
$$\Pi_{yy}=\frac{p}{N_\delta}(\hat{\Pi}_{yy}^{v_y}+\hat{\Pi}_{yy}^{u_y}+\hat{\Pi}_{yy}^{w_y})\quad \Pi_{xz}=\Pi_{zx}=\frac{p}{N_\delta}(\hat{\Pi}_{zx}^{u_z}+\hat{\Pi}_{xz}^{w_x})$$
$$\Pi_{zz}=\frac{p}{N_\delta}(\hat{\Pi}_{zz}^{w_z}+\hat{\Pi}_{zz}^{u_z}+\hat{\Pi}_{zz}^{v_z})\quad \Pi_{yz}=\Pi_{zy}=\frac{p}{N_\delta}(\hat{\Pi}_{zy}^{v_z}+\hat{\Pi}_{yz}^{w_y}) \tag{7.102}$$
$$\Delta=\frac{p}{N_\delta}(\hat{\Delta}^{u_x}+\hat{\Delta}^{v_x}+\hat{\Delta}^{w_x}+\hat{\Delta}^{v_y}+\hat{\Delta}^{u_y}+\hat{\Delta}^{w_y}+\hat{\Delta}^{w_z}+\hat{\Delta}^{u_z}+\hat{\Delta}^{v_z})$$
$$Q_x=\frac{p\sqrt{T/(2\varepsilon)}}{N_\delta}\hat{Q}_x\quad Q_y=\frac{p\sqrt{T/(2\varepsilon)}}{N_\delta}\hat{Q}_y\quad Q_z=\frac{p\sqrt{T/(2\varepsilon)}}{N_\delta}\hat{Q}_z$$

(2) 耦合计算方法

前文有关 NCCR 模型的解耦求解方法研究在一维激波结构和二维问题上初步展示了它的能力。基于 Myong 的解耦求解思想，三维问题实际上被近似简化为在 x、y、z 方向上的三个互不干扰的一维问题，某个表面上的应力热流分量可以通过两个解耦求解器分别计算获得。然而，这种解耦求解的思想忽略了真实流动中三个方向的相互影响，弱化了本构关系中非守恒量之间本身的耦合关系。这种解耦求解方法的缺陷在三维流动中充分暴露，其中一个主要的缺点就是计算不稳定，在一些尾部膨胀流动区域容易出现密度等物理量的非物理解。

既然在解耦求解中的第一个求解器描述的是压缩-膨胀流动方向问题，那么在非线性代数系统里忽略的项极有可能隐含了一些偏离局部平衡态的重要物理信息。因此，研究工作的重点放在如何通过一种耦合的计算方法直接求解整个非线性耦合本构方程式(7.81)～式(7.83)，而不是沿着原来的路径利用解耦方法去求解 NCCR 模型的代数系统式(7.90)～式(7.93)。首先，适用于双原子气体分子无量纲化的演化本构方程被转换成

$$\hat{\boldsymbol{\Pi}}:\hat{\boldsymbol{\Pi}}q(c\hat{R})=(1+\hat{\Delta})\hat{\boldsymbol{\Pi}}:\hat{\boldsymbol{\Pi}}_0+\hat{\boldsymbol{\Pi}}:[\hat{\boldsymbol{\Pi}}\cdot\nabla\hat{\boldsymbol{u}}]^{(2)} \tag{7.103}$$

$$\frac{2\gamma'}{f_{\mathrm{b}}}\hat{\Delta}^2q(c\hat{R})=\frac{2\gamma'}{f_{\mathrm{b}}}\hat{\Delta}\hat{\Delta}_0+3\gamma'\hat{\Delta}(\hat{\Delta}\boldsymbol{I}+\hat{\boldsymbol{\Pi}}):\nabla\hat{\boldsymbol{u}} \tag{7.104}$$

$$\hat{\boldsymbol{Q}}\cdot\hat{\boldsymbol{Q}}q(c\hat{R})=(1+\hat{\Delta})\hat{\boldsymbol{Q}}\cdot\hat{\boldsymbol{Q}}_0+\hat{\boldsymbol{\Pi}}:\hat{\boldsymbol{Q}}_0\hat{\boldsymbol{Q}} \tag{7.105}$$

由于耦合本构方程的复杂性，可以通过引进 Rayleigh-Onsager 耗散函数将以上的方程缩并成一个方程，得

$$\hat{R}^2q(c\hat{R})=F \tag{7.106}$$

其中

$$\begin{aligned}F=&(1+\hat{\Delta})\hat{\boldsymbol{\Pi}}:\hat{\boldsymbol{\Pi}}_0+\hat{\boldsymbol{\Pi}}:[\hat{\boldsymbol{\Pi}}\cdot\nabla\hat{\boldsymbol{u}}]^{(2)}+\frac{2\gamma'}{f_{\mathrm{b}}}\hat{\Delta}\hat{\Delta}_0+3\gamma'\hat{\Delta}(\hat{\Delta}\boldsymbol{I}+\hat{\boldsymbol{\Pi}}):\\&\nabla\hat{\boldsymbol{u}}+(1+\hat{\Delta})\hat{\boldsymbol{Q}}\cdot\hat{\boldsymbol{Q}}_0+\hat{\boldsymbol{\Pi}}:\hat{\boldsymbol{Q}}_0\hat{\boldsymbol{Q}}\end{aligned}$$

至此，直接采用迭代方法求解标量方程式(7.106)，得

$$\begin{aligned}\hat{R}_n&=\left[\hat{\boldsymbol{\Pi}}_n:\hat{\boldsymbol{\Pi}}_n+\frac{2\gamma'}{f_{\mathrm{b}}}\hat{\Delta}_n^2+\hat{\boldsymbol{Q}}_n\cdot\hat{\boldsymbol{Q}}_n\right]^{1/2}\\\hat{R}_{n+1}&=\frac{1}{c}\operatorname{arsinh}\left(\frac{cF_n}{\hat{R}_n}\right)\end{aligned}$$

$$\hat{\boldsymbol{\Pi}}_{n+1} = [(1+\hat{\Delta}_n)\hat{\boldsymbol{\Pi}}_0 + (\hat{\boldsymbol{\Pi}}_n \cdot \nabla\hat{\boldsymbol{u}})^{(2)}]\frac{\hat{R}_n\hat{R}_{n+1}}{F_n}$$
$$\hat{\Delta}_{n+1} = [\hat{\Delta}_0 + \frac{3}{2}f_{\mathrm{b}}(\hat{\Delta}_n\boldsymbol{I} + \hat{\boldsymbol{\Pi}}_n):\nabla\hat{\boldsymbol{u}}]\frac{\hat{R}_n\hat{R}_{n+1}}{F_n}$$
$$\hat{\boldsymbol{Q}}_{n+1} = [(1+\hat{\Delta}_n)\hat{\boldsymbol{Q}}_0 + \hat{\boldsymbol{\Pi}}_n \cdot \hat{\boldsymbol{Q}}_0]\frac{\hat{R}_n\hat{R}_{n+1}}{F_n} \tag{7.107}$$

有关迭代的剪切应力、附加正应力和热流的初值则通过线性的 NSF 本构模型进行预计算，有

$$\hat{R}_0 = \left(\hat{\boldsymbol{\Pi}}_0 : \hat{\boldsymbol{\Pi}}_0 + \frac{2\gamma'}{f_{\mathrm{b}}}\hat{\Delta}_0^2 + \hat{\boldsymbol{Q}}_0 \cdot \hat{\boldsymbol{Q}}_0\right)^{1/2}$$
$$\hat{\boldsymbol{\Pi}}_1 = \frac{\operatorname{arsinh}(c\hat{R}_0)}{c\hat{R}_0}\hat{\boldsymbol{\Pi}}_0$$
$$\hat{\Delta}_1 = \frac{\operatorname{arsinh}(c\hat{R}_0)}{c\hat{R}_0}\hat{\Delta}_0 \tag{7.108}$$
$$\hat{\boldsymbol{Q}}_1 = \frac{\operatorname{arsinh}(c\hat{R}_0)}{c\hat{R}_0}\hat{\boldsymbol{Q}}_0$$

当 $|\hat{R}_{n+1} - \hat{R}_n| \leqslant 10^{-5}$ 时，整个 NCCR 模型方程迭代求解被认为收敛。针对上述耦合求解数学上可能存在非严格收敛的可能，在迭代求得相关应力与热流后，将其作为初值采用牛顿迭代法对 NCCR 方程组进行了求解，因此耦合求解内迭代步数包括简单迭代与牛顿迭代两部分之和。

7.2.3 非线性耦合本构关系特征曲线

针对压缩-膨胀与剪切这两类经典流动问题，分别研究了单原子与双原子气体条件下不同模型方程本构关系曲线，通过对比应力张量各分量随 x 方向速度 u 与速度 v 梯度的变化关系，研究 NCCR 模型的非线性本构特征及其规律，尤其是不同求解模型之前存在差异。

图 7.1～图 7.3 给出了单原子压缩膨胀问题中 Π_{xx}、Π_{yy}、Π_{zz} 随 u_x 的变化关系曲线，从图中可以看出，NCCR 模型本构关系较 NS 方程存在十分明显的非线性特征，由于速度梯度某种程度上代表了气体偏离非平衡的程度，因此 NCCR 模型表现出在 $u_x=0$(即平衡态)附近能够回归到 NS 的线性本构特点，同时所有曲线严格经过坐标原点，与基本物理规律吻合。

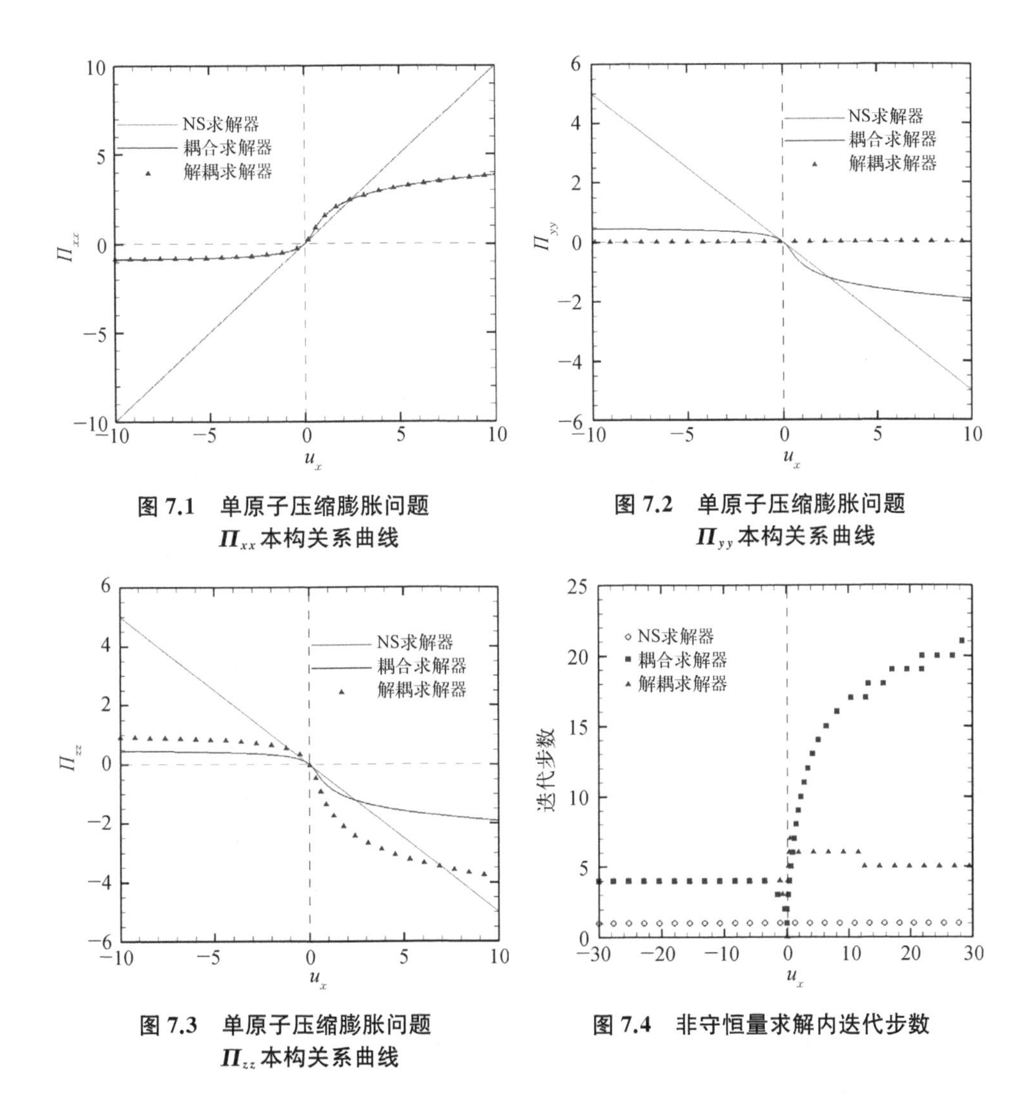

图 7.1　单原子压缩膨胀问题 Π_{xx} 本构关系曲线

图 7.2　单原子压缩膨胀问题 Π_{yy} 本构关系曲线

图 7.3　单原子压缩膨胀问题 Π_{zz} 本构关系曲线

图 7.4　非守恒量求解内迭代步数

从图 7.1 可以看出，耦合计算方法在 x 方向计算得到的正应力 Π_{xx} 与解耦方法完全吻合，由于耦合方法迭代收敛的非守恒量严格满足 NCCR 非线性本构方程组约束，表明解耦方法在单一变量问题中的主要特征方向能够获得准确的非守恒量计算结果。然而图 7.2、图 7.3 表明，解耦方法与耦合方法在 y 方向与 z 方向正应力计算结果存在较大偏差，主要原因在于：虽然该问题中仅考虑了 x 方向速度梯度 u_x 单一变化，但 u_x 的存在必然会产生 y 方向与 z 方向的应力，即使在 NS 方程线性本构关系中，Π_{yy} 与 Π_{zz} 也与 u_x 存在直接联系，即单一 u_x 变化问题并不能简单看作一维问题。然而，传统 NCCR 解耦方法为简化求解过程，将相互耦合的三维复杂流动问题简化为三个方向的一维流动问题，从而分别在各个方向的界面上(以 x 方向为例)分析由热力学力 (u_x, v_x, w_x, T_x) 引起的应力和热流分量 (Π_{xx}, Π_{yy}, Π_{xz}, Δ, Q_x), 此外还需要在界面上近似成两个解耦求解器的线性叠加,其中一个求解器求解描述压缩膨胀方向的流动 (u_x, 0, 0, T_x), 另一个则计算剪切方向的流动 (0, v_x, 0, 0) 和 (0, 0, w_x, 0)。这种解耦求解方法由于人为割裂了应力张量与热流之间复杂的耦合关系,即使在单一变量问题中就表现出损失流动信息的缺陷,并不能严格回归到 NCCR 非线性本构方程组的真实解。

此外,除 Π_{xx}、Π_{yy}、Π_{zz} 三个方向应力外,其余应力张量分量与热流项均为 0。

同时,本小节还对耦合与解耦方法计算效率进行了对比分析,图 7.4 给出了 NCCR 模型非守恒量求解内迭代步数对比曲线,图中结果表明虽然耦合方法程序实现显然更为复杂,然而计算效率和解耦方法相比差距并不显著,在 $u_x < 0$ 的膨胀区,耦合方法计算内迭代步数与解耦方法基本一致。

图 7.5~图 7.8 给出了双原子气体正应力及附加体积应力 Δ 的本构关系曲线,正应力表现除量值与单原子存在差异外,趋势与单原子气体较为一致,这里不再赘述。解耦方法得到的附加体积应力 Δ 也和耦合方法取得了一致的计算精度,这与解耦简化模型对附加体积应力的处理存在直接联系。图 7.9 同样给出了非守恒量求解内迭代步数对比曲线,表明附加体积应力的加入使得耦合迭代方法计算步数大幅增加,尤其在膨胀区,其内迭代步数近 60 步,但考虑单步计算时间非常短,内迭代步数 100 以内都是属于可以接受的计算效率范围。

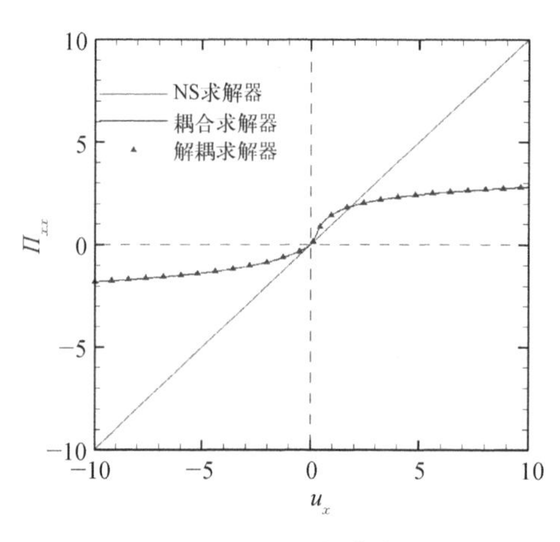

图 7.5 双原子压缩膨胀问题 Π_{xx} 本构关系曲线

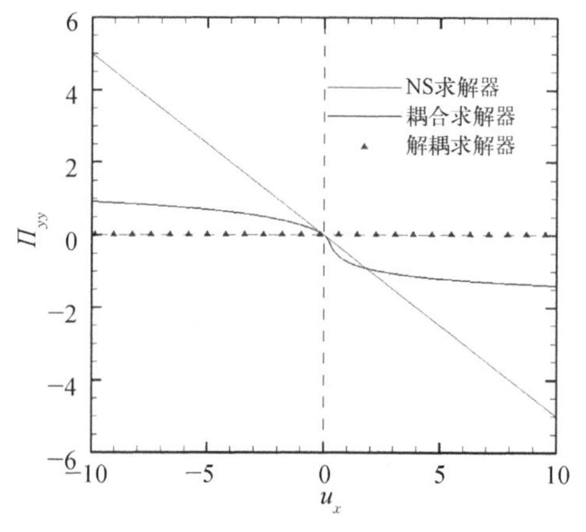

图 7.6 双原子压缩膨胀问题 Π_{yy} 本构关系曲线

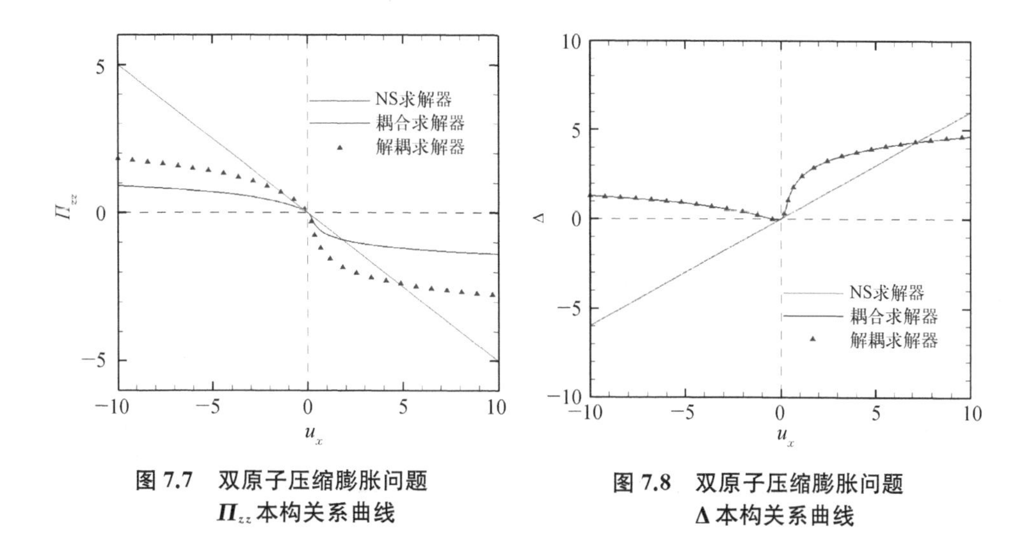

图 7.7 双原子压缩膨胀问题 $\boldsymbol{\Pi}_{zz}$ 本构关系曲线

图 7.8 双原子压缩膨胀问题 $\boldsymbol{\Delta}$ 本构关系曲线

图 7.10～7.13 给出了单原子剪切问题中 Π_{xx}、Π_{yy}、Π_{zz}、Π_{xy} 随 v_x 的变化关系曲线，从图中可以看出除 x 方向正应力 Π_{xx} 与切应力 Π_{xy} 两种方法计算结果一致外，其余正应力 Π_{yy}、Π_{zz} 与压缩膨胀问题中表现一致，即解耦方法的过度简化使得这两个方向正应力与 NCCR 模型真值产生偏差，甚至对于 z 方向的应力计算，两种方法对 Π_{zz} 的预测出现了符号相反的特点。图 7.14 给出了单原子剪切问题中非守恒量 NCCR 内迭代步数对比曲线，耦合方法在趋于平衡态附近计算效率显著高于解耦方法。

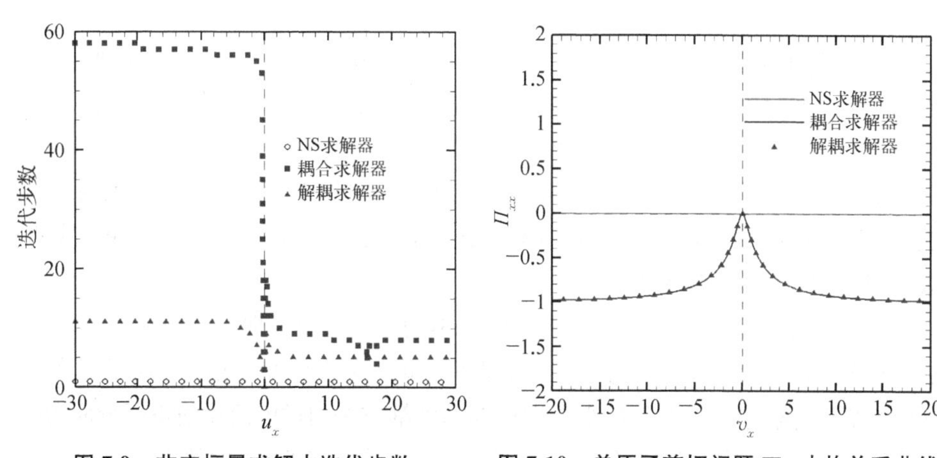

图 7.9 非守恒量求解内迭代步数

图 7.10 单原子剪切问题 $\boldsymbol{\Pi}_{xx}$ 本构关系曲线

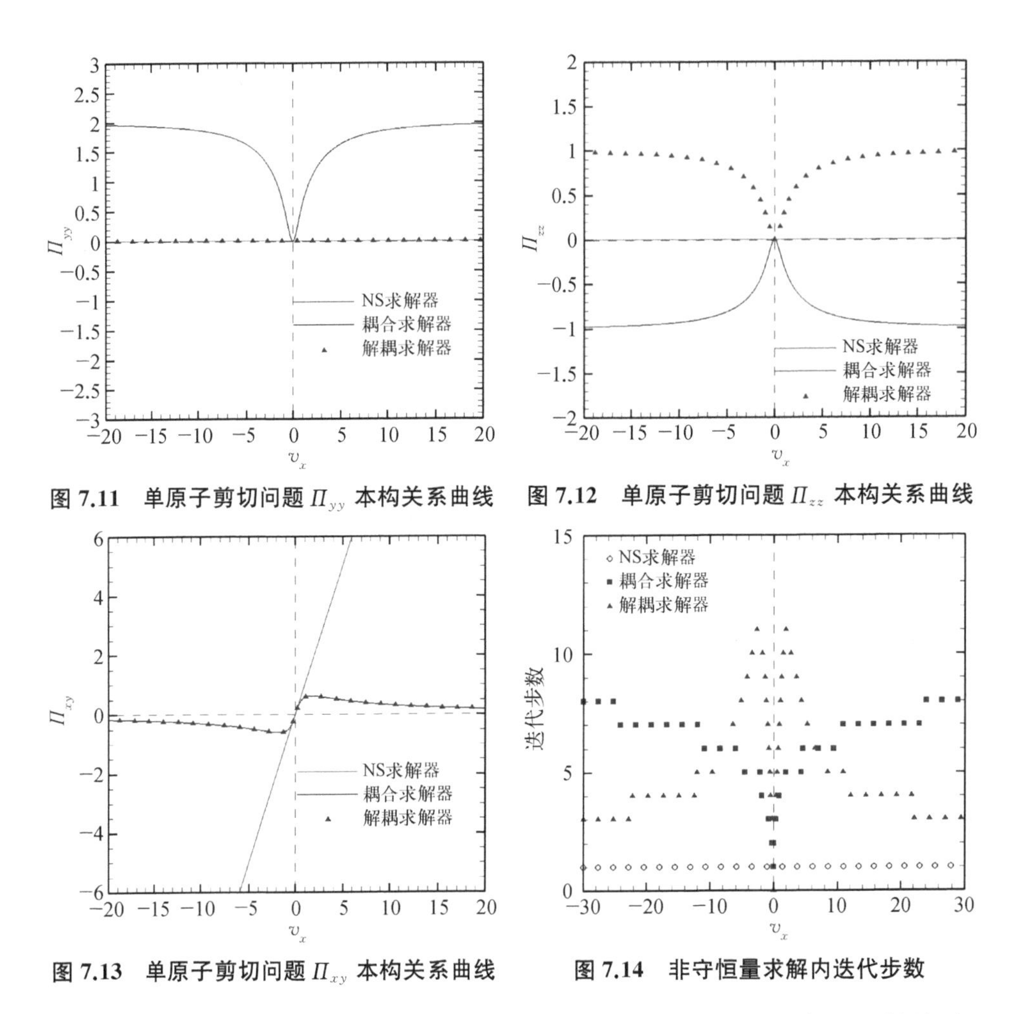

图 7.11 单原子剪切问题 Π_{yy} 本构关系曲线

图 7.12 单原子剪切问题 Π_{zz} 本构关系曲线

图 7.13 单原子剪切问题 Π_{xy} 本构关系曲线

图 7.14 非守恒量求解内迭代步数

考虑附加体积应力的双原子气体本构关系曲线如图 7.15～图 7.19 所示，与压缩膨胀问题类似，两种方法对附加体积应力 Δ 的计算结果一致。对比图 7.13 与图 7.18，可以发现由于附加体积应力 Δ 的引入，双原子气体切应力 Π_{xy} 曲线变化趋势与单原子气体存在较大差异。图 7.20 给出的内迭代步数对比也清晰地表明，由于附加体积应力 Δ 的引入，其耦合计算方法在远离平衡态的区域收敛步数明显增多，计算效率降低。

以上本构特征曲线表明：NCCR 非线性本构关系曲线表现出近平衡区趋线性，远离平衡区非线性的特点，更重要的是，即使在单一变量流动问题中，耦合方法的非线性特征与解耦方法相比也表现出明显差异，解耦方法的过度简化使得部分应力张量分量在远离平衡态时偏离了真实 NCCR 本构关系解。因此，在多维非平衡流动问题中非线性本构关系特征的描述必须考虑各个方向高阶矩之间的耦合影响。

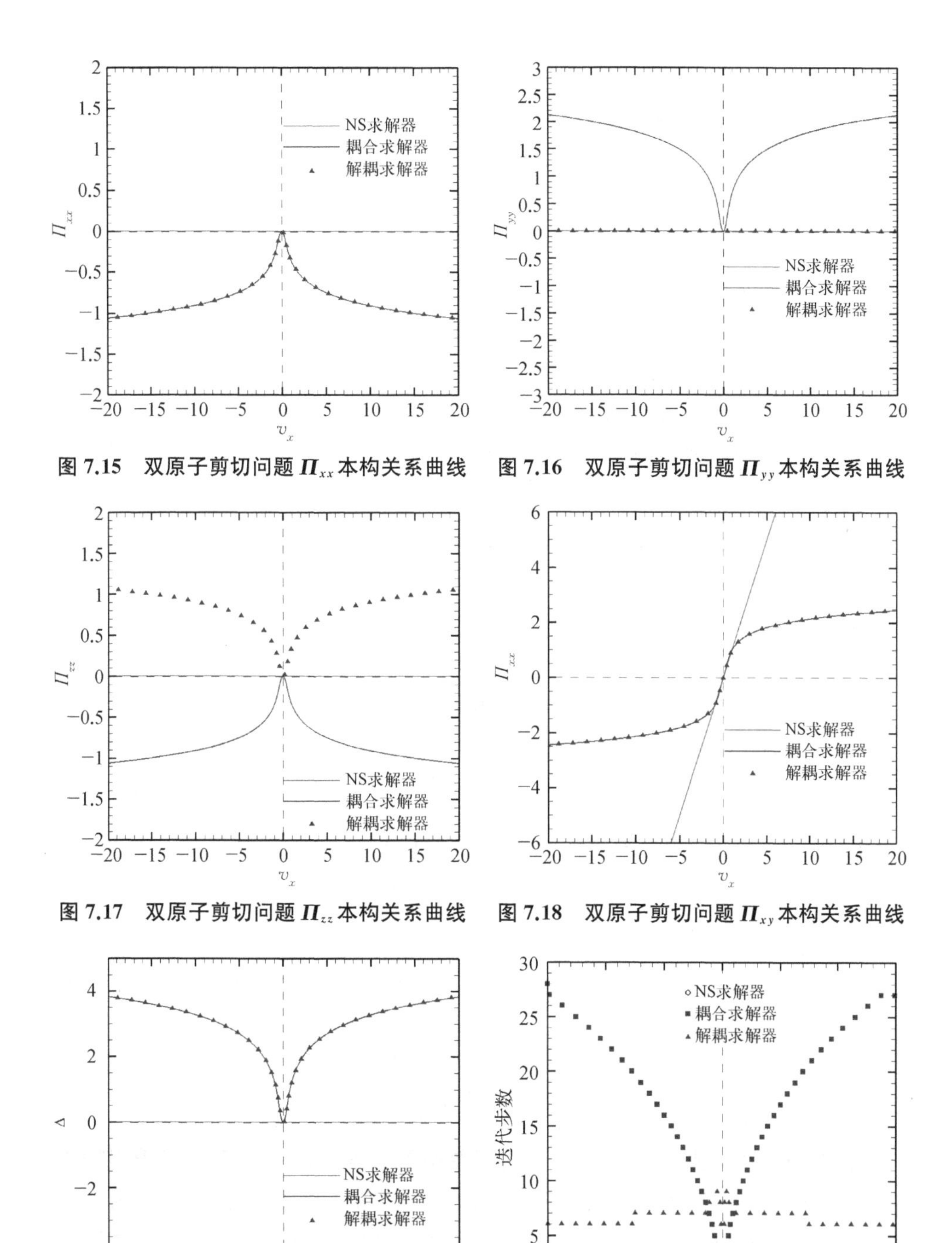

图 7.15　双原子剪切问题 $\boldsymbol{\Pi}_{xx}$ 本构关系曲线

图 7.16　双原子剪切问题 $\boldsymbol{\Pi}_{yy}$ 本构关系曲线

图 7.17　双原子剪切问题 $\boldsymbol{\Pi}_{zz}$ 本构关系曲线

图 7.18　双原子剪切问题 $\boldsymbol{\Pi}_{xy}$ 本构关系曲线

图 7.19　双原子剪切问题 $\boldsymbol{\Delta}$ 本构关系曲线

图 7.20　非守恒量求解内迭代步数

7.3 典型流动数值模拟与分析

为了研究 NCCR 理论模拟稀薄非平衡流的能力，验证其解耦和耦合两套计算方法的稳定性和准确性，本节选取了几个典型的稀薄流动算例进行计算分析，其中包括滑移流域下的单原子气体圆柱绕流问题、过渡流域下的双原子气体圆柱绕流问题及三维轴对称空心扩张圆管高超声速流动问题。NCCR 理论模型与 NSF 方程的主要差异在本构关系，因此这些算例的计算可以直接在 7.2.1 节的有限体积方法框架下并结合现代计算流体力学格式有效地开展。例如，采用 LU-SGS 隐式格式时间推进，使用 MUSCL 插值方法重构界面两侧物理量，并结合 AUSMPW+混合格式进行对流通量分裂，对黏性项使用中心差分格式进行离散。对于高超声速稀薄流动，由于黏性的刻画十分重要，因此选择更具有压缩性而非耗散性的 Van Albada 限制器。NCCR 模型的求解则分别采用 7.2.2 节的两种求解方法，以便对比分析。

7.3.1 滑移流域单原子气体圆柱绕流

首先针对半径为 1.9 mm 的圆柱单原子氩气绕流进行数值模拟与分析。氩气的黏性系数采用逆幂律分子模型公式计算，其中 $s=0.75$。NCCR 理论常数 $c=1.0179$。其他来流参数参考文献[10]，具体如下：

$$
\begin{aligned}
&Ma_{\infty}=5.48 && Kn_{\infty}=0.05 \\
&T_{\infty}=26.6\ \mathrm{K} && T_{w}=293.15\ \mathrm{K} \\
&p_{\infty}=5\ \mathrm{N/m^2} && R=208.16\ \mathrm{m^2/(s^2\cdot K)} \\
&Pr=\frac{2}{3} && \gamma=\frac{5}{3} \\
&\eta_{\mathrm{ref}}=2.27\times10^{-5}\ \mathrm{N\cdot s/m^2} && T_{\mathrm{ref}}=300\ \mathrm{K}
\end{aligned}
\tag{7.109}
$$

在单原子气体流动中，一般认为可以忽略附加体积黏性影响，不考虑附加正应力[1]。因此在双原子气体模型式(7.81)～式(7.83)上，通过省略有关附加正应力的演化方程并保证体积黏性应力为零，可以得到适用于单原子气体的 NCCR 模型。图 7.21 展示该算例的计算域网格，法向与周向网格数量分别为 60 和 120。本算例在物面处采用一阶的 Maxwell-Smoluchowski 滑移跳跃边界条件。图 7.22 是 NCCR 模型计算得到的以最大梯度特征尺度定义的局部 Kn 云图，从图中可以看出在脱体激波内、靠近物面的位置以及尾流区域是连续性介质假设失效严重的区域，其他流场位置仍然可以看作是近平衡态流域。为了对比不同计算方法的模拟结果，重点研究分析驻点线的物理量分布，图 7.23 和图 7.24 给出了驻点线上由几种理论分别计算得到的无量纲密度曲线和温度曲线。DSMC 结果来源于 Bird 的 DSMC 程序，壁面采用全漫反射的气体与壁面碰撞模型；Boltzmann 方程的结果是来自文献 Yang 和 Huang[15] 的非线性 Boltzmann 方程的气体动理论；Myong 的解耦计算结果则来自文献[10]。对比可以看出，NCCR 比 NSF 方程更加吻合 DSMC/Boltzmann 的结果，表明 NCCR 比 NSF 更具有模拟非平衡态流动的能力。同时可以发现，图中由两套计算方法得到的 NCCR 结果存在不可忽略的差异。由耦合算法求解的 NCCR 结果在预测弓形激波的位置和激波层内部流场结构中比解耦算法预测的结果更加准确，更加趋向 DSMC 的结果。特别在图 7.24 中，由耦合算法预测 FVM-NCCR 驻点线上的密度曲线与 Boltzmann 方程吻合。由高阶的间断伽辽金方法计算得到的数值解，在现有 NCCR 模型的解耦算法条件下，并没有比二阶有限体积法显示出其

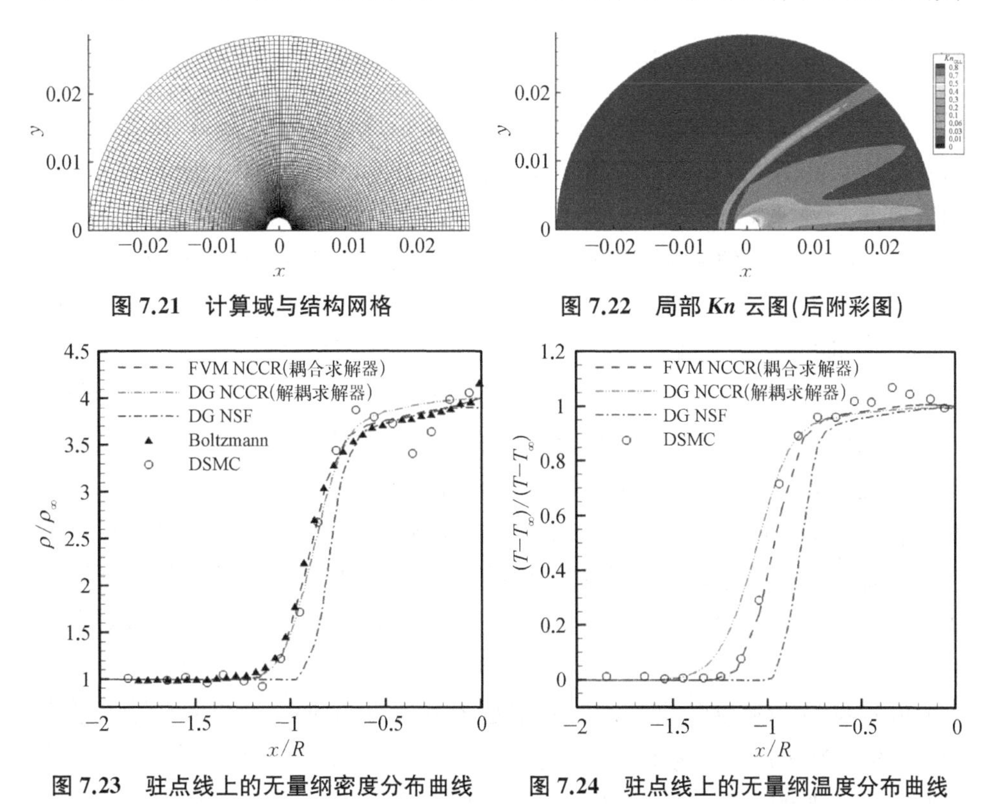

图 7.21　计算域与结构网格

图 7.22　局部 *Kn* 云图(后附彩图)

图 7.23　驻点线上的无量纲密度分布曲线

图 7.24　驻点线上的无量纲温度分布曲线

更加出色的高精度特点。这主要由于解耦算法是求解 NCCR 模型的非线性代数系统形式，从中忽略了一些重要的三维流动信息，而这些丢失的信息并不能从高阶的数值格式得到补偿。因此，一个合适的 NCCR 耦合求解器对模型求解的稳定性和准确性有着十分重要的影响。

7.3.2 过渡流域双原子气体圆柱绕流

该算例采用耦合计算方法求解 NCCR 模型，并与文献[16]的 DSMC 结果进行对比。圆柱半径为 0.05 m。双原子气体介质为氮气。黏性系数采用逆幂律分子模型计算，其中 $s=0.74$，NCCR 常数 $c=1.020\,29$。具体来流条件为

$$
\begin{aligned}
&Ma_{\infty}=5.48 && Kn_{\infty}=0.05\\
&T_{\infty}=26.6\ \mathrm{K} && T_{\mathrm{w}}=293.15\ \mathrm{K}\\
&p_{\infty}=5\ \mathrm{N/m^2} && R=208.16\ \mathrm{m^2/(s^2\cdot K)}\\
&Pr=\frac{2}{3} && \gamma=\frac{5}{3}\\
&\eta_{\mathrm{ref}}=2.27\times10^{-5}\ \mathrm{N\cdot s/m^2} && T_{\mathrm{ref}}=300\ \mathrm{K}
\end{aligned}
\tag{7.110}
$$

图 7.25 分别展示了由 NSF 和 NCCR 计算得到的马赫数、压力、温度和连续性失效参数云图。从连续性失效参数云图可以看出，脱体激波内、壁面附近的努森层和尾部膨胀区域都是远离平衡态的流域。文献一般认为局部努森数(Kn_{GLL})超过 0.05 的流域为 NSF 失效区域，而从上图可看出计算域中的绝大部分区域都超出了这个范围。在这些位置，NSF 方程不能准确描述非平衡流动。值得注意的是，由于来流本身已经比较稀薄，在 NCCR 预测的连续性失效参数云图中靠近壁面的尾流区，局部努森数甚至达到 10，这已经达到了自由分子流的稀薄程度。此外，NCCR 方法预测的激波厚度比 NSF 的要厚，且激波脱体距离更大，这与 DSMC 和真实流动特征相吻合。为了定量地描述 NCCR 的模拟能力，图 7.26～图 7.29 给出驻点线上分别由 NSF、NCCR 和 DSMC 预测得到的流动参数分布。一个明显的特征是 NCCR 模型比 NSF 方程在预测激波脱体距离方面与 DSMC 更加吻合。当然，也可以看出 NCCR 和 DSMC 在弓形激波层内的物理量变化仍存在差异，这可能是采用的一阶 Maxwell-Smoluchowski 滑移跳跃边界条件并不是十分适合高阶的 NCCR 本构关系模型，或者是 NCCR 是作为 Eu 的广义流体动力学方程的简化模型，忽略的一些项包含了重要的流动信息，仍有待进一步研究。

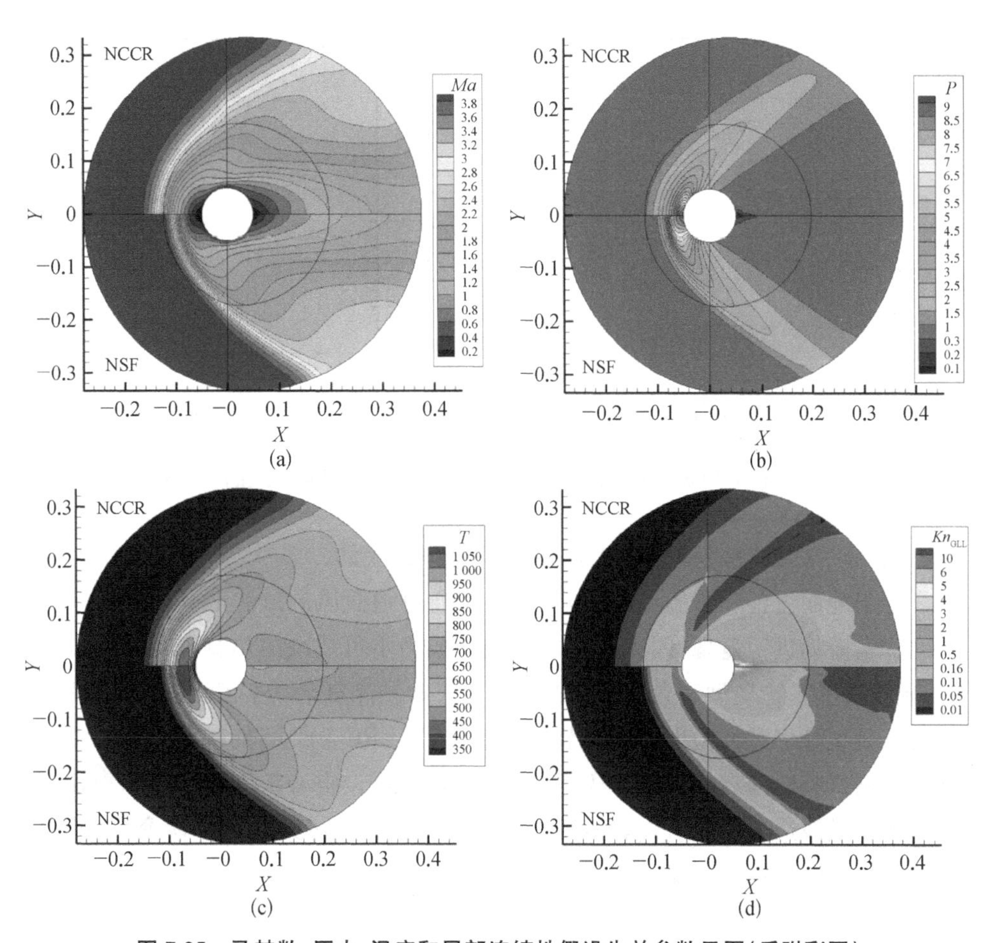

图 7.25　马赫数、压力、温度和局部连续性假设失效参数云图(后附彩图)

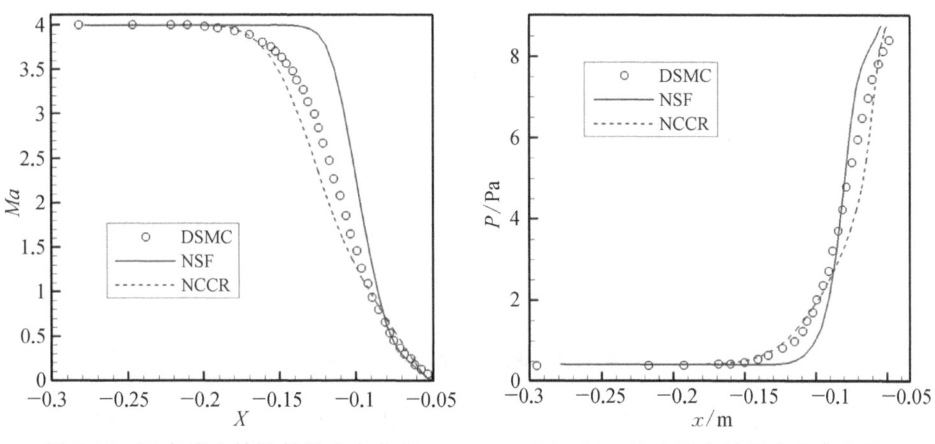

图 7.26　驻点线上的马赫数分布曲线

图 7.27　驻点线上的压力分布曲线

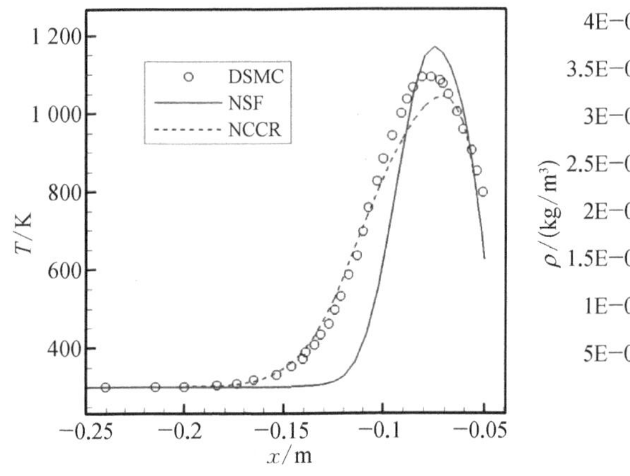

图 7.28 驻点线上的温度分布曲线

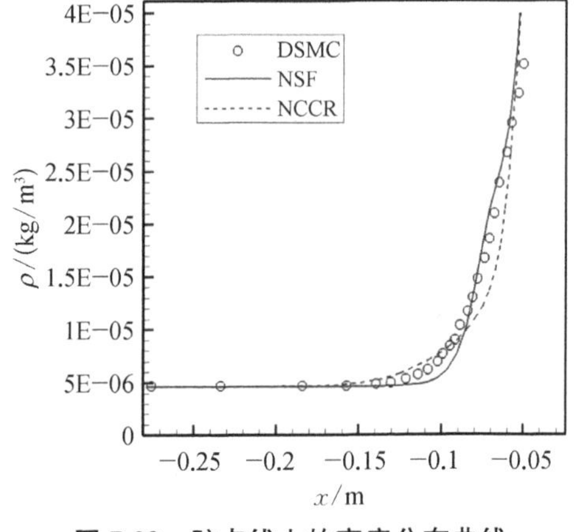

图 7.29 驻点线上的密度分布曲线

7.3.3 三维轴对称空心扩张圆管高超声速流动

由于地面设备和试验条件的限制，很难通过地面风洞试验对高超声速飞行器的真实流动进行复现，因此数值模拟往往成为不可或缺的仿真工具。一般而言，新发展的理论模型和数值方法在应用于工程预测复杂真实流动前，都需要通过大量典型算例进行验证。本小节采用来自 CUBRC LENS 的轴对称空心扩张圆管风洞试验数据，对 NCCR 模型进行进一步验证。空心扩张圆管高超声速流动是研究激波边界层干扰的经典算例，很多文献[17-19]对其进行了研究，因此有丰富的 NS 和 DSMC 验证数据。

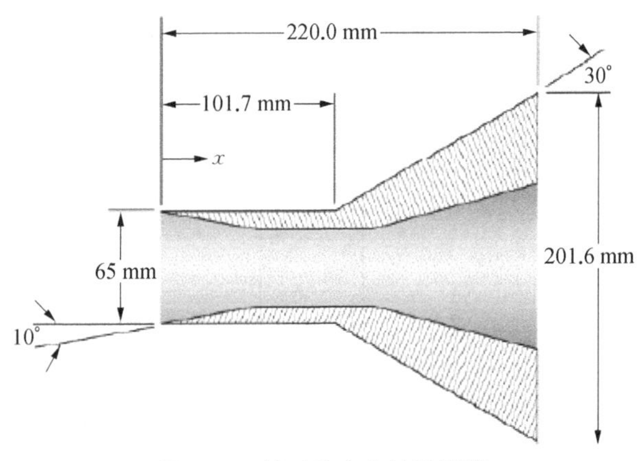

图 7.30 轴对称空心扩张圆管

计算所采用的空心扩张圆管的外形尺寸如图 7.30 所示，在尾部后缘有一个 30°的圆锥外倾结构，里面为中空的圆管。由于在扩张圆管头部将来流分成内外两道较强的斜激波，圆管内部流动不会影响到外部的流动，因此此处只考虑圆管外部流动。该算例的双原子气体同为氮气，其中 $Pr = 0.72$，$\gamma = 1.4$，$c = 1.020\,29$，$s = 0.74$。其来流条件为

$$
\begin{aligned}
&Ma_{\infty} = 4 && Kn_{\infty} = 0.16 \\
&U_{\infty} = 1\,412.5\ \mathrm{m/s} && n_{\infty} = 1.0 \times 10^{20}/\mathrm{m}^3 \\
&T_{\infty} = 300\ \mathrm{K} && T_{\mathrm{w}} = 500\ \mathrm{K} \\
&m_{\mathrm{N_2}} = 4.65 \times 10^{-26}\ \mathrm{kg} && R = 296.7\ \mathrm{m^2/(s^2 \cdot K)} \\
&Pr = 0.72 && \gamma = 1.4 \\
&\eta_{\mathrm{ref}} = 1.656 \times 10^{-5}\ \mathrm{N \cdot s/m^2} && T_{\mathrm{ref}} = 273\ \mathrm{K}
\end{aligned}
\tag{7.111}
$$

需要注意的是，在这样的来流条件下，流场是包含平动、转动和振动温度处于不同的时间尺度的非平衡流动。Myong[6] 指出，体积黏性的附加正应力在一定程度上可以描述双原子气体分子转动能非平衡所带来的影响。但是鉴于目前 NCCR 模型的发展水平，因此本算例暂不考虑转动与振动非平衡效应的影响。

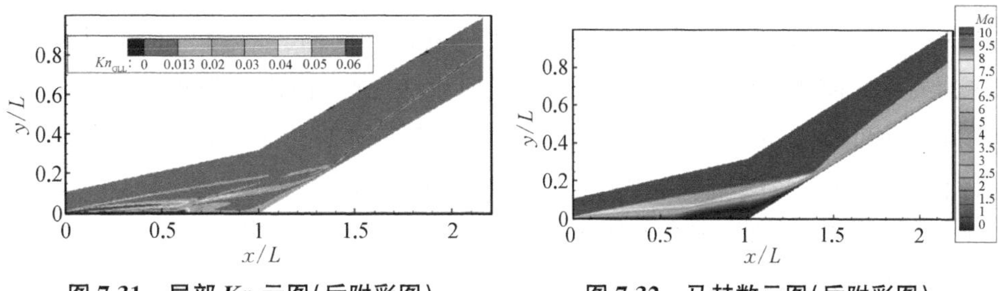

图 7.31　局部 *Kn* 云图（后附彩图）　　**图 7.32　马赫数云图（后附彩图）**

在定量研究空心圆管的流动之前，图 7.31 展示了流动的局部努森数云图。从图中可以看出，在头部尖锐前缘和分离区上方的斜激波内部出现明显的非平衡效应，连续性假设失效。从马赫数云图 7.32 可以看出分离和再附区域的大小和位置。算例流动波系结构相对复杂，在尖锐前缘会产生较强的诱导斜激波，直接与外倾斜坡的边界层产生干扰，在斜坡的再附点上方气体经过再次压缩又形成一道较为强烈的压缩波，而在拐角处的流动缓慢出现回流，并导致在 $x/L = 0.5$ 的位置出现分离。整个分离区的上方压缩波汇聚，形成一道明显的分离激波。

为了定量分析 NCCR 模型的模拟能力，重点关注 $x/L = 0.5$ 和 $x/L = 1$ 处物面法线上的物理量分布。图 7.33 比较了由 DSMC、NSF 和 NCCR 分别预测

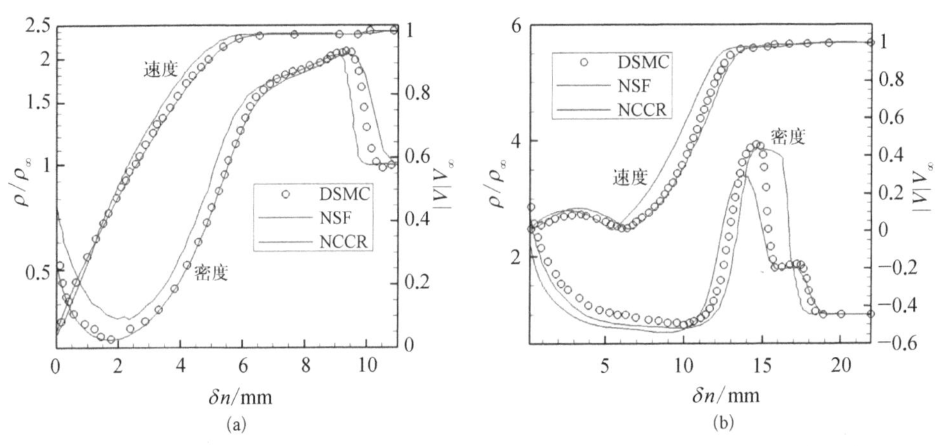

图 7.33　在圆柱体 $x/L=0.5$(左)和 $x/L=1$(右)垂线上的密度和速度分布曲线

的密度和速度曲线分布。DSMC 和 NSF 的结果数据来自文献[18]，NCCR 的结果采用耦合计算方法得到。由图 7.33 可以看出，NCCR 的结果比 NSF 更加吻合 DSMC 的结果，而在 $x/L=0.5$ 位置恰好是连续性假设失效严重的位置。在 $x/L=1$ 的位置，NCCR 结果只是定性地吻合 DSMC 的结果，但是却和 DSMC 一样出色地捕捉到 NSF 没有捕捉到的流动间断。Boyd[18] 指出，DSMC 在分离点之前非平衡态流域能提供准确的流动刻画，但是对拐角分离区处的内部流动可能描述并不准确。因此，在这个位置 NCCR 和 DSMC 的结果存在差异，有待进一步的研究。同时，为了和试验结果进行对比，本小节还对比了壁面的热流系数 $C_q=q_w/0.5\rho_\infty U_\infty^3$。图 7.34 表明 NCCR 预测的热流系数与试验结果十分吻合，尤其在分离点和再附点位置。相比而言，DSMC 过高预测了热流，而 NSF 则过低预测。从目前结果来看，NCCR 模型针对典型的高超声速稀薄流动数值模拟具有十分巨大的潜力。

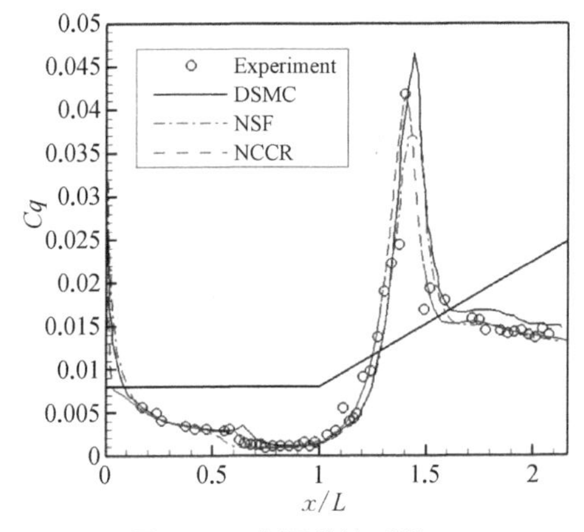

图 7.34　表面热流系数

参考文献

[1] Eu B C. Kinetic theory and irreversible thermodynamics[M]. New York: John Wiley & Sons, Inc., 1992: 732.

[2] Alghoul M, Eu B C. Generalized hydrodynamics and shock waves[J]. Physical Review E, 1997, 56(3A): 2981-2992.

[3] Eu B C, Ohr Y G. Generalized hydrodynamics, bulk viscosity, and sound wave absorption and dispersion in dilute rigid molecular gases[J]. Physics of Fluids, 2001, 13(3): 744-753.

[4] Myong R S. Thermodynamically consistent hydrodynamic computational models for high-Knudsen-number gas flows[J]. Physics of Fluids, 1999, 11(9): 2788-2802.

[5] Myong R S. A computational method for Eu's generalized hydrodynamic equations of rarefied and microscale gasdynamics [J]. Journal of Computational Physics, 2001, 168(1): 47-72.

[6] Myong R S. Coupled nonlinear constitutive models for rarefied and microscale gas flows: subtle interplay of kinematics and dissipation effects[J]. Continuum Mechanics and Thermodynamics, 2009, 21(5): 389-399.

[7] Myong R S. A full analytical solution for the force-driven compressible Poiseuille gas flow based on a nonlinear coupled constitutive relation[J]. Physics of Fluids, 2011, 23 (0120021).

[8] Rana A, Ravichandran R, Park J H, et al. Microscopic molecular dynamics characterization of the second-order non-Navier-Fourier constitutive laws in the Poiseuille gas flow[J]. Physics of Fluids, 2016, 28(8): 82003.

[9] Le N T P, Xiao H, Myong R S. A triangular discontinuous Galerkin method for non-Newtonian implicit constitutive models of rarefied and microscale gases[J]. Journal of Computational Physics, 2014, 273: 160-184.

[10] Myong R S. A generalized hydrodynamic computational model for rarefied and microscale diatomic gas flows[J]. Journal of Computational Physics, 2004, 195(2): 655-676.

[11] Curtiss C F. The classical boltzmann-equation of a gas of diatomic-molecules[J]. Journal of Chemical Physics, 1981, 75(1): 376-378.

[12] Myong R S. Thermodynamically consistent hydrodynamic computational models for high-Knudsen-number gas flows[J]. Physics of Fluids, 1999, 11(9): 2788-2802.

[13] Chapman S, Cowling T G. The mathematical theory of non-uniform gases: an account of the kinetic theory of viscosity, thermal conduction and diffusion in gases[M]. 3rd ed. Cambridge: Cambridge university press, 1970: 423.

[14] Bronshtein I N, Semendyayev K A, Musiol G, et al. Handbook Of Mathematics[M]. Berlin: Springer, 2007.

[15] Yang J Y, Huang J C. Rarefied flow computations using nonlinear model boltzmann equations[J]. Journal of Computational Physics, 1995, 120(2): 323-339.

[16] Wang X D. DSMC method on unstructured grids for hypersonic rarefied gas flow and its parallelization [D]. Nanjing, China: Nanjing University of Aeronautics and Astronautics, 2006.

[17] Harvey J K. A review of a validation exercise on the use of the DSMC method to

compute viscous/inviscid interactions in hypersonic flow[C]. Orlando, FL, U.S.A.: AIAA-2003-3643, 2003.

[18] Wang W L, Boyd I D. Hybrid DSMC-CFD simulations of hypersonic flow over sharp and blunted bodies[C]. Orlando, Florida: AIAA 2003-3644, 2003.

[19] Jiang T, Xia C, Chen W. An improved hybrid particle scheme for hypersonic rarefied-continuum flow[J]. VACUUM, 2016, 124: 76-84.

符 号 说 明

符　号	量的名称(英文)
$\boldsymbol{A}$、$\boldsymbol{B}$、$\boldsymbol{C}$	无黏通量雅克比矩阵(Jacobi matrix of convective flux vector)
A_i	摩尔浓度(molarity)
a	声速(sound velocity)
a_∞	来流声速(free stream sound velocity)
$\boldsymbol{c}$	分子运动速度(molecular velocity)
c_p	定压比热(constant-pressure specific heat)
c_v	定容比热(constant-volume specific heat)
$c_{v,\mathrm{tr}}$	平动定容比热(constant-volume specific heat of translational energy)
$c_{v,\mathrm{rot}}$	转动定容比热(constant-volume specific heat of rotational energy)
$c_{v,\mathrm{vib}}$	振动定容比热(constant-volume specific heat of vibrational energy)
C_i	组元质量分数(species mass fraction)
C_q	物面热传导系数(heat transfer coefficient)
C_f	物面剪应力系数(shear-stress coefficient)
D_i	组元扩散系数(species diffusion coefficient)
Da	达姆科勒数(Damkohler number)
e	单位质量内能(internal energy per unit mass)
e_0	单位质量零点能(zero-point energy per unit mass)
e_{el}	单位质量电子能(electronic energy per unit mass)
e_{tr}	单位质量平动能(translational energy per unit mass)
e_{rot}	单位质量转动能(rotational energy per unit mass)
e_{vib}	单位质量振动能(vibrational energy per unit mass)
E	总比能(total energy per unit mass)
$\boldsymbol{E}$	x、ξ 方向无黏通量(convective flux vector in x or ξ direction)

（续表）

符　号	量的名称（英文）
$\boldsymbol{E}_v$	x、ξ 方向黏性通量（viscous flux vector in x or ξ direction）
f	速度分布函数（velocity distribution function）
$\boldsymbol{F}$	y、η 方向无黏通量（convective flux vector in y or η direction）；外力（external force）
$\boldsymbol{F}_v$	y、η 方向黏性通量（viscous flux vector in y or η direction）
$\boldsymbol{G}$	z、ζ 方向无黏通量（convective flux vector in z or ζ direction）
$\boldsymbol{G}_v$	z、ζ 方向黏性通量（viscous flux vector in z or ζ direction）
H	总比焓（total enthalpy per unit mass）
h	单位质量内焓（internal enthalpy per unit mass）
h_0^i	单位质量生成焓（enthalpy of formation per unit mass）
$\boldsymbol{I}$	单位矩阵（unit matrix）
$\boldsymbol{i}$、$\boldsymbol{j}$、$\boldsymbol{k}$	一般坐标系单位向量（unit vectors of general curvilinear coordinate）
J	坐标变换雅克比行列式（determinant of Jacobi matrix of coordinate transformation）
k	无量纲圆频率（non-dimensional circular frequency），玻尔兹曼常数（Boltzmann constant）
$k_{f,j}$	化学反应正反应速率（forward reaction rate ）
$k_{b,j}$	化学反应逆反应速率（reverse reaction rate）
K_i	Burnett 方程应力项系数（coefficients of stress terms in Burnett equations）
Kn	努森数（Knudsen number）
L	特征尺度（characteristic length）
L_{ref}	特征长度（reference length）
M_w	摩尔质量（molar mass）
Ma	马赫数（Mach number）
Ma_∞	来流马赫数（free stream Mach number）
N_0	阿伏伽德罗常数（Avogadro's constant）
n	分子数密度（number density of molecules）
$\boldsymbol{n}$	控制体单元外法线单位向量（outer normal vector of the control volume）
$\boldsymbol{P}$	控制体单元无黏通量（convective flux vector of the control volume）
$\boldsymbol{P}_v$	控制体单元黏性通量（viscous flux vector of the control volume）
p	压强（pressure）
p_∞	来流压强（free streampressure）

（续表）

符　号	量的名称(英文)
Pr	普朗特数(Prandtl number)
q_i	热流(heat flux terms)
q_{vib}	振动热流项(vibrational heat flux terms)
$\boldsymbol{Q}$	守恒变量矢量(unknown vector in physical domain)
Q	分子特征量(Molecular characteristics)
$Q_{T\text{-}V}$	平动-振动能量松弛项(Relaxation energy between translational and vibrational energy)
Q_ρ	激波密度对称参数(density asymmetry parameter)
Q_{ijk}	控制体内守恒变量平均值(mean value of the conserved variables in the control volume)
$\boldsymbol{r}$	矢径(radius vector)
R	通用气体常数(gas constant)
R_0	普适气体常数(universal gas constant)
$\boldsymbol{RHS}$	残差矢量(right-hand-side vector)
Re	雷诺数(Reynolds number)
Re_∞	来流雷诺数(free stream Reynolds number)
s	控制体表面积(superficial area of the control volume)
S_i	组元比熵(entropy of species per unit mass)
$\boldsymbol{S}$	源项(source term)
Sc	施密特数(Schmidt number)
t	时间(time)
$\boldsymbol{T}$	源项雅克比矩阵(Jacobi matrix of source term)
T	温度(temperature)
T_s	跳跃温度(slip temperature)
T_t	平动温度(translational temperature)
T_r	转动温度(rotational temperature)
T_{vib}	振动温度(vibrational temperature)
T_{el}	电子温度(electron temperature)
T_w	物面温度(wall temperature)
T_0	总温(total temperature)
T_∞	来流温度(free stream temperature)
T_{ref}	参考温度(reference temperature)

（续表）

符　号	量的名称(英文)
T_{su}	Sutherland 温度(sutherland temperature)
U_∞	来流速度(free stream velocity)
u_i	速度张量(velocity tensor)
u_s	滑移速度(slip velocity)
u_w	物面速度(wall velocity)
u、v、w	x、y、z 三个方向速度值(velocity in x, y, z direction)
U、V、W	x、y、z 三个方向速度值(velocity in x, y, z direction)
V_{ijk}	控制体体积(the volume of the control volume)
X_i	组元摩尔分数(mole fraction)
x、y、z	笛卡儿坐标(Cartesian coordinates)
x_i	笛卡儿坐标张量(Cartesian tensor)
Z_R	转动碰撞数(number of the rotational collision)
α_i、β_i、γ_i	Burnett 方程展开式常系数(Constant in Burnett equations)
ξ、η、ζ	一般曲线坐标(general curvilinear coordinates)
ρ	密度(density)；谱半径(spectral radius)
ρ_∞	来流密度(free stream density)
ρ_{ref}	参考密度(reference density)
$\dot{\omega}_i$	组元质量生成率(species production rate)
$\dot{\omega}_{vib}$	振动能量源项(the source term of vibrational energy)
τ_{ij}	应力张量(stress tensor)
τ	碰撞松弛时间(collisionalrelaxation time)
η	逆幂律幂次(the power in inverse power law)
μ	黏性系数(viscosity coefficient)
μ_∞	来流黏性系数(free stream viscosity coefficient)
μ_{ij}	组元折合质量(reduced mass)
μ_{ref}	参考黏性系数(reference viscosity coefficient)
κ	热传导系数(thermal conductivity)；逆幂律常数(the constant in inverse power law)
κ_∞	来流热传导系数(free stream thermal conductivity)
κ_{tr}	平动热传导系数(translational thermal conductivity)
κ_r	转动热传导系数(rotational thermal conductivity)

（续表）

符　号	量的名称(英文)
κ_{vib}	振动热传导系数(vibrational thermal conductivity)
θ_i	Burnett 方程热流项系数(coefficients of heat flux terms in Burnett equations)
λ	分子平均自由程(mean free path of gas molecules);矩阵特征值(matrix eigenvalues);体积黏性系数(Bulk viscosity)
$\Delta_{\rho T}$	温度密度分离距离(temperature-density separation parameter)
Δh_{fi}	组元生成焓(enthalpy of formation)
δ_ρ	激波密度厚度(density thickness parameter)
σ	微分碰撞截面(differential cross section)
σ_u	动量适应系数(accommodation coefficient of momentum)
σ_T	温度适应系数(accommodation coefficient of temperature)
Ω	立体角(solid angle)
γ	比热比(specific heat ratio)
δ_{ij}	克罗内克符号(Kronecker delta)
ν_{ji}	正反应计量系数(stoichiometric coefficient of forward reaction)
ν''_{ji}	逆反应计量系数(stoichiometric coefficient of reverse reaction)

附录 A　Burnett 方程系数表及计算公式

$\alpha_1=\frac{2}{3}K_1-\frac{14}{9}K_2+\frac{2}{9}K_6$	$\alpha_2=\frac{1}{3}K_2+\frac{1}{12}K_6$
$\alpha_3=\frac{1}{3}K_2+\frac{1}{12}K_6$	$\alpha_4=-\frac{2}{3}K_2+\frac{1}{12}K_6$
$\alpha_5=-\frac{1}{3}K_1+\frac{7}{9}K_2-\frac{1}{9}K_6$	$\alpha_6=\frac{1}{3}K_2-\frac{1}{6}K_6$
$\alpha_7=-\frac{2}{3}K_2+\frac{1}{12}K_6$	$\alpha_8=\frac{1}{3}K_2-\frac{1}{6}K_6$
$\alpha_9=-\frac{1}{3}K_1+\frac{7}{9}K_2-\frac{1}{9}K_6$	$\alpha_{10}=\frac{1}{3}K_1+\frac{2}{9}K_2-\frac{2}{9}K_6$
$\alpha_{11}=-\frac{2}{3}K_1-\frac{4}{9}K_2+\frac{4}{9}K_6$	$\alpha_{12}=\frac{1}{3}K_1+\frac{2}{9}K_2-\frac{2}{9}K_6$
$\alpha_{13}=-\frac{2}{3}K_2+\frac{1}{6}K_6$	$\alpha_{14}=\frac{4}{3}K_2-\frac{1}{3}K_6$
$\alpha_{15}=-\frac{2}{3}K_2+\frac{1}{6}K_6$	$\alpha_{16}=-\frac{2}{3}K_2+\frac{2}{3}K_3$
$\alpha_{17}=\frac{1}{3}K_2-\frac{1}{3}K_3$	$\alpha_{18}=\frac{1}{3}K_2-\frac{1}{3}K_3$
$\alpha_{19}=-\frac{2}{3}K_2$	$\alpha_{20}=\frac{1}{3}K_2$
$\alpha_{21}=\frac{1}{3}K_2$	$\alpha_{22}=\frac{2}{3}K_2$
$\alpha_{23}=-\frac{1}{3}K_2$	$\alpha_{24}=-\frac{1}{3}K_2$
$\alpha_{25}=\frac{2}{3}K_4+\frac{2}{3}K_5$	$\alpha_{26}=-\frac{1}{3}K_4-\frac{1}{3}K_5$
$\alpha_{27}=-\frac{1}{3}K_4-\frac{1}{3}K_5$	$\alpha_{28}=-\frac{2}{3}K_2+\frac{2}{3}K_4$

（续表）

$\alpha_{29}=\frac{1}{3}K_2-\frac{1}{3}K_4$	$\alpha_{30}=\frac{1}{3}K_2-\frac{1}{3}K_4$
$\alpha_{31}=K_7$	$\alpha_{32}=K_7$
$\alpha_{33}=K_7$	$\alpha_{34}=-\frac{1}{2}K_7$
$\alpha_{35}=-\frac{1}{2}K_7$	$\alpha_{36}=-\frac{1}{2}K_7$
$\alpha_{37}=-\frac{1}{2}K_7$	$\alpha_{38}=-\frac{1}{2}K_7$
$\alpha_{39}=-\frac{1}{2}K_7$	

$\beta_1=\frac{1}{2}K_1-\frac{5}{3}K_2+\frac{1}{6}K_6$	$\beta_2=\frac{1}{2}K_1-\frac{5}{3}K_2+\frac{1}{6}K_6$
$\beta_3=-K_2+\frac{1}{4}K_6$	$\beta_4=\frac{1}{2}K_1-\frac{2}{3}K_2+\frac{1}{6}K_6$
$\beta_5=\frac{1}{2}K_1-\frac{2}{3}K_2+\frac{1}{6}K_6$	$\beta_6=\frac{1}{4}K_6$
$\beta_7=\frac{1}{2}K_1+\frac{1}{3}K_2-\frac{1}{3}K_6$	$\beta_8=\frac{1}{2}K_1+\frac{1}{3}K_2-\frac{1}{3}K_6$
$\beta_9=-K_2+\frac{1}{4}K_6$	$\beta_{10}=-K_2+\frac{1}{4}K_6$
$\beta_{11}=-K_2+K_3$	$\beta_{12}=-K_2$
$\beta_{13}=K_4+K_5$	$\beta_{14}=K_2$
$\beta_{15}=-\frac{1}{2}K_2+\frac{1}{2}K_4$	$\beta_{16}=-\frac{1}{2}K_2+\frac{1}{2}K_4$
$\beta_{17}=\frac{3}{4}K_7$	$\beta_{18}=\frac{3}{4}K_7$
$\beta_{19}=\frac{3}{4}K_7$	$\beta_{20}=\frac{3}{4}K_7$
$\beta_{21}=\frac{3}{4}K_7$	$\beta_{22}=\frac{3}{4}K_7$

$\gamma_1 = \theta_1 + \frac{8}{3}\theta_2 + \frac{2}{3}\theta_3 + \frac{2}{3}\theta_5$	$\gamma_2 = \theta_1 + \frac{2}{3}\theta_2 - \frac{1}{3}\theta_3 - \frac{1}{3}\theta_5$
$\gamma_3 = \theta_1 + \frac{2}{3}\theta_2 - \frac{1}{3}\theta_3 - \frac{1}{3}\theta_5$	$\gamma_4 = 2\theta_2 + \frac{1}{2}\theta_3 + \frac{1}{2}\theta_5$
$\gamma_5 = \frac{1}{2}\theta_3 + \frac{1}{2}\theta_5$	$\gamma_6 = 2\theta_2 + \frac{1}{2}\theta_3 + \frac{1}{2}\theta_5$
$\gamma_7 = \frac{1}{2}\theta_3 + \frac{1}{2}\theta_5$	$\gamma_8 = \frac{2}{3}\theta_2 + \frac{2}{3}\theta_4$
$\gamma_9 = \frac{1}{2}\theta_4$	$\gamma_{10} = \frac{1}{2}\theta_4$
$\gamma_{11} = \frac{2}{3}\theta_2 + \frac{1}{6}\theta_4$	$\gamma_{12} = \frac{2}{3}\theta_2 + \frac{1}{6}\theta_4$
$\gamma_{13} = \frac{2}{3}\theta_3$	$\gamma_{14} = -\frac{1}{3}\theta_3$
$\gamma_{15} = -\frac{1}{3}\theta_3$	$\gamma_{16} = \frac{1}{2}\theta_3$
$\gamma_{17} = \frac{1}{2}\theta_3$	$\gamma_{18} = \frac{1}{2}\theta_3$
$\gamma_{19} = \frac{1}{2}\theta_3$	$\gamma_{20} = \theta_7$
$\gamma_{21} = \theta_7$	$\gamma_{22} = \theta_7$
$\gamma_{23} = \theta_6$	$\gamma_{24} = \theta_6$
$\gamma_{25} = \theta_6$	

其中,系数计算式为

$$K_1 = (1+0.014\Omega)\frac{4}{3}\left(\frac{7}{2}-\omega\right) \qquad \theta_1 = (1+0.035\Omega)\frac{15}{4}\left(\frac{7}{2}-\omega\right)$$

$$K_2 = 2(1+0.014\Omega) \qquad \theta_2 = -\frac{45}{8}(1+0.035\Omega)$$

$$K_3 = 3(1-0.194\Omega) \qquad \theta_3 = -3(1+0.030\Omega)$$

$$K_4 = 0.681\Omega \qquad \theta_4 = 3(1-0.194\Omega)$$

$$K_5 = (1-0.194\Omega)3\omega - 0.99\Omega \qquad \theta_5 = 3\left[\frac{35}{4}(1-0.082\Omega) + \omega(1-0.194\Omega) - 0.05\Omega\right]$$

$$K_6 = 8(1-0.072\Omega)$$

其中

$$\Omega = 2 - 2\omega$$

附录 B　量热完全气体数值通量雅克比矩阵推导

在隐式求解 SCB 方程及部分计算格式中，需用到无黏对流通量项的雅克比矩阵。首先定义在计算坐标系下非定常三维 SCB 方程为

$$\frac{\partial \boldsymbol{Q}}{\partial t}+\frac{\partial \boldsymbol{E}}{\partial \xi}+\frac{\partial \boldsymbol{F}}{\partial \eta}+\frac{\partial \boldsymbol{G}}{\partial \zeta}+\frac{Ma_0}{Re_0}\left(\frac{\partial \boldsymbol{E}_v}{\partial \xi}+\frac{\partial \boldsymbol{F}_v}{\partial \eta}+\frac{\partial \boldsymbol{G}_v}{\partial \zeta}\right)=0$$

则对流通量项的雅克比矩阵定义为

$$\begin{aligned}
\widetilde{\boldsymbol{A}} &= \partial \widetilde{\boldsymbol{E}}/\partial \widetilde{\boldsymbol{Q}} = \xi_x \boldsymbol{A}+\xi_y \boldsymbol{B}+\xi_z \boldsymbol{C}\\
\widetilde{\boldsymbol{B}} &= \partial \widetilde{\boldsymbol{F}}/\partial \widetilde{\boldsymbol{Q}} = \eta_x \boldsymbol{A}+\eta_y \boldsymbol{B}+\eta_z \boldsymbol{C}\\
\widetilde{\boldsymbol{C}} &= \partial \widetilde{\boldsymbol{G}}/\partial \widetilde{\boldsymbol{Q}} = \zeta_x \boldsymbol{A}+\zeta_y \boldsymbol{B}+\zeta_z \boldsymbol{C}
\end{aligned}$$

其中，$\boldsymbol{A}=\partial \boldsymbol{E}/\partial \boldsymbol{Q}$；$\boldsymbol{B}=\partial \boldsymbol{F}/\partial \boldsymbol{Q}$；$\boldsymbol{C}=\partial \boldsymbol{G}/\partial \boldsymbol{Q}$ 为在笛卡儿坐标系下的雅克比矩阵。以 $\widetilde{\boldsymbol{A}}$ 为例，具体表达形式为

$$\widetilde{\boldsymbol{A}}=$$

$$\begin{bmatrix}
\xi_t & \xi_x & \xi_y & \xi_z & 0\\
\xi_x\alpha-uU & \xi_t+U-(\gamma-2)u\xi_x & u\xi_y-\xi_x(\gamma-1)v & u\xi_z-\xi_x(\gamma-1)w & \xi_x(\gamma-1)\\
\xi_y\alpha-vU & v\xi_x-\xi_y(\gamma-1)u & \xi_t+U-(\gamma-2)v\xi_y & v\xi_z-\xi_y(\gamma-1)w & \xi_y(\gamma-1)\\
\xi_z\alpha-wU & w\xi_x-\xi_z(\gamma-1)u & w\xi_y-\xi_z(\gamma-1)v & \xi_t+U-(\gamma-2)w\xi_z & \xi_z(\gamma-1)\\
U\alpha-UH & \xi_x H-U(\gamma-1)u & \xi_y H-U(\gamma-1)v & \xi_2 H-U(\gamma-1)w & \xi_t+U+U(\gamma-1)
\end{bmatrix}$$

其中，$U=\xi_x u+\xi_y v+\xi_z w$；$\alpha=0.5(\gamma-1)(u^2+v^2+w^2)$；总比焓 $H=\frac{\gamma RT}{\gamma-1}+\frac{u^2+v^2+w^2}{2}$。将 ξ 分别替换为 η 和 ζ 可得到矩阵 $\widetilde{\boldsymbol{B}}$ 和 $\widetilde{\boldsymbol{C}}$ 的表达式。

对于考虑转动能非平衡的双原子气体分子，其雅克比矩阵表达形式为

$$
\widetilde{\boldsymbol{A}}=
\begin{bmatrix}
\xi_t & \xi_x & \xi_y & \xi_z & 0 & 0 \\
\xi_x\dfrac{\partial p}{\partial \rho}-uU & \xi_t+U+\left(u+\dfrac{\partial p}{\partial \rho u}\right)\xi_x & u\xi_y+\dfrac{\partial p}{\partial \rho v}\xi_x & u\xi_z+\dfrac{\partial p}{\partial \rho w}\xi_x & \dfrac{\partial p}{\partial \rho E}\xi_x & \xi_x\dfrac{\partial p}{\partial \rho e_{\text{rot}}} \\
\xi_y\dfrac{\partial p}{\partial \rho}-vU & v\xi_x+\dfrac{\partial p}{\partial \rho u}\xi_y & \xi_t+U+\left(v+\dfrac{\partial p}{\partial \rho v}\right)\xi_y & v\xi_z+\dfrac{\partial p}{\partial \rho w}\xi_y & \dfrac{\partial p}{\partial \rho E}\xi_y & \xi_y\dfrac{\partial p}{\partial \rho e_{\text{rot}}} \\
\xi_z\dfrac{\partial p}{\partial \rho}-wU & w\xi_x+\dfrac{\partial p}{\partial \rho u}\xi_z & w\xi_y+\dfrac{\partial p}{\partial \rho v}\xi_z & \xi_t+U+\left(w+\dfrac{\partial p}{\partial \rho w}\right)\xi_z & \dfrac{\partial p}{\partial \rho E}\xi_z & \xi_z\dfrac{\partial p}{\partial \rho e_{\text{rot}}} \\
U\dfrac{\partial p}{\partial \rho}-UH & \xi_x H+U\dfrac{\partial p}{\partial \rho u} & \xi_y H+U\dfrac{\partial p}{\partial \rho v} & \xi_z H+U\dfrac{\partial p}{\partial \rho w} & \xi_t+U+U\dfrac{\partial p}{\partial \rho E} & U\dfrac{\partial p}{\partial \rho e_{\text{rot}}} \\
-Ue_{\text{rot}} & \xi_x e_{\text{rot}} & \xi_y e_{\text{rot}} & \xi_z e_{\text{rot}} & 0 & \xi_t+U
\end{bmatrix}
$$

其中有

$$
\begin{aligned}
p&=\frac{2}{3}\left[\rho E-\rho e_{\text{rot}}-\frac{1}{2}(\rho u^2+\rho v^2+\rho w^2)\right]\\
&=\frac{2}{3}\left\{\rho E-\rho e_{\text{rot}}-\frac{1}{2\rho}[(\rho u)^2+(\rho v)^2+(\rho w)^2]\right\}
\end{aligned}
$$

$$
\frac{\partial p(\rho,\rho u,\rho v,\rho w,\rho E,\rho e_{\text{rot}})}{\partial \rho}=\frac{1}{3}(u^2+v^2+w^2)
$$

$$
\frac{\partial p(\rho,\rho u,\rho v,\rho w,\rho E,\rho e_{\text{rot}})}{\partial \rho u}=-\frac{2}{3}u
$$

$$
\frac{\partial p(\rho,\rho u,\rho v,\rho w,\rho E,\rho e_{\text{rot}})}{\partial \rho v}=-\frac{2}{3}v
$$

$$
\frac{\partial p(\rho,\rho u,\rho v,\rho w,\rho E,\rho e_{\text{rot}})}{\partial \rho w}=-\frac{2}{3}w
$$

$$
\frac{\partial p(\rho,\rho u,\rho v,\rho w,\rho E,\rho e_{\text{rot}})}{\partial \rho E}=\frac{2}{3}
$$

$$
\frac{\partial p(\rho,\rho u,\rho v,\rho w,\rho E,\rho e_{\text{rot}})}{\partial \rho e_{\text{rot}}}=-\frac{2}{3}
$$

将 ξ 分别替换为 η 和 ζ 可得到雅克比矩阵 $\widetilde{\boldsymbol{B}}$ 和 $\widetilde{\boldsymbol{C}}$ 的表达式。

附录C 转动非平衡气体源项雅克比矩阵推导

$\boldsymbol{T}$ 对应于源项 $\boldsymbol{S}$ 的雅克比矩阵为

$$\boldsymbol{T}=\frac{\partial \boldsymbol{S}}{\partial \boldsymbol{Q}}=\begin{bmatrix} 0 & 0 & 0 & 0 & 0 & 0 \\ 0 & 0 & 0 & 0 & 0 & 0 \\ 0 & 0 & 0 & 0 & 0 & 0 \\ 0 & 0 & 0 & 0 & 0 & 0 \\ 0 & 0 & 0 & 0 & 0 & 0 \\ \dfrac{\partial \dot{\omega}_{\mathrm{rot}}}{\partial \rho} & \dfrac{\partial \dot{\omega}_{\mathrm{rot}}}{\partial \rho u} & \dfrac{\partial \dot{\omega}_{\mathrm{rot}}}{\partial \rho v} & \dfrac{\partial \dot{\omega}_{\mathrm{rot}}}{\partial \rho w} & \dfrac{\partial \dot{\omega}_{\mathrm{rot}}}{\partial \rho E} & \dfrac{\partial \dot{\omega}_{\mathrm{rot}}}{\partial \rho e_{\mathrm{rot}}} \end{bmatrix}$$

为采用点隐式方法进行简化，对矩阵进行对角化处理，即仅保留矩阵对角项：

$$\hat{\boldsymbol{T}}=\begin{bmatrix} 0 & 0 & 0 & 0 & 0 & 0 \\ 0 & 0 & 0 & 0 & 0 & 0 \\ 0 & 0 & 0 & 0 & 0 & 0 \\ 0 & 0 & 0 & 0 & 0 & 0 \\ 0 & 0 & 0 & 0 & 0 & 0 \\ 0 & 0 & 0 & 0 & 0 & \dfrac{\partial \dot{\omega}_{\mathrm{rot}}}{\partial \rho e_{\mathrm{rot}}} \end{bmatrix}$$

其中

$$\dot{\omega}_{\mathrm{rot}}=\frac{\rho\left[e_{\mathrm{rot}}^{*}(T_{\mathrm{t}})-e_{\mathrm{rot}}(T_{\mathrm{r}})\right]}{Z_{\mathrm{R}}\tau}=\frac{\rho R}{Z_{\mathrm{R}}\tau}(T_{\mathrm{t}}-T_{\mathrm{r}})$$

$$\begin{aligned}\frac{\partial \dot{\omega}_{\mathrm{rot}}}{\partial \rho e_{\mathrm{rot}}}&=\frac{\partial\left[\dfrac{\rho R}{Z_{\mathrm{R}}\tau}(T_{\mathrm{t}}-T_{\mathrm{r}})\right]}{\partial \rho e_{\mathrm{rot}}}\\ &=\left(\frac{\partial T_{\mathrm{t}}}{\partial \rho e_{\mathrm{rot}}}-\frac{\partial T_{\mathrm{r}}}{\partial \rho e_{\mathrm{rot}}}\right)\frac{\rho R}{Z_{\mathrm{R}}\tau}-\frac{\rho R(T_{\mathrm{t}}-T_{\mathrm{r}})}{(Z_{\mathrm{R}}\tau)^{2}}\left(\tau\frac{\partial Z_{\mathrm{R}}}{\partial T_{\mathrm{t}}}+Z_{\mathrm{R}}\frac{\partial \tau}{\partial T_{\mathrm{t}}}\right)\frac{\partial T_{\mathrm{t}}}{\partial \rho e_{\mathrm{rot}}}\\ &=-\frac{5}{3Z_{\mathrm{R}}\tau}+\frac{2(T_{\mathrm{t}}-T_{\mathrm{r}})}{3(Z_{\mathrm{R}}\tau)^{2}}\left(\tau\frac{\partial Z_{\mathrm{R}}}{\partial T_{\mathrm{t}}}+Z_{\mathrm{R}}\frac{\partial \tau}{\partial T_{\mathrm{t}}}\right)\end{aligned}$$

其中，平动与转动温度表达式及其偏导数分别为

$$T_t = \frac{2\rho E - 2\rho E_{rot} - \frac{[(\rho u)^2 + (\rho v)^2 + (\rho w)^2]}{\rho}}{3\rho R}, \quad \frac{\partial T_t}{\partial \rho e_{rot}} = -\frac{2}{3\rho R}$$

$$T_r = \frac{e_{rot}}{R} = \frac{\rho e_{rot}}{\rho R}, \quad \frac{\partial T_r}{\partial \rho e_{rot}} = \frac{1}{\rho R}$$

此外，转动碰撞数与碰撞松弛时间及其导数分别为

$$Z_R = \frac{Z_R^{\infty}}{\left[1 + \frac{\pi^{\frac{3}{2}}}{2}\left(\frac{T_{ref}}{T}\right)^{\frac{1}{2}} + \left(\frac{\pi^2}{4} + \pi\right)\left(\frac{T_{ref}}{T}\right)\right]},$$

$$\frac{\partial Z_R}{\partial T_t} = \frac{Z_R^2}{Z_R^{\infty}}\left[\frac{\pi^{\frac{3}{2}} T_{ref}^{\frac{1}{2}}}{4}\left(\frac{1}{T_t}\right)^{\frac{3}{2}} + \left(\frac{\pi^2}{4} + \pi\right)\frac{T_{ref}}{T_t^2}\right]$$

$$\tau = \frac{\mu}{p} = \frac{\mu}{\rho R T_t}, \quad \frac{\partial \tau}{\partial T_t} = \frac{1}{\rho R T_t}\frac{\partial \mu}{\partial T_t} - \frac{\mu}{\rho R T_t^2}$$

附录 D　单温模型非平衡数值通量与源项雅克比矩阵

以矩阵 $\widetilde{\boldsymbol{A}}$ 为例，具体表达形式为

$$
\widetilde{\mathbf{A}}=
$$

$$
\begin{bmatrix}
U(1-C_1) & -UC_1 & \cdots & -UC_1 & \xi_x C_1 & \xi_y C_1 & \xi_z C_1 & 0 \\
-UC_2 & U(1-C_2) & \cdots & -UC_2 & \xi_x C_2 & \xi_y C_2 & \xi_z C_2 & 0 \\
\vdots & \vdots & \ddots & \vdots & \vdots & \vdots & \vdots & \vdots \\
-UC_{ns} & -UC_{ns} & \cdots & U(1-C_{ns}) & \xi_x C_{ns} & \xi_y C_{ns} & \xi_z C_{ns} & 0 \\
\xi_x P_{\rho_1}-Uu & \xi_x P_{\rho_2}-Uu & \cdots & \xi_x P_{\rho_{ns}}-Uu & U+\xi_x u-\xi_x uP_{\rho E} & \xi_y u-\xi_x vP_{\rho E} & \xi_z u-\xi_x wP_{\rho E} & \xi_x P_{\rho E} \\
\xi_y P_{\rho_1}-Uv & \xi_y P_{\rho_2}-Uv & \cdots & \xi_y P_{\rho_{ns}}-Uv & \xi_x v-\xi_y uP_{\rho E} & U+\xi_y v-\xi_y vP_{\rho E} & \xi_z v-\xi_y wP_{\rho E} & \xi_y P_{\rho E} \\
\xi_z P_{\rho_1}-Uw & \xi_z P_{\rho_2}-Uw & \cdots & \xi_z P_{\rho_{ns}}-Uw & \xi_x w-\xi_z uP_{\rho E} & \xi_y w-\xi_z vP_{\rho E} & U+\xi_z w-\xi_z wP_{\rho E} & \xi_z P_{\rho E} \\
UP_{\rho_1}-UH & UP_{\rho_2}-UH & \cdots & UP_{\rho_{ns}}-UH & \xi_x H-UuP_{\rho E} & \xi_y H-UvP_{\rho E} & \xi_z H-UwP_{\rho E} & U+UP_{\rho E}
\end{bmatrix}
$$

其中，$U=\xi_x u+\xi_y v+\xi_z w$。将 ξ 分别替换为 η 和 ζ，则可得到矩阵 $\widetilde{\boldsymbol{B}}$ 和 $\widetilde{\boldsymbol{C}}$ 的表达式，雅克比矩阵中压力可表示为

$$
\begin{aligned}
p &= \sum_{i=1}^{ns}\rho_i R_i T \\
&= \sum_{i=1}^{ns}\rho_i R_i \left[\frac{\rho E-\rho e_{\text{vib}}-\dfrac{1}{2}\dfrac{\sum\limits_{i=1}^{ns}\rho_i}{\left(\sum\limits_{i=1}^{ns}\rho_i\right)^2}\left[(\rho u)^2+(\rho v)^2+(\rho w)^2\right]-\sum\limits_{i=1}^{ns}\rho_i e_0^i}{\sum\limits_{i=1}^{ns}\rho_i c_{v,\text{tr}}^i}\right]
\end{aligned}
$$

$$
P_{\rho_i}=\frac{\partial p}{\partial \rho_i}=\left(R_i-\frac{Rc_{v,\text{tr}}^i}{c_{v,\text{tr}}}\right)T+\frac{R}{c_{v,\text{tr}}}\left(\frac{u^2+v^2+w^2}{2}-e_0^i\right)
$$

$$
P_{\rho E}=\frac{\partial p}{\partial \rho E}=\frac{R}{c_{v,\text{tr}}}
$$

其中，R 为混合气体常数 $R=\sum\limits_{i=1}^{ns}C_i R_i$。

$\boldsymbol{T}$ 对应于源项 $\boldsymbol{S}$ 的雅克比矩阵，为采用点隐式方法进行简化，对矩阵进行对角化处理，即

仅保留对角项,得

$$\hat{\boldsymbol{T}}=\begin{bmatrix}\dfrac{\partial\dot{\omega}_1}{\partial\rho_1} & \cdots & 0 & 0 & 0 & 0 & 0\\ \vdots & \ddots & \vdots & \vdots & \vdots & \vdots & \vdots\\ 0 & \cdots & \dfrac{\partial\dot{\omega}_{ns}}{\partial\rho_{ns}} & 0 & 0 & 0 & 0\\ 0 & \cdots & 0 & 0 & 0 & 0 & 0\\ 0 & \cdots & 0 & 0 & 0 & 0 & 0\\ 0 & \cdots & 0 & 0 & 0 & 0 & 0\\ 0 & \cdots & 0 & 0 & 0 & 0 & 0\end{bmatrix}$$

其中

$$\begin{aligned}\frac{\partial\dot{\omega}_i}{\partial\rho_i}=&W_i\sum_{k=1}^{NR}\left\{(v''_{k,i}-v_{k,i})\left[k_{f,k}\frac{v_{k,i}}{\rho_i}\prod_{l=1}^{NS}\left(\frac{\rho_l}{W_l}\right)^{v_{k,l}}-k_{b,k}\frac{v''_{k,i}}{\rho_i}\prod_{l=1}^{NS}\left(\frac{\rho_l}{W_l}\right)^{v''_{k,l}}\right]\right\}\\ &+W_i\sum_{k=1}^{NR}\left\{(v''_{k,i}-v_{k,i})\begin{bmatrix}k_{f,k}\left(\dfrac{B_{f,k}}{T}+\dfrac{E_{f,k}}{T^2}\right)\displaystyle\prod_{l=1}^{NS}\left(\frac{\rho_l}{W_l}\right)^{v_{k,l}}\\ -k_{b,k}\left(\dfrac{B_{b,k}}{T}+\dfrac{E_{b,k}}{T^2}\right)\displaystyle\prod_{l=1}^{NS}\left(\frac{\rho_l}{W_l}\right)^{v''_{k,l}}\end{bmatrix}\right\}\frac{\partial T}{\partial\rho_i}\end{aligned}$$

雅克比矩阵中温度表达式为

$$T=\frac{1}{\sum_{i=1}^{ns}\rho_i c_{v,\mathrm{tr}}^i}\left\{\rho E-\rho e_{\mathrm{vib}}-\frac{1}{2}\frac{\sum_{i=1}^{ns}\rho_i}{\left(\sum_{i=1}^{ns}\rho_i\right)^2}[(\rho u)^2+(\rho v)^2+(\rho w)^2]-\sum_{i=1}^{ns}\rho_i e_0^i\right\}$$

因此温度偏导数有

$$\frac{\partial T}{\partial\rho_i}=\frac{1}{\rho c_{v,\mathrm{tr}}}\left(\frac{u^2+v^2+w^2}{2}-c_{v,\mathrm{tr}}^i T-e_0^i\right),\ i=1,2,\cdots,ns$$

附录 E 双温模型非平衡数值通量与源项雅克比矩阵

$\widetilde{\boldsymbol{A}}$ 为对应于无黏数值通量 $\widetilde{\boldsymbol{E}}$ 的雅克比矩阵，表示为

$$
\widetilde{\boldsymbol{A}}=
\begin{bmatrix}
U(1-C_1) & -UC_1 & \cdots & -UC_1 & \xi_x C_1 & \xi_y C_1 & \xi_z C_1 & 0 & 0 \\
-UC_2 & U(1-C_2) & \cdots & -UC_2 & \xi_x C_2 & \xi_y C_2 & \xi_z C_2 & 0 & 0 \\
\vdots & \vdots & \ddots & \vdots & \vdots & \vdots & \vdots & \vdots & \vdots \\
-UC_{ns} & -UC_{ns} & \cdots & U(1-C_{ns}) & \xi_x C_{ns} & \xi_y C_{ns} & \xi_z C_{ns} & 0 & 0 \\
\xi_x P_{\rho_1}-Uu & \xi_x P_{\rho_2}-Uu & \cdots & \xi_x P_{\rho_{ns}}-Uu & U+\xi_x u-\xi_x uP_{\rho E} & \xi_y u-\xi_x vP_{\rho E} & \xi_z u-\xi_x wP_{\rho E} & \xi_x P_{\rho E} & \xi_x P_{\rho e_{vib}} \\
\xi_y P_{\rho_1}-Uv & \xi_y P_{\rho_2}-Uv & \cdots & \xi_y P_{\rho_{ns}}-Uv & \xi_x v-\xi_y uP_{\rho E} & U+\xi_y v-\xi_y vP_{\rho E} & \xi_z v-\xi_y wP_{\rho E} & \xi_y P_{\rho E} & \xi_y P_{\rho e_{vib}} \\
\xi_z P_{\rho_1}-Uw & \xi_z P_{\rho_2}-Uw & \cdots & \xi_z P_{\rho_{ns}}-Uw & \xi_x w-\xi_z uP_{\rho E} & \xi_y w-\xi_z vP_{\rho E} & U+\xi_z w-\xi_z wP_{\rho E} & \xi_z P_{\rho E} & \xi_z P_{\rho e_{vib}} \\
UP_{\rho_1}-UH & UP_{\rho_2}-UH & \cdots & UP_{\rho_{ns}}-UH & \xi_x H-UuP_{\rho E} & \xi_y H-UvP_{\rho E} & \xi_z H-UwP_{\rho E} & U+UP_{\rho E} & UP_{\rho e_{vib}} \\
-Ue_{vib} & -Ue_{vib} & \cdots & -Ue_{vib} & \xi_x e_{vib} & \xi_y e_{vib} & \xi_z e_{vib} & 0 & U
\end{bmatrix}
$$

其中，$U=\xi_x u+\xi_y v+\xi_z w$。将 ξ 分别替换为 η 和 ζ，则可得到矩阵 $\widetilde{\boldsymbol{B}}$ 和 $\widetilde{\boldsymbol{C}}$ 的表达式，雅克比矩阵中压力采用守恒量作为变量可表示为

$$
p=\sum_{i=1}^{ns}\rho_i R_i T=\sum_{i=1}^{ns}\rho_i R_i\left[\frac{\rho E-\rho e_{\mathrm{vib}}-\dfrac{1}{2}\dfrac{\sum\limits_{i=1}^{ns}\rho_i}{\left(\sum\limits_{i=1}^{ns}\rho_i\right)^2}\left[(\rho u)^2+(\rho v)^2+(\rho w)^2\right]-\sum\limits_{i=1}^{ns}\rho_i e_0^i}{\sum\limits_{i=1}^{ns}\rho_i c_{c,\mathrm{tr}}^i}\right]
$$

对压力求偏导数时，可通过以下由守恒量表示的表达式求解：

$$
P_{\rho_i}=\frac{\partial p}{\partial \rho_i}=\left(R_i-\frac{Rc_{v,\mathrm{tr}}^i}{c_{v,\mathrm{tr}}}\right)T+\frac{R}{c_{v,\mathrm{tr}}}\left(\frac{u^2+v^2+w^2}{2}-e_0^i\right)
$$

$$
P_{\rho E}=\frac{\partial p}{\partial \rho E}=\frac{R}{c_{v,\mathrm{tr}}},\ P_{\rho e_{\mathrm{vib}}}=\frac{\partial p}{\partial \rho e_{\mathrm{vib}}}=-\frac{R}{c_{v,\mathrm{tr}}}
$$

式中，R 为混合气体常数。

双温模型非平衡控制方程中，$\boldsymbol{T}$ 为对应于源项 $\boldsymbol{S}$ 的雅克比矩阵：

$$\boldsymbol{T}=\frac{\partial \boldsymbol{S}}{\partial \boldsymbol{Q}}=\begin{bmatrix} \frac{\partial\dot{\omega}_1}{\partial\rho_1} & \cdots & \frac{\partial\dot{\omega}_1}{\partial\rho_{ns}} & \frac{\partial\dot{\omega}_1}{\partial\rho u} & \frac{\partial\dot{\omega}_1}{\partial\rho v} & \frac{\partial\dot{\omega}_1}{\partial\rho w} & \frac{\partial\dot{\omega}_1}{\partial\rho E} & \frac{\partial\dot{\omega}_1}{\partial\rho e_{\mathrm{vib}}} \\ \vdots & \ddots & \vdots & \vdots & \vdots & \vdots & \vdots & \vdots \\ \frac{\partial\dot{\omega}_{ns}}{\partial\rho_1} & \cdots & \frac{\partial\dot{\omega}_{ns}}{\partial\rho_{ns}} & \frac{\partial\dot{\omega}_{ns}}{\partial\rho u} & \frac{\partial\dot{\omega}_{ns}}{\partial\rho v} & \frac{\partial\dot{\omega}_{ns}}{\partial\rho w} & \frac{\partial\dot{\omega}_{ns}}{\partial\rho E} & \frac{\partial\dot{\omega}_{ns}}{\partial\rho e_{\mathrm{vib}}} \\ 0 & \cdots & 0 & 0 & 0 & 0 & 0 & 0 \\ 0 & \cdots & 0 & 0 & 0 & 0 & 0 & 0 \\ 0 & \cdots & 0 & 0 & 0 & 0 & 0 & 0 \\ 0 & \cdots & 0 & 0 & 0 & 0 & 0 & 0 \\ \frac{\partial\dot{\omega}_{\mathrm{vib}}}{\partial\rho_1} & \cdots & \frac{\partial\dot{\omega}_{\mathrm{vib}}}{\partial\rho_{ns}} & \frac{\partial\dot{\omega}_{\mathrm{vib}}}{\partial\rho u} & \frac{\partial\dot{\omega}_{\mathrm{vib}}}{\partial\rho v} & \frac{\partial\dot{\omega}_{\mathrm{vib}}}{\partial\rho w} & \frac{\partial\dot{\omega}_{\mathrm{vib}}}{\partial\rho E} & \frac{\partial\dot{\omega}_{\mathrm{vib}}}{\partial\rho e_{\mathrm{vib}}} \end{bmatrix}$$

其中，当 $i=1,\ 2,\ \cdots,\ ns,\ j=1,\ 2,\ \cdots,\ ns$ 时，有

$$\begin{aligned}\frac{\partial S_i}{\partial Q_j}=\frac{\partial\dot{\omega}_i}{\partial\rho_j}=&W_i\sum_{k=1}^{nr}\left\{(v''_{ki}-v_{ki})\left[k_{f,k}\frac{v_{kj}}{\rho_j}\prod_{l=1}^{ns}\left(\frac{\rho_l}{W_l}\right)^{v_{kl}}-k_{b,k}\frac{v''_{kj}}{\rho_j}\prod_{l=1}^{ns}\left(\frac{\rho_l}{W_l}\right)^{v''_{kl}}\right]\right\}\\&+W_i\sum_{k=1}^{nr}\left\{(v''_{ki}-v_{ki})\begin{bmatrix}k_{f,k}\left(\frac{B_{f,k}}{T}+\frac{C_{f,k}}{T^2}\right)\prod_{l=1}^{ns}\left(\frac{\rho_l}{W_l}\right)^{v_{kl}}\\-k_{b,k}\left(\frac{B_{b,k}}{T}+\frac{C_{b,k}}{T^2}\right)\prod_{l=1}^{ns}\left(\frac{\rho_l}{W_l}\right)^{v''_{kl}}\end{bmatrix}\right\}\frac{\partial T}{\partial\rho_j}\end{aligned}$$

其中，当 $i=1,\ 2,\ \cdots,\ ns,\ j=ns+1,\ ns+2,\ \cdots,\ ns+5$ 时，有

$$\frac{\partial S_i}{\partial Q_j}=W_i\sum_{k=1}^{nr}\left\{(v''_{ki}-v_{ki})\begin{bmatrix}k_{f,k}\left(\frac{B_{f,k}}{T}+\frac{C_{f,k}}{T^2}\right)\prod_{l=1}^{ns}\left(\frac{\rho_l}{W_l}\right)^{v_{kl}}\\-k_{b,k}\left(\frac{B_{b,k}}{T}+\frac{C_{b,k}}{T^2}\right)\prod_{l=1}^{ns}\left(\frac{\rho_l}{W_l}\right)^{v''_{kl}}\end{bmatrix}\right\}\frac{\partial T}{\partial Q_j}$$

求解上述偏导数时需要用到温度对各守恒量的偏导数，其中温度表达式为

$$T=\frac{1}{\sum_{i=1}^{ns}\rho_i c_{v,\mathrm{tr}}^i}\left\{\rho E-\rho e_{\mathrm{vib}}-\frac{1}{2}\frac{\sum_{i=1}^{ns}\rho_i}{\left(\sum_{i=1}^{ns}\rho_i\right)^2}[(\rho u)^2+(\rho v)^2+(\rho w)^2]-\sum_{i=1}^{ns}\rho_i e_0^i\right\}$$

$$T_{\mathrm{vib}}=\frac{\rho e_{\mathrm{vib}}}{\sum_{i=mole}\rho_i c_{v,\mathrm{vib}}^i}$$

各偏导表达式为

$$\frac{\partial T}{\partial\rho_i}=\frac{1}{\rho c_{v,\mathrm{tr}}}\left(\frac{u^2+v^2+w^2}{2}-c_{v,\mathrm{tr}}^i T-e_0^i\right),\ i=1,\ 2,\ \cdots,\ ns$$

$$\frac{\partial T}{\partial \rho u}=-\frac{u}{\rho c_{v,\,\mathrm{tr}}},\ \frac{\partial T}{\partial \rho v}=-\frac{v}{\rho c_{v,\,\mathrm{tr}}},\ \frac{\partial T}{\partial \rho w}=-\frac{w}{\rho c_{v,\,\mathrm{tr}}},\ \frac{\partial T}{\partial \rho E}=\frac{1}{\rho c_{v,\,\mathrm{tr}}},\ \frac{\partial T}{\partial \rho e_{\mathrm{vib}}}=-\frac{1}{\rho c_{v,\,\mathrm{tr}}}$$

$$\frac{\partial T_{\mathrm{vib}}}{\partial \rho_i}=-\frac{c_{v,\,\mathrm{vib}}^{i}T_{\mathrm{vib}}}{\rho c_{v,\,\mathrm{vib}}},\ \frac{\partial T_{\mathrm{vib}}}{\partial \rho u}=0,\ \frac{\partial T_{\mathrm{vib}}}{\partial \rho v}=0,\ \frac{\partial T_{\mathrm{vib}}}{\partial \rho w}=0,$$

$$\frac{\partial T_{\mathrm{vib}}}{\partial \rho e_{\mathrm{vib}}}=\frac{1}{\partial \rho e_{\mathrm{vib}}/\partial T_{\mathrm{vib}}}=\frac{1}{\sum\limits_{i=mole}\rho_i\dfrac{\partial e_{\mathrm{vib}}^{i}}{\partial T_{\mathrm{vib}}}}$$

源项雅克比矩阵最后一行是振动能守恒方程源项对各守恒量的偏导数,求解过程为

$$\dot{\omega}_{\mathrm{vib}}=Q_{T\text{-}V}+\sum_{i=mole}\dot{\omega}_i e_{\mathrm{vib}}^{i}$$

$$\frac{\partial \dot{\omega}_{\mathrm{vib}}}{\partial \rho e_{\mathrm{vib}}}=\frac{\partial Q_{T\text{-}V}}{\partial \rho e_{\mathrm{vib}}}+\frac{\partial \sum\limits_{i=mole}\dot{\omega}_i e_{\mathrm{vib}}^{i}}{\partial \rho e_{\mathrm{vib}}}$$

其中

$$\frac{\partial Q_{T\text{-}V}}{\partial \rho e_{\mathrm{vib}}}=\sum_{i=mole}\left\{\begin{aligned}&\frac{\rho_i}{\tau_i}\left(\frac{\partial e_{\mathrm{vib},\,i}^{*}(T)}{\partial T}\cdot\frac{\partial T}{\partial \rho e_{\mathrm{vib}}}-\frac{\partial e_{\mathrm{vib},\,i}(T_{\mathrm{vib}})}{\partial T_{\mathrm{vib}}}\cdot\frac{\partial T_{\mathrm{vib}}}{\partial \rho e_{\mathrm{vib}}}\right)\\&-\frac{\rho_i[e_{\mathrm{vib},\,i}^{*}(T)-e_{\mathrm{vib},\,i}(T_{\mathrm{vib}})]}{\tau_i^2}\frac{\partial \tau_i}{\partial T}\frac{\partial T}{\partial \rho e_{\mathrm{vib}}}\end{aligned}\right\}\frac{\partial \sum\limits_{i=mole}\dot{\omega}_i e_{\mathrm{vib}}^{i}}{\partial \rho e_{\mathrm{vib}}}$$

$$=\sum_{i=mole}\left[\frac{\partial \dot{\omega}_i}{\partial T}\cdot\frac{\partial T}{\partial \rho e_{\mathrm{vib}}}e_{\mathrm{vib}}^{i}+\frac{\partial e_{\mathrm{vib}}^{i}}{\partial T_{\mathrm{vib}}}\cdot\frac{\partial T_{\mathrm{vib}}}{\partial \rho e_{\mathrm{vib}}}\dot{\omega}_i\right]$$

$$\frac{\partial e_{\mathrm{vib},\,i}^{*}(T)}{\partial T}=c_{v,\,\mathrm{vib}}^{i}(T)=\frac{[e_{\mathrm{vib},\,i}^{*}(T)]^2}{R_i T^2}\exp\left(\frac{\theta_{v,\,i}}{T}\right)$$

$$\frac{\partial e_{\mathrm{vib},\,i}(T_{\mathrm{vib}})}{\partial T_{\mathrm{vib}}}=c_{v,\,\mathrm{vib}}^{i}(T_{\mathrm{vib}})=\frac{[e_{\mathrm{vib},\,i}(T_{\mathrm{vib}})]^2}{R_i T_{\mathrm{vib}}^2}\exp\left(\frac{\theta_{v,\,i}}{T_{\mathrm{vib}}}\right)$$

$$\frac{\partial \tau_i}{\partial T}=\frac{\partial \tau_i^{MW}}{\partial T}+\frac{\partial \tau_i^{p}}{\partial T},\ \frac{\partial \tau_i^{p}}{\partial T}=\tau_i^{p}\left(\frac{2}{T}-\frac{1}{2T}\right)$$

$$\frac{\partial \tau_i^{MW}}{\partial T}=\tau_i^{MW}\left(-\frac{1}{p}\frac{\partial p}{\partial T}-\frac{1}{3}A_i T^{-\frac{4}{3}}\right)=\tau_i^{MW}\left(-\frac{1}{p}\sum_{j=1}^{ns}\rho_j R_j-\frac{1}{3}A_i T^{-\frac{4}{3}}\right)$$

附录 F　空气化学反应模型及组分常数表

表 F.1　Gupta 空气化学反应模型与反应速率系数(C.G.S 单位制)

序号	反应	正反应速率系数			逆反应速率系数		
		A_f	B_f	E_f	A_b	B_b	E_b
1	$O_2+M_1 \Leftrightarrow 2O+M_1$	0.361E+19	−1	59 400	0.301E+16	−0.5	0
2	$N_2+M_2 \Leftrightarrow 2N+M_2$	0.192E+18	−0.5	113 100	0.109E+17	−0.5	0
3	$N_2+N \Leftrightarrow 2N+N$	0.415E+23	−1.5	113 100	0.232 E+22	−1.5	0
4	$NO+M_3 \Leftrightarrow N+O+M_3$	0.397E+21	−1.5	75 600	0.101 E+21	−1.5	0
5	$NO+O \Leftrightarrow O_2+N$	0.318E+10	1	19 700	0.963 E+12	0.5	3 600
6	$N_2+O \Leftrightarrow NO+N$	0.675E+14	0.0	37 500	0.150 E+14	0.0	0
7	$N+O \Leftrightarrow NO^++e^-$	0.903E+10	0.5	32 400	0.180 E+20	−1.0	0
8	$O+e^- \Leftrightarrow O^++e^-+e^-$	0.360E+32	−2.91	158 000	0.220 E+21	−4.5	0
9	$N+e^- \Leftrightarrow N^++e^-+e^-$	0.110E+33	−3.14	169 000	0.220 E+21	−4.5	0
10	$O+O \Leftrightarrow O_2^++e^-$	0.163E+18	−0.98	80 800	0.802 E+22	−1.5	0
11	$O+O_2^+ \Leftrightarrow O_2+O^+$	0.292E+19	−1.11	28 000	0.780 E+12	0.5	0
12	$N_2+N^+ \Leftrightarrow N+N_2^+$	0.202E+12	0.81	13 000	0.780 E+12	0.5	0
13	$N+N \Leftrightarrow N_2^++e^-$	0.140E+14	0	67 800	0.150 E+23	−1.5	0
14	$O_2+N_2 \Leftrightarrow NO+NO^++e^-$	0.138E+21	−1.84	141 000	1.000 E+24	−2.5	0
15	$NO+M_4 \Leftrightarrow NO^++e^-+M_4$	0.220E+16	−0.35	108 000	0.220 E+27	−2.5	0
16	$O+NO^+ \Leftrightarrow NO+O^+$	0.363E+16	−0.6	50 800	0.150 E+14	0.0	0
17	$N_2+O_+ \Leftrightarrow O+N_2^+$	0.340E+20	−2.0	23 000	0.248 E+20	−2.2	0
18	$N+NO^+ \Leftrightarrow NO+N^+$	1.000E+19	−0.93	61 000	0.480 E+15	0.0	0
19	$O_2+NO^+ \Leftrightarrow NO+O_2^+$	0.180E+16	0.17	33 000	0.180 E+14	0.5	0
20	$O+NO^+ \Leftrightarrow O_2+N^=$	0.134E+14	0.31	77 270	1.000 E+14	0.0	0

$M_1 = O, N, O_2, N_2, NO$; $M_2 = O, O_2, N_2, NO$;
$M_3 = O, N, O_2, N_2, NO$; $M_4 = O_2, N_2$

$$k_{f,j} = A_f T^{B_f} \exp\left(-\frac{E_f}{T}\right) [\mathrm{cm^3/mole \cdot s}]$$

$$k_b = A_b T^{B_b} \exp\left(-\frac{E_b}{T}\right) [\mathrm{cm^3/mole \cdot s} \text{ 或 } \mathrm{cm^6/mole^2 \cdot s}]$$

表 F.2　空气组元热力学性质

组元	M_i	$e_0^i(T=0\,K)$	$\theta_{v,i}$	$\theta_{el,i}$	$g_{0,i}$	$g_{1,i}$	$\hat{D}_i$	$\hat{I}_i$	A_i
O	16	1.557 8E+07	/	22 831	9	5	0	8.210 9E+07	0
N	14	3.377 2E+07	/	27 665	9	10	0	1.001 5E+08	0
O_2	32	0	2 273	11 341	3	2	1.542 5E+07	3.769 5E+07	129
N_2	28	0	3 393	72 225	1	3	3.363 4E+07	5.345 4E+07	220
NO	30	3.014 0E+07	2 739	55 874	4	8	2.089 5E+07	3.055 8E+07	168
O_2^+	32	3.665 5E+07	2 652	47 460	4	10	2.009 3E+07	0	129
N_2^+	28	5.455 8E+07	3 129	13 200	2	4	3.002 5E+07	0	220
NO^+	30	3.311 5E+07	3 373	75 140	1	3	3.490 1E+07	0	168
O^+	16	9.807 5E+07	/	38 583	4	10	0	0	0
N^+	14	1.344 6E+08	/	22 037	9	5	0	0	0
e	5.486E−04	0	/	/	/	/	/	/	0

注：$[M_i]$g/mol，$[\theta_{v,i}][\theta_{el,i}]$K，$[e_0^i][\hat{D}_i][\hat{I}_i]$J/kg，1 cal = 4.186 J，1 eV = 1.6E−19 J

表 F.3　空气组元黏性系数拟合常数

$\mu_i = \exp[(A_i \ln T + B_i)\ln T + C_i]$(g/cm−sec)，1 000 K $\leqslant T \leqslant$ 30 000 K

组元	Blottner's 模型 A_i	Blottner's 模型 B_i	Blottner's 模型 C_i	Gupta's 模型 A_i	Gupta's 模型 B_i	Gupta's 模型 C_i
O	0.019 558	0.438 511	−11.623 5	0.020 5	0.425 7	−11.580 3
N	0.008 586 3	0.646 3	−12.581	0.012 0	0.593 0	−12.380 5
O_2	0.038 271	0.021 076	−9.598 9	0.048 4	−0.145 5	−8.923 1
N_2	0.048 349	−0.022 485	−9.982 7	0.020 3	0.432 9	−11.815 3
NO	0.042 501	−0.018 874	−9.619 7	0.045 2	−0.060 9	−9.459 6
NO^+	0.302 014 1	−3.503 979	−3.735 52	0.0	2.5	−32.045 3
O_2^+				0.0	2.5	−32.014 8
N_2^+				0.0	2.5	−32.082 7
O^+				0.0	2.5	−32.360 6
N^+				0.0	2.5	−32.428 5
e				0.0	2.5	−37.447 5

后　　记

临近空间作为近年来世界各国探索的热门空域，是未来航空航天技术发展的重要方向。而临近空间内高超声速飞行具有十分广阔的军事和商业应用价值，已成为各国竞逐的热点领域。

矩方法是稀薄气体动力学中一个古老而又经典的话题，虽历经坎坷但却仍保持着旺盛的生命力，尤其是在过渡流近连续条件下流动偏离平衡态不远时，采用有限数量的矩就能够对流场进行准确描述并获得所关心的物理量的准确值。同时，矩方法计算效率远优于粒子类统计方法和基于 Boltzmann 方程数值解。因此，临近空间空气动力学的蓬勃发展为矩方法的工程应用提供了广阔的舞台。出版本书的初衷正是希望通过整理作者近年来在矩方法方面开展的相关科研工作，抛砖引玉，为临近空间稀薄气体动力学尤其是矩方法的进一步发展增添新的动力。

本书最终的出版，同样离不开科学出版社各位领导与编辑的辛勤劳动，在此表示深深感谢。由于作者水平有限，书中纰漏在所难免，敬请广大读者不吝赐教，不胜感激！

彩 图

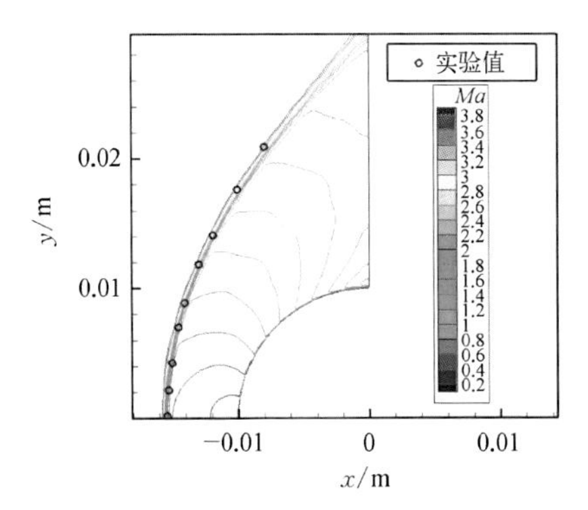

彩图4.23

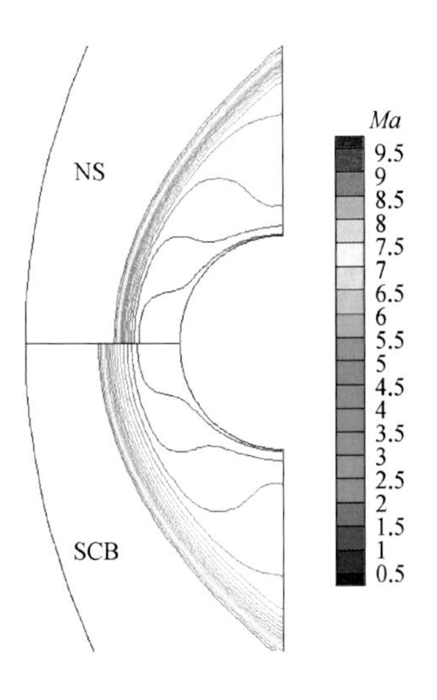

彩图4.31

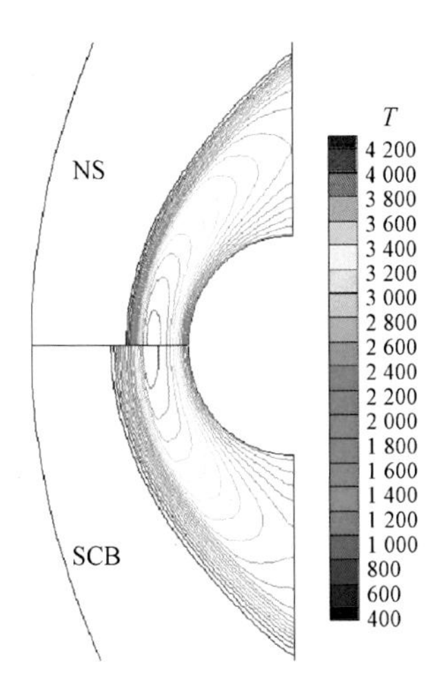

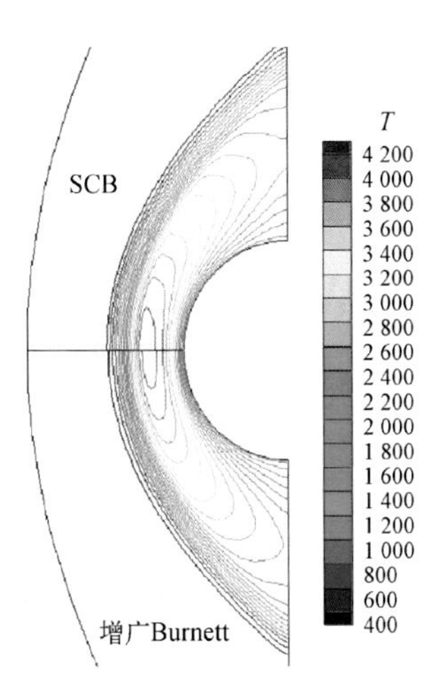

彩图4.32

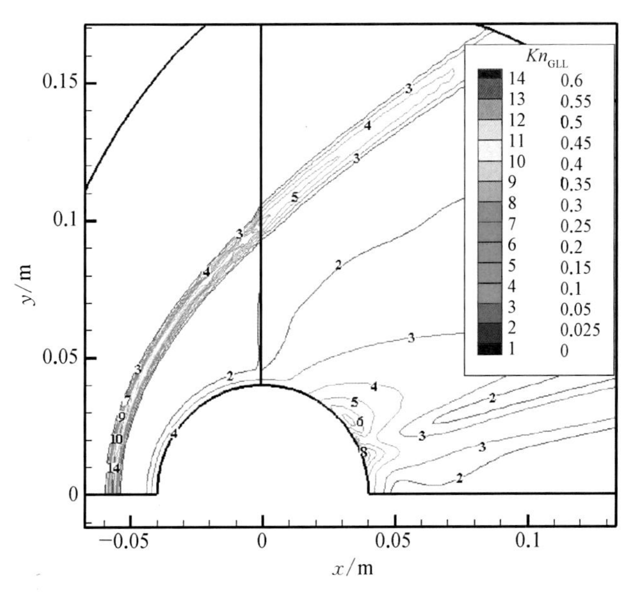

彩图4.33

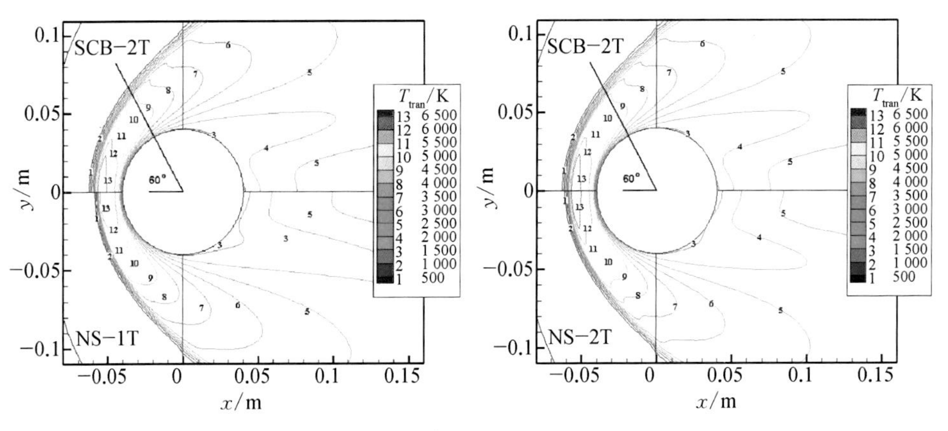

彩图4.34

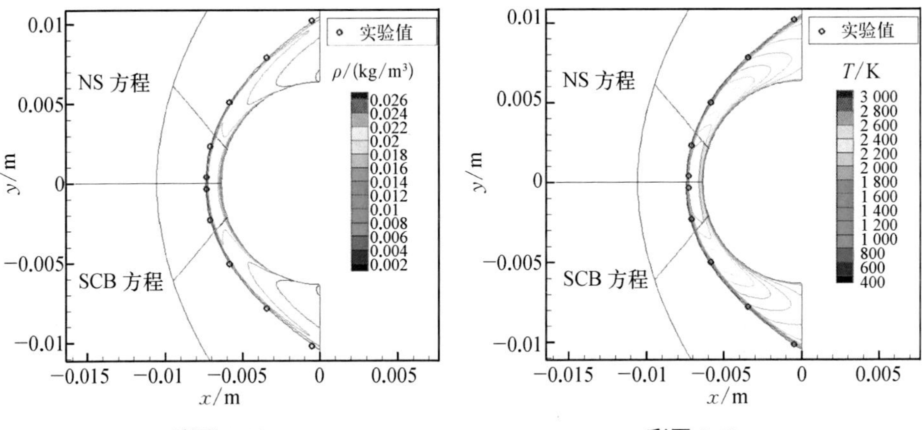

彩图4.42

彩图4.43

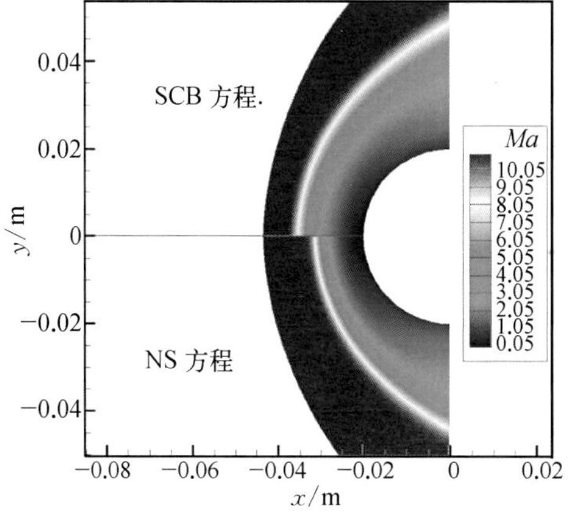

彩图4.44

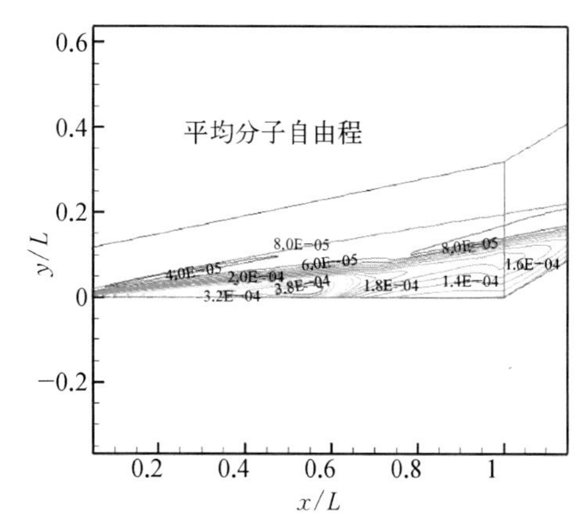

彩图4.57

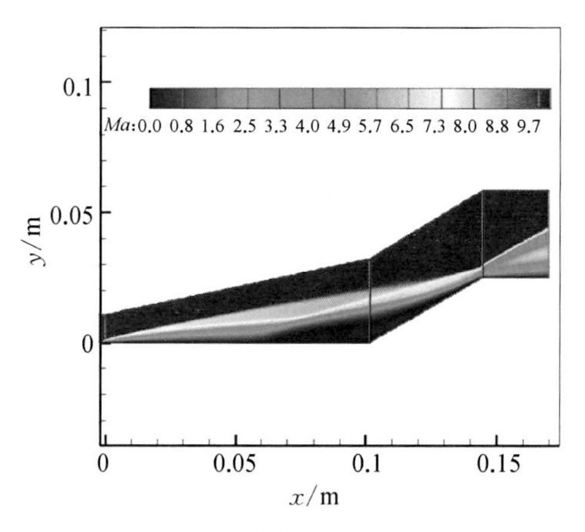

彩图4.58

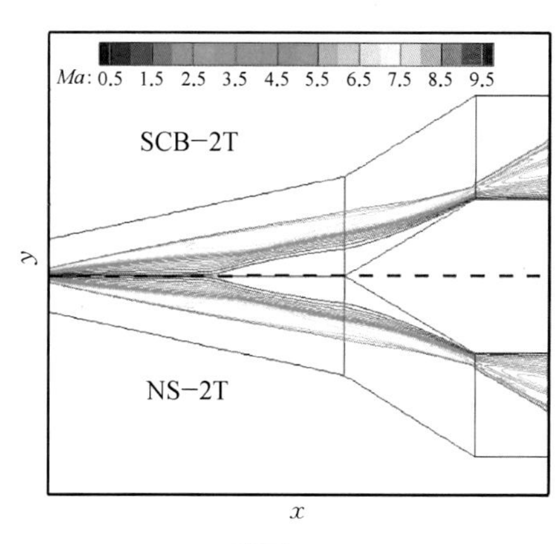

彩图4.60

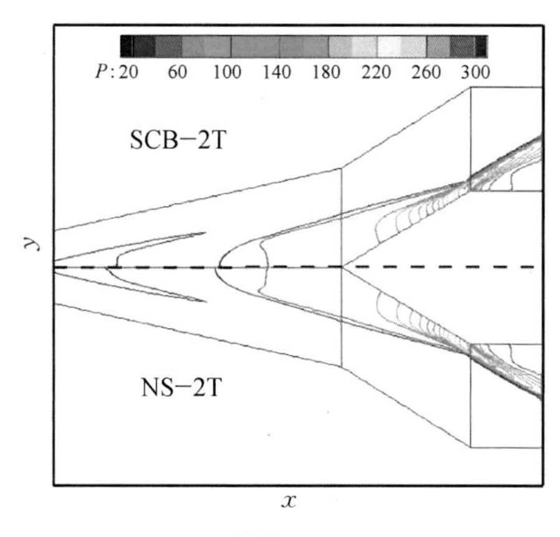

彩图4.61

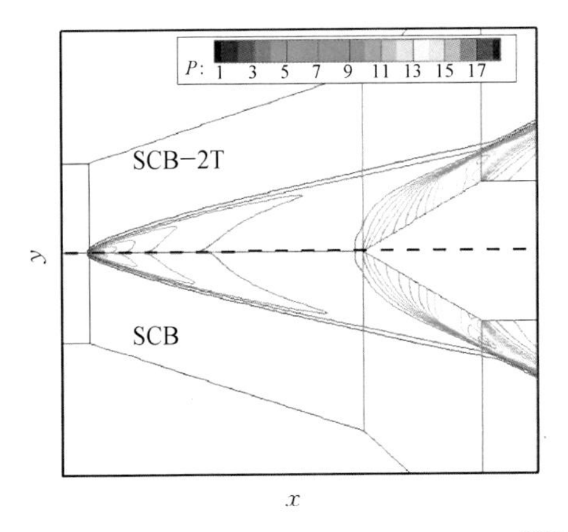

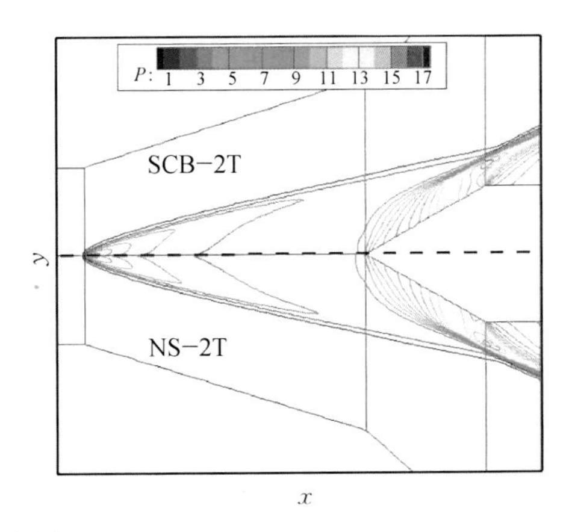

彩图4.64

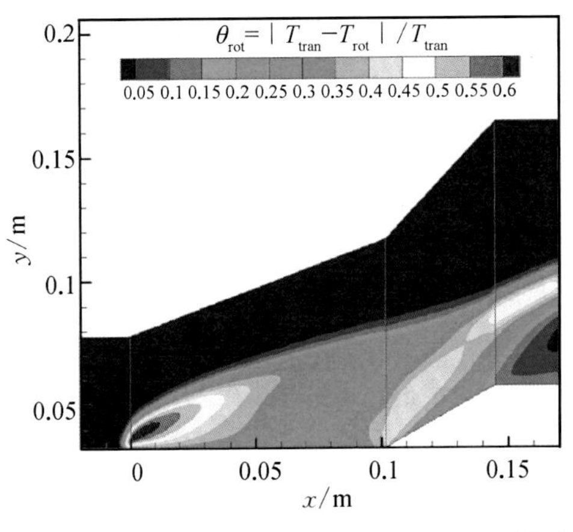

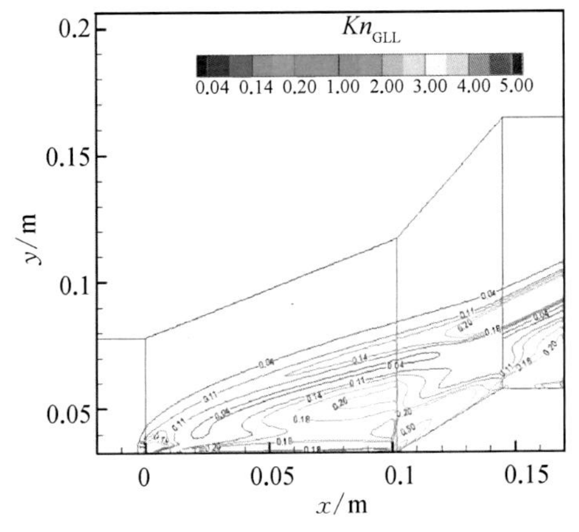

彩图4.66

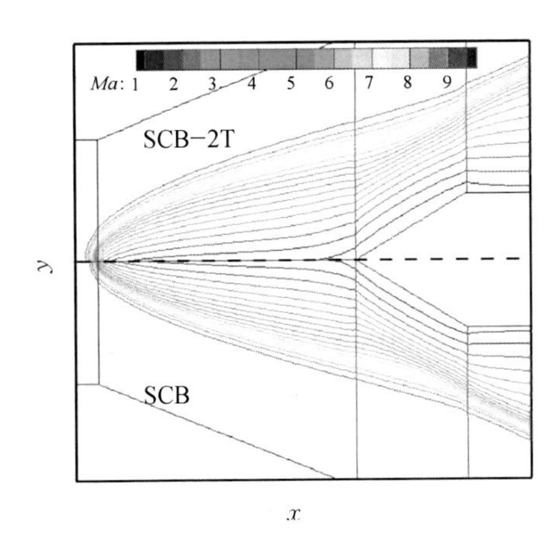

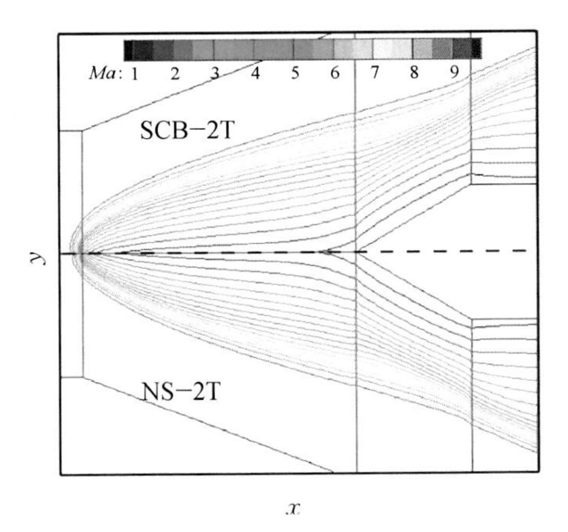

彩图4.67

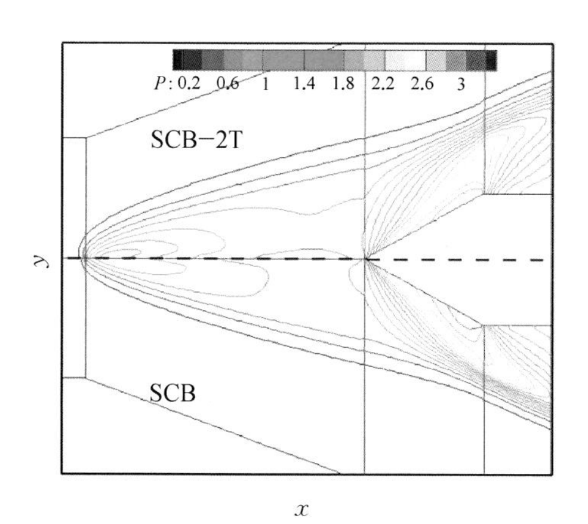

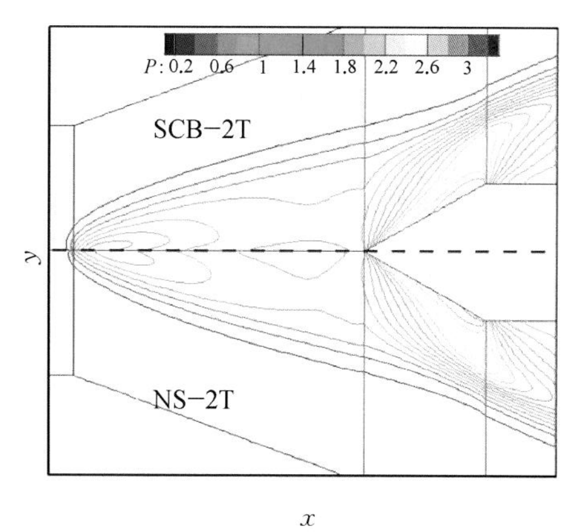

彩图 4.68

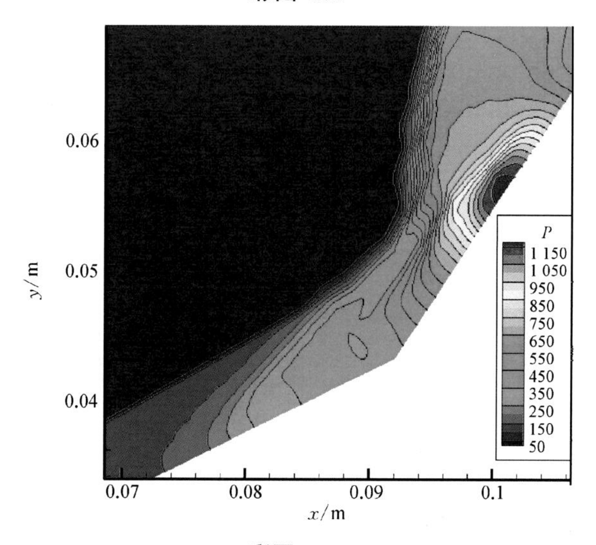

彩图 4.71

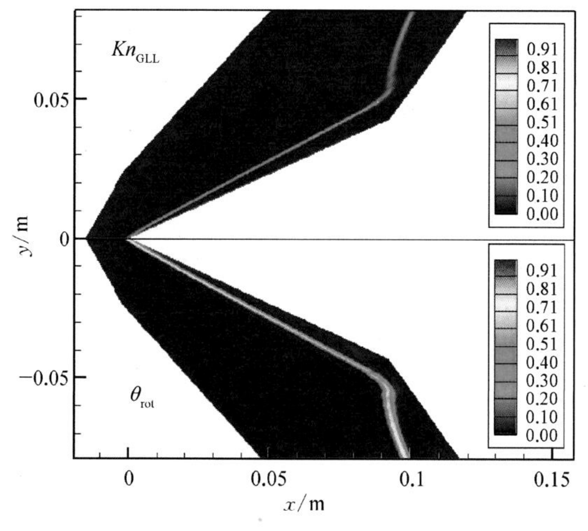

彩图 4.75

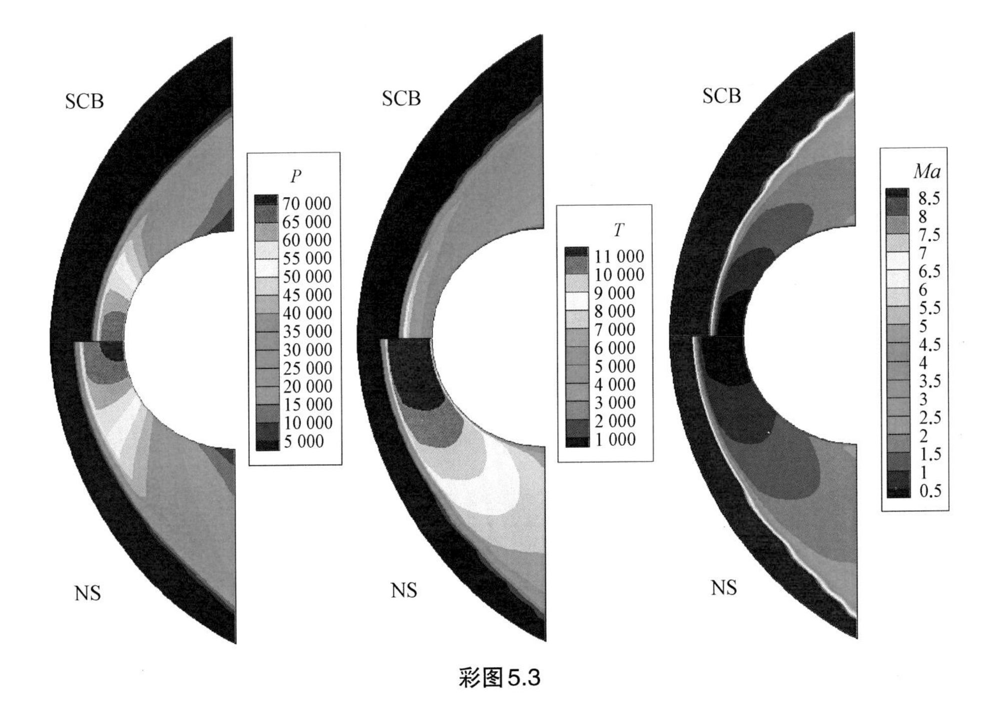

SCB
SCB
SCB
P
70 000
65 000
60 000
55 000
50 000
45 000
40 000
35 000
30 000
25 000
20 000
15 000
10 000
5 000
T
11 000
10 000
9 000
8 000
7 000
6 000
5 000
4 000
3 000
2 000
1 000
Ma
8.5
8
7.5
7
6.5
6
5.5
5
4.5
4
3.5
3
2.5
2
1.5
1
0.5
NS
NS
NS

彩图5.3

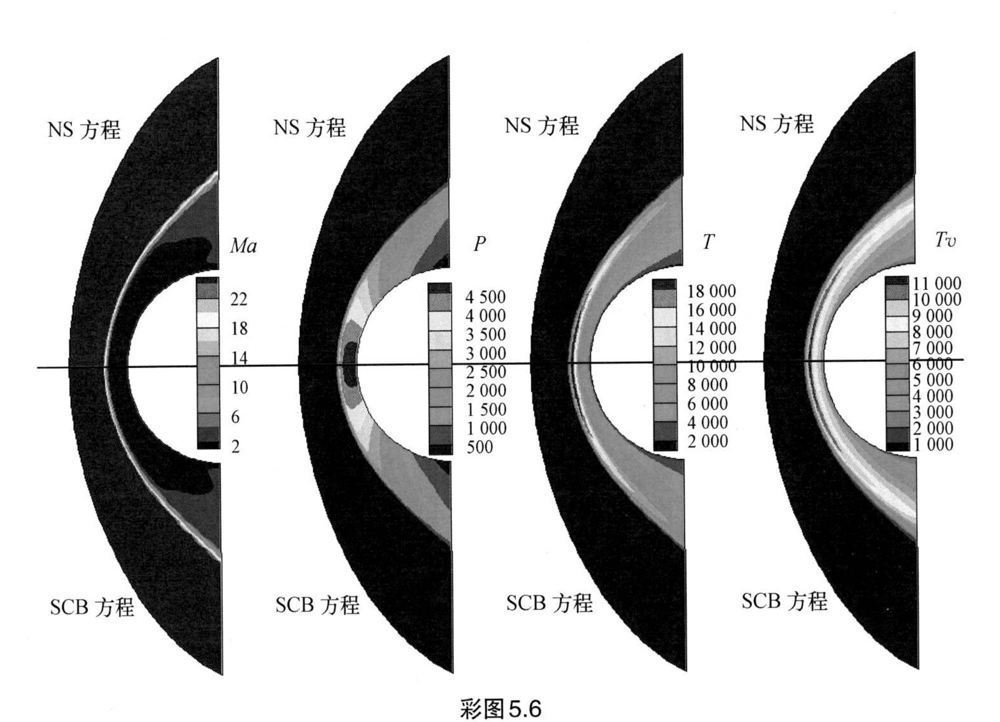

NS 方程
NS 方程
NS 方程
NS 方程
Ma
22
18
14
10
6
2
P
4 500
4 000
3 500
3 000
2 500
2 000
1 500
1 000
500
T
18 000
16 000
14 000
12 000
10 000
8 000
6 000
4 000
2 000
Tv
11 000
10 000
9 000
8 000
7 000
6 000
5 000
4 000
3 000
2 000
1 000
SCB 方程
SCB 方程
SCB 方程
SCB 方程

彩图5.6

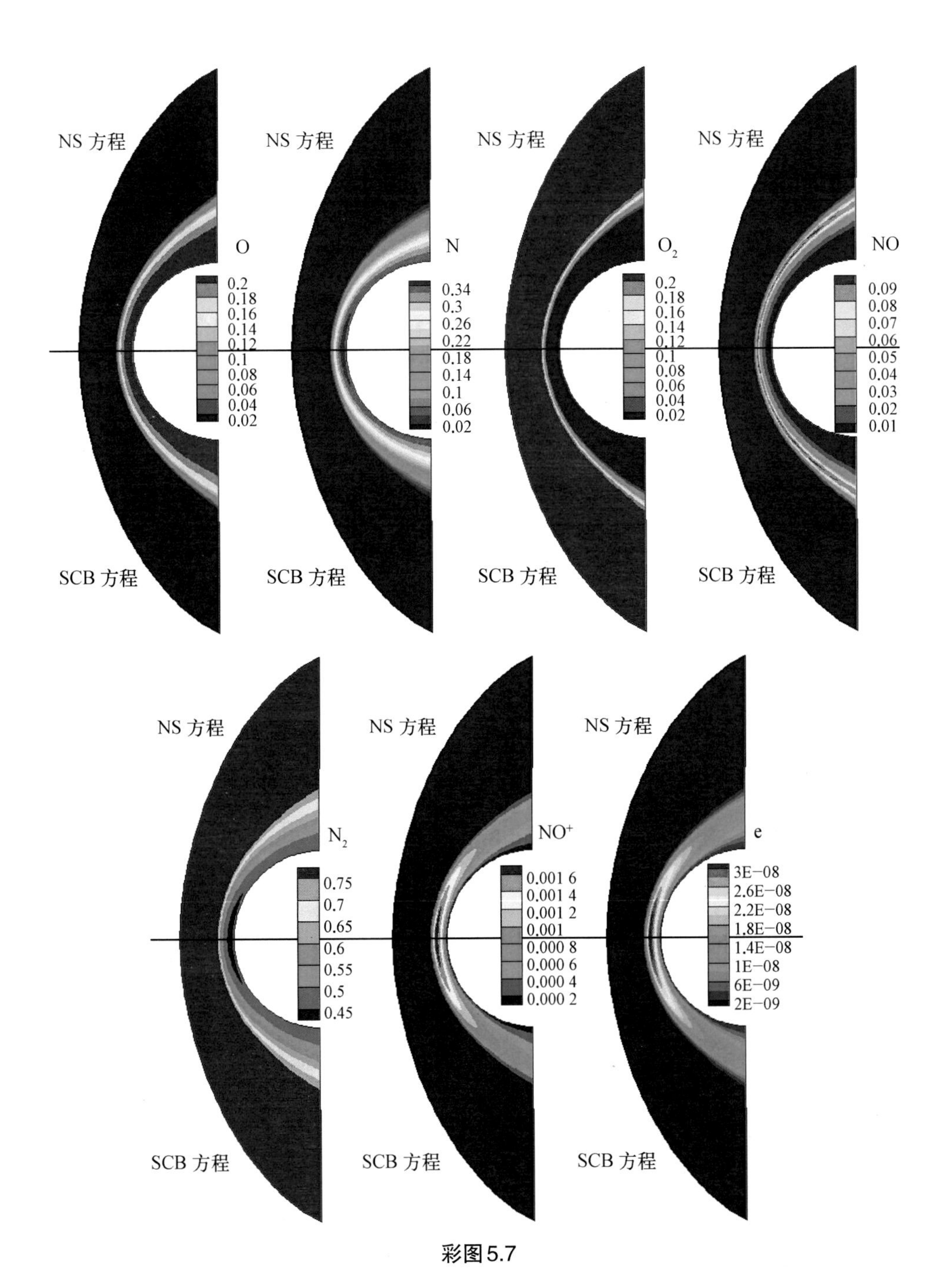
NS 方程
SCB 方程
O
0.2
0.18
0.16
0.14
0.12
0.1
0.08
0.06
0.04
0.02
N
0.34
0.3
0.26
0.22
0.18
0.14
0.1
0.06
0.02
O_2
0.2
0.18
0.16
0.14
0.12
0.1
0.08
0.06
0.04
0.02
NO
0.09
0.08
0.07
0.06
0.05
0.04
0.03
0.02
0.01
N_2
0.75
0.7
0.65
0.6
0.55
0.5
0.45
NO^+
0.001 6
0.001 4
0.001 2
0.001
0.000 8
0.000 6
0.000 4
0.000 2
e
3E−08
2.6E−08
2.2E−08
1.8E−08
1.4E−08
1E−08
6E−09
2E−09

彩图5.7

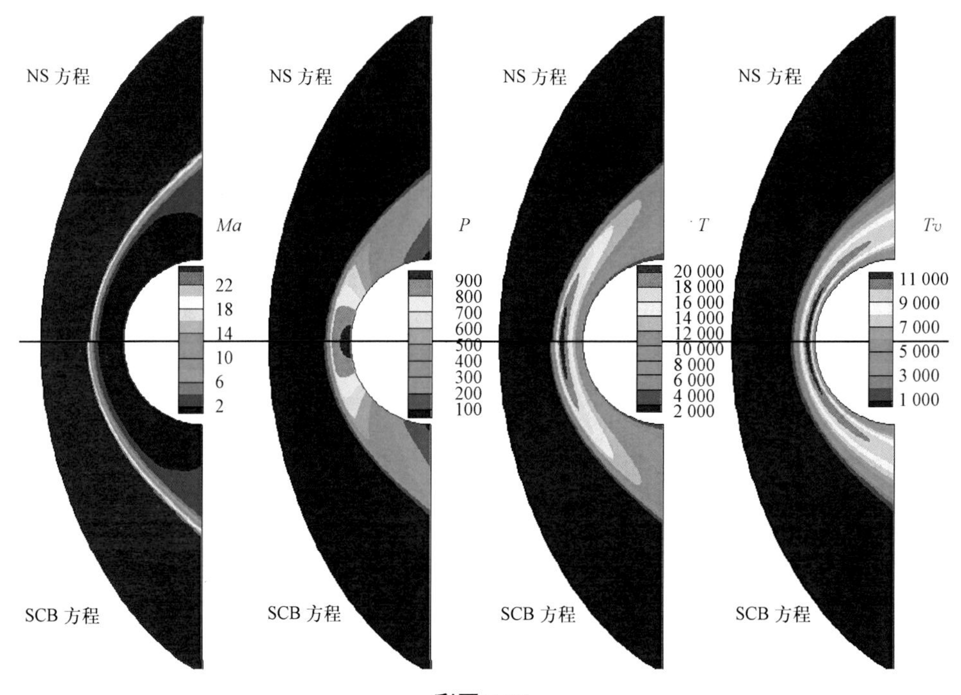

彩图 5.10

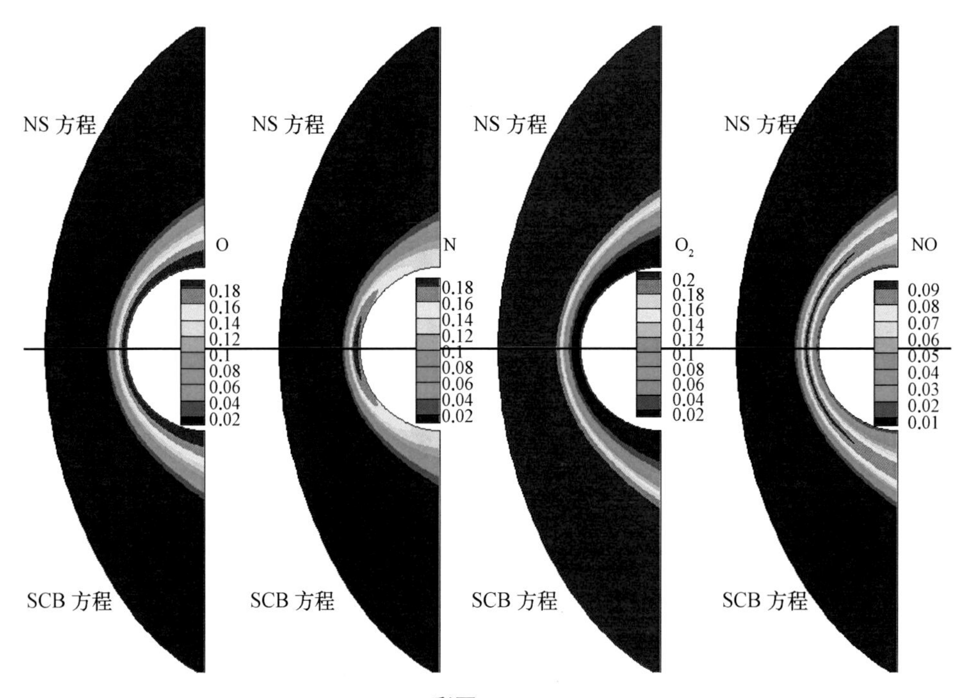

彩图 5.11a

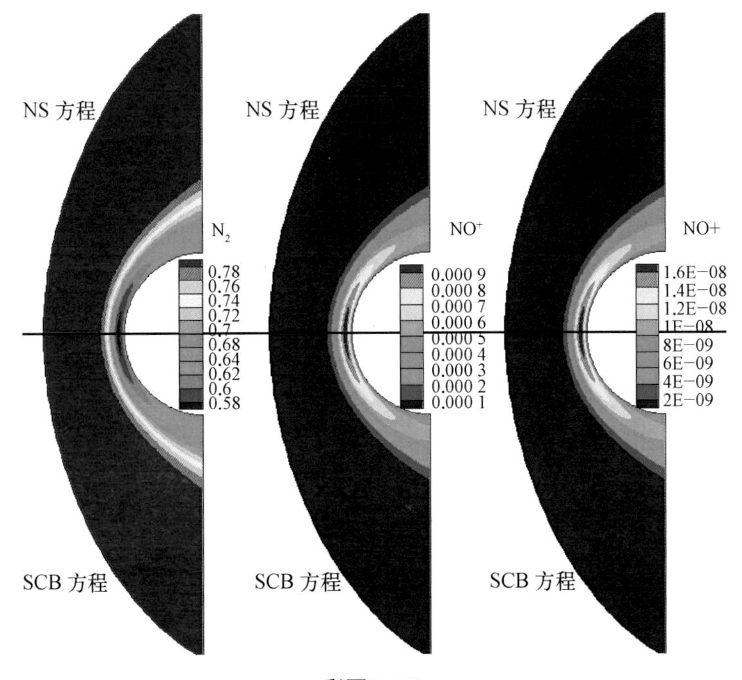

彩图5.11b

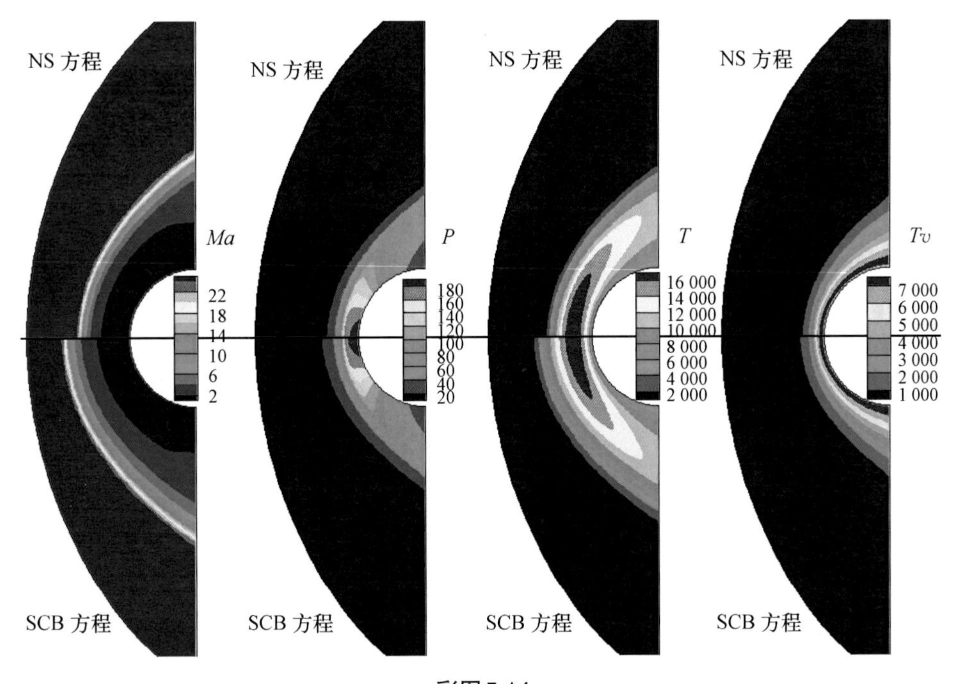

彩图5.14

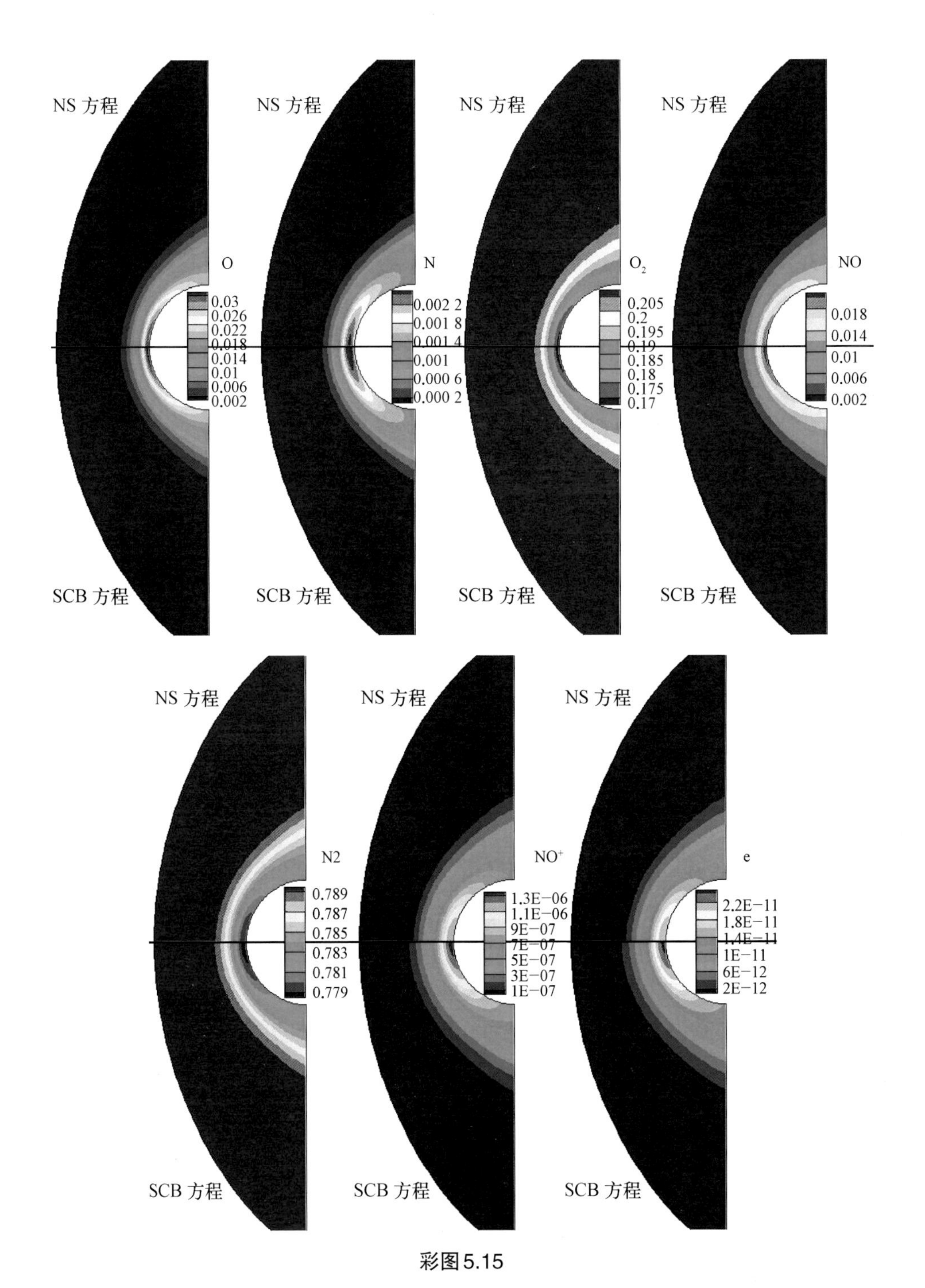
NS 方程
SCB 方程
O
0.03
0.026
0.022
0.018
0.014
0.01
0.006
0.002
N
0.002 2
0.001 8
0.001 4
0.001
0.000 6
0.000 2
O_2
0.205
0.2
0.195
0.19
0.185
0.18
0.175
0.17
NO
0.018
0.014
0.01
0.006
0.002
N2
0.789
0.787
0.785
0.783
0.781
0.779
NO^+
1.3E−06
1.1E−06
9E−07
7E−07
5E−07
3E−07
1E−07
e
2.2E−11
1.8E−11
1.4E−11
1E−11
6E−12
2E−12

彩图5.15

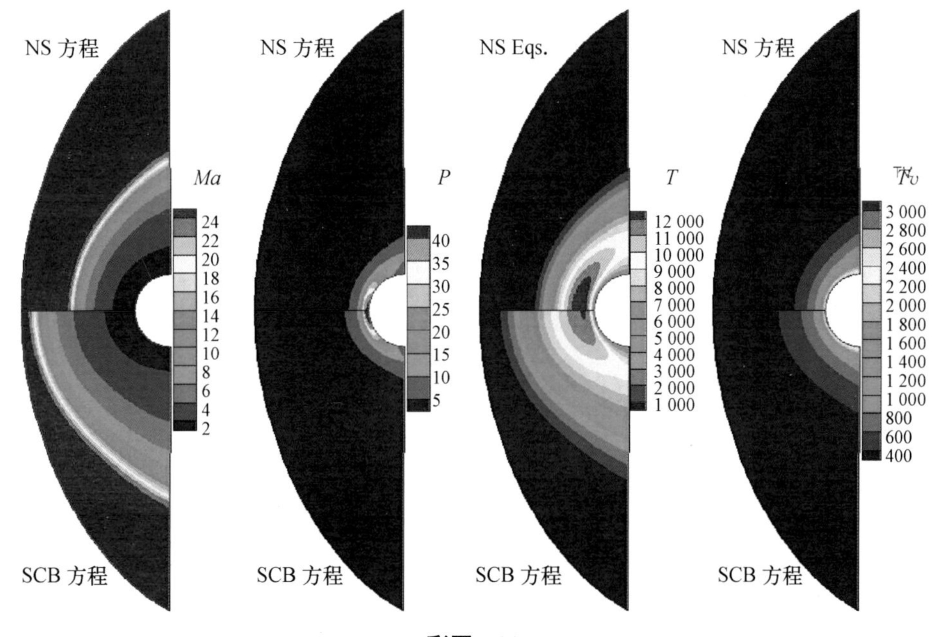

彩图5.20

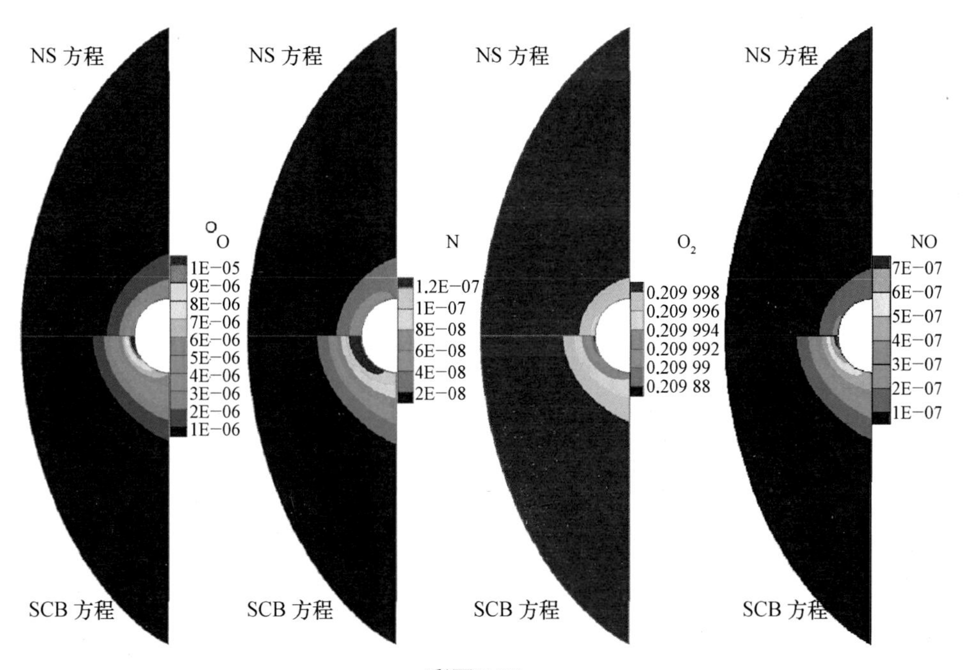

彩图5.21a

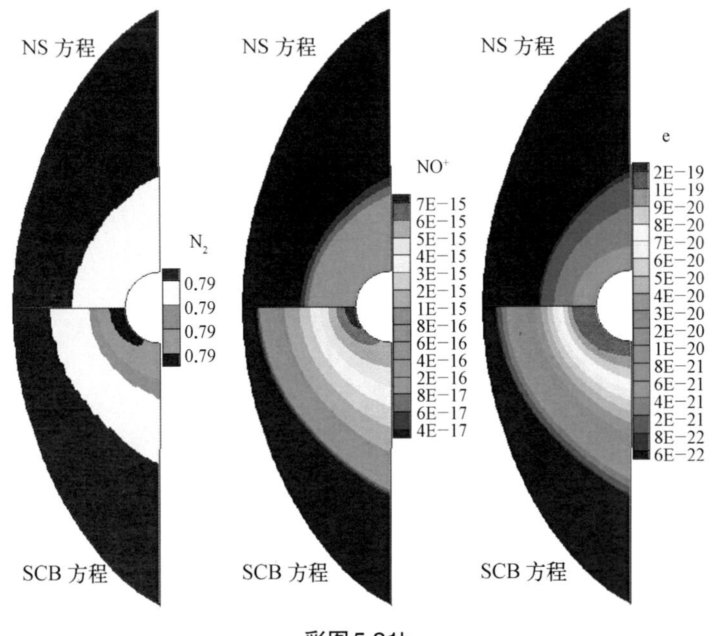

彩图 5.21b

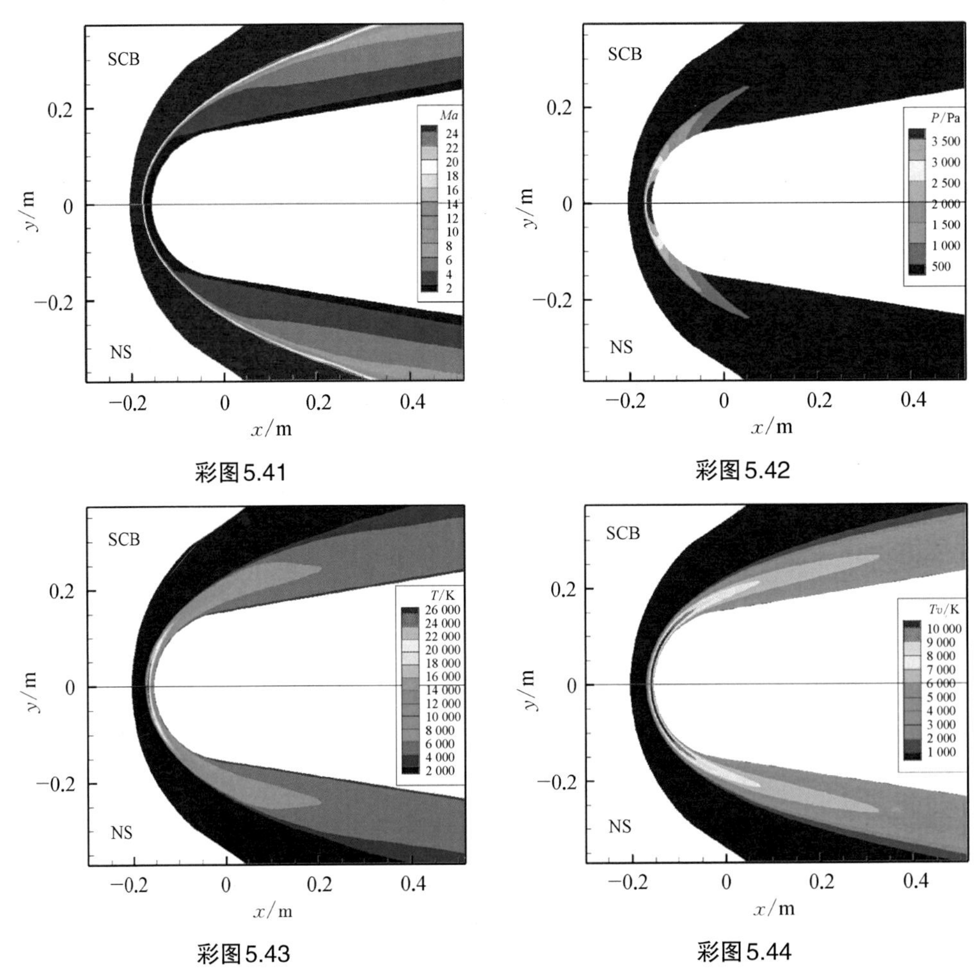

彩图 5.41

彩图 5.42

彩图 5.43

彩图 5.44

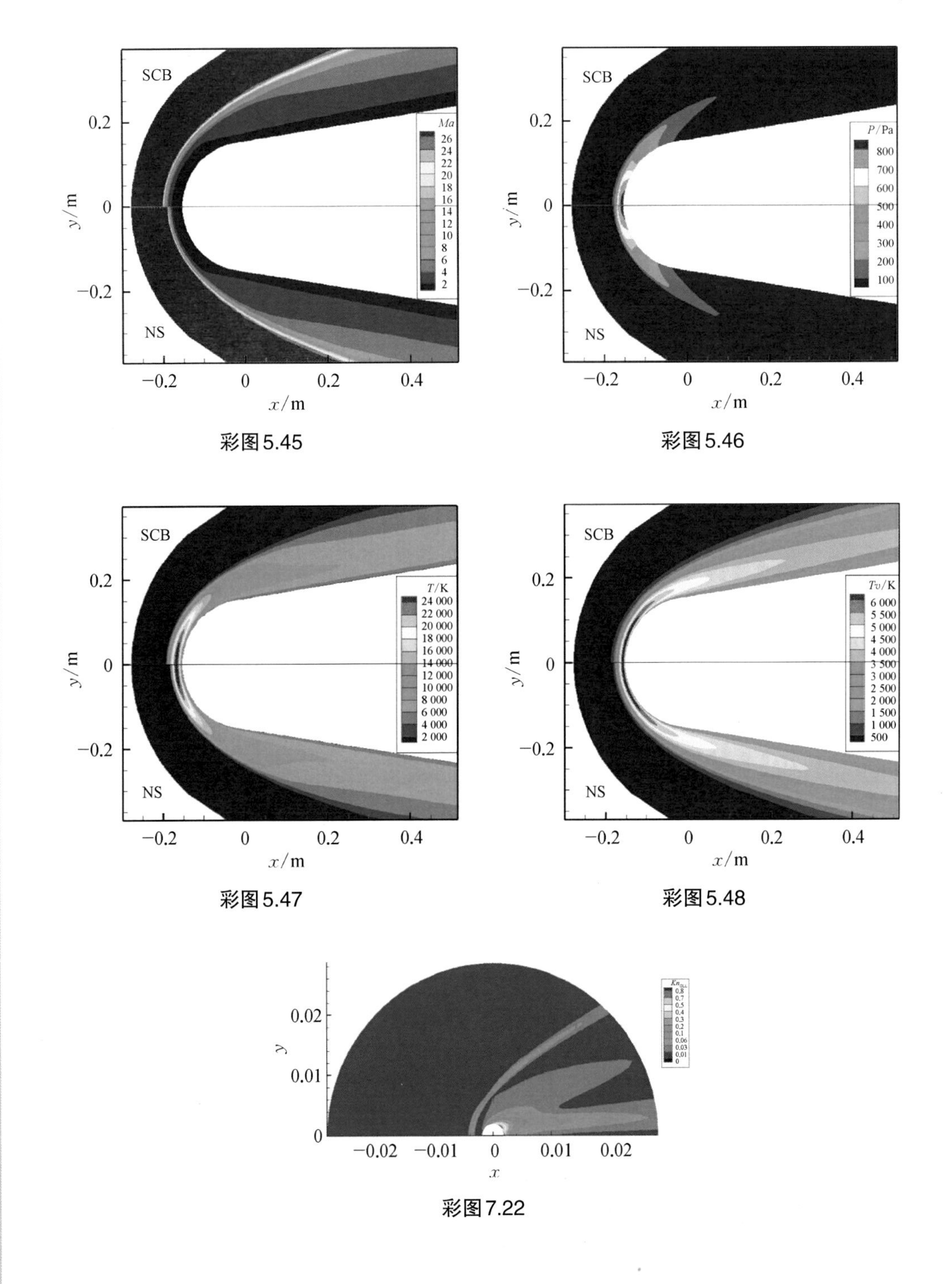

彩图5.45

彩图5.46

彩图5.47

彩图5.48

彩图7.22

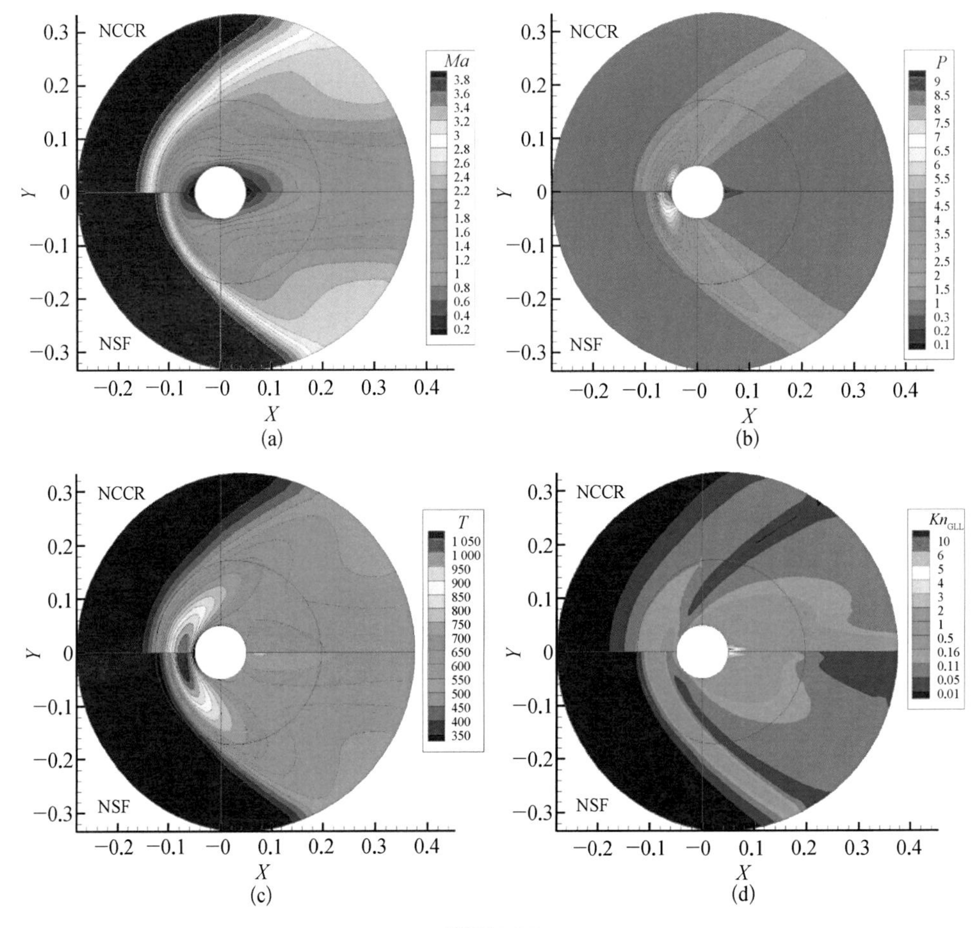

彩图7.25

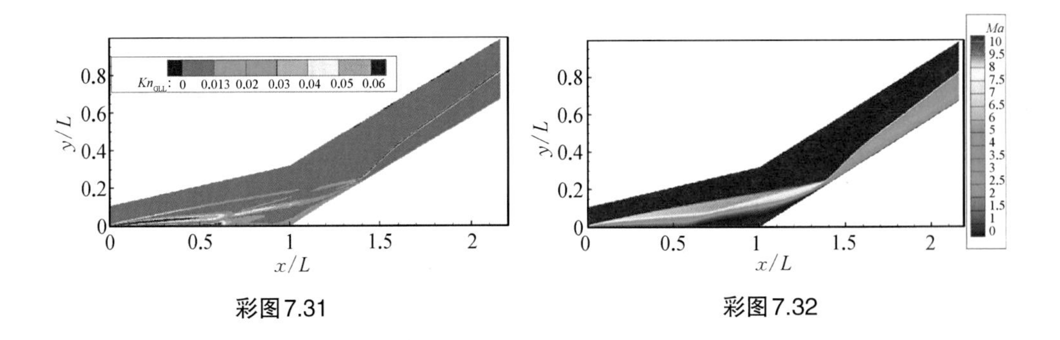

彩图7.31

彩图7.32